ISBN 978-1-332-46352-7
PIBN 10329441

English
Français
Deutsche
Italiano
Español
Português

www.forgottenbooks.com

Mythology Photography **Fiction**
Fishing Christianity **Art** Cooking
Essays Buddhism Freemasonry
Medicine **Biology** Music **Ancient**
Egypt Evolution Carpentry Physics
Dance Geology **Mathematics** Fitness
Shakespeare **Folklore** Yoga Marketing
Confidence Immortality Biographies
Poetry **Psychology** Witchcraft
Electronics Chemistry History **Law**
Accounting **Philosophy** Anthropology
Alchemy Drama Quantum Mechanics
Atheism Sexual Health **Ancient History**
Entrepreneurship Languages Sport
Paleontology Needlework Islam
Metaphysics Investment Archaeology
Parenting Statistics Criminology
Motivational

ARCHIV

FÜR

ANATOMIE UND PHYSIOLOGIE.

Fortsetzung des von REIL, REIL u. AUTENRIETH, J. F. MECKEL, JOH. MÜLLER, REICHERT u. DU BOIS-REYMOND herausgegebenen Archives.

HERAUSGEGEBEN

VON

Dr. WILHELM WALDEYER,

PROFESSOR DER ANATOMIE AN DER UNIVERSITÄT BERLIN,

UND

Dr. TH. W. ENGELMANN,

PROFESSOR DER PHYSIOLOGIE AN DER UNIVERSITÄT BERLIN.

JAHRGANG 1907.

PHYSIOLOGISCHE ABTEILUNG.

LEIPZIG,

VERLAG VON VEIT & COMP.

1907

ARCHIV

FÜR

PHYSIOLOGIE.

PHYSIOLOGISCHE ABTEILUNG DES
ARCHIVES FÜR ANATOMIE UND PHYSIOLOGIE.

UNTER MITWIRKUNG MEHRERER GELEHRTEN

HERAUSGEGEBEN

VON

Dr. TH. W. ENGELMANN,
PROFESSOR DER PHYSIOLOGIE AN DER UNIVERSITÄT BERLIN.

JAHRGANG 1907.

MIT ABBILDUNGEN IM TEXT UND ZEHN TAFELN.

LEIPZIG,
VERLAG VON VEIT & COMP.
1907

Druck von Metzger & Wittig in Leipzig.

Inhalt.

ARCHIV

FÜR

OMIE UND PHYSIOLOGIE.

DES VON REIL, REIL u. AUTENRIETH, J. F. MECKEL, JOH. MÜLLER,
CHERT u. DU BOIS-REYMOND HERAUSGEGEBENEN ARCHIVES.

HERAUSGEGEBEN

VON

Dr. WILHELM WALDEYER,

PROFESSOR DER ANATOMIE AN DER UNIVERSITÄT BERLIN,

UND

Dr. TH. W. ENGELMANN,

PROFESSOR DER PHYSIOLOGIE AN DER UNIVERSITÄT BERLIN.

JAHRGANG 1907.

=== PHYSIOLOGISCHE ABTEILUNG. ===

ERSTES UND ZWEITES HEFT.

ZWANZIG ABBILDUNGEN IM TEXT UND FÜNF TAFELN.

LEIPZIG,

VERLAG VON VEIT & COMP.

1907

en durch alle Buchhandlungen des In- und Auslandes.
(Ausgegeben am 5. April 1907.)

Inhalt.

Die Herren Mitarbeiter erhalten *vierzig* Separat-Abzüge ihrer Beiträge gratis.

Beiträge für die **anatomische Abteilung** sind an

Professor Dr. **Wilhelm Waldeyer** in Berlin N.W., Luisenstr. 56,

Beiträge für die **physiologische Abteilung** an

Professor Dr. **Th. W. Engelmann** in Berlin N.W., Dorotheenstr. 35

portofrei einzusenden. — Zeichnungen zu Tafeln oder zu Holzschnitten sind
auf vom **Manuskript** getrennten Blättern beizulegen. Bestehen die Zeichnungen zu Tafeln aus einzelnen Abschnitten, so ist, **unter Berücksichtigung**
der Formatverhältnisse des Archives, eine **Zusammenstellung**, die dem
Lithographen als Vorlage dienen kann, beizufügen.

Beiträge zur Kenntnis der menschlichen Herztätigkeit.

Zweiter Teil.[1]

Von

K. F. Wenckebach
in Groningen.

(Hierzu Taf. I.)

VI. Die Muskulatur an der Vena cava superior.

In dem ersten Teil dieser Arbeit habe ich versucht nachzuweisen, daß die venöse Muskulatur des Herzens, in welcher bei niederen Wirbeltieren die Kontraktion des Herzens ihren Anfang nimmt, auch beim Menschen vorhanden ist. Zwar ist sie nicht, wie dort, durch die Ausbildung eines Sinus venosus ausgezeichnet, doch spielt sie noch die nämliche führende Rolle bei der Herztätigkeit. Auch in anderen Punkten stimmt die Muskulatur an der Vena cava superior mit der Venenmuskulatur niederer Entwicklungsstufen überein. So wie der Sinus venosus hier durch eine Einschnürung des Herzschlauches von den Vorhöfen getrennt ist, so ist der Venenmuskelapparat beim Menschen ebenfalls anatomisch deutlich von der rechten Vorkammer abgegrenzt. So wie an der $Si—A$-Grenze eine Verzögerung der Reizleitung stattfindet, welche sich bis zum Herzblock steigern kann, so tritt auch unter Umständen am menschlichen Herzen ein nachweisbares Hindernis für das Fortschreiten der Kontraktion zum Vorschein.

Meine damals geäußerte Bitte an Physiologen und Anatomen, dieser wichtigsten Stelle auch an Warmblüterherzen ihre Aufmerksamkeit zu

---

[1] Siehe *dieses Archiv.* 1906. Physiol. Abtlg. S. 297—354.

Archiv f. A. u. Ph. 1907. Physiol. Abtlg.

schenken, brauche ich jetzt kaum zu wiederholen. Seitdem sind wichtige
Arbeiten von Langendorff und L. Frédéricq erschienen, auf welche
ich später zurückkommen werde. E. Rehfisch hat in diesem Archiv (8)
vor kurzem auf Grund einer unter Engelmanns Leitung durchgeführten
Untersuchung gezeigt, daß unter bestimmten Bedingungen Vagusreizung
eine deutliche Verzögerung des Fortschreitens der Kontraktion von den
Venen auf die Vorkammer hervorruft.

Der Anatom von London Hospital, A. Keith hat auf meine Bitte die
anatomische Durchforschung des betreffenden Gebietes unternommen, und
soviel darf ich schon jetzt mitteilen, daß die anatomischen Verhältnisse an der Übergangsstelle von der Vena cava sup. auf die rechte Vorkammer wirklich so sind, wie ich sie früher (9.S.321) in aller Kürze beschrieben habe. Wo diése Sache nun glücklicherweise in weiteren Kreisen Interesse erregt hat, will ich hier etwas ausführlicher mitteilen, was ich bis jetzt am menschlichen Herzen gefunden habe:

Man findet an der Vena cava sup., soweit sie innerhalb des Pericards liegt, immer zahlreiche aneinander geschlossene, oberflächlich liegende Muskelbündel, welche etwas blässer erscheinen als die Vorhofmuskulatur. Dieselben verlaufen kreis- und schlingenförmig um den proximalen Teil der Vene. Einzelne Bündel steigen bis hoch an der Venenwand empor.

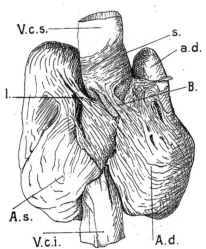

Hypertrophisches Herz bei Mitralstenose, von
rechts und hinten gesehen (nach einer Photographie). *V.c.s.* = Vena cava sup. *S.* = Schlingen-
fasern. *B.* = Übergangsbündel von *Ve.* auf *A.d.*
a. d. = rechtes Herzohr. *A. d.* = rechter Vorhof.
V. c. i. = Vena cava inf. *A. s.* = linker Vorhof.
l. = hintere Verbindungsbündel zwischen rechter
und linker Vorkammer.

Besonders deutlich sind sie an hypertrophischen Herzen ausgeprägt, wie
die nebenstehende Figur zeigt. Die ganze rechte Herzhälfte und die linke
Vorkammer sind außerordentlich stark hypertrophisch infolge langwährender
Mitralstenose, die Venae cavae sind stark erweitert, die obere ließ einen
starken Mannesdaumen durch. Die mit *S* angedeuteten Venenmuskelbündel
reichen bis mehr als 2·5 cm hoch an die Vene hinauf; einzelne Bündel
umspinnen die Vene bis noch höher. Dieser Muskelkomplex ist vom rechten

Vorhof deutlich geschieden durch ein eigentümliches Fett- und Bindegewebe, daß sich in einer Art Rinne befindet. In der Figur ist dasselbe
wegpräpariert, die Stelle ist punktiert. In der Rinne verlaufen einige kranz-
artig angeordnete Gefäße, so daß das Ganze einem kleinen Sulcus coronarius
sehr ähnlich sieht. Diese Gefäße und das Bindegewebe werden überbrückt,
das letztere auch teilweise durchsetzt von einem flachen Muskelstreifen der
im Bereiche der Venenmuskulatur entspringend in die Vorhofmuskeln übergeht (Textfig. B). Teilweise (nach hinten und links) schließt sich dieses
Muskelbündel dem hinteren, von Keith früher beschriebenen „limbic
band" (Textfig. l.) an, welcher einen muskulösen Zusammenhang zwischen
rechter und linker Vorkammer darstellt. Die Form dieser Muskelverbindung
ist nicht immer genau die gleiche, es kommen Variationen vor. Ich habe
dieselbe aber an allen von mir präparierten Herzen gefunden und zwar
immer genau an der nämlichen Stelle.

Wir sehen also, daß die Venen-Sinusmuskulatur bei der embryonalen
Entwicklung sich nicht einfach in die Vorhofmuskulatur aufgelöst hat,
sondern daß sie sich noch immer von letzterer abgrenzen läßt. Muskelzüge stellen eine Verbindung zwischen beiden dar, gerade so wie an der
$A—V$-Grenze.

Nach dem was Keith mir vor kurzem gezeigt und mitgeteilt hat, werden
wir annehmen müssen, daß wahrscheinlich neben der hier beschriebenen
Muskelbrücke noch mehrere Muskelfasern von der Vene zum Vorhof ziehen,
und das Übergangsbündel B somit nicht die einzige Verbindung zwischen
Ve und A darstellt. Weiter aber hat Keith gefunden, daß sich an der
$Ve—A$-Grenze ebensolches speziell ausgebildetes Muskelgewebe befindet, wie
es von Aschoff und Tawara zuerst in dem $A—V$-Bündel und in den
Purkinjeschen Faden angetroffen wurde. Damit ist es möglich geworden,
den Vergleich der Verhältnisse an der $Ve—A$-Grenze mit denen an der
$A—V$-Grenze noch weiter durchzuführen. Die Rolle dieses speziellen
Gewebes, den motorischen Reiz (langsamer?) zu leiten, würde auch an der
$Ve—A$-Grenze gespielt werden, und das Vorkommen eines Blocks an
dieser Stelle durchaus begreiflich werden.

Eine weitere anatomische Durchforschung des Venengebietes des
Herzens ist nunmehr dringend geboten. Auch die funktionelle Tätigkeit
dieser Gebilde verlangt eine systematisch durchgeführte Bearbeitung. Nur
so kann der Grund gelegt werden zum Studium der Pathologie der Venenmuskulatur, ein Gebiet, daß bei der bis jetzt üblichen Sektionstechnik vollständig vernachlässigt ist. Eine neue pathologische Anatomie des Herzens,
wobei auf das Verhalten aller einzelnen Teile des Herzens geachtet wird,
kann daraus entstehen und wir brauchen eine solche. In meiner ersten
Abhandlung habe ich schon darauf hingewiesen, daß in bis jetzt noch

seltenen. Fällen eine Blockierung an der $Ve-A$-Grenze beim Menschen
zur Beobachtung gekommen ist. In nachfolgenden Zeilen hoffe ich zu
zeigen, daß noch viele andere Störungen der Venentätigkeit nachgewiesen
werden können, ja, daß bessere Kenntnisse dieser Störungen uns vielleicht
instand setzen werden, wichtige klinische Probleme zu lösen. Dazu aber
ist das Zusammenarbeiten vieler nötig.

V.II. Über an den Venen ausgelösten Extrasystolen.

Die Figg. 1, 2 und 3, Taf. I. sind einem sehr umfangreichen
Kurvenmateriale, von einem 41jährigen Manne herrührend, entnommen.
Der Mann litt seit einem Jahre an leichten rheumatischen Gelenkent-
zündungen, hatte in früheren Jahren viel Alkohol getrunken, zeigte im
Urin Spuren von Eiweiß, doch hatte er keine Symptome eines anatomischen
Herzfehlers, nur wurden immer Unregelmäßigkeiten wahrgenommen. Diese
Unregelmäßigkeiten ließen sich mit größter Wahrscheinlichkeit auf an den
Venen ausgelösten Extrasystolen zurückführen.

Fig. 1 zeigt, wie die übrigen Figuren, das Kardiogramm, das Phlebogramm und den Radialpuls, zusammen mit der Zeit (in $^1/_{30}$ Sekunde). Das
Phlebogramm ist sehr deutlich und zeigt bei der Analyse die Anhaltspunkte, welche ich in meiner vorigen Abhandlung (9. I) beschrieben habe.
Die erste Welle a (1 bis 2) repräsentiert die Vorkammerkontraktion, welche
auch teilweise im Kardiogramm sichtbar wird. Dann folgt die Kammersystole bei 2; sie leitet eine negative Phase im Phlebogramm ein, welche
bei 3 im Kardiogramm eine kleine Einbiegung, im Phlebogramm die
Karotiswelle c zeigt. Kurz nach dem Ende des systolischen Plateaus
kommt im Kardiogramm der keine Buckel des Verschlusses der Semilunarklappen zum Vorschein. Dieser Punkt entspricht immer dem Anstieg der
diastolischen v-Welle im Phlebogramm.

Bei der dritten Systole tritt, noch bevor sich diese v-Welle zeigen
würde, eine sehr hohe Welle im Phlebogramm auf. Diese Welle sieht
einer großen a-Welle ähnlich und kann auch nur von einer A, hervorgerufen sein. Die Kammer hat nämlich ihre Systole noch nicht beendet.
Wenn man den Anfang dieser Welle im Kardiogramm bestimmt, fällt
dieser bei ×, noch vor dem Ende des systolischen Plateaus. Es handelt
sich also um eine Extra-A,. Daß die Welle so hoch ist, hängt wohl damit
zusammen, daß die rechte Vorkammer ihren Inhalt in diesem Augenblicke
nicht in die noch kontrahierte Kammer hineintreiben kann, so daß sie eine
rückläufige Blutwelle in die Venen verursacht. Überdies fällt sie mit der
v-Welle zusammen, es kommt somit zur Summierung zweier Wellen.

. . . Zwei Besonderheiten zeichnen diese Extra-A_s (A_s') aus. Erstens folgt ihr keine Extra-V_s (V_s'), ein Verhalten, das in dieser Form bis jetzt noch nicht beim Menschen beobachtet wurde. Die Erklärung ist eine einfache: die A_s' kommt so früh, daß sie die Kammer noch in Systole findet und ihr Kontraktionsreiz hat keinen Einfluß auf die noch refraktäre Kammer. Fällt die A_s' etwas später, dann folgt auch eine V_s'. Dieser Fall ist in Fig. 2, Taf. I abgebildet. Hier fällt der Beginn der a-Welle ganz kurz nach der Schließung der Semilunarklappen (im Kardiogramm bei ✕) also auch kurze Zeit (ungefähr $1/_{30}$ Sek.) nach dem Ende der Kammersystole. Man sieht daraus, wie kurz die refraktäre Phase das Ende der Systole überdauert und zwar für den zugeleiteten Reiz.

Die zweite Besonderheit ist diese, daß die Periode dieser Extrakammersystole (die Zeit also, welche verläuft vom Anfang der A_s' bis zur nächsten normalen A_s) kürzer ist als die normale Vorkammerperiode. Wie läßt sich diese Erscheinung erklären?

Aus den Experimenten von Cushny und Matthews, später von H. E. Hering bestätigt und erweitert, wissen wir, daß beim Säugetierherzen eine durch Reizung des Vorhofs ausgelöste Extrasystole gewöhnlich von einer nicht vollständig „kompensierenden" Pause gefolgt wird. Die Extraperiode ist stets länger als die normale und zwar länger je nachdem der Reiz früher in die Diastole fällt. Ich habe früher in diesem Archiv (1903. Phys. Abt.) eine Erklärung dieses Phänomens gegeben, welche ich jetzt überall in der Literatur angenommen sehe, nämlich diese, daß die Periode einer A_s' um so viel länger als eine normale Periode ist, als der Extrareiz Zeit braucht um die Ursprungsstelle der Herztätigkeit zu erreichen. Wird die A_s' ganz früh in der Diastole ausgelöst, so ist die Reizleitung durch den Herzmuskel noch sehr verlangsamt: der Reiz braucht also eine relativ lange Zeit um die Ursprungsstelle an den Venen zu erreichen. Nachdem diese Stelle sich zusammengezogen hat, wird wieder eine normale (Venen-)Periode verlaufen müssen, bevor hier eine neue Kontraktion anhebt. Fällt die A_s' später in der Diastole, so wird die Leitung schneller vonstatten gehen und die Extraperiode wird kürzer werden. Im allgemeinen kann man also sagen: die Extravorkammerperiode hat die Länge einer Normalperiode, vermehrt mit einer variablen Zeit, welche mit dem Reizmomente, wohl auch mit der Reizstelle, wechselt.

Hier finden wir aber eine Extra-Vorkammerperiode, kürzer als die normale. Das beweißt, daß diese A_s' nicht in der Vorkammer selbst anhebt. Von der noch kontrahierten Kammer aus kann sie wohl nicht hergeleitet sein. Es bleibt somit nur übrig, anzunehmen, daß die Extrasystole in der Ursprungsstelle der Herztätigkeit, also an den Venen entstanden ist. Diese Annahme erklärt das Phänomen auch vollständig, wie aus

Fig. 1 a, Taf. I hervorgeht. Diese Figur ist den tatsächlichen Verhältnissen der Fig. 1, Taf. I sorgfältig nachgebildet. Was schraffiert und mit durchgezogenen Linien gezeichnet ist, ist das, was aus den Kurven direkt hervorgeht; nur der punktierte Venenrhythmus ist hineinkonstruiert. Wir wissen aber jetzt, daß diese Venenkontraktion der A_s vorangeht. Kommt nun ganz kurz nach einer Ve_s eine zweite Extra-Ve_s, so wird der Reiz langsamer auf die Vorkammer übergeleitet. A_s' kommt deshalb verspätet. Bei der nächsten Systole aber ist die Leitung wieder normal, A_s also nicht verspätet. Daraus ergibt sich eine Verkürzung des Intervalls zwischen der A_s' und der nächsten A_s. Das Postulat, das die Extra-Ve_s sehr schnell auf die vorhergehende folgte, ist gewiß erlaubt, die doch etwas verspätete A_s' kommt sogar noch so früh, daß die V_s noch nicht beendet war.

Wir sind also gezwungen, hier anzunehmen, daß diese Extrasystolen in der Venenmuskulatur entstanden sind. Ich kann hinzufügen, daß die Extrasystolen unseres Kranken immer diesen Charakter trugen und ich könnte zahllose Beispiele davon geben. Bei der weiteren Beobachtung dieses Falles verhielten sich diese Venenextrasystolen in einer Weise, welche uns erlaubte, eine tiefere Einsicht in das Wesen dieser Erscheinung zu erlangen. Ich berichte darüber in dem folgenden Paragraphen.

VIII. Über Dissoziation der Tätigkeit der Venenmuskulatur.

Der Kranke, dessen Herz die obenbeschriebenen Venenextrasystolen machte, war sich dieser Erscheinung wohl bewußt. Ihn belästigte und beunruhigte diese Unregelmäßigkeit und es wurde deshalb versucht, dieselbe zum Verschwinden zu bringen. Dies gelang aber bei keiner einzigen Behandlung. Wohl wurde die Gruppierung der Extrasystolen hierdurch beeinflußt.

Anfänglich wurden kleine Doses Digitalis in Infus gereicht. Infolgedessen fiel die Pulsfrequenz von ungefähr siebzig bis unter sechzig ab. Während dieser Verlangsamung der Herztätigkeit traten die Extrasystolen in größerer Zahl auf und zwar fast nie mehr vereinzelt, sondern immer in Gruppen. Diese Gruppen wiederholten sich in bestimmter Weise, nie konnte man längere ununterbrochene Pulsreihen beobachten. Das Ganze machte den Eindruck, daß die Gruppierung der Extrasystolen von irgendeinem Gesetz bedingt wurde. Deutlicher wurde die Sache, als in der Zeit der stärksten Verlangsamung des Herzschlages interpolierte Venenextrasystolen auftraten. Eine genaue Analyse zeigte dann, daß sich hier eine Interferenz zweier Venenrhythmen geltend machte. Aus den zahlreichen Beispielen, welche ich anführen könnte, gebe ich nur Fig. 3, Taf. I.

Ich will aber gleich hinzufügen, daß es mir nicht gelungen ist, alle Arten von Extrasystolengruppen zu analysieren; dazu genügt denn doch unsere Methode nicht.

Fig. 3, Taf. I ist besonders deutlich, was die zeitlichen Verhältnisse der Systolen und Extrasystolen betrifft, die *a* und *a'* sind im Phlebogramm aber nicht so stark ausgebildet wie in anderen Kurven (siehe Figg. 1 und 2, Taf. I). Fig. 3a, Taf. I ist eine genaue schematische Darstellung der Herztätigkeit in Fig. 3, Taf. I. Wir sehen zu allererst, daß die Periodendauer eine längere geworden ist als vor der Digitalisdarreichung. Auch das Intervall zwischen A_s und V_s ist länger geworden; wir wissen denn auch jetzt, daß, wie ich schon vor Jahren behauptet habe, Digitalis die Reizleitung im Herzen verzögern kann. Die Dauer der Ventrikelkontraktion wechselt gleichsinnig mit der vorhergehenden Pause.

Wir sehen nun, daß die erste Extrasystole 1' (in Fig. 3a, Taf. I horizontal schraffiert) offenbar den Venenrhythmus nicht stört, die nächste Systole 3 (vertikal schraffiert) fällt im richtigen Augenblick ein, ist keineswegs verspätet. Hieraus folgt, daß die Extrasystole die Ursprungsstelle der anderen Systolen nicht zur Kontraktion gebracht hat. Beide entstehen somit nicht an derselben Stelle. Trotzdem sind beide in der Venenmuskulatur ausgelöst. Es muß somit eine Dissoziation in der Venenmuskulatur angenommen werden.

Die nämliche Erscheinung findet noch zweimal statt (in anderen Beispielen zuweilen nur ein- oder zweimal). Das letzte Mal aber kommt die nächste Systole verspätet und zwar in derselben Weise als die in VII. beschriebene Venenextrasystole. Das beweist also, daß es sich auch bei diesen Extrasystolen um Venenextrasystolen handelt. Die Erklärung dieses eigentümlichen Vorgangs scheint mir die folgende zu sein:

Wenn beide Arten von Systolen, vertikal schraffierte und horizontal schraffierte, in der Venenmuskulatur entstehen, und daran ist nicht zu zweifeln, so müssen wir eine Dissoziation in der Tätigkeit der Venenmuskulatur annehmen, sonst würde die eine die andere vernichten. Wir müssen dann annehmen, daß zwei funktionell dissoziierte Teile der Venenmuskulatur je rhythmisch ihre eigenen Reize produzieren. Fielen diese zwei Reize immer zusammen, so würde man am Herzen nichts davon bemerken. Sobald aber die Periode der Reizung in beiden Teilen nicht völlig gleich ist, wird es zur Interferenz der beiden Rhythmen kommen. Kommt der eine Reiz etwas später als der andere, so wird jener die Vorkammer noch refraktär finden, und deshalb keinen Effekt erzielen. Wird der zeitliche Unterschied aber größer, so wird der zweite Reiz schließlich so spät kommen, daß er die Vorkammer zur Extrakontraktion bringt, eine

A_s' welche dann eine V_s' hervorrufen kann (Fig. 2, Taf. I) oder nicht (Fig. 1, Taf. I).

Ist nun der Herzschlag nicht zu frequent, und die Dissoziation an der Vene ziemlich vollständig, so wird es zu einer Interferenz der beiden Rhythmen kommen, welche sich kurze Zeit in einem doppelten Rhythmus äußern kann, bis schließlich der eine Rhythmus siegt. Die myogene Selbstregulierung, welche experimentell von Engelmann so schön ins Licht gestellt wurde, spielt dabei ihre Rolle.

Sieht man sich nun Fig. 3 a, Taf. I an, so ist es leicht, die beiden Rhythmen und ihre Interferenz zu erkennen. Ich erinnere dabei an die merkwürdige Interferenz der beiden Vorkammerrhythmen, welche ich früher beschrieben habe (9, V). Die (vertikal schraffierten) Systolen 1, 2, 3, 4, gehören dem einen Rhythmus an, die (horizontal schraffierten) Systolen 1', 2', 3' und 4' dem zweiten. Dieser zweite „siegende" Rhythmus wird dann nach kurzer Zeit wieder durch den ersten gestört, es kommt wieder eine Interferenz und aufs neue eine regelmäßige Strecke. Diese regelmäßigen Strecken sind verschieden lang, oft aber auch folgen die Interferenzen mit erstaunlichem Regelmaß nach vier bis sechs regelmäßigen Schlägen. Man könnte den Vorgang am besten dem Traben zweier Pferde vor einem Wagen vergleichen. Einmal scheinen die Tiere genau zusammen zu traben, dann wieder verdoppeln sich die Tritte um nach kurzer Zeit wieder in den gemeinsamen Trab zu fallen, bis wieder eine Verdoppelung eintritt; so hört man eine regelmäßige Abwechslung von einzelnen und doppelten Rhythmen.

Der weitere Verlauf der Erscheinungen in diesem Falle spricht stark für die Annahme einer Interferenz zweier Venenrhythmen, entstanden durch Dissoziation innerhalb der Venenmuskulatur. Bevor aber dieser Verlauf besprochen wird, scheint es geboten, uns zu fragen, wie wir uns eine solche Dissoziation vorzustellen haben, und ob etwas dergleichen wirklich angenommen werden darf.

Allererst kann man sich vorstellen, daß es auch normaliter mehr als eine Stelle gibt, welche die Ursprungsreize liefert, z. B. neben der Vena cava superior auch an der Vena cava inferior oder an den Venae pulmonales. Hier ist aber nichts zu finden, gewiß nichts bekannt von einer gesonderten venösen Muskulatur. Wahrscheinlich scheint mir also, daß auch diese Dissoziation sich an der schön ausgebildeten Muskulatur der Vena cava superior abspielt. Ich zitiere dann zuerst eine jetzt schon zehn Jahre alte Untersuchung Engelmanns (2). Dieselbe betrifft das Froschherz. Man wird aber, wo die Venenmuskulatur auch am menschlichen Herzen nachgewiesen ist, leicht einsehen, daß das Gesagte auch hier gilt. Wo Engelmann über den Ursprung der Herzbewegungen an den Venen spricht, sagt er folgendes:[1]

„Die Organe, in welchen sich die automatischen Reize entwickeln, können nicht Ganglienzellen sein. In vielen Stückchen der Hohlvenen (besonders der Venae cav. sup.), welche nach dem Ausgeschnittenwerden stundenlang regelmäßig geklopft hatten, waren auch bei sorgfältigsten Untersuchungen keine Ganglienzellen, nur Muskelzellen zu finden: netzartig angeordnete Bündel quergestreifter Muskelfasern des Herzzellentypus. Sie erstrecken sich mit immer weiter werdenden Maschen und in abnehmender Dicke bis weit vom Herzen, in den V. cav. sup. bis an oder vorbei die Teilung in V. jug. und V. subclavia.....

„Man muß sich nun vorstellen, daß alle oder die meisten Muskelzellen der großen Venen fortwährend oder wahrscheinlicher periodisch und automatisch Reize produzieren, ungefähr so wie Flimmerepithelzellen, deren Peristaltik in vielen Fällen mit derjenigen des Ureters oder des Herzens eine große Ähnlichkeit hat.

„Sobald in einer der Muskelzellen der automatische Reizprozeß eine solche Höhe erreicht hat, daß eine Kontraktion hervorgerufen wird und diese sich auf die benachbarten Zellen ausbreiten kann, folgt eine Kontraktionswelle, welche sich mit großer Geschwindigkeit über alle Zellen der Venen und des Sinus und weiter in bekannter Weise über Atria und Ventrikel fortpflanzt. Durch diese Welle werden auch die automatisch wirkenden Muskelzellen der Venen zeitlich ihrer Reizbarkeit und ihres Leitungsvermögens beraubt; es dauert also erst einige Zeit, bevor irgendwo eine neue Kontraktion entstehen kann und Ursprungsstelle einer neuen Herzrevolution werden kann. Hierbei ist es nicht notwendig, daß immer die nämliche Muskelzelle den Ausgangspunkt bildet. Diejenige Zelle, in welcher die automatische Reizung zuerst eine wirksame Höhe erreicht und in deren Nähe das Leitungsvermögen zuerst genügend wieder hergestellt ist, wird zur Ursprungsstelle werden. Die außerordentlich große Zahl der automatisch und mit großer Frequenz arbeitenden Muskelzellen an den Ostia venosa muß als eine für die Erhaltung der regelmäßigen Herztätigkeit höchst zweckmäßige Einrichtung betrachtet werden."

Die Verhältnisse an der menschlichen Vena cava superior sind denen des Froschherzens so sehr ähnlich, daß wir diese Betrachtungen Engelmanns getrost als Ausgangspunkt nehmen dürfen. Es ist nun leicht einzusehen, daß eine Dissoziation der Tätigkeit der Venenmuskulatur entstehen muß, sobald die Ausbreitung der an einer Stelle entstandenen Kontraktionswelle über die ganze Venenmuskulatur gestört wird. Ursache einer solchen

---

[1] Ich übersetze aus der holländischen Arbeit. W.

Störung kann jede Kontinuitätstrennung werden; die zarte Venenmuskulatur wird auch durch kleinere Entzündungsvorgänge, durch Degeneration von Muskelfasern, durch Bindegewebswucherung leicht geschädigt werden. Auch ohne anatomisch nachweisbare Läsionen kann Abnahme des Reizleitungsvermögens oder der Reizbarkeit in einer kleinen Gruppe von Muskelzellen das Fortschreiten der Kontraktion über die ganze Venenmuskulatur leicht verhindern oder verzögern. Sobald dies der Fall ist, wird auch in dem nicht an der Kontraktion beteiligten Abschnitt der Venenmuskulatur ein Reiz wirksam werden, und die Dissoziation mit Ausbildung zweier Rhythmen ist da.

Es gibt nun weitere experimentelle Ergebnisse, welche die Möglichkeit einer solchen Dissoziation außer Zweifel stellen. In Arbeiten von Muskens (7) aus dem Jahre 1898, finden wir ausführlich beschrieben, wie unter Einfluß von Reizung des Vagus bei Fröschen und bei Schildkröten Dissoziationen nicht nur zwischen Sinus, Vorhof und Kammer, sondern auch im Gebiete einer einzigen Herzabteilung auftraten und er zitiert diesbezügliche Arbeiten von Engelmann, Mc. William u. A. Er sagt[1]: „Evidently the excitation of the vagus in this case dissociated one part of the sinus from the other." „Some times . . . . the sinus is seen to contract in three divisions, and indeed it is entirely probable that the dissociation of the sinus contraction under nerve influence may proceed much further than can be demonstrated by our present methods of research."

Ich verweise auch auf die neueste Arbeit von Léon Frédéricq (4), welche unten besprochen wird.

Wir sehen also, daß schon unter durchaus physiologischen Bedingungen Vagusreizung durch Leitungsstörung innerhalb der venösen Muskulatur zu Dissoziationen Veranlassung geben kann. Wie leicht könnte dann unter pathologischen Bedingungen eine solche Dissoziation entstehen,

––––––––

Kehren wir jetzt zu unserem Kranken zurück, so finden wir, daß der weitere Verlauf der Erscheinung zugunsten unserer Annahme einer Dissoziation an den Venen spricht.

Es wurde schon bemerkt, daß der Kranke bei Tag und bei Nacht, in Ruhe und nach körperlicher Anstrengung seine Venenextrasystolen behielt. Anfangs vereinzelt auftretend, kamen sie gruppenweise in eigentümlicher Anordnung zum Vorschein unter Einfluß von Digitalis und Verlangsamung des Herzschlages. Nach Ablauf der Digitalisdarreichung wurde nun vorsichtig Atropin in kleinen Dosen und per os gereicht, um zu sehen, ob

––––––––

[1] A. a. O. S. 503 ff.

unter Einfluß dieses Medikaments und der dabei · auftretenden Pulsbeschleunigung das Phänomen zum Verschwinden zu bringen war.

Die Atropindarreichung hatte nach einigen Tagen ·eine Pulsbeschleunigung zur Folge. Dabei traten die Extrasystolen seltener auf, die
Interferenzen verschwanden gänzlich, und auf der Höhe der Atropinwirkung
bei einer Pulszahl von 90 p. m. habe ich einige lange Pulsreihen aufgeschrieben,
wo keine einzige Extrasystole den Rhythmus störte. Gänzlich verschwanden
sie aber nie. Als nun das Atropin ausgesetzt wurde, kamen die Extrasystolen wieder in größerer Zahl zurück, immer aber vereinzelt · und in
regelmäßiger Anordnung, nach je 5, 6 oder 7 Schlägen.

Es ergibt sich aus diesen Beobachtungen, daß die Venenextrasystolen
bei höherer Frequenz seltener auftreten als bei niedriger Frequenz. Das
ist ein sehr gewöhnliches Verhalten bei Extrasystolen. Sobald die Pulsperioden
länger werden, finden Extrareize mehr Gelegenheit in den langen Pausen
zwischen den einzelnen Systolen Extrasystolen zu erzeugen. So einfach aber
liegt hier die Sache nicht. Die Extrasystolen wurden während der Digitalis-
periode nicht so viel frequenter, sondern sie bildeten hier Gruppen, welche
ebenso wie später von 4—6 normalen Schlägen, an einigen Tagen aber
auch von bedeutend längeren regelmäßigen Strecken getrennt waren.

. Nehmen wir nun an, daß die Venenextrasystolen in diesem Falle entstanden durch eine Störung innerhalb der Venenmuskulatur, also nicht
durch exogene Extrareize, sondern durch eine Verdoppelung der normalen
Reize, so wird uns die Sache klar. Wir können dann leicht einsehen, daß
eine länger dauernde Interferenz beider Rhythmen, zeitweise Verdoppelung
der Herztätigkeit, sich nur zeigen könnte während der Periode verlang-
samter Herztätigkeit.

Zweitens aber müssen wir bedenken, daß Digitalis imstande ist, das
Leitungsvermögen und auch die Reizbarkeit herabzusetzen. . Wir wissen
aus den Arbeiten Cushny's u. a., daß Digitalis diesen Einfluß wahrscheinlich ausübt durch Vagusreizung. Wir müssen also darauf gefaßt
sein, daß hier eine wenig bedeutende Dissoziation der Venenmuskulatur, welche
meistens nur zu vereinzelten Venenextrasystolen Veranlassung gab, durch die
unter Digitaliseinfluß auftretende Leitungsstörung verschärft wurde und die
Dissoziation bis zur deutlichen Interferenz zweier Rhythmen steigerte. Damit
würde ebenfalls stimmen, daß Atropin den umgekehrten Effekt hatte. . Wir
würden in dieser Weise den hier behandelten Fall als ein Analogon des
Muskensschen Experimentes betrachten können. .

Schon öfters und von mehreren Seiten ist darauf hingewiesen, wie in
nicht seltenen Fällen das regelmäßige Auftreten von Extrasystolen den Eindruck von ·Interferenz eines normalen und eines pathologischen Rhythmus
mache. Es kommt mir nicht unwahrscheinlich vor, daß genauere Analyse

solcher Fälle, wie sie nun allmählich möglich geworden ist, zeigen wird, daß es sich um Interferenz zweier autochthonen Rhythmen handelt. Ich erinnere nochmals an die von mir vorher beschriebene Interferenztätigkeit beider Vorhöfe und an die früher ausgesprochene Meinung, daß sehr oft autochthone, nicht exogene Reize die beim Menschen vorkommenden Extrasystolen verursachen.

IX. Über die „Stanniussche Ligatur" beim Menschen.

Wir haben in den vorhergehenden Abschnitten II, III, VI, VII und VIII gesehen, welche wichtige Rolle der Venenmuskulatur bei der menschlichen Herztätigkeit zukommt. Nachdem diese Überzeugung sich aufgedrungen hat, kommt man leicht dazu sich abzufragen, was wird wohl geschehen, falls diese überaus zarte Muskulatur versagt oder die Kontinuität derselben mit der Vorhofsmuskulatur verloren geht? Die jetzt so eifrig studierte Erscheinung des Herzblocks beim Menschen liefert ein prägnantes Beispiel davon, wie die zarten Verbindungen zwischen den einzelnen Herzabteilungen beim Menschen zugrunde gehen können. Trotzdem, Dank sei der „myogenen Selbstregulierung" des Herzens, bildet sich ein neuer Herzmechanismus aus, die Blutzirkulation und dadurch das Leben bleiben erhalten und ein noch recht erträglicher Zustand wird geboren.

Sieht man sich die feinen Muskelzüge der Vena cava superior an, so drängt sich der Gedanke auf, wie leicht eine bedeutende Störung in der Tätigkeit dieses lebenweckenden Apparates eintreten könnte durch geringfügige pathologische Veränderungen. Allein ihr Vorkommen an dieser Stelle würde den geringsten Läsionen eine große Bedeutung verleihen. Sollte aber die Muskulatur vernichtet werden, atrophieren, oder, was den nämlichen Effekt haben würde, die Verbindung mit dem übrigen Herzen zugrunde gehen, so würden wir einen Zustand bekommen, den wir als Herzblock an der Ve—A-Grenze bezeichnen könnten und als ein Analogon der klassischen Stanniusschen Ligatur betrachten müßten.

In der Tat bin ich der Meinung, daß dieses Ereignis beim Menschen gar nicht so selten vorhanden ist und daß in diesem Falle das menschliche Herz sich ebenso zu helfen weiß, wie wir dies beim Herzblock an der A—V-Grenze kennen gelernt haben. Der Zustand, der dann geboren wird, ist die bleibend irreguläre Herztätigkeit, welche in den letzten Jahren wiederholt von verschiedenen Seiten studiert worden ist und deren Erklärung meiner Ansicht nach noch nicht gefunden war.

Bei der hier folgenden Besprechung dieser eigentümlichen Herztätigkeit werde ich dieselbe nur so weit behandeln, als eben notwendig ist, um die Wichtigkeit dieses Problems zu beleuchten. Eine ausführliche Behandlung des auch klinisch höchst interessanten Phänomens hoffe ich später an anderer Stelle geben zu können. Weil aber auch bei dieser Frage physiologische und pathologisch-anatomische Daten zur Sicherstellung erforderlich sind, will ich schon jetzt meine Ansicht den experimentierenden Fachgenossen unterbreiten, mit der Bitte, sich diese Frage zu überlegen. Es gilt ein für die Klinik der Herzkrankheiten sehr wichtiges Problem.

Als es mir in 1897 gelang, das Vorkommen von Extrasystolen beim Menschen aus der gesetzmäßigen Erhaltung des Rhythmus zu beweisen, fiel mir sofort auf, daß es eine gänzlich unregelmäßige Herztätigkeit gebe, wobei das Gesetz der Erhaltung des Rhythmus ganz und gar verloren geht. Eine Erklärung konnte ich [nicht geben. Ich habe seither in meinem Buche über die Arhythmie die Vermutung ausgesprochen, daß es sich in diesen Fällen um etwas Besonderes handle, daß wir nicht annehmen dürfen, daß es sich hier um Extrasystolen, vielmehr um unregelmäßige Bildung der Kontraktionsreize handle und vielleicht Nerveneinfluß mit im Spiele wäre. Später wurde es dann klar, daß es auch beim Menschen Extrasystolen gebe, welche zwischen A und V entstehen, wobei also A und V sich zu gleicher Zeit kontrahieren können. Die A_s ist dann eine rückläufige und kann die Reizbildung an den Venen stören. Mit Mackenzie habe ich mich in diesem Archiv (6) dahin ausgesprochen, daß bei dieser durch scheinbare ventrikuläre Extrasystolen hervorgerufenen, fortwährenden Unregelmäßigkeit das Gesetz der Erhaltung des Rhythmus verloren gehen kann: Hering nimmt die nämliche Erklärung an. Mackenzie, welcher der einzige Untersucher ist, der die große klinische Bedeutung dieser Pulsform erkannt hat, hat immer darauf hingewiesen, daß ein fortwährendes Auftreten solcher Systolen (er nennt den Zustand „ventricular rhythm") eine genügende Erklärung des Phänomens der vollständigen Unregelmäßigkeit abgibt. Hering hat noch auf der letzten Naturforscherversammlung gesagt, daß er den „pulsus perpetue irregularis" nicht für einen besonderen Fall, also nur für das Auftreten von zahlreichen Extrasystolen hält.

Ich kann mich dieser Meinung noch immer nicht anschließen und halte diese Pulsform immer noch für ein Problem, dessen Lösung zu suchen ist, und zwar aus folgenden Gründen:

Mackenzie hat mit großer Beobachtungsgabe erkannt, daß die fortwährend irreguläre Herztätigkeit immer dann eintritt, wenn die Vorhöfe aufhören zu schlagen. Anfänglich kann diese Unregelmäßigkeit für lange Zeit paroxysmell auftreten, später kommt sie als bleibender Zustand. Keine Behandlungsweise bringt den regelmäßigen Herzschlag wieder zurück. Er nahm hier eine Lähmung der Vorkammern an und meinte, daß bei „paralysis of the auricles" die Ventrikel den Rhythmus des Herzens zu produzieren anfingen.

Diese Erklärung kann, wie Mackenzie jetzt auch selbst gesteht, nicht
aufrecht gehalten werden. Wenn auch die Vorkammern sich nicht mehr
kontrahieren könnten, so könnte doch der Kontraktionsreiz noch immer von
den Venen zu den Ventrikeln geleitet werden und brauchten 'deshalb die
Kammern nicht ihre eigenen Reize zu produzieren. In seiner Beobachtung
aber hat Mackenzie meines Erachtens das Richtige getroffen: in den
Fällen von fortwährend irregulärer Herztätigkeit ist die der Kammersystole
vorangehende Vorkammertätigkeit verloren gegangen. In scharfsinniger
Weise wies er dies nach an Fällen von Mitralstenosis. Ich habe in den
letzten Jahren wiederholt die Gelegenheit gehabt, Mackenzies Beobachtungen zu bestätigen und werde· deshalb seine Beweisführung in solchen
Fällen hier wiederholen:

Wir sind imstande, aus dem Venenpulse die Tätigkeit der rechten
Vorkammer kennen zu lernen. Sie verrät sich (siehe 9, I) durch eine
a-Welle, welche der V_a in bestimmter Zeit vorangeht. Bei Gesunden und
Kranken, wenn immer ein Venenpuls vorhanden ist, finden wir diese Vor-
kammerwelle. Über .die Kontraktion der linken Vorkammer erhalten wir
nicht so leicht Nachricht. Mit Hilfe der schon·früher in Zwaardemakers
Laboratorium geübten und jetzt von Minkowski zur Hand genommenen
Methode des ösophagealen Kardiogramms wird es wahrscheinlich gelingen,
die Bewegungen der linken Vorkammer zu registrieren. In Fällen von
Mitralstenose aber können wir schon jetzt die Bewegungen .der linken Vorkammer mehr oder weniger kontrollieren. Das prägnante rollende, diasto-
lische Geräusch, welches das Einströmen des Blutes durch |die verengte
Mitralklappe in die Kammer andeutet, erfährt beim· Beginn der nächsten
Herzrevolution eine Verstärkung, welche erst beim knallenden ersten Herz-
tone ein Ende nimmt. Dieses Crescendo rührt von der sich vor der Kammer
kontrahierenden Vorkammer her, welche das Blut kräftiger durch die Mitralklappe in die Kammer treibt. Sobald sich die Kammer zu kontrahieren
anfängt, wirft diese mit Kraft die verdickte Mitralklappe zu, verursacht den
starken ersten Ton und macht dem Einströmen des Blutes und dem rollenden
Crescendo ein Ende.

Mackenzie hat nun ganz richtig beobachtet, daß das Verschwinden
dieses präsystolischen Crescendos sehr häufig zusammenfällt mit dem Verschwinden der a-Welle aus dem Phlebogramm und dem Auftreten der
fortwährend irregulären Herztätigkeit, des „ventricular rhythm". Das
Phlebogramm nimmt nach ihm einen ventrikulären Typus an, und Hering,
sich reserviert äußernd, hat ebenfalls mitgeteilt, daß er immer das Zu-
sammengehen dieser Pulsform mit dem „Kammervenenpuls" beobachtet hat.
Mackenzie hat des weiteren darauf hingewiesen, daß das Auftreten dieser
Pulsform sehr oft eine schlimme Wendung im Krankheitsverlauf begleitet,

daß öfters das Auftreten von venöser Stauung und Ödemen vom Einsetzen der irregulären Herztätigkeit herrührt.

Soweit die beobachteten Tatsachen.

Wir haben uns nun die Frage vorzulegen: wie entsteht dieser Zustand, woher diese Änderung der Herztätigkeit und die Verschlimmerung der Krankheitserscheinungen?

Bei der Beantwortung dieser Fragen wurden bis jetzt zwei Antworten gegeben: erstens sei der schlechte Zustand der Vorhöfe die Ursache, daß sie sich nicht mehr kontrahierten; zweitens wären es die zahlreichen $A-V$-Extrasystolen, welche den Mechanismus des Herzens stören und den Venenrhythmus zum Schweigen bringen würden. Wie gesagt, kann ich diese Erklärungen nicht gelten lassen.

Es ist wahr, daß bei Mitralstenose die linke Vorkammer auf die Dauer stark leiden muß. Gewöhnlich beginnt die Mitralstenose schon im frühen Kindesalter, und schreitet die Stenosierung nur langsam fort. Daher hat die linke Vorkammer die Gelegenheit stark zu hypertrophieren. Zuletzt aber wird das doch immer dünnwandige Organ ihrer Arbeit erliegen müssen. Es werden wiederholt Fälle beobachtet, wo post mortem die Wände der linken Vorkammer stark ausgedehnt waren, die Muskulatur atrophiert, zuweilen sogar gänzlich verschwunden war. Ich sah einen Fall, und es wurden mehrere solche beschrieben, wo sich bei Mitralstenose im Innern der linken Vorkammer dicke Fibrinklumpen festgesetzt hatten und von ihrer langen Anwesenheit daselbst Zeugnis ablegten durch ihre Beschaffenheit und zuweilen durch ihre Verwachsung mit dem Endokard. Es wird also nicht wundern, wenn unter diesen Umständen die Kontraktion der linken Vorkammer ganz unbedeutend wird und daher das präsystolische Crescendo des Stenosegeräusches verschwindet.

Wir finden aber in diesen Fällen, daß nicht nur die linke, sondern auch die rechte Vorkammer ihre Tätigkeit einstellt. Diese letztere aber hat nicht die nämlichen Schwierigkeiten zu überwinden wie die linke. Gerade bei der langsamen Entwickelung der Mitralstenose hat das rechte Herz die Gelegenheit, stark zu hypertrophieren. Die Schädlichkeit der Mitralstenose wirkt direkt auf die linke Vorkammer, nicht aber auf die rechte; die rechte Kammer hat das meiste an Mehrarbeit zu leisten, und durch ihre oft enorme Hypertrophie schützt sie die rechte Vorkammer. Die nämliche Schwierigkeit bietet sich, wenn das rechte Herz das merst leidende ist; dann kann die rechte Vorkammer ihrer zu großen Aufgabe erliegen, was aber nicht in sich schließt, daß nun auch die linke Vorkammer „paralysiert" wird. Wenn somit unter diesen Umständen beide Vorkammern ihre Tätigkeit einzustellen scheinen, muß nach einer anderen Ursache gesucht werden.

Der zweite Erklärungsversuch, daß es sich in Fällen fortwährend unregelmäßiger Herztätigkeit um lauter Extrasystolen handelt, welche den Rhythmus perturbieren, kann ich auch nicht gelten lassen.

In Fig. 4, Taf. I habe ich eine Kurve abgebildet, in welcher eine äußerst frequente und fortwährend unregelmäßige Herztätigkeit zur Beobachtung kommt. Es ist dies ein bleibender Zustand geworden bei dem 25 jährigen Kranken, der an leichter endokarditischer Mitralinsuffizienz leidet. Trotz der äußerst stürmischen Kammertätigkeit bleibt der Venenrhythmus ungestört, wie aus dem vollkommen rhythmischen Auftreten der a-Welle im Phlebogramm hervorgeht. Sobald die Kammer eine Pause macht, kommt dann auch der normale Mechanismus des Herzens wieder zum Vorschein und folgt die V_s (in Fig. 4, Taf. I dreimal) der A^s. Daß es sich wirklich so verhält, und es sich nicht um Herzblock mit selbstständiger Kammertätigkeit handelt, geht mit Sicherheit aus den zahllosen Kurven, welche ich bei diesem Kranken aufgenommen habe, hervor.

Man kann nun einwenden, daß es sich hier um rein ventrikuläre Extrasystolen handelt, daß deshalb der Venen- und der Vorkammerrhythmus nicht gestört werde, was bei den an der $A-V$-Grenze entstandenen Extrasystolen wohl der Fall gewesen sein würde. Ich muß zu dieser Einwendung bemerken, daß diese Erklärung nur gültig ist, wenn die $A-V$-Extrasystolen in sehr großer Frequenz auftreten, so daß der Venenrhythmus gänzlich überstimmt wird. Sobald aber in der $A-V$-Tätigkeit eine Pause entsteht, sollte sich dann doch der Venenrhythmus wieder zeigen. Gerade bei der fortwährend unregelmäßigen Herztätigkeit zeigen sich solche Pausen vielfach. Mackenzie hat auch Fälle beschrieben, in welchen sich eine solche Interferenz der Venen- und der $A-V$-Rhythmen kennbar machte, und wo in jeder Pause der ursprüngliche Venenrhythmus wieder zum Vorschein kam. In solchen Fällen sieht man auch oft die allmähliche oder die sprungweise Rückkehr des Herzens vom pathologischen zum normalen Rhythmus.

In den typischen Fällen fortwährend irregulärer Herztätigkeit aber ist der Venenrhythmus auf Nimmerwiedersehen verschwunden. Nie mehr, auch nicht in längeren Pausen, sieht man eine a-Welle der Kammerkontraktion vorangehen. Der Mechanismus des Herzens hat eine bleibende Änderung erfahren, eine Änderung, welche sich auch im Venenpulsbilde kennbar macht. So findet man in Fig. 5, Taf. I auch in den längeren Pausen keine a-Welle, es tritt die erste Welle im Phlebogramm erst nach Beginn der V_s auf.

Das Besondere dieser Fälle ist also nicht, daß ein Ventrikelrhythmus den Venenrhythmus überstimmt, sondern daß der Venenrhythmus gänzlich fehlt. Das scheint mir die Lösung des Rätsels zu sein. Und daß der Venenrhythmus fehlt, bleibend verloren geht, das kann ich mir nur erklären durch die Annahme, daß entweder die Venenmuskulatur ihre Tätigkeit eingestellt hat, oder daß sie durch irgendeinen degenerativen Vorgang in ihren Verbindungsbrücken mit der Vorkammer ihren Reiz nicht auf das übrige Herz übertragen kann und ihre führende Rolle bei der Herztätigkeit verloren hat.

Die Annahme eines Analogon der Stanniusschen Ligatur als Ursache der fortwährend irregulären Herztätigkeit erklärt fast alle hierbei zur Beobachtung kommenden Erscheinungen.

Experimentelle Daten besaßen wir bis vor kurzem nur vom Kaltblüterherzen. Engelmanns Abhandlung von 1903 (3) enthält die einschlägige Literatur und neue eigene Untersuchungen. Diese beweisen, daß nach Abklemmung des Sinusgebietes das übrige Herz nach kürzerem oder längerem Stillstand wieder zu klopfen anfängt, daß dabei zuweilen die A_s der V_s oder die V_s der A_s vorangeht, meistens aber A_s und V_s zusammenkommen, was dafür spricht, daß der Kontraktionsreiz im Bereiche der Kammern oder des Atrioventrikularbündels entsteht. Vor kurzer Zeit hat Langendorff das Experiment am Säugetierherzen angestellt (5). Der Versuch gibt hier ganz analoge Änderungen der Herztätigkeit. Bei beiden Tierarten wird die Herztätigkeit nach der Abtrennung des Sinus verlangsamt. Die am meisten auffallende Tatsache aber ist, daß hier die Vorhöfe nicht mitschlagen, sondern in Ruhe verharren. Langendorff fragt sich sogar, ob die Vorkammern des Warmblüterherzens vielleicht der Automatie entbehren und berichtet in dem nämlichen Bande (Pflügers Archiv 112) über Experimente, welche diese Behauptung zu stützen scheinen.

Das Experiment wird an verschiedenen Säugetierherzen noch näher geprüft werden müssen. Soviel ist aber wohl sicher, daß, was wir beim Menschen finden, auffallend mit den Folgen der Stanniusschen Ligatur übereinstimmt. Die A_s geht der V_s nicht mehr voran. Dieser Zustand ist bleibend und wird auf die Dauer irreparabel, was einen Vergleich mit dem Herzblock an der Atrioventrikulargrenze nahe legt. Der Venenpuls ändert sich. Mackenzie und Hering fanden in ihren Fällen immer einen sogenannten Ventrikelvenenpuls, den echten „positiven"-Venenpuls, wo eine Welle in den Venen die ganze Dauer der V_s ausfüllt. Ich habe diesen positiven Venenpuls auch wiederholt in Fällen fortwährender Irregularität angetroffen (siehe z. B. 9. S. 314, Fig. 14), muß aber dazu bemerken, daß gar oft ein sehr komplizierter Venenpuls vorkommt, dessen Deutung mir noch nicht mit Sicherheit gelungen ist. Oft ist es auffallend schwer, überhaupt einen Venenpuls in diesen Fällen zu registrieren. Dann aber findet man meistens ein Bild wie in Fig. 5, Taf. I abgebildet ist. Das ist

nicht ein einfacher „positiver" Venenpuls, durch Insuffizienz der Trikus-
pidalklappen ` hervorgerufen, sondern ein weit komplizierterer Puls. Die
a-Welle vor der V_s fehlt vollständig. In der ersten Zeit der V_s finden
wir eine kurze negative Phase, welche in den schnelleren Teilen der Kurve
eine bedeutendere Rolle spielt als nach längeren Pausen. Nach dieser
Einsenkung erhebt sich eine positive Welle, welche in vielen Fällen ganz
sicher nicht dem Karotispulse entspricht. Nach dem Ende von V_s erhebt
sich eine besonders hohe und breite diastolische Welle (Fig. 4 d, Taf. I),
welche in den schnelleren Teilen der Kurve oft die bedeutendste Welle
des ganzen Venenpulses wird. Genau den nämlichen Puls habe ich in
vielen Fällen gefunden. Es fragt sich nun in Anbetracht unserer jetzigen
Kenntnis, hat hier die Vorkammer eine Kontraktion ausgeführt oder nicht?
Ganz sicher nicht vor V_s. Ist dann vielleicht die V-systolische Venenwelle teilweise von einer gleichzeitig mit V_s auftretenden und rückläufigen
A_s ` verursacht? Oder ist diese V-systolische Welle durch Trikuspidal-
insuffizienz verursacht? Oder ist vielleicht die auffallend große diastolische
Welle der Ausdruck einer rückläufigen A_s welche auf V_s folgt?

Wie auch die Antwort auf diese Fragen ausfallen mag, ob es sich zeigen
wird, daß die Vorhöfe in Ruhe verharren oder zugleich mit oder nach der
Kammer schlagen, die Analogie mit der Stanniusschen Ligatur bleibt
gewahrt.

Daß wir bei der echten positiven Venenwelle der Trikuspidalinsuffizienz die Vorkammerwelle gänzlich vermissen und den unregelmäßigen
Puls antreffen, mag mancherlei Gründen zugeschrieben werden. Erstens
halte ich es dafür, daß diese rein systolische Welle sich erst ausbildet, wenn
die rechte Vorkammer ihre Tätigkeit eingestellt hat, zweitens müssen gerade
bei Trikuspidalinsuffizienz die rechte Vorkammer und die Venae cavae
am meisten leiden, und muß dieser schädliche Einfluß leicht zu einem
Versagen der Venenmuskulatur führen.

Nach der Stanniusschen Ligatur arbeitet das übrige Herz in lang-
samerem Tempo. Das stimmt überein mit vielen Fällen von vollständig
irregulärem Pulse. Sehr oft aber ist der irreguläre Puls zugleich ein sehr
frequenter, die Frequenz kann sich sogar zu einem Delirium cordis steigern.
Für diese Frequenz müssen wir also eine andere Ursache suchen. Es ist
nun möglich, daß das pathologisch veränderte Herz anders reagiert auf das
Ausbleiben des Venenrhythmus als das gesunde; andererseits werden wir
in manchen Fällen eine außerordentlich frequente Reizung des Ventrikels
annehmen müssen. Wir sehen aus Fig. 4 wie sich bei erhaltener rhythmischer Vorkammertätigkeit eine sehr frequente und unregelmäßige Kammertätigkeit entwickeln kann. Bei den großen Reihen von frequenten Systolen,
welche wie in „Salven" vom Ventrikel abgefeuert werden und in den da-

zwischen auftretenden längeren Pausen sieht diese Herztätigkeit dem fortwährend irregulären Pulse vollkommen ähnlich. Wenn hier der Venenrhythmus
fehlte, würden wir einen typischen Fall von Mackenzie's „ventrikular
rhythm", (Delirium cordis) vor uns haben. Es muß nun weiter untersucht
werden, ob bei fehlender Venentätigkeit die Ventrikel leicht in diese frequente
Schlagfolge verfallen. In meiner vorigen Arbeit (9 IV) habe ich nachgewiesen, wie der bei Herzblock isolierte Ventrikel leicht in mehrfache
Tätigkeit gerät. Vielleicht haben wir hier mit etwas Ähnlichem zu tun.

Ich will schließlich nicht unterlassen, auf den letzten Abschnitt dieser
Arbeit zu verweisen. Eine dort mitgeteilte Beobachtung macht es wahrscheinlich, daß es sich bei dieser äußerst frequenten und unregelmäßigen
Kammertätigkeit um partielle Kontraktionen handelt, von Dissoziation und
von Reizbildung an verschiedenen Stellen.

Noch in einem Punkte stimmt der fortwährend irreguläre Puls mit
dem Herzen des Stanniusschen Versuches überein. Langendorff hat
im Säugetierherzen gefunden, daß nach dem Abbinden oder Wegschneiden
der venösen Muskulatur den künstlich ausgelösten Extrasystolen ganz
ungesetzmäßige Pausen folgen. Man wird sich auch diese Erscheinung wohl so
erklären müssen, daß nach der Stanniusschen Ligatur die Kontraktionsreize an sehr verschiedenen Stellen entstehen, das Herz einer inkoordinierten
Reizung anheimgefallen ist. Das nämliche Phänomen der ungesetzmäßigen
Pause nach Extrasystolen ist das auffallendste Symptom in den Fällen der
fortwährend irregulären Herztätigkeit beim Menschen.

Wir sehen somit, daß sich diese Erscheinung beim Menschen un-
gezwungen und schon jetzt ziemlich vollständig erklären läßt durch die
Annahme eines Analogon der Stanniusschen Ligatur.

Bevor wir von dieser Sache Abschied nehmen, muß ich noch auf eine
andere Deutung des „ventricular rhythm" hinweisen. Léon Frédéricq
(4) und Cushny and Edmunds (1) haben im letzten Jahre Untersuchungen
publiziert über Flimmern (fibrillation) der Vorkammer. Ihre Befunde
werden vielleicht imstande sein, ein ganz neues Licht auf verschiedene
Formen unregelmäßiger Herztätigkeit beim Menschen zu werfen. Cushny
macht den Versuch die paroxysmal auftretende, unregelmäßige Tachykardie[1]
auf Flimmern der Vorhöfe zurückzuführen. Frédéricq meint, das Flimmern
der Vorkammer verursache „l'affolement du système ventriculaire". In diesen
Ausführungen liegt viel Bestechendes und ich kann mitteilen, daß ich in nicht
wenigen meiner Kurven, auch in Kurven von Mackenzie, kleine Wellen
gesehen habe, welche von zahlreichen kleinen Vorkammerkontraktionen wohl

---

[1] Mackenzies „paroxysmal Tachycardia", welche von dem an den Venen ausgelösten „Herzjagen" streng unterschieden werden muß.

herrühren könnten. Es war das aber in Fällen mit geringer Pulsfrequenz
und ziemlich langen Pausen; bei großer Frequenz sind die Pausen so kurz,
daß sich etwas Ähnliches kaum bemerkbar machen wird. Ich kann auf
diese Frage jetzt noch nicht weiter eingehen und beschränke mich darauf,
diese Erklärung kurz zu erwähnen. Vielleicht läßt sich die äußerst frequente
Irregularität, welche so oft mit normalen Strecken abwechselt, wo also die
Venenmuskulatur noch tätig ist, auf diese Weise erklären. Wo Cushny
an das Vorkommen einer so frequenten und irregulären Ventrikelreizung zu
zweifeln scheint, kann ich auf Fig. 4 hinweisen, wo eine solche ohne jeden
Zweifel vorhanden ist, während dem die Vorkammern noch ruhig und rhythmisch arbeiten.

Ich glaube, aus dem Gesagten folgende Sätze und Fragen ableiten
zu dürfen:

Erstens kann nicht geleugnet werden, daß die fortwährende Irregularität
der Herztätigkeit ein besonderes Phänomen darstellt.

Zweitens muß die Frage gestellt werden, ob wir in dieser Erscheinung
die Analogie der Stanniusschen Ligatur erblicken dürfen, wofür triftige
Gründe angeführt werden können.

Drittens ist zu untersuchen, inwiefern besondere Reizzustände der
Ventrikelmuskulatur oder ein Flimmern der Vorhöfe (und der Ven-
trikel?) beim Zustandekommen gewisser Formen dieser Irregularität eine
Rolle spielen.

X. Über Dissoziation der Ventrikeltätigkeit.

Die am besten bekannte Dissoziation der Herztätigkeit ist die an der Atrioventrikulargrenze zwischen Vorkammer und Kammer. Daneben haben wir
(9 II und III) Dissoziation zwischen der Vena cava superior und den Vorhöfen kennen gelernt. Ich habe dann einen Fall angeführt, in welchem
eine Dissoziation der Tätigkeit beider Vorkammern nachgewiesen werden
konnte (9 V) und jetzt über einen Fall berichtet, wo innerhalb des
Venen-Sinusgebietes eine Dissoziation auftrat, welche die Ausbildung zweier
Rhythmen veranlaßte.

Die Dissoziationen im Bereiche der Venenmuskulatur und der Vorhöfe
äußerten sich in dem in bestimmter Weise Auftreten von Extrasystolen.
Schon in meinem Buche über die Arhythmie hatte ich die Vermutung
ausgesprochen, daß wir bei der Eruierung gewisser Arhythmien mit solchen
Dissoziationen zu rechnen hätten. Ich glaube durch die oben mitgeteilten
Fälle etwas zur Erhärtung dieser Vermutung beigetragen zu haben.

Ich glaube nun nachweisen zu können, daß auch innerhalb der Ventrikelmuskulatur Dissoziationen vorkommen können.

In der Literatur haben Hemisystolie und Systolia alternans eine große Rolle gespielt. Bei Hemisystolie würde dann und wann, oder gar jeden zweiten Schlag, die eine Kammer nicht mitschlagen, bei Systolia alternans würden beide Kammern sich abwechselnd kontrahieren. Das Vorkommen einer Hemisystolie beim Menschen ist in den letzten Jahren vollständig in Abrede gestellt und es ist wahr, daß in allen Fällen, wo eine solche diagnostiziert worden war, das Vorkommen von Extrasystolen oder von Herzblock wahrscheinlich gemacht oder sicher gestellt werden konnte. Namentlich Hering hat sich durch diesen Nachweis verdient gemacht und denn auch behauptet, daß Hemisystolie beim Menschen nicht vorkommen könne.

Ich bin auch der Meinung, daß Hemisystolie beim Menschen noch nicht nachgewiesen ist, möchte aber vorsichtiger sein und die Möglichkeit des Vorkommens eines solchen Ereignisses nicht leugnen. Schon so oft ist von experimenteller Seite dekretiert, daß diese oder jene Störung beim lebenden Menschen nicht vorkommen könne, wo man später anderes lernte. Man vergißt nur zu oft, daß das Experiment nicht imstande ist, die natürlichen pathologischen Störungen nachzuahmen. Die Analyse klinischer Fälle hat daher manchen Vorzug vor dem Experiment, falls sie mit genügender Genauigkeit geschehen kann. Und was nun speziell die Hemisystolie angeht, so bin ich sehr getroffen worden durch die Mitteilung Langendorffs (5. S. 355), daß er nach der Stanniusschen Ligatur Unregelmäßigkeiten in der Schlagfolge des Herzens sah „deren Ursache in gewissen Fällen eine echte Hemisystolie ist, indem die Frequenz des rechten Ventrikels doppelt so groß ist, wie die des linken". Wo wir eben die Stanniussche Ligatur in den Bereich unserer klinischen Analysen gezogen haben, scheint es mir vorsichtig, auf das Vorkommen einer Hemisystolie auch beim Menschen gefaßt zu bleiben.

Ich kann hier nun nicht über eine so weit gehende Dissoziation der Ventrikelmuskulatur berichten, sondern will einen Fall anführen, welcher zu beweisen scheint, daß ungleiche und partielle Kontraktionen der Ventrikelmuskulatur beim Menschen sicher vorkommen.

Ein jeder, der die sehr frequente irreguläre Herztätigkeit (Delirium cordis) untersucht, muß den Eindruck bekommen, daß nicht alle Systolen das ganze Herz betreffen. Beim Auskultieren hört man Herztöne sehr verschiedener Intensität und Klang; sind systolische Geräusche vorhanden, so werden dieselben nicht bei allen Systolen gehört. Die Pulsgröße wechselt außerordentlich und nicht, wie gewöhnlich, im Verhältnis zur vorhergehenden Pause. Cushny (1) sucht die Erklärung dieses Phänomens in der unstäten Reizung der Kammer durch die in fibrillärer Kontraktion verkehrenden

Vorhöfe. In me;nem Falle handelt es sich gewiß nicht um Flimmern der Vorhöfe, es ist nämlich der schon oben erwähnte, in Fig. 4 abgebildete Fall, wo die Vorhöfe regelmäßig klopften.

Beim Durchsehen des Kardiogramms findet man (Fig. 4 bei ×) eine Häufung von Ventrikelsystolen; ich könnte ein Dutzend ähnlicher Kardiogramme von diesem Falle abbilden. Betrachtet man diese Häufung von Systolen, wie eine solche meines Wissens noch nie publiziert worden ist, so bemerkt man, daß vor dem Ende der Systole 1 eine zweite Kontraktion folgt (2), welcher wieder eine dritte Systole folgt, bevor 2 beendet ist. In einigen Kardiogrammen waren es nur zwei superponierte Systolen, in anderen Beispielen blieb es zweifelhaft, ob nicht eine vierte Systole an der Superposition beteiligt war.

Wenn man annimmt, daß alle Systolen, welche ein so deutliches Kardiogramm lieferten, Systolen der ganzen Ventrikelmuskulatur waren, ist diese Summierung von Systolen eine physiologische Unmöglichkeit. Es ist eine wohlbekannte Tatsache, daß der Herzmuskel während der Kontraktion auch den stärksten Reizen gegenüber sich refraktär verhält. Dadurch ist der gute Ablauf der Systole gewahrt. Wir sind also gezwungen anzunehmen, daß es sich hier um partielle Kontraktionen der Ventrikelmuskulatur handelt. Der nicht an der Systole beteiligte Muskelabschnitt kann sich dann später kontrahieren und so zu einer scheinbaren Superposition von Systolen führen. Während der Systole dieses zweiten Herzteiles kann sich dann der erste Teil wieder kontrahieren und Systole 3 verursachen. Es ist sogar die Frage, ob, so wie Systole 1 Systole 2 hervorrief, Systole 2 nicht wieder Systole 3 verursachen könnte.

Wenn nun aber Systole 1 der betreffenden Gruppe eine partielle Systole war, wird es nicht unwahrscheinlich, daß auch von den übrigen Systolen viele nur partielle Systolen der Kammermuskulatur waren.

Partielle Kammersystolen können wir uns vorstellen als beruhend auf Dissoziationen des Herzmuskels. Die Entstehung solcher Dissoziationen können wir eben solchen pathologischen Vorgängen zuschreiben, als wir bei der Besprechung der Venenmuskulatur kennen gelernt haben, und es ist nicht schwer, sich solche Zustände vorzustellen. Es handelt sich eben um pathologische Herzen. Der betreffende Kranke litt an Endokarditis. Eine teilweise Zerstörung des an der Innenfläche des Herzens liegenden Reizleitungssystems könnte vielleicht die Ursache sein, daß ein Teil der Ventrikelmuskulatur den Kontraktionsreiz später erhielt als das übrige Herz. Keith machte mich aufmerksam auf ein recht gewöhnliches Verhalten der Coronararterien bei Arteriosklerose. Sehr oft ist die eine Arterie viel mehr sklerotisch verändert als die andere. Das Versorgungsgebiet der einen wird also auch mehr gelitten haben als das der anderen. Wir finden auch

meistens die Degeneration des Herzmuskels nicht gleichmäßig im Herz-
fleisch verteilt, sondern an bestimmten Stellen viel intensiver vorhanden als
an anderen.   Solche degenerierte oder durch Bindegewebe mehr oder
weniger isolierte Muskelbezirke können in ihrer Reizbarkeit oder ihrem
Leitungsvermögen gelitten haben und deshalb sich nur auf stärkere Reize
oder nach längerer Zeit zusammenziehen.

Die hier supponierten Dissoziationen der Ventrikelmuskulatur fallen also
ganz in den Bereich unserer pathologisch-anatomischen Kenntnisse. Es muß
nicht schwer fallen, solche auch im Experiment hervorzurufen, was aber
meines Wissens noch nicht geschehen ist.

Die von mir demonstrierten Dissoziationen im Venengebiet, in den
Vorkammern und in der Kammermuskulatur sind übrigens nach den
neueren physiologischen Untersuchungen nur Steigerungen eines normalen
Verhaltens. Frédéricq (4) faßt die Ergebnisse seiner Untersuchungen zusammen in dieser Form: „Comme pour les oreillettes, le synchronisme de
la contraction de toutes les parties des deux ventricules n'est qu'une apparence
provenant de la grande rapidité avec laquelle l'excitation se propage ici
d'un point à un autre."

Literaturverzeichnis.

A. R. Cushny and C. W. Edmunds, Paroxysmal irregularity of the heart and auricular fibrillation. *Studies in Pathology.* Aberdeen 1906.

Th. W. Engelmann, Über den Ursprung der Herzbewegungen und die physiologischen Eigenschaften der großen Herzvenen des Frosches. Pflügers *Archiv.* 1896, Bd. LXIV. S. 109—214, und Kon. *Akad. der Wetensch. te Amsterdam* 27. Juni 1896.

Derselbe, Der Versuch von Stannius, seine Folgen und seine Deutung. *Dies Archiv.* 1903. Physiol. Abtlg. S. 505.

Léon Frédéricq, La pulsation du coeur du chien. *Archives internationales de Physiologie.* 1905—1906. Vol. IV. p. 57.

O. Langendorff und C. Lehmann, Der Versuch von Stannius an Warmblüterherzen. Pflügers *Archiv.* Bd. CXII. S. 352.

Mackenzie und Wenckebach, Über an der Atrioventrikulargrenze ausgelöste Systolen beim Menschen. *Dies Archiv.* 1905. Physiol. Abtlg. S. 235.

L. J. J. Muskens, An analysis of the action of the vagus nerve on the heart. *American Journal of Physiology.* Vol. I. No. IV. p. 486.

E. Rehfisch, Über die Reizung des Herzvagus bei Warmblütern mit Einzelinduktionsschlägen. *Dies Archiv.* 1906. Physiol. Abtlg. S. 152.

K. F. Wenckebach, Beiträge zur Kenntnis der menschlichen Herztätigkeit. *Ebenda.* 1906. Physiol. Abtlg. S. 297.

Zur Theorie der Kontraktilität.

I.

Kontraktilität und Doppelbrechungsvermögen.

Von

Th. W. Engelmann.

(Aus den Sitzungsberichten der Kgl. preuß. Akad. der Wissenschaften. 18. Oktober 1906.)

In einer vor 33 Jahren veröffentlichten Arbeit (12)[1] habe ich auf eine Reihe von Tatsachen aufmerksam gemacht, die mir die Annahme eines kausalen Zusammenhanges der beiden in der Überschrift genannten Eigenschaften wahrscheinlich machte. Weitere Untersuchungen (14) über das Vorkommen und erste Auftreten von Doppelbrechung in Muskelfasern, Flimmerorganen und anderen geformten kontraktilen Substanzen verliehen dieser Annahme bald eine so kräftige Stütze, daß ich mich zu dem Ausspruch berechtigt hielt (14, S. 460): „Kontraktilität, wo und in welcher Form sie auftreten möge, ist gebunden an die Gegenwart doppelbrechender, positiv einachsiger Teilchen, deren optische Achse mit der Richtung der Verkürzung zusammenfällt." Wichtige Bestätigungen dieses Satzes lieferte darauf die Untersuchung der doppeltschräggestreiften Muskelfasern (20) und die der Entwicklung der pseudo-elektrischen Organe (24), insbesondere aber der experimentelle Nachweis (12, S. 177, 23, S. 18 f., 9, S. 23), daß auch leblose und tote Gewebselemente, ja sogar nichtorganisierte Gebilde (37, S. 253, 23, S. 31), wenn sie nur positiv einachsig doppelbrechend sind oder künstlich gemacht werden, das Vermögen besitzen bzw. erhalten, sich in der Richtung der optischen Achse zu verkürzen. Dabei konnte betreffs der Beziehungen der mechanischen zu den optischen Erscheinungen bei leblosen und bei

---

[1] Siehe das Literaturverzeichnis am Schluß.

lebendig kontraktilen Gebilden die weitestgehende Übereinstimmung auf-
gedeckt werden (9, 23).

Bei diesem Tatbestand darf es wohl befremden, daß in nahezu allen
in neuerer Zeit unternommenen Versuchen, eine Theorie der Kontraktion
zu begründen, jene Beziehungen zwischen Doppelbrechung und Kontraktilität ganz vernachlässigt worden sind.[1] Eine Ausnahme bildet der scharf-
sinnige Versuch von G. E. Müller (42), die Muskelkontraktion auf pyro-
elektrische Wirkungen doppelbrechender Kristalloide zurückzuführen. Doch
konnte dieser, von anderen Bedenken abgesehen, als widerlegt gelten durch
die Tatsache, daß der durch die Temperatursteigerung verkürzte Muskel
sich nicht wieder verlängert, sobald die obere Temperatur konstant bleibt.
Er ist wohl auch von seinem Verfasser selbst aufgegeben. Von anderen
Autoren hatte L. Hermann (37) die prinzipielle Bedeutung der Anisotropie
für das Kontraktionsvermögen voll gewürdigt und durch wertvolle Tatsachen
und Betrachtungen gestützt. Nachdem er sich aber durch eigene Versuche
von der Richtigkeit der Brückeschen Angabe überzeugt zu haben glaubte,
daß die optischen Konstanten des Muskels sich bei der Tätigkeit nicht
ändern, erschien es ihm höchst zweifelhaft, ob funktionelle Beziehungen
zwischen Doppelbrechungs- und Verkürzungsvermögen beständen (38, S. 251).
Und diesen Zweifel scheinen auch die späteren, durch V. von Ebner (9),
A. Rollett (48) und P. Schultz (53) mit gegenteiligem Resultat ausgeführten Untersuchungen nicht beseitigt zu haben.

Da ich überzeugt bin, daß gerade in jenen Beziehungen der Schlüssel
zur Lösung des Kontraktionsproblems gelegen ist und daß jede Theorie,
die diese Beziehungen ignoriert, wenn auch nicht von vornherein für unhaltbar, so doch zum mindesten auf einem wesentlichen Punkte für unvollständig gelten muß, so scheint es mir geboten, zunächst einmal alle die
Tatsachen zusammenzustellen, welche den kausalen Zusammenhang jener
beiden Erscheinungen meiner Meinung nach beweisen. Es dürfte dies um
so mehr angezeigt sein, als es an einer solchen Zusammenstellung bisher
fehlt und als mir dabei die Gelegenheit sich bietet, manche neue oder doch
bisher unbeachtete Tatsache zur Sprache zu bringen und gleichzeitig auf
einige prinzipiell wichtige besondere Fragen und Einwände näher einzugehen.

Es sind wesentlich zwei verschiedene Gruppen von Tatsachen, auf
welche der Beweis jenes Zusammenhanges sich gründet: einmal Beobachtungen und Versuche an den lebendigen kontraktilen Gebilden: an Muskeln,
Flimmerorganen und Protoplasma; zweitens solche an toten und leblosen
Objekten.

---

[1] So durch A. Fick, J. Bernstein, Verworn, P. Jensen, E. Solvay,
d'Arsonval, E. H. Schäfer u. a.

Führten vornehmlich die ersteren zur Aufstellung der Hypothese jenes Zusammenhanges, so dienten die zweiten im besonderen zur näheren Prüfung der aus jener Hypothese sich ergebenden Deduktionen.

Ich beschränke mich im folgenden darauf, beide Reihen von Tatsachen in kurzer Formulierung zusammenzustellen und jede nur insoweit zu erläutern, als der vorliegende Zweck dies wünschenswert erscheinen läßt.

1. Alle geformten kontraktilen Substanzen sind doppelbrechend.

Bezüglich der allgemein anerkannten Doppelbrechung der Muskelfasern der Metazoen, der Myoneme der Infusorien (Stielmuskel der Vorticellinen u. a.), der Cilien, Griffel, Haken, Borsten und Membranellen der Ciliaten, der Flimmerhaare tierischer Epithelzellen, der Geißeln der Spermatozoen, der kontraktilen Protoplasmastrahlen von Aktinosphärium usw. darf ich auf meine Abhandlung über „Kontraktilität und Doppelbrechung" (14) verweisen, in welcher sich auch die erforderlichen historischen Hinweise finden. Die Doppelbrechung der glatten Muskeln der Wirbeltiere ist seitdem von von Ebner (9, S. 16) und besonders ausführlich von P. Schultz (53, a, S. 532 ff.) untersucht worden.

Überall sind in letzter Instanz faserförmige Gebilde Träger der Kontraktilität und des Doppelbrechungsvermögens (20). Man muß, was, wie ich glaube, noch nicht genügend betont ist, im wesentlichen zwei Arten von geformten kontraktilen Gebilden unterscheiden. Beide entstehen aus ungeformtem, einfach brechendem Protoplasma, aber die einen sind vorübergehender Art, die anderen bleibende morphologische Differenzierungsprodukte.

Die ersteren entstehen durch eine zeitweilige, wieder umkehrbare Anordnung des Protoplasma zu festeren, faserförmigen, doppelbrechenden Gebilden. So die Protoplasmastrahlen an der Oberfläche von Aktinosphärium und anderen Rhizopoden. Auch die Umwandlung amöboid beweglicher Ausläufer von Protoplasten in Geißeln (Sporen von Myxomyzeten, Protomyxa usw.) gehört hierher.[1] An der Basis des Protoplasmastrahles bzw. der Geißel geht die geformte Substanz ganz unmerklich in das formlose Plasma über. Sie kann, bei elektrischer Reizung oder spontan, mit letzterem völlig wieder verschmelzen.

In der zweiten, weitaus größeren Zahl der Fälle (Muskelfasern, Myopodien, Myoneme, Flimmerorgane u. a.) handelt es sich um bleibende morphologische und physiologische Differenzierungen, um dauernde Organisationen. Immer findet sich hier die kontraktile Substanz in Form feinster, eiweißreicher Fibrillen, die von dem ungeformten Protoplasma allseitig und dauernd scharf abgegrenzt sind.

---

[1] Näheres hierüber 14, S. 344 und 95, S. 71 und 75 ff.

Der Nachweis, daß diese fibrillären Formelemente der ausschließliche oder doch wesentliche Sitz der Kontraktilität und Doppelbrechung sind, und nicht die interfibrilläre ungeformte protoplasmatische Substanz, ist speziell für die Muskeln mit aller Schärfe zu führen.[1]

Die Kontraktilität der Fibrillen folgt aus ihren Formveränderungen bei der Tätigkeit, die man an lebenden Muskelfasern von Fröschen und Arthropoden, ebenso an großen, mit deutlichen Myonemen ausgestatteten Infusorien, wie Zoothamnium (Stielmuskel), Stentor, Epistylis galea u. a., leicht zu beobachten vermag. Im erschlafften, nicht gedehnten Zustand sieht man die Fibrillen innerhalb der Zellen wellenförmig geschlängelt, ähnlich wie die Fasern eines nicht gespannten Froschsartorius.[2] Reizt man dann, etwa durch einen Induktionsstrom, so werden die Fibrillen plötzlich unter Geradestreckung kürzer und dicker. Durch fortdauernde, tetanisierende Reizung kann man sie in diesem Zustand erhalten. Nach Aufhören der Reizung nehmen sie alsbald wieder unter Verlängerung und Verdünnung einen geschlängelten Verlauf an, der durch Dehnung in einen gradlinigen übergeht.

Inwieweit dem ungeformten isotropen Sarkoplasma der Muskeln etwa selbständiges Bewegungsvermögen zukommt, mag dahingestellt bleiben. Die von Bottazzi für die Kontraktilität desselben angeführten Tatsachen sind zum Teil sicher (Tonusschwankungen des Herzens von Emys) durch die Anwesenheit besonderer geformter Elemente (glatte Muskelfasern)[3] zu erklären, zum Teil (Veratrinzuckungen und andere Erscheinungen), wie ich glaube, auch in der Annahme begreiflich, daß nur die doppelbrechenden Fibrillen das eigentliche Kontraktile sind.

Der Beweis dafür, daß die Fibrillen auch der ausschließliche oder doch fast ausschließliche Sitz des Doppelbrechungsvermögens sind, ist besonders an solchen Muskelfasern zu führen, bei denen das Sarkoplasma die Muskelfibrillen bzw. die aus Fibrillen bestehenden „Muskelsäulchen" in dickerer Schicht umhüllt oder begrenzt, wie bei den Muskelfasern vieler Insekten und Crustaceen, bei den Flossenmuskeln von Hippocampus, den Muskeln der Fledermäuse, auch wohl bei embryonalen quergestreiften Muskelfasern von Wirbeltieren. Immer sind es nur die fibrillenhaltigen Partien, welche Doppelbrechung zeigen. An isolierten

---

[1] Ich würde auf diesen, den meisten Physiologen wohl überflüssig erscheinenden Nachweis nicht eingehen, wenn nicht gelegentlich immer wieder Zweifel an der wesentlichen Bedeutung der Fibrillen für die Zusammenziehung der Muskeln lautbar würden. Gehörte doch sogar ein um die Kenntnis der Kontraktilitätserscheinungen so verdienter Forscher wie W. Kühne zu diesen Zweiflern.

[2] Näheres s. 14, S. 438 ff., 446 ff.

[3] Elias Rosenzweig (14, S. 206). Auch Bottazzi selbst ist neuerdings zum gleichen Ergebnis gelangt (5, 6, S. 199).

Fibrillenbündeln konnte schon Brücke (7, 8) nachweisen, daß nur die „Sarcous elements" anisotrop sind.

Betreffs · der Doppelbrechung und des Kontraktionsvermögens der Flimmerorgane kann, wie ich glaube, ein Zweifel nicht bestehen, daß beide in den Fibrillen ihren Sitz haben und nicht etwa in einer interfibrillären oder perifibrillären Substanz.

2. Da wo die kontraktilen Fibrillen ·wie bei den quergestreiften Muskeln aus abwechselnd isotropen und anisotropen Gliedern bestehen, sind nachweislich die anisotropen („metabolen" Rolletts) — und wahrscheinlich nur sie — Sitz verkürzender und verdickender Kräfte.

Die tatsächlichen Belege (14, S. 162 ff.) für diesen Satz liefern wesentlich die bei der Kontraktion lebender Muskeln zu beobachtenden Formveränderungen der isotropen („arimetabolen") und anisotropen („metabolen") Schichten. Sie beweisen, daß in jedem Fall die letzteren kontraktil sind. Denn dies verdicken sich bei der Zusammenziehung stärker als die isotropen Schichten, was sonst nur durch eine Zusammenpressung der anisotropen durch gegenseitige Anziehung der isotropen Schichten erklärlich wäre. Von einer solchen Fernewirkung durch die anisotropen Schichten hindurch kann selbstverständlich keine Rede sein. Es ist nur die Frage, ob auch die isotrope Substanz Sitz verkürzender Kräfte ist? Nötig ist diese Annahme keineswegs, da alle Formveränderungen sich erklären lassen unter der Voraussetzung, daß nur die metabolen Glieder kontraktil sind.

Immerhin wäre es möglich, daß wenigstens die in der isotropen Schicht gelegenen Nebenscheiben (N) und Zwischenscheiben (Z) dieses Vermögen besäßen, da sie gleichfalls und im selben Sinne, wenn schon im allgemeinen (namentlich N) sehr viel schwächer, doppelbrechen als die metabolen Glieder (Q). Wahrscheinlich ist das aber nicht, denn es bestehen übrigens, wie ich früher zeigte (11, S. 42 ff.) und Rollett ausführlich bestätigte (46, 47, 48), zwischen ihnen und den kontraktilen Gliedern Q sehr erhebliche physikalische und chemische Unterschiede, namentlich aber erleiden während der· Kontraktion die wichtigsten nachweisbaren Eigenschaften (Lichtbrechung, Volum, Dehnbarkeit) beider geradezu entgegengesetzte Änderungen.

In noch höherem Grade gilt das von den rein isotropen Schichten, die zwischen Z und N und N und Q in den arimetabolen Fibrillengliedern liegen. Ihre Rolle ist denn auch nachweislich eine ganz andere als die der metabolen Glieder (12, S. 169 ff., 15, 19, 21, 22).

3. Alle kontraktilen Formelemente sind positiv einachsig doppelbrechend, und bei allen fällt die optische Achse mit der Richtung der Verkürzung zusammen.

Die Richtung der Verkürzung und somit die optische Achse fällt nach allen vorliegenden Angaben im allgemeinen mit der morphologischen Längsachse der Fibrillen zusammen. Senkrecht darauf erfolgt Verdickung. Es gibt aber eine für unsere Frage, wie ich schon früher hervorgehoben habe (20, S. 559 ff.), sehr wichtige Ausnahme. Bei den sogenannten doppelt schräggestreiften Muskelfasern bildet die Längsachse der in ihnen enthaltenen Fibrillen einen Winkel mit der Längsachse der Muskelfasern. Dieser Winkel, der im Zustand der Erschlaffung (Ruhe) sehr spitz ist (oft weniger als 5°), wird, wie ich durch Versuche an Anodonta zeigen konnte, mit zunehmender Kontraktion der Faser immer stumpfer (bis 100° und darüber).[1] Hierbei ändert sich aber die Lage der optischen Achse nicht. Diese bleibt vielmehr in jeder Phase der Kontraktion der Verkürzungsrichtung, d. h. der Faserachse, parallel.

Dieser Befund ist darum von besonderem Gewicht, weil bei allen sonst bekannten Arten doppelbrechender Fibrillen tierischer Gewebe (quergestreifte und glatte Muskelfasern, Bindegewebe, Cornea, Knochen, Faserknorpel, Flimmerorgane, Rindenzellen der Haare) morphologische Längsachse und optische Achse der Fibrillen zusammenfallen. Die Vermutung (L. Hermann 38, S. 251), daß das Doppelbrechungsvermögen der kontraktilen Elemente nur eine morphologische Bedeutung habe, wird hiernach wenig wahrscheinlich. Nur dann würden die schräggestreiften Muskelfasern für unsere Beweisführung nicht zu verwerten sein, wenn nicht die Fibrillen, sondern das interfibrilläre Sarkoplasma Sitz der kontraktilen Kräfte in der Faser wäre. Für diese Annahme fehlt es jedoch an hinreichender Begründung.

4. Die spezifische, d. h. auf die Einheit des Querschnittes bezogene Kraft der Verkürzung ist anscheinend um so größer, je höher die spezifische Kraft der Doppelbrechung der kontraktilen Elemente.

Die bei gleicher Dicke stärker doppelbrechenden quergestreiften Muskeln entwickeln größere Kraft als die schwächer anisotropen glatten (nach eigenen Beobachtungen und Angaben von Schultz [53, a, S. 532 ff.]). Relativ stark anisotrop und von großer Kraft sind viele Flimmerorgane (14, S. 452 ff.). Die geringste Kraft entwickelt das kontraktile Protoplasma (14, S. 454).

---

[1] Diese Tatsache ist seitdem bestätigt worden durch H. Fol (33), Roule (50) und F. Marceau (41). Die Meinung des letzteren Autors, daß die Fibrillen sich in der Richtung ihrer eigenen Längsachse zusammenziehen, ist schon gegenüber der durch Fol und Ballowitz (4) festgestellten Tatsache hinfällig, daß bei den von ihnen untersuchten Objekten in jeder Faserzelle nur ein System von die Achse umkreisenden Fibrillen existiert. Hier müßten ja die Muskelfasern bei jeder Änderung ihres Kontraktionszustandes sich um ihre Längsachse drehen!

Wenn auch genaue vergleichende Messungen obigem Satz bisher noch nicht zugrunde gelegt werden können, so sind doch die Unterschiede, um welche es sich handelt, in vielen Fällen so groß und so leicht zu bestätigen, daß seine Richtigkeit mir außer Zweifel zu sein scheint. Eine genauere quantitative Untersuchung wäre immerhin sehr erwünscht, wird freilich, wie schon die vorliegenden Messungen betreffs der Muskelkraft zeigen, keine leichte Aufgabe sein. Über die absolute Kraft der quergestreiften Muskeln vergleiche man die Lehrbücher der Physiologie. Die Werte liegen zwischen etwa 1 kg und 10 kg. Bei den glatten Muskeln des Froschmagens fand P. Schultz (53 b, S. 62) 0·5 kg bis 1·4 kg. Bezüglich der Kraft der Flimmerorgane vergleiche man außer 17, S. 392 ff. noch P. Jensen 39, S. 537, über die des Protoplasmas P. Jensen 40, S. 13 ff.

5. Bei der Ontogenese der Muskelfasern und Flimmerorgane treten Doppelbrechung und Kontraktilität gleichzeitig auf.

Die Beobachtungen, auf welche sich dieser Satz gründet, sind in meiner Abhandlung „Kontraktilität und Doppelbrechung" S. 442, 454, 456 bis 459 mitgeteilt. Der gelegentlich aufgestellten Behauptung, daß die Zellen des Herzens, schon bevor sie doppelbrechende Fibrillen aufweisen, Kontraktionen ausführen, muß ich nach meinen Beobachtungen an Hühnerembryonen widersprechen. Sobald in der zweiten Hälfte des zweiten Tages der Bebrütung rhythmische Bewegungen am Herzschlauch bemerklich werden, gelang es mir immer bei sorgfältiger Untersuchung im polarisierten Licht (im Dunkelkasten[1] mit und ohne Einschaltung empfindlichster Gipsplättchen) sichere, wenn schon schwache Doppelbrechung (einachsig, positiv inbezug auf die Richtung der Verkürzung) nachzuweisen, und zwar schon am lebenden Objekte. Die Anwesenheit von Muskelfibrillen in den Zellen ließ sich am frischen Objekte zur selben Zeit nicht mit Sicherheit erkennen, wohl aber nach Erhärtung in Alkohol oder verdünnter Chromsäure und Untersuchung in Glyzerin oder Balsam, und zwar auch ohne Anwendung von differenzierenden Färbungen. Auch die Rumpf- und Schwanzmuskeln von Froschlarven zeigten bestimmt erst dann typische Kontraktionen, wenn doppelbrechende Fibrillen nachweisbar waren. Da hier, wie seit F. E. Schulze (54) bekannt, zunächst immer nur vereinzelte, kaum meßbar dicke Fibrillen im Protoplasma der Myoblasten auftreten, darf es nicht Wunder nehmen, wenn der mikroskopische Nachweis ihres ersten Auftretens schwierig ist, und hätte es nichts zu sagen, wenn dieser Nachweis gelegentlich einmal erst um ein weniges später gelänge als die Beobachtung der ersten Spuren von Kontraktilität am lebenden Objekt.

---

[1] Das Arbeiten mit dunkeladaptiertem Auge, welches dieser Kasten ermöglicht, ist für Untersuchungen wie die vorliegende, wo es auf Entdeckung schwächster Lichtspuren ankommt, unentbehrlich (19, S. 577).

Während bei den willkürlichen quergestreiften Muskeln, nach meinen
Beobachtungen, mit Kontraktilität und Doppelbrechung gleichzeitig auch
Querstreifen aufzutreten scheinen, ist dies doch nicht bei allen der
Fall. Schon A. Weismann (57, 58, S. 282) fand die Kaumuskeln der
Larven von Musca vomitoria vor dem Ausschlüpfen zwar kontraktil, aber
noch einige Zeit danach ohne Querstreifen. Ich konnte dies bestätigen,
aber zugleich nachweisen, daß sie zu jener Zeit schon deutlich doppelbrechen. Auch bei den Hautmuskeln der Fliegenlarven waren Doppelbrechung und Kontraktilität gleichzeitig — schon stundenlang vor dem
Ausschlüpfen — und erst viel später Querstreifung nachweisbar. Auch
beim Herzmuskel von Hühnerembryonen vermochte ich erst am dritten bis
vierten Tage der Bebrütung deutliche Querstreifung zu bemerken. Nicht
die Querstreifung also, sondern die Anwesenheit doppelbrechender Teilchen in den Fasern ist das Entscheidende für das Auftreten des Kontraktionsvermögens.

6. Bei der Entwicklung der elektrischen Organe von Raja
clavata aus kontraktilen quergestreiften Muskelfasern, bei der
das Kontraktionsvermögen verloren geht und die elektromoto-
rischen Fähigkeiten eine Steigerung erfahren, ist das erste
wahrnehmbare Zeichen des beginnenden Funktionswechsels ein
Schwinden des Doppelbrechungsvermögens der Hauptsubstanz
(Quer- und Mittelscheiben).

Diese höchst merkwürdige Thatsache ergab sich bei Untersuchung (24)
der Veränderungen, welche die feinere Struktur der quergestreiften Muskelsubstanz bei ihrer allmählichen Umwandlung in die Lamellen der Blätterschicht der elektrischen Organe im Schwanz von Raja clavata erleidet. Wie
seit Babuchin (1) bekannt, entwickelt sich jedes elektrische Kästchen des
Schwanzorgans der Rochen aus einer quergestreiften Muskelfaser, die weder
morphologisch noch physiologisch von den bleibenden Schwanzmuskelfasern
derselben Tiere zu unterscheiden ist. Insbesondere sind diese Fasern anfangs
kontraktil und ihre metabolen Schichten in normaler Weise doppelbrechend.
Diese metabolen Schichten bilden sich nun zu den dicken, schwach und
einfach lichtbrechenden Lamellen des elektrischen Kästchens um, während
aus den arimetabolen die dünnen und stark, aber gleichfalls einfach lichtbrechenden Blätter hervorgehen. Der Verlauf dieser Änderungen zeigt (vom
Verhalten der absoluten Dimensionen bei Raja clavata, batis und circularis abgesehen) im ganzen die größte Ähnlichkeit mit denjenigen, welche
bei starker physiologischer Verkürzung in allen quergestreiften
Muskelfasern auftreten (s. Satz 7). Das besonders Merkwürdige besteht nun
darin, daß (bei Raja clavata) die Umwandlung der Muskelfaser damit beginnt, daß das Doppelbrechungsvermögen ihrer metabolen Schichten

schwindet. Noch ehe das proximale Ende der Muskelfaser sich keulenförmig zu verdicken anfängt, ist das Doppelbrechungsvermögen bereits sehr stark vermindert, bald völlig geschwunden. Dabei bleibt das Aussehen der metabolen Schicht im gewöhnlichen Licht oder zwischen parallelen Nicols zunächst ganz unverändert. Die Schicht erscheint hier gerade so stark lichtbrechend (bzw. dunkel) wie vorher. Auch Volum- oder Strukturänderungen sind anfangs nicht nachweisbar. Zeichen von Kontraktilität sind nicht mehr aufzufinden.

Bei anderen Arten dagegen (z. B. Raja radiata [32] und unbestimmte, von Babuchin [2, 3] untersuchte Spezies) erhält sich das Doppelbrechungsvermögen sehr lange. Dann aber auch die Kontraktilität! Babuchin gibt ausdrücklich an (3), daß er bereits stark keulenförmig angeschwollene Fasern auf galvanische Reizung sich noch kontrahieren sah, und fügt Figuren bei (3, Figg. 19 und 20), in welchen die bereits weit ausgebildete Lamellenschicht junger Kästchen noch deutliche Doppelbrechung zeigt. Für die lange Fortdauer des Kontraktionsvermögens bei Raja radiata, die schon Ewart (32) vermutete, spricht auch das Vorkommen verschiedener Kontraktionszustände an fixierten, in der Entwicklung zu elektrischen Kästchen weit fortgeschrittenen Fasern.

Wegen weiterer Einzelheiten sei auf meine ausführliche Darstellung (24) verwiesen, wo auch schon die Bedeutung der geschilderten Befunde für die Theorie der Muskelkontraktion besprochen ist und Winke für die weitere experimentelle Forschung gegeben sind. Hoffentlich findet der interessante Gegenstand bald eine gründliche histologisch - physiologische Weiterbearbeitung.

7. Bei der physiologischen Kontraktion der Muskeln findet wie eine Abnahme der verkürzenden Kraft so auch eine Abnahme des Doppelbrechungsvermögens statt. Bei der Erschlaffung treten die entgegengesetzten Änderungen ein.

Die mit fortschreitender Verkürzung wachsende Abnahme der verkürzenden Kraft der Muskeln hat bekanntlich Th. Schwann schon vor mehr als 60 Jahren an Froschmuskeln demonstriert. Der schwierigere Nachweis, daß auch die doppelbrechende Kraft der Muskeln bei der physiologischen Verkürzung abnimmt, ist erst Victor von Ebner in seiner oben schon zitierten klassischen Arbeit bei quergestreiften Froschmuskeln gelungen (9, S. 88 ff.). Er deckte dabei zugleich die besonderen Umstände auf, durch welche Brücke und später L. Hermann zur Leugnung einer Änderung der optischen Konstanten des Muskels bei der Kontraktion geführt wurden. Auf die angebliche Unveränderlichkeit dieser Konstanten hatte Brücke, wie man weiß, seine Disdiaklastenhypothese gegründet, die seitdem nicht mehr aufrecht erhalten werden kann.

Ein tetanisch stark verkürzter Muskel zeigt nach Ebner während der ganzen Dauer des Tetanus ein geschwächtes Doppelbrechungsvermögen (9, S. 93).

Bei der Erschlaffung wächst, wie das Vermögen zu mechanischer Kraftentwicklung, auch die Kraft der Doppelbrechung wieder. Bei ermüdeten Froschmuskeln geht nach Aufhören des Reizes wie die Formänderung, so auch die Änderung der Anisotropie auffallend langsam zurück, und in noch höherem Grade ist dies — entsprechend den bekannten Gestaltveränderungen — bei Muskeln der Fall, welche mit Veratrin vergiftet sind (9, S. 93).

Wird der Muskel so fixiert, daß bei Erregung seine mechanische Energie sich wesentlich nur in Änderung der Spannung, nicht in Änderung der Form, äußern kann (isometrische Anordnung), so erfolgt keine oder nur eine unbedeutende Änderung des Doppelbrechungsvermögens. Die Erklärung hierfür liefern die sogleich (unter 9) anzuführenden Beobachtungen von Ebners.

An lebenden Käfermuskeln hat Rollett (48, S. 50 bis 55) durch Untersuchung in chromatisch polarisiertem Licht deutliches Sinken der Doppelbrechung während der Kontraktion beobachtet. Das Sinken war so stark, daß „dadurch sogar die von der Verdickung bedingte Farbenänderung weit überkompensiert" wurde. Zu wesentlich gleichem Ergebnis kam er durch Untersuchung „fixierter" Kontraktionswellen. Ich kann Rolletts Beobachtungen nur bestätigen.

Sehr eingehend hat P. Schultz (53 a, S. 533 ff.) das polarisatorische Verhalten glatter Muskeln aus der Ringfaserschicht des Magens von Salamandra maculata untersucht. Bei elektrischer Reizung lebender Faserschichten unter dem Mikroskop sah er die Verkürzung von starkem Sinken der Doppelbrechung begleitet. Vergleichung gleich dicker Schnitte von Fasern, die im vollständig erschlafften Zustande abgestorben und solcher, die im Augenblick der größten Kontraktion in absoluten Alkohol getaucht waren, ergab dasselbe Resultat. In den letzteren war häufig, selbst bei größerer Dicke der Schnitte, gar keine Doppelbrechung mehr nachweisbar, während die ersteren, bei übrigens gleicher Behandlung der Präparate (Aufhellen in Terpentinöl und Kanadabalsam), sämtlich deutliche Doppelbrechung zeigten. Schultz hebt im Anschluß an von Ebners und meine Beobachtungen die Bedeutung seines Befundes für die Theorie der Kontraktion nachdrücklich hervor. Wegen der viel einfacheren Struktur der glatten Muskelzellen im Vergleich zu der der quergestreiften Fasern sind, wie Schultz mit Recht bemerkt, diese Befunde ganz besonders überzeugend und lehrreich.

8. Die Verkürzung der Muskeln bei der spontanen oder durch Wärme herbeigeführten Starre ist von einem starken Sinken der doppelbrechenden Kraft begleitet.

Diese wichtige Tatsache, welche den zahlreichen Punkten der Übereinstimmung zwischen physiologischer Kontraktion und Totenstarre, auf die besonders Hermann mit Recht aufmerksam gemacht hat, einen neuen hinzufügt, ist gleichfalls durch von Ebner festgestellt worden (9, S. 167 ff.). Zum Nachweis dienten hauptsächlich dünne Oberschenkelmuskeln vom Frosch (Sartorius, Rectus internus minor). Die Starreverkürzung wurde in einigen Fällen (Versuch 4 und 5) durch Erwärmung auf 38° bis 39° befördert, in einem (Versuch 6) durch Einbringen des Präparates in ein auf etwa 48° erwärmtes Luftbad rasch herbeigeführt.

Beobachtungen an anderen Objekten als quergestreiften Muskeln liegen, soviel ich weiß, nicht vor.

9. Wie die verkürzende Kraft des Muskels nimmt auch die Kraft der Doppelbrechung mit der Belastung (Dehnung) innerhalb gewisser Grenzen zu.

Bekanntlich beobachtete zuerst A. Fick am glatten Schließmuskel von Anodonta die Zunahme des Verkürzungsvermögens mit der Anfangsspannung: schwerere Gewichte wurden höher gehoben als leichtere. Unabhängig von Fick zeigte R. Heidenhain, daß der nämliche Reiz auch im gedehnten quergestreiften Wirbeltiermuskel mehr mechanische Energie freimachen kann als im nicht gedehnten. Für den Herzmuskel gilt das Gleiche.

Das Verhalten der Doppelbrechung der Muskelfasern bei Dehnung ist von L. Hermann (38) und nach ihm in ganz besonders eingehender Weise durch von Ebner (9, S. 80 ff.) untersucht worden. Bei den glatten Muskelfasern (Längsmuskelschicht des Froschdarms, Muskelbündel des Enddarms von Salamandra) ist nach von Ebner die Steigerung der Doppelbrechung durch Dehnung leicht nachweisbar. Bei den quergestreiften Fasern sind die Verhältnisse komplizierter, hauptsächlich durch die Zusammensetzung der Fibrillen aus abwechselnd einfach und doppelt brechenden Gliedern. Es können sich hier, wie von Ebner nachweist, entgegengesetzte Wirkungen[1] derart kompensieren, daß scheinbar die optischen Konstanten nicht beeinflußt werden. „Dies ist beispielsweise beim Sartorius des Frosches der Fall. Bei anderen Muskeln dagegen, wie beim Hyoglossus und Geniohyoideus des Frosches, kann durch Dehnung eine Verstärkung der Doppelbrechung erzielt werden." Inzwischen steigt beim kontrahierten Muskel die Doppelbrechung auch beim Sartorius beim Dehnen beträchtlich (9, S. 97, Versuch 16 und 17).

---

[1] Zu den von von Ebner aufgeführten Momenten, welche ein scheinbares Sinken der doppelbrechenden Kraft bei der Dehnung der Muskelfibrillen bewirken können, muß wohl auch die stärkere Dehnbarkeit der isotropen Glieder der Fibrillen gefügt werden.

Werden die Muskeln von vornherein an der Verkürzung gehindert (Isometrie), so kann die bei der Kontraktion auftretende Spannung eine so starke Steigerung des Doppelbrechungsvermögens bedingen, daß die sonst erfolgende Schwächung kompensiert wird (s. oben 7).

„Auch an den durch Totenstarre verkürzten Muskeln konnte, wie an den physiologisch kontrahierten, sehr leicht durch Dehnung eine sehr bedeutende Verstärkung der Doppelbrechung erzielt werden" (9, S. 168).

Wegen weiterer Einzelheiten wie auch wegen der Methodik der Versuche und der Kritik der Beobachtungen muß auf die inhaltsreiche Schrift von Ebners verwiesen werden. Dort ist auch das Verhalten der quergestreiften Muskeln gegen Druck in eingehendster Weise geprüft und diskutiert. Auch hierbei ergab sich eine ganz unzweifelhafte Änderung der optischen Konstanten (9, S. 99 bis 167).

Bei glatten Muskeln (aus Darm, Harnblase des Frosches, am besten aus dem Mesenterium des Enddarms vom Salamander) konnte von Ebner die Steigerung der Doppelbrechung leicht schon durch einfache Dehnungsversuche nachweisen. Es wurde „beim Dehnen sofort ein deutliches Steigen der Interferenzfarbe" beobachtet (9, S. 178 ff.).

10. Wenn quergestreifte Muskelfasern durch chemische Agentien (Wasser, gewisse Salze, Säuren, Alkalien) zur Quellung gebracht werden, verkürzen und verdicken sie sich unter gleichzeitiger Abnahme ihres Doppelbrechungsvermögens. Durch entgegengesetzt (schrumpfend) wirkende Agentien können beide Arten von Änderungen wieder rückgängig gemacht werden.

Die obigen Sätze gründen sich auf zahlreiche, zum Teil längst bekannte Tatsachen. Über die von Abnahme der Doppelbrechung begleitete Verkürzung durch Quellung vergleiche man besonders O. Nasse (44) und von Ebner (9, S. 169 ff.) und die von diesen zitierte Literatur. Daß es speziell die anisotropen, metabolen Glieder der quergestreiften Muskelsubstanz sind, an denen sich die betreffenden Vorgänge abspielen, konnte ich bei Käfermuskeln nachweisen (12, S. 180). Die wichtige Tatsache der Wiederherstellung der früheren Anisotropie bei Aufhebung der Quellung wurde — im Anschluß an ältere analoge Beobachtungen von W. Müller (43) am fibrillären Bindegewebe — durch Nasse (44, S. 27 ff.) und von Ebner (9, S. 170 ff.) festgestellt.

Die glatten Muskelfasern sind in bezug auf den vorliegenden Punkt, soviel ich weiß, noch nicht untersucht. An Flimmerorganen ist aber die Verkürzung und Abnahme der Lichtbrechung bei der Quellung und die Umkehrbarkeit dieser Veränderungen bei der Schrumpfung nachgewiesen (17, S. 362, 25, S. 787). Bei starker Quellung schwindet die Anisotropie sicher. Doch fehlt es noch an genaueren Untersuchungen im polarisierten Lichte.

Von großer Bedeutung ist es, daß die hier beschriebenen Erscheinungen nicht nur an lebendigen, reizbaren Muskelfasern, sondern auch an abgestorbenen, ihrer Reizbarkeit unwiederbringlich beraubten Fasern eintreten. Ich beobachtete starke Verdickung und Verkürzung der doppelbrechenden Schichten (unter Umständen bis über 50 Prozent) an spontan oder wärmestarren Arthropodenmuskelfasern bei Quellung in sehr verdünnter Milch-, Essig- oder Salzsäure, auch 10 prozentiger Kochsalzlösung (12, S. 180). Die beschriebenen Erscheinungen sind also nicht etwa auf eine **physiologische** Kontraktion infolge chemischer Reizung zurückzuführen, bei der ja auch wesentlich die gleichen Vorgänge stattfinden. Sie werden aber da, wo die quellungserregenden Agentien zugleich „reizend" wirken, sich in lebendigen Fasern mit den von der physiologischen Erregung herrührenden gleichartigen Veränderungen kombinieren müssen. Ich vermute, daß dies namentlich beim Ammoniak in hohem Grade der Fall ist.

11. Auch alle leblosen faserigen Gewebselemente, welche einachsig positiv doppelbrechend und merklich quellungsfähig sind, besitzen das Vermögen, sich unter Verdickung in der Richtung der optischen Achse zu verkürzen.

Zuerst wurde dies Verhalten beim fibrillären Bindegewebe durch W. Müller (43, S. 184) entdeckt. Auf die Übereinstimmung dieses Falles mit dem Verhalten der doppelbrechenden Glieder der Muskelfibrillen bei der physiologischen Kontraktion wies ich hin (12, S. 177, 13, S. 95, 18, 23). von Ebner zeigte durch Versuche an Sehnengewebe (9, S. 52 ff.), Hornhaut (9, S. 79 ff.), Knochen (9, S. 63), Knorpel (9, S. 65 ff., S. 74), Haaren (9, S. 204), daß es sich um eine sehr allgemein bei positiv einachsig doppelbrechenden Fasern vorkommende Eigenschaft handelt.

Die Bedingungen, unter welchen Verkürzung erfolgt, sind, wie bei den Muskeln, Einwirkung Quellung verursachender Flüssigkeiten (kaustische Alkalien, verdünnte Milchsäure, Essigsäure, Salzsäure u. a.) und Erwärmung.

Die schwach doppelbrechenden, glasartigen Sehnen von Arthropodenmuskeln (Astacus, Lucanus und andere Käfer), welche aus Chitin zu bestehen scheinen und wie dieses durch die genannten Säuren und Alkalien nicht merklich angegriffen werden, insbesondere darin nicht quellen, verkürzen sich unter Einfluß dieser Agentien wie auch bei Erhitzung (Kochen) nicht merklich. Ihr Doppelbrechungsvermögen nimmt dementsprechend unter diesen Umständen auch nicht merkbar ab (eigene Beobachtungen). Ich betone diesen Fall, weil er lehrt, daß Doppelbrechungsvermögen nicht auch notwendig Kontraktilität zur Folge haben muß. Optische Anisotropie ist eine — und zwar eine absolute — Bedingung für letztere, aber nicht die einzige. Dasselbe lehrt ja auch das Verhalten vieler Kristalle (s. später unter 18). Wenn man also sagen darf: ohne Doppelbrechung keine Kontraktilität, ist es doch nicht erlaubt, den Satz umzukehren.

12. Die Kraft, welche bei der Verkürzung lebloser Fasern durch Quellung oder Erwärmung entwickelt werden kann, sowie auch die relative Größe der Verkürzung, ist im allgemeinen (auch beim selben Objekt) um so größer, je größer die Kraft der Doppelbrechung. Die absoluten Werte können die höchsten bei Muskeln beobachteten Werte übertreffen. Bei der Verkürzung nimmt die Doppelbrechung ab.

Am genauesten untersucht ist in dieser Hinsicht das fibrilläre Bindegewebe (13, S. 95, 23, S. 18 ff., Anh. IV). Die Verkürzung des Bindegewebes (Sehnen, Darmsaiten) bei der Quellung oder Erhitzung ist eine längst und allgemein bekannte Erscheinung. Das optische Verhalten wurde von W. Müller (43, S. 184 ff.) zuerst ermittelt. Über Kraft und Größe der Verkürzung habe ich zahlreiche Messungen angestellt (13, S. 95, 23, S. 18 ff., Anh. I bis V, S. 54 ff.). Frische oder getrocknete und bei gewöhnlicher Temperatur in Wasser wieder aufgeweichte Sehnenfasern wirken außerordentlich stark positiv einachsig doppelbrechend, in gleicher Schichtendicke entschieden stärker wie quergestreifte Muskelfasern. In diesem Zustand nun können sie bei Quellung, beispielsweise in sehr verdünnter Milchsäure, Essigsäure, Kalilauge (23, S. 63, Tab. IV a) von gewöhnlicher Temperatur, sich mit einer Kraft verkürzen, welche erheblich diejenige übertrifft, die menschliche Muskeln gleichen Querschnittes bei stärkster tetanischer Reizung zu entwickeln vermögen. Noch höhere Kräfte können durch Erhitzen hervorgerufen werden. Eine feuchte Darmsaite von etwa 0.7^{mm} Dicke suchte sich beim raschen Erwärmen auf 130^0 mit einer Kraft von über 1000^{grm} zu verkürzen, was etwa dem 14 fachen der absoluten Kraft menschlicher Muskeln entspricht (23, S. 26).

Die Größe der Verkürzung solcher Objekte bleibt ebenfalls nicht hinter der von Muskeln gleicher Dimensionen und gleicher Belastung zurück. In $2^1/_2$ prozentiger Milchsäure verkürzten sich unbelastete Violin-E-Saiten um mehr als 40 Prozent, bei Erwärmen in Wasser von 100^0 um etwa 70 Prozent (23, S. 55, Tab. I a, S. 57 ff., Tab. II).

Wenn die Bindegewebsfasern in Säuren oder Alkalien quellen oder sich durch Hitze verkürzen und verdicken, sinkt, wie W. Müller (43, S. 184) fand und von Ebner näher zeigte (9, S. 52 ff.), ihre Doppelbrechung; damit wird auch, wie meine Messungen ergaben, ihre Verkürzungskraft in entsprechendem Maße geschwächt, unter Abnahme der Elastizität (Zunahme der Dehnbarkeit), wie bei der Kontraktion lebendiger Muskelfasern (23, Anhang).

In konzentrierter Chlorcalciumlösung schrumpft eine Sehne enorm (bis über 80 Prozent) in der Längsrichtung und verdickt sich dabei ungemein stark und wird glasartig durchsichtig, während gleichzeitig die Doppelbrechung bis auf kaum merkliche Spuren schwindet (43, S. 184, 9, S. 54 ff.).

Besonders hervorzuheben· ist die weitgehende Übereinstimmung im thermischen Verhalten von Sehnen und toten quergestreiften Muskeln. Wie ich fand (23, S. 69 ff.), bewirkte Temperaturerhöhung bei Muskeln, die durch längeres Erwärmen auf 45° starr geworden, oder nach zweitägigem Trocknen oder Liegen in 90° Alkohol 2 Stunden in destilliertem Wasser geweilt hatten, erst dann Verkürzung, wenn die Temperatur über 60° gestiegen war, unterhalb dieser Temperatur geringe Verlängerung. Nachdem dann einmal Verkürzung durch jene höhere Temperatur eingetreten war, bewirkte auch bei niedrigeren Temperaturen Erwärmung Verkürzung. Ganz dasselbe beobachtet man im großen und ganzen bei Sehnen, die der gleichen Behandlung unterworfen werden. Bei beiden nimmt auch das Doppelbrechungsvermögen erst beim erstmaligen Überschreiten jener hohen Wärmegrade merklich ab. Die Anfangstemperatur, bei welcher dies und die bleibende thermische Verkürzung eintritt, hängt übrigens — wie ich bei Sehnen speziell für letzteres Vermögen nachwies (23, S. 60 ff.) — ganz von den sonstigen Bedingungen, besonders von der Art der imbibierten Flüssigkeit ab. Sie kann durch kaustisches Alkali, durch Säuren und andere quellend wirkende Agentien bis auf 15° und tiefer herabgedrückt werden.[1]

Viele andere, das Verhalten der Doppelbrechung von Sehnen und toten Muskeln gegen Erwärmung betreffende und wichtige Parallelen zwischen beiden Vermögen aufdeckende Tatsachen s. bei von Ebner (9, S. 55 ff. und S. 177 ff.).

13. Bei durch Quellung oder Erhitzung geschwächten Sehnenfasern kann, durch Neutralisation bzw. Abkühlung, mit der Doppelbrechung auch das Verkürzungsvermögen wiederhergestellt werden.

Die Wiederherstellung der Form . und der doppelbrechenden Kraft wurde von W. Müller beim fibrillären Bindegewebe entdeckt (43, S. 185),

---

[1] Eine Zurückführung der thermischen Verkürzung auf „Eiweißgerinnung" oder Schrumpfung von Eiweißgerinnseln, wie sie neuerdings noch von Gotschlich (35, S. 342) verteidigt wurde, ist also ganz unmöglich. Die oben angeführten Tatsachen enthalten auch die Widerlegung des Bedenkens, welche Gotschlich — der die Tatsachen übrigens bestätigt — auf Grund des thermischen Verhaltens wärmestarrer Froschmuskeln gegen meine Auffassung erhoben hat (35, S. 342).

durch von Ebner bestätigt (9, S. 53 ff., S. 65 ff.) und weiter untersucht, die dabei stattfindenden Änderungen der Dimensionen, Dehnbarkeit und Elastizität sind von mir durch eine Reihe von Messungen an Darmsaiten im einzelnen belegt (23, S. 56 ff., Tab. Ib, Ic, II). Die Umkehr der Erscheinungen erfolgt auch ohne Einwirkung äußerer Zugkräfte. Die optischen und mechanischen Vorgänge sind also offenbar in prinzipieller Übereinstimmung mit denen, welche in den lebenden Muskelfasern bei der Rückkehr aus dem kontrahierten in den erschlafften Zustand ablaufen. Auch bei den Muskeln findet ja bei der Erschlaffung eine Wiederstreckung unter Verdünnung der Fibrillen statt, und zwar ohne Mithilfe von Dehnung, wie der geschlängelte Verlauf zeigt, den die Fibrillen annehmen, wenn sie sich bei der Erschlaffung nicht unbehindert strecken können (s. oben S. 28). Bei der Erschlaffung steigt auch das Doppelbrechungsvermögen nach von Ebners, Rolletts und Schultz' oben erwähnten Beobachtungen an quergestreiften und glatten Muskeln.[1]

14. Dehnung von Sehnenfasern steigert gleichzeitig die Kraft ihres Doppelbrechungs- und ihres Verkürzungsvermögens.

Bei frischen, ungeschwächten Sehnen, die ungedehnt bereits sehr stark anisotrop sind, ist die Steigerung der Doppelbrechung durch Zug nicht leicht nachweisbar. Doch konnte von Ebner (9, S. 48) die Verstärkung bei einer etwa 0·1 ^{mm} dicken Sehne aus dem Schwanz einer Maus schon deutlich wahrnehmen bei einer Verlängerung, welche weniger als 1 Prozent der ursprünglichen Länge betrug. Viel leichter gelingt der Nachweis bei gequollenen oder durch kurze Einwirkung heißen Wassers geschwächten Sehnen. Hier nimmt mit der Dehnung wie die Doppelbrechung so auch die Kraft des durch chemische oder thermische Einwirkung erzeugten Verkürzungsstrebens innerhalb weiter Grenzen sehr auffällig zu (23, S. 62 ff., Tab. IVa).

So wurde beispielsweise bei Quellung einer Violin-E-Saite, bei gewöhnlicher Temperatur,

in Wasser

bei Anfangsspannung		0 ^{grm}	eine Kraft von				77 ^{grm}
„	„	105	„	„	„		226
„		335	„	„	„		365
„		450	·,	„	„		496

---

[1] Wenn man die Erschlaffung neuerdings auf „assimilatorischen" chemischen Prozessen beruhen lassen will, so kann es sich dabei doch höchstens um indirekte Beziehungen zu chemischen Prozessen handeln, da ja vorstehende Tatsachen die Umkehrbarkeit der mechanischen und optischen Vorgänge an toten Objekten beweisen, bei denen von „Assimilation" nicht die Rede sein kann.

in Milchsäure von 0·25 Prozent

bei Anfangsspannung 0 ^{grm} eine Kraft von 110 ^{grm}

„ „   5 „ „ „ 115

„ „   215 „ „ „ 351

„   425 „ „ „ 490

erreicht.

Ähnliche Zahlen ergaben sich bei Quellung in Essigsäure oder Kalilauge und bei thermischer Verkürzung. Eine Violinsaite, die 24 Stunden lang unbelastet in Milchsäure von 0·25 Prozent gelegen und sich dabei um etwa 32 Prozent verkürzt und um das 4- bis 5 fache verdickt hatte, erreichte bei Erwärmen auf 80°

bei der Anfangsspannung von 5 ^{grm} eine Verkürzungskraft von 100 ^{grm}

„ „ „ „ 90 „ „ „ 125

„ „ „ „ 125 „ „ „ 154

Es besteht also auch in dem Verhalten gegenüber Dehnung bei toten, künstlich zur Verkürzung veranlaßten Sehnen derselbe Parallelismus zwischen Doppelbrechung und Verkürzungsfähigkeit wie bei lebendigen, gereizten Muskelfasern.

15. Die im ungedehnten Zustand einfachbrechenden Fasern des elastischen Gewebes verkürzen sich beim Erwärmen nicht. Gedehnt werden sie positiv eïnachsig doppelbrechend und erhalten damit das Vermögen, sich bei Erwärmung in der Richtung der optischen Achse zu verkürzen. Mit der Dehnung wachsen Doppelbrechung und Verkürzungsvermögen innerhalb weiter Grenzen. Die absoluten Werte beider fallen in dieselbe Größenordnung wie die entsprechenden lebendiger Muskelfasern.

W. Müller zeigte (43, S. 174) zuerst, daß die Fasern des elastischen Gewebes (Nackenband) im frischen, ungespannten Zustand „keine oder nur äußerst schwach doppelbrechende“ Eigenschaften besitzen, bemerkte aber schon, daß, „wo ein Bündel mehr gestreckten Verlauf hat,“ also etwas gespannt ist, schwache Doppelbrechung, einachsig positiv in bezug auf die Längsachse der Fasern, deutlich wird. von Ebner (9, S. 44 ff., 231) fand, daß frische, elastische Fasern durch Zug sehr leicht stark doppelbrechend zu machen sind. Die Doppelbrechung ist ststs positiv in bezug auf die Zugrichtung. An 0·3 ^{mm} dünnen Faserbündeln war schon eine Dehnung um 2 Prozent der Länge ausreichend (9, S. 45). Die Kraft der Doppelbrechung wuchs kontinuierlich mit der Dehnung (9, S. 46, Tabelle). An demselben Objekt betrug bei einer Dehnung um 77 Prozent, trotz der

bedeutenden Verdünnung der Substanz, die Erhöhung der Farbe „eine ganze
Farbenordnung von Grau I. O. bis Blaß-Blaugrün II. O., was als eine sehr
starke Steigerung der Doppelbrechung bezeichnet werden muß".

Über den Einfluß der Dehnung auf das Verkürzungsvermögen haben
meine Messungen (23, S. 64, Tab. IVb) an Längsstreifen aus dem frischen
Nackenband des Rindes ergeben, daß die ungespannten Fasern sich bei
Erwärmung nicht oder kaum merklich verkürzen.[1] Aber schon bei sehr
geringer Dehnung können — und zwar schon durch sehr mäßige Erwärmung
— bedeutende Verkürzungskräfte entwickelt werden. So erreichte das
Kontraktionsstreben eines Streifens Nackenband von 4 ^{qmm} Querschnitt, als
er in Wasser erwärmt wurde, bei einer Anfangsspannung (bei 15°) von
10 ^{grm} bzw. 100 ^{grm} und 185 ^{grm}

bei 20°	30°	40°	50°
20 ^{grm}	28 ^{grm}	32 ^{grm}	38 ^{grm}
105	120	132	140
182	190	198	205

Das sind Kräfte von durchweg gleicher Ordnung, wie sie quergestreifte
Muskeln bei der natürlichen oder künstlichen Erregung entwickeln. Auch
die Größen der relativen Verkürzungen sind von gleicher Ordnung.

Nach Aufhören der Dehnung sinken mit der Rückkehr der Fasern zur
ursprünglichen Form auch Doppelbrechungs- und Verkürzungsvermögen
wieder auf die anfänglichen verschwindend kleinen Werte herab. Beliebig
oft kann am gleichen Objekt der Versuch mit gleichem Erfolg wiederholt werden.

16. **Die positiv einachsig doppelbrechenden Fasern des
Blutfibrins besitzen das Vermögen, sich bei Erwärmung unter
Verdickung und Abnahme des Doppelbrechungsvermögens zu
verkürzen.**

Die Entdeckung dieser wichtigen Tatsachen verdanken wir L. Hermann (37, S. 253). Sie ist für unsere Frage besonders lehrreich, weil sie
zeigt, daß die Fähigkeit doppelbrechender quellungsfähiger Körper, sich zu
verkürzen, nicht nur solchen Fasern zukommt, die sich durch lebendige
Wachstumsvorgänge gebildet haben und im histologischen Sinne organisiert
sind. Hermann, der die Bildung der Fibrinfasern einem Kristallisations-
prozesse vergleicht, mit dem sie offenbar viele Ähnlichkeit hat, machte
sogleich auf die möglicherweise große Bedeutung der von ihm gefundenen
Tatsachen für das Verständnis der Muskelkontraktion aufmerksam (37,

---

[1] Gotschlichs Angaben (34) über den Einfluß der Wärme auf das elastische
Gewebe sind insofern wertlos, als er fibrilläres Bindegewebe und elastisches Gewebe
nicht auseinander gehalten und den entscheidenden Einfluß der Spannung auf die verkürzende Wirkung der Erwärmung nicht berücksichtigt hat, auf den ich doch schon
nachdrücklichst hingewiesen hatte (23).

S. 249, 253), änderte jedoch später, wie im Eingang bereits erwähnt, seine Auffassung in diesem Punkte.

Leider eignen sich die Fibrinfasern nicht wohl zu genaueren messenden Versuchen, insbesondere nicht zu Kraftbestimmungen. Dies gilt auch von den künstlich erzeugten einachsig doppelbrechenden fibrillären Ausscheidungen, die von Ebner, bei Versuchen zur Prüfung der Spannungshypothese vom Ursprung der Doppelbrechung organisierter Substanzen, aus Hühnereiweiß, tierischem Schleim, Leim u. a. erhielt, indem er diese beim Erstarren einem orientierten Druck oder Zug aussetzte (9, S. 226 ff.).

Ob auch bei den letztgenannten Objekten, soweit sie positiv einachsig in bezug auf die Längsachse sind, bei Quellung oder Erhitzung eine Verkürzung und Verdickung unter Abnahme der Doppelbrechung stattfinden kann, wurde soviel mir bekannt bisher nicht untersucht.

17. Kautschuk, im ungespannten Zustand isotrop und nicht verkürzungsfähig, wird beim Dehnen doppelbrechend und thermisch kontraktil.

Das Streben des gespannten Kautschuks, sich bei Erwärmung zu verkürzen, ist den Physikern schon längst bekannt, ebenso die Tatsache, daß er bei Dehnung doppelbrechend wird. Ungespannte Kautschukstreifen von verschiedener Herkunft und hinreichender Durchscheinendheit fand ich (23, S. 31)[1] stets einfachbrechend oder doch nur an mikroskopisch beschränkten Stellen mit unregelmäßigen Spuren von Anisotropie. Durch Zug wurden sie in allen Fällen anisotrop, und zwar einachsig, positiv in bezug auf die Dehnungsrichtung. Die Kraft der Doppelbrechung wuchs kontinuierlich mit der Dehnung und konnte wie diese außerordentlich hohe Werte erreichen.

Ebenso verhielt sich die Kraft des durch eine bestimmte Temperatursteigerung erzeugten Verkürzungsstrebens.

Graphische Messungen[2] unter Anwendung meines Auxotonometers ergaben beispielsweise folgende Zahlen:

	Anfangsspannung in Grammen bei:	Spannung in Grammen bei den Temperaturen:								
	15°	20°	30°	40°	50°	60°	70°	80°	90°	100°
Prismatischer vulkanisierter Kautschukstreifen von 2 qmm Querschnitt in Wasser . .	90	90	92	94	97	101	105	110	118	125
Ebensolcher Faden von Gummi elasticum, ungefähr 2 mm dick . . .	175	175	177	180	183	188	190	192	—	—

[1] Die Untersuchung erfolgte mit dem Polarisationsmikroskop, auf dem Objektglas, bei schwacher Vergrößerung, starker Beleuchtung (Auer- oder Nernstbrenner mit Kondensor) und im Dunkelkasten. Schon Streifen von 0·5 mm Dicke erwiesen sich unter diesen Bedingungen häufig hinreichend durchscheinend.

[2] Näheres s. 23, S. 62 f. Tab. IV b.

Gute Fäden von bestem, nicht vulkanisiertem Kautschuk, deren Dicke bei einer Belastung von 800 ^{grm} bei Zimmertemperatur nur etwa $^1/_8$ ^{qmm} betrug, konnten diese Last für ganz kurze Zeit noch eben merklich heben, wenn sie rasch um etwa 20° über die Zimmertemperatur erwärmt wurden. Dies entspricht für 1 ^{qcm} Querschnitt einer Kraft von mehr als 640 ^{kg}, etwa dem 60fachen Wert der „absoluten" Kraft menschlicher Wadenmuskeln (23, S. 31). Bei der außerordentlichen Verschiedenheit des Materials und seiner Veränderlichkeit, die auch, wie schon mehrfach bemerkt wurde, während der Dehnungs- und Erwärmungsversuche sich fortwährend störend bemerkbar macht, schwanken natürlich die cet. par. gefundenen Werte innerhalb weiter Grenzen.

Mit Nachlaß der Dehnung nehmen Doppelbrechungsvermögen und thermische Kontraktilität ab.

Das Verhalten des Kautschuks ist für uns besonders wertvoll, weil es lehrt, daß auch nicht organisierte, nicht fibrillär gebaute, ja nicht einmal in Wasser merklich quellbare Substanzen dieselben gesetzmäßigen Beziehungen zwischen Polarisations- und Verkürzungsvermögen zeigen können wie die Fasern der Muskeln, der Sehnen, des elastischen Gewebes, oder des Fibrins.[1]

18. Auch einachsig doppelbrechende Kristalle können sich beim Erwärmen in gewissen, durch die Lage der optischen Achse bestimmten Richtungen verkürzen.

Bei seinen grundlegenden Untersuchungen über die thermische Ausdehnung von Kristallen entdeckte Mitscherlich, daß der Kalkspath, der negativ einachsig ist, sich beim Erwärmen senkrecht zur optischen Achse verkürze. Auch bei dem Beryll, Adular, Diopsid und anderen anisotropen Kristallen ist thermische Verkürzung beobachtet. Isotrope, reguläre Kristalle dehnen sich beim Erwärmen in allen Richtungen gleichmäßig aus. Ich erwähne diese, schon früher (23, S. 33 Anm.) in ihrer Bedeutung für unsere Frage von mir angeführte und auch von Rußner (51, S. 215) theoretisch verwertete Thatsache nur, weil sie zeigt, daß auch in der anorganischen Natur sich ein Zusammenhang zwischen Verkürzungs- und Doppelbrechungsvermögen offenbart. Wegen weiterer Einzelheiten sei auf Groth (36, S. 181ff.) verwiesen und auf die betreffenden Abschnitte in O. Lehmanns Molekularphysik (I. Band, 1888, S. 51 ff.) und W. Ostwalds Lehrbuch der allgemeinen Chemie (I. Band, 2. Aufl., 1899, S. 892 ff.).

---

[1] Ich finde nachträglich, daß auch Rußner in einer wertvollen Arbeit (51, S. 215) auf diese Beziehungen aufmerksam gemacht hat. Vgl. auch J. Wiesner (59, S. 385).

Schlußbetrachtungen.

Optisches und mechanisches Verhalten des **ungeformten** kontraktilen Protoplasmas. Entkräftung der darauf begründeten Einwände gegen unsere Annahme. Über den Begriff und die Anwendung des Wortes **Kontraktilität.**

Die auf den vorausgehenden Seiten zusammengestellte Reihe von Tatsachen erweist, wie ich meine, hinreichend die Berechtigung unserer, im Eingange ausgesprochenen Behauptung eines absoluten kausalen Zusammenhanges zwischen Doppelbrechung und Verkürzungsvermögen. Ihre Beweiskraft ist um so stärker, als die einzelnen zur Begründung dienenden Argumente voneinander ganz unabhängig sind und die verschiedenartigsten, ja zum Teil geradezu entgegengesetzte Erscheinungsgebiete betreffen. Viele der als Belege dienenden Tatsachen, für deren Existenz sich sonst kein Grund angeben läßt, stellen sich als notwendige Folgen unserer Annahme heraus, die denn auch ihren heuristischen Wert mehrfach erwiesen hat. Bei so fester Begründung darf man verlangen, daß in Fällen, wo die Annahme unzutreffend erscheinen sollte, zunächst geprüft werde, ob etwa Umstände vorhanden sind, welche die Ausnahme erklären können, d. h. sie als eine nur scheinbare erweisen.

Einen solchen Fall bietet nun das ungeformte kontraktile Protoplasma.

Es ist eine unleugbare Tatsache, daß das kontraktile Protoplasma der Amöben und anderer amöboid beweglicher Protoplasten, das strömende Protoplasma vieler Rhizopoden und Pflanzenzellen u. a. von Anisotropie keine oder nur sehr zweifelhafte Spuren erkennen läßt. Mit dieser sehr wichtigen Tatsache müssen wir uns also abfinden und prüfen, ob der darauf begründete Einwand gegen die von mir behauptete Allgemeingültigkeit jener Beziehungen zwischen optischem und mechanischem Vermögen aufrecht erhalten werden muß oder sich entkräften läßt.

Ich glaube, daß das letztere wohl möglich ist. Und zwar aus Gründen, die einmal das optische Verhalten und dann die mechanischen Erscheinungen der Protoplasmabewegung betreffen.

Was zunächst die anscheinend durchweg einfachbrechende Beschaffenheit des ungeformten Protoplasmas anlangt, so ist es sehr wohl denkbar, daß besondere Umstände den Nachweis doppelbrechender kontraktiler Teilchen in ihm verhindern oder doch sehr erschweren. Solche Umstände sind allerdings vorhanden. Zunächst wird wegen des in den meisten Fällen außerordentlich hohen Wassergehaltes des kontraktilen Protoplasmas sein Gehalt an fester anisotroper Substanz für den Nachweis zu gering sein können. Dazu kommt die meist sehr geringe absolute Dicke der Objekte und zu beiden Umständen oft noch die aus der Regellosigkeit und fortwährenden Veränderlichkeit der Bewegungsrichtung der kleinsten Protoplasmateilchen mit Notwendigkeit zu erschließende regellose Orientierung der kleinsten anisotropen kontraktilen Teilchen. Wenn sich das optisch scheinbar isotrope kontraktile Protoplasma der Oberfläche von Actinosphaerium Eichhorni zu radiären Strahlen von größerer Dichte und Festigkeit umformt, erweist es sich alsbald deutlich doppelbrechend. Werden die Strahlen (z. B. nach elektrischer Reizung) eingezogen — „eingeschmolzen" —, so wird die Doppelbrechung wieder unmerklich. Das ungeformte kontraktile Protoplasma der kortikalen Schicht von Stentor, welches die langsamen Kontraktionen des Tieres vermittelt, ist deutlich doppelbrechend. Durch die konstante Richtung der Verkürzung, die mit der optischen Achse zusammenfällt, bildet dieser Fall einen Übergang zur geformten Muskelsubstanz (S. 14, S. 448 ff.).

Zweitens aber — und hierauf möchte ich vor allem Nachdruck legen — sind die am ungeformten Protoplasma zu beobachtenden und gemeinhin sämtlich als Kontraktionserscheinungen bezeichneten Bewegungen keineswegs ohne weiteres und in ihrem ganzen Umfange den Kontraktionen der geformten kontraktilen Substanzen, speziell der Muskelfasern, zu vergleichen.

Wenn ich die Forderung stellte (12, S. 181) — und noch stelle —, daß jede Theorie der Muskelkontraktion auch Anwendung finden müsse auf die Bewegungen des ungeformten Protoplasma, da zwischen beiden allmähliche Übergänge vorkommen, so sollte das nicht heißen, daß alle am kontraktilen Protoplasma zu beobachtenden Massenbewegungen der unmittelbare Ausdruck von Vorgängen seien von prinzipiell gleichem Mechanismus, wie der der Kontraktion einer Muskelfaser oder eines Flimmerhaares. Schon damals[1] habe ich sogleich bemerkt, daß sich bei den Protoplasmabewegungen rein physikalische, auf Änderungen der Kohäsion und der Oberflächenspannung beruhende Massenbewegungen einmischen, Bewegungen der Art also, wie sie auch leblose Flüssigkeitstropfen zeigen. Meiner Auffassung nach sind die sichtbaren Verschiebungen und Formveränderungen hier wesentlich sekundäre, nicht eigentlich physiologische Vorgänge. Als primäre, physiologische Ursache derselben betrachte ich die, an chemische Aktivität gebundene Formveränderung kleinster, ultramikroskopischer, im Protoplasma enthaltener doppelbrechender Teilchen, quellungsfähiger Molekülkomplexe, die ich als Inotagmen bezeichnet habe. Es mag dahingestellt bleiben, ob diese, aus morphologischen und anderen Gründen (12, S. 177, Anm. 2), im Ruhezustand faserförmig zu denkenden

---

[1] Vgl. (14, S. 182). — Siehe auch schon (10, S. 321).

Teilchen bleibende, oder ob sie vorübergehend entstehende und wieder ver-
gehende festere Gebilde sind. Jedenfalls sind es meiner Auffassung nach
nur die Formveränderungen dieser Gebilde, welche den Kontraktionen der Muskelfibrillen, Flimmerhaare usw. zu vergleichen sind und auf
gleichem Prinzip wie letztere beruhen. Auf sie allein ist also der Ausdruck „Kontraktion" anzuwenden. Sie veranlassen sekundär jene rein
physikalischen Bewegungen, die ich als „Tropfenbewegungen" bezeichnen möchte, indem sie durch ihre, bei „Reizung" erfolgende Annäherung
an die Kugelform, dem Protoplasma an den betreffenden Stellen eine in
allen Richtungen mehr gleiche Kohäsion geben. Die Masse muß infolge
hiervon, indem sie nun in höherem Maße die Eigenschaften einer homogenen
Flüssigkeit erhält, den Bewegungsgesetzen der letzteren folgen, namentlich
also eine von einer Minimalfläche begrenzte Gestalt anzunehmen suchen.[1]
Mit Wiederstreckung der einzelnen Inotagmen — die im allgemeinen ungleichzeitig und nach verschiedenen Richtungen orientiert erfolgen muß —
wird die Kohäsion der Masse wieder mehr ungleich und müssen Bewegungen in ihr auftreten, die von denen echter homogener Flüssigkeiten
abweichen.

Besonders beweisend für die hier entwickelte Vorstellung schienen mir
die · Erfolge der künstlichen (elektrischen) Reizung des Luftblasen ein-
schließenden Protoplasmas von Arcella, die ich vor Jahren (10, S. 307)
beschrieben und neuerdings wieder beobachtet habe. Die vor der Reizung
mehr oder weniger unregelmäßig gestalteten Luftblasen werden plötzlich
kugelig, und erst hierauf erfolgt Einziehung der Fortsätze und Zusammenziehung des ganzen Plasmakörpers auf die der kleinsten Oberfläche entsprechende Gestalt. Bei elektrischer Reizung körnchenhaltigen, amöboid
beweglichen oder Körnchenströmung zeigenden tierischen oder pflanzlichen
Protoplasmas sieht man als erste Wirkung die Körnchenverschiebung an
allen vom Reiz direkt getroffenen Stellen plötzlich zum Stillstand kommen
und erst merklich später das Einziehen der Fortsätze, das Varicöswerden
der Protoplasmastränge usw. folgen (10, S. 315 ff.).

, Ich glaube, daß die hier betonte Trennung der Bewegungserscheinungen
des ungeformten Protoplasmas in „Kontraktionen" und „Tropfenbewegungen",
d. h. in primäre, der Kontraktion der geformten doppelbrechenden kontraktilen
Substanzen prinzipiell gleichartige, und in sekundäre, rein physikalische,
von der Anisotropie unabhängige, auf Änderung der Kohäsion und Oberflächenspannung durch die primären beruhende Massenverschiebungen

---

[1] Es sind diese rein physikalischen Tropfenbewegungen der lebenden Protoplasma-
massen, welche neuerdings durch Bütschli, Quincke, Rhumbler, Jensen u.a. eine
so gründliche Bearbeitung erfahren haben. Nähere Literaturangaben bei Jensen (40),

der Klärung des Begriffs „Kontraktilität" nur dienlich sein kann.[1] Sie gibt der aus dem Vorkommen allmählicher Übergänge zwischen Muskel-, Flimmer- und Protoplasmabewegung zu folgernden Einheitlichkeit dieser drei Arten von organischer Bewegung Ausdruck und zugleich Rechenschaft von den spezifischen Eigentümlichkeiten der Bewegung des ungeformten Protoplasma.

Da es an dieser Stelle nur darauf ankommt, die Berechtigung der Annahme eines allgemein herrschenden kausalen Zusammenhanges zwischen Doppelbrechungsvermögen und Kontraktilität zu begründen, unterlasse ich hier ein näheres Eingehen auf diesen Punkt.

―――――――

Der aus der scheinbaren Isotropie des ungeformten kontraktilen Protoplasmas abgeleitete Einwand gegen unsere Annahme hat sich somit als nicht stichhaltig erwiesen. Mit erhöhtem Rechte dürfen wir jetzt behaupten:

Alle unter dem Namen der Kontraktilitätserscheinungen zusammengefaßten organischen Massenbewegungen, von der Muskelzuckung herab bis zur trägen Formveränderung eines Protoplasmaklümpchens, sind gebunden an die Gegenwart doppelbrechender Substanz. Die Veränderungen dieser Substanz sind es, auf denen überall, direkt oder indirekt, die sichtbaren Bewegungsvorgänge beruhen. Die Frage, wie es kommt, daß mit dem Vermögen der Doppelbrechung so allgemein die Fähigkeit verbunden ist, mechanische Energie, Verkürzungsstreben oder Verkürzung, Spannung oder Arbeit hervorzubringen, soll hier, wie früher, unberührt bleiben. Sie zu beantworten, sei dem Physiker überlassen. Die Aufgabe des Physiologen scheint mir erledigt, wenn es ihm gelungen ist, nachzuweisen, daß den lebendigen Kontraktionsvorgängen ein auch in toten und leblosen Körpern wirksames, allgemeines physikalisches Prinzip zugrunde liegt.

Inzwischen geben unsere Resultate noch zu einer Reihe weiterer Betrachtungen Anlaß.

Sie betreffen zunächst das Wort „Kontraktilität" und den Begriff, den man mit diesem Worte zu verbinden hat.

Der gewöhnliche Sprachgebrauch der Physiologen pflegt den Ausdruck Kontraktilität zu beschränken auf die Fähigkeit lebender, reizbarer Gebilde (Muskeln, Flimmerorgane, Protoplasma) zu selbständigen, relativ schnellen, umkehrbaren, durch chemische Energie erzeugten Bewegungen, und zwar auf die Fälle speziell, in denen der Sitz der mechanischen Energie der

―――――――

[1] Vgl. hierzu die scharfsinnigen, sehr lesenswerten Ausführungen von F. Schenck (51), der auf diese Trennung gleichfalls hinweist.

Bewegung im Protoplasma oder in Formelementen (Muskelfibrillen, Cilien usw.) gelegen ist, die dem Protoplasma physikalisch und chemisch verwandt und aus ihm direkt entstanden sind. Hierdurch unterscheiden sie sich von den besonders bei Pflanzen (Mimosa, Berberis, Hedysarum, Oxalis usw.) verbreiteten Reizbewegungen, die wesentlich auf Änderungen der elastischen Spannung von festen Zellmembranen beruhen und nur indirekt durch „Erregungsvorgänge" im Protoplasma veranlaßt werden. Beide stimmen darin überein, daß sie im allgemeinen ziemlich rasch erfolgen, umkehrbar sind, durch elektrische, mechanische und andere „Reize" hervorgerufen werden können, deren Energiewert den der „ausgelösten" mechanischen Energie oft bei weitem nicht erreicht, und darin endlich, daß sie mit Wachstumsvorgängen nichts zu schaffen haben.

Da von diesen beiden Arten von Reizbewegungen die tierischen die weitaus verbreitetsten und durch Energie, Umfang und Schnelligkeit auffälligsten sind, darf man beide wohl als **animale** Reizbewegungen den **vegetativen** Massenbewegungen gegenüberstellen, die Teilerscheinungen von Wachstumsprozessen sind, als solche mit Erzeugung chemischer potenzieller Energie eingehen, relativ träge erfolgen, nicht umkehrbar sind und durch die, animale Massenbewegungen auslösenden Reize nicht hervorgerufen werden.

Auch unter diesen letzteren, vegetativen Massenbewegungen gibt es wieder solche, bei denen der Sitz der bewegenden Kräfte das Protoplasma selbst oder im Protoplasma gelegene Zellorgane sind. Das verbreitetste Beispiel dieser Art liefern die intrazellularen Vorgänge bei der mitotischen Teilung der Zellen. Obschon es nun nicht unmöglich, vielleicht sogar nicht unwahrscheinlich ist, daß hier dasselbe physikalische Prinzip wie bei den animalen Kontraktionsbewegungen mit in Anwendung kommt, so sind doch direkte Beweise hierfür, wie ich glaube, nicht vorhanden und wegen der mikroskopischen Kleinheit der Objekte wohl auch sehr schwer zu liefern. Vielleicht gelingt es, was mir bisher nicht glücken wollte, Zellkerne zu finden, bei denen die Chromatinfäden oder die achromatische Spindel Doppelbrechung zeigen. Solange das aber nicht der Fall ist, dürfte man kaum ein gutes Recht haben, die Bezeichnung „Kontraktionsvorgänge" auch auf diese Bewegungen auszudehnen.

Dagegen scheint mir in anderer Richtung eine Ausdehnung des Begriffes Kontraktilität unvermeidlich und gerade durch die Ergebnisse der vorliegenden Untersuchung zur Notwendigkeit zu werden.

Die bis ins Einzelnste gehende Übereinstimmung, welche sich in optischer und mechanischer Beziehung zwischen der Verkürzung lebloser und toter doppelbrechender Körper durch chemische oder thermische Einflüsse einerseits und der lebendigen, auf „Reize" erfolgenden Kontraktion andererseits ergeben hat, läßt es logisch erscheinen, beide Vorgänge auch durch dasselbe Wort zu bezeichnen. Das Zusammenschnurren einer Sehne beim Kochen, die Verkürzung eines gespannten Kautschukfadens beim Erwärmen, die hygroskopischen Längenänderungen eines Haares beruhen auf dem gleichen elementaren mechanischen Vermögen wie die Muskelzuckung, die Flimmer- und Protoplasmabewegung. Man wird also nicht wohl umhin können, dieses Vermögen allgemein als Kontraktilität zu bezeichnen.

Der Laie und auch der Physiker werden gegen diese Erweiterung des Begriffes kaum Bedenken tragen, da sie ja schon vielfach — z. B. beim Kautschuk — das Wort in dem auch die leblosen Körper umfassenden Sinne gebrauchen. Der Physiologe aber dürfte sich zunächst nur ungern dazu entschließen, einer Sehne, einer Fibrinfaser oder einem Kristall Kontraktilität zuzuschreiben. Er denkt ja bei dem Wort Kontraktion meist nicht bloß an den mechanischen Akt der Verkürzung, sondern an den gesamten, den tätigen, erregten, Muskel charakterisierenden physiologischen Komplex morphologischer, physikalischer und chemischer Vorgänge, von dem der mechanische, die sichtbare Massenbewegung, nur eine Teilerscheinung ist. Für diesen gesamten Komplex nun empfiehlt es sich, um Verwirrung zu vermeiden, eine besondere, alle jene Einzelvorgänge einschließende Bezeichnung zu haben. Ohne anderen, besseren Vorschlägen vorgreifen zu wollen, möchte ich empfehlen, hierfür kurzweg das Wort „Aktion" zu gebrauchen. Es ist auf ähnliche, den tätigen Zustand charakterisierende Vorgänge in anderen reizbaren Organen (Nerven, Sinnesapparate, Zentralorgane, Drüsen) anwendbar, wird auch vielfach schon angewendet und ist zudem durch die „Aktionsströme" eingeführt. Man würde also, wenn jener ganze Komplex gemeint wird, statt Muskelkontraktion „Muskelaktion" sagen müssen, und das Vermögen des Muskels zu dieser Aktion würde nicht „Kontraktilität", sondern „Aktionsfähigkeit" oder — wenn man keine Hybrida will — Aktionspotenz zu nennen sein.

Auch der tote Muskel kann Kontraktilität besitzen, aber nur der lebendige ist aktionsfähig. Die normale Aktionsfähigkeit des Muskels setzt außer der Kontraktilität auch die Anwesenheit der Reizbarkeit und des Reizleitungsvermögens voraus. Jedes dieser drei Grundvermögen ist innerhalb gewisser Grenzen unabhängig veränderlich, muß also, wenigstens zum Teil, an besondere materielle Bedingungen gebunden sein. Wie Reizbarkeit und Reizleitungsvermögen bei fortbestehender Kontraktilität fehlen können, so auch Kontraktilität bei Vorhandensein von Reizbarkeit und Reizleitungsvermögen; letzteres wiederum kann trotz Gegenwart der beiden anderen Vermögen mangeln. Andererseits kommt in vielen Fällen noch ein viertes, gleichfalls innerhalb gewisser Grenzen unabhängig variables Vermögen, das der Automatie (oder Autonomie) hinzu, d. h. die Fähigkeit, selbständig Reize zu erzeugen, welche den die eigentliche „Aktion" bildenden Komplex von Vorgängen auszulösen vermögen.[1]

In den ontogenetisch und phylogenetisch niedersten Formen kontraktiler Substanz — Eizellen, viele Protisten — sind alle vier Grundfunktionen anscheinend undifferenziert nebeneinander im Protoplasma, nicht an besondere unterscheidbare Formelemente gebunden. Sie bieten deshalb den kompliziertesten und darum für das Studium und die Erkenntnis des Wesens der Einzelvermögen ungeeignetsten Fall, wie ich im Gegensatz zu Verworn (55, S. 59; 56, S. 3, 17 u. a.), aber in Übereinstimmung mit F. Schenck (52, S. 280 ff.) und wohl der Mehrzahl der Biologen hier nochmals betonen möchte (vgl. 23, S. 53). Den höchsten Grad der Arbeitsteilung und darum die günstigsten Objekte für die Erforschung der Partialprozesse bietet das Nervenmuskelsystem der Tiere, mit seiner Differenzierung der Elemente in Nerven-, Muskel- und Sehnenfibrillen.

· In den Muskelfibrillen sind Kontraktilität, Reizbarkeit und Reizleitungsvermögen vereinigt, in manchen Fällen vielleicht auch Automatie: in den am tiefsten stehenden, denen der glatten Muskeln, ohne weitere physiologische und morphologische Differenzierung; in den höchststehenden, den quergestreiften Fasern, mit deutlich nachweisbarer Ausbildung besonderer Strukturen (doppelbrechende Glieder) für die eine Hauptfunktion, die mechanische der Kontraktion.

Den Nervenfibrillen fehlen Kontraktilität und Automatie, dagegen sind Reizbarkeit und Leitungsvermögen bei ihnen zu höherer Vollkommenheit ausgebildet; die Sehnenfasern andererseits besitzen weder Reizbarkeit noch Reizleitungsvermögen, noch Automatie, bei den Wirbeltieren aber in hohem Grade Kontraktilität, welche dagegen den Sehnen der Arthropoden auch noch abgeht. Den Protoplasmastrahlen von Actinosphärium ist ähnlich wie den Sehnenfasern Kontraktilität eigen, aber die Vermögen der Automatie, Reizbarkeit und Reizleitung sind schwach entwickelt. Dem amöboid beweglichen und dem Körnchenströmung zeigenden ungeformten Protoplasma kommen Automatie, Reizbarkeit und Kontraktilität zu, aber das Reizleitungsvermögen pflegt wenig oder gar nicht ausgebildet zu sein. Die Flimmern und Geißeln wiederum sind reizbar und kontraktil, Automatie und Reizleitungsvermögen aber bei vielen nicht nachweisbar, welche beiden Fähigkeiten dagegen dem nicht kontraktilen, aber reizbaren und meist mit Automatie begabten Protoplasma, auf dem die Zilien wurzeln, zukommen.

Denkt man sich als Träger der Kontraktilität besondere quellungsfähige Molekülkomplexe (Inotagmen), so können durch Annahme von

---

[1] Vgl. hierüber meine Ausführungen in 26, S. 320 ff., 27, S. 443 ff., 28, 29.

Unterschieden in der Zahl, Verteilung, Anordnung und Verbindungsweise solcher die mannigfachen Verschiedenheiten der Bewegung der
lebendigen kontraktilen Gebilde sehr einfach und anschaulich dargestellt
werden.

Es braucht aber wohl nicht betont zu werden, daß hierbei keineswegs an eine Identität der „Inotagmen" der verschiedenen Arten kontraktiler Substanzen gedacht wird. Offenbar kommen ja — bei prinzipiell
gleichen optischen und mechanischen Eigenschaften — die größten
chemischen Verschiedenheiten vor, wenn auch wohl meistens Eiweiß
oder dessen nächste Derivate (Kollagen z. B.) den Hauptbestandteil jener
kleinsten quellungsfähigen kontraktilen Elemente bilden. Mit dem Doppelbrechungsvermögen ist aber ihnen allen Kontraktilität gegeben.

Literaturverzeichnis.

1. Babuchin, Entwicklung der elektrischen Organe und Bedeutung der motorischen Endplatten. Vorläufige Mitteilung. *Zentralblatt für die med. Wissenschaften.* 1870. Nr. 16 und 17.

2. Derselbe, Über die Bedeutung und Entwicklung der pseudoelektrischen Organe. *Ebenda.* 1872. Nr. 35.

3. Derselbe, Übersicht der neueren Untersuchungen über Entwicklung, Bau und physiologische Verhältnisse der elektrischen und pseudoelektrischen Organe. *Dies Archiv.* 1876. Physiol. Abtlg. S. 501—542. 2 Taf.

4. E. Ballowitz, Über den feineren Bau der Muskelsubstanzen. 1. Die Muskelfaser der Cephalopoden. *Archiv für mikroskopische Anatomie.* 1899. Bd. XXXIX. S. 291—324. Taf. XIII und XIV.

5. F. Bottazzi e C. Gantini, Ricerche istolog. sul atrio del cuore di Emys europaea. *Bollet. della R. Accad. Med. di Genova.* 1904. Nr. 3. Taf. XIX.

6. F. Bottazzi, Recherches sur les mouvements automatiques de divers muscles striés. *Journ. de physiol. et de pathol. générale.* 1906. 8ᵐ Année. Nr. 2. p. 199.

7. E. Brücke, Untersuchungen über den Bau der Muskelfasern mit Hilfe des polarisierten Lichtes. *Denkschriften der Kaiserl. Akademie der Wissenschaften Wien.* 1858. Bd. XV.

8. Derselbe, Muskelfasern im polarisierten Lichte. *Handbuch der Lehre von den Geweben.* Herausg. von S. Stricker. Leipzig 1871. S. 170—176.

9. Victor von Ebner, *Untersuchungen über die Ursachen der Anisotropie organischer Substanzen.* Mit 8 Holzschnitten. Leipzig 1882. 8°. XIII u. 243 Seiten.

10. Th. W. Engelmann, Beiträge zur Physiologie des Protoplasmas. I. Über periodische Gasentwicklung im Protoplasma lebender Arcellen. II. Über elektrische Reizung von Amoeba und Arcella. *Pflügers Archiv.* 1870. Bd. II. S. 307—322.

11. Derselbe, Mikroskopische Untersuchungen über die quergestreifte Muskelsubstanz. Erster Artikel. Bau der ruhenden Muskelsubstanz. *Ebenda.* 1873. Bd. VII. S. 33—71. Taf. II.

12. Derselbe, Mikroskopische Untersuchungen über die quergestreifte Muskelsubstanz. Zweiter Artikel. Die tätige Muskelsubstanz. *Ebenda.* 1873. Bd. VII. S. 155—188. Taf. III.

13. Derselbe, Bemerkungen zur Theorie der Sehnen- und Muskelverkürzung. *Ebenda.* 1873. Bd. VIII. S. 95—97.

14. Derselbe, Kontraktilität und Doppelbrechung. *Ebenda.* 1875. Bd. XI. S. 432—464.

15. Derselbe, Neue Untersuchungen über die mikroskopischen Vorgänge bei der Muskelkontraktion. *Ebenda.* 1878. Bd. XVIII. S. 1—25. Taf. I.

16. Th. W. Engelmann, Über Reizung kontraktilen Protoplasmas durch plötzliche Beleuchtung. Pflügers Archiv. 1878. Bd. XIX. S. 1—7.

17. Derselbe, Physiologie der Protoplasma- und Flimmerbewegung. Hermann, Handbuch der Physiologie. I. 1879. S. 343—408. Leipzig, Vogel.

18. Derselbe, Über Bau, Kontraktion und Innervation der quergestreiften Muskelfasern. Vortrag, gehalten in der biologischen Sektion des internationalen medizinischen Kongresses Amsterdam. Comptes rendus du Congrès périod. intern. d. sc. méd. Amsterdam. 1880.

19. Derselbe, Mikrometrische Untersuchungen an kontrahierten Muskelfasern. Pflügers Archiv. 1880. Bd. XXIII. S. 571—590.

20. Derselbe, Über den faserigen Bau der kontraktilen Substanzen, mit besonderer Berücksichtigung der glatten und doppelt schräggestreiften Muskelfasern. Ebenda. 1881. Bd. XXV. S. 538—565. Taf. X.

21. Derselbe, Bemerkungen zu einem Aufsatze von Fr. Merkel „Über die Kontraktion der gestreiften Muskelfaser". Ebenda. 1881. Bd. XXVI. S. 501—515.

22. Derselbe, Über den Bau der quergestreiften Substanz an den Enden der Muskelfaser. Mit 1 Holzschnitt. Ebenda. 1881. Bd. XXVI. S. 531—536.

23. Derselbe, Über den Ursprung der Muskelkraft. 2. vermehrte und verbesserte Aufl. Leipzig. 1893. 8°. 80 Seiten. 4 Fig.

24. Derselbe, Die Blätterschicht der elektrischen Organe von Raja in ihren genetischen Beziehungen zur quergestreiften Muskelsubstanz. Pflügers Archiv. 1894. Bd. LVII. S. 149—180. Taf. II.

25. Derselbe, Cils vibratils. Avec Fig. 123. Dictionnaire de physiologie par Ch. Richet. Paris 1898. Tom III. Fasc. 3. p. 785—799.

26. Derselbe, Über die Wirkungen der Nerven auf das Herz. Dies Archiv. 1900. Physiol. Abtlg. Mit 4 Taf. S. 315—361.

27. Derselbe, Weitere Beiträge zur näheren Kenntnis der inotropen Wirkungen der Herznerven. Ebenda. S. 443—471.

28. Derselbe, Quelques remarques et nouveaux faits concernant la rélation entre l'excitabilité, la conductibilité et la contractilité des muscles. Arch. néerland. Sér. II. T. VI. 1901. p. 689—695.

29. Derselbe, Über die physiologischen Grundvermögen der Herzmuskelsubstanz und die Existenz bathmotroper Herznerven. Dies Archiv. 1903. Physiol. Abtlg. S. 109 bis 112.

30. J. C. Ewart, The electric organ of the skate. On the development of the electr. organ of Raja batis. Philos. Transact. London 1888. Vol. CLXXIX. p. 399. Pl. 66, 67.

31. Derselbe, On the structure of the electric organ of Raja circularis. Ebenda. p. 410. Pl. 68.

32. Derselbe, The electr. organ of Raja radiata. Ebenda, p. 539. Pl. 79, 80.

33. H. Fol, Sur la struct. microscop. des muscles des Mollusques. Compt. rend. des séances de l'Acad. des sciences. Paris 1888. T. CVI. p. 306.

34. E. Gotschlich, Über den Einfluß der Wärme auf Länge und Dehnbarkeit des elastischen Gewebes und des quergestreiften Muskels. Pflügers Archiv. 1903. Bd. LIV. S. 109—164. Taf. II—IV.

35. Derselbe, Bemerkungen zu einer Angabe von Engelmann, betreffend den Einfluß der Wärme auf den totenstarren Muskel. Ebenda. 1893. Bd. LV. S. 339—344.

36. P. Groth, Physikalische Kristallographie. 4. Aufl. Leipzig 1905. S. 181 ff.

37. L. Hermann, Handbuch der Physiologie. Erster Teil. Allgemeine Muskelphysik. Leipzig 1879. S. 248—255.

38. L. Hermann, Über das Verhalten der optischen Konstanten des Muskels bei der Erregung, Dehnung und der Kontraktion. Pflügers *Archiv*. 1880. Bd. XXII. S. 240—251.

39. P. Jensen, Die absolute Kraft einer Flimmerzelle. *Ebenda*. 1893. Bd. LIV. S. 537—551. 1 Textfigur.

40. Derselbe, Die Protoplasmabewegung. *Ergebnisse der Physiologie*. Erster Jahrgang. Wiesbaden 1902. II. Abtlg. S. 1—47.

41. F. Marceau, Sur le mécanisme de la contract. des fibres musc. dites à double striation oblique ou à fibrilles spiralées. *Compt. rend. des séances de l'Acad. d. sciences.* Paris 1904. T. CXXXIX. p. 70—73.

42. G. E. Müller, *Theorie der Muskelkontraktion*. Erster Teil. Leipzig 1891.

43. W. Müller, Beiträge zur Kenntnis der Molekularstruktur tierischer Gewebe. *Zeitschrift für rationelle Medizin*. 3. Reihe. 1861. Bd. X. S. 173 ff.

44. O. Nasse, *Zur Anatomie und Physiologie der quergestreiften Muskelsubstanz*. Leipzig 1882.

45. A. Pütter, Die Flimmerbewegung. *Ergebnisse der Physiologie*. II. Abtlg. II. Jahrg. Wiesbaden 1904. S. 1—102.

46. A. Rollett, Untersuchungen über den Bau der quergestreiften Muskelfasern I. Mit 4 Tafeln. *Denkschrift. der math.-naturw. Klasse der Kaiserl. Akad. der Wiss.* Bd. XLIX. Wien 1885. S. 1—51.

47. Derselbe, Untersuchungen über den Bau der quergestreiften Muskelfasern II. Mit 4 Tafeln. *Ebenda*. Bd. LI. Wien 1885. S. 1—58.

48. Derselbe, Untersuchungen über Kontraktilität und Doppelbrechung der quergestreiften Muskelfaser. Mit 4 Tafeln. *Ebenda*. 1891. Bd. LVIII. S. 1—58.

49. Elias Rosenzweig, Beiträge zur Kenntnis der Tonusschwankungen des Herzens von Emys europaea. *Dies Archiv*. 1903. Physiol. Abtlg. Suppl. S. 192—208.

50. L. Roule, Sur la struct. des fibres muscul. appartenant aux muscles rétracteurs des valves du Moll. lamellibr. *Compt. rend. des séances de l'Acad. des sciences.* Paris 1888. T. CVI. p. 872.

51. Joh. Rußner, Über das scheinbar abnorme Verhalten des gespannten Kautschuks und der Guttapercha. *Repert. für Experimentalphysik usw.* Herausgegeben von Ph. Carl. 1888. Bd. XVIII. S. 206—216.

52. F. Schenck, Kritische und experimentelle Beiträge zur Lehre von der Protoplasmabewegung und Kontraktion. Pflügers *Archiv*. 1897. Bd. LXVI. S. 241—284.

53. P. Schultz, *a*) Die glatte Muskulatur der Wirbeltiere (mit Ausnahme der Fische). I. Ihr Bau. *Dies Archiv*. 1895. Physiol. Abtlg. S. 517—550. Mit Taf. VI u. VII. *b*) Zur Physiologie der längsgestreiften (glatten) Muskeln. IV. Beitrag. *Ebenda*. 1903. Suppl. S. 1—148. Taf. I—XII.

54. F. E. Schulze, Beiträge zur Entwicklungsgeschichte der quergestreiften Muskelfaser. *Dies Archiv*. 1862. Anat. Abtlg. S. 385 ff. Taf. IX.

55. Max Verworn, *Allgemeine Physiologie*. 3. Aufl. Jena 1901.

56. Derselbe, *Die Bewegung der lebendigen Substanz.* Jena 1892. Mit 19 Abbild.

57. A. Weismann, Über die zwei Typen kontraktilen Gewebes und ihre Verteilung in die großen Gruppen des Tierreichs, sowie über die histologische Bedeutung ihrer Formelemente. *Zeitschrift für rationelle Medizin*. 3. Reihe. 1862. Bd. XV. S. 60 ff. Taf. IV—VII.

58. Derselbe, Nachtrag. *Ebenda*. S. 279 ff. Taf. VIII.

59. J. Wiesner, *Die Rohstoffe des Pflanzenreichs*. 2. Aufl. Leipzig 1900.

Über Tapetenbilder.

Von

Dr. **R. H. Kahn**,
Privatdozenten.

(Aus dem physiologischen Institute der deutschen Universität in Prag.)

(Hierzu Taf. II.)

Unter dem Namen der Tapetenbilder beschrieb Helmholtz[1] im Jahre 1878 die bereits von H. Meyer[2] und von Brewster[3] beobachtete Erscheinung, welche eintritt, wenn ein Tapetenmuster derart binokular betrachtet wird, daß die Augenachsen nicht auf dasselbe Stück, sondern auf benachbarte identische Stücke des Musters gerichtet sind. Es entsteht dabei „eine stereoskopische Täuschung: nämlich die stereoskopische Erscheinung eines Tapetenmusters, das in anderer Entfernung liegt." Helmholtz erörtert noch in Kürze folgendes: Wenn die einzelnen identischen Partien des Musters nicht weiter als die Drehpunkte der beiden Augen voneinander abstehen, kann man die Augen auf einen Punkt konvergieren lassen, welcher weiter vom Beobachter entfernt ist, als die Ebene der Tapete, ja man kann dann allenfalls schwach divergierende Augenachsen anwenden. Eine so beschaffene Tapete hat Helmholtz wahrscheinlich benutzt, denn er gibt an, gewöhnlich die Erscheinung in dieser Weise beobachtet zu haben. Er merkt aber an, daß das Phänomen auch durch Konvergenz der Augenachsen nach einer Ebene, die dem Beobachter näher steht als

---

[1] Verhandlungen der physiol. Gesellsch. zu Berlin. *Dies Archiv.* 1878. Physiol. Abtlg. S. 322.

[2] H. Meyer, Über einige Täuschungen in der Entfernung und Größe der Gesichtsobjekte. Roser u. Wunderlichs *Archiv für physiol. Heilkunde.* 1842. Bd. I. S. 316.

[3] D. Brewster in *Philos. Magaz.* 1866. Bd. XXX. Zitiert nach Helmholtz. Diese Mitteilung war mir nicht zugänglich.

die des Musters, hervorgebracht werden kann. „Die Vorstellung von der Entfernung des so gesehenen Tapetenmusters hat etwas Unbestimmtes; sie ist nicht sehr deutlich und wird geändert, sowie noch andere Gegenstände auf der Tapete vorhanden sind — Bilder, Nägel usw. —, welche die regelmäßige Periodizität des Musters stören." Die nicht objektive Natur des Bildes gibt sich nach Helmholtz dadurch kund, daß bei Verschiebungen des Kopfes eine scheinbare Bewegung des Bildes eintritt, und zwar bei Konvergenz auf einen ferner gelegenen Punkt eine entgegengesetzt gerichtete, bei Einstellung der Augenachsen auf einen näher gelegenen Punkt eine gleichsinnige. Die Erscheinung wird. von Helmholtz gelegentlich eines Vortrages über die Bedeutung der Konvergenzstellung der Augen für die Beurteilung des Abstandes binokular gesehener Objekte zu dem Zwecke erörtert, um gegenüber einer Reihe von Momenten, welche die Konvergenzstellung als eines der unsicheren Mittel zur Beurteilung der Entfernung erscheinen lassen, zu zeigen, daß in mancher Beziehung die Konvergenz ziemlich sicher ihre Rolle bei der Beurteilung der Entfernung spielt. Auch in seinem Handbuche der physiolog. Optik erwähnt Helmholtz[1] die in Rede stehende Erscheinung und hebt dabei hervor, daß das Bild der Tapete verkleinert ist und dem Beobachter um so näher und kleiner erscheint, je größer die Konvergenz ist. (Schon von Meyer[2] erwähnt.)

Durch Zufall fand ich Gelegenheit, an einigen sehr geeigneten Objekten unsere Erscheinung bequem studieren zu können. Die Gänge des Gebäudes des physiologischen Institutes in Prag sind mit farbigen Chamottesteinen in der Art gepflastert, daß kleine quadratische blaugraue Steine auf schwach gelbem Grunde ein einfaches schachbrettartiges Muster bilden. Die Abmessungen der einzelnen Steine und ihre gegenseitigen Entfernungen sind zufällig so beschaffen, daß sich eine im Gange stehende Person, indem sie die Augenachsen derart konvergieren läßt, wie man in der Hand gehaltene Gegenstände binokular zu betrachten pflegt, sofort die oben beschriebene Erscheinung hervorrufen kann.

Es erscheint dann der Fußboden mit dem verkleinerten Muster in die Höhe gehoben.

Diese Erscheinung bietet so viel Interessantes, und es tritt dabei eine Reihe so eigentümlicher Täuschungen auf, daß es angezeigt ist, dieselbe genauer zu beachten. Dazu kann eine nach folgender Vorschrift hergestellte Vorrichtung dienen: Auf einen großen Bogen schwach gelben, starken Papieres, etwa 90 ^{cm} breit und 120 ^{cm} lang, ziehe man mit blauem Schreibstifte mit starken Strichen ein System von 18 Quadraten von 180 ^{mm} Seiten-

---

[1] I. Aufl. S. 652. II. Aufl. S. 798.
[2] A. a. O.

länge (Taf. II). Auf sämtliche Kreuzungspunkte lege man kleine Quadrate von starkem .blaugrauem Papier von 75 mm Seitenlänge in der Art, daß ihre Diagonalen auf die Geraden des Systems zu liegen kommen. Dadurch entsteht ein schachbrettartiges Muster, welches zu den zu besprechenden Versuchen geeigneter scheint als eines von anderen Abmessungen und Farben. In die Mitte der mittelsten kurzen Geraden lege man ein ganz kleines Quadrat (20 mm Seitenlänge). Zur Seite des an einer nicht zu hellen Stelle des Zimmers auf dem Fußboden liegenden Papierbogens stelle man ein großes Stativ, welches einen zum Fußboden parallelen, aus Pappe geschnittenen, geschwärzten, quadratischen Rahmen von 10 cm Breite trägt, dessen Mitte senkrecht über dem Mittelpunkt des Papieres steht, und welcher vom Fußboden etwa 90 cm entfernt ist. Blickt man nun, indem man sich über den Rahmen neigt, auf das Papier, so ist der Fußboden dem Blicke entzogen und das Papier erscheint von dem schwarzen Rahmen umgeben. Dazu kann man sich mit Vorteil eines verkehrt stehenden Stuhles bedienen, auf dessen Lehne man die Unterarme aufstützt. Nun betrachte man das Papier binokular durch den Rahmen, indem man, das Gesicht etwa 110 cm über dem Papier haltend, die Augenachsen auf einen nahe gelegenen Punkt konvergieren läßt. Man bedient sich im Anfang zweckmäßig eines kleinen Objektes zur Fixation (Nadelkopf, H. Meyer), am besten eines ganz kleinen, schwarzen, runden Papierstückes, welches auf den Kreuzungspunkt zweier feiner Fäden, die in einem Drahtrahmen ausgespannt sind, aufgeklebt ist. Dann fallen die ·von den dunklen Quadraten gelieferten Doppelbilder paarweise aufeinander, wenn der Fixationspunkt etwa 25 cm von den Augen entfernt ist. Sofort erscheinen die Quadrate des Musters kleiner und verwaschen. Strengt man sich nun noch an, sie auch scharf zu sehen, so gelingt das bei geringer Übung leicht. Sie erscheinen dann recht plötzlich scharf, und sogleich erscheint auch das Bild viel näher in der Luft schwebend. Nun kann man — im Anfang mit Vorsicht — das Fixationsobjekt wegziehen. Die gegebenen Abmessungen erlauben es auch durch Konvergenz auf einen noch näher gelegenen Punkt (etwa 17 cm) zu erreichen, daß die Doppelbilder der Quadrate mit denjenigen der übernächsten zusammenfallen, dann scheint das Muster noch kleiner zu sein. Hierbei wird ebenfalls das Bild erst nach einiger Zeit scharf, und erst zu diesem Zeitpunkte scheint es näher zu liegen. Bei diesen Versuchen erscheint das einzelne kleine Quadrat doppelt, und zwar im ersteren Falle auf zwei nebeneinander liegenden Geraden der Zeichnung, im zweiten Falle sind seine Doppelbilder durch eine leere Gerade voneinander getrennt.

Nun kann man sich bequem durch seitliche Bewegungen der Kopfes jene Erscheinung hervorrufen, auf welche Helmholtz großes Gewicht gelegt hat: die scheinbare Bewegung des Bildes in gleicher Richtung.

Dabei hat man, wie mir scheint, deutlich den Eindruck, daß sich die zentral gelegenen Teile des Bildes in größerem Umfange bewegen als die peripheren. Bei dieser Gelegenheit sei auf eine hübsche Täuschung aufmerksam gemacht, welche in denselben Verhältnissen ihren Grund hat. Man hänge zwei kleine, gleichgroße und gleichgeformte Gewichte an etwa 1^m langen schwarzen Fäden, etwa 25^{cm} voneinander entfernt, vor eine sonst leere weiße Wand in gleicher Höhe über dem Fußboden. Stellt man sich etwa 1$^1/_2$ ^{m} entfernt auf, mit dem Kopfe in der Höhe der Gewichte und in der Vertikalebene mitten zwischen ihnen und betrachtet sie mit stark konvergenten Augenachsen binokular, so fallen die beiden medialen Monokularbilder zusammen und nach kurzer Zeit erblickt man ein scharfes Bild, welches deutlich kleiner und etwas näher erscheint, inmitten zweier Halbbilder. Bewegt man nun Kopf oder Oberkörper in seitlicher Richtung hin und her, so hat man deutlich den Eindruck eines schwingenden Pendels. Diese Täuschung kommt offenbar dadurch zustande, daß sich das Gewicht in größerem Umfange zu bewegen scheint, als höher gelegene Punkte des Fadens.

Durch oftmalige Wiederholung des oben beschriebenen Versuches lernt man es schließlich, auf das Papier blickend, den gewählten Konvergenzpunkt durch lange Zeit festzuhalten, ja sogar für einige Zeit die Augenachsen nach diesem konvergieren zu lassen, während eines der beiden Augen geschlossen ist. Dabei macht sich sogleich eine neue Täuschung geltend. Es erscheint nämlich nach Schluß eines Auges das nun monokular bei stark konvergenten Augenachsen betrachtete Muster noch einige Zeit kleiner und näher. Erst allmählich gewinnt man wieder jene Vorstellung von seiner Größe und Entfernung, welche der Wirklichkeit entspricht. Es handelt sich hierbei um eine Täuschung der monokularen Entfernungs- bzw. Größenschätzung, wahrscheinlich hervorgerufen durch den aufgebrachten starken Konvergenzimpuls.

Nun ist es nötig, etwas näher darauf einzugehen, in welcher Weise man bei unserem Versuche die Details des Musters sieht. Läßt man die Gesichtslinien derartig konvergieren, daß das einzelne kleine Quadrat in Doppelbildern erscheint, welche auf zwei nebeneinander liegenden Geraden der Zeichnung sich befinden, so sieht man im ganzen acht Quadrate in der Längsdimension des Papieres nebeneinander. Das zweite bis siebente Quadrat wird binokular gesehen, indem die medial gelegenen Doppelbilder je zweier benachbarter Quadrate des Musters auf identische Netzhautstellen fallen. Von den beiden äußeren Quadraten aber wird das rechts gelegene bloß vom rechten, das links gelegene nur vom linken Auge, also monokular gesehen. Die oben beschriebene Erscheinung des Näher- und Kleiner- erscheinens des Musters bezieht sich nun nur auf die binokular gesehenen

Quadrate. Die beiden äußeren hingegen nehmen daran nicht teil. Ihre
Größe und namentlich ihre Entfernung hat etwas viel Unbestimmteres. Auch
erscheinen sie viel blasser und weniger deutlich. Bei noch stärkerer Konvergenz nimmt die Zahl der überhaupt gesehenen Quadrate zu, die der
binokular gesehenen ab.

Der Zwang zum Einfachsehen bei nicht ganz kongruenter Lage der
einzelnen Details des Musters ist ein sehr starker. Eine solche ist leicht
durch Drehung des Kopfes um eine vertikal gestellte sagittale Achse während
der Betrachtung des Musters herbeizuführen. Dabei macht sich ein deutlicher Widerstand in den Augenmuskeln fühlbar, welche das Bestreben
haben, die Augen in jener Lage festzuhalten, bei welcher kongruent gelagerte
Details des Musters einander vollkommen decken.

Betrachtet man ein derartiges Muster von größerer Flächenausdehnung
mit stark konvergenten Augenachsen, so sind noch weitere interessante
Beobachtungen anzustellen. Wenn man in dem über 2 m breiten und sehr
langen Gange, dessen Boden von demselben bedeckt ist, steht, läßt sich
ungemein leicht das verkleinerte in die Höhe gehobene Bild bei Konvergenz
auf einen etwa 1 m über dem Boden befindlichen Punkt beobachten. Man
hat dann den Eindruck, sich bis an die Knie unter dem Fußboden zu
befinden, und bei leichten Bewegungen des Kopfes schwankt der Boden derart, daß man gelegentlich Not hat, sein Gleichgewicht zu behaupten.
Dabei erscheinen alle Details des Musters von unnatürlicher Schärfe und
hohem Glanze. Letzterer hat offenbar darin seinen Grund, daß durch sehr
geringe Querdisparation der Bilder der einzelnen Details helle und dunkle
Partien derselben einander decken. Die Disparation wiederum hat in den
geringen Abweichungen in der Anordnung der Steine des Musters bei der
Herstellung des Fußbodens ihre Ursache. Konvergiert man aber auf einen
noch näher gelegenen Punkt, so erscheint der Fußboden als scharfes und
sehr kleines Bild von hoher Brillanz um die Schultern des Beobachters
herum ausgebreitet und schwankt bei Bewegungen des Kopfes fürchterlich
hin und her.

Geht man, während man unsere Erscheinung hervorruft, den Gang
langsam entlang, so läuft das Bild des Fußbodens mit scheinbar viel
größerer Geschwindigkeit unter den Füßen in entgegengesetzter Richtung.
Das ist besonders gut zu beobachten, wenn man während des Gehens eine
Marke fixiert. Am besten eignet sich hierzu ein Drahtgitter mit schmalem
Rahmen von etwa 20 cm im Quadrat mit nicht zu engen Maschen (ca. 7 mm),
in dessen Zentrum ein sehr kleines schwarzes Papierstückchen als Fixations-
marke angebracht ist und durch welches man den Fußboden betrachtet.
Dabei macht sich eine Reihe neuer Täuschungen bemerkbar, zunächst die,
daß die von dem Rahmen des Gitters begrenzte Partie des Fußbodens noch

weit rascher sich zu bewegen scheint als der übrige Teil. Geht man einigermaßen rascher, etwa in raschem Spazierschritte, so folgen die graublauen Quadrate so rasch aufeinander, daß sie nicht mehr einzeln wahrzunehmen sind, sondern zufolge der Netzhautträgheit zu Bändern verschmelzen. Dabei läßt sich die durch das Gitter gesehene Partie des Fußbodens dadurch aus dem übrigen Teile desselben herausheben, daß man das Gitter schwarz anstreicht. Dann, durch dasselbe gesehen, erscheinen die Quadrate des Musters viel dunkler. In manchen Gängen des Hauses herrscht sehr verschiedene Helligkeit, indem in gewissen Abständen das Tageslicht durch Fenster hereinfällt. Da bemerkt man bei den Gehversuchen in bequemer Weise den großen Einfluß der Helligkeit auf die Schönheit der beschriebenen Erscheinungen. Sie sind bei geringer Beleuchtung viel schöner und treten auch bei Ungeübten viel leichter ein als bei großer Helligkeit.

Betrachtet man ruhig stehend das Bild des Fußbodens durch das horizontal gehaltene Gitter, indem man den Fixationspunkt im Auge behält, und läßt das Gitter rasch um eine senkrechte Achse mehrere Umdrehungen machen, so hat man die sehr hübsche Täuschung, daß sich das Bild des Musters in entgegengesetzter Richtung um dieselbe Achse dreht. Seine scheinbare Geschwindigkeit ist geringer als die des Gitters.

Senkt man das horizontal gehaltene Gitter, während man durch dasselbe unsere Erscheinung betrachtet um mehrere Zentimeter, so erscheint plötzlich das scharfe Muster über dem einfach und scharf gesehenen Gitter in der Luft schwebend. Um diese Erscheinung genauer zu deuten, ist es nötig zu untersuchen, wohin man eigentlich den Ort des Bildes verlegt. Wir kehren wieder zu unserer anfangs beschriebenen Anordnung zurück. Man mache sich folgende einfache Vorrichtung: Eine kleine Kugel aus Blei von einigen Millimetern im Durchmesser hänge man an einen langen, feinen weißen Seidenfaden, und ziehe diesen durch ein etwa 20 cm langes dünnes Glasrohr. Das Rohr stecke man durch einen nicht zu kleinen Kork. Faßt man den Kork mit den Zähnen, so daß das Glasrohr vom Kinn gegen die Nasenspitze gerichtet ist und unter dieser sein der Kugel zugewendetes Ende hat, so kann man die Kugel bei nach vorne geneigtem Kopfe von oben her binokular bequem betrachten. Indem man mit der Hand den Faden durch das Glasrohr zieht, kann man, ohne den Kopf zu bewegen, die Kugel den Augen nähern, durch Nachlassen des Fadens sie von diesen entfernen. Man kann ihr bei ihren Bewegungen mit dem Blicke folgen, dann muß man die Konvergenzstellung der Augen ändern, man kann aber auf einen bestimmten Punkt andauernd konvergieren, dann erscheint die Kugel unter und über der Ebene dieses Punktes doppelt und nur in dessen naher Umgebung einfach. Sie sollte eigentlich nur in diesem Punkte selbst

einfach erscheinen, indessen werden ja bekanntlich. Doppelbilder, deren
Disparation ein gewisses Maß nicht überschreitet, noch als einfaches Bild
aufgefaßt. Dazu kommt die Dicke der Kugel, welche das Übersehen geringfügiger Disparationen noch begünstigt. Mit dieser Vorrichtung ausgerüstet
betrachte man nun wie früher unsere Vorlage mit konvergenten Augenachsen, nachdem man die Kugel neben das kleine Quadrat gelegt hat.
Die Kugel erscheint doppelt, die Doppelbilder stehen voneinander um die
Seitenlänge der auf das Papier gezeichneten Quadrate ab. Man halte den
Kopf ruhig, betrachte unausgesetzt das Scheinbild des Musters und vergleiche dieses mit den Kugelbildern bezüglich Lage und Größe. Die Kugeln
liegen scheinbar viel tiefer als das Musterbild, auch tiefer, als sie früher
am Fußboden zu liegen schienen. Dabei erscheinen sie ungemein klein.
Hierin liegt wiederum eine merkwürdige Täuschung. Die Augenachsen sind
auf einen nahen Punkt gerichtet. Das Bild der Vorlage erscheint kleiner
und näher, die in derselben Ebene liegende Kugel aber kleiner und ferner.
Dabei ist, wie wir später noch genauer betrachten werden, die Akkommodation
auf diese Ebene eingestellt, beides, Muster und Kugel erscheinen also scharf.
Der Unterschied bei der Betrachtung beider liegt aber darin, daß man die
Details des Musters binokular, die Kugel aber monokular sieht. Wir haben
oben gesehen, daß die monokulare Betrachtung des Musters unmittelbar
nach der binokularen mit sehr konvergenten Sehachsen, dasselbe nahe erscheinen läßt, jetzt aber erscheint ein Objekt, die Kugel, bei sonst gleichen
Umständen sehr entfernt, wenn gleichzeitig die Vorstellung von der großen
Nähe des Musters erweckt wird. Das ist ein schönes Beispiel der auch
sonst bekannten Tatsache der Unzuverlässigkeit der monokularen Tiefenwahrnehmung. Nun ziehe man, das scharfe Bild des Musters unausgesetzt
im Auge behaltend, an dem Faden. Die Kugel steigt empor, der Abstand
ihrer Doppelbilder nimmt ab, und sie wird unscharf. Dabei hat man deutlich den Eindruck, daß sich die Kugeln der Ebene des Bildes nähern.
Schließlich erreichen sie dieselbe, und in diesem Momente fallen sie zu
einer Kugel zusammen. Der Ort, in welchen das Scheinbild des Musters
verlegt wird, ist also die Ebene, in welcher der Konvergenzpunkt liegt.
Dabei erscheint die Kugel nicht scharf, hebt sich aber genügend von der
hellen Unterlage ab. Zieht man noch weiter an dem Faden, so wird die
Kugel wieder doppelt und schwebt deutlich über dem Bilde des Musters.
Nun ist bereits oben erwähnt worden, daß die Kugel nicht nur genau in
jenem Punkte, gegen welchen die Augenachsen konvergieren, einfach gesehen
wird, sondern, daß dieselbe innerhalb einer kurzen Strecke gehoben bzw.
gesenkt werden kann, ohne doppelt zu erscheinen. Senkt man nun die
Kugel ein wenig unter den Konvergenzpunkt, so schwebt das Muster deutlich über derselben, und man sieht Muster und Kugel scharf und einfach

in verschiedenen Ebenen. Noch schöner und deutlicher wird diese Erscheinung bei Benutzung des Gitters, namentlich wenn das Muster größere Ausdehnung besitzt. Wie schon oben erwähnt, kann man im Gange stehend das Gitter um einige Zentimeter senken und hat dann den Eindruck, daß das Muster des Fußbodens hoch über demselben schwebt. Nach starker Senkung des Gitters (um etwa 10 cm) fühlt man einen raschen Wechsel in der Stellung der Augenachsen. Der Konvergenzpunkt wandert fortwährend zwischen seiner ursprünglichen Lage und dem Gitter, ohne daß die Erscheinung dadurch beeinträchtigt würde. Dabei findet offenbar jedesmal eine psychische Exklusion der Doppelbilder statt, welche abwechselnd vom Muster und vom Gitter erscheinen müßten. Das Muster schwebt scharf und klein hoch über dem scharf vom Grunde sich abhebenden Gitter.

Nun ist einer weiteren bemerkenswerten Tatsache genauer zu gedenken, welche kurz schon oben erwähnt wurde. Die Details des Musters erscheinen, während die Augenachsen auf einen viel näher liegenden Punkt konvergieren, vollkommen scharf. Diese Schärfe hat ihren Grund nicht etwa darin, daß sich die graublauen Quadrate genügend von dem Untergrunde abheben, sondern es wird genau auf dieselben akkommodiert. Die feinste Schrift, welche man, am besten mit roter Tinte, auf den Quadraten anbringt, erscheint während des Versuches vollkommen deutlich. Daraus ergeben sich zwei sehr wichtige Tatsachen. Die Vorstellung von der Nähe des Musters, welche ihren Grund in der starken Konvergenzstellung der Augenachsen hat (Meyer, Helmholtz), wird durch diese erst dann erweckt, wenn auf die Ebene des Musters akkommodiert wird: Solange die Akkommodation der vorhandenen Konvergenz entspricht, herrscht keine bestimmte Vorstellung von der Entfernung des Bildes. Im gewöhnlichen Leben gehen Konvergenz und Akkommodation Hand in Hand, und die erstere entfaltet unbestritten ihren großen Einfluß auf die scheinbare Entfernung des betrachteten Gegenstandes. Aus unserem Versuche geht aber hervor, daß hier die Akkommodation zugleich eine gewisse Rolle spielen muß. Ist auf den Gegenstand nicht scharf eingestellt, so gibt die Konvergenz keinen Anhaltspunkt für die Beurteilung seiner Entfernung.

Wir haben es also in unserem Falle mit einer Trennung der Konvergenz von der Akkommodation zu tun. Dieselbe tritt ungemein leicht ein, für meine Augen bei den beschriebenen Versuchsbedingungen viel müheloser als am Heringschen Spiegelhaploskop. Dabei scheinen mir gar keine Grenzen für die Dissoziation gesteckt zu sein. Darauf deuten Versuche, welche sich ebenfalls aus zufälligen baulichen Verhältnissen in unserem Institute ergeben. Das Gebäude ist von einem Trottoir umgeben, welches mit kleinen farbigen Steinen gepflastert ist. Diese bilden ein recht regelmäßiges Muster, in welchem dieselben Details immer wiederkehren. Be-

trachtet man dieses Muster aus dem ersten (8 m) Stockwerke, indem man
die Augenachsen auf einen sehr nahen Punkt (28 cm) konvergieren läßt, so
erscheint dasselbe ebenfalls verkleinert, in der Luft schwebend und bis in
die feinsten Details scharf. In diesem Falle sind die Augen bei starker
Konvergenz nahezu akkommodationslos.

Einige Worte seien noch den Doppelbildern der Kugel, welche bei
gleichzeitiger Betrachtung unserer Erscheinung zustande kommen, gewidmet.
Legt man die Kugel auf einen leeren Bogen desselben Papieres, wie wir
es zu unserer Vorlage benutzten, und richtet die Augenachsen auf einen
nahe liegenden Punkt, so erscheinen, da auch die Akkommodation auf diesen
Punkt eingestellt ist, unscharfe Doppelbilder der Kugel. Diese Bilder sind
gleichseitig, und die Vorstellung von ihrer Entfernung hat bekanntlich
etwas sehr Unbestimmtes. Sie werden etwa in die Entfernung verlegt, in
der sich die Kugel tatsächlich befindet, sicher aber nicht in den Konvergenzpunkt. In diesem Falle die Akkommodation von der Konvergenz zu
trennen, das heißt bei so konvergenten Gesichtslinien auf die Ebene des
Papieres zu akkommodieren und die Kugeln scharf zu sehen, ist. sehr
schwierig. Mir wenigstens ist es .nie gelungen. Sofort aber werden die
Doppelbilder scharf gesehen, sobald man die Kugel auf unser Muster legt
und in der oben angegebenen Weise konvergiert. Dabei erscheinen dieselben, wie schon oben bemerkt, sehr klein und ungemein weit entfernt.
Mir ist nicht bekannt, daß mittels einer anderen Methode dieser bemerkenswerte Einfluß der Akkommodation auf die scheinbare Entfernung von Doppelbildern ermittelt worden wäre.

Es erübrigt nun noch, zusammenzufassen, in welcher Weise die bekannten Anschauungen über die Größen- und Tiefenwahrnehmung, sowie
über die Trennung der Akkommodation von der Konvergenz mit den an
der Hand unserer Anordnung zu beobachtenden Erscheinungen übereinstimmen, beziehungsweise welche neuen Gesichtspunkte sich hierbei ergeben.
Zunächst beweisen unsere Versuche den Einfluß der Konvergenzstellung
der Augenachsen auf die Vorstellung von der Entfernung und Größe gesehener Objekte. Das ist wohl an sich nichts Neues, denn seit Wheat-
stone[1] hat sich eine ganze Reihe von Untersuchern bestätigend mit diesem
Gegenstande beschäftigt. Indessen gelten für unseren Fall die gegen eine
Reihe wichtiger Arbeiten (Wundt, Bourdon, Hillebrand) vorgebrachten
Bedenken sicher nicht. Denn es kommt hier weder die Möglichkeit einer
Querdisparation, noch eine Änderung der Beleuchtungsverhältnisse oder eine
Änderung der Akkommodation in Betracht. Und gerade in letzterer Beziehung
scheint es mir wichtig, hervorzuheben, daß in unseren Versuchen ein ein-

---

[1] *Philosoph. Transact.* 1838, Vol. II. p. 371.

faches Mittel gefunden ist, die Konvergenzstellung in vollkommener Unabhängigkeit von der Akkommodation zu verändern. Jedoch scheint die letztere für die Entfernungsschätzung durch die Konvergenz bei Ausschluß aller anderen Hilfsmittel insofern eine ausschlaggebende Rolle zu spielen, als diese nur dann zur Beurteilung der Entfernung brauchbar ist, wenn die Akkommodation auf den betrachteten Gegenstand eingestellt ist. Denn die falsche Vorstellung von der Entfernung des Musters durch falsche Konvergenz der Augenachsen entsteht erst, wenn auf die Ebene desselben akkommodiert wird.

Diese Trennung der Akkommodation von der Konvergenz ist der zweite wesentliche Punkt bei unseren Versuchen. Der vollkommenste Apparat zur Untersuchung dieser Trennung ist das Spiegelhaploskop von Hering. Hier kann man bekanntlich in sehr bequemer Weise bei gegebener Konvergenz die Akkommodation ändern, allerdings innerhalb recht enger Grenzen. Indessen wird das Zustandekommen dieser Änderung in unseren Versuchen auch für Ungeübte dadurch wesentlich unterstützt, daß zu der Absicht, die Details des Musters scharf zu sehen, der hierbei sehr starke Zwang hinzukommt, dieselben auch einfach wahrzunehmen. Durch das Interesse des deutlichen Einfachsehens, zumal es sich auf eine größere Zahl der im Gesichtsfeld regelmäßig angeordneten Objekte bzw. Bilder erstreckt, wird nun die Dissoziation wesentlich gefördert. Daraus erklärt es sich auch, warum man kaum imstande ist, die Doppelbilder der oben besprochenen Kugel bei falscher Konvergenz auf einer gewöhnlichen Unterlage scharf zu sehen, während dies sofort mühelos gelingt, wenn man durch gleichzeitige Betrachtung des Musters, welches in derselben Ebene liegt, den Zwang zum deutlichen Einfachsehen seiner Details benutzt, die Dissoziation zu unterstützen.

Die monokulare Entfernungsschätzung zeigt sich auch in unseren Versuchen sehr unzuverlässig. Als interessant verdient hervorgehoben zu werden, daß die scheinbare Entfernung von Objekten bei monokularer Betrachtung derselben auch durch verschiedene Konvergenzstellung der Augenachsen an Bestimmtheit nichts gewinnt. Denn die seitlich gelegenen, monokular gesehenen Quadrate unseres Musters werden durch Änderung der Konvergenz bezüglich ihrer Größe und Entfernung nicht bestimmter. Auch die seit Sinsteden[1] („Umkehr der körperlichen Projektion") bekannte leichte Beeinflußbarkeit auch der monokularen Entfernungsschätzung durch Vorstellungen zeigt sich sehr schön in unseren Versuchen. Denn nachdem bei binokularer Betrachtung mit sehr konvergenten Augenachsen die Vorstellung von der großen Nähe und Kleinheit des Musters erweckt ist, er-

---

[1] Poggendorfs *Annalen*. 1860. Bd. CXI. S. 336.
Archiv f. A. u. Ph. 1907. Physiol. Abtlg.

scheint dasselbe auch einige Zeit nach Schluß eines Auges und bei gleichgebliebener Konvergenz klein und nahe. Und die mit richtiger Akkommodation monokular gesehenen Doppelbilder der auf dem Muster liegenden Kugel erscheinen, während die Vorstellung von dessen Nähe erweckt wird, ungemein weit entfernt.

Wir sind am Schlusse unserer Betrachtungen angelangt. Aus ihnen ergibt sich, daß die „Tapetenbilder" eine in mancher Hinsicht merkwürdige Erscheinung sind. Sie schließen in sich eine Reihe bemerkenswerter Täuschungen und sind ein Schulbeispiel für die Rolle der Konvergenz bei der Wahrnehmung der Tiefendimension und für die Möglichkeit der Trennung von Konvergenz und Akkommodation.

Endlich sei hervorgehoben, daß sich die besprochene Erscheinung zu einer besonders schönen Demonstration des Wettstreites der Farben und des stereoskopischen Glanzes eignet. Man braucht dazu nur schwarze, weiße bzw. farbige Quadrate auf unserer Vorlage in der entsprechenden Weise zu verteilen.

Erklärung der Abbildung
Tafel II.

Die beiliegende Tafel stellt eine Verkleinerung des in vorstehender Untersuchung angegebenen Musters dar. An der Hand derselben sind die wichtigsten Erscheinungen, welche daselbst angeführt sind, leicht hervorzurufen. Die Tafel zeigt ein aus 28 kongruenten, schwarzen Quadraten bestehendes Muster, welches in einen Rahmen eingezeichnet ist. Man betrachte die Tafel in der gewöhnlichen Leseweite, die längere Seite des Rahmens von links nach rechts gestellt, indem man die Augenachsen stark konvergieren läßt. Dabei entstehen gleichseitige Doppelbilder des kleinen Quadrates, welche um so weiter auseinander liegen, je stärker der Konvergenzgrad ist. Man benützt mit Vorteil im Anfange die Spitze eines Fingers als Fixationspunkt. Das Muster erscheint mit einfachen Details. Jedoch ist die Zahl der Quadrate, welche in der Längsdimension des Musters nebeneinander liegen, scheinbar vergrößert, um so mehr, je stärker die Konvergenz ist. Ein Teil der Quadrate erscheint durch einen Rahmen von den seitlichen Partien abgegrenzt. Je nach dem Grade der Konvergenz erblickt man 8, 9, 10, 11, 12 oder 13 Quadrate nebeneinander, während gleichzeitig 6, 5, 4, 3, 2 beziehungsweise 1 Quadrat innerhalb des inneren Rahmens liegen. Die von dem inneren Rahmen eingeschlossenen Quadrate werden binokular, die anderen monokular gesehen. Die ersteren entstehen aus je zwei benachbarten Halbbildern der Quadrate der Vorlage, welche auf identische Netzhautstellen fallen, den letzteren, von denen die rechts gelegenen mit dem rechten, die links gelegenen mit dem linken Auge gesehen werden, entsprechen keine Halbbilder auf identischen Stellen des anderen Auges. Die im inneren Rahmen gelegenen, binokular gesehenen Quadrate scheinen umso kleiner und näher, je größer die Konvergenzstellung der Augenachsen während der Betrachtung ist. Sie gehen bei leichten Bewegungen des Kopfes scheinbar mit und erscheinen vollkommen scharf und deutlich, da die Akkommodation auf die Ebene der Vorlage eingestellt ist. Die Größe und namentlich die Entfernung der außerhalb des inneren Rahmens seitlich gelegenen Quadrate hat etwas Unbestimmtes. Bald erscheinen sie größer, bald kleiner, stets aber blasser, jedoch vollkommen deutlich. Auch das einzelne kleine Quadrat, welches in Doppelbildern erscheint, ist scharf und deutlich zu sehen.

Nun lasse man die Augenachsen auf einen Punkt konvergieren, welcher hinter der Vorlage liegt. Wieder kann man nach Belieben die Zahl der Quadrate in dem oben angegebenen Verhältnisse bis zu 12 vermehren. Die im inneren Rahmen liegenden Quadrate scheinen umso größer zu sein und weiter hinter der Ebene der Vorlage zu liegen, je ferner der Konvergenzpunkt ist. Dabei ist auch hier die Trennung der Konvergenz von der Akkommodation eine vollkommene. Die binokular gesehenen Quadrate verschieben sich bei Bewegung des Kopfes scheinbar in entgegengesetzter Richtung, die monokular gesehenen äußeren Quadrate (gekreuzte Doppelbilder) sind blaß und bezüglich Größe und Entfernung viel weniger bestimmt.

Über die Innervation der Atembewegungen.

Von

R. Nicolaïdes.

(Aus dem physiologischen Institut der Universität zu Athen.)

Einleitung

In meiner vorläufigen Mitteilung[1] über die Innervation der Atembewegungen beim Hunde gab ich an, daß die von Langendorff vor einigen Jahren gemachte Mitteilung[2], nach welcher bei jungen Kaninchen unter gewissen experimentell herbeizuführenden Bedingungen (mediane Spaltung der Medulla oblongata und Durchschneidung des einen Vagus) die Synchronie der beiderseitigen Atembewegungen gestört sein kann, für den Hund nicht zutrifft. Bei weiterer Untersuchung hat es sich herausgestellt, daß nicht nur für den Hund sondern auch für die erwachsenen Kaninchen, ja unter gewissen weiter unten zu besprechenden Umständen auch bei Kaninchen jugendlichen Alters trotz der Spaltung der Medulla oblongata und Durchschneidung des einen Vagus keine Asynchronie der Atembewegungen zu beobachten ist. Dies alles ist sehr wichtig, denn aus den Experimenten Langendorffs hat man allgemein geschlossen, daß die zwischen den Atemzentren verlaufenden Kommissurenfasern unentbehrlich für die Regulierung der Atmung sind und zwar aus dem Grunde, daß einseitige Durchschneidung des einen Vagus ohne mediane Spaltung der M. oblongata den Synchronismus der Atembewegungen nicht stört.

---

[1] *Zentralblatt für Physiologie.* Bd. XIX. Nr. 26.
[2] Langendorff, Studien über die Innervation der Atembewegungen. *Dies Archiv.* 1881. Physiol. Abtlg. S. 78.

Da nun aber eine Asynchronie der Atembewegungen nach medianer Spaltung der M. oblongata (Zerstörung der Kommissurfasern) und Durchschneidung des einen Vagus nicht immer zum Vorschein kommt, so müssen wir annehmen, daß auch andere Faktoren bei dem Zustandekommen der Synchronie der beiderseitigen Atembewegungen beteiligt sind.

Erstens kann die Ursache der Rhythmizität der Atembewegungen in den Atmungszentren selbst liegen; zweitens können die verschiedenen auf dieselben automatisch und reflektorisch stattfindenden Einwirkungen eine Rolle spielen, sodann der Verlauf der efferenten bulbospinalen Bahn, welche von den übergeordneten Atemzentren der M. oblongata zu den spinalen Atemmuskelzentren weiter leitet und schließlich das bis jetzt unbekannte Verhältnis zwischen den spinalen Atemmuskelkernen selbst. Nur wenn alle diese Faktoren genau studiert werden, wird es möglich sein, den sehr verwickelten Mechanismus der Regulierung der Atembewegungen zu verstehen.

Inwiefern alle diese Faktoren an der Regulierung der Atmung beteiligt sind, davon wird weiter unten die Rede sein. Zunächst will ich über die an Kaninchen und Hunden gemachten experimentellen Erfahrungen sprechen.

Untersuchungen an Kaninchen.

Nachdem ich beobachtet hatte, daß an Hunden keine Störungen der Atmung unter den von Langendorff an jungen Kaninchen experimentell herbeigeführten Bedingungen stattfinden, nahm ich mir vor, die Experimente von Langendorff an Kaninchen zu wiederholen. Es stellte sich nun heraus, daß bei jungen Kaninchen nach medianer Spaltung der M. oblongata und Durchschneidung des einen Vagus die Erscheinungen vorkommen, welche von Langendorff beschrieben sind, d. h. die Atmung auf der vagotomierten Seite verlangsamt sich, die Trachealkurve verliert infolgedessen ihr normales Aussehen und nimmt eine komplizierte Form an, die, wie Langendorff richtig sagt, auf die Kombination zweier verschiedener Wellensysteme zurückgeführt werden muß. Zu diesen Beobachtungen Langendorffs an jungen Kaninchen habe ich folgendes hinzuzufügen.

Erstens. Nach medianer Spaltung der M. oblongata werden die Atembewegungen viel kleiner. Auf diese Beobachtung, die ich auch an Hunden gemacht habe, werde ich weiter unten zurückkommen.

Zweitens. Bei jungen Kaninchen kommen nach medianer Spaltung der M. oblongata und Durchschneidung des einen Vagus zwar die von Langendorff beschriebenen Erscheinungen vor, d. h. Asynchronie und Arhythmie der Atembewegungen, diese aber verschwinden, wenn wir an

den Tieren Dyspnöe durch irgend ein Atemhindernis hervorrufen. Die
Atmung wird schnell, ist aber sehr rhythmisch. Dieses zeigt sehr deutlich
die Fig. 1, welche die Atembewegungen vor der medianen Spaltung der
M. oblongata und der Durchschneidung des einen Vagus und nach diesen
beiden Operationen darstellt. Unmittelbar nach denselben zeigen die
Atembewegungen große Arhythmie, diese verschwindet aber wegen der
Dyspnöe, welche dadurch hervorgerufen wird, daß das Tier aus einer kleinen
Flasche atmet, welche mit der Trachea durch ein langes und enges Rohr
verbunden ist. Diese Tatsache ist von sehr großer Bedeutung,
denn sie zeigt, daß auch nach Zerstörung der die Atemzentren
verbindenden Kommissurfasern (durch die mediane Spaltung
der M. oblongata) und Durchschneidung des einen Vagus selbst

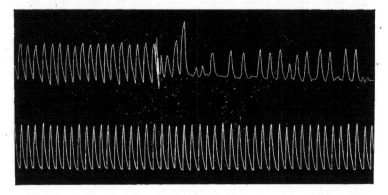

Fig. 1.

bei jungen Kaninchen synchronisch und rhythmisch verlaufende
Atembewegungen stattfinden können, wenn die aus der Venosi-
tät des im Zentralorgan kreisenden Blutes entstammenden und
autochthon wirkenden Reize sehr stark sind und gleichzeitig auf
beide Atemzentren einwirken. Die Gleichgewichtsstörung in dem
Atemnervenmechanismus, welcher durch die genannten Operationen hervorgerufen wird, hat keinen Einfluß. Die Erregung
der Atemzentren geschieht in diesem Falle autochthon durch
den Blutreiz und da er gleichzeitig auf beide Zentren einwirkt,
finden die Atembewegungen beider Brusthälften synchron statt.

Drittens. Bei erwachsenen Kaninchen kommt nach medianer Spaltung
der M. oblongata und Durchschneidung des einen Vagus meistenteils keine
Asynchronie und Arhythmie der Atembewegungen vor, wie es bei jungen
Kaninchen der Fall ist.

Viertens. Nach medianer Spaltung der M. oblongata und Durchschneidung des einen Vagus ruft einseitige Vagusreizung selbst bei Kaninchen jugendlichen Alters auf beiden Seiten und nicht nur auf der gereizten Seite Atemveränderung hervor, wie Langendorff behauptet. Auch auf diese Erscheinung werde ich weiter unten zurückkommen.

Untersuchungen an Hunden.

Bei sehr jungen Hunden beobachtet man manchmal Atemstörungen nach medianer Spaltung der M. oblongata und Durchschneidung des einen Vagus, wie bei jungen Kaninchen, bei erwachsenen Tieren aber kommt das meistenteils nicht vor.

Beim Hunde werden nach medianer Spaltung der M. oblongata die Atembewegungen viel kleiner (Fig. 2). Diese Erscheinung, welche, wie gesagt, auch beim Kaninchen vorkommt, erklärt sich wahrscheinlich aus

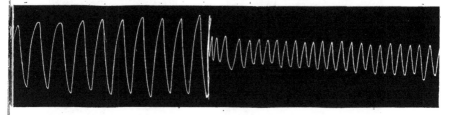

Fig. 2.

der Durchschneidung der Kommissurfasern, durch welche die beiderseitigen Atemzentren in Verbindung stehen. Durch diese Kommissurfasern nämlich beeinflußt die in der Pause zwischen zwei Atemzügen allmählich steigende Energie des einen Atemzentrums so das andere, daß die von ihm ausgehenden Impulse viel stärker werden. Es ist also hier eine Form der Bahnung im Sinne Exners.[1] Durch die Unterbrechung der Kommissurfasern (durch die mediane Spaltung der M. oblongata) wird die beiderseitige Beeinflussung aufgehoben und infolgedessen werden die Atembewegungen kleiner.

Wenn nun der medianen Spaltung der M. oblongata die Durchschneidung des Vagus nur auf der einen Seite folgt, bemerkt man keine Asynchronie der Atembewegungen, wie es bei jungen Kaninchen der Fall ist. Die Atembewegungen werden zwar seltener, manchmal wechselt eine flache Atembewegung mit einer tiefen, aber alles dies geschieht gleichzeitig auf beiden Brusthälften. Davon kann man sich überzeugen sowohl durch die bloße Beobachtung und Zählung der Atembewegungen einer jeden Brusthälfte,

---

[1] Exner, *Psychische Erscheinungen.* 1894. S. 76.

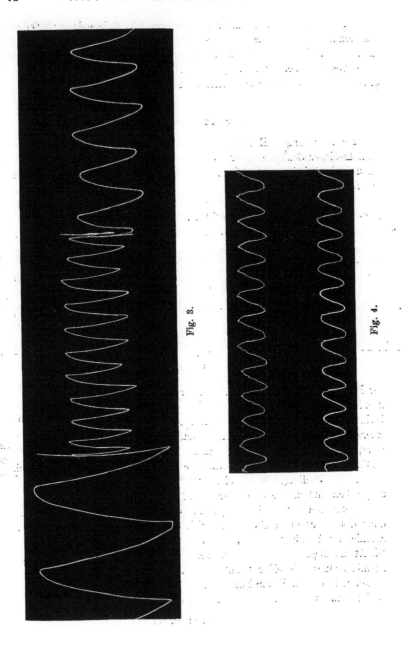

Fig. 3.

Fig. 4.

wie auch durch die graphische Darstellung derselben. Letztere habe ich
auf doppelte Weise ausgeführt. Erstens durch Kommunikation der Trachea

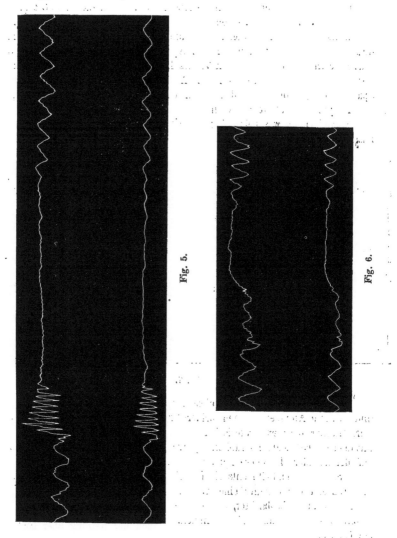

Fig. 5.

Fig. 6.

des Tieres mit einer großen Flasche, welche mit einer Mareyschen Schreib-
kapsel in Verbindung war und zweitens durch einen Doppelpneumono-

graphen, welcher die Atembewegungen beider Brusthälften gleichzeitig, aber unabhängig voneinander schrieb. Die durch diese Methoden und unter den genannten Bedingungen gewonnenen Atemkurven zeigen die Figg. 3 und 4. Die obere Kurve auf Fig. 4 entspricht der vagotomierten und die untere der nicht vagotomierten Seite. Aus allen diesen Kurven ist ersichtlich, **daß beim Hunde nach medianer Spaltung der M. oblongata und Durchschneidung des einen Vagus keine Asynchronie der Atembewegungen zu beobachten ist.** Auch wenn beide Vagi nach **medianer** Spaltung der M. oblongata durchschnitten werden, ist keine Asynchronie und Arhythmie der Atembewegungen bemerkbar.

Beim Hunde wie beim Kaninchen ruft einseitige zentripetale Vagusreizung nach medianer Spaltung der M. oblongata Änderung der Atem-

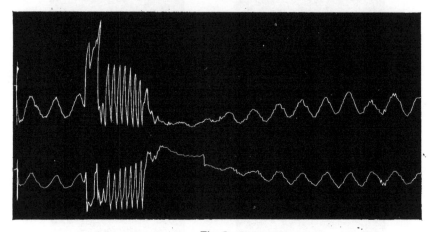

Fig. 7.

bewegungen beider Brusthälften gleichzeitig hervor und zwar bald schnellere und stärkere Atembewegungen beider Brusthälften, bald Stillstand in inspiratorischer oder exspiratorischer Stellung des Thorax. Dies zeigen die mit dem Doppelpneumonographen registrierten Atemkurven der Figg. 5 und 6, auf deren jeder die obere Kurve der vagotomierten und die untere der nicht vagotomierten Seite entspricht. Sehr interessant ist, daß man manchmal während der Reizung eine Arhythmie oder Ataxie der beiderseitigen Atembewegungen beobachtet, insofern beide Brusthälften nicht in demselben respiratorischen Zustande sich befinden. Nach der Reizung aber hört sie auf (Fig. 7).

Bevor ich zu einer Erklärung dieser Angaben übergehe, möchte ich sie noch durch Mitteilung von einigen Versuchsprotokollen belegen.

Versuch I. Junger Hund. Tracheotomie. Längsspaltung der frei-gelegten M. oblongata. Die Atembewegungen werden viel kleiner. Der rechte Vagus wird durchschnitten. Die Atembewegungen sind synchron auf beiden Brusthälften. Reizung des zentralen Endes des durchschnittenen Vagus wirkt auf die Atembewegungen beider Brusthälften ein. Der linke Vagus wird durchschnitten. Die Atembewegungen sind sehr verlangsamt, aber synchron auf beiden Brusthälften.

Die Sektion ergab, daß der Schnitt die Mittellinie getroffen hatte und von der unteren Spitze des vierten Ventrikels bis zu den hinteren Vierhügeln reichte.

Versuch II. Erwachsener Hund. Tracheotomie. Medianschnitt durch die M. oblongata. Atmungen beider Brusthälften kleiner, aber synchron. Durchschneidung des rechten Vagus. Atembewegungen fahren fort synchron zu sein. Reizung des zentralen Endes des durchschnittenen Vagus bewirkt Atemstillstand auf beiden Seiten.

Die Sektion ergab, daß der Schnitt vollständig die M. oblongata in der Mitte getrennt hatte.

Versuch III. Großer Hund. Tracheotomie. Spaltung der M. oblongata in der Medianlinie. Die Atembewegungen werden viel kleiner. Durch-schneidung des linken Vagus. Die Atembewegungen fahren fort synchron zu sein. Reizung des zentralen Endes des durchschnittenen Vagus bewirkt stärkere Atembewegungen auf beiden Seiten. Durchschneidung des rechten Vagus. Die Atembewegungen bleiben auf beiden Seiten synchron. Jede exspiratorische Bewegung anfangs ist passiv, dann aber aktiv. Der Thorax bleibt längere Zeit in der exspiratorischen als in der inspiratorischen Lage.

Die Sektion ergab vollständige Trennung der beiden Hälften der M. oblongata.

Versuch IV. Erwachsenes Kaninchen. Spaltung der M. oblongata in der Medianlinie. Atembewegungen kleiner, aber synchron. Durchschneidung des rechten Vagus. Die Atembewegungen ganz regelmäßig und synchron auf beiden Brusthälften. Die Reizung des zentralen Endes des durch-schnittenen Vagus bewirkt Atemstillstand auf beiden Brusthälften.

Die Sektion hat erwiesen, daß der Schnitt von der unteren Spitze des vierten Ventrikels bis fast zu den hinteren Vierhügeln reichte.

Versuch V. Großes Kaninchen. Tracheotomie. Längsspaltung der M. oblongata. Die Atembewegungen sind kleiner geworden. Durchschnei-dung des linken Vagus. Die Atembewegungen fahren fort synchron zu sein. Der Reizung des zentralen Endes des durchschnittenen Vagus folgen kleinere Atembewegungen auf beiden Seiten.

Die Sektion erweist vollständige Spaltung der M. oblongata.

Versuch VI. Junges Kaninchen. Tracheotomie. Spaltung der M. oblon-gata an der Medianlinie. Durchschneidung des rechten Vagus. Die Atem-bewegungen arhythmisch. Die Reizung des zentralen Endes des durch-schnittenen Vagus bewirkt rhythmische und synchrone Atembewegungen.

Die Sektion bestätigt die vollständige Spaltung der M. oblongata.

Erklärung der beobachteten Erscheinungen.

Langendorff geht bei der Erklärung der Erscheinungen der Synchronie und Asynchronie der beiderseitigen Atembewegungen bzw. der Zwerchfellkontraktionen von der Ansicht aus, „daß die eigentlichen Zentren der Atmung im Rückenmark liegen, das verlängerte Mark nur den Sitz regulatorischer Organe darstellt. Durch den Schnitt im verlängerten Mark kann nur eine Verbindung zwischen den regulatorischen Zentren beider Seiten durchtrennt sein." In die sogenannten „Respirationsbündel" des verlängerten Markes verlegt Langendorff die Leitung der vom Bulbus ausgehenden Regulationsimpulse zum Rückenmark. Die Bündel der linken und der rechten Seite kreuzen sich in der Art des Chiasma opticum in der M. oblongata selbst, wie das von Langendorff entworfene Schema (S. 84 seiner Abhandlung) zeigt, welches er als genügend betrachtet, um alle von ihm besprochenen Erscheinungen der Synchronie und Asynchronie der Zwerchfellkontraktionen zu erklären. „Es ist klar," sagt Langendorff, „daß jeder auf den einen N. vagus oder N. trigeminus ausgeübte Reiz seinen hemmenden oder anregenden Einfluß gleichmäßig auf beide spinalen Atmungszentren verteilen muß. Das ändert sich, sowie durch einen die Kreuzungsstelle der beiden Bündel treffenden Schnitt jeder regulatorische Zusammenhang beider Zentren aufgehoben wird. Zwar werden auch jetzt noch die spinalen Atmungszentren synchronisch arbeiten, weil die tonischen Regulationsimpulse aller Wahrscheinlichkeit nach rechts gerade so groß sein werden wie links. Gesetzt aber es werde jetzt ein N. vagus elektrisch gereizt, so wird von dieser Reizung nur die gleiche Körperseite betroffen werden. Die Atmung wird also links stillstehen, rechts fortdauern. Wird ein Vagus durchtrennt, so wird, je nachdem der Schnitt wirkt, zugleich reizend oder nur trennend, die Atmung auf der Seite der Durchschneidung verlangsamt, oder die Ausfallserscheinungen bemerkbar sein."

So erklärt Langendorff die Erscheinungen der Synchronie und Asynchronie unter den genannten Bedingungen. Abgesehen davon, daß heutzutage allgemein angenommen wird, daß normalerweise die Atemimpulse von dem in der M. oblongata befindenden Atemzentrum ausgehen und daß sie von dort erst den Atemmuskelzentren (nach Gads Bezeichnung) zugeleitet werden, so läßt sich folgendes gegen die genannte Erklärung Langendorffs einwenden.

Erstens. Bei erwachsenen Tieren (Hunden und Kaninchen) ist unter denselben Bedingungen wie bei jungen Kaninchen keine Asynchronie der Atembewegungen bemerkbar. Es müssen also auch andere Faktoren tätig sein, welche die Synchronie der beiderseitigen Atembewegungen bedingen.

Zweitens ist die Grundlage, auf welcher die Langendorffsche Erklärung der besprochenen Erscheinungen sich stützt, nicht richtig. Langendorff nämlich, auf die mikroskopischen Untersuchungen Gierkes sich stützend, behauptet, daß die Kreuzungsstelle der Atembündel, welche die Verbindung zwischen Bulbus und Rückenmark herstellen, in der M. oblongata liegt, was er daraus schließt, daß nach medianer Spaltung einseitige zentripetale Vagusreizung nur von einseitiger Wirkung auf die Atembewegungen ist. Das ist aber, wie gesagt, nicht richtig. Folglich kann das von Langendorff entworfene Schema des Verlaufes der betreffenden Bündel, auf welches seine Erklärung der Synchronie und Asynchronie der Atembewegungen sich stützt, nicht der Wirklichkeit entsprechen.

Um den Verlauf dieser Bündel zu ermitteln, habe ich folgendes Experiment bei vielen Hunden gemacht. Unterhalb der unteren Spitze des vierten Ventrikels habe ich die rechte Markhälfte durchschnitten. Nach dieser Operation führen die Atembewegungen auf beiden Brusthälften fort, aber die der rechten Brusthälfte waren sehr schwach und die der linken Seite stärker als vor der Operation. Nachher habe ich Tracheotomie ausgeführt und die Trachea mit der Atmungsflasche und der Mareyschen Kapsel verbunden. Sodann habe ich beide Vagi präpariert, unterbunden und durchschnitten. Die zentralen Enden derselben legte ich in die Ludwigschen Elektroden und durch Einschaltung einer Wippe ohne Kreuz ließ ich den Induktionsstrom bald durch den einen und bald durch den anderen Vagus fließen. Der Reizung des zentralen Endes des Vagus, der der durchschnittenen Seite des Markes entspricht, folgt schwache Veränderung der Atembewegungen und diese nur, wenn der Reiz sehr stark ist (1 Daniell, 5 bis 0 ^{cm} Rollenabstand). Der Reizung aber des zentralen Endes des Vagus, welcher der nicht verletzten Seite entspricht, folgt starke Veränderung der Atembewegungen, auch wenn der Reiz sehr schwach ist (1 Daniell, 25 bis 20 ^{cm} Rollenabstand). Das Resultat bleibt dasselbe, wenn vorher auch eine Längsspaltung der M. oblongata ausgeführt wird.

Aus diesem Experiment folgt, daß die zentrifugale respiratorische Bahn, welche die Impulse von den in der M. oblongata befindlichen Atmungszentren zu den Kernen der Atemmuskelnerven im Rückenmark leitet, teilweise sich kreuzt und zwar so, daß die meisten Fasern auf derselben Seite verlaufen und nur sehr wenige in die andere Seite übergehen und mit Fasern sich kreuzen, welche aus derselben zur anderen Rückenmarkhälfte übergehen. Diese Kreuzung findet im Rückenmark und nicht in der M. oblongata statt.

Dasselbe Experiment habe ich bei vielen Kaninchen, jungen und erwachsenen, mit ganz demselben Erfolge ausgeführt. Also auch bei Kaninchen ist der Verlauf der zentrifugalen Atembahn ganz derselbe.

Aus diesem Verlauf der zentrifugalen bulbospinalen Atembahn erklären sich größtenteils die nach medianer Spaltung der M. oblongata und Durchschneidung des einen Vagus bei Hunden und erwachsenen Kaninchen beobachteten Erscheinungen.

Nach bloßer medianer Spaltung der M. oblongata folgt keine Asynchronie der Atembewegungen, weil die aus jedem Atemzentrum ausgehenden und auf die aus dem Rückenmark entspringenden Atemmuskelnerven verteilten Impulse meistenteils gleich sind.

Wenn nun nach medianer Spaltung der M. oblongata auch der eine Vagus durchschnitten wird, so folgt meistenteils keine Asynchronie der Atembewegungen, weil jede Rückenmarkshälfte aus dem gleichseitigen Atemzentrum sowie aus dem der entgegengesetzten Seite Impulse empfängt. Diese Impulse, im Falle sie ungleich sind, gleichen sich in den im Rückenmark befindlichen Atemmuskelzentren aus durch die zwischen ihnen wahrscheinlich existierenden Kommissurfasern. Hat die Ausgleichung in den Atemmuskelkernen des Rückenmarkes stattgefunden, so sind die aus denselben ausgehenden und auf die Atemmuskelnerven verteilten Impulse gleich, folglich haben auch die Atembewegungen beider Brusthälften dieselbe Dauer, d. h. sie sind synchron. Zu der Synchronie aber der Atembewegungen bei Hunden und erwachsenen Kaninchen unter den genannten Bedingungen können auch andere Faktoren mitwirken. Erstens ist es möglich, daß der Einfluß des Vagus auf das Atemzentrum, welcher nach dessen Durchschneidung aufhört, sich ersetzt von anderen zentripetalen Bahnen, zerebralen (oberen) und spinalen (unteren), welche in die hinteren Corpora quadrigemina enden, in welchen ein Hemmungszentrum existiert, welches auf die Atemzentren ebenso wirkt wie der Vagus. Daß diese Bahnen und die Vagi einander ersetzen können, beweist die Tatsache, daß erst nach Ausschaltung beider, der Vagi und der Verbindung mit den Vierhügeln, jene kolossal verlängerten Inspirationen kommen.[1] Bei jungen Tieren sind solche Bahnen noch nicht gebahnt und so erklärt sich wahrscheinlich, daß bei ihnen keine Synchronie der Atembewegungen unter den genannten Bedingungen zu beobachten ist. Sodann ist es sehr wahrscheinlich, daß bei der Synchronie der Atembewegungen unter den genannten Bedingungen die autochthonen auf die Atemzentren einwirkenden Reize, welche aus dem Zustande des Blutes entspringen, eine große Rolle spielen. Da diese Reize gleichzeitig auf die Atemzentren einwirken, so finden auch die aus denselben ausgehenden und auf die Atemmuskelnerven verteilten Impulse gleichzeitig statt. Und wie schon gesagt, auch die bei jungen Tieren nach medianer Spaltung der M. oblongata und Durchschneidung des einen Vagus

---

[1] R. Nicolaïdes, Zur Lehre von der zentralen Ateminnervation. *Dies Archiv.* 1905. Physiol. Abtlg. S. 465.

eintretende Asynchronie verwandelt sich in völlige Synchronie, wenn bei diesen Tieren Dyspnöe hervorgerufen wird. Der in diesem Falle einwirkende Reiz ist der Zustand des Blutes, und da dieses gleichzeitig auf beide Atemzentren in der M. oblongata einwirkt, finden auch die Atembewegungen, trotz der Gleichgewichtsstörung in dem Nervenmechanismus der Atmung, gleichzeitig statt.

Der Einfluß der oberen Bahnen auf die Atmung.

Über den Einfluß der oberen Bahnen zur Regulierung der Atembewegungen habe ich manche Erfahrungen gemacht, die ich mitteilen will. Wenn man bei einem Hunde, dessen M. oblongata in der Medianlinie gespalten und dem ein Vagus am Halse durchschnitten ist, auch das Gehirn durch einen Schnitt in den hinteren Vierhügeln von der M. oblongata getrennt wird, bemerkt man stets Veränderungen der Atembewegungen, welche vor dem letzteren Eingriffe ganz rhythmisch waren. Diese Veränderungen bestehen manchmal darin, daß eine kleine respiratorische Bewegung mit einer größeren abwechselt, öfters aber kommen viel stärkere Atemstörungen zum Vorschein, wie solche Fig. 8 zeigt. Dieselbe stellt die Atembewegungen vor der Trennung der M. oblongata von dem übrigen Gehirne (welcher Operation die Längsspaltung der M. oblongata und die Durchschneidung des einen Vagus vorausgegangen sind), und nach derselben dar. Die Atemkurve nach der Trennung des Gehirnes sieht ganz anders aus, sie gleicht der Kurve, welche man bei jungen Kaninchen nach medianer Spaltung der M. oblongata und Durchschneidung des einen Vagus bemerkt. Wie diese, so muß auch sie auf die Kombination zweier verschiedener Wellensysteme zurückgeführt werden. Dieser Zustand kann lange dauern. Bemerkenswert ist, daß wenn bei diesem Zustande der Atmung das zentrale Ende des durchschnittenen Vagus gereizt wird, die Atembewegungen ganz regelmäßig und rhythmisch werden und als solche auch einige Zeit nach Unterbrechung der Reizung bleiben (Fig. 9). Wenn auch anderswoher nicht bekannt wäre, daß die oberen Bahnen die in der M. oblongata Atemzentren beeinflussen, die eben beschriebenen Erscheinungen zeigen diesen Einfluß sehr deutlich. In der Großhirnrinde existieren Zentren, welche auf die Atmung einwirken. Der Verlauf der aus diesen Zentren entspringenden und auf die in der M. oblongata Atemzentren einwirkenden Fasern ist zum großen Teile bekannt.[1] Den Atemzentren der Großhirnrinde fließen immer verschiedene Reize zu. Umsomehr muß das der Fall sein

---

[1] Mavrakis nnd Dontas, Über ein Zentrum in der Großhirnrinde des Hundes und den Verlauf der von demselben entspringenden zentrifugalen Fasern. *Dies Archiv.* 1905. Physiol. Abtlg. S. 473.

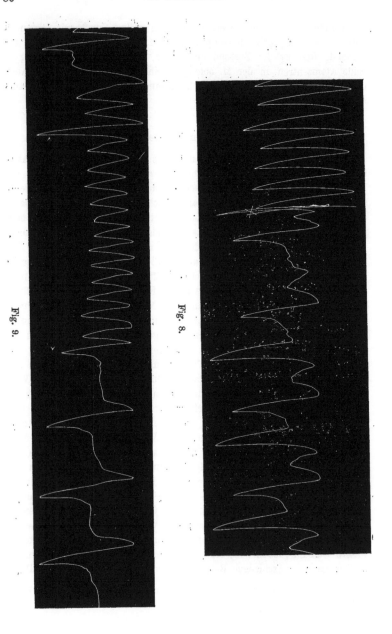

Fig. 9.

Fig. 8.

unter den genannten Bedingungen (Längsspaltung der M. oblongata und Durchschneidung des einen Vagus), unter welchen eine Neigung zur Störung des Gleichgewichtes der Wirksamkeit symmetrischer Teile des Körpers existiert. Diese Reize summieren sich zu den in den Atemzentren der M. oblongata gesammelten und tragen zu ihrer Funktion und Rhythmus der aus denselben ausgehenden Impulse bei. Wenn aber diese Zentren von den Atemzentren in der M. oblongata getrennt werden, so findet diese Summierung nicht statt und der Rhythmus geht ab, d. h. auch hier existiert eine Art von Bahnung. Für eine solche Summation spricht auch die Tatsache, daß, wenn nach medianer Spaltung der M. oblongata und Durchschneidung des einen Vagus auch das Gehirn von der M. oblongata getrennt wird, beim Hunde sowie beim Kaninchen sehr oft die Atmung aufhört und der Tod erfolgt. Diese Erscheinung ist sehr ähnlich der von Großmann[1] an den Kernen von Facialis, Vagus und Phrenicus beobachteten. Jeder der drei Kerne, außer Verbindung gesetzt mit den anderen Kernen, ist im allgemeinen zu einer Summation seiner Reize und der dadurch bedingten Rhythmik der abzugebenden Impulse nicht mehr befähigt.

Spezielle Schlüsse.

Zusammengefaßt ergibt sich folgendes·

1. Nach medianer Spaltung der M. oblongata und Durchschneidung des einen Vagus bei erwachsenen Tieren (Hunden und Kaninchen) kommt keine Asynchronie der Atembewegungen vor, wie das der Fall ist bei jungen Kaninchen.

2. Die Reizung des zentralen Endes des durchschnittenen Vagus nach medianer Spaltung der M. oblongata verändert sowohl bei Hunden wie bei Kaninchen die Atembewegungen beider Brusthälften und nicht nur die der entsprechenden Seite, wie Langendorff behauptet.

3. Bei erwachsenen Tieren, Hunden und Kaninchen, bemerkt man nach medianer Spaltung der M. oblongata und Durchschneidung beider Vagi keine Asynchronie der Atembewegungen.

4. Die efferenten Bahnen, welche von jedem der in der M. oblongata gelegenen Atemzentren ausgehen und zu den im Rückenmark Atemmuskelkernen hinziehen, verlaufen größtenteils gleichseitig und nur ein Teil davon geht auf die entgegengesetzte Seite über und kreuzt sich mit gleichen Fasern dieser Seite. Diese Kreuzung findet aber im Rückenmark und nicht in der M. oblongata statt.

---

[1] Großmann, Über die Atembewegungen des Kehlkopfes. I. Teil. *Wiener akad. Sitzungsberichte.* Bd. XCVIII. Abtlg. III. Juli 1889.

5. Die Atemmuskelkerne beider Rückenmarkhälften verbinden sich wahrscheinlich miteinander durch Kommissurfasern.

6. Aus dem Verlaufe der efferenten respiratorischen Bahnen und aus den zwischen den Atemmuskelkernen existierenden Kommissurfasern erklären sich zum Teil in der erwähnten Weise die Erscheinungen sub 1., 2. und 3. Dieselben aber ihrerseits beweisen, daß der besagte Verlauf der Fasern richtig ist.

7. Die oberen Bahnen wirken auf die Atemzentren ein und tragen zum Synchronismus der Atembewegungen beider Brusthälften bei.

Allgemeine Schlüsse.

Die Atmung ist eine Funktion, welche von einem sehr verwickelten Nervenmechanismus beeinflußt wird. Eine Beeinträchtigung dieses Mechanismus, welche in der geschilderten Weise geschieht, kann eine Gleichgewichtsstörung hervorrufen. Diese Störung ist deutlich bei jungen Tieren, bei erwachsenen Tieren ist das nicht der Fall, weil bei diesen verschiedene Bahnen gebahnt sind, welche eine der geschädigten Bahnen ersetzen können.

Auf das Ausbleiben der Atemstörungen unter den genannten Bedingungen haben höchstwahrscheinlich auch folgende Momente Einfluß. Erstens der Zustand des Blutes, welches sich als der hauptsächlichste Reiz der Atemzentren erweist. Die gleichzeitige Einwirkung desselben auf die Atemzentren ist die Ursache der synchronen Atembewegungen auch im Fall der Gleichgewichtsstörung des die Atmung regierenden Nervenmechanismus. Zweitens die Atemzentren selbst, welche, wie es scheint, in sich die Ursache der rhythmischen Tätigkeit bei konstanten Reizen bzw. Ernährungsbedingungen haben. Diese periodische Tätigkeit der Atemzentren kann allerdings beeinflußt werden von dem Zustand des Blutes und den verschiedenen auf sie einwirkenden Nerven. Es ist also die periodische Entstehung der Erregungen im Atemzentrum eine Funktion des Organs selbst, ähnlich wie im Herzen, welches, obgleich es in sich die Ursache der rhythmischen Tätigkeit trägt, doch unter dem Einfluß verschiedener Nerven steht, welche seine Tätigkeit den Bedürfnissen des Gesamtorganismus anpassen.

Studien zur Operationstechnik am Zentralnervensystem.

I. Das Myelotom, ein Apparat zur Ausführung genau begrenzter Durchschneidungen.
II. Medianspaltung des Kleinhirns am Kaninchen.

Von

Dr. Wilhelm Trendelenburg,
Privatdozent und Assistent am Institut.

(Aus dem physiologischen Institut zu Freiburg i. B.)

(Hierzu Taf. III.)

I. Das Myelotom, ein Apparat zur Ausführung genau begrenzter Durchschneidungen.

a) Bisher vorliegende Hilfsmittel.

Wenn ich in den folgenden Zeilen in erster Linie ein neues instrumentelles Hilfsmittel für Operationen am Zentralnervensystem empfehlen möchte, so gehe ich dabei keineswegs von der Ansicht aus, daß fehlendes technisches Handgeschick irgendwie durch mechanische Vorrichtungen zu ersetzen sei. Vielmehr bezwecke ich einen Apparat anzugeben, mit dem sich Operationen ausführen lassen, die mit freier Hand entweder gar nicht, oder doch nur in weniger vollkommener Weise ausführbar sein dürften.

„Die Forderung, mit dem Messer eine ganz bestimmte, anatomisch abgesteckte Fasergruppe genau nach den Absichten des Experimentators zu zerstören oder zu erhalten, mag wohl immer frommer Wunsch bleiben. Übung wird manches erleichtern; aber wenn man — — — Verletzungen anbringen soll, deren Form und Größe nicht durch das Auge allein geleitet werden kann, so wird der Zufall immer dabei eine große Rolle spielen." Ich könnte nicht besser, als mit diesen Worten Mieschers[1], von denen wir

---

[1] F. Miescher, Zur Frage der sensiblen Leitung im Rückenmark. *Berichte der sächs. Gesellsch. der Wissenschaften.* Math.-phys. Klasse. 1870. S. 404—428. Darin S. 407.

6*

wohl annehmen dürfen, daß sie gleichzeitig die Meinung seines Lehrers Ludwig wiedergeben, das Problem angeben, um das es sich hier handelt.

Obgleich es in Anbetracht der zahlreichen Schwierigkeiten zweifelhaft ist, ob sich die Aufgabe, genau umgrenzte Durchschneidungen auszuführen, vollkommen lösen läßt, so schien mir doch der Versuch nicht aussichtslos zu sein, diese Aufgabe ihrer Lösung näher zu bringen. Sind doch manche Fortschritte in unseren Kenntnissen der Funktionen des Zentralnervensystems zu erwarten, wenn es gelingt, ohne Nebenverletzungen Fasersysteme exakt zu durchschneiden oder Zellgruppen zu żerstören, deren Begrenzung in der Tiefe dem Auge auch bei der Operation nicht sichtbar wird, oder die sogar nicht einmal bis zur Oberfläche reichen.

Sieht man von früheren unvollkommenen Versuchen ab[1], so sind von den bisher gemachten Bemühungen, die bei vielen operativen Aufgaben sich geltend machenden Mängel des freihändigen Operierens am Zentralnervensystem zu vermeiden, in erster Linie diejenigen Ludwigs und seiner Schüler zu nennen. Zwar sind die von ihnen konstruierten Hilfsmittel, welche ermöglichen sollen, die gewünschte Schnittrichtung einzuhalten und den Schnitt genau zu begrenzen, für ganz spezielle Untersuchungen angegeben worden, und sind auch wohl nur für ähnliche Zwecke verwendbar; ich möchte aber doch in Kürze näher auf diese Hilfsmittel eingehen, zumal sie in schlagender Weise zeigen, welche Fortschritte dadurch erzielt wurden, daß man sich nicht ausschließlich auf ein gutes Auge und eine sichere Hand verließ.

Um partielle Durchschneidungen des Rückenmarks auszuführen, durch welche der Verlauf der sensiblen Leitungen im Rückenmark ermittelt werden sollte, benutzte Miescher in der oben angeführten Untersuchung folgendes Verfahren, welches sich speziell auf den Seitenstrang bezieht. „Ein kleines, etwa 8 mm langes und 2 bis 3 mm breites Messerchen wurde mit sagittal gerichteter Schneide in die hintere Seitenfläche des Marks oder etwas nach außen von derselben eingesteckt, so daß es unverrückbar im Knochen festsaß. — — —. Hierauf wurde die ganze Markpartie, welche auf der innern Seite des Messers lag, durchschnitten, d. h. die ganze eine Hälfte, und von der anderen Hälfte die graue Substanz, der Hinterstrang und der Vorderstrang.“ Es handelt sich hier also darum, einen Schnitt nach der einen Seite genau zu begrenzen, während nach den anderen Seiten die Grenze durch die sichtbare Oberfläche und durch die knöcherne Umgebung gegeben ist.

---

[1] Wie ich einem Zitat von Krause (*Anatomie des Kaninchens*, Leipzig 1884, darin S. 291) entnehme, hat Longet ein „Neurotom“ verwendet, bei welchem durch eine verstellbare Schraubenmutter die Tiefe des Einstichs begrenzt werden konnte. Longet, *Anatomie et physiologie du système nerveux*. 1842. T. I. p. 434. T. II. p. 158. Zitiert nach Krause.

Von Nawrocki[1] wurde dies Verfahren zum Zwecke der Durchschneidung beider Seitenstränge insofern etwas modifiziert, als er zwei zu einem Doppelinstrument vereinigte „Schutzmesserchen" zu gleicher Zeit in das Mark einführte.

Einer anderen Frage sind die Untersuchungen von Dittmar[2] gewidmet. Hier galt es, in weiterer Verfolgung einer Arbeit von Owsjannikow, in welcher keine weiteren Hilfsmittel zur Sicherung der Schnittrichtung und Schnittbegrenzung angewendet waren, die Lage der Gefäßzentren genauer zu bestimmen. Um quere Durchschneidungen der Medulla an genau bestimmter Stelle ausführen zu können, verwendete er ein Instrument, „dessen wesentlicher Teil ein mit einem langen Schlitze versehenes Metallprisma ist, das an den Maulkorb befestigt war, so daß es unverrückt in der Stellung zum Kopfe bleibt, die ihm gegeben wurde. Durch diesen Schlitz wurde das Messerchen, welches seiner Dicke nach genau an ihn paßt, hindurchgeführt und so die Medulla obl. an einer bestimmten Stelle geradlinig durchschnitten. Durch feine Schrauben konnte das Prisma parallel mit sich selbst nach den verschiedensten Richtungen verschoben werden." Ferner beschreibt der Verfasser ein besonderen Zwecken dienendes bajonnetförmiges Schutzmesserchen, welches sich durch Schraubenführung nach allen Seiten bewegen ließ.

Ein entsprechendes Instrument mit mehreren Schlitzen gibt Cyon an.[3]

Weitere Fortschritte in den operativen Hilfsmitteln für Durchschneidungen am Rückenmark werden von Woroschiloff[4] angegeben. Zwei zangenartige Instrumente dienen zur Fixierung der Wirbel an der Operationsstelle; zur Schnittabgrenzung werden wieder Schutzmesserchen angewendet, die nun auf einem Schlitten angebracht sind, der seinerseits an einem Arm einer der Zangen festgeschraubt ist. Die Messerchen können senkrecht oder horizontal an den Schlitten angebracht werden, ihr Abstand und ihre Stellung über dem Rückenmark ist variabel. Die Messer laufen in einer Führung, so daß sie nach der gewünschten Einstellung, durch die Führung in der Richtung festgehalten, in das Rückenmark eingesenkt werden können. Nun wird die eigentliche Durchschneidung zwischen den Schutzmesserchen freihändig ausgeführt. Die Fortschritte dieser Anordnung

---

[1] Nawrocki, Beitrag zur Frage der sensiblen Leitung im Rückenmarke. *Berichte der sächs. Gesellschaft der Wissenschaften.* Math.-phys. Klasse. 1871. S. 585—589.

[2] C. Dittmar, Über die Lage des sogenannten Gefäßzentrums in der Medulla oblongata. *Ebenda.* 1873. S. 449—469. Darin S. 452 und 458.

[3] C. Cyon, *Methodik der physiologischen Experimente und Vivisektionen.* Gießen 1876. Darin S. 524. Atlas zur Methodik. Taf. III, Fig. 5.

[4] Woroschiloff, Der Verlauf der motorischen und sensiblen Bahnen durch das Lendenmark des Kaninchens. *Berichte der sächs. Gesellschaft der Wissenschaften* Math.-phys. Klasse. 1874. S. 248—304.

gegenüber der von Miescher und Nawrocki benutzten besteht einmal in
der festen Verbindung der Messer mit einem Fixationsapparat der Wirbel
und weiter darin, daß die Messer nur in einer Führung beweglich sind,
so daß mit der Einstellung des Messers die Schnittrichtung schon gegeben
ist. Welche Bedeutung diesen instrumentellen Hilfsmitteln zukommt, das
geht gerade aus der Arbeit Woroschiloffs hervor, die nicht nur in Anbetracht der Vollkommenheit der Operationstechnik, sondern auch durch die
Wiedergabe von Mikrophotogrammen, welche den Querschnitt des Rückenmarks
an der Operationsstelle wiedergeben, als mustergültig zu bezeichnen ist.

Nach dieser Ausbildung der operativen Methodik durch die Ludwigsche
Schule scheinen nur wenige Bemühungen gemacht worden zu sein, die
Schnittläsionen zu einer größeren Vollkommenheit zu erheben, als sie durch
freihändiges Operieren erreicht werden kann. Mir sind nur zwei Hilfsmittel
bekannt geworden. Probst[1] benutzt zu seinen Operationen ein als „Hakenkanüle" bezeichnetes Instrument. Er schreibt: „Zu diesen Versuchen bediente ich mich, um möglichst eine Verletzung anderer Hirnteile auszuschließen, einer ca. 8 cm langen, sehr dünnen Kanüle im Prinzipe gleich
einer Pravaz-Kanüle, in welcher ein Stahldraht verborgen werden konnte,
der beim Hervorschieben aus der Kanüle sich rechtwinklig abbog; Kanüle
und Stahldraht hatten kleine Stellklemmen zum Fixieren der Höhe und
der Stellung des Drahtstachels." — — —. „Die Kanüle wurde etwas zur Seite
in das Höhlengrau eingestochen, der Drahtstachel beliebig weit vorgeschoben
und mit dem ganzen Instrument eine kleine Drehung gemacht. Die
Läsionen können in der Weise beliebig groß gemacht werden" und „sehen
am gehärteten Gehirn wie ein feiner Schnitt aus."

Schließlich hat Corona[2] ein troikartähnliches Instrument angegeben,
bei welchem man mittels eines am Griff angebrachten Knopfes zwei kleine
Flügel an der Spitze austreten lassen kann; durch Drehung des Instrumentes
wird dann die Läsion bewirkt.

Auf die beiden letzten Konstruktionen gehe ich an dieser Stelle nicht
näher ein, da sie eine Aufgabe betreffen, die ich in einer späteren Mitteilung zu behandeln denke, nämlich Läsionen in der Tiefe der Substanz
mit möglichst geringer Schädigung der darüber liegenden Teile. Dafür
werden andere Vorrichtungen notwendig sein, wie die, welche ich zunächst
vorlegen möchte. Hier handelt es sich in erster Linie um Durchschnei-

---

[1] M. Probst, Experimentelle Untersuchungen über das Zwischenhirn und dessen
Verbindungen, besonders die sogenannte Rindenschleife. *Deutsche Zeitschrift für
Nervenheilkunde.* 1898. Bd. XIII. S. 384—408. Darin S. 391.

[2] Corona, Presentazione di un trequarti modificato per praticare lesioni speri-
mentali nelle regioni profonde dell cervello. *C. r. du Vième congr. intern. de physiol.*
Turin 1901. *A. ital. Biol.* 1901. Vol. XXXVI. p. 166—167.

dungen, bei denen die zu durchschneidenden Teile bis an die Oberfläche des Zentralnervensystems heranreichen, und bei denen die Schnittlänge an der Oberfläche entweder das Maximum der Schnittfläche ist (keilförmiger Schnittypus), oder bei denen die Schnittlänge in der Tiefe diejenige an der Oberfläche um einen von der Form des Messers (s. u.) abhängenden Betrag übertrifft (Typus der Unterschneidung).

Obgleich die oben geschilderten, aus dem Ludwigschen Laboratorium hervorgegangenen Hilfsmittel offenbar in recht vollkommener Weise den Zwecken der betreffenden Untersuchungen entsprachen, so ist ihre Anwendbarkeit doch in mehrfacher Hinsicht beschränkt. Hauptsächlich ist die gewünschte Begrenzung des Schnittes notwendig stets eine geradlinige, wenn diese Schutzmesser verwendet werden. Es ist naturgemäß nicht möglich, Schutzmesser zu verwenden, die in beliebiger Form über die Fläche gekrümmt sind; höchstens ließen sich in Form eines Kreisbogens gekrümmte Messer einführen, wenn das Messer dabei entsprechend bogenförmig bewegt wird. Ferner liegt ein Mangel darin, daß die Durchschneidung selbst noch freihändig ausgeführt wird, und wenn auch bei einem Teil der Vorrichtungen dafür gesorgt ist, daß das Messer aus der Schnittebene nicht ausweichen kann, so ist doch der Schnitt immer nur nach zwei Seiten fest begrenzt, während nach der dritten Seite, meist nach der Tiefe, eine feste Grenze nur dann gegeben ist, wenn bis auf den unterliegenden Knochen geschnitten werden darf.

b) Prinzip und Konstruktion des neuen Apparats.

Dem Apparat, den ich hier vorlegen möchte, liegt folgendes Prinzip zugrunde. Ein in einer Ebene liegender Schnitt kann dann nach allen Richtungen nach Wunsch genau begrenzt werden, wenn das Messer in jeder Richtung nur bis zur gewünschten Grenze vordringen kann. Dies läßt sich ohne jeden vorausgehenden Eingriff (wie das Einstechen der Schutzmesser) erreichen, wenn sich am Messerstiel ein Stift befindet, der sich in einem in ein Blech geschnittenen Loch bewegt, dessen Grenzen genau den beabsichtigten Grenzen der Schnittläsion entsprechen. Es ist dabei nur noch notwendig, daß das Messer seine Richtung zwischen dem Schnittmuster, wie ich den Blechausschnitt nennen möchte, und dem Durchschneidungsobjekt nicht ändern kann. Zu dem Zwecke muß eine Führung vorhanden sein, in der das Messer sich nur in Parallelverschiebung in einer Ebene bewegen kann. Es sei im folgenden zunächst die Messerführung, dann das Schnittmuster und seine Herstellung und schließlich das Messer in seinen verschiedenen Formen besprochen.

Die Messerführung werde zunächst an den beiden Projektionszeichnungen (Figg. 1 und 2) erläutert, von denen die erstere eine Ansicht

von der Seite, die letztere von oben wiedergibt. Die Führung besteht im
wesentlichen aus zwei miteinander verbundenen Parallelogrammen *a b c d*
und *c d e f*, deren aus Metallteilen bestehende Seiten an den Eckpunkten
um Achsen beweglich sind, so daß der im Bild links befindliche Messer-

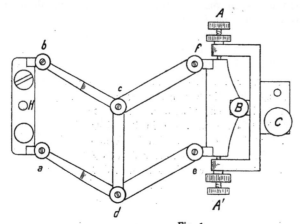

Fig. 1.
Myelotom, Projektionsansicht von der Seite.

Fig. 2.

Dasselbe von oben gesehen. Während in der Seitenansicht der Apparat in einer Stellung
wiedergegeben ist, in der der Halter *H* nach vorne noch ein Stück bewegt werden
könnte, ist in der Ansicht von oben der Apparat in maximaler Streckung der Parallelo-
gramme wiedergegeben, in der diese die Form von Rechtecken erhalten. Durch die
Beugung der Teile in Fig. 1 ist der Vergleich der Fig. 1 mit der Fig. 3 erleichtert.
Das Instrument ist in Figg. 1 und 2 in genau ²/₃ der natürlichen Größe wiedergegeben.

halter *H* nur parallel mit sich verschoben werden kann. Um zu erreichen, daß der Messerhalter, und mit ihm auch das Messer, sich nur in einer Ebene, bei Fig. 1 derjenigen der Papierfläche, bewegen kann, ist folgende Einrichtung getroffen. Das hintere Parallelogramm *cdef* besteht aus zwei identischen Teilen, die an den gleichen Achsen (*cc'* und *ff'* in Fig. 2) in einem Abstand von $1\frac{1}{2}$ cm angebracht sind. Vorn (im Bild links) besteht die obere und untere Seite (*bc* und *ad*) des Parallelogramms aus je einer Gabel (**Fig. 2**), die nach der Seite des Messerhalters wieder eine etwas längere Achse *bb'* (und *aa'*) trägt.

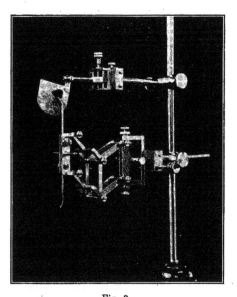

Fig. 3.

Das Myelotom mit Messer und Schnittmuster (Medianschnitt des Kaninchenkleinhirns), Ansicht von vorn-seitlich. Etwa $\frac{1}{3}$ der natürlichen Größe.

Hierdurch wird eine Abweichung aus der Ebene der Bewegung ganz unmöglich gemacht. Die Achsen laufen überall in Spitzen, so daß man das Messer mit Leichtigkeit in jeder Richtung der bestimmten Ebene führen kann. Das Messer wird in die Rinne *R* eingesetzt und mit Schrauben festgehalten. Die Stifte *SS'* dienen als Handhabe bei der Benutzung des Instruments. Letzteres ist weiter um die Achse *AA'* drehbar, damit man die Ebene des Schnittes genau nach dem Objekt einrichten kann. Zwei Schrauben *B* und *B'* halten den Apparat darauf in der gewünschten Stellung fest. Die Schraube *C* dient dazu, das ganze Instrument seitlich verschieben zu können, was wiederum für die genaue Einstellung des

Messers in die gewünschte Schnittebene notwendig ist. Mittels des Stabes D
wird der Apparat an ein senkrechtes. Stativ befestigt, wie des näheren aus
der Fig. 3 zu ersehen ist.   . .

   .. Wir kommen ·zur Besprechung des Schnittmusters und seiner Herstellung. Es· ist selbstverständlich unausführbar, das Schnittmuster nach
den Maßen · desselben Objektes herzustellen, an welchem nachher die
Operation ausgeführt werden soll.   Die ganze hier mitgeteilte Methode.
basiert auf der Voraussetzung, daß die Teile des Zentralnervensystems
zweier derselben Art angehöriger gleichgroßer Tiere als hinreichend identisch
angesehen werden können.   Dann kann nach dem Gehirn des einen Tieres
(nach der Härtung) das Schnittmuster hergestellt werden, während an dem
anderen die eigentliche Operation ausgeführt wird.   Sicherlich wird die ge-
forderte Übereinstimmung der Formverhältnisse zweier von verschiedenen
Individuen stammender Gehirne bei den einzelnen Gehirnteilen verschieden
groß sein können, aber doch im allgemeinen hinreichend sein, um nicht
von vornherein ·die Methode illusorisch erscheinen zu lassen.   Um eine
möglichst große Übereinstimmung zu erzielen, kann es in Fällen, in denen
es hierauf besonders ankommt, nützlich sein, nicht nur Tiere der gleichen
Rasse und Größe (Alter) zu wählen, sondern auch solche des gleichen Ge-
schlechtes und gegebenenfalls auch des gleichen Wurfs. Immerhin wird
man aber in der Regel auskommen, wenn man Tiere der gleichen Größe
sich aussucht.   Eine andere Frage, die ebenfalls für die Durchführbarkeit
meiner Methode von prinzipieller Wichtigkeit ist, ist die, ob es gelingt, das
Gehirn so zu härten, daß es die Form des lebenden beibehält.   Ferner
darf natürlich auch bei der Herstellung des mikroskopischen Schnittes keine
Verzerrung stattfinden.   Während die letztere Forderung sich schon deshalb leicht verwirklichen läßt, weil die erforderlichen Schnitte nicht besonders dünn zu sein brauchen, ist es schon schwieriger, dem ersteren Punkt
gerecht zu werden.   Gerade an demjenigen Objekt, an welchem ich zuerst
die Brauchbarkeit der neuen Methode erprobte, am Kleinhirn, erscheint durch
die Zusammensetzung des Organs aus einzelnen Lamellen eine Verschiebung
möglich, wenn man in der meist üblichen Weise das herausgenommene Gehirn
fixiert. Ich hatte die betreffenden Schnittmuster für die vorliegende Untersuchung nur nach solchen Gehirnen hergestellt, glaube aber, daß die Resultate
noch bessere sein werden, wenn man das Gehirn in situ mit der Härtungs-
flüssigkeit injiziert, wozu sich Formol gut eignen dürfte.   Ist in dieser
Weise das geeignete Material beschafft, so wird durch das Organ ein
Mikrotomschnitt in der Ebene gelegt, in der man nachher bei dem anderen.
Tier zu operieren wünscht.   Nach diesem Schnitt wird auf aufgelegtes Paus-
papier (am besten eignet sich auf der einen Seite rauhes Gelatinepapier)
eine Zeichnung des Teiles angefertigt, der durchschnitten werden soll.   Die

Zeichnung wird nun auf ein dünnes Messingblech gelegt, und die Kontur der Schnittbegrenzung mit einem spitzen Eisenstift durchstochen. Mit Bohrer und Feile wird das Feld als Loch ausgearbeitet; man zeichnet sich von Zeit zu Zeit von dem Loch den Umriß auf Papier durch Umfahren mit dem Bleistift und kontrolliert durch Auflegen des mikroskopischen Schnittes auf die feineren Einzelheiten. So läßt sich das Schnittmuster mit hinreichender Genauigkeit herstellen. Auf den Halter des Schnittmusters, der, wie Fig. 3 zeigt, an dem gleichen Stativ angebracht ist, wie der Hauptteil des Apparates, brauche ich kaum näher einzugehen, will nur bemerken, daß er eine Verschiebung des Musters in drei aufeinander senkrecht stehenden Richtungen gestattet.

Die Messer wurden aus ca. 2 ^{mm} dickem Stahldraht hergestellt, und zwar mit möglichst dünner Schneide (ca. 0·3 ^{mm}), da hiervon die Feinheit des Schnittes sehr wesentlich abhängt. Der gerade, 2 ^{mm} dicke „Stiel" des Messers wird in die Rinne R, wie in Fig. 3 ersichtlich, eingeklemmt; er trägt oben einen kleinen Querstift, der dazu bestimmt ist, den Anschlag an die Ränder des Schnittmusters zu bilden. Unten befindet sich an dem allmählich dünner werdenden Stiel die Messerschneide, die je nach dem besonderen Zweck der Operation verschieden gestaltet ist. Handelt es sich um einen keilförmigen Schnitt, so kann die Spitze des Messers gerade nach abwärts gerichtet sein. In allen Fällen aber, wo die an der Oberfläche gelegene Schnittbegrenzung weniger lang ist wie der größte Schnittdurchmesser in der Tiefe (Typus der Unterschneidung), wird die Schneide des Messers in einem stumpfen Winkel von dem Stiel abgebogen, worauf so weit unterschnitten werden kann, als der senkrechte Abstand der Messerspitze von dem Stiel beträgt. Es muß dann auch das obere Ende der Stiels entsprechend gebogen sein, damit der erwähnte, den Anschlag am Schnittmuster gebende Stift wieder senkrecht über der Messerspitze steht. Da sich das Messer in der Rinne des Halters so drehen läßt, daß die Spitze nach vorn oder hinten gerichtet ist, so kann nach beiden Seiten die Unterschneidung den genannten Betrag aufweisen. Verschiedene Einzelheiten, z. B. ob das Messer an der oberen und unteren (bzw. rechten und linken) Seite geschärft ist, oder auf der einen Seite stumpf bleibt u. a. m., wird von den Erfordernissen der betreffenden Operation abhängen, so daß hier keine weiteren Erklärungen nötig sind.

Es seien noch einige Angaben über die Ausdehnung gemacht, welche man dem Schnitt im günstigsten Falle geben kann. Wird nur in der horizontalen Längsrichtung der Messerführung in gerader Linie geschnitten, so ist eine maximale Schnittlänge von etwa 6 ^{cm} erreichbar. Diese Länge ließe sich gegebenenfalls leicht beliebig vergrößern, wenn der Stab D durch Zahn und Trieb in der Horizontalrichtung verschieblich gemacht würde. Soll nur senkrecht in die Tiefe geschnitten werden, ebenfalls wieder in gerader Linie, so ist eine maximale Exkursion von etwa 12 ᶜᵐ möglich. Um eine Vorstellung von dem Umfang einer in allen Richtungen der Ebene erfolgenden Bewegung zu geben, diene die Angabe, daß sich mit der Messerspitze ein Kreis von gut 4 ᶜᵐ Durchmesser beschreiben läßt.

Bei der Benutzung des ganzen Instrumentes ist der schwierigste Punkt zweifellos ·· der, das Schnittmuster genau nach dem Gehirn des Operationstieres zu richten. Es leuchtet ein, daß nur dann, wenn an beiden Teilen alle entsprechenden Punkte in gleichem Abstand senkrecht übereinander liegen, die Anwendung des Instrumentes einen Zweck hat. Schwierigkeiten liegen dann kaum vor, wenn die ganze Oberfläche des zu durchschneidenden Gebietes freigelegt werden kann. In den leider so häufigen Fällen aber, in denen eine vollständige Freilegung des Operationsgebietes aus technischen Gründen nicht angängig ist, kann es größere Schwierigkeiten bereiten, das Schnittmuster zu richten. Und doch sind gerade dies die Fälle, in denen die Anwendung eines solchen mechanischen Hilfsmittels den meisten Erfolg verspricht; hat man erst das Schnittmuster richtig eingestellt, so kann man ja ruhig losschneiden, unbekümmert darum, ob man das Messer sieht oder nicht. Für mediane Durchschneidungen, die ich zunächst ausführte, ist es zweckmäßig, bei der Einstellung einen Gefrierschnitt durch den ganzen Schädel, welcher über die Lage des Gehirns orientiert, zu Hilfe zu nehmen.

Zu den prinzipiellen Voraussetzungen der Methode gehört weiter die, daß der Kopf (oder Rücken) des Versuchstieres eine zum Durchschneidungsapparat unveränderliche Lage einnimmt. Für die Operationen am Kopf des Kaninchens fand ich den Czermakschen Kopfhalter[1] sehr zweckmäßig. Für Operationen am Rückenmark dürfte sich die oben erwähnte Vorrichtung des Ludwigschen Laboratoriums empfehlen. Gegebenenfalls wird man sich neue Vorrichtungen ersinnen müssen, welche dem speziellen Zweck genügen. Daß eine tiefe Narkose unerläßlich ist, braucht als selbstverständlich kaum noch erwähnt zu werden.

Sind nun bei der Operation alle Vorbereitungen so weit, daß der Schnitt ausgeführt werden kann, so ist es zur Vermeidung jeder Zerrung vorteilhaft, nicht etwa in einem Zuge zu schneiden, sondern mit möglichst vielen kleinen kreisförmig geführten Einzelschnitten; man braucht dabei nicht zu befürchten, einen unglatten Schnitt zu erzielen, wie es bei freihändigem Operieren dann unfehlbar der Fall sein würde; denn durch die ganze Konstruktion des Apparates ist es völlig ausgeschlossen, von der Schnittrichtung auch nur um ein Geringes abzuweichen. In der Tat lassen die erzielten Schnitte hinsichtlich Feinheit und Glätte kaum etwas zu wünschen

---

[1] S. Cyon, *Methodik der physiologischen Experimente und Vivisektionen.* Gießen 1876. S. 35. Atlas zur Methodik Taf. VII.

übrig. Es sei hier nur noch darauf hingewiesen, welche Vorteile in einer möglichst reizlosen Durchschneidung für die physiologische Beurteilung der Resultate liegen.

Werfen wir einen Gesamtblick auf die empfohlene Methode, so mag manchem die Zahl der Schwierigkeiten und Umständlicheiten sehr groß erscheinen. Selbstverständlich kann nur durch die Tat entschieden werden, ob die wohl vorhandenen Schwierigkeiten durch die erzielten Resultate aufgewogen werden. Ich werde in der folgenden und einigen weiteren Mitteilungen die Anwendbarkeit der neuen Methode erproben und wie ich hoffe auch beweisen. Es sei aber schon hier darauf hingewiesen, daß der Wert einer Methode unter keinen Umständen nach der Leichtigkeit ihrer Anwendung beurteilt werden darf; hier speziell liegen recht schwierige Aufgaben vor, die sich in idealer Weise vielleicht niemals lösen lassen, in deren Lösung also begreiflicherweise Fortschritte nur durch fortschreitende Verbesserung der Hilfsmittel erzielt werden können.

Der beschriebene Apparat, den ich, um eine kurze Bezeichnung zu haben, Myelotom nennen möchte, wurde nach meinen Angaben von Institutsmechaniker Köpfer ausgeführt. Um auch anderen Untersuchern seine Benutzung zu ermöglichen, wandte ich mich an Hrn. Wilh. Petzold, von dessen Firma das Instrument bezogen werden kann.[1]

II. Medianspaltung des Kleinhirns am Kaninchen.

a) Plan der eignen und Ergebnisse fremder Versuche.

In dieser und gelegentlich folgenden weiteren Mitteilungen möchte ich hauptsächlich über Operationen berichten, die ich mit dem beschriebenen Apparat ausgeführt habe, um damit denjenigen, die zu physiologischen oder anatomischen Zwecken Operationen am Zentralnervensystem ausführen, ein Urteil über die Brauchbarkeit der Methode zu ermöglichen. Nebenbei aber werden, denke ich, manche für die Physiologie des Zentralnervensystems verwertbare Resultate sich ergeben.

Als erstes Objekt wählte ich die Medianspaltung des Kleinhirns, weil ich mich hierfür in Zusammenhang mit anderen Arbeiten interessierte, und weil der Wunsch, exakte Mediandurchschneidungen des Kleinhirns auszuführen, mir den Anstoß zu der Ausarbeitung der Methode gab.

Das physiologische Interesse, das sich an die Zerlegung eines Hirnteils in seine beiden symmetrischen Hälften knüpft, liegt darin, daß sich durch einen solchen Schnitt die Bedeutung der gekreuzten Verbindungen des Hirnteils gegenüber den ungekreuzten ermitteln läßt. Übt ein Hirnteil seinen Einfluß auf andere Teile nur durch ungekreuzte Verbindungen aus,

---

[1] W. Petzold, Werkstätte für Präzisions-Mechanik, Leipzig-KZ., Schönauer Weg 6.

so wird eine genaue Medianspaltung keine Störungen ergeben; wenn hingegen der Einfluß ausschließlich durch gekreuzte Bahnen vermittelt wird, so muß der Erfolg der medianen Spaltung mit dem der totalen Exstirpation übereinstimmen. Kommen sowohl gekreuzte als auch ungekreuzte Verbindungen in Betracht, so wird man durch einen Medianschnitt die Funktionen der letzteren allein ermitteln können.[1]

Entsprechendes gilt natürlich auch von den Verbindungen, durch die ein Einfluß auf den betreffenden Hirnteil ausgeübt wird.

Obwohl gerade am Kleinhirn die Verfolgung dieser Frage interessante Aufschlüsse verspricht, sind bisher nur spärliche Versuche in dieser Richtung gemacht worden.

Schiff[2] sagt in einer mit dem Kleinhirn sich befassenden Arbeit: „Ganz symmetrische Verletzungen des Kleinhirns — habe ich — auf mehrfache Weise zu erzeugen versucht. Die einfachste, aber unerwarteterweise nicht die leichteste Art der Operation ist ein Vertikalschnitt durch die Mittellinie, die das ganze kleine Hirn oder dessen wirksame Schicht genau in zwei gleiche Hälften teilt.“ Angaben über die Erfolge fehlen.

Bei Ferrier[3] findet sich folgende Angabe: „Wenn wir das Kleinhirn in der Mittellinie genau in sagittaler Richtung durchschneiden, so sind die resultierenden Gleichgewichtsstörungen, wenn solche überhaupt eintreten, sehr unbedeutend, und die Tiere zeigen keine Tendenz, nach der einen oder anderen Seite hin zu rollen.“ An welchem Tier die Operationen ausgeführt wurden und welches das Sektionsergebnis war, ist hier nicht angegeben.

Größere Bedeutung kommt einer Operation Lucianis[4] zu, die er im Verlauf seiner bekannten Untersuchungen über das Kleinhirn an einem Hunde ausführte.[5] Durch Trennung des Kleinhirns in seine zwei Seitenhälften wollte Luciani feststellen, „ob dieses anatomisch einheitliche Organ (Gehirn und Rückenmark sind doppelt) es auch im physiologischen Sinne sei, mit anderen Worten, ob nicht jede seiner Hälften zur vollkommenen Ausübung seiner Verrichtungen ausreiche, oder ob seine Integri-

---

[1] Es sei auch darauf hingewiesen, daß einer halbseitigen Kleinhirnexstirpation, wie mir scheint, ein genauer Medianschnitt vorausgehen sollte. Doch möchte ich diesen Punkt nur streifen, da mir einstweilen eigene Erfahrungen an Säugetieren hierin fehlen.

[2] M. Schiff, Über die Funktionen des Kleinhirns. Zweite vorläufige Mitteilung. Pflügers *Archiv*. 1883. Bd. XXXII. S. 427—452. Darin S. 443.

[3] D. Ferrier, *Die Funktionen des Gehirns*. Übers. v. Obersteiner. Braunschweig 1879. Darin S. 104.

[4] L. Luciani, *Das Kleinhirn*. Leipzig 1893. Darin S. 26.

[5] Die Beobachtungen Lucianis an den Hunden A und B kann ich übergehen, weil in beiden Fällen der Schnitt nicht ganz vollständig war und besonders weil die Tiere wegen auftretender Erweichungen und Entzündungen nur wenige Tage nach dem Eingriff am Leben blieben.

tät dazu durchaus notwendig sei." Luciani schnitt bei der Hündin. C in die Mittellinie des Kleinhirns ·mit einem Gräfeschen Messerchen ein, drängte darauf die beiden Schnittflächen mit kleinen Schwämmchen aus-einander und vervollständigte die Spaltung des Kleinhirns in den tieferen Schichten durch ein Häkchen. Das Tier wurde 2 Jahre nach der Operation getötet. Es fand sich, daß die Trennung des Kleinhirns fast vollständig war und die Schnittstelle etwas nach rechts von der Mittellinie lag; der Schnitt erstreckte sich über die ganze Länge des Organs und ging in der Tiefe nicht bis zum vierten Ventrikel, da die Uvula und eine sehr dünne tiefere Schicht des Unterwurmes davon verschont blieb. So könnte man hier von einer reinen Mediandurchschneidung reden, wenn nicht die mikro-skopische Untersuchung ergeben hätte, daß die Ponsdegeneration fast den-selben Umfang hatte, wie nach Entfernung des mittleren Kleinhirnlappens. Luciani selbst ist der Ansicht, daß bei der verwendeten Operationsmethode „nicht wenige Elemente des mittleren Kleinhirnlappens zerstört werden mußten." Um über die oben erwähnten Fragen Aufschluß zu erlangen, ist es aber gerade notwendig, Medianschnitte ohne jeden Substanzverlust zu erreichen. Man muß also sagen, daß durch diesen Versuch Lucianis die Frage nicht als gelöst betrachtet werden kann.

Weiter scheint Lewandowsky[1] gekommen zu sein, sofern sich dies aus seinem kurzen Bericht entnehmen läßt. Er spricht von der Feststellung Lucianis, daß der Kleinhirneinfluß wesentlich ein gleichseitiger ist und fährt dann fort: „Dagegen muß ich im Gegensatze zu Luciani und in Über-einstimmung mit Ferrier behaupten, daß normaler Weise die Verbindung der beiden Hälften nicht von wesentlicher Bedeutung ist, da ein Median-schnitt durch das Kleinhirn nur sehr schnell vorübergehende Folgen hat. Ich führte dieses Experiment so aus, daß ich nur den kaudalen Teil des Wurmes freilegte, ein sichelförmiges Messer in der Medianlinie zwischen ver-längertem Marke und Kleinhirn vorschob und nach oben durchzog; dadurch vermeidet man einen wesentlichen Hirnprolaps, der immer eintritt, wenn man, wie Luciani, den Wurm vollständig freilegt und von oben nach unten durch-schneidet." Nähere Angaben über das Versuchstier, den Verlauf der Er-scheinungen und vor allem das Ergebnis der mikroskopischen Untersuchung hinsichtlich der Vollständigkeit der Durchschneidung werden nicht gemacht.

An Affen führten Ferrier und Turner[2] zwei Versuche der medianen

---

[1] M. Lewandowsky, Über die Verrichtungen des Kleinhirns. *Dies Archiv.* 1903. Physiol. Abtlg. S. 129—191. Darin S. 177.

[2] D. Ferrier and W. A. Turner, A record of experiments illustrative of the symptomatology and degenerations following lesions of the cerebellum and its peduncles and related structures in monkeys. *Philos. Transact. of the Roy. Soc. of London.* 1895. Vol. CLXXXV. p. 719—787. Darin p. 733 und 734.

Kleinhirndurchschneidung aus. Hier wurde vom Occipitalpol des Großhirns aus vorgegangen, der Lateralsinus unterbunden und nach Spaltung des Tentorium cerebelli der Mittellappen des Kleinhirns freigelegt. Das erste Tier lebte 1 Tag. Nach Angabe des Sektionsberichtes war das Kleinhirn vollständig gespalten mit Ausnahme eines kleinen Teils direkt über dem Calamus scriptorius. Das zweite ebenso operierte Tier, auf dessen Verhalten nach der Operation ich hier nicht eingehe, wurde am 8. Tage wegen Anzeichen septischer Entzündung getötet. Letztere wurde bei der Sektion tatsächlich gefunden. Die Autoren geben an, daß das Kleinhirn vollständig von vorn nach hinten gespalten war; über das Aussehen der an den Schnitt angrenzenden Teile (Breite der Zerstörung) wird nichts angegeben.

Thomas[1] schließlich berichtet über einen am Kaninchen ausgeführten Versuch. Über die Art der Operation gibt der Sektionsbericht Auskunft: „Section du vermis sur la ligne médiane et dans presque toute son étendue (dans le sens antéro-postérieur)." Es traten nach dieser Operation schwere Bewegungsstörungen ein, die besonders darin bestanden, daß das Tier sich nicht nach vorwärts bewegen konnte, sondern immer zurückwich, gleichgültig auf welche Weise man es in Bewegung zu setzen versuchte. Das Tier wurde nach 3 Monaten getötet, das Zurückweichen („le recul") war damals immer noch vorhanden. Aus dem kurzen Sektionsbericht ist nicht zu entnehmen, ob Nebenverletzungen benachbarter Organe oder Einschmelzung von Kleinhirnsubstanz ausgeschlossen waren. Daß es sich hier aber keineswegs um eine exakte Mediandurchschneidung des Kleinhirns handelte, ist nach meinen Ergebnissen sicher.

Andere neuere Autoren, die sich mit der Physiologie oder Anatomie des Kleinhirns befassen, führen keine Versuche über Mediandurchschneidungen auf.

Bei den Aufschlüssen, die man von einer exakten Mediandurchschneidung, wie oben auseinandergesetzt wurde, für die Kleinhirnphysiologie zu erwarten hat, kann man die bisherigen Versuche keineswegs ausreichend nennen. Ich möchte die vorhandenen Lücken zunächst für das Kaninchen ausfüllen, werde meine Versuche aber auch auf höhere Säugetiere ausdehnen (vgl. die Schlußbemerkungen).

b) Operationsmethode.

Nachdem im ersten Teil die Anwendung des Myelotoms im allgemeinen geschildert wurde, sind hier nur noch einige Worte über die spezielle Operationsmethode nötig. Der Kopf wird mit dem Czermakschen Kopfhalter so befestigt, daß der Nasenrücken senkrecht nach abwärts verläuft, wodurch die zur Freilegung und Durchschneidung des Kleinhirns günstigste

---

[1] A. Thomas, Le cervelet. *Thèse de Paris.* 1897. Darin p. 276.

Stellung erzielt wird. Die Nackenmuskulatur wird von der Membrana atlanto-occipitalis und vom os occipitis entfernt und durch Haken, die in Klemmen am Tisch befestigt werden, zur Seite gezogen. Die Membran wird abpräpariert und nun mit der Knochenzange in der Hinterhauptschuppe eine etwa 2 bis 3 ^{mm} breite mediane Rinne hergestellt, die nach vorn bis etwas über die Prot. occ. ext. reicht. Nach Spaltung der Dura wird das Messer des Myelotoms, dessen Stativ am Kopfende des Kaninchen-halters festgebunden wird, so eingestellt, daß identische Punkte des Schnitt-musters und des Kaninchenkleinhirns senkrecht untereinander liegen und ihr Abstand gleich dem der Messerspitze von dem im Schnittmuster laufenden Querstift ist. Da bei der ganzen Freilegung kein nennenswerter Blutaustritt zu erfolgen braucht, so läßt sich diese Einstellung in Ruhe ausführen. Nachdem dann für die notwendige Vertiefung der Narkose Sorge getragen ist, wird in der oben beschriebenen Weise der Schnitt ausgeführt, bei dem keine Reaktion des Tieres auftritt. In zwei Fällen trat während des Schneidens eine venöse Blutung, wohl aus dem Sinus stammend, auf; natürlich wird hierdurch die Durchschneidung nicht beeinträchtigt, da die Ausführung des Schnittes nach einmal erfolgter richtiger Einstellung des Apparates auch bei Verdeckung des Operationsfeldes mit Blut in unver-änderter Sicherheit erfolgen kann. Die Blutung wird am besten durch Tamponade der Knochenrinne, wobei das Kleinhirn nicht gedrückt werden darf, bekämpft und durch schnelle Naht der Muskulatur und Haut zum Stehen gebracht. In anderen Fällen war der Blutverlust bei der ganzen Operation überhaupt nicht der Rede wert. Durch die mikroskopische Untersuchung wurde nachgewiesen, daß eine venöse Blutung, die ja unter nur sehr geringem Druck erfolgt, für die Exaktheit der Operation ganz ohne Belang ist. Die Nahtstelle wurde mit Kollodiumwatte verschlossen. Ich hatte Gelegenheit, ein Kaninchen 2 Tage, ein anderes 4 Tage nach einer derartigen Operation zu sezieren und konnte konstatieren, daß die Wundheilung in jeder Beziehung fehlerfrei verlief; auch in den beiden weiter unten näher zu besprechenden Fällen war das gleiche für einen späteren Zeitpunkt nach der Operation festzustellen.

c) Physiologische Ergebnisse der Kleinhirndurchschneidung.

Von den fünf bisher operierten Kaninchen ergab der Verlauf der Fälle und die mikroskopische Untersuchung (siehe unten) bei zweien ein befriedigendes Resultat. Es ist hier ohne Interesse, den Verlauf der drei übrigen Fälle zu schildern; bei Anwendung einer neuen Methode sind Mißerfolge zu selbstverständlich, als daß sie besonders berücksichtigt zu werden brauchten, zumal da eigne Erfahrungen dadurch doch nicht ersetzt werden könnten.

Archiv f. A. u. Ph. 1907. Physiol. Abtlg.

Es seien nun die an den beiden in Betracht kommenden Kaninchen, dem zweiten und vierten der operierten, beobachteten Erscheinungen geschildert; im nächsten Abschnitt wird über das Ergebnis der mikroskopischen Untersuchung berichtet.

Kaninchen 2. Mediandurchschneidung des Kleinhirns am 24. Sept. 1906, vorm. 9^h bis 10^h 30'. Bei der ersten Untersuchung, $6^1/_2$ Stunden nach beendeter Operation, sitzt das Tier mit vorgestreckten Beinen auf dem Boden und bewegt sich bei geringer Beunruhigung nach rückwärts. Gelegentlich werden Uhrzeigerbewegungen nach der einen oder anderen Seite ausgeführt, bei welchen der Kopf den größten Kreis beschreibt. Zur Schonung wird das Tier auf ein Heulager gebracht. Am nächsten Tag sitzt das Kaninchen in sehr charakteristischer Stellung am Boden, indem es die Vorder- und Hinterbeine nach vorne streckt, wobei letztere ganz ausgestreckt dem Boden aufliegen. Die Neigung zum Rückwärtsgehen und zu Uhrzeigerbewegungen ist heute schon wesentlich geringer; Kohlblätter, die man zwischen die Vorderzähne schiebt, werden gut gefressen; bei offenbaren Versuchen des Tieres, auf dem Boden liegende Kohlblätter zu ergreifen, tritt seitliches Schwanken des Kopfes ein, welches den Erfolg der Bemühung verhindert. An den Augen ist kein spontaner Nystagmus und keine Stellungsanomalie zu erkennen. 3. Tag: Im Sitzen ist die Stellung noch die eben geschilderte; bei Bewegungsversuchen schwankt der Körper nach seitlich, vorn und hinten, ähnlich wie ein auf vier elastischen Stäben sitzender schwerer Körper, der etwa durch Anstoßen aus dem Gleichgewicht gebracht wurde. Das gleiche Schwanken (des Kopfes und des Rumpfes) tritt noch ein, wenn das Tier bei Freßversuchen seinen Kopf dem Boden nähert. Bei den Bewegungsversuchen · setzt das Kaninchen zuerst die Vorderbeine durch mehrere Schritte ziemlich weit vor und springt dann mit den Hinterbeinen recht ungeschickt nach. 4. Tag: Uhrzeiger- und Rückwärtsbewegung sind nicht mehr vorhanden, die Sitzstellung nähert sich schon wesentlich mehr der normalen; die übrigen Erscheinungen sind die des Vortages. Vom nächsten Tage an kann das Tier selbständig fressen, das Schwanken des Kopfes ist kaum noch zu bemerken. In einigen Tagen schwinden dann die wenigen noch an die Operation erinnernden Symptome mehr und mehr, so daß schon am 5. Okt., dem 11. Tage, nur noch ganz schwache Andeutungen von gelegentlicher Unsicherheit der Bewegungen vorhanden sind. Auch diese sind bis zum 14. Tage vollständig verschwunden, so daß sich bei längerer Untersuchung im Freien, wo das Tier sich mit normalen Kaninchen zusammen befand, schlechterdings kein Unterschied vom normalen Verhalten finden ließ. Festgestellt wurde noch, daß die bei passiven Drehungen des Kopfes auftretenden Nystagmus- und Kompensationsbewegungen der Augen völlig normal waren. Damit konnte die Beobachtung abgeschlossen und das Kaninchen zur Untersuchung des Gehirns nach der Marchischen Methode getötet werden (9. Okt.).

Kaninchen 4. Mediandurchschneidung des Kleinhirns am 28. Sept. 1906, vorm. 8^h 30′ bis 10^h. 6 Stunden nach beendeter Operation zeigt das Tier Zwangsbewegung nach rückwärts, die einmal zu einem regelrechten Purzelbaum nach rückwärts führt. Die Bewegungen sind dabei völlig symmetrisch; Uhrzeigerbewegungen fehlen. Am Kopf ist leichtes Pendeln bei Bewegungsintention zu bemerken. Spontaner Nystagmus des Kopfes oder der Augen ist nicht vorhanden. 2. Tag: Im Sitzen nimmt das Kaninchen die beim vorigen Fall beschriebene charakteristische Haltung ein, die ich in Fig. 4 wiedergebe; man sieht an dieser, daß die Hinterpfote bis unter die Schnauze vorgeschoben ist. Einige Male tritt Rückwärtsbewegung und Überschlagen nach hinten ein. Wiederum sind hierbei die Bewegungen ganz symmetrisch. Am nächsten Tage war keine wesentliche Änderung vorhanden. Zwischen dem 2. und 8. Okt. ging leider der Allgemeinzustand des Tieres etwas herunter, was wohl hauptsächlich mit der Verschlechterung eines chronischen Schnupfens zusammenhing. Dabei lag das Tier häufiger auf der linken Seite und bekam dadurch einen leichten Dekubitus, der wegen des Haarkleides zu spät bemerkt wurde. Vom 9. Okt. (dem 12. Tage) an trat aber eine entschiedene Besserung ein; das Tier lag nicht mehr auf der Seite, sondern nahm die oben abgebildete Haltung ein (Fig. 4). Die Geh- und Sprungversuche sind noch ungeschickt, Schwanken des Körpers und gelegentliches Überschlagen nach hinten treten dabei auf. Am 15. Tage ist eine sehr wesentliche weitere Besserung vorhanden. Das Kaninchen sitzt jetzt wieder in normaler Weise, wie es in der Fig. 5, nach einer Aufnahme vom 16. Okt., wiedergegeben ist. Im Sitzen ist ganz leichtes Schwanken zu beobachten. Die Fortbewegung, die springend erfolgt, läßt eine bestimmte Abweichung vom Normalen nicht erkennen. Das Kaninchen frißt jetzt spontan. Schon am 16. Tage springt das Tier lebhaft im Zimmer umher und nimmt sogar ein etwa einen Fuß hohes Hindernis, ohne dabei zu Fall zu kommen. Am 16. und 17. Okt. zeigte die Untersuchung, daß die letzten Spuren der Operationsfolgen verschwunden waren; eine leichte Unsicherheit des linken Hinterbeines (geringerer Widerstand bei passivem Drängen nach links) war auf das verheilende Dekubitusgeschwür zu beziehen. Weder in der Ruhe noch bei Sprüngen ist Schwanken des Kopfes oder Rumpfes zu bemerken; die Nystagmus- und Kompensationsbewegungen der Augen bei passiven Kopfbewegungen sind normal. Da somit alle direkten Folgen der Operation verschwunden waren, konnte das Tier am 20. Tage getötet werden; ein längeres Abwarten war für die physiologische Verwertung nicht nötig und für die anatomische Untersuchung nach der Marchischen Methode nicht wünschenswert.

Werfen wir einen kurzen Rückblick auf den Bericht über die beiden
Fälle, so finden wir eine weitgehende Übereinstimmung der Symptome, die
nur durch die vorübergehende geringe Verschlechterung des Allgemein-
befindens des Kaninchens 4 etwas durchbrochen wird. Als haupt-
sächlichstes Resultat kann hingestellt werden, daß die anfangs
vorhandenen Störungen der Bewegungen nach 16 bzw. 20 Tagen
so vollkommen verschwanden, daß keine Abweichungen vom

Fig. 4. Kaninchen 4, Haltung im Sitzen, am Tage nach der Mediandurchschneidung des
Kleinhirns. Man sieht die abnorme Haltung der Hinterbeine. (Aufnahme von schräg oben.)

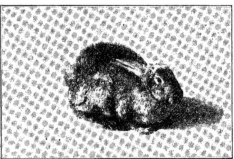

Fig. 5. Kaninchen 4, Haltung im Sitzen, 19 Tage nach der Mediandurchschneidung des
Kleinhirns. Die Haltung ist wieder völlig normal geworden. (Aufnahme von schräg oben.)

normalen Verhalten mehr erkennbar waren. Die anfangs vorhandenen
Operationsfolgen bestehen der Hauptsache nach in einer abweichenden
Haltung im Sitzen, Neigung zu Rückwärtsbewegung und Schwanken des
Kopfes und des Rumpfes bei Bewegungen.

Auf eine weitere physiologische Verwertung der Resultate (Vergleich
mit den Symptomen der Totalexstirpation des Kleinhirns) muß ich hier
verzichten, um mich nicht zu weit von den operationstechnischen Fragen
zu entfernen. Ich werde später darauf zurückkommen.

d) Anatomische Untersuchung der Gehirne der Kaninchen 2 und 4.

Die anatomische Untersuchung der vorbeschriebenen Fälle nahmen Herr Privatdozent Dr. Bumke und ich gemeinsam vor; wir waren dabei der Ansicht, daß diese Untersuchungen auch vom rein anatomischen Standpunkt aus nicht des Interesses entbehrten, da auch zu anatomischen Zwecken reine Medianschnitte in das Kleinhirn noch nicht erfolgreich ausgeführt zu sein scheinen. Die nach der Marchischen Osmiummethode behandelten Schnittserien wurden im Laboratorium der Psychiatrischen Klinik hergestellt. Wir werden an anderer Stelle auf das Ergebnis der faseranatomischen Untersuchung des näheren eingehen; hier beabsichtige ich lediglich die Frage zu behandeln, wie weit das Ziel der exakten Mediandurchschneidung nun wirklich erreicht wurde.

Bei Kaninchen 2 zunächst ergab sich, daß allerdings die Grenzen des Kleinhirns nicht ganz strenge eingehalten worden waren, sondern daß im vorderen Teil der Schnitt ein wenig zu weit ventral vorgedrungen war und zu einer Verletzung des hinteren Längsbündels der einen Seite geführt hatte; er war also auch um ein weniges von der Medianebene abgewichen. Im hinteren (kaudalen) Teil war hingegen die ventralste Rindenlamelle verschont geblieben, während das zugehörige Markfaserlager mit durchschnitten war. Daraus geht im ganzen hervor, daß bei dieser Operation das Schnittmuster nicht ganz die richtige Stellung eingenommen hatte; es war vorn etwas zu tief, hinten entsprechend zu hoch eingestellt. Die Unvollkommenheiten sind aber recht unbedeutend, so daß ich glaube, auch hier von einer gelungenen Mediandurchschneidung des Kleinhirns reden zu dürfen. Die unverletzt gebliebene ventrale Rindenlamelle kann natürlich das Resultat gar nicht beeinflussen, da die zugehörige Faserschicht durchschnitten wurde. Daß aber andererseits die das Längsbündel der einen Seite treffende Nebenverletzung das Ergebnis nicht trübt, geht mit Sicherheit daraus hervor, daß die Symptome von vornherein streng symmetrisch waren. Es kann also an ihnen die nur auf der einen Seite gelegene Nebenverletzung nicht beteiligt sein, sondern es sind alle Symptome tatsächlich auf die Medianspaltung des Kleinhirns zu beziehen.

Noch günstiger liegt der anatomische Befund bei Kaninchen 4. Hier ist in der Tat eine vollständige Medianspaltung des Kleinhirns ohne Nebenverletzung gelungen.[1] Es sei gleich erwähnt, daß der Schnitt sich nicht ganz streng an die Medianebene hält, er verlief vielmehr an der Oberfläche etwas von links hinten (d. h. kaudal) nach rechts vorn;

---

[1] Die oberste Kleinhirnlamelle erweist sich ganz vorn in 7 Mikrotom-Schnitten von je 60 μ Dicke nicht durchschnitten. Der hintere Zweihügel, der sich in eine Einbuchtung des Kleinhirns einschiebt, ist bei dem Schnitt eben geritzt worden. Diese belanglosen Punkte seien der Vollständigkeit halber erwähnt.

doch war diese Abweichung nur gering. In der dorsoventralen Richtung wich der Schnitt etwas nach links von der Symmetrieebene ab. Der Grund dieser geringfügigen Abweichungen liegt keineswegs allein an einer nicht ganz richtigen Einstellung des Apparates; ich bemerkte vielmehr bei den Operationen, daß das Kleinhirn etwas asymmetrisch zur Sagittalebene des Schädels, an die man sich bei der Herstellung der Knochenöffnung natürlich halten muß, liegen kann. Ich zog es dann aber doch vor, die Einstellung des Apparates in erster Linie nach der Sagittalebene des Schädels zu richten. Auch bei diesem Fall geht aus den Symptomen wieder mit Sicherheit hervor, daß die Abweichung des Schnittes von der Symmetrieebene ganz ohne Belang ist, denn sie führte nicht zu einer entsprechenden Asymmetrie in den Bewegungsstörungen. Daß der Schnitt sich nach vorn bis in das Velum medullare ant. heran erstreckt, ist den anatomischen Verhältnissen nach selbstverständlich; die Nervi trochleares beider Seiten sind zwar nicht ganz durchschnitten, weisen aber doch eine größere Anzahl von schwarzen Schollen auf. Es ist hier von großer Wichtigkeit, daß die kompensatorischen Raddrehungen der Augen normal befunden wurden, daß also die Trochleares jedenfalls nicht in einem bemerkbaren Grade außer Funktion gesetzt waren.

Es fragt sich nun weiter, ob durch den Schnitt keine Erweichungen im Kleinhirn eingetreten waren, wobei dann die beobachteten Erscheinungen nicht allein auf den Schnitt, sondern zum Teil auf den Substanzverlust des Kleinhirns zu beziehen gewesen wären. Ich glaube sagen zu dürfen, daß die Resultate gerade in dieser Beziehung sehr befriedigende sind, denn Erweichungen oder Substanzverluste fehlen. Daß an einigen Stellen schon eine Resorption der Degenerationsprodukte an den Durchschneidungsstellen der Faserzüge sich bemerkbar macht, ist in diesem Zusammenhange natürlich ohne Belang. Es geht aus den Präparaten hervor, daß bei Anwendung dieser Durchschneidungsmethode die Zerstörung tatsächlich eine lineare ist und daß ihre Begrenzung in der Tiefe genau an der Stelle des tiefsten Vordringens des Messers Halt macht. Der Grund hierfür darf wohl nicht nur darin gesucht werden, daß das sehr schmale Messer bei dieser Methode von der Schnittebene nicht abweichen kann, sondern auch darin, daß sich in der oben geschilderten Weise sehr kleine kreisförmige Einzelschnitte ausführen lassen, mit denen die Gehirnmasse ohne Zerrung und Quetschung durchschnitten wird.

Zur weiteren Veranschaulichung des anatomischen Befundes gebe ich in Figg. 1 und 2 auf Taf. III Abbildungen von Schnitten wieder, deren Umrisse in $4^1/_2$ facher Vergrößerung auf das sorgfältigste mit dem Edingerschen Zeichenapparate von mir aufgenommen wurden, so daß in ihnen Verlauf und Breite des Schnittes genau den tatsächlichen Verhältnissen entspricht. Fig. 1 zeigt einen die kaudale Brückengrenze treffenden mikroskopischen

Schnitt. Der dorsale Beginn des Operationsschnittes wurde mit einem ✕ bezeichnet. Fig. 2 gibt bei gleicher Vergrößerung einen Schnitt wieder,
welcher die kaudale Kleinhirnkuppe enthält. Der Operationsschnitt ist wie
im vorigen Bilde bezeichnet.

e) Schlußbemerkungen.

Diese Mitteilungen mögen einstweilen als Material zur Beurteilung
meiner Methode genügen. Während ich dieselbe hiermit im allgemeinen
der Benutzung anheimstelle, behalte ich mir vor, die Mediandurchschneidungen mittels dieser Methode am Kleinhirn höherer Säugetiere sowie am
Hirnstamm und an der Medulla oblongata auszuführen, an welchen ich
entsprechende Versuche schon begonnen habe. Ferner behalte ich mir vor,
die Methode für dreidimensionale Läsionen auszuarbeiten. Bei der Notwendigkeit, jeden experimentellen Schritt durch Serienuntersuchungen zu
kontrollieren, wird es dem Kundigen begreiflich sein, daß sich derartige
Untersuchungen über einen gewissen Zeitraum werden erstrecken müssen.

Später hoffe ich Vorrichtungen angeben zu können, bei denen Instrumente ähnlich denen von Corona und Probst mit dem hier angegebenen
Prinzip der Begrenzung von Richtung und Tiefe des Einstichs kombiniert
werden. Hierdurch dürften sich wiederum wesentliche Vorteile gegenüber
der freihändigen Handhabung solcher Instrumente ergeben.

Erklärung der Abbildungen.

(Taf. III.)

Operativer Medianschnitt durch das Kleinhirn des Kaninchens (Kaninchen 4).
Das Tier wurde am 20. Tage nach der Operation getötet. Behandlung des Gehirns
mit der Marchischen Osmiummethode.

Vergrößerung der mikroskopischen Schnitte 4¹/₂ fach.

Fig. 1. Mikroskopischer Schnitt durch die Gegend der kaudalen Brückengrenze.
Der dorsale Beginn des operativen Medianschnittes ist mit ✕ bezeichnet.

Fig. 2. Hintere Kleinhirnkuppe. Bezeichnung des operativen Schnittes wie
bei vorigem.

Näheres im Text.

Über die scheinbaren Gestaltänderungen der Pigmentzellen.

Von

R. H. Kahn und **S. Lieben.**

(Aus dem physiologischen Institute der deutschen Universität in Prag.)

(Hierzu Taf. IV u. V.)

Die Bedingungen für die Änderung der Helligkeit und Farbe der Haut bei Amphibien, sowie die Vorgänge, welche einer solchen Änderung zugrunde liegen, sind schon lange Gegenstand eingehender Untersuchungen. Biedermann[1] hat bekanntlich in einer umfangreichen Untersuchung die hier in Betracht kommenden Momente ausführlich erörtert. Während nun einerseits die den Farbenwechsel bedingenden Ursachen erschöpfend klargelegt erscheinen, bleibt andererseits für die Gestaltänderungen der Pigmentzellen, von denen vornehmlich die Melanophoren in Betracht kommen, noch manche Frage offen. Zunächst ist die alte Frage nach dem Mechanismus der Pigmentballung noch immer nicht erledigt. Denn wie neuerdings Rynberk[2] hervorhebt, ist mit der Feststellung Biedermanns, daß es unter Umständen gelingt, die Zellfortsätze der Melanophoren im Zustande größter Kontraktion derselben noch eine Strecke weit über die durch das Pigment markierte Grenze hinaus zu verfolgen, das Problem noch nicht gelöst. Denn dieser letztere Forscher weist selbst auf die Möglichkeit hin, daß nur eine ungleich rasche Bewegung verschiedener Teile des Zellplasmas

---

[1] W. Biedermann, Über den Farbenwechsel der Frösche. Pflügers *Archiv.* 1892. Bd. LI. S. 455.
[2] S. van Rynberk, Über den durch Chromatophoren bedingten Farbenwechsel der Tiere. *Ergebnisse der Physiologie.* Bd. V. S. 347.

in den Fortsätzen der Melanophoren stattfindet, derart daß es ähnlich wie bei Plasmodien und gewissen Rhizopoden zur Sonderung eines leicht beweglichen, flüssigen Körperplasmas und eines festen Hyaloplasmas kommt. Aus diesem letzteren würden dann die pigmentfreien Fortsätze wesentlich bestehen, die aber möglicherweise schließlich noch eingezogen werden. Und in der letzten diesen Gegenstand berührenden Untersuchung stellt sich deren Autor, Ficalbi[1], wieder auf den alten Leydigschen Standpunkt: Die schwarze Chromatophore ist eine die Fortsätze ausschießende und einziehende und keine dauernd sternförmige und verzweigte Zelle; sie ist eine Amöbe, die ihre Fortsätze verlängert und verkürzt. Die Befunde Biedermanns bezüglich der pigmentfreien Fortsätze erklärt er durch dessen eigene Vermutung, daß das eigentliche Protoplasma beim Ausschießen sich schneller als die Pigmentkörner bewege. Er leugnet daher auch, daß das Pigment sich auf präformierten Bahnen bewege und nimmt an, daß es ohne Regel in den Gewebsspalten und Interzellularlakunen vordringe.

Die wichtigste hier ihrer Erledigung harrende Frage scheint also die zu sein, ob die Fortsätze der Melanophoren, abgesehen von der Pigmentbewegung, überhaupt eingezogen werden oder nicht. Ist ersteres der Fall, dann ist die Pigmentzelle ein formloses Gebilde, welches nach Art der Leukozyten des Blutes amöboide Fortsätze aussendet und einzieht. Im zweiten Falle aber ist sie eine Zelle von sehr fein gegliedertem Bau und bestimmter Form, jede einzelne ein besonderer Typus von unveränderlicher Gestalt. Die Entscheidung dieser Frage ist sehr schwer. Zunächst bedarf es dazu einer einfachen und sicheren Methode, nach Belieben während der mikroskopischen Untersuchung die einzelnen als Pigmentballung und Pigmentexpansion bekannten Zustände einer und derselben Zelle abwechselnd hervorzurufen, ohne dabei einen schweren Eingriff (Anämie, Nervenpräparation usw.) an dem Versuchstiere vornehmen zu müssen. Vor kurzem zeigte nun der eine von uns[2], daß das Adrenalin in die Blutbahn oder in einen Lymphsack eingespritzt in 5 bis 10 Minuten expandierte Pigmentzellen durch direkte Wirkung auf dieselben zur Kontraktion zu bringen vermag. Bei nicht zu starker Dosis kommt es nach kurzer Zeit (20 Minuten) zur Resti-

---

[1] E. Ficalbi, Ricerche sulla struttura minuta della pelle degli anfibi. *Atti della R. Academia Peloritana in Messina XI.* Zitiert nach Rynberk. Diese Arbeit war uns im Original nicht zugänglich.

[2] S. Lieben, Über die Wirkung von Extrakten chromaffinen Gewebes (Adrenalin) auf die Pigmentzellen. *Zentralblatt für Physiologie.* Bd. XX. Heft 4. — An dieser Stelle sei bemerkt, daß, wie wir soeben aus der oben zitierten Abhandlung Rynberks ersehen, Corona e Moroni (*La Riforma Medica.* XIV. 1898) nach mehrmaliger Injektion einer wässerigen Nebennierenextraktlösung regelmäßig ihre Frösche hell werden sahen.

tution. Es ist also die Injektion von Adrenalin ein bequemes Mittel zur
Beobachtung einzelner Pigmentzellen in ihren verschiedenen Zuständen.
Was nun die Entscheidung der oben angeregten Frage anlangt, so ist es
notwendig, festzustellen, inwiefern die Form einer und derselben Pigment-
zellle vor der Pigmentballung und nach der Wiederexpansion derselben
verschieden ist, oder ob die Zelle dasselbe Aussehen wiedererlangt, das sie
früher hatte. Der letztere Fall müßte entschieden dafür sprechen, daß die
eventuell im Sinne Biedermanns nach der Pigmentballung vom „Hyalo-
plasma" erfüllten Fortsätze nicht auch noch eingezogen werden, sondern daß
nur das Pigment, eventuell ein „Körnerplasma" strömt, die Zelle aber ihre
reichverzweigte Form vollkommen beibehält. Denn es wäre nicht einzusehen,
auf welche Weise die amöbenartig eingezogenen Fortsätze schließlich wieder
in genau derselben Verteilung und Verzweigung erscheinen könnten wie
zuvor. Die Fortsätze aussendenden einzelligen Lebewesen und auch die
Leukozyten des Blutes und der Lymphe ändern ja bekanntlich fortwährend
ihre Form durch das Spiel der Fortsätze. Mit dem Nachweise der vollkommenen Erhaltung der Form wäre aber auch der entscheidende
Beweis dafür erbracht, daß die Pigmentbewegung in den Pigmentzellen
nicht durch das Einziehen der Fortsätze verursacht ist.

Um die Formen einer Pigmentzelle zu verschiedenen Zeiten in verschiedenen Stadien der Pigmentbewegung miteinander zu vergleichen, sind
die Erinnerungsbilder nicht zu gebrauchen. Denn bei der großen Mannigfaltigkeit der Verzweigungen der Fortsätze entschwindet die Form der
letzteren ungemein rasch dem Gedächtnis. Aber auch die Anfertigung von
Zeichnungen bei bestimmter Einstellung des Mikroskopes läßt hier schon deshalb im Stiche, weil die sich oft sehr rasch abspielenden Veränderungen der
Zellform nicht rasch genug mit genügender Genauigkeit erfaßt werden
können. Es bleibt also nur noch die Photographie übrig.

Da nur solche Zellen für unsere Untersuchung verwendet werden
können, welche in einem Gewebestücke des lebenden Tieres gelegen sind,
ist man auf die Schwimmhaut des Frosches als ein leicht zu beschaffendes
Objekt angewiesen, um so mehr als die weiteren zum Zwecke der Photographie vorzunehmenden Manipulationen die Verwendung anderer etwa
sonst geeigneter Körperpartien (Mesenterium, Nickhaut usw.) kaum gestatten.
Indessen ist die Schwimmhaut sehr dick und verhältnismäßig undurch-
sichtig, so daß man gezwungen ist, mit starken Lichtquellen zu arbeiten,
was wegen der Temperaturerhöhung im beobachteten Gewebe für unseren
Fall nicht gleichgültig ist. Wir hatten die besten Erfolge bei Anwendung
einer Nernst-Lampe als Beleuchtungsquelle. Der Frosch wurde sorgfältig
kurarinisiert und derart auf ein zweckmäßig konstruiertes Brett aufgelegt,
daß seine Beine ohne weitere Befestigung in der gewünschten Lage blieben.

Die Schwimmhaut zwischen zwei benachbarten Zehen lag zwischen einem über einem Ausschnitte des Brettes angebrachten Objektträger und einem dreieckig ausgeschnittenen Deckglase; sie haftete durch kapillare Kräfte so fest an dem Objektträger, daß das Brett in vertikaler Stellung auf dem Objekttische des Mikroskopes befestigt werden konnte, ohne daß die geringste Verrückung des Beines stattfand. Eine weitere Befestigung des Tieres oder Beines mußte deshalb entfallen, weil bei solchem Vorgehen sofort die pulsatorischen Erschütterungen der Extremitäten jede photographische Aufnahme vereitelten.

Zu diesen Versuchen eignen sich nur solche Frösche, welche, aus dem kalten, dunklen Keller ins Arbeitszimmer gebracht, nicht sofort hell werden. Licht und Temperaturerhöhung üben ja bekanntlich einen sehr starken Einfluß auf die Pigmentzellen aus; indessen findet man stets eine recht große Zahl von Tieren, welche sich gegen diese Einflüsse sehr resistent verhalten. Und auch von diesen wurden nur jene für unsere Zwecke verwendet, welche einerseits dünne, gut durchsichtige Schwimmhäute (Temporarien), andererseits schön verästelte Pigmentzellen aufwiesen.

Der Vorgang bei den Versuchen gestaltete sich folgendermaßen. Der Frosch wurde in der angegebenen Weise auf den Tisch des Mikroskopes gebracht, die Schwimmhaut wurde eingestellt und unter den zur Verfügung stehenden Pigmentzellen die geeignetste ausgesucht. Dabei wurde sowohl auf feine Verästelung als auch auf das Vorhandensein einer möglichst typischen Form der Zelle Rücksicht genommen. Die gewählte Zelle wurde nun auf der Mattscheibe des mikrophotographischen Apparates eingestellt. Es war häufig nicht zu vermeiden, daß solche Zellen ausgewählt wurden, deren Fortsätze nicht vollkommen in einer optischen Ebene lagen. Indessen wurden auch in diesem Falle wenigstens einige besonders charakteristische Fortsätze mit der Lupe auf der Mattscheibe fein eingestellt. Nun wurde eine Platte eingeschoben und die Zelle photographiert. Es genügte reichlich eine Expositionsdauer von 15 Sekunden, also eine Zeit, welche im Hinblicke auf die Dauer der an Pigmentzellen zu beobachtenden Veränderungen sehr kurz ist. Nun wurde die Mattscheibe wieder eingesetzt und das Tier erhielt mit einer vorbereiteten Spitze intravenös oder intraperitoneal eine Injektion von Adrenalin. Während der Veränderungen an den Pigmentzellen, welche sich nun abspielten, wurde unter jedesmaliger Kontrolle der Einstellung mit der Mattscheibe eine Reihe photographischer Aufnahmen derselben Zelle gemacht, solange, bis durch das Stadium der völligen Ballung hindurch der ganze Prozeß abgelaufen war und die Zellen wieder reiche Verzweigungen aufwiesen.

In solchen Fällen, in denen nach dem vollkommenen Verschwinden aller Fortsätze die Zelle trotz völliger Verdunkelung des Präparates lange

Zeit in diesem Zustande verharrte, beobachteten wir, zwar nur einigemal, aber ganz entschieden, daß mehrmalige intermittierende, starke Beleuchtung der Schwimmhaut mit der Nernstlampe ein sehr rasches Wiedererscheinen der Fortsätze zur Folge hatte.

Es gelang in einigen Fällen die Wiederholung des ganzen Vorganges auch ein zweites Mal, so daß wir auch im Hinblick darauf mit Recht behaupten können, daß kein Mittel es auf so einfache Weise gestattet, innerhalb kurzer Zeit die verschiedenen Zustände der Pigmentzellen will-kürlich und wiederholt hervorzurufen wie das Adrenalin.

Zur Illustration der Resultate unserer Untersuchung mögen die auf Taf. IV und V wiedergegebenen Photographien dienen, welche eine Auswahl aus unseren zahlreichen mikrophotographischen Aufnahmen darstellen. Da-selbst ist das Resultat unserer Versuche in sehr deutlicher Weise ersichtlich. Es besteht zunächst darin, daß sich ausnahmslos die ganz neue und sehr interessante Tatsache feststellen ließ, daß die einzelne Pigmentzelle nach Ablauf aller als Pigmentballung und Wiederexpansion bezeichneter Form-änderungen nicht nur denselben Formtypus aufweist, sondern daß alle Fortsätze und alle Verzweigungen derselben bis in feine Details, welche die Zelle zuvor zeigte, sich nach Ablauf des ganzen Prozesses wiederfinden lassen. Damit erscheint ganz einwandfrei bewiesen, daß die ganze vielfach verzweigte Zelle während der Dauer der ganzen Erscheinung in allen ihren Ramifikationen erhalten bleibt. Denn würden die Fortsätze, wie Biedermann andeutet, schließlich auch noch eingezogen, so wäre es nicht denkbar, daß die später neu ausgesendeten Fortsätze genau wieder die Form und Verzweigung der früheren aufweisen könnten.

Die bekannte Änderung der Form der Zelle ist also eine scheinbare und besteht darin, daß die Pigmentkörperchen entweder allein wandernd oder durch eine Plasmaströmung getragen, ihren Ort wechseln. Bezüglich der besonderen in den Abbildungen erkennbaren Details verweisen wir auf die am Schlusse unserer Abhandlung sich findende Tafelerklärung.

Eine zweite wichtige Frage ist die nach dem Mechanismus der Körnchen-strömung. Welches die unmittelbare Ursache für diese sei, darüber findet sich in der älteren Literatur kaum eine Andeutung. In der Entwicklungs-mechanik werden zur Zeit Druckdifferenzen, welche zwischen ungleichgroßen Abschnitten des Zelleibes bei inaequalen Teilungen herrschen, als Ursache für Körnchenströmungen aufgefaßt. Solche Anschauungen hat Fischel[1] jüngst auch zur Klarstellung der Ursachen der Ballung des Pigmentes bei Reizung der Pigmentzellen heranzuziehen versucht. „Der Reiz führt, so

---

[1] Alfred Fischel, Zur Entwicklungsgeschichte der Echinodermen. *Archiv für Entwicklungsmechanik.* 1906. Bd. XXII. S. 526.

kann man sich vorstellen, dazu, daß in den Fortsätzen der Pigmentzelle
ein höherer Druck ensteht. Infolgedessen wandern die Pigmentkörnchen
aus den Fortsätzen gegen das Zentrum der Zelle, um nach Ausgleich der
Druckdifferenz wieder in die Fortsätze zurückzuströmen."

Dazu ist vor allem zu bemerken, daß es durchaus nicht angeht, An-
nahmen, welche vielleicht für besondere Wachstums- und Teilungsvorgänge
Geltung haben, ohne weiteres auf solche verhältnismäßig rasch sich abspielende physiologische Vorgänge zu übertragen, welche als Folgen von
Reizen aufgefaßt werden müssen. Auch wäre damit gar nichts erklärt.
Denn auf welche Weise einer der vielen bekannten auf die Pigmentzellen
wirksamen Reize eine Druckdifferenz auslösen sollte, welche gar noch in
den Enden der Fortsätze ein Druckmaximum besäße, wäre ganz unerfindlich.
Aber, selbst solche Druckdifferenzen als Ursache der Pigmentballung angenommen, die Ansicht Fischels ist doch unhaltbar. Weshalb sollten
denn die Körnchen „nach Ausgleich der Druckdifferenzen" wieder in die
Fortsätze zurückströmen? Zur Erklärung dieser Erscheinung ·müßte man
doch eine wiederum neu entstandene Druckdifferenz annehmen, was Fischel
gar nicht erwähnt. Besteht aber neben der Druckdifferenz noch eine
Ursache für das Zurückströmen der Körnchen in die Fortsätze, dann kann
sie auch die Ballung des Pigmentes verursachen und die Annahme von
Druckdifferenzen ist überflüssig.

Indessen werden wir sehen, daß auch eine Reihe an den strömenden
Körnchen zu machender Beobachtungen gegen die Annahme Fischels
spricht. An dünnen, gut durchsichtigen Schwimmhäuten von kurarinisierten
Temporarien, welche zwischen Objektträger und Deckglas eben ausgebreitet
sind, lassen sich einzelne nahe unter dem Epithel liegende Pigmentzellen
sehr schön mit der homogenen Immersion und stärkeren Kompensations-
okularen beobachten. In der vollkommen expandierten Zelle liegen, meist
nur an den äußersten Enden der Fortsätze, da wo dieselben häufig mit
benachbarten Zellen anastomosieren, die Körnchen so locker nebeneinander,
daß sie einzeln zu erkennen sind. Oft gelingt dies auch an dem Zentrum
der Zelle näher gelegenen Teilen einzelner Fortsätze. Die Körnchen sind
vollkommen in Ruhe. Sie zeigen weder Ortsveränderung noch jene zitternde
Bewegung, welche an feinsten Teilchen als Brownsche Molekularbewegung
sehr bekannt ist. Sucht man die ganze Umgebung einer verzweigten
Pigmentzelle ab, so findet man immer vereinzelte Pigmentkörnchen im
Gewebe, oft auch einreihige Ketten von Körnchen, welche als ganz feine,
offenbar nur mit sehr starker Vergrößerung wahrnehmbare Fortsätze und
Anastomosen zwischen den Pigmentzellen aufzufassen sind. Injiziert man
nun dem Tiere Adrenalin, so sieht man nach einigen Minuten, daß die
Körnchen in den Fortsätzen sich zu bewegen beginnen. Die Bewegung

ist ganz langsam und besteht nicht etwa in zitternden Bewegungen oder
in einer Schiebung der ganzen Körnchenmasse. Vielmehr schlagen die
Körnchen ein jedes seine eigene Richtung ein. Diese kann auch senkrecht
auf die Achse des Fortsatzes und zeitweilig sogar gegen die Peripherie gerichtet sein, nur der Gesamteffekt ist ein langsames Fortschreiten gegen
das Zentrum der Zelle. Dabei wechseln die Körnchen natürlich ihre gegenseitige Lage. Man hat durchaus den Eindruck, daß die in Bewegung
geratenen Körnchen unter einem gewissen Zwange bei ihrer Bewegung eine
gewisse Richtung bevorzugen, durchaus nichts erweckt aber die Vorstellung,
daß die Körnchen von einer Strömung erfaßt, rein passiv weggeschwemmt
würden. Hie und da entsteht, anscheinend durch das ungleich schnelle
Vorrücken zentraler und peripherer Teile eine Lücke. Diese wird vom
peripherischen Ende des Fortsatzes her immer wieder mit neuen Körnchen
erfüllt, welche dann gegen das Zentrum verschwinden. Oft kommt es vor,
daß ein peripherer Teil eines Fortsatzinhaltes, wenn die Lücke schon gar
zu groß geworden ist, nicht mehr gegen das Zentrum abgeht. Die Körnchen dieses Teiles verdichten sich nun an Ort und Stelle, so daß die liegen
gebliebene Masse sich in sich selbst zusammenschließt und abrundet. Es
entstehen also aus liegen gebliebenen Körnchen neue kleine Verdichtungs-
zentren.

Die Pigmentzelle ist jetzt, wie ein Blick mit einer schwachen Vergrößerung lehrt, gleich ihren Nachbarinnen im Stadium der stärksten
Ballung. Die weitere Beobachtung zeigt nun, daß manchmal plötzlich
einzelne Körnchen und Körnchengruppen aus dem Pigmentkörper heraus-
treten und eine Weile draußen herumspazieren, bis sie dann wieder im
Zentrum verschwinden. Sie scheinen also auch im Pigmentkörper nicht in
Ruhe zu verharren. Von den Fortsätzen ist mit Ausnahme jener, welche
durch zurückgebliebenes Pigment markiert sind, auch mit der Immersion
nichts zu sehen.

Nach einer kürzeren oder längeren Pause sieht man wiederum Veränderungen an dem bisher annähernd runden Zellkörper. Es treten breite
Fortsätze hervor, die an den Stellen der alten Fortsätze gelegen sind, aber
viel breiter zu sein scheinen als jene. Am Ende eines jeden solchen
Stumpfes sind einzelne Körnchen und Gruppen derselben zu sehen, die
immer in gleicher Linie vorrücken. Doch kann man das Wandern der
einzelnen Körnchen nicht verfolgen, weil es zu langsam vor sich geht.
Endlich schicken die lange Zeit mit stumpfen Enden versehenen Fortsätze
Körnchen in die Verzweigungen hinein. Zugleich lösen sich die kleinen
dichten Pigmenthaufen, welche ihren Ursprung liegen gebliebenen Körnchen
verdanken, wieder auf und vereinigen sich mit den zurückkehrenden.

Durch solche Beobachtungen wird die Annahme Fischels, das

Strömen der Pigmentkörnchen sei nichts anderes als der Ausdruck einer zwischen den Fortsätzen und dem Zentrum der Zelle entstehenden Druck-differenz hinfällig. Nichts spricht bei der Beobachtung der sich bewegen-den Körnchen dafür, daß eine Strömung der Zellflüssigkeit die Ursache für die Körnchenbewegung sei. Und vollends der Umstand, daß auch liegen gebliebene Pigmentmassen sich verdichten und nachher wieder auf-lösen, spricht durchaus dagegen, daß die Körnchenbewegung eine rein passive ist. Es hat vielmehr den Anschein, als würden durch bisher un-bekannte Gründe die Körnchen veranlaßt, sich zusammenzuschließen, der Hauptsache nach im Zentrum des Zellkörpers, aber auch an anderen Stellen der Zelle, z. B. in den Ausläufern der Fortsätze, falls dort aus irgend einem Grunde Körnchen zurückgeblieben sind.

Fassen wir schließlich die durch unsere Untersuchungen gewonnenen Ergebnisse zusammen, so bestehen sie in folgendem:

1. Es ist einwandfrei festgestellt, daß sich das Pigment bei der Ballung und Expansion auf präformierten Bahnen bewegt.

2. Die Fortsätze der Melanophoren bleiben jederzeit in ihren ganzen Ramifikationen erhalten; daher besitzt die Pigmentzelle eine bestimmte, unveränderliche Form, welche nur durch Wachstum und eventuell bei der Zellteilung (Zimmermann)[1] sich ändern kann.

3. Die bei der Beobachtung der einzelnen sich bewegenden Körnchen zu machenden Wahrnehmungen geben keine Anhalts-punkte für die Annahme Biedermanns, die Körnchenbewegung sei durch eine Strömung des Zellprotoplasmas verursacht. Sie widerspicht entschieden der Annahme Fischels, welcher als Ursache einer solchen Strömung Druckdifferenzen zwischen Fortsätzen und Zellleib ansieht.

---

[1] K. W. Zimmermann, Über die Teilung der Pigmentzellen. *Archiv für mikro-skopische Anatomie.* 1890. Bd. XXXVI. S. 404.

Erklärung der Abbildungen.

(Taf. IV u. V.)

———

Sämtliche Figuren der Tafel stellen Reproduktionen einiger von Pigmentzellen aus dem Corium der Schwimmhaut von Rana temporaria aufgenommener mikrophotographischer Aufnahmen dar. Die Figg. 7 bis 14 sind bei geringerer Vergrößerung aufgenommen als die Figg. 1 bis 6.

Tafel IV.

Figg. 1 bis 3, welche in der Zeit einer Stunde aufgenommen wurden, zeigen die Form einer Pigmentzelle vor der intravenösen Injektion von Adrenalin (1), nach derselben (3) und zur Zeit der stärksten Pigmentballung (2). Die Zelle ist nach Ablauf des ganzen Vorganges etwas stärker expandiert als vorher. Die Form derselben sowie die Anordnung und Verzweigung der Fortsätze sind vorher und nachher dieselben.

Figg. 4 bis 6 zeigen dieselben Stadien einer Zelle eines anderen Tieres mit reicher Verzweigung. Die Form der Zelle ist bis in feine Details dieselbe geblieben.

Tafel V.

Figg. 7 bis 14. Verschiedene Zustände einer Pigmentzelle, welche in der Zeit von 10^h a. m. bis 1^h 50' p. m. zehnmal aufgenommen wurde. Fig. 7 zeigt das Bild einer Pigmentzelle mit verzweigten Fortsätzen. Die eine Hälfte der Zelle ist nicht ganz scharf, weil dieselbe nicht genau in der optischen Ebene des Mikroskopes gelegen war. Auch lag daselbst in tieferen Schichten des Coriums eine zweite Zelle. Nach Injektion einer geringen Menge von Adrenalin zeigte sich eine leichte Ballung, kenntlich an der Volumzunahme des Zellleibes (Fig. 8). Der nach oben gerichtete Fortsatz ist leer geworden und es ist viel Pigment liegen geblieben. $^1/_2$ Stunde nach der Injektion hat eine leichte Restitution stattgefunden (Fig. 9). Eine neuerliche Injektion rief rasch vollkommene Ballung hervor (Fig. 10). Ein kleiner unten liegen gebliebener Pigmenthaufen verschwand nach einiger Zeit ebenfalls im Zellleibe (Fig. 11). Dann begann wieder die Expansion. Nach dem Verlaufe von 1 Stunde war die anfängliche Form der Zelle wiederhergestellt; nun war noch ein stattlicher Zellleib vorhanden, und die Fortsätze sahen noch sehr plump aus (Fig. 12). Im Verlaufe einer weiteren Stunde wurde der Zellleib wieder schlank, die Fortsätze dünn, und die Zelle zeigte genau dieselbe Form, welche sie vor der ersten Injektion besessen hatte (Figg. 13, 14). Die Verzweigung ist etwas reichlicher als vorher.

Der Temperaturkoeffizient der Geschwindigkeit der Nervenleitung.

Von

Dr. phil. Charles D. Snyder.

(Aus der speziell-physiologischen Abteilung des physiologischen Instituts zu Berlin.)

Im allgemeinen wird angenommen, daß die biologischen Prozesse auf denselben Naturvorgängen beruhen, wie rein physikalische und chemische Erscheinungen. Wenn diese Auffassung richtig ist, dann dürfen wir uns von einer Vergleichung des Einflusses der Temperatur auf vitale mit dem auf Vorgänge nichtvitaler Art Erfolg versprechen.

Insbesondere wird diese Vergleichung einen Wert haben, wenn man zu entscheiden wünscht, ob eine physiologische Erscheinung durch irgendwelche spezielle physikalische oder chemische Umsetzungen oder durch beide gemeinsam bedingt und von solchen begleitet ist. Die physikalischen Vorgänge haben mit wenigen Ausnahmen jeder einen besonderen Temperaturgeschwindigkeitskoeffizienten. Gäbe es irgendeinen physiologischen Vorgang, der wirklich bloß die Funktion eines einzelnen physikalischen Prozesses wäre, dann müßte diese Vergleichung uns auch einen Fingerzeig geben, welcher unter den verschiedenen physikalischen Vorgängen dem in Rede stehenden physiologischen Prozeß zugrunde liegt.

Wo es ferner noch fraglich ist, ob eine physiologische Erscheinung von Stoffwechselvorgängen begleitet wird, muß die Anwendung der oben erwähnten Vergleichungsmethode von noch größerer Wichtigkeit sein. Denn chemische Reaktionen werden durch Temperaturerhöhung viel erheblicher beschleunigt als irgendeine der bekannten rein physikalischen Erscheinungen.

Man braucht deshalb nur bei genügend verschiedenen Temperaturen die
Geschwindigkeiten zu messen, um festzustellen, zu welcher Kategorie die
Erscheinung, wenigstens zum größten Teil, gehört.[1]

Derartige Vergleichungen sind auch mit interessantem Erfolg angestellt
worden[2], zuerst freilich nur bei physiologischen Vorgängen, die nach-
gewiesenermaßen wesentlich auf chemischen Prozessen beruhen. Ich erinnere nur an die Untersuchungen von O. Hertwig über Einfluß der
Temperatur auf die Entwicklung von Froscheiern.

In letzter Zeit ist es mir nun gelungen, nachzuweisen, daß die Beziehungen zwischen der Frequenz des überlebenden wie des in situ befindlichen Herzens und der Temperatur wesentlich dieselben sind wie bei rein
chemischen Vorgängen.[3]

Um die gleichen Werte zu ermitteln, habe ich dann neuerdings Versuche an den verschiedenen Teilen des Froschherzens angestellt; auch wurde
der Einfluß der Temperatur auf verschiedene, rhythmische sowohl wie
nichtrhythmische, Erscheinungen bei glatten wie quergestreiften Muskeln
untersucht. Diese Arbeit ist jetzt fast vollendet und wird binnen kurzem
erscheinen. Hier möchte ich indes die genannte Überlegung anwenden zur
Entscheidung der Frage, wie wir uns die Fortpflanzung der Nervenerregung
zu denken haben.

Vor einigen Jahrzehnten hatten die meisten der damals bekannten
Tatsachen für eine rein physikalische Natur der Nervenleitung gesprochen.
Und noch heute erscheinen von Zeit zu Zeit Theorien, die die Fortpflanzung
des Nervenprinzips als durch einen rein physikalischen Vorgang bedingt
ansehen.[4]

So wurde aus den Befunden von Bernstein, Bowditch, Durig,
Edes, Brodie und Halliburton, Maschek, Zanga, Lambert und
Tur die Unermüdbarkeit der Nerven und die Unabhängigkeit der Nerven-
leitung vom Stoffwechsel gefolgert. Dagegen erscheint es nach den Be-
obachtungen von Gotch und Burch, Fröhlich, Garten, Waller,
Bethe und Baeyer nicht nur möglich, sondern auch wahrscheinlich,

---

[1] van't Hoff hat diese Fragestellung in seinem Buche, *Vorlesungen über theoretische physikalische Chemie.* 2. Aufl. 1901. Bd. I. S. 224, berührt; — auch Cohen,
Vorlesungen über physikalische Chemie für Ärzte. 1901. S. 43.

[2] Betreffs der Literatur siehe meine Mitteilung, *Amer. Journ. of Physiology.*
Dez. 1, 1906; auch Svante Arrhenius, *Immunochemie.* Leipzig 1907.

[3] *University of California Publications, Physiology.* 1905. Vol. II. S. 125;
Amer. Journ. of Physiology, a. a. O.; *Science* (noch nicht erschienen).

[4] Z. B. siehe W. Sutherland, *Amer. Journ. of Physiology.* 1906. Vol. XVII.
p. 297.

daß die Nerven während ihrer Tätigkeit ermüden und chemische Änderungen erleiden.[1]

Wir können also bei diesem Stand der Dinge das Problem des Wesens der Nervenleitung noch nicht als endgültig entschieden ansehen.

Wird nun die Anwendung unserer Methode, der Vergleichung von Temperaturkoeffizienten der Geschwindigkeiten, die Entscheidung geben können?

Ist die Leitung der Nervenerregungen von der Geschwindigkeit des Stoffwechsels abhängig, dann wird die Temperatur auf die Geschwindigkeit der Leitung eine ähnliche Wirkung haben, wie auf die chemischen Reaktionen. Zwar mögen physikalische Vorgänge beteiligt sein. Aber der Einfluß der Temperatur auf die chemischen Reaktionen (Stoffwechsel) ist so viel größer als auf die physikalischen, daß die Wirkungen der letzteren kaum zu bemerken sein werden; und wenn sie bemerkbar sind, kann er das Resultat nur in der gleichen Richtung beeinflussen.

Der Temperaturkoeffizient muß also zum mindesten so hoch sein wie bei chemischer Reaktion.

Ist dagegen die Leitung der Nervenerregung ein rein physikalischer Vorgang, dann wird die Temperatur nur einen ganz geringen Einfluß ausüben. Die Leitungsgeschwindigkeit müßte dann erheblich kleiner sein.

Wie groß ist nun dieser Temperaturkoeffizient der Nervenleitung?

Leider sind die früheren Arbeiten nicht genau genug, um die Berechnung eines Koeffizienten danach auszuführen.

Aus der neuesten Zeit aber haben wir glücklicherweise einige Arbeiten, die wir für unseren Zweck sehr gut heranziehen können.

So beobachtete Nicolai[2] den Einfluß der Temperatur auf die Schwankung des Aktionsstromes im Riechnerven des Hechtes und berechnete danach die Leitungsgeschwindigkeiten für verschiedene Temperaturen zwischen etwa 3° und 25° C. Er hat diese Versuche in einer zweiten Arbeit ergänzt.[3]

Eine dritte Untersuchung wurde erst kürzlich von v. Miram[4] angestellt. Hier ist nur die Wirkung höherer Temperaturen auf motorische Froschnerven in Betracht gezogen.

Aus den Resultaten dieser drei Untersuchungen konnte ich die ge-

---

[1] Für Diskussion und Übersicht dieser Literatur siehe Howell, *Text-book of Physiology.* Philadelphia and London 1905. Kap. V; — auch Verworn, *Zeitschrift für allgemeine Physiologie.* Sammelreferate. 1906. Bd. VI. S. 1—44.

[2] G. F. Nicolai, *Über die Leitungsgeschwindigkeit im Riechnerven des Hechtes* Leipzig 1901; — auch im *Archiv für die gesamte Physiologie.* Bd. LXXXV. S. 65.

[3] Derselbe, *Dies Archiv.* 1905. Physiol. Abtlg. Suppl. S. 341.

[4] von Miram, *Ebenda.* 1906. Physiol. Abtlg. S. 533.

wünschten Koeffizienten berechnen. Von den Nicolaischen Bestimmungen habe ich diejenigen berücksichtigt, die nur einen einzigen variablen Faktor (die Temperatur) enthalten. Man findet diese Bestimmungen auf S. 22 und 23 der ersten und in der Tabelle über Temperatureinfluß in der zweiten Abhandlung des Verfassers. Die Resultate von v. Miram sind in einer Kurve seiner Abhandlung enthalten.

In der folgenden Tabelle habe ich nur die Durchschnittswerte der Bestimmungen dieser Autoren benutzt. Die Koeffizienten wurden für Unterschiede von 10° C. berechnet. Die Interpolationsformel lautet $\dfrac{10\,R_1}{R_2\,(t_1 - t_2)}$; darin bedeuten R_1 und R_2 die Geschwindigkeiten bei den Temperaturen t_1 und t_2.

Beobachter	t_1	t_2	R_1	R_2	$\dfrac{10\,R_1}{R_2\,(t_1 - t_2)}$
1. Nicolai, *Über die Leitungsgeschwindigkeit im Riechnerven des Hechtes.* Leipzig 1901. S. 22 u. 23	9·25	3·45	13·7	5·65	4·1
	9·25	4·82	13·7	8·55	3·6
	14·25	3·45	16·0	5·65	2·6
	17·46	3·45	18·8	5·65	2·4
	14·25	4·82	16·0	8·55	2·0
	14·25	6·35	16·0	10·32	2·0
	23·25	3·45	20·67	5·65	1·9
	25·0	3·45	22·2	5·65	1·8
					Durchschnitt 2·55
2. Nicolai, *Dies Archiv.* 1905. Physiol. Abtlg. Suppl. S. 361.	17·7	12·1	191	107	3·1
3. von Miram, *Ebenda.* 1906. Physiol. Abtlg. S. 533. Motorische Nerven des Frosches.	35	30	65	46	2·8
	35	25	65	31	2·1
	30	25	46	31	2·9
	25	20	31	24	2·6
	30	15	46	22	2·0
	35	20	65	24	1·8
	30	20	46	24	1·9
	35	15	65	22	1·5
	25	15	31	22	1·4
					Durchschnitt 2·1

Als Mittelwert des Temperaturkoeffizienten ergibt sich aus diesen drei Untersuchungsreihen **2·56**.

Es mag hier daran erinnert werden, daß nach dem van't Hoffschen Gesetz der Temperaturkoeffizient der Geschwindigkeit chemischer Reaktionen, für Unterschiede von 10° C., zwischen 2 und 3 liegt. Der Riechnervenkoeffizient ist also durchaus typisch für eine chemische Reaktion.

Die Koeffizienten der motorischen Froschnerven sind in einigen Fällen merklich kleiner und verhalten sich ähnlich wie die meiner Schildkrötenherzen in höheren Temperaturgebieten. Der Grund dieser Abweichung soll in einer späteren Arbeit untersucht werden. Aber trotz dieser niedrigen Werte liegt der Durchschnittskoeffizient dieser letzten Reihe noch innerhalb der Grenzen der chemischen Reaktionen.

Wenn man diese Beobachtungen mit genauer theoretisch berechneten Werten vergleichen will, dann benutzt man die Arrheniussche Formel:

$$ln\, k = -\frac{A}{T} + \text{konstant},$$

aus welcher die Werte von A in unseren Versuchen sind für:

Riechnerven des Hechtes, Versuch I   7650

,,   ,,   ,,   ,,   II   8191

Motorische Nerven des Frosches   4490

Die einzelnen Werte aus Versuch I, beobachtet und nach dieser Formel berechnet, sind wie folgt:

Temperatur C.	Beobachtet	Berechnet
3·45⁰	5·65	5·65
4·82	8·55	6·47
6·35	10·32	7·54
9·25	13·7	11·2
14·25	16·0	16·0
17·46	18·8	22·5
23·25	20·67	36·0
25·0	22·2	44·0

Die Vergleichung der Temperaturkoeffizienten läßt uns also über das Wesen der Nervenleitung nicht länger im Zweifel.

Der Temperaturkoeffizient der Frequenz des überlebenden Sinus des Froschherzens bei extremen Temperaturen und bei zunehmendem Alter des Präparates.

Von

Dr. phil. **Charles D. Snyder.**

(Aus der speziell-physiologischen Abteilung des physiologischen Instituts zu Berlin.)

Aus den Tabellen einer früheren Arbeit über den Temperaturkoeffizient der Frequenz des Schildkrötenherzens[1] ging hervor, daß der Koeffizient für die gewöhnlichen Temperaturen ziemlich konstant bleibt, bei den Grenztemperaturen dagegen abweicht, indem er bei den höheren sehr klein, bei den niedrigen sehr groß wird. Weiter zeigte sich, daß diese Tendenz mit dem Alter des Präparates zunimmt. Ähnliche Schwankungen der Temperaturkoeffizienten der Herzfrequenz sah ich bei Krebsen, Maja verrucosa, bei Hunden und Katzen[2]; doch übt das Alter des Herzpräparates hier keinen besonderen Einfluß aus.

Zur Vervollständigung unserer Kenntnisse über das entsprechende Verhalten beim Frosche habe ich kürzlich eine neue Versuchsreihe an ausgeschnittenen Froschherzen mit der früher beschriebenen Methodik angestellt.

---

[1] Charles D. Snyder, *University of California Publications.* Physiology. 1905. Vol. II. p. 141 und 146.

[2] Derselbe, *American Journal of Physiology.* 1906. Vol. XVII. p. 350—361.

Während ich aber bei den früheren Versuchen immer das ganze Herz benutzte und die Frequenz der Kammer bestimmte, habe ich jetzt meist den Sinus allein genommen. Die Erzeugung der motorischen Reize findet ja normalerweise nicht in der Kammer, sondern weit oberhalb an der Herzwurzel, im Sinusgebiet, statt. Die Frequenz der Kammerpulse ist kein unmittelbares Maß für die Frequenz der Reizerzeugung. Sie kann bei Störungen der motorischen Leitung vom Sinusgebiet zur Kammer bekanntlich bis um ein Vielfaches kleiner als die Sinusfrequenz, ja sogar Null werden, während diese noch sehr hohe Werte besitzt. Andererseits kann unter Umständen die Kammer, insbesondere das Übergangsbündel von A nach V, selbst Reize produzieren, die durch Interferenz mit den vom Sinusgebiet kommenden, die Kammerfrequenz in komplizierter Weise verändern können. Diese Störungen fallen bei direkter Beobachtung des Sinusgebietes mit den darin liegenden Herden der automatischen Tätigkeit weg.

Da sich beim Frosch die Sinuspulse leicht mittels der Suspensionsmethode scharf registrieren lassen, hatte diese Aufgabe keine technischen Schwierigkeiten. Der Sinus wurde entweder durch Ligatur oder Schnitt abgetrennt, an der Venenwand festgeklemmt und an der Vorkammerseite suspendiert.

Anstatt das Herz bei konstanter Temperatur, wie früher bei den Schildkröten, schlagen zu lassen, wurde nun während des Versuches die Temperatur von Zeit zu Zeit verändert. Das Präparat befand sich (ausgenommen Versuch X, s. diesen) dabei in einer mit feuchter Luft gefüllten Kammer. Alle Herzen stammen von Rana esculenta. Die Geschwindigkeitskoeffizienten ergeben sich dann aus dem Vergleich der Frequenz des einzelnen Präparates bei verschiedenen Temperaturen.

Die Übereinstimmung dieser Zahlen mit den Temperaturkoeffizienten chemischer Reaktionen ist eine sehr befriedigende.

Weiter waren die Geschwindigkeitskoeffizienten des Froschsinus bei extremen Temperaturen nicht allzu verschieden von denen bei normalen. Endlich hatte das Alter des Präparates keinen bedeutenden Einfluß, wenn man die Temperatur während des Versuches variierte und das Präparat bei gewöhnlicher Temperatur ausruhen ließ.

Die Beobachtungen sind in den folgenden Tabellen zusammengestellt und zwar anders als in den früheren Abhandlungen. Q_{10} bedeutet immer den Koeffizienten für ein Intervall von 10^0 und berechnet sich aus der Extra- und Interpolationsformel, $\dfrac{10\,R_1}{R_2\,(t_1 - t_2)}$, wobei R_1 und R_2 die höhere und niedrigere Frequenz, t_1 und t_2 die entsprechenden höheren und niedrigen Temperaturen in Graden C bedeuten.

Nummer und Art des Präparates. Bemerkungen	Alter des Präparates in Minuten	t_1	t_2	R_1	R_2	Q_{10}
I. — Sinus venosus.	0—47	15·2	5·0	15·8	8·5	1·8
Der Koeffizient für	52	5·0	2·5	8·5	6·5	1·9
Temperaturen unter 15·2° ist	62	15·2	1·6	15·8	5·3	2·2
im Mittel 2·26.	75	15·2	1·2	15·8	5·0	2·2
	65—93	10·3	1·3	11·8	5·0	2·6
Der Koeffizient für	95	15·2	10·3	14·0	11·8	2·4
Temperaturen über 13·2° ist	150	15·2	6·0	14·0	7·7	2·0
im Mittel 2·19.	190	8·9	3·4	9·0	5·7	2·2
	180	7·8	3·4	8·0	5·7	3·1
[1] Unterbrochen während der Nacht.	—[1]					
	1190—1233	20·5	15·5	39·2	29·2	2·8
	1240	20·5	14·0	39·2	25·0	2·8
	1250—85	20·0	13·2	37·5	24·7	2·2
	1310	24·4	20·0	43·6	37·5	2·2
	1325	24·4	13·8	43·6	23·0	1·8
	1339	22·7	13·8	39·0	23·0	2·0
	1345	22·7	17·5	39·0	25·5	3·0
	1348	26·8	17·5	45·0	25·5	1·4
	1353	30·5	17·5	45·7	25·5	1·3
	1390	30·5	25·0	45·7	34·5	2·4
					Mittel	2·2
II. — Sinus venosus.	5—19	31·8	21·8	39·0	22·5	1·7
[1] Für 1½ Stunden Unterbrechung.	—[1]					
	110—118	22·0	14·7	32·0	16·0	2·7
	120	24·0	14·7	37·0	16·0	2·3
	166	30·8	24·7	35·0	25·0	2·2
	170	30·8	18·0	35·0	21·0	1·3
	180	18·0	13·4	21·0	15·5	3·0
[2] Für 1 Stunde unterbrochen.	—[2]					
	240—250	32·0	14·4	78·0	28·0	1·5
	267	32·0	16·3	78·0	29·3	1·7
	275	35·0	16·3	75·0	29·3	1·3
	300—318	35·3	16·5	68·0	26·5	1·3
	315—330	35·0	14·5	75·0	27·0	1·3
[3] Unterbrochen während der Nacht.	—[3]					
	1616—1625	38·0	15·5	60·0	24·0	1·1
	1655	38·0	15·1	60·0	20·0	1·3
	1660	20·0	15·1	33·0	20·0	3·3
	1662	25·0	20·0	42·0	33·0	2·5
	1662	25·0	15·1	42·0	20·0	2·1
[4] Wärmelähmung tritt ein; auch am Ende bei 2932 Minuten.	—[4]					
	2860—2930	22·0	15·0	30·0	15·0	2·8
	—[4]				Mittel	2·0

Nummer und Art des Präparates. Bemerkungen	Alter des Präparates in Minuten	t_1	t_2	R_1	R_2	Q_{10}
III. — Sinus venosus.	10—25	25·0	17·7	39·0	19·2	2·7
	30	32·0	25·0	81·0	39·0	2·9
	33	36·0	32·0	85·0	81·0	2·6
[1] Wärmelähmung bei 37°.	—[1]					
[2] Wärmelähmung auch hier bei 26°; Schluß.	45—60	23·5	13·1	39·0	10·6	3·5
	61[2]					Mittel 2·95
IV. — Sinus venosus.	10—15	14·1	10·0	23·0	16·5	3·3
	20	14·1	7·0	23·0	12·0	2·8
	25	14·1	5·5	23·0	10·0	2·8
	32	14·1	2·5	23·0	7·2	2·8
	40	14·1	1·0	23·0	6·0	2·9
	50—60	15·0	4·0	24·0	7·5	2·9
	53	15·0	6·0	24·0	9·0	2·9
	55	15·0	8·0	24·0	11·5	3·0
	60—80	25·0	15·0	60·0	24·0	2·5
	65	25·0	20·0	60·0	42·0	2·8
	67	25·0	21·5	60·0	50·0	3·4
	70	25·0	4·0	60·0	7·5	3·7
	40—80	25·0	1·0	60·0	6·0	2·9
	55—80	25·0	8·0	60·0	11·5	3·0
	15—80	25·0	10·0	60·0	16·5	2·4
[1] Schluß.	—[1]					Mittel 2·94
V. — Sinus venosus.	15—20	25·5	18·3	23·5	16·5	2·0
	25	27·5	18·3	29·0	16·5	1·9
	30	33·0	27·5	48·0	29·0	3·0
	30	33·0	25·5	48·0	23·5	2·7
	30	33·0	18·3	48·0	16·5	2·0
[1], [2], [4] und [5] Während dieser Intervalle keine Beobachtungen.	—[1]					
	1145	33·0	16·8	48·0	14·0	2·1
	—[2]					
	1235—40	25·0	17·6	27·5	17·0	2·0
	1245	29·0	17·6	29·0	17·0	1·6
	1248	32·0	25·0	36·0	27·5	1·9
	1260	32·0	25·0	36·0	20·0	2·5
	1262—86	24·0	18·0	33·0	17·0	3·2
	1280—93	25·0	18·0	35·0	20·0	2·5
	1308	25·0	20·0	35·0	25·0	2·5
[3] Während dieses Intervalls schien der Sinus gegen Temperaturerregungen „refraktär" zu sein!	—[3]					
	1445—55	26·1	14·5	70·0	34·0	1·7
	1459—85	32·0	23·5	86·0	60·0	1·7
	1490	23·5	16·8	60·0	38·0	2·3
	—[4]					
	2665—75	18·5	13·1	54·0	32·0	3·1

Nummer und Art des Präparates. Bemerkungen	Alter des Präparates in Minuten	t_1	t_2	R_1	R_2	Q_{10}
	2685	24·5	13·1	84·0	32·0	2·3
	2681—85	24·5	15·1	84·0	42·0	2·2
	2687	27·5	18·5	92·0	54·0	1·9
	—⁵					
	2805—40	24·5	13·1	74·0	33·0	2·0
					Mittel	2·2
VI. — Sinus venosus.	0—20	16·7	9·8	15·0	9·8	2·2
	23—50	10·1	3·0	10·0	5·9	1·9
	108	14·7	3·0	10·3	5·9	1·4
	115	14·7	8·1	10·3	7·3	2·1
[1, 2, 3] Der Versuch war in diesen Intervallen unterbrochen.	—¹					
	1115—1290	18·7	10·0	19·0	12·0	1·8
	1300—35	21·0	10·6	46·0	19·0	2·4
[4] Am Ende dieses Versuchs war das Präparat 93·5 Stunden alt; trotzdem hatte es einen Koeffizient von 2·4!	1350	21·0	13·0	46·0	26·0	2·2
	1405	16·9	13·0	31·0	26·0	3·1
	—²					
	4195—235	19·0	11·0	30·0	14·7	2·5
	4220—35	19·0	10·5	30·0	12·0	2·9
	4305—10	16·0	9·8	22·0	13·0	2·3
	4400—05	15·5	8·5	21·0	9·0	3·3
	4410	16·0	7·0	22·0	7·5	3·1
	4440	8·5	1·0	9·0	3·2	3·7
	4450	11·4	1·0	16·0	3·2	4·8
	4448—57	16·0	6·8	24·0	8·0	3·0
	4476	20·3	6·8	35·0	8·0	2·4
	4490	20·3	9·0	35·0	10·5	2·9
	4481—507	14·0	3·8	19·0	5·6	3·3
	—³					
	5507—17	16·3	8·2	28·0	14·0	2·4
	—⁴					Mittel 2·7
VII. — Venensinus und Vorkammer.	20—45	24·8	13·6	63·0	28·0	2·0
	—¹					
[1] Pause.	1420—44	21·5	11·2	87·0	23·7	3·2
[2] Schluß.	1437—65	21·5	13·0	87·0	29·0	3·5
	—²					Mittel 2·9
VIII. — Venensinus und Vorkammer.	0—15	15·8	10·9	40·0	25·5	3·1
	18	15·8	7·5	40·0	17·0	2·8
a) Versuche bei niederen Temperaturen.	25	15·8	4·3	40·0	7·9	4·3
	28	7·5	2·0	17·0	6·5	4·7
	31	10·9	1·0	25·5	5·4	4·7
	55	7·5	—2·5	17·0	3·4	5·0
	58	2·0	—3·0	6·5	2·8	4·6

Nummer und Art des Präparates. Bemerkungen	Alter des Präparates in Minuten	t_1	t_2	R_1	R_2	Q_{10}
	65	1.0	-3.0	5.4	1.4	8.7
	82—95	2.0	-3.0	5.6	1.6	6.7
	100	6.0	-3.0	9.5	1.6	6.3
	160	12.5	2.0	16.6	5.6	2.8
	160	12.5	5.0	16.6	8.0	2.7
	170—193	13.0	3.0	12.0	4.0	3.0
	180—200	7.5	1.5	7.5	3.0	4.4
	185—200	5.2	1.5	5.2	3.0	5.0
	193—200	3.5	1.5	4.2	3.0	8.4
	215	7.6	1.5	6.7	3.0	3.4
[1] Der Versuch war hier unterbrochen. — Schluß von Teil a).	222	12.0	1.5	10.7	3.0	3.3
	—[1]				Mittel	4.56
VIII. — b) Bei höheren Temperaturen.	1300—15	26.7	16.2	67.0	33.5	2.0
	1320	28.1	16.2	72.0	33.5	1.8
	1380	28.1	15.4	72.0	31.0	1.8
	1390	20.0	15.4	39.0	31.0	2.7
	1395	22.0	15.4	48.0	31.0	2.2
	1398	23.0	15.4	51.0	31.0	2.1
[1] Schluß.	—[1]				Mittel	2.1
IX. — Das ganze Herz. (Kammerspitze suspendiert, Herzwurzel fixiert.)	0—33	25.0	15.0	48.0	28.0	1.7
	43—66	23.0	13.0	48.0	29.0	1.7
	101	23.0	13.0	48.0	30.0	1.6
	115	21.5	12.9	52.0	30.0	2.0
	122	21.5	16.5	52.0	34.0	3.0
[1] Über Nacht unterbrochen.	—[1]					
	1145—75	17.8	13.5	26.0	15.0	4.0
	1165—78	22.7	13.5	48.0	15.0	3.0
	1145—78	22.7	17.8	48.0	26.0	3.7
	1178—90	22.7	14.5	48.0	17.5	3.3
	1217	22.7	13.9	48.0	19.2	2.8
					Mittel	2.5
X. — Ein Schnitt der Herzkammer in $n/8$ NaCl-Lösung.		24.5	16.8	32.5	17.8	2.3
		16.8	12.8	17.8	13.5	3.2
	10—30	24.5	12.8	32.5	13.5	2.0
					Mittel	2.5

Die höchste Temperatur war 38°, die niedrigste — 3°. Wie beim Schildkrötenherzen liegen auch hier die höchsten Koeffizienten bei den niedrigsten, die niedrigsten bei den höchsten Temperaturen. Aber der Unterschied zwischen dem Maximal- und Minimalwerte ist durchweg gering: bei den Schildkröten etwa 13 zu 0.6, hier 8.7 zu 1.1.

Unter den 90 berechneten Koeffizienten der reinen Sinusversuche finden sich nur neun, die unter 1·5, drei, welche über 3·5 liegen.

Nur zwei Versuche wurden mit Sinus und Vorkammer angestellt. Dabei wurde in dem sehr lange ausgedehnten Versuche, Nr. VIII, mit größeren Temperaturschwankungen als sonst gearbeitet (zwischen − 3° und 28·1°).

Während das Mittel des Koeffizienten bei der niedrigen Temperatur (− 3° bis 15·8°) dieser Reihe 4·56 beträgt, finden wir die höchsten Werte nicht etwa bei der größten Schwankung, sondern bei den niedrigsten Temperaturen auch ohne große Schwankungen. So z. B.

	t_1	t_2	Q_{10}
	+ 1·0°	− 3·0°	8·7
	+ 3·5	+ 1·5	8·5
	+ 2·0	− 3·0	6·7
gegen:	+ 16·8	− 3·0	1·4

Diese Schwankungen aber können wir auch zum Teil auf die Eigentümlichkeit unserer Interpolationsformel zurückführen, die selbstverständlich nur für Unterschiede von 10° oder nahe 10° C ganz zuverlässig ist.

Der Mittelwert der höheren Temperaturen (28·1° bis 15·4°) beträgt 2·1. Hier finden wir keinen stark abweichenden Koeffizienten.

Das gesamte Mittel dieser Reihe ist 3·94 und ist, wie man in der folgenden Tafel sieht, der einzige mittlere Koeffizient, der über 3 liegt.

Der andere Versuch mit dem ganzen Herzen, Nr. IX, zeigt eine ziemlich unregelmäßige Frequenz, obgleich die Temperatur niemals über das normale Gebiet hinausging. Dieses Verhalten erinnert uns an die große Schwankung der Werte bei den ganzen Schildkrötenherzen.

Das Präparat X war ein Streifen aus der Kammermuskulatur. Lingle[1] hat bewiesen, daß solch ein Schnitt der Herzkammer in rhythmischer Weise fortschlägt, wenn man ihn in einer reinen $n/8$ NaCl-Lösung suspendiert. Ich habe nur einen Tastversuch zwischen etwa 12° und 24° angestellt.

Der Mittelwert der Koeffizienten dieses Versuches ist genau so groß wie bei den Versuchen am Venensinus.

Da die zehn Versuchsreihen also alle befriedigend untereinander übereinstimmen, möchte ich das Resultat nicht für ein zufälliges halten, sondern als einen Beweis dafür ansehen, daß die Frequenz der spontanen Reizerzeugung im Herzen von der Temperatur genau so beeinflußt wird, wie nichtvitale chemische Reaktionen, eine Ansicht, die schon in früheren Arbeiten von mir geäußert worden ist.

---

[1] *American Journal of Physiology.* 1900. Vol. IV. p. 270.

Übersicht der Mittelwerte.

Nummer und Art des Präparates	Maximum- und Minimum- Temperaturen des Versuchs	Maximum- und Minimum- Koeffizienten des Versuchs	Höchstes Alter des Präparates in Minuten	Tempera- tur- Koeffizient beim höchsten Alter	Mittlerer Temperat.- Koeffizient aller ber. Koeffizien- ten
I. Venen-Sinus	30·5°— 1·2°	3·1—1·3	1390	2·4	2·2
II. „	38·0 —14·4	3·3—1·1	2930	2·8	2·0
III. „	36·0 —13·1	3·5—2·6	60	3·5	2·95
IV. „	25·0 — 1·0	3·7—2·4	80	3·7	2·94
V. „	33·0 —13·1	3·2—1·6	2840	2·0	2·2
VI. „	21·0 — 1·0	4·8—1·4	5517	2·4	2·7
VII. V.-Sin.u.Vorkammer	24·8 —11·2	3·5—2·0	1465	3·5	2·9
VIII. „ „	28·1 —-3·0	3·7—1·8	1398	2·1	3·96
IX. Das ganze Herz	25·0 —12·9	4·0—1·6	1217	2·8	2·5
X. Schnitt aus der Herzkammer	24·5 —12·8	3·2—2·0	·30	2·0	2·5
Gesamt-Übersicht	38·0°—-3·0°	8·7—1·1	—	2·72	2·68

Zusammenfassung.

1. Wenn man den Venensinus des Frosches nur für kurze Zeit, etwa 15 bis 20 Minuten lang, auf maximale oder minimale Temperaturgrade erwärmt oder abkühlt und danach bei gewöhnlicher Temperatur ausruhen läßt, dann wird der Koeffizient konstant; es fehlen dann die großen Differenzen, die beim ganzen Schildkrötenherzen gefunden wurden.

2. Bei dieser Behandlung hat auch das Alter des Präparates keinen besonderen Einfluß auf den Temperaturkoeffizienten.

3. Die Frequenz eines in reiner Kochsalzlösung rhythmisch schlagenden Streifen der Froschkammer nimmt bei wachsender Temperatur in gleichem Maße zu, wie die Geschwindigkeit einer chemischen Reaktion.

Der Temperaturkoeffizient für die Rhythmik der Bewegungen glatter Muskeln.

Von

Dr. phil. Charles D. Snyder.

(Aus der speziell-physiologischen Abteilung des physiologischen Instituts zu Berlin.)

In bezug auf die Ergebnisse unserer vorstehenden Arbeiten über die Temperaturkoeffizienten der Herzfrequenz werden ähnliche Untersuchungen an glatten Muskeln von Interesse sein.

Stiles[1] hat schon den Einfluß der Temperatur auf die Frequenz der überlebenden Speiseröhre des Frosches untersucht. Magnus[2] hat ähnliche Versuche am überlebenden Dünndarm angestellt.

Um mehr Beobachtungen zu bekommen, welche sich zu Berechnungen eignen, habe ich selbst neuerdings die Versuche von Stiles über den Einfluß der Temperatur auf die spontanen Bewegungen des überlebenden Ösophagus vom Frosch wiederholt.

Meine Versuche wurden bei Temperaturen zwischen 14° und 35° C. angestellt, die von Stiles bei Temperaturen zwischen 2·6° und 24° C. und die von Magnus zwischen 5·5 und 42° C.

Die Resultate dieser verschiedenen Untersuchungen sind in den folgenden Tabellen zusammengestellt und die Temperaturkoeffizienten für Unterschiede von 10° C. berechnet.

Die Frequenzen der rhythmischen Kontraktionen pro Minute sind unter R_1 und R_2 zu finden, die zugehörigen Temperaturen unter t_1 und t_2 und die berechneten Koeffizienten in der letzten Spalte.

---

[1] *American Journal of Physiology.* 1901. Vol. V. S. 355.
[2] *Archiv für die gesamte Physiologie.* 1904. Bd. CII. S. 143.

Tabelle I (nach Stiles).

Ösophagus des Frosches.

t_1	t_2	R_1	R_2	$\dfrac{10\,R_1}{R_2\,(t_1 - t_2)}$
17·5	7·0	2·6	0·5	4·9
20·0	9·0	3·2	0·8	3·6
21·5	12·5	3·7	1·6	2·4
24·0	14·0	4·3	2·0	2·1
27·0	17·5	5·0	2·6	2·0
27·0	18·3	5·0	2·9	2·0
27·0	20·0	5·0	3·2	2·2
27·0	21·5	5·0	3·7	2·0
27·0	23·0	5·0	4·1	3·1
24·0	17·5	4·3	2·6	2·4
25·5	17·5	4·8	2·6	2·3
27·0	24·0	5·0	4·3	1·9
27·0	14·0	5·0	2·0	1·9
				Mittel $\overline{2·57}$

Tabelle II (nach Magnus).

Säugetierdünndarm.

t_1	t_2	R_1	R_2	$\dfrac{10\,R_2}{R_1\,(t_1 - t_2)}$
12·5	5·5	120·0 [2]	320	3·8
12·5 [1]	7·5	120·0	240	4·0
23·0	16·0	20·0	40	2·8
29·0	20·0	10·0	30	3·0
32·0	23·0	8·0	20	2·5
40·0	29·0	4·5	10	2·2
42·0	32·0	3·3	8	2·4
42·0	37·0	3·3	6	3·6
40·0	32·0	4·5	8	2·2
37·0	29·0	6·0	10	2·0
42·0	23·0	3·3	20	3·1
32·0	16·0	8·0	40	3·1
				Mittel $\overline{2·69}$

[1] Die Bewegungen für Temperaturen zwischen 5·5° und 12·5° wurden durch einmalige künstliche Reizung angeregt, die anderen erfolgten alle spontan.

[2] Die Werte von R_1 und R_2 in diesem Versuche geben die Dauer der einzelnen Muskelaktionen (Zusammenziehung und Erschlaffung) in Sekunden an.

Tabelle III.   Ösophagus des Frosches.

Alter des Präparates in Minuten	t_1	t_2	R_1	R_2	$\dfrac{10\ R_1}{R_2\,(t_1 - t_2)}$
Versuch I.					
0—20	25·0	16·0	5·5	2·75	2·3
40	27·9	16·0	6·5	2·75	2·3
45	32·5	27·9	9·0	6·5	2·1
47	34·0	27·9	10·5	6·5	2·6
50 [1]					
65—90	34·0	27·0	10·5	6·0	2·5
110	27·0	15·0	6·0	1·7	2·9
— [2]					
1540—75	26·5	16·3	5·25	1·75	2·6
1585	26·5	15·6	5·25	1·35	3·5
1598	25·8	15·6	4·65	1·35	3·3
1600	32·7	25·6	7·0	4·65	2·2
1605	34·0	25·6	8·5	4·65	2·2
1608—15	35·0	24·0	5·5	2·3	2·1
1618	24·0	17·0	2·3	1·6	2·0
1623—40	35·1	15·3	9·5	2·25	2·1
— [3]					Mittel 2·45
Versuch II.					
10—25	32·0	22·0	9·5	3·0	3·1
13—25	33·0	22·0	10·0	3·0	3·0
15—25	34·0	22·0	11·3	3·0	3·1
15—30	34·0	14·0	11·3	2·0	2·8
25—30	22·0	14·0	3·0	2·0	1·8
13—30	33·0	14·0	10·0	2·0	2·6
10—30	32·0	14·0	9·5	2·0	2·6
— [3]					Mittel 2·7

Der Durchschnittswert der vorstehenden vier Versuchsreihen ist **2·6**.

Die Durchschnittswerte der vier einzelnen Versuchsreihen weichen hiervon nur um bzw. $-0·06$, $+0·06$, $-0·07$ und $+0·07$ ab. Der wesentlich chemische Charakter der physiologischen Reizerzeugung dürfte damit auch für rhythmisch tätige glattmuskelige Organe erwiesen sein.

Zum Schluß möchte ich den Herren Geheimrat Th. W. Engelmann, Prof. R. du Bois-Reymond und Dr. Franz Müller für das Interesse an dem Fortgang der vorstehenden Untersuchungen und für ihre vielen wertvollen Ratschläge meinen herzlichsten Dank aussprechen.

---

[1] Die Temperatur hier (34·3 °) war Überoptimum.

[2] Der Versuch wurde hier über Nacht unterbrochen.

[3] Der Versuch wurde hier unterbrochen. Optimale Temperatur 34 ° C.

Die Gestalt einer deformierten Manometermembran, experimentell bestimmt.

Von

Dr. Georg Fr. Nicolai,
Assistent am Institut.

Mit einem theoretischen Anhange

von

Dr. phil. Moritz Schlick.

(Aus dem physiologischen Institut zu Berlin.)

Daß alle naturwissenschaftliche Erkenntnis auf mathematische Prinzipien gegründet werden kann, daran ist gar kein Zweifel; daß häufig genug, die rein theoretische Betrachtung neue Wege gewiesen hat, auf denen die spätere Beobachtung Triumphe errang, soll füglich nicht bezweifelt werden. Das eine aber ist zu bedenken: Mathematik und Physik sind zwar beides Wissenschaften von geordneten Dingen, aber während die Mathematik es mit Dingen ohne Rücksicht auf ihre Wirklichkeit zu tun hat, bilden das Objekt der Physik die empirischen Dinge. In der Naturwissenschaft kommt also noch etwas hinzu, ein empirisches Element, das nur die Beobachtung uns liefern kann. Diese Bemerkung scheint mir heute in einer physiologischen Zeitschrift nicht unwichtig. Die Physik wird immer vorsichtiger im Aufstellen von Hypothesen; wo es sich um endliche Bewegungen handelt, die durch molekulare Kraft hervorgerufen werden, verzichtet sie meist auf allgemein gültige Gleichungen. Die Biologen dagegen neigen unter Verkennung der speziellen Bedingungen ihrer Wissenschaft unzweifelhaft zu einer Überschätzung der Mathematik, trotzdem gerade hier die unübersehbare Mannigfaltigkeit untrennbar miteinander verbundener Bedingungen, die Möglichkeit einer zusammenfassenden Ordnung durch eine abstrakte Formulierung auf absehbare Zeit hin auszuschließen scheint. Aber „die Empirie soll nun einmal durch Deduktion ersetzt werden."

Es gibt unzählige Theorien der Muskelzuckung, der Nervenreizung, der Farbenwahrnehmung usw., deren faktische Widerlegung im allgemeinen darum unmöglich ist, weil sie eben unabhängig von aller Erfahrung aufgestellt sind und weil die empirischen Befunde darin nur ein nebensächliches Element bilden. Der Wert der dabei gefundenen Formeln ist ungemein bedingt und dient meist nur dazu, unsere mangelhafte Kenntnis zu verdecken. Für eine kurze Strecke fällt jede Kurve praktisch mit ihrer Tangénte zusammen; für jede etwas längere Strecke kann ein berührender Kreis konstruiert werden — es kann auch, wie in dem unten näher zu schildernden Beispiel, eine berührende Parabel sein. — Daher ist es erklärlich, daß so häufig die Resultate experimenteller Forschung sich selbst mit den verschiedenartigsten Formeln in annähernd genügender Übereinstimmung befinden. Diese Übereinstimmung ist eben dann nur ein Ausdruck dafür, daß Kurven Tangenten und Berührungskreise haben. Eine Erkenntnis, die meist die aufgewandte Mühe nicht lohnt.

Viele Physiologen sind physikalischer als die Physiker und wundern sich dann noch, wenn andere, denen diese scheinbare Exaktheit nicht zusagt, darüber zu Wundergläubigen und Neovitalisten werden. Gerade derjenige aber, der in der Zurückführung der Biologie auf physikalische und im letzten Grunde auf mathematische Prinzipien das höchste zu erstrebende Ziel sieht, der wird sich immer bewußt bleiben des Erdenrestes von empirischer Unvollkommenheit, der — im Gegensatz an den „reinen" Prinzipien der Mathematik — allen Naturwissenschaften, insonderheit aber der Wissenschaft vom Leben anhaftet, der wird aber auch andererseits sich dieser irdischen Natur unserer Wissenschaft freuen und willig anerkennen, daß es für uns keine andere Erkenntnisquelle geben kann, als die immer von neuem durchgeprüfte Erfahrung.

Ich möchte nun an einem bestimmten Beispiel zeigen, wie weit man sich von der Wahrheit entfernen kann, wenn man auf rein mathematischem Wege Naturwissenschaften zu betreiben unternimmt. Das Beispiel scheint mir darum lehrreich, weil es sich einmal um ein rein physikalisches, also ein verhältnismäßig leicht zu übersehendes Problem handelt, und weil andererseits der Verfasser einer der tüchtigsten physiologischen Physiker ist, der an sich sicherlich viel gewandter in der Behandlung physikalisch-mathematischer Probleme ist als ich.

Da es nun anmaßend erscheinen könnte, eine abstrakte Theorie eines anderen kritisch beurteilen zu wollen, ohne doch eine genauere Einsicht in die höhere Rechenkunst sich selber zuzuschreiben, so möchte ich wenigstens einige Autoren anführen, deren gewichtiges Wort meinen Versuch vielleicht rechtfertigen dürfte. Auch Goethe sagt in dem § 14 des ersten Stückes seiner Beiträge zur Optik, die oben genannten „Schwierigkeiten würden ihn mutlos gemacht haben, wenn er nicht bedacht hätte, daß reine Erfahrungen zum Fundament der ganzen Naturwissenschaften liegen sollten; daß eine Theorie nur erst alsdann schätzenswert sei, wenn sie alle Erfahrungen unter sich begreift und der praktischen Anwendung derselben zu Hilfe kommt; daß endlich die Berechnung selbst, wenn sie nicht, wie so oft geschehen ist, vergebene Mühe sein soll, auf sicheren Details fortarbeiten müsse". Zwar wird einer oder der andere die Autorität Goethes auf naturwissenschaftlichem Gebiet vielleicht nicht anerkennen; der möge die schönen Worte lesen, mit denen Emil du Bois-Reymond — jener Forscher, dem man die Vorliebe für elektrophysiologische Untersuchungen als gar zu physikalische Naturbetrachtung ausgelegt hat —. schon in der Einleitung zu seinen Untersuchungen über tierische Elektrizität im Jahre 1848 die Stellung der Mathematik innerhalb der Naturwissenschaften gekennzeichnet und ihre große aber umgrenzte Bedeutung für die Biologie festgelegt hat. Vor allem aber möchte ich den Physiker Helmholtz anführen, der in seinem 1872 gehaltenen Vortrag über das Denken in der Medizin mit den schärfsten Waffen des empirischen Naturforschers gegen jede rein logische und rein mathematische Naturbetrachtung zu Felde zieht. Jede Spekulation, jeden „Witz" verwirft er, der nicht an der Hand von Tatsachen einwandsfrei nachgeprüft worden sei, oder zum mindesten noch geprüft werden könne, er erklärt das Experiment für die alleinige Grundlage jeder Forschung und nennt die „einseitige und unrichtig begrenzte Hochschätzung der deduktiven Methode ein falsches Ideal von Wissenschaftlichkeit, die in keiner anderen Wissenschaft den Fortschritt so gehindert habe, wie in der Medizin", wofür wir ebensogut Biologie sagen könnten.

O. Frank und J. Petter[1] haben eine Statik der Membranmanometer und der Lufttransmission veröffentlicht. Die Frage wird hier nur von durchaus theoretischem Gesichtspunkt aus behandelt. Ich möchte im allgemeinen die Resultate der Verff. nicht diskutieren, da ich glaube, daß eine wirklich erschöpfende Darstellung der Theorie zur Zeit doch noch nicht möglich ist, und da ich prinzipiell über die Grundlagen der Theorie eine abweichende Ansicht habe. Dieses möchte ich im folgenden auseinander setzen.

Die Grundlage dieser theoretischen Behandlungen bildet nach Frank die Theorie der Deformation von Membranen. Eine derartige Theorie ist, soweit mir bekannt, durchgeführt nur für unendlich kleine Bewegungen kreisförmiger elastischer Platten. Frank entwickelt sie für elastische Membranen ganz allgemein und kommt dabei zu dem Ergebnis, „daß die Form der Membran, die sie unter Einwirkung hydrostatischen Druckes annimmt, tatsächlich ein Paraboloid sei."

---

[1] *Zeitschrift für Biologie.* Bd. XLVIII. N. F. XXI. S. 498.

Der Ausdruck „tatsächlich" bezieht sich dabei, wie aus dem Zusammenhang zu ersehen ist, nicht etwa auf die experimentelle Verifizierung der Theorie, die von Frank überhaupt nur andeutungsweise und ·nebenbei (s. unten S. 134) erwähnt wird, sondern soll offenbar ein Ausdruck dafür sein, daß Frank sowohl die Voraussetzungen seiner Theorie als· auch deren rechnerische Durchführung für richtig hält. Eine Nachrechnung gibt Hr. Dr. Schlick· im Anhange und kommt dabei zu anderen und offenbar korrekteren Resultaten. Doch erscheint der Umstand, ob die Rechnung richtig oder falsch, weniger wichtig, vorerst wäre die Frage zu erledigen, ob man überhaupt rechnen, ob man nicht lieber zusehen solle, wenn es. gilt, irgend eine naturwissenschaftliche Tatsache festzustellen. In unserem speziellen. Falle zeigt nun bereits der erste Blick auf eine einigermaßen

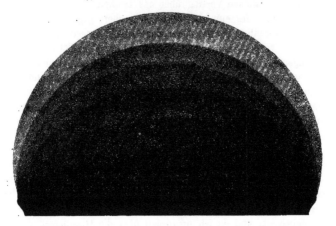

Fig. 1.

stark gespannte Mareysche Kapsel, daß die Form einer gespannten Membran annähernd eine Kugelkalotte, aber in keinem Falle ein Paraboloid darstellt. Die beigegebene Fig. 1 illustriert einen Versuch, die Form genauer zu bestimmen; es wurde eine Membran (mit Wasser oder mit Luft gefüllt) aufgeblasen und ihr mit Hilfe des Projektionsapparates entworfener Schatten vergrößert photographiert. Die dabei durch falsche Parallaxe entstandenen Fehler sind, wie sich leicht berechnen läßt, kleiner als $0 \cdot 03^{mm}$ und mithin durchaus zu vernachlässigen. In der gegenüber stehenden schematischen Zeichnung (Fig. 2) (nach einem anderen Versuch gezeichnet) habe ich neben den (stark ausgezogenen) Konturen der Schattenrisse diejenigen Kreise (schwache Linien) und Parabeln (punktierte Linien) eingetragen, welche alle durch die — der Größe der Mareyschen Kapsel entsprechenden — Basispunkte gehen und jedesmal dieselbe Höhe haben. Man sieht aus der Figur anschaulich und leicht, daß bis zu einer Höhe, welche ¹/₄ des Kapselradius beträgt, Kreis und Parabel praktisch so gut wie zusammenfallen (um überhaupt eine sichtbare Unterscheidung zu ermöglichen, habe ich die Parabeln ein klein wenig tiefer gezeichnet). Wenn man also die Kapsel nur bis zu diesem Grade aufbläst, so läßt sich eine Entscheidung, was für eine Form die Membran annimmt, unmöglich treffen. Wenn aber Frank und Petter auf S. 510 angeben, daß sie die Form der medianen Schnittkurve durch eine photographische Aufnahme der Silhouette einer größeren deformierten Membran festgestellt und bei der

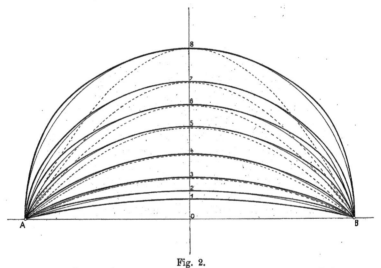

Fig. 2.

—————— Durchschnitt durch eine gespannte Membran (perspektivische Projektion).
—————— Konstruierte Kreissegmente, welche die gleiche Höhe haben und durch A und B gehen.
- - - - Konstruierte Parallelsegmente, welche die gleiche Höhe haben und durch A und B gehen.
(Die Parabeln sind zum Teil, wie ersichtlich, ein wenig niedriger gezeichnet, um für geringe Höhen das völlige Zusammenfallen mit dem Kreis zu vermeiden.)

Ausmessung keine wesentlichen Abweichungen von einer Parabel festgestellt, so kann sich das nur auf derartige kleine (für einen Membranausschlag allerdings schon große) Exkursionen beziehen. Unter diesen Umständen ist die Angabe richtig, aber immerhin nicht ausreichend; es wäre nötig gewesen, anzufügen, daß die Ausmessung auch keine Abweichung von einem Kreis oder von einer Hyperbel erkennen ließ, woraus sich dann klar ergeben hätte, daß dieser Versuch überhaupt nichts über die Form der Kurve aussagte, dazu bedurfte es eben größerer Ausschläge. Ganz unmöglich aber erscheint es mir, annehmen zu wollen, daß etwa die Membran bei kleinen Ausschlägen einem anderen Gesetz gehorcht als bei großen. Unten werde ich außerdem zeigen, daß eine ganz einfache und schlichte Über-legung es begreiflich erscheinen läßt, daß die Kurve eben annähernd ein Kreis ist, der notwendigerweise jene experimentell bestimmten Ab-weichungen aufweist, welche auch die schematische Figur deutlich er-kennen läßt.

Einen zweiten Versuch der experimentellen Verifizierung sehen Frank und Petter in der Volumeichung, dieselbe ergibt (S. 512), daß die aus dem Experiment abgeleiteten Werte fast immer etwas größer sind als die theoretisch berechneten. Die Verfasser meinen jedoch, das lasse sich nicht auf die Annahme zurückführen, daß etwa die Membran (bei zu geringer Spannung) eine andere als paraboloide Form angenommen hätte, sondern liege in Versuchsfehlern begründet. Sie tun dies, trotzdem sie dann wört-lich fortfahren: Nähme z. B. die Membran die Form einer Kalotte an, so würde bei den in Betracht kommenden Plattenverschiebungen die Differenz bei allen Versuchen unter 0·1 Prozent liegen.

Ich meine, aus diesem Ergebnis, aus dieser fast wunderbaren Über-einstimmung muß man schließen, daß es zum mindesten wahrscheinlich sei, daß die Form wirklich eine Kalotte ist und nicht ein Paraboloid. Wenn die Verfasser dennoch zu dem entgegengesetzten Resultat kommen, so zeigt das aufs deutlichste, wie gering sie die „niedere experimentelle Seite der Physiologie" (Helmholtz) achten und Wert nur der theoretischen Berechnung zuschreiben.

Die praktisch wichtigste Beziehung, welche daher auch vornehmlich in den Kreis der Betrachtungen gezogen werden sollte, ist doch unzweifel-haft das Verhältnis von Höhe des Ausschlages zur Druckhöhe. Wohl den meisten, die dies Verhältnis messend verfolgt haben, ist wohl schon die Proportionalität zwischen beiden aufgefallen und auch Frank und Petter erwähnen sie und leiten sie aus ihrer Theorie her. Aber hier soll sie nur so lange gelten, als durch die Deformation die ursprüngliche Spannung der Membran nicht verändert wird. Derartig kurze Versuchsreihen, wie die auf S. 507 angegebenen, beweisen aber nichts, denn für derartig kurze Strecken (es sind nur Ausschläge bis auf etwa $1/30$ des Trommeldurch-messers untersucht) sind alle Kurven mehr oder weniger gerade Linien. Es zeigt sich übrigens trotzdem deutlich eine Konkavität der Kurven gegen die Abszisse in allen sechs Versuchen; die Werte für 10 cm sind um 3 bis 35 Prozent (!) zu klein. Versuche, welche die Membranspannung wesent-lich änderten, sind nicht gemacht. Ich habe deshalb Versuche angestellt, in denen die Membranausschläge etwa die Hälfte des Trommeldurchmessers betragen, wobei also die Membran auf etwa das Doppelte ihrer früheren Flächengröße ausgedehnt wurde. Daß dabei die Spannung verändert wird, ist natürlich unzweifelhaft, und trotzdem zeigte es sich, daß die Proportionalität zwischen Binnendruck und Ausschlag bestehen bleibt. Ja diese Proportionalität tritt sogar erst bei einer gewissen Dehnung ein, während im Anfang bei allen Ausschlägen durchaus Disproportionalität herrscht, und zwar ganz im Sinne der Frankschen Versuche — eine Konkavität gegen die Abszisse.

Die beigegebene Kurve möge einen derartigen Versuch erläutern.

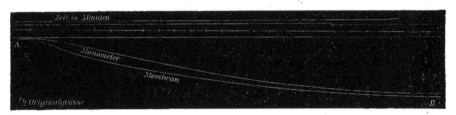

Fig. 3.

Die Kurven sind in der Weise gewonnen, daß eine Mareysche Kapsel, die mit einem Quecksilbermanometer in Verbindung stand, schnell oder langsam (während 1 Minute bis zu 1 Stunde) aufgeblasen wurde, und zwar diente dazu eine Mariottesche Flasche, deren Abflußgeschwindigkeit durch einen sehr fein regulierenden Hahn (sogen. Gasfeinsteller) variiert werden konnte. In anderen Versuchen wurde die Mareysche Kapsel zuerst etwas aufgeblasen, dann ließ ich die Luft durch einen regulierbaren Hahn in verschieden langer Zeit entweichen. Die Mareysche Kapsel schrieb ihre Exkursionen durch einen äußerst leichten Hebel auf eine berußte Trommel, die Höhe des Quecksilbermanometers wurde durch einen eisernen Schwimmer registriert, der mittels eines dünnen Fadens an einem doppelarmigen Hebel angriff, dessen Schwerpunkt auf der anderen Seite des Angriffspunktes lag. Durch passende Wahl der Hebellängen konnte man es in jedem Falle erreichen, daß die weitesten Exkursionen beider Hebel annähernd gleich groß wurden, ein Umstand, der an sich gleichgültig, nur zur Übersicht der Resultate beiträgt. Derartige Kurven sind mit den verschiedensten Manometern, bei Druckerhöhung und Druckverminderung aufgenommen und sollten dazu dienen, empirisch die in Betracht kommenden Konstanten eines Manometers zu bestimmen. Vor allem zeigen die Kurven, welche einmal bei Vergrößerung, das andere Mal bei Verkleinerung der Spannung gewonnen sind, einen typischen Unterschied des Verlaufes, der aber für die jetzt uns interessierende Frage nicht in Betracht kommt. Denn alle Kurven zeigen annähernde Proportionalität zwischen Membranausschlag und Druckhöhe, aber diese Proportionalität tritt immer — auch bei starker Initialspannung der nicht deformierten Membran — erst bei einem gewissen Grade der Ausbuchtung auf. In der Fig. 4 habe ich als Richtung der Abszisse die Quecksilberdruckkurve angenommen, und darüber in willkürlichen Einheiten diejenigen Werte als Ordinaten eingetragen, um welche der Membranausschlag zu groß ist, wenn man als Nullpunkt die nicht deformierte Membran ansieht und den Ausschlag der zu einer annähernden Halbkugel deformierten Membran als richtig definiert. Da ich als annähernde Halbkugel diejenige Form bezeichnet habe, bei der die Höhe gleich dem Radius, so ergab sich daraus die passendste Einteilung der Abszisse. Es entspricht also jeder Millimeter einer Höhe der Kugelkalotte von 1 Prozent des Trommelradius. Die punktierte Linie gibt die Prozente an, um welche der Membranausschlag zu groß ist. Hier entspricht die

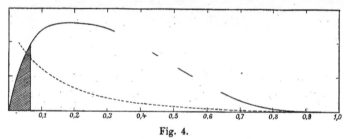

0,1   0,2   0,3   0,4   0,5   0,6   0,7   0,8   0,9   1,0

Fig. 4.

Abszissenlinie dem Werte von 100 Prozent, jeder Millimeter bedeutet 10 Prozent. Der schwarz schraffierte Teil entspricht ungefähr demjenigen Teil der Kurve, den Frank und Petter experimentell bestimmt haben. Man sieht, hier verläuft die Kurve annähernd gradlinig, mit geringer Konkavität gegen die Abszisse, ebenso wie es sich aus den Frankschen Versuchen selbst ergibt. Die behauptete Proportionalität in diesem Stück ist aber nichts weiter als die Tangente an die Kurve, und an anderen Stücken läuft diese Tangente eben ganz anders. Über den Gesamtverlauf und das Charakteristische der Kurve wird damit gar nichts ausgesagt.

Dies sind die experimentellen Grundlagen, welche eine Theorie vielleicht erklären, niemals aber ersetzen kann. Ich behalte mir vor, auf den Zusammenhang zwischen Druckänderung und Ausschlaghöhe ein andermal zurückzukommen und möchte hier nur die Form der Membran betrachten. Daß sie annähernd eine Kugel ist, wissen wir bereits, daß auch theoretisch unter den Voraussetzungen, welche Frank macht, sich als Resultat die Kugelgestalt ergibt, wird Hr. Dr. Schlick zeigen. Ich meine nun aber, man kann einen allgemeingültigen Ansatz machen und damit, wenn auch nicht zu einer Formel, doch wenigstens zu einer den tatsächlichen Verhältnissen entsprechenden anschaulichen Darstellung gelangen.

Ich gehe zuerst von dem mit Luft gefüllten Manometer aus, hierfür gilt, da das spezifische Gewicht der Luft nicht in Betracht kommt, streng, daß der Binnendruck in allen Teilen der gleiche ist. Diesem Druck leistet die Membran Widerstand und der von der Membran ausgeübte Druck muß daher auch an allen Punkten derselbe sein. Einen Druck vermag nun die Membran nur durch ihre Spannung auszuüben. Welcher Art die Fläche nun auch sei, immer wirkt die Spannung in der Richtung der Fläche selbst. Die Möglichkeit, daß die einzelnen Spannkräfte eine Resultierende ergeben, welche einen Druck nach außen ausüben, ist also nur gegeben, wenn die Fläche gekrümmt ist. Es muß für jeden Punkt die Resultierende in der Richtung der Fläche = 0 sein, die Resultierende senkrecht zur Fläche, welche dem Binnenluftdruck Widerstand leistet, muß dagegen für alle Punkte der Fläche eine Konstante sein. Wenn man nun voraussetzte, daß die Spannung in allen Richtungen des Gummis bei der Dehnung gleichmäßig wäre, dann ergibt eine einfache Überlegung — die man selbstverständlicher- aber überflüssigerweise durch Aufstellung der Gleichung und Integration derselben verifizieren könnte —, daß die Membran Kugelgestalt annehmen muß, denn da die Bedingungen in bezug auf Richtung und Größe der Kräfte überall dieselben sind, so muß auch die Form der Fläche eine überall kongruente sein: derartige Flächen sind aber nur die Kugelfläche und (als deren Grenzfall) die Ebene.

Eine einfache weitere Überlegung zeigt nun aber sofort, daß die Spannung unmöglich an allen Punkten der Membran identisch verteilt sein kann. Denke ich mir einen sehr schmalen Streifen, der in der Figur durch die beiden punktierten Linien repräsentiert ist, isoliert, so ist es klar, daß in diesem Streifen, damit keine Bewegung eintritt, die Kräfte sich alle das Gleichgewicht halten, also insonderheit ist klar, daß die resultierenden Zugkräfte, welche parallel der Streifenrichtung · verlaufen, an allen Stellen gleich groß sein müssen.

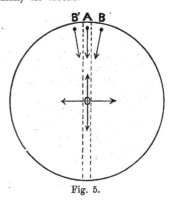

Fig. 5.

Ist die Membran nun ausgebuchtet, so setzt sich, wie wir oben gesehen, die dem Binnendruck das Gleichgewicht haltende Resultierende aus der Summe der senkrecht zur Fläche vorhandenen Komponenten sämtlicher an diesem Punkte angreifender Kräfte zusammen. In dem Mittelpunkt sind dies besonders die symmetrisch um diesen Punkt angeordneten nach allen Seiten gleich großen Spannungskräfte. An einem Punkt der Peripherie aber, z. B. an dem Punkte A, ist eine Spannungskraft nur nach dem Zentrum hin möglich[1], da die Peripherie ja aufgebunden ist, die Punkte B und B' sich nicht von A entfernen können und mithin zwischen ihnen auch keine Spannung auftreten kann. Da nun aber die zur Flächenberührenden normale Komponente, welche durch Summierung der in allen Richtungen an diesem Punkte angreifenden Kräfte entsteht, unbedingt in allen Punkten gleich groß sein muß und da an der Peripherie die in tangentialer Richtung wirkenden Kräfte wegfallen, so müssen notwendigerweise die Komponenten der in radiärer Richtung wirkenden Kräfte größer sein als im Zentrum. Die in radiärer Richtung wirkenden Kräfte selbst sind aber, wie oben gezeigt, überall notwendig gleich groß; damit die Komponenten also größer werden können, muß der Winkel, den ihre Richtung mit der Flächennormalen bildet, spitzer sein, mithin muß die Fläche an dieser Stelle stärker gekrümmt sein. Diese periphere Bedingung nimmt allmählich gegen die Mitte hin ab, um in der Mitte selbst völlig unwirksam zu werden. Man könnte sich wundern, daß diese Bedingung keinen größeren Einfluß auf die wirkliche Form der Fläche ausübt, denn in Wirklichkeit fallen ja, wie die schematische Figur 2 zeigt, Schnittkurve und Kreis fast zusammen; doch ist dabei zu bedenken, daß dadurch, daß dicht an der Peripherie schon eine Ausbuchtung stattfindet, die tangentiale Spannung verhältnismäßig schnell zunehmen muß. In Wirklichkeit ist sogar das Stück, das mit einem Kreise praktisch zusammenfällt, größer, als es in der Figur erscheint, denn die eigentlich in Betracht kommenden Kreise gehen ja nach obigen Auseinandersetzungen nicht durch die Punkte A und B, sondern durch Punkte, die außerhalb dieser Strecke liegen. Da ich aber die wirklichen Radien nicht berechnen konnte, und da es sich ja nur um Vergleichskurven handelt, habe ich die Kreise einheitlich durch A und B gezogen.

Außerdem gibt ja auch R. du Bois-Reymond[2] in seiner Arbeit an, daß die Querspannung einen verhältnismäßig geringen Einfluß ausübt. Doch möchte ich mich mit der Erwähnung dieser Tatsache begnügen und gehe absichtlich auf notwendige theoretische Erörterungen nicht ein.

---

[1] Genauer gesagt, ist natürlich die Spannung auch hier nach allen Richtungen hin wirksam, sie ist aber eine Funktion des Winkels, den die Spannungsrichtung mit der Richtung gegen den Membranmittelpunkt bildet, hat in dieser Richtung ein Maximum und ist in der Richtung der Tangente gleich Null. Für das Resultat unserer summarischen, nicht rechnenden Betrachtung ist dies jedoch gleichgültig.

[2] *Biologisches Zentralblatt*. Bd. XXVI. Nr. 22. S. 806.

Aus der obigen theoretischen Entwicklung geht also hervor: Eine gespannte und aufgeblähte Membran ist sicherlich kein Paraboloid, vielmehr ein Rotationskörper, dessen Schnittkurve eine recht komplizierte Kurve darstellt, die von einem Kreissegment in typischer Weise dadurch abweicht, daß sie in der Randzone stärker gekrümmt erscheint, also gerade in umgekehrtem Sinne, wie die Parabel, vom Kreise abweicht.

Das Experiment hat dann gezeigt, daß die Abweichungen von einer Kugelkalotte, wenigstens für kleine Ausschläge, so minimal sind, daß sie praktisch — wenigstens bei der Formbestimmung — vernachlässigt werden können.

II. Theoretischer Anhang.

Von Dr. M. Schlick.

Die Rechnung, durch welche Hr. Frank zu beweisen unternimmt, daß die kreisförmige Membran unter dem Einfluß eines Überdrucks eine parabolische Gestalt annehme, vermag der strengeren mathematischen Kritik nicht standzuhalten. Es sei gestattet, dies mit einigen Worten darzutun:

Hr. Frank sagt, er wolle nur so kleine Deformationen betrachten, daß man den Sinus und die Tangente des Winkels zwischen der x-Achse und der Tangente der medianen Schnittkurve im Punkte x, y miteinander vertauschen könne. Durch diese Festsetzung verzichtet er selbstverständlich von vornherein darauf, überhaupt etwas Näheres über die Gestalt jener Kurve zu erfahren, denn die Festsetzung besagt ja nichts weiter, als daß man die Kurve als so wenig gekrümmt voraussetzt, daß man gar nicht mehr unterscheiden kann, ob es eine Ellipse, Parabel, Hyperbel oder eine von unzählig vielen anderen Kurven ist. Will man also nachträglich etwas Bestimmteres über die Form der Kurve herleiten, so verstößt man gegen die Voraussetzung. Aus der von Hrn. Frank aufgestellten Gleichung

$$- \frac{d\,y}{d\,x} \cdot S \cdot 2\,\pi\,x = \pi\,x^2\,p \qquad (1)$$

darf man also nicht schließen wollen, daß die Gestalt der Membran notwendig ein Paraboloid sein müsse.

Die exakte Gleichung, von welcher (1) eine Annäherung ist, lautete ja

$$- \sin \alpha \cdot S \cdot 2\,\pi\,x = \pi\,x^2\,p\,, \qquad (2)$$

wenn α den Winkel bezeichnet, dessen Tangente gleich $\frac{d\,y}{d\,x}$ ist.

Da

$$\sin \alpha = \frac{\operatorname{tg} \alpha}{\sqrt{1 + \operatorname{tg}^2 \alpha}}$$

ist, so kann man (2) schreiben:

$$- 2 S \frac{dy}{dx} = x p \sqrt{1 + \left(\frac{dy}{dx}\right)^2},$$

woraus folgt

$$\frac{dy}{dx} = \frac{p\,x}{\sqrt{4\,S^4 + p^2\,x^2}}.$$

Integriert ergibt dies

$$(y + a)^2 + x^2 = \frac{4\,S^2}{p^2}, \tag{3}$$

wo a eine (durch den Radius der Trommel bestimmte) Konstante bedeutet. Hier haben wir aber die Gleichung eines Kreises vor uns. Die Membran nimmt also (wenn S konstant vorausgesetzt wird) Kugelgestalt an, und zwar ist der Radius der Kugel

$$R = \frac{2\,S}{p},$$

wie man aus (3) ersieht.

Der Fall, daß die Spannung S in der ganzen unendlich dünnen Membran konstant ist, ist realisiert bei Seifenblasen, die ja in der Tat Kugelform zeigen. Bei ihnen ist $S = 2\,T$, wenn T die Oberflächenspannung bedeutet; der Radius der Seifenblasen ist also

$$R = \frac{4\,T}{p},$$

eine bekannte Relation, die man zur Bestimmung der Oberflächenspannung benutzt hat.

Die von Hrn. Nicolai bei der Gummimembran beobachtete Abweichung von der Kugelgestalt ist auf die mangelhafte Konstanz von S zurückzuführen.

Wird die Membran durch ein Gewicht P belastet, so erhält man die exakte Differentialgleichung

$$2 \pi x S \sqrt{\frac{\left(\frac{dy}{dx}\right)^2}{1 + \left(\frac{dy}{dx}\right)^2}} = P,$$

woraus sich ergibt (wenn man, wie bei Seifenblasen, $S = $ konst. annimmt)

$$y = \frac{P}{2\,\pi\,S} \lg \left\{ \frac{x + \sqrt{x^2 - \dfrac{P^2}{4\,\pi^2\,S^2}}}{r + \sqrt{r^2 - \dfrac{P^2}{4\,\pi\,S^2}}} \right\}$$

(r ist der Radius der Trommel). Hieraus folgt, daß die Membran zerreißt, wenn $P > 2\,\pi\,\varrho\,S$ ist, wo ϱ den Halbmesser der in der Mitte der Membran angebrachten festen Platte bezeichnet, an der das Gewicht befestigt ist.

Verhandlungen der physiologischen Gesellschaft zu Berlin.

Jahrgang 1905—1906

XIV. Sitzung am 22. Juni 1906.

Hr. Munk legt der Gesellschaft eine schriftliche Mitteilung des auswärtigen Mitgliedes Hrn. Wilhelm Koch vor: „Exostosen, Sehnen- und Hautknochen."

Vom Processus supracondyloideus und Trochanter tertius abgesehen sind bekanntere Exostosen des Menschen die folgenden: jene an der Außen- bzw. Vorderseite des Calcaneus, Talus und Naviculare, auf der großen Zehe, am unteren und oberen Ende der Tibia- und Schenkeldiaphyse, am Ramus horizontalis pelvis, am unteren dorsalen Radiusende, an zwei Stellen der Scapula und endlich an den Wirbelkörpern. Neuere Arbeiten nennen noch das Acromion und Schlüsselbein, die Ulna, Fibula, Crista ilei u. a., so daß sich schon heute behaupten läßt, jeder Knochen könne ab und an auch eine Exostose tragen. Meine Umfrage bei Fachleuten, ob solche Auswüchse nicht auch beim Tier sich finden, hatte, abgesehen natürlich vom 3. Trochanter und Processus supracondyloideus, keinen Erfolg; bis sich ergab, daß Hyrtls „Trochlearfortsätze" häufiger zitiert als gelesen worden sind. Hier hat Hyrtl bei sehr vielen Familien unserer (hypothetischen) Ahnenreihe die Calcaneusexostose und bei vielen auch die Radiusexostose, also die Homologie zunächst dieser beiden Auswüchse mit den korrespondierenden menschlichen in schwer antastbarer Weise sichergestellt. Die Homologie gilt bekanntlich auch für den 3. Trochanter und den Processus supracondyloideus bzw. das Foramen seiner Nähe, während die menschliche Spina trochlearis des Ramus horizontalis, einwärts vom Ileopsoas, wenigstens als Analogon des gleichen Fortsatzes bei Monotremen, die gestielte Exostose zu Seiten der Cavitas glenoidalis scapulae als Analogon eines ähnlichen, einseitigen, Fortsatzes bei Echidna angesprochen werden darf.

So gilt es, in der menschlichen Reihe noch vieles zu deuten. Doch scheint mir eine andere Deutung des Restes als die versuchte, aus folgenden Gründen nicht angängig. Die Exostosen des Fußes, Unterschenkels

und Radius nennt H y r t l Trochlearfortsätze, weil diese Gubernacula
für bestimmte drehrunde Endsehnen vorstellen. Es sind (ab und an
schleimbeutelbedeckte) Zapfen und Kämme, in deren überknorpelter, durch
Synovialscheiden geschlossener Rinne die Sehne gesetzmäßig sich bewegen
muß. Dieselben Zapfen kenne ich unten, an der Außen- und Innenseite der
Oberschenkeldiaphyse; aber bezeichnend ist, daß hier auch die Pilzform,
zusammen mit Schleimbeuteln und Sesambeinen ähnlicher Art vorkommt,
wie sie H y r t l an den Trochlearfortsätzen z. B. des Semnopithecus mitratus
sah. Klein und vielfach nebeneinander treffen wir dieselbe Pilzform am
oberen Ende des Schenkels, ein einzelnes großes Exemplar unterhalb der
Cavitas glenoidalis scapulae; alle zum Zweck, den Extensoren einen besseren
und zwar ähnlichen Halt zu gewähren, wie ihn hinten der Trochanter mit
seinen bekannten Rauhigkeiten, im Bereich der Linea aspera Zacken und
Spitzen erzwingen, welche in die Adduktoren hineinwachsen. Also geht weder
Form noch Funktion der Exostosen weit auseinander; Anfang bzw. Ende
des Muskels sollen besonders sicher eingelassen, Endsehnen in bestimmtem
Winkel zu ihrer Insertion festgehalten werden. Und bei erweiterter Beobachtung wird sich wahrscheinlich die Exostose des einen Knochens auch
gestaltlich an anderen wiederholen. — Die Corticalis des Stammknochens fehlt
im Bereich der Wurzel der Exostosen; sie überzieht vielmehr Stiel und
Körper der Exostosen, Markräume umkleidend, welche in jene des unterliegenden Knochens als Zeichen dessen sich fortsetzen, daß die Exostosen
vom Stammesknochen selbst ausgehen, nicht von außen her ihm zuwandern.
Nehmen wir sodann die Rauhigkeiten des Trochanter minor und der Tuberositas radii nur als besondere, in die Sehne einwachsende Oberfläche, nicht als
etwas Neues, so gehören alle übrigen Exostosen der Diaphyse und zwar als
angeborene Dinge an, was außerdem ihre Erblichkeit, gleichzeitige Be-
schränkungen des Längenwachstums bzw. Asymmetrie des Schädels, Hasen-
scharten und Plattfüße, ferner bei jedem Menschen vorhandene Parallelen,
der Hamulus uncinatus und pterygoideus, das Rostrum cochleare u. a. beweisen. Endlich läuft es wohl ebenfalls auf Sicherung der Endsehne hinaus,
wenn gelegentlich auch mal an der Epiphyse die Cristae, Tubera oder Apo-
physen besonders stark und daneben von tierischer Gestalt· erscheinen.

Gleichwertige Auswüchse der Oberfläche des Schädels finde ich nirgends so
beschrieben, wie ich sie gesehen habe, obwohl als Schädelexostose in der Literatur
sehr vieles geht. Ich meine zunächst planrunde, linsengroße Platten, welche
scharfrandig zum schmächtigen Stiel umbiegen. Vereinzelt oder zu mehreren
und häufiger als kleine Ovale ohne Stiel sitzen sie zuweilen auf verdickten
Stellen des Schädels oder auf Ringen mit scharf abgesetzter Vertiefung, so
daß, namentlich wenn noch Leisten mit Gruben dazwischen hinzukommen,
das Bild des Kraters bzw. einer Hügelkette entsteht. Weiteres dieser Art
wären die Schädelnähte überragende Lingulae, Kegel von der Form der
Geweihzapfen z. B. auf dem Stirnbein, endlich unter Umständen kolossale
allgemeine Hyperostosen des Hirn- und Gesichtsschädels (Leontiasis ossea
congenita). Präparate, welche ich Prof. J. v. K e n n e l verdanke, zeugen
auch hier für die gelegentlich der peripheren Exostose ermittelte Struktur,
ältere Arbeiten[1] für die Möglichkeit „atavistischen" Ursprunges wenigstens

---

[1] Sternberg in Nothnagels *Pathologie*. VII. 2.

der Leontiasis. Und läßt sich der Rest, Leisten, Platten, Höcker u. a. durch sämtliche Glieder der Ahnenreihe zur Stunde nicht verfolgen, so steht doch fest, daß die Schädeloberfläche vieler lebenden und fossilen Tiere (z. B. Rhinoceros trichorinus, fossile Insectivoren, Necrogymnuren, Placodermen) durch ein derartig kompliziertes Relief bald nur an einer Stelle, bald in großem Umfange ausgezeichnet ist.

Virchow beschreibt Schädelexostosen ohne Markräume mit vielfach geschichteter Corticalis und gleichzeitigem Dentin. Es ist fraglich, ob der Mutterboden dieser Variante tatsächlich das Schädeldach ist, aber sicher, daß die seltenen menschlichen Osteome der Dura, meist höchstens 2 Zoll lange Leisten oder Platten, auf die innere Schädelcorticalis bezogen werden müssen. Von dieser läßt sie Gegenbaur bei Ornitorrhynchus, bei den Beutlern, Carnivoren, Pinnipedien, Wal- und anderen Tieren ausgehen, bei denen sie regelmäßige Vorkommnisse sind.

Berücksichtige ich noch das Kiemenskelett, so läßt sich zwar abweisen, daß die großen Knochenklötze der Kiefer von Kiemenbogen herstammen, augenblicklich aber nicht entscheiden, inwieweit kleinere Fragmente in Nähe des Zungenbeines beim Menschen durchschnittlich nicht mehr übliche Segmentierungen dieses Beines, Sehnenknochen des Biventer, Verknöcherungen des Lig. stylo-hyoideum oder Auftreibungen der Hyoidspange selbst vorstellen.[1] Immerhin sind es Leistungen des Kiemenapparates, wie vielleicht selbst die beim Tier und Menschen gleich rätselhaften Osteome der Lunge; falls nämlich Spengel Recht behält, daß mit dem Kehlkopf auch die Lungen von Kiemen und deren Taschen ausgehen.[2]

Die Exostosen meiner Begrenzung haben also den Zweck, die Endsehne irgendwie in der Lage zu halten, oder den Ursprung der Muskeln besonders fest einzubetten; deshalb sind sie auch an dasselbe System wie die Muskulatur gebunden. Und läßt sich verstehen, warum sie beim Tier in gehäufter Zahl vorkommen, so bleibt doch die im allgemeinen nicht gerade häufige Wiederholung dieser größeren Zahl beim Menschen rätselhaft. Auch die Meningenknochen geben wohl den Binnenräumen des Schädels eine gewisse Stetigkeit.

XV. Sitzung am 6. Juli 1906.

Hr. W. A. Freund (a. G.): „Zur Physiologie der Atmungsmechanik" auf Grund folgender Untersuchungsresultate.

An der oberen Brustapertur werden symmetrische und asymmetrische Stenosen beobachtet; diese beruhen vorzugsweise auf abnormer Entwicklungshemmung des 1. Rippenknorpels (Nahtknorpels), selten auch des 1. Rippenknochens. Als Folgeerscheinung dieser Anomalie wird eine Deformität des äußeren Thorax, die man als Habitus phthisicus kennt, und des Thoraxraumes, die in Thoraxausgüssen zutage tritt, beobachtet. Dieser Zustand geht mit erschwerter Beweglichkeit der oberen Thoraxpartie und mit be-

---

[1] Krause, *Varietäten*; Graf Spee in Bardelebens *Handbuch.*
[2] *Zool. Jahrbuch.* Suppl. VII. Goette, *Lehrbuch der Zoologie.*

hinderter Ventilation der Lungenspitze einher. Damit ist Prädisposition zu Lungenspitzenerkrankungen (tuberkulöse Infektion) gegeben. — Als Kompensationserscheinungen beobachtet man unter Hyperplasie der Scaleni Bildung des Angulus Ludwigi mit starkem Hervortreten des 2. Rippenringes, oder Gelenkbildung am 1. Rippenknorpel; damit ist unter Umständen bessere Beweglichkeit der oberen Thoraxpartie, bessere Ventilation der Lungenspitze, Naturheilung der tuberkulösen Lungenspitze gegeben. — Die Diagnose dieser Vorgänge ist durch Messung, Palpation und neuerdings durch Röntgendurchleuchtung (es werden Photogramme aus der Kraus'schen medizinischen Klinik gezeigt) gesichert. Als rationelle Therapie wird die Durchschneidung des 1. Rippenknorpels für indiziert gehalten.

Eine zweite Beobachtungsreihe stellt sich als Folge der „gelben Zerfaserung" der Rippenknorpel mit Volumvermehrung dar. Daraus resultiert die „starre Dilatation" des Thorax mit der bekannten Faßform und: Ausweitung seiner Höhle, endlich ein alveoläres Emphysem; weiterhin entwickelt sich Atrophie des gedehnten Diaphragmas und als Kompensationserscheinung Hyperplasie des M. triangularis sterni. — Die Diagnose ist durch dieselben Hilfsmittsl wie bei der Stenose gesichert und als Indikation zur Behandlung wird die Exzision keilförmiger Stücke der Rippenknorpel aufgestellt. — Es wird über einen beweisenden Fall von der Kraus'schen medizinischen und von der Hildebrand'schen chirurgischen Klinik berichtet und auf das Paradigma des Atemmechanismus der Schildkröten hingewiesen.

Auf Grund dieser Beobachtungen beschreibt der Vortr.

1. die Mechanik der oberen Apertur mit der ebenen Ruhestellung und mit der Spiraltorsion der Inspirationsstellung des 1. Rippenknorpels;

2. das Verhältnis der Lungenverschiebung und -ventilation zur Thoraxbewegung im allgemeinen und in den einzelnen Partien, wobei konstatiert wird, daß behinderte Bewegung bestimmter Thoraxpartien die Ventilation der betreffenden Lungenpartien und

3. die Blut- und Lymphzirkulation behindert;

4. weist der Vortr. auf das Interesse hin, welches die Entwicklungsgeschichte, die Anatomie und die Anthropologie an der oberen Apertur nehmen muß, und hebt schließlich hervor, daß er die Stenose als Infantilismus, Wiedersheim aber als Reduktionserscheinung angesprochen hat.

Skandinavisches Archiv für Physiologie.

Herausgegeben von
Dr. Robert Tigerstedt,
o. ö. Professor der Physiologie an der Universität Helsingfors.

Das „Skandinavische Archiv für Physiologie" erscheint in Heften von 5 bis 6 Bogen mit Abbildungen im Text und Tafeln. 6 Hefte bilden einen Band. Der Preis des Bandes beträgt 22 M.

Centralblatt
für praktische
AUGENHEILKUNDE.

Herausgegeben von
Prof. Dr. J. Hirschberg in Berlin.
Preis des Jahrganges (12 Hefte) 12 M; bei Zusendung unter Streifband direkt von der Verlagsbuchhandlung 12 M 80 Pf.

Das „Centralblatt für praktische Augenheilkunde" vertritt auf das Nachdrücklichste alle Interessen des Augenarztes in Wissenschaft, Lehre und Praxis, vermittelt den Zusammenhang mit der allgemeinen Medizin und deren Hilfswissenschaften und gibt jedem praktischen Arzte Gelegenheit, stets auf der Höhe der rüstig fortschreitenden Disziplin sich zu erhalten.

DERMATOLOGISCHES CENTRALBLATT.
INTERNATIONALE RUNDSCHAU
AUF DEM GEBIETE DER HAUT- UND GESCHLECHTSKRANKHEITEN.

Herausgegeben von
Dr. Max Joseph in Berlin.

Monatlich erscheint eine Nummer. Preis des Jahrganges, der vom Oktober des einen bis zum September des folgenden Jahres läuft, 12 M. Zu beziehen durch alle Buchhandlungen des In- und Auslandes, sowie direkt von der Verlagsbuchhandlung.

Neurologisches Centralblatt.
Übersicht der Leistungen auf dem Gebiete der Anatomie, Physiologie, Pathologie und Therapie des Nervensystems einschließlich der Geisteskrankheiten.

Herausgegeben von
Professor Dr. E. Mendel
in Berlin.

Monatlich erscheinen zwei Hefte. Preis des Jahrganges 24 M. Gegen Einsendung des Abonnementspreises von 24 M direkt an die Verlagsbuchhandlung erfolgt regelmäßige Zusendung unter Streifband nach dem In- und Auslande.

Zeitschrift
für
Hygiene und Infektionskrankheiten.

Herausgegeben von
Prof. Dr. Robert Koch,
Geh. Medizinalrat,

Prof. Dr. C. Flügge, und Dr. G. Gaffky,
Geh. Medizinalrat und Direktor des Hygienischen Instituts der Universität Breslau,   Geh. Obermedizinalrat und Direktor des Instituts für Infektionskrankheiten zu Berlin.

Die „Zeitschrift für Hygiene und Infektionskrankheiten" erscheint in zwanglosen Heften. Die Verpflichtung zur Abnahme erstreckt sich auf einen Band im durchschnittlichen Umfang von 30—35 Druckbogen mit Tafeln; einzelne Hefte sind nicht käuflich.

Das

ARCHIV

für

ANATOMIE UND PHYSIOLOGIE,

Fortsetzung des von **Reil, Reil** und **Autenrieth, J. F. Meckel, Joh. Müller, Reichert** und **du Bois-Reymond** herausgegebenen Archives,

erscheint jährlich in 12 Heften (bezw. in Doppelheften) mit Abbildungen im Text und zahlreichen Tafeln.

6 Hefte entfallen auf die anatomische Abteilung und 6 auf die physiologische Abteilung.

Der Preis des Jahrganges beträgt 54 $\mathscr{M}$.

Auf die **anatomische** Abteilung (Archiv für Anatomie und Entwickelungsgeschichte, herausgegeben von W. Waldeyer), sowie auf die **physiologische** Abteilung (Archiv für Physiologie, herausgegeben von Th. W. Engelmann) kann **besonders** abonniert werden, und es beträgt bei Einzelbezug der Preis der anatomischen Abteilung 40 $\mathscr{M}$, der Preis der physiologischen Abteilung 26 $\mathscr{M}$.

Bestellungen auf das vollständige Archiv, wie auf die einzelnen Abteilungen nehmen alle Buchhandlungen des In- und Auslandes entgegen.

Die Verlagsbuchhandlung:

Veit & Comp. in Leipzig.

Druck von Metzger & Wittig in Leipzig.

Physiologische Abteilung. 1907. III. u. IV. Heft

7383

ARCHIV

FÜR

ANATOMIE UND PHYSIOLOGIE.

FORTSETZUNG DES VON REIL, REIL u. AUTENRIETH, J. F. MECKEL, JOH. MÜLLER, REICHERT u. DU BOIS-REYMOND HERAUSGEGEBENEN ARCHIVES.

HERAUSGEGEBEN

VON

Dr. WILHELM WALDEYER,

PROFESSOR DER ANATOMIE AN DER UNIVERSITÄT BERLIN,

UND

Dr. TH. W. ENGELMANN,

PROFESSOR DER PHYSIOLOGIE AN DER UNIVERSITÄT BERLIN.

JAHRGANG 1907.

== PHYSIOLOGISCHE ABTEILUNG. ==

DRITTES UND VIERTES HEFT.

MIT ACHTUNDDREISSIG ABBILDUNGEN IM TEXT UND ZWEI TAFELN.

LEIPZIG,

VERLAG VON VEIT & COMP.

1907

Inhalt.

Die Herren Mitarbeiter erhalten *vierzig* Separat-Abzüge ihrer Beiträge gratis.

Beiträge für die anatomische Abteilung sind an

Professor Dr. **Wilhelm Waldeyer** in Berlin N.W., Luisenstr. 56,

Beiträge für die physiologische Abteilung an

Professor Dr. **Th. W. Engelmann** in Berlin N.W., Dorotheenstr. 35

portofrei einzusenden. — Zeichnungen zu Tafeln oder zu Holzschnitten sind auf vom **Manuskript getrennten** Blättern beizulegen. Bestehen die Zeichnungen zu Tafeln aus einzelnen Abschnitten, so ist, unter **Berücksichtigung** der Formatverhältnisse des Archives, eine **Zusammenstellung**, die dem Lithographen als Vorlage dienen kann, beizufügen.

Über die rhythmische Tätigkeit des quergestreiften Muskels.

Nach Versuchen von Herrn P. M. Pheophilaktoff

mitgeteilt von

Prof. Dr. A. Samojloff.

(Aus dem physiologischen Laboratorium der physiko-mathematischen Fakultät
der Universität in Kasan.)

(Hierzu Taf. VI.)

Im Jahre 1880 machte W. Biedermann[1] seine Beobachtungen und Versuche über die rhythmischen durch chemische Reizung bedingten Kontraktionen des quergestreiften Muskels bekannt. Diese Versuche wurden darauf mehrfach wiederholt und das Studium der erwähnten Erscheinung in verschiedener Richtung fortgesetzt. Viele Untersuchungen wurden dem betreffenden Gegenstand von J. Loeb[2] und seiner Schule und zwar in bezug auf die Klärung des chemischen Geschehens der bei Rhythmik des Skelettmuskels sich abspielenden Prozesse gewidmet.

Das Hauptinteresse der Biedermannschen Erscheinung liegt in der Möglichkeit, die Funktionen des quergestreiften Muskels und die des Herzmuskels in nähere Beziehungen zueinander zu bringen. Bereits Biedermann[3] selbst betrachtete die von ihm geschilderte Erscheinung von diesem

---

[1] W. Biedermann, Beiträge zur allgemeinen Nerven- und Muskelphysiologie (VI). Über rhythmische, durch chemische Reizung bedingte Kontraktionen quergestreifter Muskeln. *Sitzungsberichte der kgl. Akademie der Wissenschaften.* III. Abtlg. November-Heft. 1880.

[2] J. Loeb, *Vorlesungen über die Dynamik der Lebenserscheinungen.* Leipzig 1906.

[3] W. Biedermann, a. a. O. S. 14.

Gesichtspunkte aus; er sagt nämlich, daß es ihm gelungen sei, „auch den durch Curare entnerven Skelettmuskel unter fast genau denselben Versuchs-bedingungen zu analoger rhythmischer Tätigkeit anzuregen, wie die ab-geschnittene Herzspitze" in den Versuchen von Bernstein.

Die Erscheinung der rhythmischen Tätigkeit des Sartorius gewann noch etwas mehr an Bedeutung, als die Frage nach der myogenen bzw. neurogenen Reizerzeugung im Herzen zu einer brennenden wurde. Überall, wo es in der Kontroverse zwischen den Myogenisten und Neurogenisten um die Aufzählung der Gründe für bzw. gegen die eine der zwei Ansichten handelt, findet man stets die rhythmische Kontraktion des curaresierten Sartorius als einen der Beweisgründe der Myogenisten angeführt. Die Eigenschaft des Sartorius, unter gewissen Umständen · sich rhythmisch zu kontrahieren, ging fast in alle Lehrbücher der Physiologie über und wird meistens in denselben, nicht im Kapitel der allgemeinen Muskel-physiologie, sondern im Kapitel über die Funktionen des Herzmuskels abgehandelt.

Es macht hierbei den Eindruck, als ob man tatsächlich im rhythmisch arbeitenden Sartorius eine sehr weitgehende Analogie mit dem klopfenden Herzen bzw. seinen Teilen anzunehmen geneigt ist. J. Loeb[1] betrachtet überhaupt die meisten rhythmischen Vorgänge von einem und demselben Gesichtspunkte aus und ist der Meinung, daß die Rhythmik des Herzens, der Atmungsorgane usw. durch eine Substitution gewisser Metallionen an die Stelle anderer bedingt ist; bezüglich der Skelettmuskeln, lesen wir bei J. Loeb[2], „verdanken wir es den Ca- und Mg-Salzen in unserem Blute, daß unsere Muskeln nicht fortwährend sich kontrahieren, wie unser Herz."

Allerdings begegnet man Meinungsäußerungen, die vor zu weitgehender Identifizierung im oben angedeuteten Sinne warnen. So sagt z. B. M. v. Frey[3], der übrigens der Annahme der myogenen Theorie der Herztätigkeit nicht abgeneigt ist, über den in Rede stehenden Punkt folgendes: „Es ist indessen noch fraglich, ob diese von Biedermann genauer studierten „spontanen" Zuckungen mit den automatischen Bewegungen in Analogie gebracht werden dürfen." Diese und ähnliche Äußerungen beweisen aber anderseits, daß eine Tendenz, die Rhythmuserzeugung im Herzen und im Bieder-mannschen Präparat vom gleichen Gesichtspunkte aus zu betrachten, tatsächlich existiert.

---

[1] J. Loeb, a. a. O. S. 139.

[2] Derselbe, a. a. O. S. 122.

[3] M. v. Frey, *Vorlesungen über Physiologie.* Berlin 1904. S. 72.

Die Erscheinung der rhythmischen Tätigkeit des Sartorius wurde bis jetzt nur durch unmittelbares Beobachten der Muskelbewegung studiert. Es schien mir deshalb, daß die graphische Aufzeichnung der rhythmischen Kontraktionen viel Klarheit in die Frage nach der Natur der Kontraktionen und der Beziehungen des Biedermannschen Präparates zum Herzmuskel hineinbrigen könnte. Der größte Teil unserer Kenntnisse über die Eigenschaften des Herzmuskels, über die refraktäre Periode, über die verschiedene Beantwortung eines Extrareizes in bezug auf das Fehlen bzw. Vorhandensein der kompensatorischen Pause, über die Eigentümlichkeit der Stellen des Herzens, an denen die Reizerzeugung angenommen wird u. dgl. m. sind meistens unter Zuhilfenahme der graphischen Methoden gewonnen. Auch Biedermann selbst hat das Bedürfnis, die rhythmischen Kontraktionen des Sartorius graphisch darzustellen, empfunden. Biedermann[1] sagt darüber folgendes: „Ich muß leider bedauern, dies nicht durch eine Reihe beigegebener Kurven erläutern zu können, allein ungeachtet vieler Bemühungen wollte es mir bis jetzt nicht gelingen, eine einfache Methode ausfindig zu machen, um die scheinbar so kräftigen Kontraktionen des eingetauchten Muskels graphisch zu verzeichnen. Denn es genügt schon selbst eine selbst sehr geringe Belastung, um dieselben entweder vollständig zu unterdrücken, oder doch in ihrer Größe derart zu reduzieren, daß die Deutlichkeit darunter wesentlich leiden würde. Der eingetauchte Muskel ist eben nahezu gewichtslos und folgt daher dem leisesten Anstoß zur Bewegung, während schon das Herausziehen aus der Flüssigkeit genügt, um die übrigens auch außerhalb derselben fortdauernden Bewegungen fast unmerklich erscheinen zu lassen." Aus eigener Erfahrung bin ich imstande, das Gesagte vollständig zu bestätigen; es ist absolut unmöglich, den Muskel auf einer berußten Trommel brauchbare Kurven schreiben zu lassen. Es war aber sehr wahrscheinlich, daß unter Zuhilfenahme der photographischen Registration die Aufgabe ohne besondere Schwierigkeiten zu lösen sein würde. Ich veranlaßte daher Hrn. Pheophilaktoff, die Bewegungen des rhythmisch sich kontrahierenden Froschsartorius photographisch in Kurvenform aufzunehmen und einige Versuche unter Anwendung dieser Methode auszuführen.

In methodischer Hinsicht sei von vornherein erwähnt, daß die ganze Vorbereitung des Frosches, die Art der Beeinflussung durch fortgesetzte niedrige Temperatur, die Zusammensetzung der Flüssigkeit, in welcher der

---

[1] W. Biedermann, a. a. O. S. 5.

Muskel sich befand, u. a. m. genau nach den Angaben von Biedermann ausgeführt war. Allerdings war anfangs aus besonderen Gründen der Plan gefaßt, nicht am ganzen Muskel die Kontraktion zu studieren, sondern die Bewegungen bloß einzelner kleiner in die Flüssigkeit eingetauchter Sartorius-stückchen vermittelst eines kleinen Spiegelchens photopraphisch aufzuschreiben. Technisch ließ sich die Sache auch ohne weiteres ausführen, aber es stellte sich bald heraus, daß man durch Versuche an Sartoriusstückchen kaum zu brauchbaren Resultaten gelangen kann, da die Kontraktionen einzelner Stückchen erstens sehr schwach sind, was übrigens noch am ⸢wenigsten störend ist, zweitens sehr unregelmäßig auftauchen und schwinden und über-haupt nur eine kurze Zeit andauern. Wird dazu noch das kleine Muskel-stückchen, z. B. $^1/_2$ qcm, ein paarmal elektrisch gereizt, so schwinden die Kontraktionen für längere Zeit oder definitiv. Daß die Größe des Muskels für das Auftreten der rhythmischen Tätigkeit von Bedeutung ist, erwähnt auch Biedermann; er gibt sogar an, daß merkwürdigerweise ganze Sartorien kleiner Frösche für den Versuch sich nicht so gut eignen, wie Sartorien großer Frösche. Nach vielen vergeblichen Bemühungen wurde deshalb die anfängliche Versuchsform verlassen und zu den Versuchen nur ganze Sartorien verwendet.

· Der Sartorius wurde in üblicher Weise mit Erhalten der Sehnen samt den anhängenden Knochenstücken des Beckens und des Unterschenkels präpariert. Das Gefäß mit der Biedermannschen Flüssigkeit, in welchem der Muskel vertikal aufgehängt war, hatte eine parallelepipedische Form, wie die zu spektroskopischer Untersuchung von Flüssigkeiten bestimmten Gefäße. An einem Rande des Gefäßes oben war der Halter für die Knochenklemme zur Fixierung des Unterschenkelknochens befestigt. Vor dem Eintauchen des Sartorius in die Flüssigkeit wurde immer in die am Sartoriusende herabhängenden Beckenknochenstücke bzw. in die mit dem-selben zusammenhängenden fibrösen Teile ein feines Loch gebohrt und durch dieses ein etwa $0 \cdot 2$ mm dicker, ungefähr 2 cm langer Platindraht hindurchgeführt und senkrecht zur Muskelachse befestigt. Man konnte es leicht erreichen, daß der Draht am vertikal in der Flüssigkeit hängenden Muskel trotz der ausgiebigen Bewegungen des letzteren die ihm gegebene zur Muskelaxe senkrechte Lage unverrückt behielt. Der Trog stand wäh-rend der ganzen Zeit des Versuches mit seinem unteren Teil in einer mit Schnee gefüllten Schale; der obere Teil war frei, so daß Lichtstrahlen un-gehindert durch die planparallelen Wände hindurchgehen konnten.

· Der optische Teil des Instrumentariums für die photographische Registra-tion war folgendermaßen zusammengesetzt. Als Lichtquelle diente der vertikal aufgestellte Lichtfaden einer 32 kerzigen Nernstlampe (ohne umhüllende Spirale), die in einem schwarzen, metallenen, mit einem dem leuchtenden

Faden parallelen Spalt versehenen Kasten eingeschlossen war: Dicht vor dem Spalt stand eine starke Linse, die als Kondensor wirkte. Hinter der Linse in entsprechendem Abstande war der Trog so aufgestellt, daß er gerade in demjenigen Teile beleuchtet werden konnte, wo der horizontale Platindraht hervorstand. Weiter folgte ein photographisches Objektiv von ziemlich hoher Lichtstärke und 12 cm Brennweite, durch welches man ein objektives Bild des Drahtes auf der mit photographischem Papier bespannten Trommel eines Kymographions entwerfen konnte. Zwischen der Trommel und dem Objektiv, genau an der Stelle, wo in der Luft das objektive Bild des leuchtenden Fadens und der beleuchteten weißen Grundfläche der Lampe sich befand, wurde ein enger Spalt aufgestellt, der das Bild des Fadens ausschnitt. Auf diese Weise erhält man auf der Trommel einen vertikalen scharfen, beleuchteten Streifen mit scharfrandigen, horizontalen Konturen des abgebildeten Drahtes. Im Spalt des Kastens, in welchem die Trommel sich befand (ungefähr 10 cm von derselben entfernt), war eine Zylinderlinse aufgestellt, wodurch der vertikale Streifen sehr hell und fein wird, und dicht vor dem Papier wiederum ein Spalt angebracht. Dadurch war es möglich, ohne Schaden im vollständig hellen Zimmer zu arbeiten. Die gegenseitigen Distanzen der aufgestellten optischen Teile waren so gewählt, daß die Vergrößerung ungefähr sechsmal betrug. Ein Kymographion der Harvard Apparatus Company erwies sich zum Zwecke der photographischen Registration sehr geeignet. Es ist ziemlich klein und leicht; man braucht deshalb bei Anwendung desselben keine besondere Trommelkassette, es genügt ein einfacher Holzkasten, welchen man dann zusammen mit dem ganzen Kymographion behufs Bespannung mit neuem Papier ins Dunkelzimmer transportiert.

In denjenigen Fällen, wo man den rhythmisch zuckenden Muskel mit einzelnen Induktionsströmen reizte, spielte die Knochenklemme die Rolle einer Elektrode. Die andere Elektrode bestand aus einem dünnen Platindraht, der um den Muskel nahe dem Flüssigkeitsspiegel einigemal umschlungen war. Das andere Ende des Drahtes war in eine Glasröhre eingeschmolzen. Die mit Quecksilber gefüllte Röhre wurde von einem am Rande des Troges befestigten Halter getragen.

Die Zeit (in $^1/_4$ Sek.) und Reizmarken wurden in üblicher Weise als Schattenbilder registriert.

Sämtliche Kurven, die in halber Größe reproduziert sind (Taf. VI), sind von rechts nach links zu lesen.

Wie aus der beschriebenen Versuchsanordnung hervorgeht, war der in Flüssigkeit hängende Sartorius durch den Beckenknochenstumpf und den feinen Platindraht beschwert. Dieses geringe Gewicht hinderte in keiner Weise die Kontraktionen und man konnte sehr bequem das Spiel der rhythmischen Zuckungen genau so, wie es in anschaulicher Weise von

Biedermann beschrieben ist, beobachten. Auch ohne Registration kann man sich sofort überzeugen, daß der Muskel sich nicht in allen Teilen kontrahiert, sondern daß die Kontraktionen herdweise auftauchen, eine Zeit lang andauern und schwinden. Die herdweise auftretenden Kontraktionen bewirken oft eigentümliche drehende Bewegungen des ganzen Muskelpräparates. Gemäß unserer Versuchsanordnung konnte der Platindraht bei der Kontraktion entweder gehoben oder gesenkt werden, je nach der Seite des Muskels, auf welcher gerade der rhythmisch zuckende Muskelherd sich befand. Die Verhältnisse gestalten sich also so, als ob am unteren Ende des Muskels in der Mitte der Stelle, wo der Platindraht hindurchgeht, eine Drehungsachse vorhanden wäre und die Muskelteile zu beiden Seiten der Achse an den Hebelarmen angreifend den im Lichtbüschel liegenden Drahtteil in entgegengesetzter Richtung bewegten; selbstredend kann dabei die Achse selbst ihre Lage ändern. Dementsprechend geben die registrierten Kurven die Bewegung des Drahtes nicht etwa sechsmal vergrößert wieder, wie man auf Grund der vergrößernden Wirkung des optischen Teiles annehmen konnte, sondern durch Hebelwirkung bedeutend mehr. Es sei hier erwähnt, daß der Draht nicht symmetrisch am Muskelpräparat befestigt war, sondern der im Lichtbüschel sich befindende Teil wurde länger genommen.

Als den am meisten charakteristischen Zug der ganzen Erscheinung der rhythmischen Tätigkeit des quergestreiften Muskels, hervorgerufen durch chemische Reizung, würden wir auf Grund unserer Beobachtungen und der erhaltenen Kurven das periodische Auftreten derselben nennen. Wir meinen hierbei nicht den speziellen Fall der Periodik, die Biedermann beschrieben und in Analogie mit der Lucianischen periodischen Funktion des Froschherzens gebracht hat. Das Charakteristische besteht darin, daß ein Muskelherd nach einer längeren Ruhe in rhythmische Zuckungen gerät und nach Ausführung einer Anzahl derselben wiederum ruhig bleibt. Während ein Herd tätig ist, kann der übrige Muskel sich ruhig verhalten, oder es kann auch ein anderer Herd tätig sein, wobei die Rhythmik desselben eine ganz andere sein kann. Wenn man in Erwägung zieht, daß die Perioden der Ruhe und Tätigkeit der einzelnen Herde regellos durcheinander wechseln, daß die Rhythmik der einzelnen Herde verschieden ist und schließlich, daß die Rhythmik der einzelnen Herde, wie aus unseren Kurven hervorgeht, unvollkommen ist, so kann man sich vorstellen, wie verschieden die Kurven aussehen müssen. Bald bekommt man Bilder, die ganz einfach zu deuten, bald wiederum Kurven, die kaum zu entziffern sind. Es gibt aber genug Fälle, wo man auch eine komplizierte

Kurvenform als eine Kombination mehrerer gleichzeitig rhythmisch tätiger Herde deuten kann.

Als ein typisches Beispiel einer Einzelepisode, die sich in einem zirkumskripten Herde des Sartorius abspielt, können die Figg. 1 und 2, Taf. VI gelten. Die in den Kurven dargestellten zwei Kontraktionsreihen, die von zwei verschiedenen Versuchen stammen, treten hier in absolut reiner Form, durch keine Bewegungsvorgänge der anderen Muskelpartien getrübt, auf. .Wenn man von der verschiedenen Kontraktionshöhe und der verschiedenen Anzahl von Kontraktionen in den beiden Reihen absieht, so findet man in beiden Kurvenreihen einen gemeinschaftlichen, sehr klar hervortretenden Zug, nämlich die unvollkommene Rhythmik. In jeder der Figuren sind die einzelnen Kontraktionen absolut identisch, die zeitliche Folge derselben ist aber durchaus ungleich. Mißt man die Abstände zwischen den benachbarten Kontraktionen der Reihe Fig. 1, Taf. VI, und berechnet man dieselben in Sekunden, so erhält man:

$$1{\cdot}04 \quad 0{\cdot}90 \quad 0{\cdot}88 \quad 0{\cdot}85 \quad 0{\cdot}83 \quad 0{\cdot}88 \quad 0{\cdot}90 \quad 0{\cdot}99 \quad 1{\cdot}04 \quad 1{\cdot}17 \quad 1{\cdot}35.$$

Während der Dauer von zwölf Kontraktionen verhält sich der kleinste Abstand zum größten Abstand zwischen zwei benachbarten Kontraktionen wie $1:1{\cdot}64$.

Berechnet man in derselben Weise die Kurven der Fig. 2, Taf. VI, so bekommt man:

$$0{\cdot}99 \quad 0{\cdot}87 \quad 0{\cdot}85 \quad 0{\cdot}85 \quad 0{\cdot}82 \quad 0{\cdot}85 \quad 0{\cdot}88 \quad 0{\cdot}88 \quad 0{\cdot}91 \quad 0{\cdot}93 \quad 0{\cdot}93 \quad 0{\cdot}99 \quad 1{\cdot}02$$
$$1{\cdot}04 \quad 1{\cdot}10 \quad 1{\cdot}13 \quad 1{\cdot}17 \quad 1{\cdot}29 \quad 1{\cdot}40 \quad 1{\cdot}57.$$

Im Verlaufe der Zeit von 21 Kontraktionen ändert sich der Rhythmus so stark, daß die kleinste Zeitdauer sich zur längsten wie $1:1{\cdot}91$ verhält.

Wir sehen außerdem, daß im Verlaufe der Kontraktionsreihe die Änderung nicht in einer Richtung erfolgt, wir haben hier vielmehr in beiden Versuchen eine Minimumdauer, die unsymmetrisch liegt; sie ist gegen den Anfang der Reihe verschoben. In beinahe sämtlichen Versuchen, in denen es gelang, so klare, von Anfang bis zum Ende ungetrübte Kurven wie in Figg. 1 und 2, Taf. VI, zu erhalten, begegnete man fast immer denselben Verhältnissen, wie die oben geschilderten. Gewöhnlich findet man, daß wenn der als typisch von uns bezeichnete Modus der Rhythmusänderung auf einmal verloren geht, es damit zusammenhängt, daß ein benachbarter Herd seine Kontraktionen zu einer Zeit beginnt, als der anfängliche die seinigen noch nicht bendigt hat. In selteneren Fällen bekommt man aber Kontraktionsreihen zu Gesicht, die man als Fragmente einer typischen Reihe betrachten kann; entweder handelt es sich um eine Anzahl von Kontraktionen, die in immer kürzer werdenden Intervallen einander folgen und bevor noch das Minimum erreicht ist, aufhören, oder umgekehrt, was häufiger geschieht, die Reihe beginnt gewissermaßen mit dem Minimum und die Intervalle zwischen zwei benachbarten Kontraktionen werden bis zum Schluß der Reihe immer länger. Wir begegneten dagegen keiner einzigen Kurve, in welcher der Gang der Rhythmusänderung im umgekehrten Sinne, d. h. mit einem Maximum in der Mitte, erfolgte.

Es ist auf Grund des obigen jedenfalls möglich zu behaupten, daß der Rhythmus des Sartorius unter den in Rede stehenden Bedingungen keinesfalls regelmäßig ist; im Verlaufe von einigen Dutzenden von Kontraktionen beobachtet man ziemlich erhebliche Schwankungen. Die Rhythmik des Herzens scheint von einem ganz anderen Grade der Vollkommenheit, wie der chemisch gereizte quergestreifte Muskel zu sein.

Die zwei in Figg. 1 und 2, Taf. VI wiedergegebenen Kurvenreihen, die vollständig ungestört von Anfang zu Ende ablaufen, kommen nicht allzu häufig vor; häufiger sind die verschiedenartigsten Kombinationen zweier und mehrerer nebeneinander einhergehender rhythmischer Zuckungsreihen. In manchen relativ einfacheren Fällen solcher Kombinationen lassen sich aber die einzelnen Reihen erkennen. In Fig. 3, Taf. VI beispielsweise sehen wir deutlich, wie eine Reihe (1) von rhythmischen Kontraktionen in der früher beschriebenen Weise beginnt und eine Zeitlang ungestört abläuft. Bevor aber die Reihe noch ihr Ende erreicht, beginnt schon eine zweite (2); im Laufe einiger Sekunden wird dementsprechend eine kombinierte Kurve geschrieben. Sowie aber die erste Reihe abgebrochen wird, setzt sich die zweite Reihe weiter als eine einfache vom Rhythmus 2 fort. Wenn wir die Abstände von 16 Zuckungen der Reihe (1) und dieselben von den 9 Zuckungen der Reihe (2) ausmessen, so erhalten wir folgendes:

Reihe (1) 0·90 0·87 0·84 0·81 0·75 0·75 0·72 0·70 0·66 0·66
           0·66 0·66 0·66 0·64 0·81

Reihe (2)   1·45   1·28 1·13 0·99 0·99 0·99 0·99 1·02

Der kleinste Abstand zwischen je zwei Kontraktionen der Reihe (1) verhält sich zum größten wie 1:1·36 und in der Reihe (2) wie 1:1·46. Der Gang der Rhythmusänderung beider Reihen der Fig. 3, Taf. VI entspricht, wie man sich leicht überzeugen kann, dem oben geschilderten in der Fig. 1 und 2, Taf. VI.

Daß die beiden Reihen der Fig. 3, Taf. VI von verschiedenen Partien des Sartorius herrühren, geht auch daraus hervor, daß in der Reihe (1) der Drahthebel nach der einen Richtung, in der Reihe (2) in der gerade entgegengesetzten aus der Ruhelage gehoben wird, was gemäß der angewandten

Versuchsanordnung dafür spricht, daß der eine Herd näher zum einen, der andere näher zum anderen Sartoriusrande liegt.

In der zuletzt angeführten Fig. 3, Taf. VI, waren in den einfachen und kombinierten Teilen der Reihen die einzelnen Kontraktionen so weit voneinander, daß keine Superposition der Zuckungen zustande kommen konnte. Dagegen haben wir in Fig. 4, Taf. VI einen Fall vor uns, in welchem zwei Reihen sich von Anfang bis zum Ende superponieren. Es ist schwer, die kombinierte Kurve zu deuten; doch sieht man, daß auch hier ein Minimum in der Mitte sich befindet.

Wenn wir uns nun zu den einzelnen Kontraktionen der angeführten vier Reihen in Fig. 1 und 2, Taf. VI wenden, so ist am meisten auffällig die Konstanz, mit der die Form derselben in jeder Reihe von Anfang bis zum Ende eingehalten wird. Die Kontraktionen einer Reihe sind einander so gleich, wie überhaupt Muskelkontraktionen einander gleich sein können. Sehr bemerkenswert ist es weiter, daß nicht nur die Kontraktionen einer Reihe untereinander identisch sind, sondern, daß in Fällen, wo die Reihe zum zweiten bzw. zum drittenmal usw. in mehr oder weniger reiner Form sich wiederholt, der Ablauf der einzelnen Kontraktionen derselbe bleiben kann; ist die zweite usw. Reihe eine kombinierte, so läßt sich dennoch die anfängliche Kontraktionsform in der kombinierten Reihe sehr schön erkennen. Etwas sehr Gewöhnliches ist es, daß irgend eine Kontraktionsform, die eine ganze Reihe bildete, später nicht als eine Reihe komponierendes Element auftritt, sondern irgendwo nur einmal oder als eine kleine Gruppe auftaucht. Wenn man einen Muskel eine längere Zeit untersucht, ihn viele Kurven aufschreiben läßt, so kann man beim aufmerksamen Durchmustern derselben eine ganze Anzahl von Formentypen kennen lernen, die in verschiedenen Stellen der Kurven zerstreut sind. Auf diese Weise läßt sich in vielen Fällen eine Kurve, die sonst ganz unregelmäßig erscheinen würde, als eine Kombination von verschiedenen Kontraktionsformen, die teils als vollständige, oben definierte Reihen, teils als kleine Gruppen, teils als Einzelkontraktionen auftreten, deuten. Diese Reminiszenzen, dieses Auftauchen von Formen in stereotyper Weise erweckt den Gedanken, daß der Muskel in der Flüssigkeit in verschiedene kleine Regionen zerfällt, von denen jede rhythmische bzw. vereinzelte Kontraktionen ausführen kann, wobei aber das am meisten Charakteristische für die einzelne Region nicht der Rhythmus, sondern die Kontraktionsform und Größe ist: jede Einzelpartie ist auf eine charakteristische Form abgestimmt. Betrachten wir die Fig. 5, Taf. VI. Am Anfange der Figur erkennen wir das charakteristische Erlöschen einer Reihe (a) von Kontraktionen. Nach einer mehrere Sekunden dauernden Pause beginnt eine neue aus ziemlich komplizierten Kontraktionen bestehende Reihe (b), die dann durch eine starke Zuckung (c) infolge einer

Reizung mit einem Öffnungsinduktionsstrom unterbrochen wird. Bald darauf folgen einander vier Kontraktionen (d), die nach Form und Größe in allen Einzelheiten denjenigen am Anfange der Figur gleichen; es beginnt dann im weiteren Verlaufe eine dritte Reihe (e). Würde in der Figur der Teil (a) fehlen, so würde die Episode (d) absolut ·unverständlich sein. Dagegen kann man jetzt die Verhältnisse so deuten, daß die Kurventeile (b), (d) und (e) von verschiedenen Muskelterritorien herrühren. Daß die Reihe (d) auf die künstliche Reizung folgt, steht höchst wahrscheinlich nicht in ursächlichem Zusammenhange, denn es gibt sehr viele Fälle, in welchen die Extrareize keine Unterbrechung der begonnenen Reihe bewirken.

Was ·die Deutung der Form der Einzelkontraktionen anbetrifft, so ist schon auf Grund des stereotypen Auftretens derselben daran zu denken, daß wir es ·hier mit Einzelzuckungen zu tun haben. Um mehr Einsicht in diese Frage zu gewinnen, wurde der rhythmisch sich verkürzende Muskel durch künstliche Induktionsschläge einzelne Zuckungen zu schreiben gezwungen. Die Biedermannsche Flüssigkeit verändert in keiner Weise die normale Reaktion des Muskels, so daß letzterer in gewöhnlicher Weise die elektrischen Reize beantwortet, wie es auch Biedermann selbst erwähnt. In Fig. 5, Taf. VI, sehen wir eine solche Zuckung c als Beantwortung eines Einzelreizes vom Muskel geschrieben. Vergleichen wir nun die rhythmischen Verkürzungsformen der Reihen a und d mit der Einzelzuckung c, so gewinnt der obige Gedanke noch mehr an Wahrscheinlichkeit.

Der Reizmoment der Zuckung c ist in der oberen Linie markiert. Trotzdem sich hier drei Marken befinden, wurde tatsächlich bloß einmal gereizt. Die erste Marke im Bereiche a entspricht dem Schließungsinduktionsschlag, der abgeblendet war, die zweite Marke deutet den wirksamen Öffnungsschlag und die dritte wiederum den abgeblendeten Schließungsschlag an. Die Zuckung c hat. eine durchaus ähnliche Form, wie diejenigen des Bereiches a und d. Sie ist allerdings größer und dauert etwas länger; das kann aber damit zusammenhängen, daß an der Zuckung c sich sämtliche Muskelfasern, dagegen an den Zuckungen d und a nur ein Teil derselben beteiligen. Die Ähnlichkeit der Einzelzuckung mit den spontanen Kontraktionen in dem Maße, in welchem dieselbe dem Sachverhalte gemäß gedeutet werden kann, trat in vielen anderen Reizungsversuchen verschiedener Sartorien auf. Es muß aber hier hervorgehoben werden, daß man sehr ·häufig Kontraktionsformen begegnet, die sehr kompliziert erscheinen. So sehen wir auch in Fig. 5, Taf. VI, in der Reihe b Kontraktionen, die viel zu kompliziert für Einzelzuckungen aussehen. Die Komplikation besteht darin, daß nach einer Zuckung noch eine oder mehrere Schwingungen nachfolgen, so daß jede Periode als eine kleine Gruppe von eigentümlich zusammenhängenden Zuckungen sich repräsentiert. Anfangs wurde angenommen, daß diese Erscheinung darauf beruht, daß das System des in Flüssigkeit aufgehängten Muskels ausgiebige Eigenschwingungen vollzieht. Nachdem aber das Beobachtungsmaterial größer war, ließ es sich entnehmen, daß die Erscheinung der Eigenschwingungen keineswegs als einziges Moment für die Entstehung der komplizierten Form der Kontraktion verantwortlich gemacht werden kann. Betrachten wir beispielsweise eine einzelne Gruppe der Reihe b in Fig. 4, Taf. VI. Die Reihe von Erhebungen und Senkungen ist durchaus verschieden von denjenigen Formen, die man als Eigenschwingungen eines Systems deuten könnte. Man sieht hier anfangs kein Dekrement, welches das Abklingen kennzeichnet. Die Senkung 2 ist tiefer, als die Erhebung 1, die Erhebung 3 ist höher, als die Senkung 2 und noch länger, als die Erhebung 1; höchstens könnte man bloß die Teile 4 und 5 als abklingend auffassen. Weiter sind die Erhebungen der Reihe d und e und ganz besonders der Zuckung c bedeutend länger wie die Erhebung 1 der Reihe b und dennoch sind die ersteren nicht von so großen Schwankungen gefolgt, wie die letzteren. Auch in der Fig. 3, Taf. VI sehen wir, daß der Bewegungsvorgang mit einer ganz kleinen Lageänderung des Hebels beginnt und auf diese folgt unmittelbar eine ausgiebige und umgekehrt gerichtete Bewegung. Eine ähnliche Prüfung einer größeren Anzahl diesbezüglicher Kurven führt auf den Gedanken, daß die Erscheinung der komplizierteren Kontraktionsformen damit zusammenhängt, daß eine geringe anfängliche Verkürzung eines am Sartoriusrande gelegenen Herdes eine wenn auch noch so geringe Dehnung der Muskelfasern am anderen Rande bewirkt und daß diese Dehnung wie ein Reiz wirkt. Das Spiel wiederholt sich dann einigemal und als Resultat entsteht ein kompliziertes Bild, welches also gemäß der angeführten Auseinandersetzung vielleicht nichts anderes ist, als eine Reihe von einzelnen aufeinanderfolgenden, abwechselnd an einem und am anderen Muskelrande auftretenden Zuckungen. Im Zusammenhange damit steht wahrscheinlich auch der eigentümliche drehende und pendelnde Charakter der rhythmischen Bewegungen des Sartorius.

Außer den beschriebenen Bewegungsformen kamen einigemale auch rhythmische Tetani vor. Diese besaßen aber nicht den regelmäßigen Charakter wie die rhythmischen Zuckungen und dauerten nicht lange. Bisweilen traten regelmäßige rhythmische, gedehnte Kontraktionen auf. Da aber diese Kontraktionsformen nur als Ausnahmen auftraten, so gehen wir auf dieselben nicht weiter ein.

Wenn wir das Vorhergehende zusammenfassen, so können wir auf Grund unserer Kurven aussagen, daß der quergestreifte Muskel unter den von Biedermann geschilderten Bedingungen rhythmisch zuckt, wobei

der Rhythmus der Zuckungen unvollkommen, wogegen die Zuckungsform
und Zuckungsgröße vollkommen eingehalten wird. Dieses Verhalten ist
abweichend von dem des rhythmisch klopfenden Herzens. Hier ist der
Rhythmus bedeutend vollkommener und wenn derselbe aus irgend einer
Ursache sich ändert, so ist es im allgemeinen die Regel, daß gleichzeitig
mit der Rhythmusänderung auch die Kontraktion in bezug auf ihre Form
und Größe sich ändert und zwar wird die Kontraktion beim langsameren
Tempo größer und gedehnter, bei frequenterem kleiner und schneller.
An unseren Kurven sehen wir gewöhnlich die Verhältnisse so, wie oben
geschildert, d. h. trotz der Rhythmusänderung bleibt die Kontraktion unverändert.

Die eingehende Kenntnis der Einwirkung eines Extrareizes auf das
rhythmisch arbeitende Herz bzw. seine Teile hat bekanntlich zu wichtigen
Ergebnissen geführt. In der letzten Zeit ist der Extrareiz vielfach als
diagnostisches Mittel zur Entscheidung der Frage nach dem Orte der Reizerzeugung in irgend einem rhythmisch klopfenden Herzteil angewandt worden.
Die Wirkung der Extrareize wurde nicht nur am Herzen, sondern auch an
anderen rhythmisch tätigen Gebilden mehrfach geprüft. Was speziell den
rhythmisch zuckenden Sartorius anbetrifft, so eignet sich derselbe wohl für
eine derartige Prüfung und der leitende Gedanke der vorliegenden Untersuchung war von Anfang an auf die Feststellung der Verhältnisse der
Extrareizwirkung gezielt.

Allerdings standen manche Hindernisse der näheren Untersuchung
der gestellten Frage im Wege. Erstens ist es eine Hauptbedingung, daß
das Gebilde, welches auf die Wirkung eines Extrareizes geprüft wird, einen
ausgesprochenen Rhythmus besitzt. Wir haben oben gesehen, daß der
Sartorius in dieser Beziehung kein klassisches Objekt ist, da sein Rhythmus
sich fortwährend ändert. Indessen ist es klar, daß diese Änderung des
Rhythmus, da sie gewöhnlich in gut ausgebildeten Reihen nicht sprungweise, sondern allmählich geschieht, keine große Schwierigkeiten für die
Beurteilung der Extrareizwirkung ausmachen kann.

Viel ungünstiger gestalten sich die Verhältnisse in bezug auf die Art
der Reizlokalisierung. Wenn es sich beim Sartorius um rhythmische
Zuckungen einzelner Herde handelt, so wäre das Richtigste, irgendwie den
tätigen Herd zu isolieren und auf denselben die Reize direkt einwirken zu
lassen. Von diesem Gesichtspunkt geleitet haben wir von Anfang an, wie
eingangs erwähnt, mit Versuchen an kleinen Sartoriusstückchen und auch
an einzelnen kleinen Teilen anderer Froschmuskeln begonnen. Brauchbares
Material konnte aber auf diesem Wege nicht gesammelt werden und

wir mußten deshalb zu Versuchen mit ganzen Sartorien übergehen. Die angewandte Versuchsanordnung bringt es aber mit sich, daß, wenn man in der oben angegebenen Weise dem Sartorius einen Induktionsschlag sendet, man unmittelbar nicht die gerade zu dieser Zeit rhythmisch tätige Muskelpartie reizt, sondern eine ganz andere Stelle, die sich zwischen den Elektroden befindet. Allerdings muß angenommen werden, daß, da der Reiz auf sämtliche Fasern des parallelfaserigen Muskels fällt, die Erregung dann durch Fortpflanzung auch die rhythmisch tätige Stelle passiert und diese ebenfalls in Erregung versetzt. Wir können aber an der dem Extrareiz entsprechenden Kurve nicht unmittelbar erkennen, ob die spontan zuckende Stelle erfolgreich mitgereizt wurde oder nicht. Diese Unmöglichkeit zu entscheiden, ob der Reiz den rhythmischen Herd beeinflußt oder nicht, ist ein großer Nachteil unserer Versuchsanordnung. Gewiß können wir uns darauf stützen, daß die Anwendung der Reizung des Muskels an einer umgrenzten Stelle etwas sehr Gewöhnliches ist und daß dabei sämtliche Fasern in sämtlichen Punkten beim Fortpflanzen des Reizes den Erregungsprozeß durchmachen. Wenn in unserem Falle irgend welche Zweifel in bezug auf diesen Punkt auftauchten, so sind sie insofern hier am Platze, als wir es hier mit einem rhythmisch tätigen Muskel zu tun haben. Von dem rhythmisch schlagenden Herzmuskel wissen wir aber, daß derselbe während eines großen Teiles seiner Tätigkeitsperiode für einen neuen Reiz unempfänglich ist. Wenn man auf Grund eines Vergleiches mit dem Herzen am rhythmisch tätigen Sartorius auch eine refraktäre Periode vermuten wollte, so könnte man sagen, daß unsere Reize, wenn dieselben auch durch Übertragung der Erregung mittelbar die rhythmische Stelle erreichen, dennoch in einer Anzahl von Fällen unbeantwortet bleiben können, weil sie möglicherweise in die refraktäre Periode fallen. Es liegt aber kein ernster Grund vor, im rhythmisch zuckenden Sartorius eine refraktäre Periode von einem ähnlichen Betrage wie am Herzen zu erwarten. Wenn in der neueren Zeit man in den meisten erregbaren Gebilden und speziell auch im quergestreiften Muskel eine refraktäre Periode feststellen konnte, so ist doch dieselbe in manchen Beziehungen und zwar ganz besonders in bezug auf das Verhältnis der Dauer derselben zu der Zuckungsdauer von der refraktären Periode des Herzens sehr abweichend. Nach F. B. Hoffmann und S. Garten dauert das refraktäre Stadium des direkt gereizten Sartoriums bei 18° bloß 0·001 bis 0·002 Sek. [1]

Wir haben eine große Anzahl von wirksamen Einzelreizungen dem Sartorius in den verschiedensten Zeitpunkten des Kontraktionsablaufes

---

[1] F. B. Hoffmann, Studien über den Tetanus III. Pflügers *Archiv.* 1904. Bd. CIII. S. 291, vgl. S. 323.

während seiner rhythmischen Tätigkeit appliziert und immer in bezug auf die rhythmische, Folge der Zuckungen ein und dasselbe Resultat erhalten, von dem gleich die Rede sein wird. An den Zuckungskurven, die den einzelnen künstlichen Extrareizen entsprechen, ist es nicht abzulesen, ob die rhythmisch tätige Stelle an der Extrakontraktion sich beteiligte oder nicht. Es wäre aber ganz verkehrt, deshalb anzunehmen, daß sämtliche unsere Extrareize bezüglich der rhythmisch tätigen Stelle erfolglos blieben. Ganz besonders gekünstelt würde eine solche Annahme in betreff derjenigen Extrareize sein, die in eine gut ausgesprochene verhältnismäßig lange dauernde Pause zwischen je zwei Zuckungen aus einer rhythmischen Reihe fallen.

In Fig. 6, Taf. VI sehen wir vier Zuckungen aus einer längeren rhythmischen Reihe, von welcher 18 Zuckungen registriert wurden; zwischen der 13. und 14. Zuckung ist ein Extrareiz appliziert. Die rhythmischen Zuckungen sind hier durch eine ziemlich große Pause voneinander getrennt. Der Extrareiz fällt gerade auf eine Pause. Die Distanzen zwischen zwei benachbarten Zuckungen in Sekunden sind:

												Extrareiz
1	2	3	4	5	6	7	8	9	10	11	12	13 │
0·92	0·94	1·0	1·04	1·08	1·16	1·23	1·27	1·33	1·39	1·42	1·54	1·62

14	15	16	17	18
1·69	1·89	1·93	2·39	

Wie unmittelbar aus der Fig. 6, Taf. VI und noch besser aus den Zahlen hervorgeht, übt der Extrareiz absolut keine Störung in der Rhythmik des rhythmisch tätigen Muskels.

Ähnliche Verhältnisse finden wir in dem Versuch, der durch die Kurve Fig. 7, Taf. VI illustriert wird. Hier fällt aber der Extrareiz nicht in den Anfang der Pause zwischen zwei Kontraktionen der rhythmischen Reihe, sondern kurz vor demjenigen Zeitpunkte, wo eine Zuckung auftreten sollte. Durch die große Extrazuckung ist hier die 11. Zuckung der Reihe verdeckt. Berücksichtigen wir hier die Zeitabstände zwischen zwei benachbarten Zuckungen, so sehen wir sofort ein, daß auch hier der Extrareiz keine Störung des Rhythmus bewirkt. Die Zeit zwischen der 10. und 12. Zuckung dauert 1·58 Sek., also genau so viel, wie die dem Gange der Zahlen nach zu erwartende Summe zweier Distanzen, nämlich 10 bis 11 und 11 bis 12.

								Extrareiz		
1	2	3	4	5	6	7	8	9	10 │ 12	13
0·94	0·77	0·70	0·63	0·63	0·63	0·67	0·70	0·74	1·58	0·84	0·95

14	15	16	17	18
1·02	1·09	1·26	1·56	

Man kann sich davon auch in folgender Weise überzeugen: verdoppeln und addieren wir die Distanzen 9 bis 10 und 12 bis 13 so bekommen wir 3·16, verdoppeln wir die Distanz 10 bis 12,. so bekommen wir genau dieselbe Zahl.

Wie oben erwähnt, wurde die Wirkung vieler Einzelreizungen in der angegebenen Weise geprüft und das Resultat war immer dasselbe, d. h. der Extrareiz bewirkt keine Störung im Ablauf der Rhythmik. Dieses Verhalten des rhythmisch tätigen Sartorius Extrareizen gegenüber ist sehr abweichend von demjenigen, welches man am Herzen beobachtet. An allen Herzteilen, welche den Reiz nicht zugeleitet bekommen, sondern in welchen derselbe an Ort und Stelle erzeugt wird, also z. B. am Sinus, am Vorhofventrikel-präparat nach der ersten Stanniusschen Ligatur, an der Ventrikelspitze des Frosches unter Einwirkung konstanter Reize bewirkt ein Extrareiz insofern eine Störung in dem Ablaufe der Rhythmik, als die der Extra-systole folgende spontane Systole nicht in dem Zeitpunkt erscheint, in dem dieselbe erscheinen würde, wenn kein Extrareiz appliziert wäre, sondern sie tritt um ein bestimmtes Zeitinterwall verschoben etwas später auf; die Zeit zwischen zwei spontanen Systolen ist gleich derjenigen zwischen der Extra-systole und der nachfolgenden Systole. Die Verhältnisse gestalten sich hier also so, daß jeder wirksame Extrareiz die vorhergehende Rhythmik unterbricht und als erstes Glied einer neuen rhythmischen Systolenreihe auftritt.[1]

Prinzipiell verschieden von diesem Verhalten ist das Resultat der Extra-reizwirkung am Sartorius. Hier wird die Rhythmik, wie gesagt, durch den Extrareiz überhaupt nicht unterbrochen.

Wir können auf Grund der geschilderten Versuche uns dahin äußern, daß die Analogie zwischen der rhythmischen Tätigkeit des Herzens und der des quergestreiften Muskels nicht weit geführt werden kann; die Rhythmik des Sartorius ist eine Rhythmik sui generis.

Das eigentümliche Verhalten des rhythmisch zuckenden Sartorius Extra-reizen gegenüber steht nicht ganz vereinzelt da, sondern besitzt auf Grund einiger neueren Arbeiten eine Analogie mit einem anderen rhythmisch tätigen muskulären Gebilde. Vor kurzem, als unsere Versuche schon ab-

---

[1] Engelmann, Über den Ursprung der Herzbewegungen und die physiologischen Eigenschaften der großen Herzvenen. Pflügers *Archiv.* 1897 Bd. LXV. S. 109, vgl. 137. — ,Beobachtungen und Versuche am suspendierten Herzen. (III.) *Ebenda.* 1895. Bd. LIX. S. 309, vgl. 328.

geschlossen waren, erschienen fast gleichzeitig mehrere Arbeiten betreffend die Physiologie der Lymphherzen des Frosches. Langendorff[1] und Brücke[2] erblicken in dem tätigen Lymphherzen einige Eigenschaften, die an die Tätigkeit des Skelettmuskels erinnern. Merkwürdigerweise ist die Reaktion des Lymphherzens Extrareizen gegenüber, wie sie von O. Langendorff auf Grund graphischer Aufzeichnungen mit Sicherheit festgestellt ist, genau von derselben Art wie die des Sartorius. Wie wir am Sartorius findet Langendorff am Froschlymphherzen, daß der normale Rhythmus durch Einschaltung von Extrapulsen in keiner merklichen Weise gestört wird. Langendorff deutet dies Resultat in der Weise, daß das Lymphherz die Extrareize so beantwortet, wie ein rhythmisch durch Einzelschläge in Tätigkeit versetzter quergestreifter Muskel; eine kompensatorische Pause fehlt hier wie dort, weil die refraktäre Periode sehr kurz ist, der Extrareiz wird hier interpoliert, wie unter gewissen Umständen auch am Blutherzventrikel. Langendorff gelangt deshalb zum Schluß, daß das Lymphherz in bezug auf seinen Bewegungsmodus sich nicht so verhält, wie der Venensinus, der die Reize erzeugt, sondern wie der Ventrikel des Froschherzens, der gewissermaßen fertige Reize empfängt. Weiter wird hinzugefügt: „Diese Annahme erscheint sehr wahrscheinlich deshalb, weil, wenn das Lymphherz autochthon die Reize bildete, es nicht verständlich wäre, daß die Bildung oder die Wirksamkeit der Reize durch eingeschaltete Sonderpulse in keiner Weise beeinflußt wird." In konsequenter Weise sagt weiter Langendorff: „Wenn nun außerhalb des Lymphherzens gelegene Gebilde die Antriebe zu seiner Tätigkeit erzeugen und aussenden, so können dies nur nervöse Gebilde sein."

Es wäre vielleicht am Platze, in Anbetracht dieser Schlußfolgerungen darauf hinzuweisen, daß der quergestreifte, tief kuraresierte und also entnervte, auf Grund ausschließlich in demselben erzeugter und nicht zugeleiteter Reize rhythmisch tätige Sartorius, dennoch durch Extrareize in seinem Rhythmus, wie die Lymphherzen nicht gestört wird. Der Schluß von O. Langendorff bezüglich der nervösen Beeinflussung der Lymphherzen ist deshalb vielleicht nicht ohne weiteres anzunehmen, solange man sich bloß auf den Charakter der Extrareizbeantwortung stützt.

Aus anderen Gründen kommt auch A. Tschermak[3] zum Schluß, daß das Lymphherz nur unter dem Einfluß bestimmter spinaler Zentren

---

[1] O. Langendorff, Neue Untersuchungen über die Tätigkeit des Lymphherzens. Pflügers *Archiv*. 1906. Bd. CXV. S. 583.

[2] E. Th. v. Brücke, Zur Physiologie der Lymphherzen des Frosches. *Ebenda.* 1906. Bd. CXV. S. 334.

[3] A. Tschermak, Über die Innervation der hinteren Lymphherzen bei den anuren Batrachiern. *Zentralblatt für Physiologie.* 1906. Bd. XX. Nr. 17, S. 553.

seine automatische Rhythmik äußert. Die Art der Beeinflussung ist aber nach den Auseinandersetzungen Tschermaks komplizierter Art und deckt sich durchaus nicht mit dem Bilde zentral rhythmisch erzeugter und zentrifugal geleiteter Einzelreize. Im Gegenteil es wird hervorgehoben, daß die Art der Beeinflussung „nicht in einer periodischen Auslösung von Einzelerregungen besteht," sondern darin, daß vom Zentralnervensystem eigentümliche tonische Bedingungsreize ausgehen, die dann ihrerseits das Lymphherz in einen besonderen Zustand versetzen, der mit der Erzeugung rhythmischer Reize verbunden ist. Wenn wir also vorhin auf die Unterschiede, die zwischen dem rhythmisch tätigen Herzen und dem rhythmisch tätigen Sartorius hinwiesen, so wäre es vielleicht hier angezeigt, die Analogie zwischen dem Sartoriuspräparat in der Biedermannschen Flüssigkeit und dem Lymphherzen im oben besprochenen Sinne nicht unerwähnt zu lassen; der Zustand der Rhythmuserzeugung wird im Lymphherzen durch die tonische Bedingungsinnervation, im Sartorius durch die chemische Beeinflussung hervorgerufen.

Der Einfluß des Kohlensäuregehaltes der Atemluft auf die Gewichtsveränderung von Schmetterlingspuppen.

Von

Dr. M. Gräfin von Linden
in Bonn.

Aus meinen Untersuchungen „Über die Assimilationstätigkeit bei Raupen und Puppen von Schmetterlingen"[1] hatte sich die Tatsache ergeben, daß die Puppen von Papilio podalirïus (Segelfalter), sobald sie einen größeren Teil ihrer Entwicklung in einer an Kohlensäure reichen Atmosphäre durchmachten, langsam aber stetig an Gewicht zunahmen. Diese Erscheinung war um so merkwürdiger, da es ja wie bekannt Regel ist, daß der Schmetterling während seines Puppenstadiums eine beträchtliche Einbuße an seinem Körpergewicht erleidet. Über die Größe der Gewichtsabnahme der sich unter normalen Atmungsbedingungen befindenden Puppen sind von verschiedenen Forschern Messungen angestellt worden. Als einer der ersten, der hierüber systematische Erhebungen veröffentlicht hat, ist W. Blasius zu nennen, der schon 1866 eine Arbeit veröffentlichte, die die Gewichtsabnahme bei Schmetterlingspuppen zum Gegenstand hatte.[2]

Weitere Untersuchungen wurden von Urech[3] an den Puppen von

---

[1] *Dies Archiv.* 1906. Physiol. Abtlg. Suppl.

[2] W. Blasius, Über die Gesetzmäßigkeit in der Gewichtsabnahme der Lepidopteren von dem Zustande der ausgewachsenen Raupe an bis zu dem entwickelten Schmetterling. *Zeitschrift für wissenschaftliche Zoologie.* 1866. Bd. XVI. 1. Heft.

[3] Urech, Bestimmungen der sukzessiven Gewichtsabnahme der Winterpuppen von Pieris brassicae. *Zoologischer Anzeiger.* Bd. XI. S. 405. — Derselbe, Chemisch-analytische Untersuchungen an lebenden Raupen und an ihren Sekreten. *Ebenda.* Bd. XIII. S. 255. 272. 309. 334.

Pieris brassicae, dem Kohlweißling, Deilephila euphorbiae, dem Wolfsmilchschwärmer und Phalena pavonia minor, dem kleinen Nachtpfauenauge gemacht. Auch Urech kam zu dem Ergebnis, daß eine Gewichtsabnahme der Schmetterlingspuppe während der ganzen Ruheperiode stattfindet, daß dieselbe indessen nicht zu jeder Zeit gleich groß zu sein pflegt. Er fand, daß die Gewichtsabnahme gegen das Ende des Puppenzustandes hin eine beschleunigte ist, besonders stark einige Tage vor dem Auskriechen. Es ergab sich ferner aus diesen Untersuchungen, daß sowohl der Feuchtigkeitsgehalt der Atmosphäre wie auch die Temperatur die Gewichtskurve in ihrem Verlaufe beeinflussen und zwar in der Weise, daß höhere Temperatur und Trockenheit die Puppenruhe abkürzen und von Anfang an den Verlauf der Kurve steiler gestalten: „Die Kurven, welche die Gewichtsabnahme der Puppen graphisch darstellen, liegen in der Reihenfolge übereinander, wie die Temperaturgrade aufeinander folgen." Die Gewichtsabnahme ist aber nach Urechs Berechnungen nicht einfach proportional der Zeit und auch nicht einer höheren Potenz derselben. Um dieselbe zu berechnen, müssen vielmehr Interpolationsformeln zu Hilfe genommen werden, in denen außer der Zeitdauer auch die Ausscheidungsprodukte Berücksichtigung finden. Es kommt Urech nicht unwahrscheinlich vor, daß in dem Maße, als sich Wasser infolge der physikalisch-chemischen Vorgänge ausscheidet, auch die Lebensvorgänge in der konzentrierter gewordenen Lösung schneller ablaufen, und indem sich dieses fortsetzt, die Gewichtsabnahme eine immer schnellere wird, um schließlich mit dem Auskriechen des Schmetterlings ihr Maximum zu erreichen.

Urech verfolgte bei seinen Messungen gleichzeitig auch die Stoffwechselvorgänge in der Puppe, um entscheiden zu können, inwieweit die Gewichtsabnahmen auf den Verbrauch organischer Substanz und auf die Abgabe von Wasser zu beziehen sind. Er fand, daß die Gewichtsabnahme der Puppe größtenteils einer Verdunstung wässeriger Bestandteile zuzuschreiben ist. Zu einem ähnlichen Ergebnisse kamen Luciani und Tarulli[1], die feststellen konnten, daß eine Periode der rascheren Gewichtsabnahme von einer solchen des langsameren allmählichen Absinkens zu unterscheiden ist. Sie schrieben diese Abnahme des Körpergewichtes größtenteils dem Wasserverlust zu, den die Puppe erleidet. Gleichzeitig zeigte sich, daß neben den Puppen, deren Ruheperiode von normaler Dauer war, solche vorkamen, die verfrüht oder verspätet ausschlüpften, diese letzteren unterschieden sich von normalen Puppen durch geringere Körpergröße und geringeres Gewicht.

---

[1] Lucian et Tarulli, Poids des coccons du Bombyx mori du commencement de leur tissage à la naissance des papillons. *Atti d. R. Ac. dei Georgofili.* Vol. XVIII. Fasc. 2. Résumé dans: *Arch. Biol. ital.* 1895. T. XXIV. p. 237.

Weitere Angaben über das Verhalten des Körpergewichtes während
der Puppenruhe enthalten die Untersuchungen von Kellner[1], Farkas[2],
Dubois und Couvreur[3] und ganz besonders die von Vaney und Maignon[4].
Die genannten Autoren legen sich· auch zum erstenmal die Frage vor,
welcher Art die Substanzen sind, die im Puppenorganismus verbraucht und
gebildet werden. Ihre Arbeiten sind daher als außerordentlich wichtiger
Beitrag zu unserer Kenntnis der Stoffwechselvorgänge im Puppenleben anzusehen. Wenn wir auf den Inhalt der angeführten Arbeiten im einzelnen
eingehen, so ergeben die Untersuchungen Kellners am Seidenspinner, daß
sich das Gewicht der Puppe mit Ausschluß des Kokons zu dem des fertigen
Schmetterlings verhält wie . 1:0·49 und das Trockengewicht beider wie
1:0·65. Die Puppe verliert also nach dem von Kellner erhaltenen Resultat während der Puppenruhe die Hälfte ihres Körpergewichtes und
von dieser Gewichtseinbuße sind $^2/_3$ Wasser und $^1/_3$ feste Körpersubstanz.
Von den festen Körperbestandteilen, die während des Puppenlebens verloren
gehen, schwinden, wie die chemischen Untersuchungen Kellners ergeben,
in. erster Linie die N-freien Extraktstoffe, die Kohlenhydrate; diese
schützen, wie der . Verfasser hervorhebt, das Körperfett der Puppe vor
dem Einschmelzen; es unterlag in den angeführten Fällen nur der siebente
Teil des Körperfettes der Konsumption und auch die Eiweißkörper der
Puppe erfuhren nur in geringem Umfange eine Zersetzung. ·

Auch nach den Untersuchungen Farkas' ergibt sich, daß das Körperfett während der Puppenruhe in viel geringerer Weise dem Verbrauche
anheim fällt, wie es z. B. im Organismus der hungernden Raupe der Fall
ist, oder bei der Entwicklung des Eies nachgewiesen werden kann.

Zu einem ähnlichen Ergebnisse führten die Experimente Dubois, dem
es darauf ankam, auch den Atmungsstoffwechsel der Seidenspinnerpuppe
während der verschiedenen Perioden ihrer Metamorphose kennen zu lernen
und mit den Veränderungen, die sich gleichzeitig in der stofflichen Zusammensetzung des Puppenorganismus vollziehen, in Einklang zu bringen.
Dubois fand, daß mit dem Eintritt der Puppenruhe die Kohlensäureabgabe
weniger groß wurde, daß eine Aufspeicherung dieses Gases in den Geweben

---

[1] O. Kellner, Chemische Untersuchungen über die Entwicklung und Ernährung .
des Seidenspinners Bombyx mori. *Landwirtsch. Versuchsanstalt.* Bd. XXX. S. 59.
Bd. XXXIII. S. 381.

[2] R. Farkas, Beiträge zur Energetik der Ontogenese. Pflügers *Archiv.* 1903.
Bd. XCVIII. S. 525.

[3] R. Dubois et E. Couvreur, Etudes sur le ver à soie pendant la période
nymphale. *Soc. Linnéenne d. Lyon.* 10. Jun. 1901. p. 1—7.   ·

[4] Vaney et Maignon, *Contribution à l'étude physiologique des metamorphoses
du ver à soie.* A. Rey, Lyon 1906,

der Puppe stattfand, was sich in einem deutlichen Sinken des respiratorischen Quotienten geltend machte. Auch die Wasserabgabe durch die Atmung war zu dieser Zeit gering. Vom 16. bis 20. Tag der Puppenruhe an stieg aber die Kohlensäureausgabe so sehr, daß sich der respiratorische Quotient von 0·50 auf 1·40 erhöhte. Die Wasserabgabe war noch immer gering. Zwei Tage vor dem Ausschlüpfen machte sich eine neue Anhäufung von Kohlensäure bemerkbar, der respiratorische Quotient ergab die Zahl 0·52; gleichzeitig erreichte die Wasserabgabe ihren Höhepunkt. Umgekehrt wurde am Tage des Ausschlüpfens selbst die Kohlensäure in großen, das Wasser in kleinen Mengen ausgeschieden. Es ist von großer Bedeutung, daß Dubois beobachten konnte, wie am Anfang der Puppenruhe und zwar zu derselben Zeit, in der Kohlensäure in den Puppengeweben angehäuft wurde, auch eine Zunahme des Glykogenvorrates im Körper zu beobachten war. Der Verfasser nimmt an, daß in dieser Zeit Fett in Glykogen übergeführt wird, und daß die Seidenspinnerpuppen ihr Leben fast ausschließlich mit dem in ihren Geweben angehäuften Glykogen und Zucker fristen. Es stimmen somit diese Ergebnisse mit den Resultaten der Kellnerschen Untersuchungen gut überein. Dubois und Couvreur suchten ferner festzustellen, welchen Einfluß es auf die Entwicklung der Schmetterlingspuppen ausübt, wenn dieselben ihrer Hülle, ihrem Kokon, entnommen werden. Bei den angestellten Experimenten an Seidenspinnerpuppen zeigten sich keine Störungen in der Entwicklung der ihres Kokons beraubten Puppen. Urech und Kellner waren in diesem Punkte zu anderen Ergebnissen gelangt; sie hatten gefunden, daß diese Operation an den Puppen nicht so ganz spurlos vorüberzugehen pflegt. Bei Gastropacha neustria, mit deren Puppen Urech experimentiert hatte, zeigte sich, daß die ihrem Kokon entnommenen Puppen weit mehr an Gewicht verloren, wie die unter normalen Verhältnissen belassenen Tiere. Wie groß die Unterschiede sind, ist aus folgenden Zahlen ersichtlich:

Aus dem Kokon herausgenommene Puppen: Abnahme	Sukzessive Zeiträume in Tagen	Puppen im Kokon: Abnahme
9·42 Proz.	5	3·53 Proz.
4·31 „	3	0·72 „
3·09 „	2	0·59 „
5·28 „	3	1·17 „

Ähnliches fand Kellner und zwar schon bei Puppen vom Seidenspinner, die nicht imstande gewesen waren, sich ein fest geschlossenes Kokon herzustellen. Während bei normalen Raupen ungefähr ein Drittel der Trockensubstanz der Zerstörung unterliegt, verlieren die schwächeren Tiere mit unvollständigem Kokon bis zur Hälfte ihres Trockengewichtes.

Dubois und Couvreur versuchten auch den Einfluß eines hohen Kohlensäuregehaltes der Atmosphäre auf die Entwicklung des Seidenspinners zu studieren. Die spinnreifen Raupen starben in Kohlensäureatmosphäre nach 4 Tagen ohne sich einzuspinnen. Das Ergebnis war dasselbe, wenn die Raupen einem Strom von atmosphärischer Luft, dem 10 Prozent Kohlensäure zugesetzt war, exponiert wurden. Dagegen entwickelten sich die im Kokon eingeschlossenen Puppen auch noch in einer Atmosphäre von 10 bis 25 Prozent CO_2, nur der Falter kam nie zum Ausschlüpfen, er fand sich im ausgebildeten Zustande, aber stets tot, in der Puppenhülle.

Die eingehendsten Untersuchungen über Gewichtsveränderung und Stoffverbrauch während der Metamorphose des Seidenspinners sind in den Jahren 1903, 1904 und 1905 von Vaney und Maignon angestellt worden. Die Ergebnisse dieser Forschungen finden sich in einer 1906 bei A. Rey in Lyon erschienenen Arbeit zusammengestellt unter dem Titel: Contribution à l'étude physiologique des métamorphoses du ver à soie. Die beiden Forscher haben besonders darauf geachtet, zu ihren Experimenten möglichst gleichalterige Puppen von gleichem Geschlecht zu verwenden. In bezug auf die Gewichtsveränderung während des Puppenlebens zeigte sich, daß stets am Anfang und am Ende der Metamorphose die größten Gewichtsabnahmen eintraten: zu der Zeit, in der sich die Raupe in die Puppe und die Puppe sich in den Schmetterling verwandelt. Zahlenmäßig gestalteten sich die Verluste in folgender Weise:

1. bis 2. Tag $1/_8$ des Gesamtgewichtes, 2. bis 3. Tag $1/_{12}$, 3. bis 4. Tag $1/_{17}$, 4. bis 5. Tag $1/_{29}$, vom 15. bis 17. Tag täglich $1/_{100}$, 17. bis 18. Tag $1/_{10}$. Vom 18. bis 19. Tag, an dem der Falter ausschlüpfte, $1/_5$ des Gesamtgewichtes. Außerdem ergab es sich auch, daß die ihres Kokons beraubten Tiere größere Gewichtsverluste zeigten, wie die im Kokon belassenen Puppen.

Auch über den Verbrauch der einzelnen Substanzen haben die Autoren genaue Erhebungen angestellt. Sie fanden, wie es schon durch Claude Bernard 1879 für die Fliegenmetamorphose festgestellt worden war, und wie Bataillon und Couvreur 1892[1] beim Seidenspinner beobachtet hatten, daß Glukose in den Geweben der Schmetterlinge erst während des Puppenlebens aufzutreten pflegt. Die Gewebe der Raupe mit Ausnahme des Darmes sind zuckerfrei. In den übrigen Körpergeweben trat Zucker-

---

[1] Bataillon et Couvreur, La fonction glycogenique chez le ver à soie pendant la métamorphose. *C. R. Soc. Biol.* 1892. p. 669.

bildung nie vor dem Einspinnen der Raupe ein. Am höchsten war der Glukosegehalt am 9. Tage nach Bildung des Kokons, d. h. 4 Tage nach erfolgter Verpuppung. Von diesem Zeitpunkte an machte sich wieder eine Abnahme des Zuckergehaltes bemerkbar, die darauf schließen läßt, daß in diesem Zeitabschnitt der Zuckerverbrauch größer ist wie die Zuckerbildung. Ein völliger Aufbrauch dieses Kohlehydrates während der Metamorphose fand indessen nicht statt; auch in den Geweben des Falters, namentlich des weiblichen, ließen sich Glukosen nachweisen. Der Zuckergehalt der Puppengewebe ließ sich künstlich steigern, wenn die Puppen unter Öl versenkt und von der atmosphärischen Luft abgeschnitten wurden.

Wie der Zuckergehalt, so nahm auch der Glykogengehalt der Puppen in den ersten Tagen der Puppenruhe erheblich zu. Bis zum 8. Tage nach Bildung des Kokons war der Glykogengehalt größer als bei der spinnreifen Raupe; von da an, also in der zweiten Hälfte der Puppenruhe, war eine stetige Abnahme des Glykogengehaltes, ein überwiegender Verbrauch dieser Substanz zu konstatieren. Im Falter ist der Glykogengehalt größer wie in den letzten Stadien der Puppenruhe, was auf eine wiederholte Neubildung dieser Substanz schließen läßt.

Das Fett unterliegt während der ganzen Metamorphose dem Verbrauch und zwar besonders stark am Anfang und am Ende der Puppenruhe. Im eben ausgekrochenen Schmetterling ist aber der Fettgehalt wieder ein so großer, daß auch hier an eine Neubildung gedacht werden muß.

Am gleichmäßigsten ist während der Puppenruhe der Verbrauch der löslichen Eiweißkörper. Diese Substanzen nehmen während der Spinnperiode rasch an Menge zu und fallen, sobald die Puppe gebildet ist, einem sich stetig steigernden Verbrauch anheim.

Für die Gewichtsabnahme der Schmetterlingspuppen kommen somit nach diesen Untersuchungen neben dem Wasserverlust hauptsächlich die Abnahme des Glykogen-, Fett- und Eiweißgehaltes des Puppenkörpers in Betracht, was den Ergebnissen der älteren Untersuchungen nicht ganz entspricht. Von großer physiologischer Bedeutung ist ferner die Feststellung, daß bei anderen Reservestoffen wie dem Zucker und dem Glykogen, in den ersten Tagen der Puppenruhe nicht nur kein Verbrauch, sondern sogar eine Neubildung zu beobachten ist. Eine andere Frage ist es nun, ob zur Bildung des Zuckers und der Glykogenmengen der im Fett enthaltene Kohlenstoff Verwendung findet, oder ob die Puppe aus der bei der Atmung gebildeten, abgeschiedenen und wiederaufgenommenen Kohlensäure, also auf assimilatorischem Wege, Zucker und Glykogen aufzubauen vermag. Auf alle Fälle kann nach diesen zahlreichen, von den verschiedensten Seiten und an mehreren Schmetterlingsarten ausgeführten Untersuchungen kein Zweifel mehr darüber bestehen, daß Schmetterlingspuppen ganz allgemein

während ihrer Ruheperiode Gewichtsverluste erfahren, deren Höhe von
zahlreichen äußeren Faktoren, aber auch von der Konstitution der Puppe
abhängig ist. Alle Einflüsse, welche stoffwechselsteigernd wirken, oder eine
schnellere Wasserabgabe der Puppengewebe bedingen, verursachen auch ein
schnelleres Fallen des Körpergewichtes. So sehen wir sowohl ganz am
Anfang wie am Ende der Puppenruhe, zu der Zeit, wo sich rege degenera-
tive und regenerative Prozesse im Organismus des werdenden Falters abspielen, das Körpergewicht am bedeutendsten fallen; desgleichen läßt sich
die Gewichtsabnahme beschleunigen, wenn sich die Puppe in trockenem
Luftraum befindet, wenn sie aus ihrem Kokon herausgenommen wird, oder
wenn sie ihre Entwicklung in höher temperiertem Raume durchmacht.

Dieses Verhalten der Schmetterlingspuppen ist an sich durchaus verständlich, wenn wir bedenken, daß die Puppe lebt, d. h. atmet und auf
äußere Reize reagiert, sich sogar lebhaft und ausgiebig bewegen kann, dies
alles ohne Nahrung zu sich zu nehmen. Die Puppe verbraucht Körpersubstanz und muß an Gewicht abnehmen, so lange ihr von außen kein
Ersatz für die verarbeiteten Stoffe geboten wird. Ein Gleichbleiben des
Gewichtes oder eine Gewichtszunahme der Schmetterlingspuppe würde also
voraussetzen, daß dieser auf irgendeinem Wege Stoffe zugeführt werden,
die den Verbrauch decken oder gar übersteigen.

In meiner Arbeit über die Assimilationstätigkeit der Schmetterlingspuppen und Raupen habe ich gezeigt, daß die Puppen verschiedener
Schmetterlinge imstande sind, wenn sie in kohlensäurereiche Atmosphäre
gebracht werden, während des Tages wenigstens Kohlensäure und Stickstoff
in sich aufzunehmen und daß dieses Verhalten bei den Puppen von
Papilio podalirius von einer stetigen Gewichtszunahme begleitet war.
Die Untersuchung hatte auch ergeben, daß die Puppen bei dieser Behand-
lung, während der sie sich in feuchter Atmosphäre befanden, nicht nur an
Wasser, sondern auch an Kohlenstoff und Stickstoff reicher geworden waren.
Diese Mästung der Puppen mußte also auf eine Bereicherung derselben an
N- und C-haltigen Substanzen und an Wasser zurückgeführt werden.

Die große biologische Bedeutung dieser Tatsache schien mir eine Wiederholung des Versuches notwendig zu machen, und ich dachte denselben so
zu erweitern, daß auch die Frage daran geknüpft werden konnte, ob die
Schmetterlingspuppen wohl auch unter normalen Verhältnissen die in der
Atmosphäre enthaltene Kohlensäure auszunutzen vermögen. Es war mir
außerdem darum zu tun, festzustellen, ob auch die Puppen anderer
Schmetterlingsarten wie die des Segelfalters unter den beschriebenen Ver-
hältnissen Gewichtszunahme zeigen. Nach meinen früher auch schon an
Deilephila euphorbiae gemachten Beobachtungen war ein positives
Resultat zu erwarten. Auch die Euphorbiaepuppen hatten in kohlensäure-

reicher Luft bei hohem Feuchtigkeitsgehalt der Atmosphäre eine Gewichtszunahme gezeigt und zwar hatten 25·62 ^{grm}-Puppen in etwas mehr wie
einem Monat um 1·968 ^{grm} an Gewicht zugenommen, während 22·857 ^{grm}-
Puppen desselben Falters in gleicher Zeit um 1·445 ^{grm} an Gewicht verloren
hatten. Die Zunahme dieser in CO_2-reicher Luft gehaltenen Tiere betrug
7·68 Prozent, der Gewichtsverlust der in atmosphärischer Luft gehaltenen
Serie war dagegen 6·36 Prozent. Nehmen wir nun an, daß die in CO_2-
reicher Atmosphäre erzogenen Schmetterlinge ebenfalls einen Substanz- und
Wasserverbrauch von 6·32 Prozent hatten, so beträgt der durch den
Aufenthalt in CO_2-reicher Luft erfahrene Gesamtgewinn der Puppen genau
14 Prozent des Körpergewichtes.

Zu den neuen Versuchen, die im Winter 1905 bis 1906 zur Ausführung
kamen, benutzte ich nochmals Puppen vom Segelfalter und außerdem
solche der Hylophila prasinana.

Versuche mit Segelfalterpuppen.

Mit den Segelfalterpuppen stellte ich drei Parallelversuche an. Ein
Teil der Puppen wurde in Atmosphäre mit einem durchschnittlichen Kohlensäuregehalt von 11 Prozent gebracht, ein zweiter Teil entwickelte sich in
atmosphärischer Luft und ein dritter Teil befand sich in einem Raume, der
durch eine in demselben aufgestellte Kochschale, die Kalilauge enthielt,
von Kohlensäure frei gehalten wurde. Es war über der Schale ein Draht-
netz angebracht; auf diesem Netze lagen die Puppen. Um nun zu verhindern, daß die Kalilauge wasserentziehend auf die Puppen einwirke,
wurde dafür Sorge getragen, daß der Luftraum mit Wasserdampf gesättigt war. Ich erreichte dies durch regelmäßiges Bespritzen der Be-
hälterwände und der Puppen selbst; außerdem wurde noch eine mit
Wasser gefüllte Schale in dem Behälter aufgestellt. Auch die Puppen
der beiden anderen Versuchsreihen wurden regelmäßig befeuchtet. Sämtliche Versuchstiere befanden sich in einem durch einen Dauerbrenner
geheizten Zimmer.

Das Anfangsgewicht der von Arnold Voelschow in Schwerin be-
zógenen, in drei Serien geteilten Segelfalterpuppen betrug für:

Serie I = für den Versuch in CO_2-reicher Atmosphäre bestimmt: 33·854 ^{grm}.

„ II = „ „ „ „ atmosphärischer Luft „ 32·136 „

„ III = „ „ „ „ CO_2-freier Atmosphäre „ 14·2664 „

Ich hatte die Puppen so verteilt, daß auf die beiden ersten Serien
gleich viel männliche und weibliche, gleich viel große und kleine Exemplare
entfielen. Serie I bestand aus 43 Puppen, von denen vor dem Versuch

eine Puppe im Durchschnitt 0.7872^{grm} wog. Serie II bestand aus der-
selben Puppenzahl, eine Puppe hatte das Gewicht von 0.7448^{grm}. Für
Serie III waren nur noch 16 Puppen übrig geblieben, von denen eine im
Durchschnitt 0.8913^{grm} wog.

Um die Puppen, die gleich nach ihrer Ankunft gewogen worden waren,
unter normalen Verhältnissen zu beobachten, wurde der Versuch mit Serie I
erst nach 3 Tagen, am 13. Januar, begonnen. Die Puppen lagen im
warmen Zimmer und nahmen während dieser Zeit um 0.107^{grm} ab. Am
13. Januar kamen sie in eine 8.8 Prozent CO_2 enthaltende Atmosphäre
und wurden bis zum 17. Januar im kalten Zimmer gehalten, jeden Tag
hatte ich die Atemluft erneuert. Auch jetzt war eine Gewichtsabnahme
zu verzeichnen, sie betrug 0.135^{grm}. Die Puppen hatten innerhalb dieser
7 Tage eine Abnahme von 0.242^{grm} erfahren. Die Puppen wurden jetzt
in eine 6 prozentige CO_2-Atmosphäre gebracht und im geheizten Zimmer
gelassen. Von diesem Augenblicke an begannen die Puppen langsam an
Gewicht zuzunehmen, wie es die den Gang des Experimentes veranschau-
lichende Kurve (S. 176) zeigt. Das Durchschnittsgewicht einer Puppe war
bis zu diesem Tage auf 0.7817^{grm} gefallen. Die Puppen verblieben nun
während ihrer ganzen weiteren Entwicklung im warmen Zimmer.

Auch die Puppen von Serie II hatten in dieser Zeit an Gewicht abgenommen, aber weniger stark wie die Puppen der I. Serie. Der Gewichtsverlust betrug bis zum 17. Januar nur 0.064^{grm}, und das Durchschnittsgewicht einer Puppe war auf 0.7435^{grm} gesunken.

Einen bedeutend größeren Verlust an Körpergewicht hatten die über
Kalilauge gehaltenen Tiere der Serie III erfahren. Ich hatte in den ersten
zwei Tagen versäumt, die Puppen zu befeuchten. Das Gewicht der Puppen
war in dieser Zeit denn auch von 14.2664^{grm} auf 11.234^{grm} herunter-
gegangen; eine Puppe wog im Durchschnitt nur noch 0.7017^{grm}. Dieser
plötzliche Gewichtsverlust ist natürlich auf die wasserentziehende Wirkung
der Kalilauge zurückzuführen, die sich später, als dafür gesorgt war, daß
der Puppenbehälter mit Wasserdampf gesättigt blieb, leicht beseitigen ließ.

Vom 19. Januar an entwickelten sich die drei Puppenserien unter den
ihnen bestimmten gleichmäßig wirkenden Bedingungen: Serie I in feuchter
CO_2-reicher Luft, Serie II in feuchter atmosphärischer Luft und Serie III
in feuchter, aber kohlensäurefreier Atmosphäre. Die Puppen der drei Serien
wurden ziemlich regelmäßig alle zwei Tage gewogen, und das Resultat dieser
Wägungen findet sich in den Kurventafeln verzeichnet. Es ergab sich,
wie ein Blick auf den Verlauf der Kurven (S. 186) anzeigt, daß die in
CO_2-reicher Atmosphäre gehaltenen Tiere eine stetige Zunahme
ihres Körpergewichtes erfuhren, während die beiden anderen
Serien ebenso stetig an Gewicht abnahmen.

Am 26. Februar mußte ich das Experiment zum erstenmal abbrechen, weil sich einige Puppen in ihrer Färbung verändert hatten und ich es für vorsichtig hielt, dieselben zu beseitigen, da sie erkrankt sein konnten. Die bis dahin erzielten Ergebnisse waren die folgenden:

Die Gewichte der drei Serien waren:

17. Januar, Serie I   = 33·612 ^{grm}; 1 Puppe = 0·7817 ^{grm}.
26. Februar,   „   = 34·370 „ 1   „   = 0·7993 „
Gewichtszunahme = 0·758 „ 1   „   = 0·0176 „

19. Januar, Serie II = 31·987 ^{grm}; 1 Puppe = 0·7438 ^{grm}.
26. Februar,   „   = 30·982 „ 1   „   = 0·7205 „
Gewichtsabnahme = 1·005 „ 1   „   = 0·0233 „

19. Januar, Serie III = 11·222 ^{grm}; 1 Puppe = 0·7012 ^{grm}.
26. Februar,   „   = 10·688 „ 1   „   = 0·6675 „
Gewichtsabnahme = 0·534 „ 1   „   = 0·0337 „

Für 100 ^{grm} Puppensubstanz berechnet erhalten wir bei den in kohlensäurereicher Luft gehaltenen Tieren der Serie I eine Zunahme von 2·237 ^{grm}, bei Serie II in atmosphärischer Luft eine Abnahme von 3·179 ^{grm}, und bei Serie III in CO_2-freier Atmosphäre eine Abnahme von 4·884 ^{grm}. Die Gewichtszunahme der in kohlensäurereicher Atmosphäre befindlichen Puppen betrug somit innerhalb 40 Tagen etwas mehr wie 2 Prozent des Gesamtgewichtes zu Beginn des Versuches, die Abnahme der Serien II und III in gleicher Zeit 3 Prozent bzw. 4 Prozent des Anfangsgewichtes.

Nachdem am 26. Februar die krankheitsverdächtigen Puppen entfernt worden waren, setzte ich die Versuche mit den überlebenden Tieren in gleicher Weise fort.

Verhalten der Serie III.

Mit der Serie III konnten die Versuche nur noch bis zum 3. März fortgeführt werden, da an diesem Tage bereits die ersten Falter ausflogen, und ich die weniger weit entwickelten Puppen zur Analyse verwenden wollte.

Die Puppen der Serie III hatten, wie wir sahen, bis zum 26. Februar um 4 Prozent ihres Anfangsgewichtes verloren, diese Gewichtsverluste wurden bis zum Schluß des Experimentes noch bedeutend höher. So wogen die Puppen dieser Serie am 28. Februar nur noch 10·612 ^{grm} (gegen 10·688 ^{grm} am 26. Februar), hatten also einen neuen Gewichtsverlust von 0·076 ^{grm} erlitten, der eine Einbuße von 0·644 Prozent Körpergewicht bedeutet; die Gesamtgewichtsabnahme dieser Serie betrug jetzt 0·610 ^{grm} oder 5·529 Prozent des Anfangsgewichtes.

Bis zum 3. März waren zwei Puppen dieser Serie eingegangen und mußten entfernt werden, dieselben wogen $1 \cdot 339$ ᵍʳᵐ zusammen, eine Puppe hatte das Gewicht von $0 \cdot 669$ ᵍʳᵐ. Die übrigen 14 Stück gesunde Puppen wogen insgesamt $9 \cdot 274$ ᵍʳᵐ, eine Puppe $0 \cdot 662$ ᵍʳᵐ. Von den gesunden Tieren hatten sich zwei in Falter verwandelt, die mit einem Teil ihres Urins und den Puppenhüllen $0 \cdot 892$ ᵍʳᵐ wogen, so daß auf einen Falter mit Hülle $0 \cdot 446$ ᵍʳᵐ Körpergewicht entfielen. Mit Abrechnung der kranken Puppen und der Falter blieben am Schluß des Versuches 12 gesunde Puppen übrig mit einem Gesamtgewicht von $8 \cdot 009$ ᵍʳᵐ, eine Puppe wog $0 \cdot 667$ ᵍʳᵐ, also etwa soviel wie am 26. Februar, woraus wir ersehen, daß das niedere Durchschnittsgewicht der Puppen am 3. März von durchschnittlich $0 \cdot 662$ ᵍʳᵐ auf die Anwesenheit der am Ende ihrer Metamorphose stehenden Puppen zurückzuführen ist. Am 4. März wurden die übrig gebliebenen Puppen der Serie III zur Analyse an Hrn. Dr. Gronover, Direktor des Mülhausener städtischen Untersuchungsamtes, geschickt.

Die Gewichtsverluste der Puppen von Serie III, die ihre Entwicklung in einem von Kohlensäure befreiten Luftraum über Kalilauge verbracht hatten, betrugen insgesamt während der hier berücksichtigten Zeiträume:

Vom 19. Januar bis 26.Febr. $= 0 \cdot 534$ ᵍʳᵐ $= 4 \cdot 884$ Proz. $=$ täglich $0 \cdot 128$ Proz.
„ 26. bis 28. Februar $= 0 \cdot 076$ „ $= 0 \cdot 644$ „ $=$ „ $0 \cdot 221$ „
„ 28. Februar bis 3. März $= 0 \cdot 014$ „ $= 0 \cdot 1056$ „ $=$ „ $0 \cdot 035$ „

Die Gesamtabnahme war $= 0 \cdot 624$ ᵍʳᵐ $= 5 \cdot 6363$ Prozent des Anfangsgewichtes. Die tägliche Durchschnittsabnahme war $= 0 \cdot 1310$ Prozent. Bei dieser Zusammenstellung ist indessen der starke Gewichtsverlust nicht berücksichtigt worden, den die Puppen in den ersten Tagen, als die Versuche in Vorbereitung waren, erlitten hatten. Die Puppen lagen über Kalilauge, waren nicht angefeuchtet worden und hatten vom 15. bis 19. Januar, also innerhalb vier Tagen $\frac{14 \cdot 2664}{11 \cdot 2220}$ $3 \cdot 0444$ ᵍʳᵐ $= 21.32$ Prozent ihres Körpergewichtes verloren. Dies entspricht einer täglichen Abnahme von $5 \cdot 260$ Prozent. Um die Gesamtabnahme der Serie III richtig anzugeben, muß auch dieser erhebliche, wohl hauptsächlich unter dem wasserentziehenden Einflusse der Kalilauge erlittene Gewichtsverlust in Rechnung gezogen werden, und wir erhalten als Gesamtabnahme die Größe: $3 \cdot 6684$ ᵍʳᵐ oder eine Gewichtseinbuße von $26 \cdot 956$ Prozent, also etwa dem dritten Teil des Anfangsgewichtes.

Um die normale Abnahmegeschwindigkeit kennen zu lernen, müssen wir den in den ersten Tagen unter ganz abnormen, die Wasserabgabe in ungewöhnlichem Maße steigernden Gewichtsverlust vernachlässigen. Erst mit dem Eintritt der normalen Versuchsbedingungen vom 19. Januar an geben die täglichen Gewichtsverluste ein richtiges Bild von den sich bei fortschreitender Metamorphose steigernden Verbrennungsprozessen, die vom 19. Januar bis 26. Februar eine tägliche Gewichtsabnahme von 0·128 Prozent des Gesamtgewichtes zur Folge hatte und sich in den letzten 5 Tagen des Experimentes auf etwa 0·149 Prozent erhob.

Verhalten der Serie II:

Eine fortschreitende Abnahme des Körpergewichtes war auch bei den in feuchter Atmosphäre gehaltenen Puppen der Serie II zu verfolgen. Vom 19. Januar bis 26. Februar hatte der Gewichtsverlust 1·005 ^{grm} = 3·179 Prozent betragen, die tägliche Abnahme war bis dahin 0·0810 Prozent gewesen. In dem Zeitraum vom 26. Februar bis 13. März, an welchem Tage das Experiment abgebrochen und die Puppen zur Analyse gesandt wurden, mußten wiederholt erkrankte oder der Krankheit verdächtige Exemplare ausgeschieden werden. Es blieben schließlich am 13. März 16 gesunde Puppen übrig, die zusammen 10·691 ^{grm} wogen. Eine Puppe hatte somit ein Gewicht von 0·668 ^{grm} und auf die ursprüngliche Anzahl von 43 Puppen bezogen, hätte sich jetzt ein Gesamtgewicht von 28·724 ^{grm} ergeben müssen. Die Puppen hatten seit dem 26. Februar, wo ihr Gewicht = 30·982 ^{grm} gewesen war, wieder 2·258 ^{grm} verloren, ein Verlust, der einer Abnahme von 7·089 Prozent entspricht und täglich 0·475 Prozent beträgt. Als Gesamtverlust dieser Serie seit dem Beginn des Experimentes erhalten wir:

Abnahme.

17. I. bis 26. II. = 1·005 ^{grm} = 3·179 Proz. = täglich 0·0810 Proz.
26. II. bis 13. III. = 2·258 „ = 7·089 „ = „ 0·475 „
Zusammen: 3·263 ^{grm} = 10·268 Proz. Gewichtsverlust.

Auch hier müssen wir, um den vollen Betrag der Gewichtsabnahme zu erhalten, den Verlust berücksichtigen, den die Puppen hatten, ehe die Versuche noch im Gang waren. Bis zum 17. Januar, von welchem Tag an die normalen Bedingungen hergestellt waren, hatten die Puppen 0·064 ^{grm} abgenommen = 0·199 Prozent. Die gesamte Gewichtsabnahme dieser Serie beträgt danach 3·327 ^{grm} bzw. 10·567 Prozent.

Auch bei Serie II gestaltete sich die Gewichtsabnahme in den letzten Tagen des Experimentes größer wie am Anfang derselben. Die Berechnung zeigt, was schon der Verlauf der Kurve veranschaulicht, daß die Gewichtsverluste, die von den in kohlensäurefreier Atmosphäre über Kalilauge gehaltenen Puppen der Serie III erlitten werden, bedeutend höher sind als die der sich in atmosphärischer Luft entwickelnden Puppen der II. Serie.

Das abweichende Verhalten der beiden Serien ist in doppelter Hinsicht interessant. Es beweist einmal, daß das Maximum der Gewichtsabnahme, das Schmetterlingspuppen in einem bestimmten Zeitraum erleiden können, in weiten Grenzen variabel ist, ohne die Lebensfähigkeit der Puppen zu schädigen. Der Versuch zeigt aber auch, wie der Verlauf der Kurve bis zum Schluß des Experimentes beweist, daß die Kalilauge wirklich die Veranlassung einer, wenn auch nur wenig stärkeren Gewichtsabnahme wird, selbst dann, wenn sich die Puppen in einer mit Wasserdampf gesättigten Atmosphäre befinden und keine Gefahr erhöhter Wasserentziehung vorliegt. Der erhöhte Substanzverbrauch, der sich in einer durchschnittlich größeren täglichen Gewichtsabnahme der Puppen bekundet, kann unter diesen Umständen wohl nur auf eine gesteigerte CO_2-Produktion oder darauf zurückgeführt werden, daß die Kalilauge die Wiederaufnahme der in die Atmosphäre abgegebenen Kohlensäure verhindert.

In ganz ausgesprochener Weise tritt uns indessen der Einfluß des erhöhten Kohlensäuregehaltes der Respirationsluft auf die Entwicklung von Schmetterlingspuppen bei Serie I entgegen. Die Luft, in der sich die Puppen dieser Serie befanden, enthielt, wie schon gesagt, das CO_2-Gas in einer Konzentration von durchschnittlich 8 Prozent und wir haben bereits kurz erwähnt, daß eine gleichmäßige Gewichtssteigerung die Folge des Aufenthaltes der Puppen in der CO_2-reichen Atemluft war.

Verhalten der Serie I.

Bis zum 26. Februar hatten die Puppen dieser Serie um $0 \cdot 7584$ grm $= 2 \cdot 237$ Prozent ihres Anfangsgewichtes zugenommen, was einem täglichen Zuwachs von $0 \cdot 0559$ grm Prozent entspricht. Eine derartige Gewichtszunahme war um so weniger zu erwarten, da die Puppen der in CO_2-Atmosphäre befindlichen Serie sich viel lebhafter verhielten wie alle übrigen, und sowohl in dem Behälter wie außerhalb desselben auf jeden Reiz durch oft außerordentlich heftige Bewegungen des Hinterleibes reagierten. Ich beobachtete z. B. wie sich eine Puppe, nachdem ich sie dem Behälter entnommen und auf weißes Filtrierpapier gelegt hatte, das von der Sonne grell beschienen war, in den Schatten wälzte und dabei einen Weg von 12 cm zurücklegte. Jedesmal wenn ich den Behälter berührte, fingen die Puppen an sich zu bewegen, ebenso wenn der CO_2-haltige Luftstrom durch den Behälter geleitet wurde. Die Puppen der beiden anderen Serien waren während ihrer ganzen Entwicklung nahezu reaktionslos verblieben. Aber trotzdem sich die Puppen der Serie I in einem nervös erregten Zustand befanden, nahmen sie auch nach dem 26. Februar an Gewicht zu.

Am 26. Februar mußte ich die ersten der Krankheit verdächtigen Puppen entfernen; der endgültige Abschluß des Experimentes erfolgte aber erst am 23. März, als sich bereits mehrere Puppen ausgefärbt hatten. Es blieben 30 Puppen zurück, die 24·660 ^{grm} wogen, eine Puppe hatte ein Durchschnittsgewicht von 0·822 ^{grm} gegen 0·7993 ^{grm} am 26. Februar und 0·7817 ^{grm} am 17. Januar bei Beginn des Versuches. Auf 100 ^{grm} Puppensubstanz berechnet, bedeutet dies eine Zunahme von 2·982 ^{grm} Prozent seit dem 26. Februar oder einen täglichen Zuwachs in diesem Zeitraum von 0·119 ^{grm} Prozent.

Vom 17. I. bis 26. II. Zunahme = 0·758 ^{grm} = 2·237 Proz. = tägl. 0·0559 Proz.
„ 26. II. „ 23. III. „ = 0·976 „ = 2·982 „ = „ 0·119 „
Gesamtzunahme: 2·734 ^{grm} = 5·219 Prozent.

Es war somit die Gewichtszunahme der Puppen in der zweiten Hälfte des Versuches eine größere wie in der ersten Hälfte. Möglicherweise ist hieran der Umstand schuld, daß im Februar eine Anzahl, 13 Stück krank erscheinender Puppen beseitigt worden war, deren Gegenwart die Gewichtszunahme der übrigen Puppen vielleicht ungünstig beeinflußt hatte. War dies aber nicht die Ursache des abweichenden Verhaltens, so muß angenommen werden, daß die Fähigkeit der Puppen, die in der Atemluft enthaltenen Stoffe in sich aufzunehmen, bei fortschreitender Entwicklung eine immer größere wird und daß dieses gesteigerte Assimilationsvermögen auf die an Länge und Helligkeitsintensität zunehmenden Tage im Februar und März zurückzuführen ist.

Der zweite Erklärungsversuch scheint mir am meisten Wahrscheinlichkeit zu besitzen, da die Versuchsergebnisse des Vorjahres ebenfalls ein ganz bedeutendes Anwachsen des Puppengewichtes im Februar und März gezeigt hatten. Die Kontraste waren bei den ersten Versuchen im Winter 1904 bis 1905 noch erheblich größer, denn bis Ende Januar — die Versuche hatten schon im Dezember begonnen — war die tägliche Durchschnittszunahme nicht höher wie 0·0756 Prozent gewesen und hob sich im Februar und März auf 0·4384 Prozent. Bei diesem Versuch waren alle Puppen gesund geblieben. Wir haben es also im zweiten Teil der Versuche von 1904 bis 1905 mit einer Steigerung der Aufnahmefähigkeit von seiten der Puppen zu tun, die das fünffache der anfänglichen Zunahmegeschwindigkeit beträgt. In den Versuchen von 1905 bis 1906 ist die Gewichtszunahme im zweiten Abschnitt der Versuche nur doppelt so groß als im ersten. Allein auch die Gesamtgewichtszunahme war 1904 bis 1905 eine bedeutend höhere wie 1905 bis 1906. Im ersten Winter hatten die Puppen im Maximum um 25 Prozent an Körpergewicht gewonnen, im zweiten Jahre nur um 5·21 Prozent, also nur um $^1/_5$ des Gewinnes im Vorjahre.

Zusammenstellung der Ergebnisse aus den Wägungen der Serien 1, II, III.

Serie I: Die Puppen wurden in einer durchschnittlich 8 Prozent Kohlensäure enthaltenden Atmosphäre aufgezogen, sie nahmen von Anfang an an Körpergewicht zu, die größten Gewichtszunahmen fielen in den Monat März. Auf 100 ^{grm} Puppensubstanz berechnet, ergab sich eine Zunahme von:

$$
\begin{array}{llllll}
17.\ \text{I. bis } 26.\ \text{I.} & = 9 \text{ Tage} & = +0 \cdot 1663\ ^{grm} = & 0 \cdot 0185\ ^{grm} \text{ täglich.} \\
26.\ \text{I. ,, } 5.\ \text{II.} & = 10 \quad ,, & = +0 \cdot 4470\ ,, = & 0 \cdot 0447\ ,, & ,, \\
5.\ \text{II. ,, } 16.\ \text{II.} & = 11 \quad ,, & = +0 \cdot 3306\ ,, = & 0 \cdot 0300\ ,, & ,, \\
16.\ \text{II. ,, } 26.\ \text{II.} & = 10 \quad ,, & = +1 \cdot 293\ ,, = & 0 \cdot 1293\ ,, & ,, \\
26.\ \text{II. ,, } 8.\ \text{III.} & = 10 \quad ,, & = +3 \cdot 353\ ,, = & 0 \cdot 3353\ ,, & ,, \\
8.\ \text{III. ,, } 16.\ \text{III.} & = 8 \quad ,, & = -0 \cdot 8847\ ,, = & -0 \cdot 1106\ ,, & ,, \\
16.\ \text{III. ,, } 23.\ \text{III.} & = 7 \quad ,, & = +0 \cdot 5136\ ,, = & 0.0733\ ,, & ,, \\
\end{array}
$$

in 65 Tagen = 5·218 Prozent Zunahme. Tagesdurchschnitt = 0·08 Prozent. (Vgl. Kurve 1.)

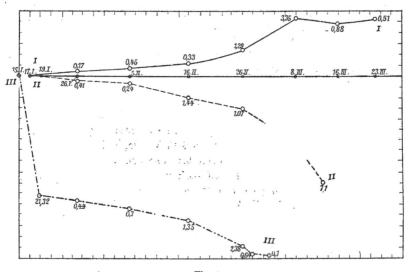

Fig. 1.

Serie II: Die Puppen befanden sich in atmosphärischer Luft. Ihr Körpergewicht verringerte sich während der ganzen Versuchsdauer, in den letzten 14 Tagen schneller als im Anfang des Versuches. Es ergaben sich für 100 ^{grm} Puppen folgende Gewichtsverluste:

19. I. bis 26. I. $= 7$ Tage $= -0\cdot4168\,^{grm} = 0\cdot0595\,^{grm}$ täglich.
26. I. „ 5. II. $= 10$ „ $= -0\cdot243$ „ $= 0\cdot0243$ „ „
5. II. „ 16. II. $= 11$ „ $= -1\cdot448$ „ $= 0\cdot1334$ „ „
16. II. „ 26. II. $= 10$ „ $= -1\cdot071$ „ $= 0\cdot1071$ „ „
26. II. „ 8. III. $= 10$ „ $= +2\cdot013$ „ $= 0\cdot2013$ „ „
8. III. „ 13. III. $= 5$ „ $= -9\cdot102$ „ $= -1\cdot820$ „ „

in 53 Tagen 10·2928 Prozent Abnahme $= 0\cdot193\,^{grm}$
Tagesdurchschnitt. (Vgl. Kurve II.)

Serie III: Die Puppen befanden sich in feuchter aber kohlensäurefreier Atmosphäre. Dieselben nahmen von Anfang an sehr erheblich an Gewicht ab. Die größten Einbußen fallen in die ersten 4 Tage der Vorbereitung des Experimentes und sind durch außergewöhnliche Wasserentziehung zu erklären. Eine zweite Periode größerer Gewichtsabnahme fällt an den Schluß des Experimentes und ist hier wie bei Serie II auf die regeren Stoffwechselvorgänge, die sich in einzelnen am Ende ihrer Entwicklung stehenden Puppen vollziehen, zurückzuführen. Die Gewichtsverluste für 100 ^{grm} Puppen betrugen:

15. I. bis 19. I. $= 4$ Tage $= -21\cdot32$ $^{grm} = 5\cdot26$ ^{grm} täglich.
19. I. „ 26. I. $= 7$ „ $= -0\cdot4416$ „ $= 0\cdot0630$ „ „
26. I. „ 5. II. $= 10$ „ $= -0\cdot7019$ „ $= 0\cdot0702$ „ „
5. II. „ 16. II. $= 11$ „ $= -1\cdot356$ „ $= 0\cdot1232$ „ „
16. II. „ 26. II. $= 10$ „ $= -2\cdot384$ „ $= 0\cdot2384$ „ „
26. II. „ 28. II. $= 2$ „ $= -0\cdot6442$ „ $= 0\cdot3221$ „ „
28. II. „ 3. III. $= 3$ „ $= -0\cdot1056$ „ $= 0\cdot0352$ „ „

in 47 Tagen $= 26\cdot9563\,^{grm}$ Abnahme $= 0\cdot573\,^{grm}$
Tagesdurchschnitt.

Serie I Gewichtszunahme $= 5\cdot218$ Prozent.
Serie II Gewichtsabnahme $= 10\cdot292$ „
Serie III Gewichtsabnahme $= 26\cdot9563$ „

Serie I in kohlensäurereicher Atmosphäre hat somit gegenüber Serie II um 15·4 Prozent gegenüber Serie III um 32 Prozent an Substanz gewonnen. Die Bedeutung und Wirkung der in der Atemluft enthaltenen Kohlensäure auf den Verlauf der Gewichtskurve bei Schmetterlingspuppen geht aus diesen Zahlen klar hervor. Der Einfluß des Kohlensäuregehaltes macht sich aber nicht allein auf das Verhalten des Körpergewichtes geltend, er bestimmt auch die Dauer des Puppenzustandes. Da die drei Puppenserien unter gleichen Temperaturen und Serie I und II von Anfang an unter gleichen Feuchtigkeitsverhältnissen gehalten wurden, so war kein Grund gegeben, daß nicht wenigstens Serie I und II ihre Entwicklung auch annähernd gleichzeitig beendigen konnten. Dies war aber nicht der Fall. Zuerst färbten sich die Falter von Serie III, etwa

10 Tage später folgte Serie II, und zuletzt, abermals nach 10 Tagen, zeigten die Puppenflügel von Serie I die ersten Farben. Die Anwesenheit von Kohlensäure verzögert somit die Falterentwicklung. Dieser verlangsamende Einfluß auf die Entwicklungsprozesse in der Puppe kann in doppelter Weise gedeutet werden. Wir können daraus schließen, daß die Kohlensäure lähmend auf die Lebenstätigkeit des Plasmas einwirkt, daß sie die Stoffwechselvorgänge verlangsamt und dadurch den Stoffverbrauch vermindert. Es könnten auf diese Weise die Entwicklungsprozesse in der Puppe verzögert, der Ruhezustand der Puppe verlängert werden, die Puppen würden dann langsamer an Gewicht abnehmen wie andere, sie könnten länger mit ihren Reservestoffen haushalten als ursprünglich möglich. Eine zweite Erklärung wäre die, daß jede Puppe so lange verpuppt bleibt, als ihr Stoffvorrat vorhält, als nicht der Hunger den Geweben den Reiz zur Weiterentwicklung erteilt. Alle Tatsachen, die wir kennen über Verzögerung und Beschleunigung der Puppenentwicklung, daß z. B. schlecht ernährte Raupen Puppen von kurzer Ruheperiode abgeben, sprechen nicht gegen diesen zweiten Erklärungsversuch, und die in unserem Fall vorliegenden Erscheinungen lassen ihn ebenfalls als den den wirklichen Verhältnissen am besten entsprechenden gelten. Daß die kohlensäurehaltige Atmosphäre einen lähmenden Einfluß auf die in ihr atmenden Puppen hatte, war nicht zu beobachten, im Gegenteil, die Puppen schienen sich eher in einem Stadium nervöser Erregung zu befinden. Durch eine Verlangsamung der Stoffwechselvorgänge wäre ferner nur eine geringere Abnahme des Körpergewichtes, nicht aber, wie es im vorliegenden Fall zu beobachten war, eine Zunahme desselben erklärt. Die längere Dauer des Puppenzustandes in kohlensäurereicher Atemluft ist meiner Meinung nach auf dieselbe Ursache zurückzuführen, wie die längere Puppenruhe kräftig ernährter Raupen. In beiden Fällen stehen den Insekten die Mittel zu längerer Puppenruhe zur Verfügung, im einen Fall, weil sie als Raupen reichere Vorräte an Reservestoffen gesammelt hatten, im anderen Fall, weil sie in die Lage versetzt sind, sich selbst aus der Luft mit Brennmaterial, mit Kohlenstoff, zu versorgen. Daß auch bei diesen Versuchen von den Puppen der Serie I Kohlensäure aus der Luft aufgenommen worden ist, zeigen die im folgenden kurz zusammengestellten Ergebnisse der Gasanalyse. Das Verhalten der Puppen zur Kohlensäure war zu verschiedenen Zeiten ein verschiedenes, und obwohl ich im verflossenen Winter nicht regelmäßig analysiert, sondern nur ab und zu eine Stichprobe gemacht habe, so kommt es doch zum Ausdruck, daß sowohl die Entwicklungszeit, wie auch Tag und Nacht die Kohlensäureaufnahme beeinflußt. Außer Kohlensäure nahmen die Puppen auch Sauerstoff und Stickstoff auf.

Ergebnisse der Gasanalyse
der zu verschiedenen Zeiten gesammelten Stichproben.

14. Januar 1906. Tagesversuch bei 8·8 Prozent CO_2.

	Vor der Atmung	Nach der Atmung	Differenz
N	= 229·8	= 227·2	= — 2·6
O	= 56·38	= 55·23	= — 1·15
CO_2 =	27·58	= 27·93	= + 0·35

19. bis 20. Januar 1906. Nachtversuch bei 6 Prozent CO_2. 15 Stunden.

	Vor der Atmung	Nach der Atmung	Differenz
N	= 233·3	· = 226·9	= — 6·4
O	= 59·31	= 48·90	= — 10·4
CO_2 =	18·34	= 18·86	= + 0·54

20. Januar 1906. Tagesversuch. 10 Prozent CO_2. Sonnenschein. 6 Std.

	Vor der Atmung	Nach der Atmung	Differenz
N	= 224·2	= 225·8	= — 1·5
O	= 56·4	= 53·7	= — 1·42
CO_2 =	31·32	= 26·23	= — 5·09

22. Januar 1906. Tagesversuch bei 7·4 Prozent CO_2. 7$^1/_4$ Stunden.

	Vor der Atmung	Nach der Atmung	Differenz
N	= 229·5	= 228·1	= — 1·4
O	= 60·03	= 56·88	= — 3·15
CO_2 =	23·14	= 20·70	= — 2·44

29. Januar 1906. Tagesversuch bei 15 Prozent CO_2. 6·5 Stunden.

	Vor der Atmung	Nach der Atmung	Differenz
N	= 211·7	= 208·7	= — 3·0
O	= 52·92	= 49·51	= — 3·41
CO_2 =	46·69	— 39·96	= — 6·73

5. Februar 1906. Tagesversuch bei 14 Prozent CO_2.

	Vor der Atmung	Nach der Atmung	Differenz
N	= 212·5	= 208·2	= — 4·3
O	= 54·67	= 48·0	= — 6·67
CO_2 =	43·49	= 41·40	= — 2·09

12. Februar 1906. Tagesversuch bei 15·6 Prozent CO_2. 5$^3/_4$ Stunden.
Die Puppen bewegten sich sehr lebhaft.

	Vor der Atmung	Nach der Atmung	Differenz
N	= 205·2	= 201·6	= — 3·6
O	= 49·49	= 45·07	= — 4·42
CO_2 =	47·07	= 49·80	= + 2·73

12. bis 13. Februar 1906. Nachtversuch. 14 Stunden.

	Vor der Atmung	Nach der Atmung	Differenz
N	= 214·8	= 207·0	= — 7·8
O	= 52·95	= 42·22	= — 10·73
CO_2 =	39·56	= 46·05	= + 6·49

16. März 1906. Tagesversuch. $6^1/_2$ Stunden.

Vor der Atmung	Nach der Atmung	Differenz
N = 231·1	= 230·2	= — 0·9
O = 60.91	= 58·19	= — 2·72
CO_2 = 21·97	= 21·28	= — 0·69

17. März 1906. Tagesversuch. $8^1/_2$ Stunden.

Vor der Atmung	Nach der Atmung	Differenz
N = 217·2	= 210·9	= — 6·3
O = 54·51	= 44·62	= — 9·89
CO_2 = 47·91	= 50·12	= + 2·21

Bei Nacht wurde in allen drei Versuchen, die ich angestellt habe, Kohlensäure abgegeben. Bei Tag gaben die Puppen in drei Fällen Kohlensäure ab, in fünf Fällen konnte eine Absorption derselben beobachtet werden, und zwar verteilten sich die Ergebnisse derart, daß Kohlensäureabgabe am Anfang und Ende der Versuchsreihe, Kohlensäureaufnahme besonders im Monat Januar und Februar zu verzeichnen war. Allein auch in den Fällen, in denen CO_2 abgeschieden wurde, blieb der respiratorische Quotient außerordentlich niedrig: $\frac{CO_2}{O_2}$ = 0·3; 0·05; 0·6; 0·52; 0·22. Mit anderen Worten, auch in diesen Fällen wurde Kohlensäure im Organismus angehäuft, deren Kohlenstoff aber nicht aus der umgebenden Luft, sondern aus dem Puppenkörper stammte. Wenn wir das Volumen des absorbierten O_2 in CO_2 in Rechnung bringen, so ergibt sich, daß das Gesamtvolumen der fixierten CO_2 = (O_2 + CO_2) in den Fällen, in denen der Luft Kohlensäure entnommen wurde, kaum wesentlich höher ist, wie in den Fällen, in denen wir CO_2-Abgabe, aber eine entsprechend höhere O_2-Aufnahme beobachtet haben. So ist die durchschnittliche Menge der fixierten CO_2 in einem Fall, wenn die Nachtatmung in Rechnung gezogen wird, 5·31 ^{ccm}, ohne Nachtatmung 3·36 ^{ccm}, in einem anderen Fall, wo CO_2-Absorption zu verzeichnen war, 6·08 ^{ccm}. Es scheint somit der Puppenorganismus imstande zu sein, nur eine bestimmte Menge CO_2 in sich anhäufen zu können. Der durch die Atmung aufgenommene Sauerstoff wird nach den Untersuchungen Dubois' nicht als O_2, sondern als CO_2 in den Geweben festgelegt und so wird eine reichliche Sauerstoffaufnahme, wegen der ihr entsprechenden Kohlensäureproduktion im Körper, eine weitere Kohlensäureabsorption aus der Luft verhindern können. Die Fixierung des aus der Luft entnommenen O_2 als CO_2 dürfte schon allein eine Gewichtszunahme der Puppe erklären können; die auf diese Weise schwerer gewordenen Tiere würden aber bei der Elementaranalyse nie einen vermehrten Kohlenstoffgehalt aufweisen. Das Resultat der Elementaranalyse der hier in Frage kommenden Puppenserie zeigt indessen auf das deutlichste, daß nicht nur eine Ersparung von Kohlenstoff, sondern daß auch eine Bereicherung des Organismus an dieser Substanz stattgefunden hat.

Ergebnisse der Elementaranalyse.

Auch in diesem Jahr hatte Hr. Dr. Gronover, Direktor des städtischen Untersuchungsamtes in Mülhausen, die große Freundlichkeit, die Analysen für mich auszuführen.

Den relativ größten Gehalt an Trockensubstanz hatten die in kohlensäurefreiem Raume über Kalilauge gehaltenen Puppen. Der geringe Wassergehalt der Puppen der Serie III muß wohl in erster Linie auf die wasserentziehende Wirkung der Kalilauge zurückgeführt werden, die sich in den ersten Tagen, als ich die Puppen noch nicht befeuchtet hatte, durch einen sehr erheblichen Gewichtssturz geltend machte. Von den beiden anderen Serien enthielt die in kohlensäurereicher Atmosphäre gehaltene auch relativ mehr Trockensubstanz wie die, welche in atmosphärischer Luft zur Entwicklung kam. Der Trockensubstanzgehalt war für die drei Serien:

Serie I $= 22 \cdot 6$ Proz., Serie II $= 22 \cdot 16$ Proz., Serie III $= 25 \cdot 2$ Proz.

Werden aus diesen Zahlen und aus den Puppengewichten die absoluten Werte für die Trockensubstanz einer Puppe berechnet, so rücken die Puppen der Serie I an erste, die der Serie II an zweite und die der Serie III an dritte Stelle. Mit anderen Worten, die in kohlensäurereicher Luft erzogenen Puppen sind die trockensubstanzreichsten, die in kohlensäurefreier Luft gehaltenen Tiere sind die trockensubstanzärmsten. Der Trockensubstanzgehalt für eine Puppe berechnet sich in folgender Weise:

Serie I. Eine Puppe dieser Serie wog, nachdem sie die Reise nach Mülhausen gemacht hatte: $P_I = 0 \cdot 7772$ grm.

$$x_I = \frac{22{,}60 \cdot 0{,}777}{100} = \frac{\begin{array}{l}\log 0{,}226 = 0{,}35411 - 1 \\ \log 0{,}777 = 0{,}89042 - 1\end{array}}{n \log 0{,}24453 - 1 = 0{,}1756 \text{ grm}}$$

Trockensubstanzgehalt einer Puppe:

$$x_I = \mathbf{0 \cdot 1756} \text{ grm}.$$

Wassergehalt einer Puppe:

$$y_I = \mathbf{0 \cdot 6016} \text{ grm}.$$

Serie II.   Eine Puppe wog: $0 \cdot 6867$ grm.

$$x_{II} = \frac{0{,}6867 \cdot 22{,}16}{100} = \frac{\log 0{,}2216 = 0{,}34557 - 1}{\log 0{,}6867 = 0{,}83677 - 1}$$
$$n \log 0{,}18234 - 1 = 0{,}1522 \text{ grm}$$

Trockensubstanzgehalt einer Puppe:

$$x_{II} = 0 \cdot 1522 \text{ grm}.$$

Wassergehalt einer Puppe:

$$y_{II} = 0 \cdot 5345 \text{ grm}.$$

Serie III.   Eine Gruppe wog: $0 \cdot 5971$ grm.

$$x_{III} = \frac{0{,}5971 \cdot 25{,}2}{100} = \frac{\log 0{,}252 \ = 0{,}40140 - 1}{\log 0{,}5971 = 0{,}77605 - 1}$$
$$n \log 0{,}37745 - 1 = 0{,}1505 \text{ grm}$$

Trockensubstanzgehalt einer Puppe:

$$x_{III} = 0 \cdot 1505 \text{ grm}.$$

Wassergehalt einer Puppe:

$$y_{III} = 0 \cdot 4466 \text{ grm}.$$

Wir sehen also, daß die in kohlensäurefreier Luft gehaltenen Tiere, trotzdem, daß ihre Puppendauer die kürzeste war und nach Beginn des Versuches nur noch 45 Tage währte, am wenigsten Trockensubstanz enthielten, während die Puppen der Serie II, die sich in Luft von normalem Kohlensäuregehalt befunden hatten und 55 Tage láng verpuppt blieben, trotz des verlängerten Puppenzustandes über mehr Trockensubstanz verfügten wie Serie III. Am trockensubstanzreichsten waren die Puppen der Serie 1, die sich in kohlensäurereicher Atmosphäre befunden hatten und deren Puppenruhe volle 20 Tage länger währte wie die der trockensubstanzärmeren Serie III.

Auch bezüglich ihres Wassergehaltes stehen die Puppen der Serie I obenan, was mit dem Ergebnis des Vorjahres, wo sich auch die ın CO_2-reicher Atmosphäre gehaltenen Tiere durch großen Wassergehalt auszeichneten, übereinstimmt.

Serie II nimmt wieder die Mitte ein, und Serie III ist am wasserärmsten, was wohl zum großen Teil durch den erwähnten Fehler bei Beginn der Versuche verursacht ist.

Trockensubstanzgehalt.

Serie I $= 0 \cdot 1756$ grm	Serie I $= 0 \cdot 1756$ grm	Serie II $= 0 \cdot 1522$ grm
„ II $= 0 \cdot 1522$ „	„ III $= 0 \cdot 1505$ „	„ III $= 0 \cdot 1505$ „
Differenz $= 0 \cdot 0234$ grm	Differenz $= 0 \cdot 0251$ grm	Differenz $= 0 \cdot 0017$ grm

Wassergehalt.

Serie I $= 0 \cdot 6016$ grm	Serie I $= 0 \cdot 6016$ grm	Serie II $= 0 \cdot 5345$ grm
„ II $= 0 \cdot 5345$ „	„ III $= 0 \cdot 4466$ „	„ III $= 0 \cdot 4466$ „
Differenz $= 0 \cdot 0671$ grm	Differenz $= 0 \cdot 1550$ grm	Differenz $= 0 \cdot 0879$ grm

Es muß aus diesem Ergebnis geschlossen werden, daß die Gewichtszunahme der Puppen von Serie I sowohl auf eine Bereicherung an Trockensubstanz, wie auch auf Wasseraufnahme zurückzuführen ist. Die Elementaranalyse gibt uns noch weiteren Aufschluß darüber, welche Bestandteile der Trockensubstanz eine Vermehrung erfahren haben.

Die von Hrn. Dr. Gronover gemachten Bestimmungen gelten für Kohlenstoff, Wasserstoff und Stickstoff.

Es ergab sich, daß die Trockensubstanz der drei Serien folgenden Prozentgehalt an C, H, N zeigten:

Serie I	Serie II	Serie III
C $= 52 \cdot 02$ Prozent	C $= 50 \cdot 27$ Prozent	C $= 50 \cdot 97$ Prozent
H $= 7 \cdot 62$ „	H $= 7 \cdot 2$ „	H $= 7 \cdot 07$ „
N $= 10 \cdot 249$ „	N $= 10 \cdot 5$ „	N fehlt.

Die Puppen der Serie I sind danach schon relativ die an Kohlenstoff und an chemisch gebundenem Wasserstoff reichsten. Der Prozentgehalt des Stickstoffs ist dagegen bei den Puppen von Serie II etwas größer wie bei Serie I, wenn wir aber diese relativen Werte in absolute verwandeln, so ergibt sich auch ein Überwiegen des Stickstoffgehaltes der Puppen von Serie I.

Berechnung der absoluten Werte:

Serie I. Eine Puppe hat $0 \cdot 1756$ grm Trockensubstanz. Diese Trockensubstanz besteht aus $52 \cdot 02$ Prozent C. Es berechnet sich der absolute C-Gehalt aus der Formel:

$$C_l = \frac{0{,}1756 \cdot 52{,}02}{100} = \frac{\log 0{,}1756 = 0{,}24452 - 1}{\log 0{,}5202 = 0{,}71617 - 1} \\ \overline{n \log 0{,}96069 - 2 = 0{,}09134}\ \text{grm}.$$

Kohlenstoffgehalt einer Puppe $= \mathbf{0 \cdot 09134}$ grm.

Die Trockensubstanz besteht aus $7 \cdot 62$ Prozent H.

$$H_l = \frac{0{,}1756 \cdot 7{,}62}{100} = \frac{\log 0{,}1756 = 0{,}24452 - 1}{\log 0{,}0762 = 0{,}88195 - 2} \\ \overline{n \log 0{,}12647 - 2 = 0{,}01338}\ \text{grm}.$$

Wasserstoffgehalt einer Puppe $= \mathbf{0 \cdot 01338}$ grm.

Die Trockensubstanz besteht aus $10 \cdot 24$ Prozent N.

$$N_l = \frac{0{,}1756 \cdot 10{,}24}{100} = \frac{\log 0{,}1756 = 0{,}24452 - 1}{\log 0{,}1024 = 0{,}01030 - 1} \\ \overline{n \log 0{,}25482 - 2 = 0{,}01798}\ \text{grm}.$$

Stickstoffgehalt einer Puppe $= \mathbf{0 \cdot 01798}$ grm.

Serie II. Eine Puppe der Serie II besteht aus $0 \cdot 1522^{\text{grm}}$ Trockensubstanz. Sie enthält **50·27 Prozent C.**

$$C_{II} = \frac{0,1522 \cdot 50,27}{100} = \begin{array}{l} \log 0,1522 = 0,18241 - 1 \\ \log 0,5027 = 0,70131 - 1 \\ \hline n \log = 0,88372 - 2 = 0,07651^{\text{grm}}. \end{array}$$

Kohlenstoffgehalt einer Puppe = $0 \cdot 07651^{\text{grm}}$.

Die Trockensubstanz besteht aus $7 \cdot 2$ Prozent H.

$$H_{II} = \frac{0,1522 \cdot 7,2}{100} = \begin{array}{l} \log 0,1522 = 0,18241 - 1 \\ \log 0,072 = 0,85733 - 2 \\ \hline n \log = 0,03974 - 2 = 0,01096^{\text{grm}}. \end{array}$$

Wasserstoffgehalt einer Puppe = $0 \cdot 01096^{\text{grm}}$.

Die Trockensubstanz einer Puppe besteht aus $10 \cdot 50$ Prozent Stickstoff = N.

$$N_{II} = \frac{0,1522 \cdot 10,5}{100} = \begin{array}{l} \log 0,1522 = 0,18241 - 1 \\ \log 0,105 = 0,02119 - 1 \\ \hline n \log = 0,20360 - 2 = 0,01598^{\text{grm}}. \end{array}$$

Stickstoffgehalt einer Puppe = $0 \cdot 01598^{\text{grm}}$.

Serie III. Eine Puppe der Serie III enthält an Trockensubstanz $0 \cdot 1505^{\text{grm}}$. Die Trockensubstanz besteht aus **50·97 Prozent C.**

$$C_{III} = \frac{0,1505 \cdot 50,97}{100} = \begin{array}{l} \log 0,1505 = 0,17754 - 1 \\ \log 0,5097 = 0,70731 - 1 \\ \hline n \log = 0,88485 - 2 = 0,07671^{\text{grm}}. \end{array}$$

Kohlenstoffgehalt einer Puppe = 0.07671^{grm}.

Die Trockensubstanz besteht aus $7 \cdot 07$ Prozent H.

$$H_{III} = \frac{0,1505 \cdot 7,07}{100} = \begin{array}{l} \log 0,1505 = 0,17754 - 1 \\ \log 0,0707 = 0,84942 - 2 \\ \hline n \log = 0,02696 - 2 = 0,01064^{\text{grm}}. \end{array}$$

Wasserstoffgehalt einer Puppe = $0 \cdot 01064^{\text{grm}}$.

Absoluter Kohlenstoffgehalt der drei Serien für eine Puppe berechnet.

Serie I = $0 \cdot 09134^{\text{grm}}$	Serie I = $0 \cdot 09134^{\text{grm}}$	Serie III = $0 \cdot 07671^{\text{grm}}$
„ II = $0 \cdot 07651$ „	„ III = $0 \cdot 07671$ „	„ II = $0 \cdot 07651$ „
Differenz = $0 \cdot 01483^{\text{grm}}$	Differenz = $0 \cdot 01463^{\text{grm}}$	Differenz = $0 \cdot 00020^{\text{grm}}$
Für 100 P. = $1 \cdot 483$ „	Für 100 P. = $1 \cdot 463$ „	Für 100 P. = $0 \cdot 020$ „

Absoluter Wasserstoffgehalt der drei Serien für eine Puppe berechnet.

Serie I = $0 \cdot 01338^{\text{grm}}$	Serie I = $0 \cdot 01338^{\text{grm}}$	Serie II = $0 \cdot 01096^{\text{grm}}$
„ II = $0 \cdot 01096$ „	„ III = $0 \cdot 01064$ „	„ III = $0 \cdot 01064$ „
Differenz = $0 \cdot 00242^{\text{grm}}$	Differenz = $0 \cdot 00274^{\text{grm}}$	Differenz = $0 \cdot 00032^{\text{grm}}$
Für 100 P. = $0 \cdot 242$ „	Für 100 P. = $0 \cdot 274$ „	Für 100 P. = $0 \cdot 034$ „

Absoluter Stickstoffgehalt der Serien I und II für eine Puppe berechnet.

$$\text{Serie } I = 0 \cdot 01798 \text{ grm}$$
$$\text{„ } II = 0 \cdot 01598 \text{ „}$$
$$\text{Differenz} = 0 \cdot 00200 \text{ grm}$$
$$\text{Für 100 Puppen} = 0 \cdot 200 \text{ „}$$

Addieren wir den C-, H- und N-Gehalt einer Puppe der drei Serien und ziehen wir diese Summe vom Trockengewicht ab, so bleibt als Rest der Gehalt einer Puppe an anorganischen Bestandteilen + Sauerstoff. Dieser ist für

$$\text{Serie } I = 0 \cdot 0529 \text{ grm}$$
$$\text{„ } II = 0 \cdot 04875 \text{ „}$$
$$\text{Differenz} = 0 \cdot 00415 \text{ grm}$$
$$\text{Für 100 Puppen} = 0 \cdot 415 \text{ „}$$

Wird nun aus dem Überschuß an C, N, H und O die prozentuarische Zusammensetzung des Trockensubstanzzuwachses von Serie I berechnet, so erhalten wir einen Körper von der Zusammensetzung:

$$C = 63 \cdot 38 \text{ Prozent}$$
$$H = 10 \cdot 35 \text{ „}$$
$$N = 8 \cdot 54 \text{ „}$$
$$O = 18 \cdot 17 \text{ „}$$

Die gebildete Trockensubstanz zeichnet sich also durch höheren Prozentgehalt an Kohlenstoff und Wasserstoff aus und ist stickstoff- und sauerstoffärmer wie der übrige Puppenkörper.

Es ist nicht uninteressant zu vergleichen, welche Zunahme die CO_2-Puppen in den beiden Versuchsjahren 1904 bis 1905 und 1905 bis 1906 an Wasser, an Trockensubstanz und deren einzelnen Bestandteilen erlangt haben.

Eine Puppe von der CO_2-Serie überwog eine Puppe der Serie in atmosphärischer Luft um folgende Beträge:

An:	1904—5	1905—6
Wasser	$= 0 \cdot 1529$ grm	$= 0 \cdot 0671$ grm
Trockensubstanz	$= 0 \cdot 02143$ „	$= 0 \cdot 0234$ „
Kohlenstoff	$= 0 \cdot 01164$ „	$= 0 \cdot 01483$ „
Stickstoff	$= 0 \cdot 00409$ „	$= 0 \cdot 00200$ „
Wasserstoff	$= 0 \cdot 00185$ „	$= 0 \cdot 00242$ „
Anorganische Bestandteile + Sauerstoff	$= 0 \cdot 00385$ „	$= 0 \cdot 00415$ „

Die Puppen, die 1904 bis 1905 ihre Entwicklung in kohlensäurehaltiger Atmosphäre durchgemacht hatten, waren in erster Linie durch einen hohen Wassergehalt vor den in atmosphärischer Luft erwachsenen

Tieren ausgezeichnet. Die Wassergehaltsdifferenz war im Jahre 1904 bis 1905 mehr als doppelt so groß wie 1905 bis 1906. Dadurch erklärt sich auch, daß die Gewichtszunahme der Puppen bei den ersten Versuchen 1904 bis 1905 25 Prozent des Anfangsgewichtes betrug. 1905 bis 1906 überstieg die Gewichtszunahme kaum 5 Prozent, aber der Trockensubstanzgehalt der Puppen war relativ und absolut höher wie 1904 bis 1905. Dieser hohe Gehalt an Trockensubstanz der CO_2-Puppen vom Jahre 1905 bis 1906 kommt auch sehr deutlich in den Differenzwerten der beiden Serien zum Ausdruck: die Puppen von 1904 bis 1905 sind nur um $0 \cdot 02143$ grm reicher an Trockensubstanz als die in atmosphärischer Luft gehaltenen Tiere, bei den Puppen des Kohlensäureversuchs von 1905 bis 1906 ist der Unterschied mit der unter normalen Bedingungen gehaltenen Kontrollserie $= 0 \cdot 0234$ grm. Dabei war in den Versuchen 1905 bis 1906 der Trockensubstanzgehalt beider Serien größer als im Vorjahre. (Trockensubstanzgehalt 1904 bis 1905 $= 0 \cdot 15963$ grm $= CO_2$-Serie, $0 \cdot 1382$ grm $=$ Kontrollserie. 1905 bis 1906: $0 \cdot 1756$ grm $= CO_2$-Serie, $0 \cdot 1522$ grm $=$ Kontrollserie.)

Allein auch in Bezug auf die Zusammensetzung der Trockensubstanz waren die Ergebnisse in den einzelnen Jahren verschieden. Übereinstimmend überwiegt in beiden Jahren bei den Puppen der Kohlensäureserie der Gehalt an Kohlenstoff. In dem Winter 1904 bis 1905 hatte eine CO_2-Puppe um $0 \cdot 01164$ grm, 1905 bis 1906 eine CO_2-Puppe um $0 \cdot 01483$ grm die Kontrolltiere an Kohlenstoffgehalt übertroffen. Der Kohlenstoffgehalt der beiden Serien von 1905 bis 1906 war dabei höher als der der beiden Serien von 1904 bis 1905.

C-Gehalt der beiden Serien von 1904 bis 1905:

CO_2-Serie $= 0 \cdot 08062$ grm; Kontrollserie: $0 \cdot 06898$ grm.

C-Gehalt der beiden Serien 1905 bis 1906:

CO_2-Serie $= 0 \cdot 09134$ grm; Kontrollserie: $0 \cdot 0765$ grm.

Wir sehen daraus einmal, daß wie der Gehalt an Trockensubstanz so auch der Kohlenstoffgehalt in den verschiedenen Jahren, sehr wahrscheinlich je nachdem die Raupen gut oder weniger gut ernährt wurden, variabel ist, wir sehen aber auch, daß diese individuellen Unterschiede erheblich, etwa um die Hälfte geringer sind als die Differenzen, welche im Gehalt des Kohlenstoffs entstehen, wenn ein Teil der Puppen in kohlensäurereicher, der andere in atmosphärischer Luft erzogen wird.

Auch der absolute Gehalt an Stickstoff ist bei den CO_2-Puppen von 1905 bis 1906 etwas höher als bei den CO_2-Puppen im Vorjahre. Trotzdem ist der Unterschied mit dem Stickstoffgehalt der Puppen der Kontrollserie weniger groß wie 1904 bis 1905. Dieses Verhalten ist daraus zu erklären, daß 1905 bis 1906 die Puppen im allgemeinen, auch die der Kontrollserie, an Stickstoff reicher waren wie 1904 bis 1905. Der Stickstoffgehalt der CO_2-Serie 1905 bis 1906 ist um weniges höher als der Stickstoffgehalt der CO_2-Serie 1904 bis 1905, aber die Differenz mit den Kontrollpuppen 1905 bis 1906 ist nur halb so groß wie im Vorjahre.

N-Gehalt der beiden Serien 1904 bis 1905:

CO_2-Serie $= 0 \cdot 01728$ grm; Kontrollserie: $0 \cdot 01319$ grm.

N-Gehalt der beiden Serien 1905 bis 1906:

CO_2-Serie $= 0 \cdot 01798$ grm; Kontrollserie: $0 \cdot 01598$ grm.

Also auch der Stickstoffgehalt der Puppen ist in den einzelnen Jahren variabel, aber er zeigte sich in beiden Fällen durch den Aufenthalt in CO_2-reicher Atmosphäre steigerungsfähig.

Was nun den Gehalt an Wasserstoff der Trockensubstanz beider Versuchsreihen betrifft, so sehen wir, daß die Differenz im H-Gehalt der CO_2-Puppen zu den in atmosphärischer Luft aufgewachsenen Tieren im Jahre 1904 bis 1905 kleiner war als in der zweiten Versuchsperiode 1905 bis 1906. Im ersten Versuch überwogen die CO_2-Puppen um $0 \cdot 00185$ grm, im zweiten Versuch um $0 \cdot 00242$ grm an H. In der zweiten Versuchsperiode waren die Puppen im ganzen wasserstoffärmer als in der ersten.

H-Gehalt der beiden Serien 1904 bis 1905:

CO_2-Serie $= 0 \cdot 01505$ grm; Kontrollserie: $0 \cdot 01320$ grm.

H-Gehalt der beiden Serien 1905 bis 1906:

CO_2-Serie $= 0 \cdot 01338$ grm; Kontrollserie: $0 \cdot 01096$ grm.

Es darf vielleicht daraus geschlossen werden, daß die Puppen von 1905 bis 1906 im ganzen kohlenhydratärmer waren als die Puppen von 1904 bis 1905, daß aber die in kohlensäurereicher Luft gehaltenen Tiere einen verhältnismäßig größeren Vorrat an diesen Substanzen gebildet hatten, als es im Vorjahre der Fall war.

An anorganischen Bestandteilen und Sauerstoff enthielten die Puppenserien 1904 bis 1905:

$CO_2 = 0 \cdot 04668$ grm; die Kontrollserie: $0 \cdot 04283$ grm.

Im Jahre 1905 bis 1906:

$CO_2 = 0 \cdot 0529$ grm; die Kontrollserie: $0 \cdot 04875$ grm.

Der Gehalt an diesen Bestandteilen war also im zweiten Versuch bei beiden Puppenserien größer als im ersten. Was indessen wichtig erscheint, ist die Beobachtung, daß sich der Gehalt an Sauerstoff, denn nur bei diesem konnte eine Vermehrung im Puppenzustand stattgefunden haben, in beiden Jahrgängen bei den in kohlensäurereicher Atmosphäre auf- gewachsenen Tieren fast um den gleichen Betrag erhöht. Wenn wir nach unten nur Milligramme berücksichtigen, so ist 1904 bis 1905, wie 1905 bis 1906 die Differenz $0 \cdot 006^{grm}$.

Ich habe die vorstehende Zusammenstellung hauptsächlich aus dem Grund gemacht, um zu zeigen, daß es sich in dem höheren Gehalt der in kohlensäurereicher Atmosphäre aufgewachsenen Puppen an Trocken- substanz nicht um eine zufällige Differenz individuell verschieden ernährter Puppen handeln kann. Es zeigt sich zwar, daß in den verschiedenen Jahrgängen Unterschiede im Trockensubstanzgehalt und auch in der Zu- sammensetzung der Trockensubstanz der Puppen bestehen, wir sehen aber auch gleichzeitig, daß die in kohlensäurereicher atmo- sphärischer Luft gehaltenen Tiere in beiden Jahren dieselben typischen Unterschiede in ihrer chemischen Zusammensetzung aufweisen. Diese typischen Unterschiede der CO_2-Puppen, gegenüber den normalen Puppen, bestehen in einem vermehrten Wassergehalt und einer deutlichen Zunahme an Trockensubstanz, bei der die Vermehrung kohlenstoffhaltiger Körper bei weitem vorwiegt.

Versuche mit Hylophila prasinana.

Ähnliche Resultate wie Papilio podalirius ergaben die Versuche mit Hylophila prasinana.

Auch hier wurden die Puppen in drei Serien geteilt, die nach Alter, Größe und Geschlecht möglichst gleich ausgesucht waren.

Serie I war für den Aufenthalt in kohlensäurereicher Luft bestimmt und wurde in eine Atmosphäre von durchschnittlich 8 Prozent CO_2-Ge- halt gebracht, die außerdem mit Wasserdampf gesättigt war.

Serie II machte ihre Entwicklung in feuchter atmosphärischer Luft durch und wurde dem Licht ausgesetzt.

Serie III entwickelte sich ebenfalls in atmosphärischer Luft, aber im Dunkeln. Alle Puppen waren aus ihrem Kokon herausgenommen worden.

Die Versuche wurden am 12. Januar 1906 begonnen, mußten aber schon in der ersten Woche unterbrochen werden, weil sich mehrere Tiere durch parasitische Insekten infiziert zeigten. Vom 20. bzw. 24. Januar an blieb der Bestand der drei Puppenserien unverändert, und es werden im folgenden die Resultate auch erst von diesem Tage an berücksichtigt.

Am 20. Januar bestand Serie I, die für den Versuch in kohlensäurereicher Atmosphäre bestimmt war, aus 27 Puppen, die zusammen 6.614^{grm} wogen. Serie II zählte 29 Puppen, die anfängliche Zahl der drei Serien, und diese hatten ein Gewicht von 7.164^{grm}. Serie III, die zum Versuch im Dunkeln bestimmt war, zählte am 20. Januar 28 Puppen im Gesamtgewicht von 5.507^{grm}.

Die im Dunkeln gehaltenen Puppen der Serie III entwickelten sich am schnellsten. Bereits am 5. Februar fingen dieselben an sich auszufärben und wurden, nachdem sich fünf Falter entwickelt hatten, am 9. Februar zur Analyse versandt.

Bis zu ihrer Ausfärbung am 5. Februar war das Gewicht der im Dunkeln gehaltenen Puppen auf 5.1164^{grm} herabgesunken, sie hatten also von ihrem Anfangsgewicht, das 5.507^{grm} war, $0.3906^{\text{grm}} = 7.090$ Prozent verloren. Die einzelne Puppe wog im Durchschnitt 0.1827^{grm} gegen 0.1967^{grm} zu Beginn des Experimentes. Sehr viel erheblicher gestaltete sich die Gewichtsabnahme in den folgenden Tagen, in denen fünf Schmetterlinge zur Entfaltung kamen. Es wogen jetzt Puppen und Falter, Puppenhüllen und Exkremente mit eingerechnet, 4.952^{grm}, so daß im Durchschnitt auf eine Puppe 0.1768^{grm} entfielen. Die Puppen und Schmetterlinge hatten innerhalb von 3 Tagen vom 5. bis 8. Februar um 0.1644^{grm} oder um 3.112 Prozent abgenommen. Das Puppengewicht gestaltet sich günstiger, wenn wir die Schmetterlinge nicht einrechnen und nur das Gewicht der als Puppen verbliebenen Tiere berücksichtigen. Ziehen wir das Gewicht der Schmetterlinge und ihrer Hüllen von dem Gesamtgewicht ab, so ergibt sich:

$$
\begin{aligned}
\text{Schmetterlinge} + \text{Puppen} &= 4.952^{\text{grm}} \\
\text{Schmetterlinge} &= 0.733 \text{ „} \\
\hline
\text{als Gewicht der 23 Puppen} &= 4.219^{\text{grm}}
\end{aligned}
$$

als Gewicht einer Puppe 0.1834^{grm}. Das Puppengewicht war also höher als am 5. Februar, was aber auf keine Gewichtszunahme zurückzuführen ist, sondern damit erklärt werden muß, daß die in ihrer Entwicklung am weitesten fortgeschrittenen Puppen, die die größten Gewichtsabnahmen zeigen, nicht mehr das Gesamtgewicht vermindernd beeinflussen konnten. Wenn wir die erhaltenen Ergebnisse zusammenstellen, so haben wir in den im vorhergehenden berücksichtigten Zeiträumen folgende Gewichtsabnahmen der Serie III zu verzeichnen:

$$
\begin{aligned}
\text{Vom 20. I. bis 5. II.} &= 0.3906^{\text{grm}} = 7.093 \text{ Proz.} = 0.44 \text{ Proz. täglich} \\
\text{„ 5. II. „ 8. II.} &= 0.1644 \text{ „} = 3.112 \text{ „} = 1.036 \text{ „ „} \\
\hline
\text{Gesamtverlust} &= 0.4530^{\text{grm}} = 10.205 \text{ Proz. des Anfangsgewichtes.}
\end{aligned}
$$

Verhalten der Serie II.

Der Versuch wurde am 20. Januar begonnen mit 29 Puppen im Gewicht von $7 \cdot 164^{grm}$. Eine Puppe wog $0 \cdot 2469^{grm}$.

Die ersten Anzeichen der Ausfärbung beobachtete ich bei einzelnen Puppen am 12. Februar. Die Puppen hatten in dieser Zeit (23 Tage) ihr Gewicht auf $7 \cdot 004^{grm}$ reduziert, sie hatten somit um $0 \cdot 160^{grm}$, oder um $2 \cdot 23$ Prozent abgenommen. Die tägliche Abnahme betrug $0 \cdot 007^{grm}$ oder $0 \cdot 09$ Prozent. Eine Puppe wog jetzt noch im Durchschnitt $0 \cdot 2413^{grm}$. Der Versuch wurde bis 19. Februar fortgeführt. Bis dahin waren 4 Falter geschlüpft, und diese wogen mit den noch übrigen Puppen zusammen $6 \cdot 659^{grm}$. Es war also ein weiterer Gewichtsverlust von $0 \cdot 345^{grm} = 4 \cdot 926$ Prozent eingetreten, der in der Hauptsache auch hier wieder durch die auskriechenden Falter bedingt war. Wenn wir nämlich das Gewicht einer einzelnen Puppe einmal aus dem Durchschnitt, in den Puppen und Falter einbezogen sind, berechnen, das andere Mal aus dem Durchschnitt der Puppen allein, so bekommen wir als Durchschnittsgewicht einer Puppe im ersten Fall $0 \cdot 2296^{grm}$, im zweiten Fall $0 \cdot 239^{grm}$.

Die Gesamtabnahme der Serie II betrug demnach, auf das Anfangsgewicht bezogen:

Vom 20. I. bis 12. II. $= 0 \cdot 160^{grm} = 2 \cdot 23$ Proz. $= 0 \cdot 09$ Proz. täglich
„ 12. II. „ 19. II. $= 0 \cdot 345$ „ $= 4 \cdot 926$ „ $= 0 \cdot 703$ „ „
Gesamtverlust $= 0 \cdot 505^{grm} = 7 \cdot 156$ Prozent.

Die im Licht gehaltenen Puppen der Serie II hatten somit weniger an Gewicht verloren, wie die im Dunkeln gehaltenen Puppen der Serie III, trotzdem, daß Serie II 11 Tage länger im Puppenzustand verharrte wie Serie III.

Verhalten der Serie I.

Die in kohlensäurereicher Luft weilenden Puppen verhielten sich von Anfang an bezüglich der Änderung ihres Körpergewichtes grundverschieden von den beiden anderen Serien. Statt einer Gewichtsabnahme war hier wie bei den Puppen vom Segelfalter eine Zunahme zu beobachten, und zwar eine Gewichtssteigerung, die durchaus nicht unerheblich war.

Ich begann den Versuch am 20. Januar mit 27 gesunden Puppen im Gewicht von $6 \cdot 614^{grm}$. Eine Puppe wog $0 \cdot 2449^{grm}$. Bis zum 26. Februar konnte der Versuch glatt durchgeführt werden. Die 27 Puppen wogen jetzt $7 \cdot 117^{grm}$, sie hatten somit um $0 \cdot 503^{grm}$ d. h. um $7 \cdot 6$ Prozent an Gewicht zugenommen, die tägliche Zunahme betrug $0 \cdot 0138^{grm} = 0 \cdot 2$ Prozent. Eine Puppe wog jetzt im Durchschnitt $0 \cdot 263^{grm}$. An diesem Tag mußte ich den Versuch unterbrechen, da eine der Puppen erkrankt zu sein schien

und entfernt werden sollte. Es ·blieben 26 Puppen zurück im Gewicht von
6·898^{grm} und einem Durchschnittsgewicht der Puppe von 0·2653^{grm}.
Die kranke Puppe hatte also nicht in demselben Maß an der Gewichtssteigerung teilgenommen und das ganze Resultat ungünstig beeinflußt.
Der Versuch wurde nun in gleicher Weise bis 13. März fortgesetzt. An
diesem Tag brach ich das Experiment ab, weil sich inzwischen mehrere
Puppen ausgefärbt hatten und ich die zum Auskriechenlassen bestimmten
in ein geeigneteres Gefäß verbringen wollte. Die Puppen wogen jetzt
7·119^{grm}, eine Puppe = 0·2735^{grm}. Eine Puppe hatte somit durchschnittlich um 0·0082^{grm} seit 26. Februar zugenommen, was einer Gesamt-
gewichtserhöhung von 3·87 Prozent innerhalb 14 Tagen gleichkommt.
Dies entspricht einer täglichen Zunahme der Puppen von 0·27 Prozent.

Die Gesamtzunahme der Puppen von Serie I betrug auf das Anfangsgewicht bezogen:

Vom 20. I. bis 26. II. = 37 Tage = 0·503 ^{grm} = 7·6 Proz. = 0·2 Proz. täglich
„ 26. II. „ 13. III. = 14 „   = 0·267 „   = 3·87 „   = 0·27 „   „
          Gesamtzunahme = 0·7705^{grm} = 11·47 Prozent.

Wir ersehen hieraus, daß die Puppen von Hylophila prasinana
durch kohlensäurereiche Atemluft in gleicher Weise beeinflußt werden, wie die Puppen des Segelfalters. Auch bei prasinana erzielen wir eine Zunahme des Körpergewichtes, die hier das
Anfangsgewicht sogar um 11 Prozent überschreitet.

Zusammenstellung der Ergebnisse aus den Wägungen der Serien I, II, III.

Serie I. Die Puppen wurden in einer durchschnittlich 8 Prozent
Kohlensäure enthaltenden Atmosphäre aufgezogen. Die Puppen standen im
Licht und nahmen von Anfang an an Körpergewicht zu; die Gewichtszunahmen waren im Anfang und am Ende des Versuches am geringsten,
vom 19.—26. Februar am höchsten. Auf 100^{grm} Puppensubstanz berechnet,
ergab sich eine Zunahme von:

20. I. bis 29. I. = 9 Tage = 0·8144^{grm} = 0·0904^{grm} täglich.
29. I. „ 8. II. = 10 „   = 1·498 „   = 0·1498 „   „
8. II. „ 19. II. = 11 „   = 2·632 „   = 0·239 „   „
19. II. „ 26. II. = 7 „   = 3·109 „   = 0·444 „   „
26. II. „ 5. III. = 7 „   = 2·299 „   = 0·328 „   „
5. III. „ 13. III. = 8 „   = 0·8765 „   = 0·1095 „   „
          in 52 Tagen = 11·2299^{grm} Zunahme.
          (Vgl. Kurve IV.)

Serie II. Die Puppen wurden in feuchter atmosphärischer Luft und im Licht gehalten. Ihr Körpergewicht verringerte sich während der ganzen Versuchsdauer, am Ende des Versuches waren die Gewichtsabnahmen größer wie am Anfang. Auf 100^{grm} Puppensubstanz berechnet, ergab sich eine Abnahme von

20. I. bis 29. I. = 9 Tage = 0·8907 ^{grm} = 0·0989 ^{grm} täglich.
29. I. „ 8. II. = 10 „ = 0·7762 „ = 0·07762 „ „
8. II. „ 19. II. = 11 „ = 5·434 „ = 0·494 „ „

in 30 Tagen = 7·1009 ^{grm} Abnahme. (Vgl. Kurve V.)

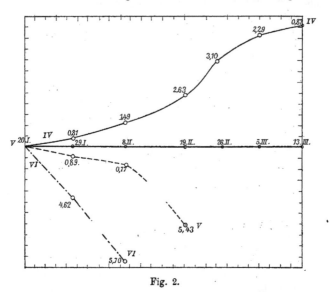

Fig. 2.

Serie III. Die Puppen befanden sich in atmosphärischer Luft, aber in einem dunkeln Raum. Sie wurden wiederholt mit Wasser bespritzt. Ihre Gewichtsverluste waren bedeutender als die der Serie II und ebenfalls am Schluß des Experimentes größer als am Anfang desselben. Auf 100^{grm} Puppensubstanz berechnet, ergab sich:

20. I. bis 29. I. = 9 Tage = 4·626 ^{grm} = 0·514 ^{grm} täglich.
29. I. „ 8. II. = 10 „ = 5·704 „ = 0·5704 „ „

in 19 Tagen = 10·330 ^{grm} Abnahme. (Vgl. Kurve VI.)

Gewichtszunahme der Serie   I = 11·229 Proz. = 0·21 Proz. tägl. ⎫ im
Gewichtsabnahme „ „ II = 7·009 „ = 0·205 „ „ ⎬ Durch-
Gewichtsabnahme „ „ III = 10·33 „ = 0·544 „ „ ⎭ schnitt

Serie I hatte somit gegenüber Serie II um 18 Prozent, gegenüber Serie III um 21 Prozent an Gewicht gewonnen; wir sehen hieraus deutlich, daß die in der atmosphärischen Luft enthaltene Kohlensäure nicht nur sparend wirkt, indem sie die Lebensvorgänge im Puppenorganismus lähmend beeinflußt und so die Ausgaben des Organismus herabsetzt, sondern daß unter ihrem Einfluß eine Zunahme des Körpergewichtes der Puppen, ein Gewinn an Körpersubstanz erfolgt. Wie bei P. podalirius, so macht sich die Wirkung der Kohlensäure nicht nur in dem Verhalten des Körpergewichtes der Puppen geltend, sondern ebenso wie dort in der Dauer der Puppenruhe. Die Puppenruhe wird durch den Aufenthalt in CO_2-reicher Luft eine längere. Bei Serie I finden wir ferner, wenn wir das Ansteigen des Gewichtes bis 12. Februar und von da an bis 13. März miteinander vergleichen, daß die Gewichtssteigerungen in der zweiten Hälfte des Versuches größere sind als am Anfang, wenn sich auch weniger große Differenzen als beim Segelfalter ergeben. Vom 20. Januar bis 12. Februar waren die Prasinana-Puppen von $6 \cdot 614^{grm}$ auf $6 \cdot 815^{grm}$ gestiegen, somit um $0 \cdot 201^{grm}$ oder um $3 \cdot 039$ Prozent schwerer geworden; sie hatten täglich um $0 \cdot 13$ Prozent zugenommen. Vom 12. bis 26. Februar war das Puppengewicht weiter auf $7 \cdot 117^{grm}$ gestiegen und hatte sich also um $0 \cdot 302^{grm} = 4 \cdot 432$ Prozent erhöht, bei einer täglichen Zunahme von $0 \cdot 316$ Prozent. Die Zunahme vom 26. Februar bis 12. März hält sich in der Mitte mit $0 \cdot 267^{grm} = 3 \cdot 09$ Prozent $= 0 \cdot 22$ Prozent täglicher Zunahme. Während also der Gewichtsdurchschnitt im ersten Monat des Versuches eine tägliche Zunahme von $0 \cdot 13$ Prozent ergab, erhöht sich dieselbe im zweiten Versuchsmonat auf $0 \cdot 268$ Prozent, also gerade auf das Doppelte. Auch im zweiten Monat des Versuches sind zwei Phasen zu unterscheiden, eine Phase schnellerer Gewichtserhöhung vom 12. bis 26. Febr. und eine solche geringerer Zunahme vom 26. Februar bis 12. März. Der am Schluß des Versuches geringer werdende Gewichtszuwachs ist wohl darauf zurückzuführen, daß sich die Puppen im Stadium der Farbenbildung befanden. Wie groß der Verlust an Material in dieser Zeit der Ausfärbung kurz vor dem Ausschlüpfen ist, kann am besten aus dem raschen Fallen des Körpergewichtes am Ende der Puppenruhe der in atmosphärischer Luft gehaltenen Tiere geschlossen werden. Sie alle zeigen in diesen letzten Phasen ihrer Entwicklung sehr bedeutend höhere Gewichtsverluste als zu Beginn ihrer Umwandlung.

Das Ergebnis der beiden Versuche, in denen die Puppen ihre Puppenruhe im Licht bzw. im Dunkeln verbrachten, zeigt, daß die hier gewährten verschiedenartigen Bedingungen sowohl den Gewichtsverlust wie auch die Entwicklungsdauer der Puppen beeinflussen: die im Dunkeln gehaltenen Puppen nahmen an Gewicht schneller ab (tägliche Abnahme =

0·628 Prozent gegen 0·205 Prozent) als die im Licht aufwachsenden Tiere und hatten eine kürzere Entwicklungsdauer als jene; die Puppenruhe der Serie II war genau um 15 Tage länger als die der Serie III.

Ergebnisse der Elementaranalyse.

Auch von den Puppen der Hylophila prasinana wurde die Elementaranalyse gemacht. Dieselbe ergab als relativen Gehalt an Trockensubstanz für die drei Serien:

Serie I = 34·2 Prozent, Serie II = 23·35 Prozent, Serie III = 36 Prozent. Daraus ergibt sich als relativer Wassergehalt:

Serie I = 65·8 Prozent, Serie II = 76·65 Prozent, Serie III = 64 Prozent.

Wir sehen also, daß die im Dunkeln gehaltenen Puppen relativ am wasserärmsten und trockensubstanzreichsten waren, während die im Licht und in atmosphärischer Luft erzogenen Puppen relativ am meisten Wasser und am wenigsten Trockensubstanz enthielten. Die in kohlensäurereicher Atmosphäre erwachsene Serie I stand der Serie III um 1·8 Prozent an relativem Trockensubstanzgehalt nach, übertraf aber die Serie II, die im Licht und in atmosphärischer Luft gehaltenen Tiere um 10·85 Prozent.

Wenn wir nun den absoluten Trockensubstanz- und Wassergehalt einer Puppe berechnen, so erzielen wir die folgenden Werte:

Serie I. Vor der Analyse hatten die 22 dazu verwendeten Puppen ein Gewicht von 4·4275 ^{grm}, sie hatten auf dem Versand bedeutend an Gewicht abgenommen. Eine Puppe wog 0·2014 ^{grm} gegen 0·2735 ^{grm} vor dem Absenden.

$$P_I = 0.2014 \,^{grm}.$$

$$x_I = \frac{34,2 \cdot 0,2014}{100} = \frac{\begin{array}{l} \log 34,2 \quad\quad = 1,53403 \\ \log\ 0,002014 = 0,30406 - 3 \end{array}}{n \log 0,83809 - 2 = 0,06888 \,^{grm}.}$$

Trockensubstanzgehalt einer Puppe = 0·06888 ^{grm} bzw. 0·09353 ^{grm} vor dem Absenden.

Wassergehalt einer Puppe = 0·13252 bzw. 0·13382 ^{grm} vor dem Absenden.

Serie II. Eine Puppe wog, nachdem sie die Reise überstanden hatte, 0·237 ^{grm} gegen 0·239 ^{grm} vor dem Absenden.

$$P_{II} = 0.237 \,^{grm}.$$

$$x_{II} = \frac{23,35 \cdot 0,237}{100} = \frac{\begin{array}{l} \log 23,35 \quad\quad = 1,36829 \\ \log\ 0,00237 = 0,37475 - 3 \end{array}}{n \log 0,74304 - 2 = 0,05534 \,^{grm}.}$$

Trockensubstanzgehalt einer Puppe $= 0 \cdot 05534$ grm bzw.
$0 \cdot 05580$ grm vor dem Absenden.

Wassergehalt einer Puppe $= 0 \cdot 17166$ grm bzw. $0 \cdot 1822$ grm vor
dem Absenden.

Serie III. Es wurden 20 Puppen zur Analyse gegeben. Vor dem
Abschicken war das Gewicht einer Puppe $= 0 \cdot 1768$ grm nach der Ankunft
wird dasselbe als $0 \cdot 201$ grm angegeben. Da die Puppen vor Beginn des
Versuches nicht mehr wie $0 \cdot 193$ grm im Durchschnitt gewogen hatten, so
mußte ein Fehler unterlaufen sein. Ich lege daher bei der Berechnung
der Trockensubstanz nicht das Gewicht zugrunde, das die Puppen nach der
Reise hatten, sondern das Gewicht, das eine Puppe vor dem Absenden besaß.
$P_{III} = 0 \cdot 1768$ grm.

$$x_{III} = \frac{36 \cdot 0,1768}{100} = \frac{\log 36,0 \quad = 1,55630}{\frac{\log 0,001768 = 0,24748 - 3}{n \log 0,80378 - 2 = 0,06364 \text{ grm}.}}$$

Trockensubstanzgehalt einer Puppe $= 0 \cdot 06364$ grm vor dem
Absenden.

Wassergehalt einer Puppe $= 0 \cdot 11316$ grm vor dem Absenden.

Trockensubstanz- und Wassergehalt der drei Serien:

Serie I $= 0 \cdot 06888$ grm bzw. $0 \cdot 09353$ vor dem Absenden.
„ II $= 0 \cdot 05534$ „ „ $0 \cdot 05580$ „ „ „
Differenz: $\overline{0 \cdot 01354}$ grm bzw. $0 \cdot 03773$ „ „ „

Serie I $= 0 \cdot 06888$ grm bzw. $0 \cdot 09353$ vor dem Absenden.
„ III $= 0 \cdot 06364$ „
Differenz: $\overline{0 \cdot 00524}$ grm bzw. $0 \cdot 02989$ „ „ „

Serie III $= 0 \cdot 06364$ grm
„ II $= 0 \cdot 05534$ „ bzw. $0 \cdot 05580$ vor dem Absenden.
Differenz: $\overline{0 \cdot 00830}$ grm bzw. $0 \cdot 00784$ „ „ „

Wassergehalt:

Serie II $= 0 \cdot 17166$ grm bzw. $0 \cdot 1832$ grm
„ I $= 0 \cdot 13252$ „ „ $0 \cdot 13382$ „
Differenz: $\overline{0 \cdot 03914}$ grm bzw. $0 \cdot 04938$ grm

Serie II $= 0 \cdot 17166$ grm bzw. $0 \cdot 1832$ grm
„ III $= 0 \cdot 11316$ „
Differenz: $\overline{0 \cdot 05850}$ grm bzw. $0 \cdot 07019$ grm

Serie I $= 0 \cdot 13252$ grm bzw. $0 \cdot 13382$ grm
„ III $= 0 \cdot 11316$ „
Differenz: $\overline{0 \cdot 01936}$ grm bzw. $0 \cdot 02066$ grm

Aus dieser Zusammenstellung geht hervor, daß der absolute Trockensubstanzgehalt der Puppen von Serie I am größten war, während die Puppen der Serie II alle anderen an Wassergehalt übertrafen und am wenigsten Trockensubstanz enthielten.

Wir finden somit auch bei den Puppen der Hylophila prasinana in Übereinstimmung mit den Ergebnissen bei Papilio podalirius, daß die in kohlensäurereicher Atmosphäre gehaltenen Tiere besonders reich an Trockensubstanz waren, trotzdem daß ihr Leben als Puppe um mehr als einen Monat länger währte wie das der Puppen von Serie III.

Dieses Ergebnis läßt sich nur dann verstehen, wenn wir annehmen, daß die langlebigeren und schwereren Puppen in der Lage waren, die im Laufe ihrer Entwicklung verbrauchten Substanzen wieder zu ersetzen, zu vermehren.

Was nun die Zusammensetzung der Trockensubstanz der drei Serien betrifft, so ergab die Analyse das Folgende:

Serie I.	Serie II.	Serie III.
C = 52·94 Prozent	C = 52·84 Prozent	C = 52·8 Prozent
H = 7·15 „	H = 7·61 „	H = 7·42 „
N = 10·13 „	N fehlt.	N = 10·0 „

Aus diesem Prozentgehalt der Puppen an C, H, N berechnet sich der absolute Gehalt einer Puppe an diesen Substanzen:

Serie I: Trockensubstanzgehalt einer Puppe = 0·06888 ^{grm} nach Ankunft in Mülhausen, und 0·09353 ^{grm} vor dem Absenden.

Die Trockensubstanz besteht aus 52·94 Prozent C.

$$C_l = \frac{0,06888 \cdot 52,94}{100} = \frac{\begin{aligned}&\log 0,06888 = 0,83809 - 2\\&\log 0,5284\ = 0,72378 - 1\end{aligned}}{n \log 0,56187 - 2 = 0,03646\ ^{grm}.}$$

Kohlenstoffgehalt einer Puppe = **0·03646** ^{grm} bzw. 0·04952 ^{grm} vor dem Absenden.

Die Trockensubstanz besteht aus 7·15 Prozent H.

$$H_l = \frac{0,06888 \cdot 7,15}{100} = \frac{\begin{aligned}&\log 0,06888 = 0,83809 - 2\\&\log 0,0715\ = 0,85431 - 2\end{aligned}}{n \log 0,69240 - 3 = 0,00492\ ^{grm}.}$$

Wasserstoffgehalt einer Puppe = **0·00492** ^{grm} bzw. 0·00668 ^{grm} vor dem Absenden.

Die Trockensubstanz besteht aus 10·13 Prozent N.

$$N_l = \frac{0,06888 \cdot 10,13}{100} = \frac{\begin{aligned}&\log 0,06888 = 0,83809 - 2\\&\log 0,1013\ = 0,00561 - 1\end{aligned}}{n \log 0,84370 - 3 = 0,006978\ ^{grm}.}$$

Stickstoffgehalt einer Puppe = **0·006978** ^{grm} bzw. 0·009475 ^{grm} vor dem Absenden.

Serie II. Der Trockensubstanzgehalt einer Puppe ist $= 0 \cdot 5534$ grm nach Ankunft der Sendung in Mülhausen bzw. $0 \cdot 5580$ grm vor dem Absenden. Die Trockensubstanz besteht aus: $52 \cdot 84$ Prozent C.

$$C_{II} = \frac{0,05534 \cdot 52,84}{100} = \begin{array}{l} \log 0,05534 = 74304 - 2 \\ \log 0,5284 = 72296 - 1 \\ \hline n \log 46600 - 3 = 0,02925 \text{ grm.} \end{array}$$

Kohlenstoffgehalt einer Puppe $= 0 \cdot 02925$ grm bzw. $0 \cdot 02948$ grm vor dem Absenden.

Die Trockensubstanz besteht aus: $7 \cdot 61$ Prozent H.

$$H_{II} = \frac{0,05534 \cdot 7,61}{100} = \begin{array}{l} \log 0,05534 = 0,74304 - 2 \\ \log 0,0761 = 0,88138 - 2 \\ \hline n \log 0,62442 - 3 = 0,00421 \text{ grm.} \end{array}$$

Wasserstoffgehalt einer Puppe $= 0 \cdot 00421$ grm bzw. $0 \cdot 00424$ grm vor dem Absenden.

Über den Stickstoffgehalt fehlen die prozentuarischen Angaben.

Serie III. Der Trockensubstanzgehalt einer Puppe war vor dem Absenden $0 \cdot 06364$ grm.

Die Trockensubstanz besteht aus: $52 \cdot 8$ Prozent C.

$$C_{III} = \frac{0,06364 \cdot 52,8}{100} = \begin{array}{l} \log 0,06364 = 0,80373 - 2 \\ \log 0,528 = 0,72263 - 1 \\ \hline n \log 0,52636 - 2 = 0,03360 \text{ grm.} \end{array}$$

Kohlenstoffgehalt einer Puppe $= 0 \cdot 03360$ grm.

Die Trockensubstanz besteht aus: $7 \cdot 42$ Prozent H.

$$H_{III} = \frac{0,06364 \cdot 7,42}{100} = \begin{array}{l} \log 0,06364 = 0,80373 - 2 \\ \log 0,07420 = 0,87040 - 2 \\ \hline n \log 0,67413 - 3 = 0,00472 \text{ grm.} \end{array}$$

Wasserstoffgehalt einer Puppe $= 0 \cdot 00472$ grm.

Die Trockensubstanz enthält: 10 Prozent N.

$$N_{III} = \frac{0,06364 \cdot 10}{100} = 0,006364 \text{ grm.}$$

Stickstoffgehalt einer Puppe $= 0 \cdot 006364$ grm.

Absoluter Kohlenstoffgehalt der drei Serien für eine Puppe berechnet:

Serie	I $= 0,03646$; $0,04952$	Serie	I $= 0,03646$; $0,04952$
	II $= 0,02925$; $0,02948$		III $= 0,03360$
Differenz:	$0,00721$; $0,02004$ grm,		$0,00286$; $0,01592$ grm,
Differenz für 100 Puppen:	$0,721$ bzw. $2,004$ grm,		$0,286$ bzw. $1,592$ grm.

Serie III $= 0,03360$

„ II $= 0,02925$; $0,02948$

Differenz: $0,00435$; $0,00412$ grm.

Differenz für 100 Puppen: $0,435$ bzw. $0,412$ grm.

Absoluter Wasserstoffgehalt der drei Serien für eine Puppe berechnet:

Serie I = 0·00492; 0·00668	Serie I = 0·00492; 0·00668	
„ II = 0·00421; 0·00424	„ III = 0·00472;	
Differenz: 0·00071; 0·00244^{grm},	0·00020; 0·00196^{grm}.	
Differenz für 100 Puppen: 0·071; 0·244^{grm},	0·020; 0·196^{grm}.	

Serie III = 0·00472
„   II = 0·00421; 0·00424
Differenz: 0·00051; 0·00038^{grm}.
Differenz für 100 Puppen: **0·051; 0·038^{grm}.**

Absoluter Stickstoffgehalt der drei Serien für eine Puppe berechnet:

Serie I = 0·006978; 0·009475^{grm}
„   III = 0·006364;
Differenz: **0·000614; 0·003111^{grm}.**
Differenz für 100 Puppen: **0·0614 bzw. 0·3111^{grm}.**

Wenn wir den C-, H- und N-Gehalt einer Puppe der drei Serien addieren und die erhaltene Summe von dem Trockengewicht abziehen, so bleibt als Rest der Gehalt einer Puppe an anorganischen Bestandteilen + Sauerstoff. Dieser ist für Serie I = 0·02052 bzw. 0·02786 ^{grm}. Für Serie III: 0·01896. Die Differenz = 0·00156 ^{grm} bzw. 0·00890 ^{grm}. Also auch der Gehalt an anorganischer Substanz + Sauerstoff war bei den in kohlensäurereicher Atmosphäre etwas höher wie bei den in atmosphärischer Luft weilenden Versuchstieren. Auch hier können wir die prozentuarische Zusammensetzung der neu gebildeten Trockensubstanz berechnen und finden:

$$C = 53·26 \text{ Prozent.}$$
$$H = 6·56 \quad „$$
$$N = 10·4 \quad „$$
$$O = 29·78 \quad „$$

Die gebildete Trockensubstanz ist kohlenstoff- und stickstoffreicher wie die ganze Masse des Puppenkörpers, aber ärmer an Wasserstoff, während der Sauerstoffgehalt keine Änderung erfahren hat.

Wenn wir die Versuchsresultate mit Hylophila prasinana zusammenfassen, so ergibt sich, daß die in kohlensäurereicher Luft gehaltenen Puppen den größten Gehalt an Trockensubstanz aufzuweisen hatten, trotz ihrer bedeutend längeren Entwicklungsdauer. Es zeigte sich ferner, daß namentlich eine Zunahme des Kohlenstoffgehaltes zu beobachten war, daß daneben aber auch ein Anwachsen des Wasserstoffes und des Stickstoffes verzeichnet werden konnte. Außerdem war, wie oben erwähnt, auch eine Bereicherung der Tiere an Sauerstoff eingetreten, da nicht anzunehmen ist, daß sich die anorganischen Bestandteile der beiden Puppenserien vermehrt haben konnten. Die Zufuhr von Kohlensäure durch die Atemluft hatte somit bei den Puppen von Hylophila prasinana genau denselben Erfolg wie in den beiden Versuchsjahren bei Papilio podalirius, und ich halte es damit für einwandfrei erwiesen, daß die Puppen befähigt sind, die Kohlensäure der Luft zu entreißen und in ihrem Organismus zu verwerten. Diese Anreicherung des Organismus an Kohlenstoff ist mit einer gleichzeitigen Zunahme des Stickstoff-, Wasserstoff- und Sauerstoffgehaltes der Puppen verbunden. Auch bei Hylophila prasinana hatte der erhöhte Gehalt der Atmosphäre an Kohlensäure eine Verlängerung der Puppenruhe zur Folge, ohne aber daß die Puppen den Eindruck machten, in einen Lähmungszustand versetzt zu sein.

Was nun das Verhalten der beiden anderen in atmosphärischer Luft gehaltenen Puppenserien betrifft, so zeigte es sich, daß die im Dunkeln gehaltenen Tiere schneller zur Entwicklung kamen und trockensubstanzreicher waren, als die im Licht herangezogenen Formen. Die im Dunkeln gehaltenen Puppen enthielten auch mehr Kohlenstoff als die am Licht gestandenen Tiere, jedoch war der Unterschied nur halb so groß wie zwischen den in atmosphärischer Luft und in kohlensäurereicher Luft aufgewachsenen Serien.

Das Gewicht der aus den Serien II und III gewonnenen Schmetterlinge.

Wir haben aus dem vorhergehenden gesehen, daß die Schmetterlingspuppen in ihrem Gewicht durch den Gehalt der Atemluft an Kohlensäure und ebenso durch Licht und Dunkelheit beeinflußt werden. Es schien mir von Wichtigkeit, festzustellen, ob die Gewichtsdifferenzen, die sich für die Puppe ergeben, auch im Falter zum Ausdruck kommen, oder ob vielleicht das Plus von Trockensubstanz, das wir in einem Fall erhalten, in den vermehrten Abfallprodukten zur Ausscheidung gelangt, so daß bei dem Schmetterling keine deutlichen Differenzen auf die verschiedenen Verhältnisse bei der Aufzucht schließen lassen.

Leider ist es mir nur gelungen, von den in atmosphärischer Luft gehaltenen Serien II und III Vergleichsmaterial zu bekommen, die Puppen von Serie I in kohlensäurereicher Atmosphäre, die zu diesen Vergleichsbestimmungen ihrem Behälter entnommen und kurz vor dem Auskriechen noch lebend in atmosphärische Luft verbracht worden waren, starben innerhalb von 2 Tagen ab aus mir bis jetzt noch unbekannten Ursachen. Es ist also im folgenden nur möglich, die Schmetterlinge von Papilio prodalirius zu vergleichen, deren Puppen in atmosphärischer Luft bzw. in kohlensäurefreier Luft aufgewachsen waren. Von Hylophila prasinana sind sowohl von den im Licht wie auch von den im Dunkeln gehaltenen Puppen Falter ausgeschlüpft und zu den Wägungen verwendet worden.

Papilio podalirius, Serie II. Am 12. März schlüpften zwei Falter von dieser Serie aus, die mit ihren Puppenhüllen zusammen $0 \cdot 829^{\text{grm}}$ wogen.

$$\text{Ein Falter mit Puppenhülle} = 0 \cdot 414^{\text{grm}},$$
$$\text{,,} \quad \text{,,} \quad \text{ohne} \quad \text{,,} \quad = \underline{0 \cdot 330 \text{ ,,}}$$
$$\text{das Gewicht der Puppenhülle allein war} = 0 \cdot 084^{\text{grm}}.$$

Am 21. März kamen zwei weitere Schmetterlinge zur Entfaltung. Von diesen wog der größere wohlentwickelte

$$\text{mit samt seiner Hülle} = 0 \cdot 628^{\text{grm}},$$
$$\text{ohne Hülle} = \underline{0 \cdot 517 \text{ ,,}}$$
$$\text{das Gewicht der Hülle allein war} = 0 \cdot 111^{\text{grm}}.$$

Der kleinere verkrüppelte Falter wog mit seiner Puppenhülle $0 \cdot 3246^{\text{grm}}$. Wenn wir nun von diesen vier Schmetterlingen das Durchschnittsgewicht berechnen, so ist dasselbe, die Puppenhüllen mit berücksichtigt: $0 \cdot 445^{\text{grm}}$. Ziehen wir das auffallend geringe Gewicht des verkrüppelten Schmetterlings ab, und berechnen wir den Durchschnitt allein für die wohlausgebildeten Formen, so steigt das durchschnittliche Gewicht eines Falters auf $0 \cdot 485^{\text{grm}}$. Nach Abzug der Puppenhüllen ist das Gewicht eines Schmetterlings der Serie II: $0 \cdot 392^{\text{grm}}$

Papilio podalirius, Serie III. Von dieser Serie konnten nur zwei Falter zum Vergleich herangezogen werden. Dieselben schlüpften am 3. März aus und wogen mit ihren Hüllen und einem Teil ihres Saftwassers, das später abgeschieden wird, $0 \cdot 892^{\text{grm}}$, so daß ein Falter das Durchschnittsgewicht von $0 \cdot 446^{\text{grm}}$ besaß. Wenn wir das Durchschnittsgewicht der drei wohl ausgebildeten Schmetterlinge von Serie II mit diesen vergleichen, so erhalten wir eine Differenz von 40^{mgrm}. Die Falter, deren Puppen in atmosphärischer Luft aufgewachsen waren, sind somit etwas schwerer wie diejenigen, deren Puppen sich während ihrer Entwicklung in kohlensäurefreier Luft befunden hatten. Der Gewichtsunterschied ist indessen kein großer und steht in keinem Verhältnis zu den viel größeren Differenzen, die bei beiden Serien in der Veränderung des Puppengewichtes vorgegangen waren. Während die Puppen von Serie II nur $10 \cdot 29$ Prozent an Gewicht verloren hatten, belief sich die Gesamtabnahme der in kohlensäurefreier Luft beobachteten Tiere auf $26 \cdot 9$ Prozent, sie betrug also nahezu das Dreifache. Dieser gewaltige Unterschied ist in dem Gewicht der Falter aus beiden Serien nicht ausgeprägt, und dies läßt darauf schließen, daß die so viel größere Körpergewichtsabnahme der in CO_2-freier Luft erzogenen Tiere in erster Linie auf den beträchtlichen Wasserverlust bei Beginn des Versuches zurückzuführen war.

Die Schmetterlinge von Hylophila prasinana.

Am 8. Februar kamen die ersten Falter von Hylophila prasinana zur Entwicklung. Sie gehörten der im Dunkeln gehaltenen Serie III an und wogen mit ihren Puppenhüllen zusammen 0.204^{grm}. Ein Falter mit Hülle hatte somit ein Gewicht von 0.102^{grm}.

Am 15. Februar entfaltete sich der erste Schmetterling der in atmosphärischer Luft erzogenen Serie. Derselbe wog, ebenfalls mit Hülle 0.147^{grm}. Drei Tage später schlüpften drei weitere Schmetterlinge, die zusammen 0.529^{grm} schwer waren. Ein Schmetterling hatte somit das Durchschnittsgewicht von 0.176^{grm}. Berücksichtigen wir sämtliche Falter der Serie II, deren Puppen ihre Entwicklung in atmosphärischer Luft und im Licht durchgemacht hatten, so ergibt sich ein Durchschnittsgewicht von 0.161^{grm}. Die am Licht erzogenen Falter waren also um 0.059^{grm} schwerer, als die im Dunkeln erwachsenen Formen, trotzdem, daß die Puppenruhe der Lichtserie II länger währte als die der Dunkelserie III. Die Differenz des Faltergewichtes dieser beiden Serien von H. prasinana ist um 19^{mgrm} größer als der Unterschied im Körpergewicht der Schmetterlinge von P. podalirius, von denen die schwereren Falter unter normalen Bedingungen, die leichteren in CO_2-freier atmosphärischer Luft erzogen worden waren.

Das Gewichtsverhältnis der Falter der beiden Prasinana-Serien II und III verändert sich indessen erheblich, wenn wir die Schmetterlinge in lufttrockenem Zustand wiegen und diese Resultate miteinander vergleichen.

Von Serie III der im Dunkeln gehaltenen Puppen wogen 6 Falter mit Hüllen im lufttrockenen Zustand 0.2620^{grm}. Von diesen Faltern waren 2 Exemplare ♀ und 4 ♂.

6 Falter ohne Hüllen wogen: 0.2248^{grm}, 1 Falter = 0.0374^{grm}.
6 Hüllen allein: 0.0372 „ 1 Hülle = 0.0062 „ .
Die weiblichen Falter wogen im Durchschnitt . . 0.0335^{grm}.
Die männlichen „ „ „ „ . . 0.0394 „ .

Die männlichen Tiere waren also im lufttrockenen Zustand etwas schwerer als die weiblichen.[1]

---

[1] Auch Farkas fand bei seinen Untersuchungen „Beiträge zur Energetik der Ontogenese" Pflügers Archiv. 1903. Bd. XCVIII. S. 541, daß der Trockensubstanzgehalt des männlichen Seidenspinners größer ist, als der des weiblichen, während der ♂ Schmetterling am Gewicht dem ♀ Falter nachsteht.

Von Serie II habe ich 3 Falter mit Hüllen aufbewahrt, die gleich
nach dem Auskriechen getötet worden waren, zwei weitere Schmetterlinge
derselben Serie hatten längere Zeit gelebt, der eine 11, der andere 17 Tage.
Zu dem Vergleich mit den im Dunkeln erzogenen Schmetterlingen lassen
sich natürlich nur die bald nach dem Auskriechen getöteten Falter heranziehen. Die spätestens 48 Stunden nach ihrem Ausschlüpfen getöteten
3 Falter wogen zusammen:

Mit ihren Puppenhüllen . . . . $0 \cdot 1488^{grm}$.
Ohne   „   . . . . . . $0 \cdot 1296$ „
Die Puppenhüllen wogen . . . . . . $0 \cdot 0192$ „
Ein Falter wog im Durchschnitt . . . $0 \cdot 0432$ „
Eine Puppenhülle „   „   . . . . $0 \cdot 0030$ „

Die Differenz des Faltergewichtes betrug mit dem der Serie III: $0 \cdot 0058^{grm}$,
war also viel geringer als bei den frischen Faltern. Die Differenz der
Puppenhüllengewichte von $0 \cdot 0032^{grm}$ war eine sehr hohe. Von diesen
drei Faltern gehörten zwei dem männlichen, einer dem weiblichen Geschlecht an. Das Weibchen wog $0 \cdot 0424^{grm}$, ein Männchen $0 \cdot 0436^{grm}$.
Der männliche Schmetterling war demnach um $0 \cdot 0012^{grm}$ schwerer wie
der weibliche. Wir ersehen aus dieser Zusammenstellung, daß die lufttrockenen Schmetterlinge, deren Puppen unter dem Einfluß des Lichtes
gestanden hatten, die im Dunkeln erwachsenen Falter an Körpergewicht
übertrafen, wir ersehen aber auch gleichzeitig, daß das Übergewicht der
Serie II im lufttrockenen Zustand weniger groß ist, als es bei den lebenden
Schmetterlingen kurze Zeit nach dem Verlassen der Puppenhülle der Fall
war. Ein Zurückstehen des Körpergewichtes der Serie II hinter dem der
Falter von Serie III ergibt sich indessen, sobald wir die Falter zum Vergleich
heranziehen, die nicht unmittelbar, oder wenigstens kurze Zeit nach dem
Auskommen getötet wurden. Bestimmen wir das Körpergewicht der beiden
Schmetterlinge, von denen der eine 11, der andere 17 Tage gelebt hatte,
so erhalten wir ein Durchschnittsgewicht von $0 \cdot 0251^{grm}$, denn die beiden
Falter wogen

mit Hüllen: $0 \cdot 0640^{grm}$,
ohne „ : $0 \cdot 0502$ „   1 Falter = $0 \cdot 0251^{grm}$,
die Hüllen wogen allein: $0 \cdot 0138$ „   1 Hülle = $0 \cdot 00690$ „ .

Es besteht also zwischen einem kurz nach dem Ausschlüpfen getöteten
♂-Falter und einem abgeflogenen ♂ ein Gewichtsunterschied von $0 \cdot 0185^{grm}$,
der auf den Substanzverbrauch zurückzuführen ist, den die Falter während
ihres Lebens erlitten hatten. Die Falter hatten während eines 11- bis
17 tägigen Lebens nahezu die Hälfte ihres Anfangsgewichtes eingebüßt.

Der vorstehende Vergleich zeigt uns, daß sich zwischen den Faltern von Hylophila prasinana, deren Puppen sich einmal im Licht, das andere Mal im Dunkeln entwickelt hatten, ganz ähnliche Beziehungen aufstellen lassen, wie zwischen den Schmetterlingen von P. podalirius, deren Puppen sich in atmosphärischer Luft bzw. in CO_2-freier Atmosphäre befunden hatten. In beiden Fällen übertreffen die aus normalen Verhältnissen gezüchteten Schmetterlinge die unter abnormen Bedingungen gehaltenen Tiere an Körpergewicht.

Zusammenfassung.

Ich hatte mir in dieser Arbeit, wie schon in der Einleitung erwähnt, die Aufgabe gestellt, nochmals genau zu prüfen, ob ein erhöhter Gehalt der Atmosphäre an Kohlensäure auf das Verhalten des Körpergewichtes bei Schmetterlingspuppen von Einfluß sei, ob tatsächlich, wie die Ergebnisse meiner im Winter 1904 bis 1905 ausgeführten Untersuchungen gezeigt hatten, ein gesteigerter Gehalt der Luft an Kohlensäure das Körpergewicht der Schmetterlingspuppen in der Weise beeinflussen kann, daß wir statt der unter normalen Bedingungen fortschreitenden Gewichtsabnahme, ein Schwererwerden der Puppen beobachten.

Die Ergebnisse der im vorstehenden mitgeteilten Untersuchungen zeigen auf das Deutlichste, daß die Resultate der früheren Versuche auf keiner, ein falsches Resultat vortäuschenden, zufälligen Verkettung von Umständen beruhen, daß sich vielmehr die Ergebnisse an den Puppen vom Segelfalter des Winters 1904 bis 1905 bis in das Einzelne auch im zweiten Versuchsjahre wiederholten und zwar nicht nur bei dieser einen Schmetterlingsart, sondern auch bei einer im System vom Segelfalter weit abstehenden Form, bei der Hylophila prasinana.

Es zeigte sich, daß die in CO_2-reicher Luft gehaltenen Puppen des P. podalirius und der Hylophila prasinana in einer Atmosphäre von durchschnittlich 8 Prozent Kohlensäuregehalt ausgesprochen an Gewicht zunahmen und durch die Elementaranalyse war wie im früheren Versuch zu beweisen, daß diese Zunahme nicht nur auf Wasseraufnahme, sondern auch auf eine Vermehrung der Trockensubstanz zurückgeführt werden mußte.

Die Höhe des Gewichtszuwachses war in den verschiedenen Jahren und bei den verschiedenen Puppenarten freilich wechselnd. Bei den Versuchen im Winter 1904 bis 1905 hatten die Segelfalterpuppen eine Zunahme von 25 Prozent ihres Körpergewichtes erfahren, im Winter 1905 bis 1906 waren die Puppen derselben Art nur um 5 Prozent schwerer geworden, während die in atmosphärischer Luft gehaltene Kontrollserie in der gleichen Zeit eine Gewichtsabnahme von 10 Prozent zu verzeichnen hatte. Bei den Puppen von Sphinx euphorbiae war 1904 bis 1905 das Körpergewicht um 7·7 Prozent gestiegen, während die unter normalen Bedingungen gehaltenen Puppen um 6·4 Prozent abnahmen.

Der Versuch mit den Puppen der Hylophila prasinana ergab im Winter 1905 bis 1906 in CO_2-reicher Luft eine Gewichtszunahme von 11 Prozent, in atmosphärischer Luft eine Gewichtseinbuße von 7 Prozent. Diese Zahlen, die zu verschiedenen Zeiten und bei den Puppen nicht verwandter Falterarten erhalten worden sind, zeigen einwandsfrei, daß ein gesteigerter Gehalt der Atmosphäre an Kohlensäure nicht nur die Gewichtsabnahme der Puppen verhindert, sondern sogar die Ursache einer Zunahme des Körpergewichtes ist. Da sich die Puppen der CO_2-Serien wie der Kontrollserien in atmosphärischer Luft in feuchter Atmosphäre befanden, so ist es ausgeschlossen, daß die Zunahme des Körpergewichtes durch Wasseraufnahme allein bedingt war. Wäre das hygroskopische Verhalten der Puppen die Ursache der Gewichtszunahme gewesen, so müßte auch bei den feucht gehaltenen Kontrollserien ein Anwachsen des Körpergewichtes stattgefunden haben. Statt dessen wurden die in feuchter atmosphärischer Luft gehaltenen Kontrollserien statt schwerer, fortschreitend leichter. Auch die Elementaranalyse zeigte bei den Segelfalter- und Hylophila prasinana-Puppen deutlich, daß die Gewichtszunahme der in CO_2-reicher Luft gehaltenen Puppen nur zum Teil auf Wasseraufnahme beruhten, daß in allen drei Fällen ganz regelmäßig auch die Trockensubstanz zugenommen hatte.

Das Verhältnis, in dem sich der Puppenkörper an Wasser und Trockensubstanz bereichert hatte, war auf eine Puppe berechnet bei P. podalirius im Winter

1904 bis 1905 wie: 0·1529 : 0·02143 oder wie 7 : 1;

1905 „ 1906 „ : 0·0671 : 0·0234 also „ 3 : 1;

bei den Puppen von Hylophila prasinana wie 3 : 1. Der Anteil, den Wasser- und Trockensubstanzgehalt an der Gewichtszunahme der Puppen hatten, war demnach verschieden, in zwei Fällen wie 3 : 1, in einem Fall, der größten Gewichtssteigerung, wie 7 : 1.

Von den verschiedenen, die Trockensubstanz der Puppen zusammensetzenden Elementen, entfällt in allen Versuchen übereinstimmend der größte Zuwachs auf den Gehalt an Kohlenstoff. So kamen bei P. podalirius auf einen Trockensubstanzüberschuß von 0·02143^{grm},

1904 bis 1905 ein solcher von: 0·0116 „ C pro Puppe,

1905 „ 1906 auf 0·0234^{grm} Plus an Trocken-⎫
                   substanz ⎭ 0·01483 „ „ „ „ ·

Bei **Hylophila prasinana** kam 1905 bis 1906 auf eine Trockensubstanz-zunahme von $0 \cdot 01354^{grm}$ eine Vermehrung des C-Gehaltes von $0 \cdot 00721^{grm}$. In allen drei Fällen betrug somit der Kohlenstoffgehalt **mehr als die Hälfte der Trockensubstanzzunahme.**

Einen viel kleineren Anteil an der Vermehrung der Trockensubstanz hatte der **Stickstoff-** und **Wasserstoffgehalt.**

1904 bis 1905 P. podalirius N-Zunahme $= 0 \cdot 0040^{grm} = \frac{1}{5} \left\{ \begin{array}{l} \text{d. Trockensubstanz-} \\ \text{zunahme.} \end{array} \right.$

1905 „ 1906 „ „ $= 0 \cdot 0020$ „ $= \frac{1}{10}$ „

1905 „ 1906 H. prasinana „ $= 0 \cdot 00311$ „ $= \frac{1}{4}$ „

Die Anteilnahme des **Wasserstoffs** an der Vermehrung der Trockensubstanz war noch erheblich geringer:

1904 bis 1905 für P. podal. H-Zunahme $= 0 \cdot 00185^{grm} = \frac{1}{12} \left\{ \begin{array}{l} \text{d. Trockensubstanz-} \\ \text{zunahme.} \end{array} \right.$

1905 „ 1906 „ „ „ $= 0 \cdot 00242$ „ $= \frac{1}{10}$ „

1905 „ 1906 „ H. prasin. „ $= 0 \cdot 00071$ „ $= \frac{1}{16}$ „

Die Vermehrung des aus dem **Sauerstoff** und den anorganischen Bestandteilen der Puppen bestehenden Restes stand bei P. **podalirius:**

1904 bis 1905 im Verhältnis zur Trockensubstanzvermehrung wie rund 1:6.
1905 „ 1906 „ „ „ „ „ „ 1:6.

Für **H. prasinana** läßt sich diese Vermehrung des Sauerstoffgehaltes, der hier wohl in erster Linie in Frage kommt, nicht berechnen, weil hier die Stickstoffbestimmung für die normal gehaltene Serie fehlt. Vergleichen wir den Überschuß an O von Serie III, deren Puppen im Dunkeln gehalten wurden, so finden wir sein Verhältnis zum Trockensubstanzüberschuß gleich: **1:9,** woraus geschlossen werden könnte, daß hier bei **Hylophila prasinana** sauerstoffärmere Verbindungen entstanden sind, als bei P. **podalirius.**

Die chemische Analyse zeigt demnach, daß bei den Puppen, die in CO_2-reicher Atmosphäre erzogen waren, eine Zunahme der Trockensubstanz beobachtet wurde, die zum größten Teil auf eine Vermehrung des Kohlenstoffes zurückgeführt werden mußte. Auf Grund dieser Resultate, die zu zahlreich sind, um durch Versuchsfehler, etwa durch ein zufälliges Überwiegen des Kohlenstoffgehaltes bei den Versuchstieren der CO_2-Serien, erklärt zu werden, sind wir gezwungen, die in der Atmosphäre enthaltene Kohlen-säure als die Quelle des Kohlenstoffüberschusses zu betrachten. Dieses Ergebnis der Elementaranalyse findet seine Bestätigung durch die gasanalytische Untersuchung des Atmungsstoffwechsels der Schmetterlings-puppen, die bei höherem Gehalt der Atmosphäre an Kohlensäure eine Auf-nahme des Gases von seiten der Puppen ergeben hatte. Wie weit die Fähigkeit des Puppenorganismus, Kohlenstoff aus der Luft aufzunehmen und in dem Körper aufzuspeichern, verbreitet ist, erhellt daraus, daß der Nachweis der Kohlenstoffverarbeitung bei den Puppen des P. podalirius, und der Hylophila prasinana gelungen ist.

Die Frage, welche Substanzen im Körper der Schmetterlingspuppe durch CO_2-Aufnahme gebildet werden, ist damit freilich nicht gelöst. In meiner früheren Arbeit über die Assimilationstätigkeit der Schmetterlingspuppen habe ich in erster Linie an Kohlehydrat- oder Fettbildung gedacht. Nach den neuen Untersuchungen von Vaney und Maignon ist festgestellt, daß die Puppe während ihrer Entwicklung sowohl Zucker wie Glykogen und Fett zu bilden imstande ist.

Als Quelle für die während des Puppenlebens sich steigernde Kohlenhydratmenge kann schon allein das Körperfett dienen, das sich entsprechend den Befunden Bleibtreus bei der Fettmast von Vögeln unter Aufnahme von Kohlensäure und Wasser in Kohlehydrat umwandeln könnte. Die Hanriotsche Formel gibt uns ein Schema, wie die Umwandlung von Zucker in Fett bei der Fettmast zu denken ist:

$$13\,C_6H_{12}O_6 = C_{55}H_{104}O_6 + 23\,CO_2 + 26\,H_2O.$$

Kehren wir diese Formel um, so haben wir einen Weg, auf dem wir uns die Entstehung von Kohlehydraten aus Fett erklären können. Nach Meissl[1] sind zur Bildung von 100 grm Stärke 41·1 grm Fett + 47·5 grm CO_2 + 11·4 grm H_2O nötig. Es wird sich also bei der Puppe eine Aufnahme von Kohlensäure und Wasser vollziehen müssen, um die Umwandlung ihres Körperfettes in Kohlehydrat zu erreichen. Ich habe in einer früheren Arbeit gezeigt, daß am Anfang der Puppenruhe bei Papilio podalirius der respiratorische Quotient $\dfrac{CO_2}{O_2} = O$ ist, daß von den Puppen in dieser Zeit überhaupt keine meßbaren Mengen Kohlensäure abgegeben werden. In diese Zeit fällt nach Vaney und Maignon die größte Kohlehydratzunahme im Puppenkörper. Es wäre danach denkbar, daß die Puppen, sobald ihnen in der Atemluft größere Kohlensäuremenge zur Verfügung stehen, diese Verwandlung von Fett in Kohlehydrat in noch reichlicherem Maße vollziehen. Auf diese Weise müßte durch die mit dem Fett verarbeiteten Kohlensäure- und Wassermengen, notwendig eine Gewichtszunahme der Puppen entstehen, die den aufgenommenen CO_2- und Wassermengen entsprechen würde. Ebenso müßte die Elementaranalyse der Puppen eine Vermehrung der Trockensubstanz ergeben, in der der Kohlenstoff in hohem Maße beteiligt wäre, in der aber die Sauerstoffzunahme eine noch beträchtlichere sein müßte. Dies letztere, eine den Kohlenstoffzuwachs übersteigende Zunahme des Sauerstoffs konnte bis jetzt

---

[1] *Zeitschrift für Biologie.* 1886. Bd. XXII. S. 142.

durch die Analysen nicht nachgewiesen werden, ebensowenig paßt die Vermehrung des Stickstoffgehaltes in der Trockensubstanz in das Schema der Umwandlung von Fett in Kohlehydrat hinein, und es wird daher, ehe wir uns über den Vorgang endgültig klar werden können, auf das Resultat von Versuchen gewartet werden müssen, die gegenwärtig im Gang sind und den chemischen Nachweis der von in kohlensäurereicher Atmosphäre befindlichen Puppen gebildeten Substanzen bezwecken.

Sind wir aber überhaupt berechtigt, auf eine Verarbeitung der aufgenommenen Kohlensäure zu organischer Substanz zu schließen? Wäre es nicht ebensogut denkbar, daß die Gewichtszunahme der Puppen nur durch physikalisch in ihren Körpersäften absorbierte Kohlensäure bedingt sein könnte? Das Blut der Schmetterlingspuppe mag allerdings eine größere Absorptionsfähigkeit für Kohlensäure besitzen, es ist aber ausgeschlossen, daß selbst bei vollkommener Sättigung der Körpersäfte mit dem Gas eine beträchtliche Gewichtszunahme erfolgen könnte, außerdem würde diese Sättigung schon in den ersten Tagen der Versuche eintreten und keine absolut regelmäßige Gewichtszunahme der Puppen zur Folge haben, sondern entsprechend dem Partialdruck ein Schwanken des Körpergewichtes verursachen. Niemals würde auch bei einer Absorption der Kohlensäure durch das Blut der Puppen eine Zunahme der Trockensubstanz erfolgen können. Ebensowenig wäre eine Zunahme des Kohlenstoffes in der organischen Substanz denkbar, falls die Kohlensäure nicht zur Bildung organischer Substanz, sondern zu der Entstehung anorganischer Karbonate führen würde. Als einleitender Prozeß könnte ja immerhin eine physikalische Absorption der Kohlensäure durch die Körpersäfte, oder eine lockere chemische Bindung derselben stattfinden, es muß aber ein Faktor im Spiel sein, der eine dauernde Sättigung der Gewebe an Kohlensäure verhindert, der die absorbierten oder locker chemisch fixierten CO_2-Massen verarbeitet und neue Bindungsmöglichkeiten frei werden läßt. Nur so kann man verstehen, daß die Puppen monatelang imstande sind, bei Tag Kohlensäure aufzusaugen und stetig ihr Körpergewicht zu vergrößern, trotz des bei dem gleichzeitig verlaufenden Atmungsprozeß stattfindenden Verbrauches von Körpersubstanzen.

Bei allen Versuchen war zu beobachten, daß die in kohlensäurereicher Atmosphäre gehaltenen Puppen ihr Puppenleben länger ausdehnten, wie die in atmosphärischer Luft gehaltenen Kontrolltiere. Dabei ließ das Verhalten der Puppen keineswegs darauf schließen, daß die Kohlensäure narkotisch auf sie einwirkte und, die Lebensprozesse und mit diesen den Stoffverbrauch herunterdrücke. Im Gegenteil, die in CO_2-reicher Atmosphäre gehaltenen Puppen waren sehr viel lebhafter und bewegten sich sehr viel energischer wie die Puppen der anderen Serien. Die Kohlensäurebehandlung regte somit die Bewegungen an und unterstützte damit den Stoffverbrauch ohne aber dadurch einen Verlust an Körpergewicht hervorzurufen oder eine Verkürzung des Puppenlebens zu bewirken. Auch daraus muß schon der Schluß gezogen werden, daß die Kohlensäure in der Atemluft als eine direkte Nahrungsquelle der Puppen zu betrachten ist.

Da bei den in kohlensäurefreier Atmosphäre gehaltenen Segelfalterpuppen am Anfang des Versuches eine unbeabsichtigte starke Wasserentziehung stattgefunden hatte, so kann das viel früher erfolgte Auskriechen der Schmetterlinge dieser Serie nicht ohne weiteres auf die Kohlensäureentziehung zurückgeführt werden. Es mochte das frühere Auskommen der Falter ebensogut durch den Wasserverlust bedingt gewesen sein, der ja, wie eingangs gezeigt, als ein die Entwicklung der Puppen beschleunigendes Moment zu betrachten ist. Darüber also, ob der normale Kohlensäuregehalt der Atmosphäre für die Entwicklung der Puppen von Wert ist, müssen noch weitere Experimente, bei deren Anordnung Wasserentziehung von vornherein ausgeschlossen wird, gemacht werden. Einen interessanten Aufschluß über die Wirkung des Lichtes und Lichtabschlusses gibt uns der Versuch mit den Puppen von Hylophila prasinana, von denen die unter Lichtabschluß gehaltene Serie schneller zur Entwicklung kam, als die dem Tageslicht exponierte Serie. Dieses Verhalten ist zu verstehen, wenn wir annehmen, daß unter dem Einfluß des Lichtes eine Verwertung der im Körper gebildeten oder aus der Atemluft aufgenommenen Kohlensäure in höherem Maße möglich ist wie im Dunkeln. Allein auch hier muß eine Wiederholung des Experimentes erst zeigen, ob wir es ausschließlich mit dem Einfluß der Belichtung zu tun haben, oder ob noch andere Faktoren im Spiel sind. Absolut feststehend ist bis jetzt nur der Einfluß eines gesteigerten Kohlensäuregehaltes der Atmosphäre auf die Veränderung des Körpergewichtes der Puppen, auf die Vermehrung und die Zusammensetzung ihrer Trockensubstanz und auf die Dauer des Puppenlebens, eine Erscheinung, die bis jetzt nur in dem Verhalten der Pflanze zur Kohlensäure in ihrer Assimilationstätigkeit ein Analogon findet.

Über das Molekulargewicht des Oxyhämoglobins.

Von

G. Hüfner und **E. Gansser.**

Als Ergebnis einer langen und mühsamen Experimentaluntersuchung hat der eine von uns schon vor 13 Jahren [1] den Satz aufgestellt, daß 1 ^{grm} Rinderhämoglobin sich mit 1·338 ^{ccm} von 0° und 760 ^{mm} Druck = 0·0016745 ^{grm} Kohlenoxyd verbindet, und daß daher die Proportion gilt:

$$0·0016745 : 1 = 28 : M,$$

woraus $M = 16721$ folgt.

Das heißt aber: unter der Annahme, daß die Verbindung von Kohlenoxyd und Hämoglobin in molekularem Verhältnis erfolgt, ergibt sich das Molekulargewicht des Hämoglobins = 16721.

Da nun andererseits der Eisengehalt des Rinderhämoglobins im Mittel aus fünf genauen Bestimmungen, wovon vier ausgeführt von Hrn. Dr. Jaquet in Basel, 0·336 Prozent beträgt und sich aus dieser Zahl unter der Annahme, daß im Hämoglobinmolekül nur 1 Atom Eisen enthalten ist, fast genau das gleiche Molekulargewicht, nämlich $M = 16666$, also eine von der ersten nur um 0·33 Prozent verschiedene Zahl, berechnet, so war zunächst einmal festgestellt, daß in der Kohlenoxyd- bzw. Sauerstoffverbindung des Blutfarbstoffs genau **1 Molekül Kohlenoxyd bzw. Sauerstoff auf 1 Atom Eisen kommt**, und es war ferner damit die Annahme hinlänglich begründet, daß sich 1 Molekül Kohlenoxyd, bzw. Sauerstoff nur mit 1 Molekül Hämoglobin (dessen Gewicht zu $\frac{16666 + 16721}{2} = 16693$ an-

---

[1] *Dies Archiv.* 1894. Physiol. Abtlg. S. 130—176. Siehe ferner *ebenda.* 1903. S. 217—224.

genommen) verbinden kann.[1] Höchstens wäre noch die Vorstellung möglich
gewesen, daß sich 2 Moleküle der genannten Gase mit einem doppelt so
großen Moleküle Hämoglobin, dessen Gewicht also mehr als 33 000 betragen
müßte, vereinigen können.

Doch hat die erstere Annahme den Vorzug, daß sie die nächstliegende
und einfachste ist und durchaus nichts Gesuchtes an sich hat.

Um indessen die letzten Zweifel zu beseitigen, die sonderbarerweise
von anderer Seite immer noch gehegt werden, schien es wünschenswert,
den Beweis für die Größe des fraglichen Molekulargewichtes auch noch
direkt nach einer der physikalisch-chemischen Methoden zu erbringen.

Von diesen waren nun freilich zwei von vornherein ausgeschlossen, die
Methode der Siedepunktsbestimmung und die kryoskopische; letztere deshalb
weil der Blutfarbstoff bei niederer Temperatur in Wasser zu wenig löslich
und dabei sein Molekulargewicht viel zu bedeutend ist, um einer exakten
Bestimmung auf diesem Wege zugänglich zu sein.

So blieb uns nichts anderes als der Versuch übrig, die Frage mit
Hilfe des osmotischen Druckes zu lösen. Daß aber gerade dieser Weg
ganz· außerordentliche technische Schwierigkeiten bietet, ist bekannt. Nach
einer langen Reihe verfehlter Versuche mit Tonzellen, in die wir Nieder-
schlagsmembranen mit Ferrocyankupfer einlagerten, entschlossen wir uns,
den Versuch einmal mit den aus besonders präparierter Zellulose gefertigten
Hülsen zu wagen, die von der Firma Schleicher & Schüll in Düren
als Nr. 579 unter dem Namen „Diffusionshülsen" geliefert werden.[2] Diese
Hülsen sind für Hämoglobinlösungen vollkommen undurchlässig und ·zu-
gleich setzen ihre Wände dem Versuche sie zu zerreißen, einen solchen
Widerstand entgegen, daß sie Drucke bis zu $1/2$ Atmosphäre, auch im an-
gefeuchteten Zustande, sicher aushalten. Nur ist es vor dem Gebrauche
derselben unerläßlich, durch pralles Anfüllen jeder einzelnen Zelle mit
Wasser vorher zu prüfen, ob sich nicht an irgend einer Stelle ihrer Wand
ein für das Auge direkt nicht wahrnehmbares Loch befindet, durch welches
Wasser in rascherem Tempo hindurchsickert. Leider ist das bei der Mehr-

---

[1] Es ist mir unverständlich, wie Herr.V. Henry in einer in den *Comptes rendus
des séances de la Société de Biologie.* T. LVI. p. 339 erschienenen theoretischen
Studie über die Dissoziation des Oxyhamoglobins hierüber die Behauptung wagen kann:
„C'était une hypothèse absolument arbitiaire, qui n'était exigée par aucun fait expéri-
mental", und wie er selber der Meinung sein kann, ein Molekül Oxyhámoglobin sei
zusammengesetzt aus 2 Molekülen Hámoglobin und 1 Molekül Sauerstoff. Wäre dies
der Fall, so dürfte das Hámoglobinmolekül ja nur ein halbes Atom Eisen
enthálten! Hüfner.

[2] Wie wir erst später sahen, hat Hr. Dr. Walmouth Reid diese Hülsen schon
vor .uns zu dem gleichen Zwecke zu verwerten gesucht; allein .mit sehr mangelhaftem
Erfolg. Vgl. *Journal of Physiology.* Vol. XXXIII. 1905—1906. p. 12—19.

zahl der käuflichen Hülsen noch immer der Fall. Mit solchen Hülsen aber, die sich als fehlerfrei erwiesen, ist es uns in der Tat geglückt, wenn auch noch nicht ideal befriedigende, doch wenigstens solche Resultate zu erhalten, die wir als genügend brauchbare für unseren Zweck bezeichnen dürfen.

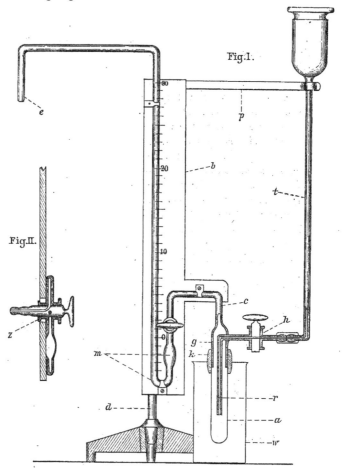

Wir wählten das kleinere von den zwei im Handel befindlichen Modellen. Dieses besitzt eine Länge von 100 mm, bei einem Querdurchmesser von 16 mm.

Wie aus der vorstehenden Fig. 1 ersichtlich, ist die Hülse a ca. 2 cm weit über ein unten offenes, einen äußeren Durchmesser von etwa ebenfalls 16 mm besitzendes Glasrohr g gezogen, das mittels der Kapillare c mit

14 *

dem Manometer m in Verbindung steht, und in welches seitlich ein enges, rechtwinklig umgebogenes, weit nach abwärts reichendes und unten offenes Röhrchen r eingeschmolzen ist. Dieses trägt den fein geschliffenen Hahn h und kann mittels eines kurzen Kautschukschlauches mit dem Trichterrohr t verbunden werden, das seinerseits durch den Halter p in sicherer Lage erhalten wird. In den kurzen Manometerschenkel ist bei z (Fig. 2) ein Zweiweghahn eingeschaltet, unterhalb welches die Kapillare eine kleine bauchige Erweiterung von etwa 1 ^{ccm} Inhalt besitzt, die zur Aufnahme eines Quecksilbervorrates bestimmt ist.

Das Manometer ist auf einem hölzernen Brette b befestigt, auf welches eine Millimeterskala aus starkem Papier von ca. 30 ^{cm} Länge aufgeklebt ist. Die Lage des Nullpunktes dieser Skala gestattet eine Abzählung der Teilstriche sowohl nach unten, wie nach oben. Das hölzerne Brett selbst ist an der vertikalen Stange eines eisernen Statives d verschiebbar angebracht und erlaubt so das Einsenken der Hülse in ein mit Wasser gefülltes Becherglas w oder das Herausheben aus einem solchen.

Um eine vollkommen dichte und gegen Loslösung oder Zerreißung gesicherte Verbindung der Hülse mit dem Glase herzustellen, wird die Hülse, wie schon bemerkt, etwa 2 ^{cm} weit über das Glasrohr g gezogen, in einem Zustand, wo sie, nach vorherigem Wässern, kaum noch feucht ist; alsdann wird sie mit gewichstem Bindfaden umschnürt, damit fest auf das Glasrohr aufgepreßt und endlich mit einer dicken Schicht sogenannten Picëins, das über der Lampe geschmolzen ist, so umgossen, daß der Kitt k ebensoweit auf das Glas übergreift, als er die Hülse bedeckt. Dieser Kitt, der in Drudes Annalen, Bd. XVIII, zuerst empfohlen und uns von der New York-Hamburger Gummiwaren-Kompagnie in Hamburg geliefert wurde, haftet in der Tat ebensofest am Glase wie auf der Zellulosemembran der Hülse, so daß die Verbindung sicher dem Drucke oder Zuge $^1/_2$ Atmosphäre zu widerstehen vermag.

Um das Manometer mit der nötigen Quecksilbermenge zu versehen, taucht man das Ende e der zweimal rechtwinklig gebogenen Kapillare in ein mit Quecksilber gefülltes Schälchen ein und holt durch Saugen am Zweiweghahn soviel davon in das Manometer herüber, daß seine Menge hinreicht, den bauchigen Schenkel des Manometers bis zur Querbohrung dieses Hahnes, und zwar diese eingeschlossen, und den anderen Schenkel ebenso hoch zu füllen.

Die Füllung der Hülse nebst den angrenzenden Glasteilen bis zu den beiden Hähnen mit der Lösung geschieht erst, nachdem die Hülse fest mit dem übrigen Apparate verbunden ist. Man füllt die Lösung von dem Trichter t aus ein, und zwar läßt man zuerst einen längeren Strom der Lösung durch sie hindurch und bei z (Fig. 2) ausfließen, um auch sicher jedes Gasbläschen aus den engen Röhren hinauszuspülen. Dann schließt man zunächst den Zweiweghahn und erst nach einigem Warten auch den Hahn h, damit die Zelle mit der Lösung unterdes prall gefüllt werde.

Sind alle diese Manipulationen, die nur wenige Minuten Zeit erfordern, ausgeführt, und ist auch die Kommunikation zwischen der Lösung und dem Manometer durch passende Stellung des Hahnes hergestellt, dann taucht man die Hülse in das mit reinem Wasser gefüllte Becherglas und sorgt dafür, daß die Temperatur dieses Wassers auf möglichst gleicher Höhe erhalten wird. Bei unseren Versuchen mit Rinderhämoglobin betrug diese Temperatur nur 1° über Null, bei Versuchen mit Pferdehämoglobin um der geringen Löslichkeit dieses Stoffes willen $+10°$.

Für die Bereitung einer reinen wäßrigen Hämoglobinlösung ist es ein wesentliches Erfordernis, daß das angewandte Hämoglobin möglichst frisch dargestellt, alkoholfrei, jedenfalls mindestens dreimal ohne Anwendung von Alkohol umkristallisiert ist.

In unseren Versuchen kam nur Rinder- und Pferdehämoglobin zur Verwendung. Die Konzentration der benutzten Lösungen wurde spektrophotometrisch bestimmt.

Das Steigen des Quecksilbers im Manometer beginnt sehr bald, nachdem die Kommunikation zwischen diesem und dem Inhalte der Hülse hergestellt ist, aber es dauert etwa 18 bis 24 Stunden, ehe das Quecksilber seinen höchsten Stand erreicht, bei welchem es dann mehrere Stunden konstant stehen bleibt.

Hat man dann die Höhe der gehobenen Quecksilbersäule p und die Temperatur t abgelesen, so geben freilich diese Zahlen durchaus nicht denjenigen osmotischen Druck an, den die angewandte Lösung in Wirklichkeit ausübt, sondern einen geringeren. Durch den Eintritt von Wasser in die Hülse hat sich nämlich das Volumen der Lösung vergrößert; ein wenn auch kleiner Bruchteil derselben ist in die bauchige Erweiterung des kurzen Manometerschenkels übergetreten und um ebensoviel als das ursprüngliche Volumen sich dadurch vergrößert hat, ist natürlich der osmotische Druck vermindert worden. Man wird also, um den Druck p' der unverdünnten Lösung zu finden, den direkt abgelesenen Druck p, ausgedrückt in Millimetern Quecksilber, mit dem Verhältnis des ursprünglichen Volumens v zu dem Endvolumen v', also mit $\frac{v'}{v}$ multiplizieren müssen.

Der Binnenraum der Hülse $+$ dem der angrenzenden Glasteile vom Hahne h bis zum Zweiweghahne z, dessen Querbohrung abgerechnet, ist leicht auszumessen; das außerhalb dieses Raumes, wesentlich im bauchigen Teile des kurzen Manometerschenkels befindliche Flüssigkeitsvolumen dagegen berechnet sich aus der in Millimetern gemessenen Höhe, bis zu

welcher das Quecksilber im langen Schenkel des Manometers über seinen
ursprünglichen Stand gestiegen ist. Man braucht also nur das Gewicht
des Quecksilbers, das eine Strecke der Kapillare von gemessener Länge bei
gegebener Temperatur ausfällt, ein für alle Male zu bestimmen, um —
gleichmäßiges Kaliber der ganzen Kapillare vorausgesetzt — Gewicht und
Volumen dieser wie jeder beliebigen Höhe des Quecksilberfadens angeben
zu können. Das ursprüngliche Lösungsvolumen v + dem Volumen des
gehobenen Quecksilbers geben das Volumen v' der am Ende des Versuches
vorhandenen verdünnteren Lösung.

Die Berechnung des gesuchten Molekulargewichtes M erfolgt zum
Schluß nach der Formel:

$$M = \frac{22{,}41\,(1+0{,}00366\,t)\cdot 760\cdot c}{p'},$$

worin c die Gewichtsmenge der im Liter gelösten Substanz, p' den korri-
gierten Druck in Millimeter Quecksilber und 22·41 den Druck in Atmo-
sphären bedeutet, den ein Grammmolekül Wasserstoff bei 0^0 ausübt, wenn
sein Volumen auf 1 Liter zusammengepreßt ist.

––––––

Zwei Beispiele mögen genügen, um zu zeigen, in welcher Zeit der
Druck in einer mit Hämoglobinlösung beschickten Hülse allmählich ansteigt, bis er das Maximum erreicht. Der eine Versuch wurde mit einer
5·27 prozent. Lösung von Pferdehämoglobin in einem ungeheizten Zimmer
bei + 10^0, der andere mit einer 10·8 prozent. Lösung von Rinderhämoglobin
bei 1^0 über Null im Keller ausgeführt.

Tabelle I.
Hämoglobin vom Pferd.

		Zeit		t = Temperatur	p = Druck in mm Hg
11. Febr. 1907.	Beginn	6^h 00′	abends	+ 10·0^0	0
„	„	6 30	„	+ 10·0	15·3
„	„	·8 30	„	+ 10·0	26·0
„	„	11 30	„	+ 10·0	40·4
12. Febr. 1907.	„	5 00	morgens	+ 7·2	52·9
„	„	7 00	„	+ 6·8	53·8
„	„	9 00	„	+ 6·8	55·0
„	„	10 30	„	+ 7·3	56·3
„	„	11 30	„	+ 8·0	57·6
„	„	2 00	nachmittags	+ 10·0	58·5
„	„	3 00	„	+ 10·0	58·5

Der Druck blieb auch weiter konstant.

Da das Anfangsvolumen v der Lösung in diesem Versuche $= 23 \cdot 5$ ^{ccm}, das Endvolumen v' in oben angegebener Weise bestimmt $= 23 \cdot 6$ ^{ccm}, so war der osmotische Druck der ursprünglichen Lösung

$$p' = p \frac{v'}{v} = 58{,}5 \cdot \frac{23{,}6}{23{,}5} = 58{,}75^{mm}.$$

Da weiter die ursprüngliche Konzentration c, bezogen auf 1 Liter, $52 \cdot 72$ ^{grm} und die Temperatur am Ende 10° betrug, so ergibt sich

$$M = \frac{22{,}41 \cdot 760 \cdot (1 + 0{,}00366 \cdot 10) \cdot 52{,}72}{58{,}75} = 15849.$$

Tabelle II.
Hämoglobin vom Rind.

Zeit			$t =$ Temperatur	$p =$ Druck in mm Hg
Beginn	5 ^{h} 00′	nachmittags	$+ 1 \cdot 0^{\circ}$	0
„	6 30	„	—	25·6
„	9 30	„	—	49·6
„	10 30	„	—	53·6
„	6 00	morgens	—	93·0
„	9 00	„	—	99·8
„	12 00	mittags	—	102·8
„	3 00	nachmittags	—	106·2
„	6 00	„	—	107·5
„	8 00	„	—	108·5
„	9 00	„	—	109·0

Druck von da ab konstant.

Da

$$c = 108 \cdot 0 \qquad v = 23 \cdot 5$$

$$t = + 1 \cdot 0 \qquad v' = 23 \cdot 7$$

$$p' = p \frac{v'}{v} = 109 \frac{23{,}7}{23{,}5} = 109 \cdot 9,$$

so ist

$$M = \frac{22{,}41 \cdot 760 \cdot (1 + 0{,}00366) \cdot 108}{109{,}9} = 16802.$$

In der folgenden Tabelle sind die Daten aller unserer einzelnen Versuche und deren Endresultate übersichtlich zusammengestellt.

Tabelle III.

Die über den einzelnen Spalten stehenden Zeichen haben die oben S. 213 angegebene Bedeutung.

c	t	p in mm direkt abgelesen	v	v'	$p' = p \dfrac{v'}{v}$ in mm	M	Art des Hämoglobins
52·72	10°	62·7	23·5	23·6	62·97	14780	Pferde-hämoglobin
	10	58·5	—	—	58·75	15840	
	10	61·1	—	—	61·36	15210	
	10	63·5	—	—	63·77	14630	
108·0	1	109·0	—	23·7	109·9	16790	Rinder-hämoglobi n
109·2	1	114·9	—	—	115·9	16110	
	1	114·6	—	—	115·6	16150	
	1	115·5	—	—	116·5	16020	
	1	116·7	—	—	117·7	15860	
111·8	1	122·3	—	—	123·3	15500	
	1	115·8	—	—	116·8	16360	
216·0	1	198·0	—	23·85	201·0	18370	
	1	224·0	—	23·90	227·8	16210	
	1	218·5	—	—	222·2	16620	
	1	233·6	—	—	237·6	15540	

Zieht man die Mittelwerte, so erhält man für Pferdehämoglobin das Molekulargewicht 15115, für Rinderhämoglobin das Molekulargewicht 16321 und damit ist nun die Frage nach der Größenordnung des gesuchten Gewichtes endgültig und zwar im gleichen Sinn, wie früher angenommen wurde, entschieden. Unsere osmotischen Versuche machen es zweifellos, daß das Molekulargewicht derjenigen Substanz, die wir als sogenanntes Oxyhämoglobin kristallinisch darstellen können, weder halb noch doppelt so groß, sondern, daß es gleich groß wie dasjenige ist, das bisher auf Grund anderer Bestimmungsweisen von dem einen von uns berechnet wurde. Wir dürfen es also auch als eine exakt bewiesene Tatsache hinstellen, daß 1 Molekül Oxyhämoglobin zusammengesetzt ist aus 1 Molekül Sauerstoff und 1 Molekül Hämoglobin. Nur ob die Molekulargewichte des Pferde- und Rinderhämoglobins wirklich in dem oben gefundenen Maße voneinander verschieden sind, darf aus mancherlei Gründen noch zweifelhaft sein.

Über die physiologische Wertung der corticospinalen (Pyramiden-)Bahn.

Zugleich ein Beitrag zur Frage der elektrischen Reizbarkeit und Funktion der Extremitätenregion der Großhirnrinde.

Von

Max Rothmann.

Die Physiologie der Zentren der Großhirnrinde hat seit den ersten grundlegenden Untersuchungen von Fritsch und Hitzig einen staunenswerten Aufschwung genommen. Wenn auch immer noch die Abgrenzung der einzelnen Zentren verfeinert wird, wenn es auch noch hier und da gelingt, neue Beziehungen der Hirnrinde zu den Körperfunktionen aufzudecken, wenn das Verhältnis der Hirnrinde zu den subcorticalen Zentren noch eifrig diskutiert wird, so können wir doch von einem festgefügten Gebäude der Physiologie der Großhirnrinde sprechen. Viel später erst und viel langsamer hat sich die Physiologie der cerebrospinalen Leitungsbahnen entwickelt. Denn während für die zur Aufdeckung der Rindenzentren an der Hirnoberfläche auszuführenden Operationen eine genaue Kenntnis des feineren Aufbaues der Hirnrinde, wie sie erst in neuester Zeit allmählich gewonnen wird, nicht unbedingt erforderlich war, blieb eine genauere Erforschung der Funktion der Leitungsbahnen so lange unerfüllbar, als der Verlauf und die Lagerung dieser Bahnen nicht aufs genaueste bekannt war. Jede Aufdeckung neuer Bahnen war ja geeignet, die mühsam durch die gemeinsame Arbeit von Anatomie, Physiologie und Pathologie gewonnenen Kenntnisse zu erschüttern oder selbst ganz umzuwerfen.

Als die ersten Leitungsbahnen, wenigstens in ihren gröberen Umrissen, bekannt wurden, da ging die allgemeine Meinung im wesentlichen dahin, daß jeder Bahn die Leitung einer bestimmten, ihr allein eigentümlichen Funktion zukomme, etwa in der Art, wie es ja für den N. opticus oder den N. cochlearis und ihre zentralen Fortsetzungen bereits lange bekannt war. So wurde die Leitung der Körpersensibilität, besonders des Muskelsinns, den Leitungsbahnen der Hinterstränge des Rückenmarkes zugeschrieben, vor allem auf Grund der pathologisch - anatomischen Feststellungen bei der Tabes dorsalis, und mit der Leitung der willkürlichen Bewegungen schien ausschließlich die Pyramidenbahn betraut, jene lange corticospinale Bahn, die bei den Hemiplegien stets degeneriert gefunden wurde.

Indem es nun aber gelang, immer neue Bahnen in reicher Fülle nach-zuweisen, indem weiterhin durch das Tierexperiment und die klinische Forschung unsere Kenntnisse von der Funktion des Zentralnervensystems vertieft wurden, zeigte es sich immer mehr, daß von so einfachen Verhält-nissen hinsichtlich der Physiologie der cerebrospinalen Leitungsbahnen keine Rede sein konnte. An der Hand zahlreicher Experimente konnte ich selbst[1] vor einiger Zeit für die zentripetalen Leitungsbahnen nachweisen, daß fast jede Empfindungsqualität zwei oder gar mehrere Leitungsbahnen zu ihrer Ver-fügung hat, die einander so schnell und so vollständig gegenseitig vertreten können, daß der Fortfall einer Bahn allein sich kaum durch Ausfalls-erscheinungen bemerkbar macht.

Besonderes Interesse hat nun stets die Pyramidenbahn erweckt. einmal, weil sie die älteste, genauer bekannte cerebrospinale Leitungsbahn darstellt, vor allem aber, weil sie als die einzige direkte Verbindung der Großhirnrinde mit Medulla oblongata und Rückenmark zu betrachten ist. Auch in vergleichend-anatomischer Hinsicht erfordert diese Bahn ganz be-sondere Beachtung, weil es gelungen ist, ihre Entwicklung in der auf-steigenden Tierreihe, vor allem mit Hilfe der Methode der sekundären Degeneration, genau festzulegen und gerade durch die großen Variationen, welche dieselbe hier in Lagerung und Mächtigkeit aufweist, ihre phylo-genetisch junge Anlage und ihre andauernd bis zum Menschen herauf wachsende Bedeutung zu erkennen. Fehlt eine solche direkte Verbindung des Großhirns mit dem Rückenmark den Vögeln bis zum Papagei herauf vollständig, wie uns vor allem die Untersuchungen Kalischers[2] gelehrt haben, so ist beim Igel bereits eine Pyramidenbahn vorhanden. Aber ohne eine Kreuzung einzugehen, erschöpft sich dieselbe im Vorderstrang des ersten Halssegmentes, kommt also für die Extremitäten noch gar nicht in

---

[1] M. Rothmann, Über kombinierte Ausschaltung zentripetaler Leitungsbahnen im Rückenmark. *Verhandl. der physiolog. Gesellschaft zu Berlin.* 1904/05. Nr. 13.

[2] Otto Kalischer, Das Großhirn der Papageien in anatomischer und physio-logischer Beziehung. *Verhandlungen der kgl. Akademie der Wissenschaften.* 1905.

Betracht (Bischoff, Probst[1], van der Vloet[2]). Bei Schaf und Ziege haben Dexler und Margulies[3] gezeigt, daß zwar eine geringe Pyramidenkreuzung vorhanden ist, daß aber sowohl die ungekreuzte Vorderstrangbahn als auch die gekreuzten, in der Formatio reticularis gelegenen und nicht in den Seitenstrang einstrahlenden Fasern bereits im vierten Cervicalsegment erschöpft sind, also gleichfalls für die Innervation der spinalen Extremitätenzentren nicht in Betracht kommen. Bei Maus, Ratte und Eichhörnchen zieht die schwache gekreuzte Pyramidenbahn in der Kuppe des Hinterstranges nach abwärts (Goldstein[4], van der Vloet). Bei Kaninchen, Katze und Hund geht die ganze, größtenteils gekreuzte Pyramidenbahn in den Seitenstrang hinein und ist hier bis zum untersten Sakralmark zu verfolgen; aber die Fasern sind noch von außerordentlich feinem Kaliber und heben sich dadurch scharf von den groben Fasern des gleichfalls im Seitenstrang verlaufenden, mindestens ebenso stark entwickelten rubrospinalen Bündels ab. Der Affe zeigt dann eine mächtig entwickelte Pyramidenseitenstrangbahn mit Fasern von starkem Kaliber, bei beträchtlichem Rückgang in der Entwicklung des rubrospinalen Bündels, dabei aber noch keine oder doch nur eine angedeutete Pyramidenvorderstrangbahn. Die letztere ist nach Exstirpationen im Gebiet der Extremitätenregion der Großhirnrinde zum erstenmal bei den Anthropoiden von Grünbaum und Sherrington[5] nachgewiesen worden. Beim Menschen tritt dann das eigentümliche, von Flechsig zuerst entwicklungsgeschichtlich festgestellte Verhalten auf, daß die Entwicklung von Pyramidenseitenstrang- und Pyramidenvorderstrangbahn derart schwankt, daß bald die eine, bald die andere mächtigere Ausbildung zeigt. Vereinzelt finden sich sogar Individuen, bei denen die Pyramidenkreuzung fehlt, und die Pyramidenvorderstrangbahn allein in stärkster Entwicklung vorhanden ist. Das rubrospinale Bündel ist beim Menschen nur rudimentär entwickelt.

Überblicken wir diese ganze Reihe und versuchen auf der Grundlage der anatomischen Befunde eine Wertung der Pyramidenbahn vorzunehmen, so können wir zunächst feststellen, daß eine hohe Entwicklung der motorischen Funktion ohne die Anwesenheit einer Pyramidenbahn

---

[1] Moritz Probst, Zur Anatomie und Physiologie experimenteller Zwischenhirnverletzungen. *Deutsche Zeitschrift für Nervenheilkunde.* 1900. Bd. XVII. S. 165.

[2] van der Vloet. Über den Verlauf der Pyramidenbahn bei niederen Säugetieren. *Anatomischer Anzeiger.* 1906. Bd. XXIX.

[3] H. Dexler und A. Margulies, Über die Pyramidenbahn des Schafes und der Ziege. *Morphologisches Jahrbuch.* Bd. XXXV. S. 413.

[4] Kurt Goldstein, Zur vergleichenden Anatomie der Pyramidenbahn. *Anat. Arch.* XXIV. S. 43.

[5] A. S. F. Grünbaum und C. S. Sherrington, Observations on the physiology of the cerebral cortex at the Anthropoid Apes. *Proceed. of Royal Society.* Vol. LXXI.

möglich ist, so vor allem bei den Vögeln. Auch die niederen Säugetiere bis zu den Huftieren besitzen keine für die Extremitäten in Betracht kommende Pyramidenbahn, und selbst bei Katze und Hund steht dieselbe in der Entwicklung noch beträchtlich hinter den Mittelhirnbahnen zurück. Erst beim Affen ist die Pyramidenbahn die bei weitem mächtigste der absteigenden, cerebrospinalen Bahnen geworden, um diese Stellung bei Anthropoiden und Menschen noch mehr zu befestigen, bei andauerndem Rückgang der rubrospinalen Seitenstrangbahn.

Wie verhalten sich nun die Ergebnisse der Physiologie zu diesen anatomischen Feststellungen? Ist es heute bereits möglich, die Frage nach der physiologischen Wertung der Pyramidenbahn entscheidend zu beantworten? Wollen wir diesen Fragen näher treten, so wird es sich empfehlen, die menschlichen Verhältnisse zunächst ganz außer acht zu lassen. Beim Menschen kommen zur Beurteilung dieser Fragen naturgemäß nur pathologische Fälle in Betracht, Fälle, bei denen die Erkrankung oder Ausschaltung der Pyramidenbahn stets mit der Affektion anderer Bahnen und Zentren verbunden ist. Ich habe an anderer Stelle[1] den Nachweis zu führen gesucht, daß das vorliegende Material genügt, um auch beim Menschen zu gewissen Schlüssen über die Funktion der Pyramidenbahn zu gelangen, die von den früher herrschenden Anschauungen recht beträchtlich abweichen. Da sich aber gegen diese Ausführungen mannigfaltige Opposition erhoben hat, so erscheint es mir fruchtbarer, zunächst auf dem Boden des Experimentes am normalen Tier die bei den höchststehenden Säugern, vor allem den Affen, obwaltenden Verhältnisse vollkommen klarzulegen. Alsdann wird die klinische Beobachtung ganz von selbst auf der Grundlage der Tierexperimente zu einer richtigen Würdigung der einschlägigen menschlichen Fälle gelangen. Jedenfalls geht es nicht an, daß man einerseits die experimentellen Ergebnisse beim Affen als vollständig von den beim Menschen obwaltenden Verhältnissen abweichend zurückweist, noch dazu ohne die beim Affen bestehenden Verhältnisse bereits ausreichend zu kennen, andererseits aber bei einzelnen Fragen der Pathologie, so z. B. bei den Kontrakturen, dennoch den Versuch macht, die beim Affen gewonnenen Ergebnisse direkt auf den Menschen zu übertragen.

Sehen wir von den niederen Säugern, bei denen selbst die Exstirpation einer Großhirnhemisphäre nur von minimalen Ausfallserscheinungen gefolgt ist, vollständig ab, so war es auch bei Hund und Affe bereits seit einiger Zeit nicht zweifelhaft, daß nicht etwa die gesamte willkürliche Bewegung

---

[1] M. Rothmann, Über die Ergebnisse der experimentellen Ausschaltung der motorischen Funktion und ihre Bedeutung für die Pathologie. *Zeitschrift für klin. Medizin.* 1903. Bd. XLVIII.

an die Integrität der Pyramidenbahn geknüpft ist. Denn H. Munk[1] hat durch die ein- und doppelseitigen Totalexstirpationen der Extremitäten-region der Großhirnrinde, wie er sie bei Hunden und Affen ausgeführt hat, gezeigt, daß zwar die isolierten Bewegungen der Extremitäten fest mit diesen Zentren verknüpft sind und bei ihrer Exstirpation dauernd verloren gehen, daß aber die Gemeinschaftsbewegungen — Laufen, Klettern usw. — durch diese mit Totalausfall der Pyramidenbahnen einher-gehenden Operationen zwar geschädigt, aber nicht aufgehoben werden. Ganz in Übereinstimmung damit konnte dann Goltz bei seinem berühmten großhirnlosen Hund, dem gleichfalls die Pyramidenbahnen vollständig fehlten, das Erhaltensein des Ganges bereits 3 Tage nach der Operation konsta-tieren. Es konnte sich daher bei der Erforschung der normalen Funktion der Pyramidenbahnen nur um die Frage handeln, ob dieselben bei der normalen Innervation der Gemeinschaftsbewegungen wesentlich mitbeteiligt sind, und ob die isolierten Bewegungen ganz von ihnen abhängig sind. Bei den Hunden haben nun die Versuche Starlinger's[2], der die Pyramiden in der Medulla oblongata zerstörte, gezeigt, daß alle diese Bewegungen beim pyramidenlosen Hunde vollständig erhalten bleiben, daß also jedenfalls die Pyramidenbahn allein weder für die corticale Komponente der Gemeinschafts-bewegungen noch für die isolierten Bewegungen unentbehrlich sei, und ich selbst[3] konnte diese Ergebnisse an Hunden, denen ich die Pyramidenkreu-zung zerstört hatte, vollkommen bestätigen. Beim Hunde ist aber, wie wir oben bereits gezeigt haben, die Pyramidenbahn noch verhältnismäßig klein, besitzt sehr feine Fasern und steht den mächtigen Vierhügel-Rückenmark-bahnen, vor allem der rubrospinalen Bahn, gegenüber. Ferner überwiegen beim Hunde die Gemeinschaftsbewegungen noch so sehr über die isolierten Bewegungen, daß diese völlige Ersetzbarkeit der Pyramidenleitung beim Hunde zwar völlig überraschend war, aber doch nicht gestattete, auf die anatomisch und physiologisch so ganz anders gestalteten Verhältnisse beim Affen und Menschen einen bindenden Rückschluß zu machen.

Es erwies sich daher als notwendig, derartige Ausschaltungen der Pyramidenbahnen am Affen vorzunehmen. Solche Experimente habe ich in den letzten Jahren in größerer Zahl ausgeführt und über die erhaltenen Resultate wiederholt berichtet.[4] Ehe ich aber auf die hier obwaltenden Verhältnisse eingehe, erscheint es zunächst unabweislich, die Frage zu er-

---

[1] Hermann Munk, Über die Fühlsphären der Großhirnrinde. *Sitzungsberichte der kgl. preuß. Akademie der Wissenschaften.* Phys.-math. Klasse. 1892. XXXVI u. ff.

[2] Josef Starlinger, *Jahrbücher für Psychiatrie.* Bd. XV. S. 1.

[3] Max Rothmann, *Neurolog. Zentralblatt.* 1900. Nr. 2.

[4] Derselbe, Über neue Theorien der hemiplegischen Bewegungsstörung. *Monats-schrift für Psychiatrie und Neurologie.* Bd. XVI. S. 589.

örtern, ob es überhaupt möglich ist, die einer cerebrospinalen Leitungsbahn unter normalen Verhältnissen zukommende Funktion durch das Experiment festzustellen. Durchschneiden wir eine Bahn bei einem Tier vollständig, so kommt es, soweit es sich nicht um eine vollkommen unersetzliche Bahn wie z. B. die Sehbahn handelt, allmählich zu weitgehender Restitution. Die Funktion stellt sich oft so vorzüglich wieder her, daß nach einigen Wochen überhaupt kein Ausfall mehr zu bemerken ist. Es läßt sich dann nicht mehr feststellen, welcher Ausfall durch Zerstörung einer bestimmten Bahn zustande kommt, welche Funktion derselben also normalerweise zuzuschreiben ist. Es bleibt daher nur die erste Zeit nach der Operation übrig, um die Ausfallserscheinungen nach Ausschaltung einer oder mehrerer Leitungsbahnen festzustellen. Diese ersten Tage nach der Operation erfordern daher ganz besondere Beachtung, und es trifft sich günstig, daß die Affen die reine Äthernarkose so vorzüglich vertragen. Sie erwachen daher bereits wenige Minuten nach Beendigung der Operation aus der Narkose und sind dann bereits der Beobachtung zugänglich. Es erwächst hier aber sofort die weitere Schwierigkeit, daß gerade in den ersten Tagen eine Reihe von Störungen zu den reinen Ausfallserscheinungen hinzutreten und damit gerade in dieser für die Feststellung der normalen Funktion einer Leitungsbahn wichtigsten Beobachtungszeit ein einwandfreies sicheres Resultat unmöglich machen können. In den ersten Jahren der modernen experimentellen-Hirnforschung, in den 70er Jahren des vorigen Jahrhunderts, spielten die Entzündungen und Eiterungen hier eine große Rolle und waren die Quelle zahlreicher, unbeabsichtigter Komplikationen. In der sich anschließenden Periode der Antiseptik waren es häufig gerade die antiseptischen Mittel selbst, die reizend auf die Umgebung der im Zentralnervensystem gesetzten Wunden einwirkten. Aber auch der Schnitt mit dem Messer, von Brennen, Saugen und ähnlichen unreinen Methoden ganz zu schweigen, kann durch Zerrungen der Umgebung, Verletzung wichtiger Blutgefäße, ausgedehnte Nebenverletzungen usw. eine Menge unbeabsichtigter, das Ergebnis störender und damit leicht irreführender Ausfallserscheinungen herbeiführen. Durch die strenge Durchführung der aseptischen Wundbehandlung, durch sorgfältige durch anatomische Studien und wiederholte Einübung gesicherte Messerführung, bei Vermeidung aller zerrenden und in ihrer Einwirkung auf die Umgebung nicht zu kontrollierenden Operationsmethoden, vor allem aber durch die Häufung der Versuche und die genaue Feststellung des Operationsresultates am anatomischen Präparat, kann man alle diese Störungen jedoch auf ein Minimum herabdrücken.

Eine ganz andere Frage ist es aber, ob bei nach Möglichkeit reiner Ausschaltung einer Leitungsbahn in der Tat nur die ihr unterstehenden Funktionen ausfallen, oder ob andere mit diesen Funktionen in irgend einer

Art verbundene Funktionen durch diesen Eingriff, wenn auch nur vorübergehend, geschädigt oder sogar vernichtet werden. Wäre das in größerem
Umfange der Fall, dann würde es unmöglich sein, die Funktion einer
Leitungsbahn des Zentralnervensystems festzustellen. Denn in der ersten
Zeit nach ihrer Ausschaltung würde der Ausfall durch die hinzutretende
Stockung in anderen Leitungsbahnen sich weit über die Leistung der zu
untersuchenden Bahn hinaus bemerkbar machen, in der späteren Zeit aber
hätte bereits die Restitution durch die vorhandenen Ersatzbahnen begonnen
und würde den durch Ausschaltung der betreffenden Bahn hervorgerufenen
Funktionsausfall verdecken.

Da der anatomische einer physiologischen Leistung dienende Apparat
auch in der einfachsten Form nicht aus einem Neuron, sondern aus mehreren,
einander untergeordneten Neuronen besteht, so ist es selbstverständlich, daß
das nächstfolgende Neuron seine Funktion einstellt, wenn es seine gesamte
Innervation von dem ersten, durch die Operation ausgeschalteten Neuron
bezieht. So funktioniert die vom Thalamus opticus zur Rinde des Hinter-
hauptlappens ziehende Bahn nicht mehr, wenn die primäre Sehbahn von
der Retina zum Thalamus opticus ausgeschaltet ist. Aber nicht immer ist
das Verhältnis ein so einfaches. Bei dem uns hier interessierenden Problem
der motorischen Leitungsbahnen sind die Vorderhornganglienzellen des
Rückenmarkes durch mehrere vom Gehirn herabziehende Bahnen beeinflußt,
die von der Großhirnrinde, vom Mittelhirn, vom Kleinhirn in das Rückenmark gelangen; aber auch die Großhirnrinde selbst hat zur Beeinflussung
der Vorderhornganglienzellen neben der direkten Pyramidenbahn andere
in mehreren Neuronen arbeitende Leitungsverbände zu ihrer Verfügung.
Endlich aber kommt den Vorderhornganglienzellen eine weitgehende Selbständigkeit zu, die sich anatomisch darin ausdrückt, daß sie selbst nach
völliger Abtrennung vom Cerebrum nicht zugrunde gehen, physiologisch
aber in den Sehnenreflexen und zum Teil auch im Muskeltonus zutage
tritt. Diese Selbständigkeit der Rückenmarkzentren und die Beeinflussung,
die sie von den absteigenden cerebrospinalen Bahnen erfahren, ist nun für
jede Tierspezies und wahrscheinlich auch für jede Altersstufe (Kindheit,
Greisenalter) verschieden. Je größer die Abhängigkeit der Vorderhornganglienzellen von den übergeordneten Zentren ist, und je mehr von den
absteigenden, Hirn und Rückenmark verbindenden Leitungsbahnen zerstört
sind, um so stärker muß der Ausfall der eigentlichen Rückenmarkfunktion
hervortreten. Er wird daher bei gleichartiger Zerstörung der Leitungsbahnen
am größten bei der weitgehendsten Entwicklung des Großhirns sein, beim
Menschen also am meisten hervortreten.

Diese Ausfallserscheinungen im Gebiet der eigentlichen Rückenmarkfunktion nach hohen Rückenmarkdurchschneidungen und ausgedehnten

Hirnläsionen sind von Goltz[1] und seinen Schülern scharf von den dauernden Funktionsausschaltungen unterschieden worden. Denn nur anfänglich
sind die Funktionen der Rückenmarkzentren aufgehoben. Bereits nach
kurzer Zeit stellen sie sich wieder her trotz Bestehenbleiben der anderen
Ausfallserscheinungen. Goltz sucht diese Erscheinung durch eine Hemmung zu erklären, die von der Hirn- bzw. Rückenmarkwunde aus auf den
Nervenbahnen die Rückenmarkzentren beeinflußt; nach Fortfall dieses
Hemmungsreizes nehmen die letzteren ihre Funktion wieder auf. Diese
Anschauung ist dann von H. Munk[2] mit Recht zurückgewiesen worden,
indem er zeigte, daß die Wiederkehr der Reflexerregbarkeit des Rückenmarkes und die Vernarbung der gesetzten Wunde in keinem direkten Verhältnis zueinander stehen. Außerdem steigt diese Reflexerregbarkeit allmählich derart an, daß sie weit über das unter normalen Verhältnissen zu
beobachtende Maß hinausgeht. Nur für das Absinken der Reflexerregbarkeit
in den ersten Tagen ist die für die Heilung erforderliche reaktive Entzündung die Ursache; das viele Wochen, weit über den Vernarbungsprozeß
hinaus anhaltende Ansteigen der spinalen Reflexerregbarkeit ist die Folge
innerer Veränderungen des von seinen cerebralen Verbindungen mehr oder
weniger abgetrennten Rückenmarkes, die Munk als „Isolierungsveränderungen" bezeichnet. Je vollkommener die Abtrennung des Rückenmarkes ist,
desto stärker sind auch die Isolierungsveränderungen in demselben und
damit die Reflexsteigerungen. Sie sind am stärksten bei tiefer Rückenmarkdurchschneidung im isolierten Lendenmark, weniger stark bei hoher Rückenmarkdurchschneidung, noch schwächer bei Großhirnabtragung und am
schwächsten bei Exstirpation der Extremitätenregionen. Diesen Munkschen Ausführungen ist dann Goltz[3] weiterhin beigetreten.

In den letzten Jahren hat nun v. Monakow[4] diesen temporären
Störungen seine Aufmerksamkeit zugewandt und dieselben unter dem Begriff
der „Diaschisis" zusammengefaßt. Er versteht darunter „eine vorübergehende (meist shokartig auftretende) Spaltung einer nervösen Leistung, die
durch eine örtliche Unterbrechung oder Ausfall eines die Funktion diri-
gierenden oder wesentlich tragenden Faserzuges bzw. Neuronengruppe neben
der gesetzmäßigen, residuären Spaltung erzeugt wird." „Die Diaschisis
stellt eine indirekt hervorgebrachte Lähmung oder abnorme Betätigung von
nervösen Verbindungen in einem Erregungsbogen (Erregungskreise im Cortex
und in subcorticalen Zentren) dar, die unter normalen Verhältnissen, für sich

---

[1] Fr. Goltz, Pflügers *Archiv.* 1876. Bd. XIII und 1884. Bd. XXXIV.
[2] H. Munk, a. a. O.
[3] Fr. Goltz, Pflügers *Archiv.* Bd. LXXVI. S. 411.
[4] C. v. Monakow in Asher-Spiro, *Ergebnisse der Physiologie.* 1902. Jahrg. I.
II. Abtlg. S. 563. — *Neurolog. Zentralblatt.* 1906. Nr. 22.

und kombiniert mit anderen Zentren zwar eine relativ selbständige Tätigkeit
entfalten können, die aber bei der Funktion des als lädiert angenommenen
Erregungsbogens in weitgehender Weise mit in Anspruch genommen werden."
Unter den Beispielen, an denen v. Monakow seine Anschauungen erläutert,
sind zwei, die uns hier besonders interessieren, die schlaffe Lähmung nach
Ausfall der Pyramidenbahn und die Aufhebung der spinalen Reflexe nach
einer umfangreichen Läsion am Großhirn. Nur diese beiden Vorgänge
wollen wir hier genauer betrachten, die übrigen Erscheinungen dagegen,
die v. Monakow durch die Diaschisis
erklärt, unter denen die Aphasie
gegenwärtig besonderes Interesse hervorruft, an dieser Stelle außer acht
lassen.

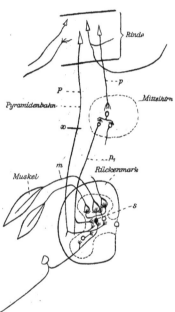

Fig. 1.
Schema der motorischen Bahnen
zur Erläuterung der Diaschisiswirkung
(nach v. Monakow).

   Bei der initialen schlaffen Hemiplegie fällt nach v. Monakow die
Pyramidenbahn P fort. Indem so
der spinalen Übertragungszelle s eine
wesentliche Erregungsquelle plötzlich
entzogen wird, tritt eine akute Be-
triebsstörung ein (Diaschisis). Das
periphere Neuron, Vorderhornzelle
usw., ist lahmgelegt, so daß die neben
der Pyramidenbahn Hirnrinde und
Rückenmark verbindenden Bahnen
p, p_1 trotz völligen Intaktseins ihre
Funktion einstellen und erst nach
Organisierung auf neuer, etwas veränderter Grundlage ihre Tätigkeit
wieder aufnehmen (Fig. 1). Es ist
anzunehmen, daß v. Monakow diese
Ausführungen auf der Grundlage der
menschlichen Pathologie gemacht hat.
Denn für den Affen z. B. liegen die
Verhältnisse ganz anders; er ist nach
Ausfall der Pyramidenleitung für beide Seiten nicht gelähmt. Die anderen,
Hirnrinde und Rückenmark verbindenden Leitungsbahnen sind also nicht
lahmgelegt. Es wird die Aufgabe dieser Arbeit sein, zu zeigen, in welcher
Vollkommenheit sie ihre Leistungsfähigkeit bewahren. Bei einer solchen,
gleichsam physiologischen Beobachtungsweise, wie sie v. Monakow bei der
Diaschisis angewandt hat, ist es aber mißlich, wenn diese Ausführungen
nur für eine Tierspezies, und sei es auch, der Mensch, Geltung haben.

Aber auch beim Menschen ist die völlig schlaffe Lähmung bei reinem akutem Ausfall der Pyramidenleitung bisher keineswegs erwiesen. Stets handelt es sich in der menschlichen Pathologie um unreine Fälle, bei denen ein mehr oder weniger großer Teil der Hirnrinde und Rückenmark verbindenden extrapyramidalen Leitungsbahnen mit zerstört ist. Sollte aber beim Menschen der plötzliche Ausfall der Pyramidenleitung eine schlaffe Lähmung bewirken, was immerhin nicht unwahrscheinlich ist, so wäre daraus noch nicht der Schluß zu ziehen, daß die extrapyramidalen motorischen Bahnen ihre ihnen normalerweise zukommende Funktion einstellen; sondern es würde daraus hervorgehen, daß beim Menschen unter normalen Verhältnissen allein die Pyramidenbahn selbständig die motorische Rindenfunktion leitet. Die extrapyramidalen, phylogenetisch alten, beim Menschen nur dürftig entwickelten Leitungsbahnen müssen nach Ausfall der Pyramidenleitung erst neu gebahnt und eingeübt werden. Sie müssen die Funktion, die ihnen bei niederen Tieren und offenbar auch in der Entwicklung des einzelnen Menschen bis in das erste Lebensjahr hinein zukommt, aufs neue erlernen.

Das zweite Beispiel v. Monakows, daß die spinalen Reflexe nach Großhirnläsionen vorübergehend ausfallen, ist gleichfalls nur ein Ausdruck dafür, daß das Rückenmark bei den höheren Säugern immer mehr unter die Herrschaft des Gehirns, vor allem des Großhirns gekommen ist. Die Vorderhornganglienzellen des Lendenmarks arbeiten normalerweise dauernd unter der Leitung der Großhirnrinde; bei Fortfall der letzteren werden sie daher zunächst nicht nur für die Leitung motorischer Impulse naturgemäß lahmgelegt, sondern können auch für andere Reize nicht mehr in Anspruch genommen werden. Auch hier müssen die Vorderhornzellen des Rückenmarks die volle Selbständigkeit, die ihnen bei niederen Tieren und im embryonalen Stadium des Menschen zukommt, erst wieder neu erwerben. Diese Neueinübung des isolierten Rückenmarkes führt zu einem Ansteigen der Rückenmarkreflexe, das weit über das unter normalen Verhältnissen vorhandene Maß hinausgeht. Sie fällt mit den „Isolierungsveränderungen" Munks zusammen.

Für die Diaschisis v. Monakows, d. h. für die Lahmlegung normalerweise völlig selbständig arbeitender Neuronenkomplexe, ist auch hier kein Platz. Nun hat allerdings v. Monakow in einer Anmerkung seiner neuesten einschlägigen Arbeit hervorgehoben, daß die Diaschisis nicht unter allen Umständen eintritt, ihr Auftreten oder Ausbleiben vielmehr von der allgemeinen Innervationskraft abhängt, d. h. von der Fähigkeit des Individuums, Störungen im nervösen Gleichgewicht wieder auszugleichen. Damit wird aber überhaupt die Diaschisis ihres gesetzmäßigen, auf physiologischer Grundlage beruhenden Charakters beraubt und als eine unregelmäßige, auf abnormer Schwächung des Nervensystems sich aufbauende Erscheinung gekennzeichnet. Dann würde die Diaschisis aber für das Tierexperiment, das an jungen, gesunden Tieren ausgeführt wird, und auf dessen Grundlage auch Goltz und Munk ihre Ausführungen gemacht haben, ganz ausscheiden.

Unsere Meinung geht also dahin, daß bei reinem Experiment, d. h. ohne besondere Reizung der gesetzten Wunde und ohne Nebenverletzungen die vorübergehenden Ausfallserscheinungen nach Läsionen dés Zentralnerven-systems als der Ausdruck der physiologischen Abhängigkeit der betreffenden Funktionen von den ausgefallenen Zentren bzw. den durchtrennten Leitungs-bahnen zu betrachten sind. Nur durch selbständige Einübung der in der Regel phylogenetisch alten Zentren oder Bahnen, welche ihre beim normalen Individuum verloren gegangene, in der früheren Entwicklung aber vorhanden gewesene völlige Selbständigkeit wieder erlangen, stellen sich diese Funk-tionen wieder her im Gegensatz zu den Residuärsymptomen, für die keine derartige Ersatzmöglichkeit gegeben ist. Gerade möglichst genaue Beobach-tung der ersten Tage nach der Operation gestattet uns daher, völlig reinen Wundverlauf vorausgesetzt, die gesamte Leistungsfähigkeit eines Zentrums bzw. einer Bahn aus den Ausfallserscheinungen zu erschließen, während bereits nach wenigen Tagen die Ersatzfunktion eine Reihe wichtiger Ausfalls-symptome verdeckt haben kann.[1]

Diese Auffassung hat den Vorteil, daß wir mit Munk und v. Mona-kow der aktiven Hemmungszentren und Bahnen entraten können. Aber auch die von Munk noch festgehaltene Lehre von der Hemmung der Rückenmarkzentren durch die mit der Heilung verknüpfte Reizung der Schnittenden in den ersten Tagen nach der Operation. wird damit entbehr-lich. Wenn Munk die Reflexerregbarkeit des Lendenmarks einige Stunden nach hoher Rückenmarkdurchschneidung höher antraf als am folgenden Tage, so kann man dies dadurch erklären, daß die dem Lendenmark über-geordneten spinalen Zentren unmittelbar nach der Operation noch eine beschränkte Beeinflussung der Vorderhornzellen des Lendenmarks ausüben können und so zunächst eine gewisse Funktion derselben aufrecht erhalten. Ohne den belebenden Einfluß des Großhirns sinkt diese aber schnell ab, um erst nach Neueinübung der lumbalen Zentren in der nächsten Zeit allmählich wieder anzusteigen.

---

[1] Auf der Grundlage seiner Experimente am Großhirn der Papageien ist Kalischer zu ähnlichen Anschauungen wie v. Monakow gelangt. Er nimmt an, daß bei den „nervösen Fernwirkungen" die tieferen Zentren durch den plötzlichen Fortfall vieler zuführender Reize aus dem Gleichgewicht kommen und ihre normale Funktion vorüber-gehend einstellen, auch wenn die fortgefallenen Großhirnreize nicht direkt für die tieferen Zentren notwendig sind. Doch sehe ich nicht, daß die angeführten Beispiele unserer Betrachtungsweise widersprechen. (Otto Kalischer, Das Großhirn der Papageien usw. Anhang zu den *Abhandl. der kgl. preuß. Akademie der Wissen-schaften.* Berlin 1905.)

Können wir demnach mit Aussicht auf Erfolg an die Erforschung der normalen Funktion der Pyramidenbahn durch das genaue Studium der Ausfallserscheinungen in den ersten Tagen nach der Ausschaltung derselben herantreten, so ist es zunächst von Wichtigkeit genau festzustellen, was wir unter der Bezeichnung „Pyramidenbahn" verstehen. Die neuen anatomischen Forschungen haben uns gelehrt, daß im Rückenmark selbst die von der Hirnrinde kommenden Pyramidenfasern mit den Fasern anderer Bahnen vermischt sind, von denen die rubrospinale Vierhügelseitenstrangbahn vor allem in Betracht kommt. Aber auch in dem cerebralen Verlauf der Pyramidenbahn sind ihr offenbar andersartige Fasern beigemischt. Als Pyramidenfasern bezeichnen wir die von der motorischen Region der Großhirnrinde zu den motorischen Kernen der Medulla oblongata und des Rückenmarks herabziehenden Fasern, die hier somit unter Ausschaltung der Zwischenhirn- und Mittelhirnzentren eine direkte Verbindung herstellen. Daneben aber ziehen von der Fühlsphäre der Hirnrinde mit den Pyramidenfasern gemischt andere Fasern nach abwärts. Ein Teil derselben endet bereits in den ventrolateralen Kernen des Thalamus opticus; weit beträchtlicher aber ist die Endigung solcher Fasern in der Brücke, ohne daß sie hier mit motorischen Hirnnervenkernen in Verbindung treten. Ob diese Fasern dazu dienen, motorische, von der Großhirnrinde kommende Impulse dem Kleinhirn zu übermitteln, ob sie mit anderen Kernen des Pons oder der Medulla oblongata verbunden sind, jedenfalls sind sie von den eigentlichen Pyramidenfasern streng zu unterscheiden. Da wir bei unseren Untersuchungen nur die Einwirkung der Pyramidenbahn auf die spinalen Extremitätenzentren prüfen wollen, so werden wir uns der Bezeichnung „corticospinale Bahn" bedienen, um dadurch jede Verwechslung der verschiedenen Fasergruppen auszuschließen.

Die Ausschaltung dieser corticospinalen Bahn durch völlige Durchtrennung der Pyramidenkreuzung hatte nun beim Affen zwei wichtige Tatsachen gezeigt, erstens, daß die isolierten Bewegungen der Extremitäten, vor allem der Arme, auch ohne die Pyramidenleitung ausgeführt werden können; zweitens, daß die Extremitätenregion dieser pyramidenlosen Affen 3 bis 4 Wochen nach der Operation durch den faradischen Reiz erregbar ist.[1] Die Erhaltung der isolierten Bewegungen beim Affen ohne Pyramidenleitung war ein sehr überraschendes Resultat, wenn auch beim Hunde durch Starlinger und seine Nachfolger bereits dasselbe Ergebnis festgestellt worden war. Denn der Affe ist durch anatomische und physiologische Ausgestaltung seines Zentralnervensystems hier dem Menschen

---

[1] Max Rothmann, Die Erregbarkeit der Extremitätenregion der Hirnrinde usw. *Zeitschrift für klinische Medizin.* 1902. Bd. XLIV. S. 183.

weit mehr angenähert als dem Hunde; beim Menschen aber galt die Lehre, daß die Pyramidenbahn die ausschließliche Leitung der Willkürbewegungen darstelle, als ein Grundpfeiler der Physiologie der Leitungsbahnen. Es wurden daher im Laufe der letzten Jahre diese Experimente häufig von mir wiederholt; aber stets war das Ergebnis das gleiche, daß zwar hier oder da durch Nebenverletzungen eine stärkere Störung der Motilität ausgelöst wurde, daß aber in den Fällen, in denen außer der totalen Durchtrennung der Pyramidenkreuzung nur die medialsten Abschnitte der Vorder- und Hinterstränge geschädigt waren, nicht nur alle Gemeinschaftsbewegungen, sondern auch die isolierten Bewegungen bis herauf zum feinsten Spiel der Finger nach 8 bis 14 Tagen vollkommen intakt waren, nur daß sie wesentlich langsamer vonstatten gingen als bei einem normalen Affen.

Ebenso konstant war der Nachweis des Erhaltenseins kleiner faradisch erregbarer Rindenfelder in den Extremitätenregionen nach Ausfall der corticospinalen Bahnen. Auch hier war es ein sehr überraschendes Resultat, daß gerade die Reizstellen für die Finger- und Zehenbewegungen in der vorderen Zentralwindung, die man als am meisten abhängig von dem Erhaltensein der Pyramidenleitung angesehen hatte, die Ausschaltung der corticospinalen Bahnen am besten überdauern. Allerdings hat v. Monakow[1] es als wahrscheinlich hingestellt, daß in diesen Fällen der Pyramidenbogen nicht vollständig durchschnitten sei, weil sich beim Affen wie beim Hunde aberierende Pyramidenfasern in der ganzen die unteren Oliven bedeckenden Randzone fänden, die stehen gelassen sein könnten. Diese aberierenden Pyramidenfasern sind aber nur ein ausnahmsweiser, durchaus unregelmäßiger Befund, der keinenfalls die Grundlage für das absolut konstante Erhaltensein dieser bestimmt umschriebenen Rindenerregbarkeit sein kann. Den stringentesten Beweis für den extrapyramidalen Charakter dieser Leitung hat aber Probst[2] erbracht, der die Pyramidenbahn beim Affen mittels einer Hakenkanüle im Pons durchschnitt und nach 3 Wochen von der Extremitätenregion aus mit dem faradischen Strom gleichfalls nur noch Finger- und Zehenbewegungen auslösen konnte.

So interessant und so bedeutungsvoll vor allem in bezug auf die menschlichen Verhältnisse diese Feststellung der raschen und weitgehenden Ersetzbarkeit der direkten corticospinalen Leitungsbahnen hinsichtlich der motorischen Funktion war, so ließ sich immerhin einwenden, daß der plötzliche, totale Fortfall dieser Bahnen den ganzen motorischen Apparat unter so abnorme Verhältnisse stellte, die Innervationskraft, die sich jetzt auf die

---

[1] C. v. Monakow, *Hirnpathologie.* 2. Aufl. 1905. S. 258.

[2] M. Probst, Weitere Untersuchungen über die Großhirnfaserung und über Rindenreizversuche usw. *Sitzungsberichte der kaiserl. Akademie der Wissenschaften in Wien.* Math.-wiss. Klasse. Bd. CXIV. Abtlg. III. April 1905.

allein erhaltenen extrapyramidalen Bahnen warf, derart anschwellen ließ,
daß es hier zur Erschließung ganz abnormer Leitungswege kommen mußte,
die keinen Rückschluß auf die normale Funktion der corticospinalen Bahn
gestattete. Es erschien daher wünschenswert, in Analogie zu den menschlichen Verhältnissen bei der Hemiplegie, nur die corticospinale Bahn einer
Seite auszuschalten. Es war ja dann naturgemäß der Anreiz für die Bahnung der extrapyramidalen Bahnen ein weit geringerer, und der Vergleich
mit der gesunden Seite gestattete eine wesentlich genauere Beobachtung
und eine feinere Analyse der Ausfallserscheinungen.

Da in der Pyramidenkreuzung selbst eine solche einseitige Läsion der
corticospinalen Bahn nicht möglich war, das Herankommen an die Pyramiden von der Schädelbasis aus mir aber beim Affen zu schwierig erschien,
so ging ich zunächst daran, die corticospinale Bahn im Hinterseitenstrang
des dritten Halssegmentes, also oberhalb der spinalen Armzentren, zu durchschneiden. Da eine Pyramidenvorderstrangbahn gar nicht oder doch nur
angedeutet im ersten Halssegment beim Affen vorhanden ist, so war an
dieser Stelle die einseitige Ausschaltung der corticospinalen Bahn, soweit
sie für die Extremitäten in Betracht kommt, vollkommen zu erzielen. Aber
sie war stets begleitet von der Durchtrennung des rubrospinalen Bündels,
das beim Affen teils im Gebiet der Pyramidenbahn, teils unmittelbar vor
derselben gelegen ist, und der Kleinhirnseitenstrangbahn. Einseitige Ausschaltung der letzteren ist von keinen Ausfallserscheinungen begleitet. Dagegen war es nach dem beim Hunde erhobenen Befunde zweifelhaft, ob
nicht die gemeinschaftliche Ausschaltung von Pyramidenbahn und Mona-
kowschem Bündel schwerere Ausfallserscheinungen im Gefolge haben würde.
Denn beim Hunde wird durch die Durchschneidung des Hinterseitenstranges
im dritten Halssegment die Erregbarkeit der Extremitätenregion vollkommen
aufgehoben, und es bildet sich ein spastischer Zustand der Extremitäten
heraus.

Die wiederholte Ausführung der Durchschneidung des Hinterseitenstranges beim Affen ergab nun aber, daß die Ausfallserscheinungen nicht
wesentlich stärkere sind als bei der reinen Zerstörung der Pyramidenbahnen.
Wenn man es vermied, den Hinterstrang in größerer Ausdehnung zu ver-
letzen — nur die im dritten Halssegment selbst eintretenden Hinterwurzel-
fasern waren stets mitbeschädigt — so waren zwar die Extremitäten auf
der Seite des durchschnittenen Hinterseitenstranges anfangs deutlich paretisch; doch schon nach wenigen Tagen benutzten die Affen die betreffenden
Extremitäten beim Laufen, Klettern, Springen, und was das Wichtigste ist,
sie griffen mit dem Arm dieser Seite vollkommen sicher nach Nahrungs-
stücken, wenn man sie verhinderte, den Arm der gesunden Seite zu gebrauchen, den sie naturgemäß bevorzugten. Doch brachte man sie nach

kurzer Zeit auch dahin, beide Arme beim isolierten Greifen gleichmäßig zu
benutzen; sie nahmen die kleinsten Rübenstückchen vom Boden auf, und
man mußte scharf beobachten, um eine ganz geringe Ungeschicklichkeit
beim Greifen mit Daumen und Zeigefinger zu bemerken. Zu keiner Zeit
bestand auch nur die Andeutung eines spastischen Zustandes.

Da also eine solche einseitige Ausschaltung der Pyramidenbahn mit
dem rubrospinalen Bündel zusammen beim Affen keine irgendwie nennens-
werten dauernden Ausfallserscheinungen bewirkte, so konnte man ohne jedes
Bedenken diese hohe Hinterseitenstrangsdurchschneidung bei den weiteren
Versuchen an Stelle der einseitigen Pyramidendurchschneidung benutzen.
Es hatte sich hier zwar anfänglich eine weitgehende Störung der Bewegung im Vergleich zu den Extremitäten der gesunden Seite ergeben;
aber das war ja vorauszusehen, daß eine derartige Einschränkung des
Gesamtareals der motorischen cerebrospinalen Leitungsbahnen die betreffenden Extremitäten beträchtlich im Nachteil gegenüber den mit ihren normalen
Verbindungen versehenen Extremitäten der anderen Seite setzen müßte.
Das Wesentliche blieb doch die rasche, so gut wie vollständige Restitution
der Motilität. Bei derartigen Versuchen mußte man sich nur vor Augen
halten, daß in den Ausfallserscheinungen jedenfalls noch ein kleines Plus
gegenüber der reinen einseitigen Zerstörung der corticospinalen Bahn enthalten war.

Immerhin muß eine reine einseitige Pyramidenzerstörung beim Affen
als eine dankenswerte Ergänzung dieser Resultate betrachtet werden.
v. Wagner ist es nun gelungen, beim Affen solche einseitigen Durchschneidungen der Pyramiden an der Schädelbasis auszuführen, analog den
früher unter seiner Leitung von Starlinger beim Hunde gemachten
Pyramidendurchschneidungen. Unter temporärer Tracheotomie wird vom
Halse aus der vordere Atlasbogen freigelegt, und hier durch Atlas und
Epistropheuszahn hindurch eine Trepanöffnung angelegt. Dann wird mit
einem feinen Messerchen die Pyramide neben der A. basilaris durchtrennt.
Schüller[1], der mit v. Wagner zusammen diese Operationen ausführte
und die klinische und anatomische Untersuchung übernahm, hat ausführlich
über derartige einseitige Pyramidendurchschneidung bei Affen und Hunden
berichtet. Daß die Operationen bei Affen, so schwierig sie ist, mit Erfolg
ausgeführt werden kann, das beweisen zwei derart operierte Affen, die
3 Wochen lang am Leben erhalten wurden. Aber ebenso berechtigt hat
sich mein bereits früher gemachter Einwand erwiesen, daß die Mitver-
letzungen bei dieser Methode nicht geringfügig sein dürften. Denn schon
beim Hunde ist es Schüller ebensowenig wie vor ihm Starlinger ge-

[1] Artur Schüller, Experimentelle Pyramidenausschaltung beim Hunde und Affen.
Wiener klinische Wochenschrift. 1906. Nr. 3.

lungen, reine Resultate zu erzielen. Wenn ich von dem ersten Hunde, bei
dem die unvollständige Zerstörung· der Pyramide nur durch eine akziden-
telle Blutung erzielt wurde, und der bereits nach 4 Tagen starb, absehe,
so zeigen auch die beiden anderen von Schüller untersuchten Hunde keine
vollständige Durchtrennung einer Pyramide. In dem einen Fall ist etwa
$^1/_6$ der gesamten Pyramidenbreite zerstört, in dem anderen der größere
ventrale Teil der Pyramide. Hatte also Starlinger zwar die ganzen Pyramiden zerstört, aber noch darüber hinaus zahlreiche zentripetale und zentrifugale Bahnen vernichtet, so waren bei Schüller größere Abschnitte der
corticospinalen Bahnen unversehrt geblieben. Damit war aber die Möglichkeit, Sicheres über die Funktion derselben auszusagen,· vernichtet. Denn
zahlreiche Versuche haben immer aufs neue gezeigt, daß das Erhaltensein
eines verhältnismäßig kleinen Abschnittes der Pyramidenleitung zur weitgehenden Erhaltung der Funktion genügt, da in jedem Abschnitt derselben
Fasern für die sämtlichen spinalen Zentren vorhanden sind. So hatte z. B.
eine Durchtrennung der oberen zwei Drittel der Pyramidenkreuzung bei
einem Affen von Anfang an überhaupt keine abnormen Symptome im Gefolge. Dazu kommt noch, daß eine Reizung der erhaltenen Pyramidenfasern
von der Wunde aus nicht ausgeschlossen werden kann.

　　Von den beiden Affen, die Schüller 3 Wochen hindurch am Leben
erhielt, zeigte der eine zwar völlige Durchtrennung der linken Pyramide,
daneben aber auch Zerstörung des medialsten Teiles der linken Olive, der
ganzen linken Schleifenschicht und des medialen Teiles der rechten Pyramide und der rechten Schleifenschicht. Beide Vorderstränge, vor allem der
linke, zeigten absteigende Degenerationen. In dem zweiten Fall war die
linke Pyramide nur zum größten Teil durchtrennt, daneben aber war der
linke Vorderseitenstrang und das linke Vorderhorn beträchtlich lädiert. Es
war daher der linke Vorderstrang absteigend und das linke Gowerssche
Bündel aufsteigend degeneriert. Eine reine Ausschaltung der corticospinalen
Bahnen war also in keinem der beiden Fälle erzielt worden; die Begrenzung
der Verletzung auf die linke Seite war auch nur in dem zweiten Fall erreicht worden. Trotzdem liegt es im Bereich der Möglichkeit, daß bei
besserer Einübung und größerer Häufung der Versuche auch einmal eine
wenigstens annähernd auf die ·eine Pyramide beschränkte und dabei letztere
total durchtrennende Verletzung erzielt werden kann. Aber bei der großen
Unsicherheit des Ergebnisses gegenüber der guten Verwertbarkeit der
Durchschneidung des Hinterseitenstranges im obersten Halsmark, die eine
sichere Ausführung gestattet, erscheint mir die letztere Operation für größere
Versuchsreihen doch vorzuziehen.

　　Nun hat aber Schüller auf Grund der oben geschilderten Versuche
eine Ausfallserscheinung beschrieben, die er als ein direktes Symptom der

Pyramidenläsion betrachtet, indem die betreffende Funktion ausschließlich
der Pyramidenbahn zukommen soll. Es handelt sich um die Störung des
Flankenganges, d. h. des Seitwärtsgehens auf Hinter- oder Vorderbeinen,
wie sie Schüller bereits früher bei Hunden und Affen nach Ausschaltungen
der Extremitätenregionen der Großhirnrinde beschrieben hatte. Bei den
Affen betont allerdings Schüller selbst bereits, daß sie der Nebenverletzungen wegen nicht zu Schlußfolgerungen bezüglich der Pyramidenbahn-
funktion heranzuziehen sind. Aber bei den Hunden fand er stets die Abduktion und Adduktion in Hüfte und Schulter gestört, besonders die
Adduktion, Bewegungen, die er zu den Einzelbewegungen im Sinne
H. Munks rechnet. Nun ist zunächst zu betonen, daß wir es hier mit
Bewegungen zu tun haben, welche Hunde spontan niemals ausführen. Daß
aber gerade solche nicht eingeübten Bewegungen bei Läsionen im Gebiete
des motorischen Innervationsapparates besonders leicht Störungen erleiden
werden, ist einleuchtend. Gerade bei einer wesentlich verschiedenen Innervation der Extremitäten beider Seiten, wie sie der einseitige Pyramiden-
ausfall notwendig im Gefolge hat, müssen solche Störungen bei ungewohnten
Bewegungskombinationen, welche die beiderseitigen Extremitäten zusammen
ausführen, besonders leicht in die Erscheinung treten. Darum ist es aber
durchaus nicht notwendig, daß es sich hier um den Ausfall einer spezifischen
Pyramidenfunktion handelt, zumal diese Adduktions- und Abduktions-
bewegungen, wie sie der künstlich aus dem Gleichgewicht gebrachte Hund
bei einer Seitenbewegung machen muß, durchaus nicht als isolierte Bewegungen im Sinne Munks zu betrachten sind.

Um aber die Frage endgültig zu entscheiden, ob es sich bei diesen
Abduktions- und Adduktionsbewegungen von Schulter und Hüfte um eine
spezifische Funktion der Pyramidenbahnen handelt, habe ich Hunde, denen
die Pyramidenkreuzung total durchtrennt war, auf den Flankengang hin
geprüft und vollkommnes Intaktsein desselben nach beiden Seiten hin konstatieren können. Besonders beweisend war ein Fall, in dem die Pyramidenkreuzung von oben bis unten genau in der Mittellinie durchtrennt war, der
Flankengang in den ersten beiden Tagen etwas erschwert, dann aber ohne
die geringste Störung ausführbar war. Nach diesem Ergebnis ist es ausgeschlossen, daß es sich hier um eine spezifische, unersetzliche
Leistung der Pyramidenbahnen handelt. Findet sich eine solche
Störung des Seitenganges bei einseitiger Pyramidenläsion konstant, so kann
sie nur der Ausdruck der ungleichmäßigen motorischen Innervation der
beiderseitigen Extremitäten sein. Ich möchte gleich hinzufügen, daß auch
beim Affen derartige Störungen der Abduktion und Adduktion der Extremitäten keine notwendige Folge der Pyramidenläsionen darstellen, daß der
Affe mit einseitiger Zerstörung der Pyramidenbahn im Hinterseitenstrang

speziell mit dem Arm alle Abduktions- und Adduktionsbewegungen ohne die geringste Beschränkung ausführen kann.

Kehren wir nun zu únseren Operationen am Affen zurück, so kommt es also, um die Funktion der Pyramidenbahn so weit als möglich zu ergründen, auf die Feststellung an, wie rasch nach der Operation die Motilität sich wiederherstellt, vor allem aber, wann sich zuerst die isolierten Bewegungen der Extremitäten wieder beobachten lassen. Dabei ist allerdings zu berücksichtigen, daß bei den früheren Versuchen die Affen am ersten Tage nach der Operation möglichst ruhig gehalten wurden, und die genaue Beobachtung erst am zweiten Tage einsetzte. Erst im Verlauf des letzten Jahres wurde gerade dem Verhalten am ersten Tage, sowohl bald nach der Operation als auch einige Stunden später, besondere Aufmerksamkeit gewidmet.

Was das Verhalten des Affen bei totaler Durchtrennung der Pyramidenkreuzung betrifft, so ist zunächst zu betonen, daß die Affen, bei denen nur die Hälfte der Pyramidenkreuzung zerstört war, bereits eine halbe Stunde nach der Operation keinerlei Störung der Motilität erkennen ließen. Ein Affe, bei dem nur wenige Fasern im obersten Abschnitt der Pyramidenkreuzung der Zerstörung entgangen waren, macht bereits 15 Minuten nach beendeter Operation mit den beiden Armen unsichere isolierte Greifbewegungen, ohne daß es zu zweckmäßigem Greifen kommt, kann aber dabei bereits wieder sicher laufen. Am nächsten Tage greift er mit dem rechten Arm sicher, während der linke, da der ganze linke Vorderstrang mitzerstört war, zwar schwache isolierte Bewegungen zeigt, aber erst vom vierten Tage an vorgehaltene Rübenstückchen allein mit guten isolierten Fingerbewegungen fassen und zum Munde führen kann. Bei totaler Zerstörung der Pyramidenkreuzung konnte der bestoperierte Affe bereits 15 Minuten nach beendeter Operation laufen und mit den Armen nach der Stange fassen, ja nach 4 Stunden bereits auf die Stange springen; 24 Stunden nach der Operation faßt er mit beiden Armen und Händen völlig sicher nach Nahrung und das, obwohl für den linken Arm außer der corticospinalen Bahn der ganze linke Vorderstrang im ersten Halssegment zerstört war. Ein anderer Affe konnte am Tage nach der Operation in die Hände gegebene Rübenstückchen festhalten und zum Munde führen; aber erst am zweiten Tage nach der Operation griff er rechts leidlich sicher mit guten isolierten Fingerbewegungen, während der linke Arm, dessen Vorderstrang wiederum mitzerstört war, erst am dritten Tage nach der Operation freiwillige isolierte Greifbewegungen machte. Laufen konnte er bereits am Tage nach der Operation. In ähnlicher Weise verhielten sich auch die übrigen Affen. Bei einem Affen, bei dem gleichzeitig die Pyramidenkreuzung und in derselben Höhe der linke Seitenstrang durchschnitten war, dabei außerdem der rechte Vorderstrang mitzerstört war, bestand allerdings am Tage der Operation völlige Lähmung; aber bereits am zweiten Tage konnte er mit dem seiner corticospinalen Bahn und des größten Teiles seines Vorderstranges beraubten rechten Arm isolierte Bewegungen, wenn auch unsicher, ausführen, während der linke Arm, dem die corticospinale Bahn bis auf wenige Fasern, das rubrospinale Bündel und ein Teil des Vorderstranges fehlte, erst vom vierten Tage an Spuren isolierter Bewegung bei starker Parese erkennen ließ, aber auch allmählich zu besserem Greifvermögen gelangte.

So staunenswert diese Restitution der Bewegungen bei Fehlen der corticospinalen Bahnen und beträchtlicher Einschränkung der Ersatzbahnen ist, so sind doch in keinem Fall früher als 24 Stunden nach der Operation isolierte Bewegungen der Arme beobachtet worden. Nimmt man dazu den ungeheuren Innervationsreiz, der bei dem plötzlichen Fortfall der gesamten direkten corticospinalen Leitung auf die Ersatzbahnen einwirken muß, so würde man aus dieser Beobachtung allein noch nicht den Schluß wagen dürfen, daß die in mehreren Neuronen aufgebauten, Hirnrinde und Rückenmark verbindenden Leitungsbahnen bereits normalerweise neben der direkten corticospinalen (Pyramiden-) Leitung die, von den Extremitätenregionen ausgehenden motorischen Impulse, vor allem für die isolierten Bewegungen, dem Rückenmark zu übermitteln imstande sind.

Was nun die einseitige Durchschneidung der corticospinalen Bahn im Hinterseitenstrang des dritten Halssegments betrifft, so ist vor allem darauf zu achten, daß der laterale Teil des Hinterstranges intakt bleiben muß oder doch nur im Gebiet der Wurzeleintrittszone selbst mitverletzt sein darf, da sonst die Ausfallserscheinungen von seiten des Armes durch die Störung der corticopetalen Leitung wesentlich verstärkt werden. Bei einem vollkommen rein operierten Affen hängen die Extremitäten der operierten Seite am ersten Tage schlaff herab, werden nur wenig bei Gemeinschaftsbewegungen mitbewegt. Nur selten lassen sich Andeutungen isolierter Bewegungen feststellen, indem der Arm nach vorgehaltener Nahrung in die Höhe geht, ohne daß es zu Greifbewegungen der Finger kommt. Doch ist dabei zu betonen, daß der Affe ganz naturgemäß den gesunden, kräftigen Arm bevorzugt. Ich habe auch nicht gewagt, unmittelbar nach der Operation den geschwächten Affen durch Festbinden des gesunden Armes zum intensiveren Gebrauch des geschädigten Armes zu zwingen. Es ist wahrscheinlich, daß dann kräftigere Bewegungen, vor allem auch isolierte Bewegungen bereits am ersten Tage mit dem paretischen Arm ausgeführt werden würden. Am Tage nach der Operation ließen sich in allen unkomplizierten Fällen isolierte Bewegungen des geschädigten Armes mit Greifbewegungen der Finger und Heranbringen der Nahrung zum

Munde nachweisen. Ja es ist sogar auffällig, daß Arm und Hand zu isolierten Bewegungen leichter und bequemer benutzt wurden, als zu Gemeinschaftsbewegungen. Dabei ist aber leicht festzustellen, daß die motorische Kraft des betreffenden Armes aufs äußerste vermindert ist; erst nach etwa 8 Tagen hat sich diese motorische Schwäche ausgeglichen.

Das eine ergeben also auch diese einseitigen Ausschaltungen der corticospinalen Bahn mit Bestimmtheit, daß sicher am Tage nach der Operation, vielleicht schon am Operationstage selbst isolierte Bewegungen des Armes, wenn auch mit sehr verminderter Kraft, ausführbar waren und sich in der nächsten Zeit sehr schnell vervollkommneten. Da diesen Affen aber die corticospinale Bahn der anderen Seite noch zur Verfügung stand, so gilt es jetzt, die Frage zu entscheiden, ob diese isolierten Bewegungen der geschädigten Seite durch die extrapyramidalen Bahnen derselben Seite von der gekreuzten Hirnrinde aus angeregt werden, oder ob hier Reize von der der durchschnittenen Pyramidenbahn entsprechenden Extremitätenregion durch den Balken zur Extremitätenregion der anderen Seite und von hier aus durch die erhaltene corticospinale Bahn den spinalen Extremitätenzentren der geschädigten Seite zugeführt werden, oder ob sie endlich nur von der gleichseitigen Extremitätenregion abhängig sind. Daß eine Beeinflussung der Extremitäten von der Extremitätenregion der gleichen Seite auch beim Affen möglich ist, das haben die Totalexstirpationen der Extremitätenregion, wie sie H. Munk[1] vollendet ausgeführt hat, gelehrt. Hier kommt es einige Zeit nach dem Fortfall der Rindenzentren der einen Seite unter besonderer täglicher Übung zu Bewegungen in den geschädigten Extremitäten, die weit über die Gemeinschaftsbewegungen hinausgehen. Dieselben, den isolierten Bewegungen angenähert, können zunächst nur unter starker Mithilfe der normalen Extremitäten zustande kommen, vervollkommnen sich aber immer mehr, so daß der Affe z. B. den Arm, dessen Rindenzentrum fehlt, nach einem Apfelstück ausstreckt, während nur die sorgfältigste Untersuchung noch eine Mitkontraktion des normalen Armes erkennen läßt. Diese „sekundären" Bewegungen sind von der noch erhaltenen Armregion der gleichen Seite abhängig und fallen mit ihrer Exstirpation fort. Goltz[2] konnte diese sekundären Bewegungen bei einem Affen, der nach Exstirpation des ganzen Vorderhirns bis an den Occipitallappen heran 11 Jahre lebte, durch andauernde Übung zu solcher Vollkommenheit bringen, daß der Affe die geschädigte Hand beim Greifen bevorzugte.

---

[1] Hermann Munk, Über die Fühlsphäre der Großhirnrinde. 3. Mitteilung. *Sitzungsber. der Akademie der Wissenschaften.* Phys.-math. Klasse. 1895. XXX.

[2] Fr. Goltz, Pflügers *Archiv.* Bd. LXXVI. S. 411.

Aber diese sekundären Bewegungen sind immer erst längere Zeit nach der Hirnoperation zu beobachten und zeichnen sich dadurch aus, daß zwar die Armbewegungen leidlich gut wieder erlernt werden, die Fingerbewegungen aber nur ungenügend restituiert werden. Sie sind also mit der Restitution bei unseren pyramidenlosen Affen nicht zu vergleichen. Immerhin haben aber auch die elektrischen Reizversuche am Affen, wie sie Hering und Probst ausgeführt haben, gezeigt, daß von der Extremitätenregion der Hirnrinde aus eine Reizung der gleichseitigen Extremitäten möglich ist, wie das an niederen Säugetieren bereits längere Zeit bekannt war. Hering[1] konnte diese gleichseitige Reizung unmittelbar nach der Durchtrennung der Pyramide erhalten, also zu einer Zeit, in der er die normalen gekreuzten Extremitätenreizungen überhaupt nicht auslösen konnte. Dagegen gelang es mir selbst bei 3 bis 4 Wochen nach ein- oder doppelseitiger Pyramidendurchtrennung vorgenommenen Reizungen der Extremitätenregion niemals, diese gleichseitigen Reizungen bei mittelstarken Strömen zu erhalten. Immerhin müssen Verbindungen einer Extremitätenregion mit den gleichseitigen Extremitäten vorhanden sein. Anatomisch sind uns die allerdings an Zahl sehr wechselnden, manchmal sogar ganz fehlenden, ungekreuzten Pyramidenseitenstrangfasern bekannt; aber auch von Mittelhirn und Pons ziehen derartige ungekreuzte Fasern zum Rückenmark herab.

Allerdings sprechen die Resultate der einseitigen Exstirpation der Extremitätenregion beim Affen nicht dafür, daß die andere Hemisphäre so schnell und vollkommen für die verloren gegangenen motorischen Impulse einspringen kann. Es bliebe dann die Beeinflussung der gesunden Extremitätenregion von der ihrer corticospinalen Bahn beraubten Extremitätenregion durch den Balken hindurch übrig, ein Weg, den Probst z. B. für die Übertragung gewisser Impulse bei der Hirnrindenreizung für gangbar hält, der aber bisher als Ersatz für die normale Verbindung der motorischen Hirnrinde mit den Rückenmarkzentren bei der Funktion nicht erwiesen worden ist.

Aber selbst, wenn man diese direkte Einwirkung der normalen Extremitätenregion ablehnen müßte, so bliebe immer noch die Möglichkeit übrig, daß die extrapyramidalen Bahnen der geschädigten Seite nur unter Unterstützung von der normalen, ihre corticospinale Bahn besitzenden Seite aus die Funktion der Pyramidenbahn so schnell und vollkommen zu übernehmen imstande sind, indem die spinalen Vorderhornganglienzellen der geschädigten Seite in gewisser Weise von der intakten Pyramidenbahn beeinflußt werden. Schon normaler Weise gehen ja eine Reihe von Bewe-

---

[1] H. E. Hering, Über Großhirnrindenreizung usw. *Wiener klinische Wochenschrift.* 1899. Nr. 33.

gungen der Extremitäten kräftiger und sicherer unter Mitwirkung bestimmter Muskelgruppen der anderseitigen Extremitäten von statten.

Erschien es schön, um alle diese Fragen zu entscheiden, wünschenswert, die Einwirkung der Durchschneidung der corticospinalen Bahn bei dem der gleichseitigen Extremitätenregion vorher beraubten Affen zu untersuchen, so war es ja auch zweifellos, daß der Antrieb, die pyramidenlosen Extremitäten zu benutzen, bei einem Affen, dem die isolierten Bewegungen der Extremitäten der anderen Seite vorher fehlten, außerordentlich groß sein mußte. Waren die Innervationen der pyramidenlosen Extremitäten also tatsächlich unabhängig von der anderen Hemisphäre, so mußten sie bei dieser Versuchsanordnung besonders schnell und kräftig in die Erscheinung treten.

Die Versuche wurden derart ausgeführt, daß bei einer Reihe von Affen die Armregion der Hirnrinde der einen Seite zuerst vollkommen exstirpiert wurde; erst etwa 3 Wochen später nach weitgehender Restitution wurde dann die der anderen Armregion zugehörige corticospinale Bahn im dritten Halssegment durchschnitten. Ein anderer Affe wurde zuerst der corticospinalen Bahn der einen Seite beraubt und erst, nachdem vollkommene Restitution der Arm- und Fingerbewegungen eingetreten war, wurde die dem anderen Arm zugehörige Region der Hirnrinde total exstirpiert.

Die Entfernung der Armregion wurde genau in den von H. Munk bestimmten Grenzen ausgeführt; es wurde also stets auch das vor der Beinregion auf die mediale Fläche der Hemisphäre übergreifende.Stück der Hirnrinde mit entfernt. Die Beinregion wurde, soweit sie nicht indirekt bei dieser Operation geschädigt wurde, nicht mit herausgenommen, da die Chancen der Operation durch diese Ausdehnung des Eingriffs wesentlich verschlechtert werden. Auch sinkt der Tonus in der Muskulatur der gekreuzten Extremitäten, auch des Arms, nach der Totalexstirpation der Extremitätenregion weit stärker ab, als nach Exstirpation der Armregion allein, so daß die Restitution der gesamten willkürlichen Bewegungen wesentlich verzögert wird. Nach isolierter Exstirpation der Armregion kann man bereits am Tage nach der Operation eine Mitbenutzung der geschädigten Extremitäten, auch des Arms bei den Gemeinschaftsbewegungen beobachten. Die weitere Restitution der letzeren im Arm wird in der Folge durch tägliches Festbinden des gesunden Arms auf 1 bis 2 Stunden derart gefördert, daß der geschädigte Arm nach etwa 3 Wochen bei allen Gemeinschaftsbewegungen benutzt wird, wenn er auch dabei an Schnelligkeit und Feinheit der Bewegungen beträchtlich hinter dem gesunden Arm zurücksteht. Dagegen ist es bei keinem der vollständig der Armregion beraubten Affen in diesen ersten 3 Wochen möglich gewesen, trotz täglicher eifriger Übungsversuche bei festgebundenem gesundem Arm, auch nur die Spur einer isolierten Bewegung in dem geschädigten Arm zu erzielen.

Es wurde nun die corticospinale Bahn für die bis dahin gesunden Extremitäten im Hinterseitenstrang des dritten Halssegments durchtrennt. Die zweite Operation wurde also auf derselben Seite wie die vorangegangene Hirnrindenexstirpation ausgeführt. Der erste derartige Versuch schien nicht für die sofortige Vertretung der corticospinalen Bahn durch die extrapyramidalen Bahnen derselben Seite zu sprechen. Hier war zuerst die linke Armregion, dann der linke Hinterseitenstrang durchschnitten. Nach der zweiten Operation kann sich der Affe 5 bis 6 Tage lang überhaupt nicht allein aufrichten. Es lassen sich allerdings im linken Arm vom Abend der Operation an Spuren isolierter Bewegung im Schulter- und Ellbogengelenk beobachten; aber Gemeinschaftsbewegungen fehlen fast ganz, und Hand und Finger werden überhaupt nicht bewegt. Erst ganz allmählich kommt es zur Restitution der Gemeinschaftsbewegungen; 8 Tage nach der Operation fehlen noch immer isolierte Bewegungen von Hand und Fingern, die sich in der Folge nur langsam restituieren. 14 Tage nach der zweiten Operation kann der Affe erst wieder mit der linken Hand leidlich gut greifen, während sich bereits vom 4. Tage an sekundäre Bewegungen im rechten Arm eingestellt haben, die allerdings stets unvollkommen bleiben. Hier schien also in der Tat für das Erhaltensein bzw. die Restitution der Willkürbewegungen des seiner corticospinalen Bahn beraubten, aber sein intaktes Rindenzentrum besitzenden Arms eine wesentliche Verschlechterung mit der Entfernung der anderen Armregion, also auch des Ursprungs der anderen corticospinalen Bahn, gegeben zu sein. Aber die 4 Monate nach der zweiten Operation ausgeführte Untersuchung des Zentralnervensystems zeigte, daß in diesem Fall die Rückenmarksdurchschneidung im dritten Halssegment fast den ganzen Seitenstrang und ein beträchtliches Stück des Vorderstranges umfaßte, also viel zu ausgedehnt ausgefallen war und noch über das rubrospinale Bündel hinaus eine beträchtliche Anzahl der extrapyramidalen Leitungsfasern für die motorische Innervation fortgenommen hatte. Es war geradezu staunenswert, daß trotzdem schon am Tage der zweiten Operation Spuren von isolierter Bewegung in dem betreffenden Arm festzustellen waren, und die Restitution allmählich bis zum völlig normalen Gebrauch dieses Arms anstieg. Wie weit die Restitution der Bewegungen bei diesem seiner linken Armregion und des größten Teils seiner linksseitigen motorischen Leitungsbahnen im Rückenmark beraubten Affen überhaupt anstieg, das zeigt am besten, daß der Affe einen Monat nach der zweiten Operation bereits von einer Tischkante an die Gitterstäbe des etwa 1$^1/_2$ Meter entfernten Käfigs springen konnte und dabei nur selten fehlgriff.

So interessant dieser Versuch auch ist, so sicher er beweist, daß die corticospinale Bahn der gesunden Seite zur Restitution der Bewegungen des pyramidenlosen Arms nicht notwendig ist — denn in diesem Fall war sie ja

vorher mit der Armregion entfernt — so konnte doch aus den Verhältnissen bei dieser viel zu weitgehenden spinalen Durchschneidung nicht auf
die Schnelligkeit und Vollkommenheit der Restitution bei Ausfall der corticospinalen Bahn geschlossen werden.

Es wurde aber in der Folge bei drei Affen die zweizeitige Operation
in dem beabsichtigten Umfange ausgeführt, indem der Totalexstirpation der
einen Armregion nach 3 bis 4 Wochen die Durchtrennung des Hinterseitenstrangs im dritten Halssegment derselben Seite hinzugefügt wurde (Fig. 2).
In allen drei Fällen waren bereits am Abend der zweiten Operation isolierte
Bewegungen in dem seines Hinterseitenstranges, also auch seiner corticospinalen

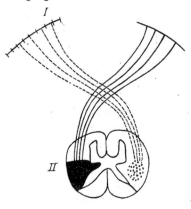

Fig. 2.
Kombinierte Ausschaltung von Armregion
und Hinterseitenstrang.
I. Exstirpation der linken Armregion der
Großhirnrinde.
II. Durchschneidung des linken Hinterseiten-
stranges im dritten Halssegment.

Bahn beraubten Arm nachweisbar,
die sich auf alle Bewegungen von
der Schulter bis zu den Fingern
bezogen. Allerdings sind dieselben
äußerst kraftlos; bei den feineren
Fingerbewegungen macht sich eine
große Ungeschicklichkeit bemerkbar. In einem Falle gelang es
sogar, bereits 30 Minuten nach
erfolgter Durchschneidung des
Hinterseitenstrangs, d. h. sofort nach
dem Erwachen aus der Äthernarkose,
isolierte Bewegungen in dem betreffenden, im übrigen stark paretischen Arm nachzuweisen, die
soweit gehen, daß der Affe in die
Hand gebrachte Rübenstückchen
zum Munde führen kann. Am
Tage nach der Operation sind
die isolierten Bewegungen des be-

treffenden Arms soweit wiederhergestellt, daß der Affe an demselben
nur noch eine Abnahme der motorischen Kraft und eine leichte Ungeschicklichkeit in den feinsten Fingerbewegungen erkennen läßt, aber den Arm
beim Greifen, Nahrungnehmen usw. gut gebraucht. Dabei ist der seiner
Rindenregion beraubte Arm zwar bei den Gemeinschaftsbewegungen gut zu
brauchen, entbehrt aber der isolierten Bewegungen, die sich auch in den
ersten 4 Wochen nach der zweiten Operation — länger blieb keiner der
Affen infolge von mit den Eingriffen nicht zusammenhängenden Erkrankungen am Leben — trotz Festbindens des anderen Arms nicht erzielen
lassen. Das Greifen des nur seines Hinterseitenstranges beraubten Arms
dagegen wird zu der gleichen Vollkommenheit entwickelt, die wir oben an

derartigen Affen beschrieben haben, ohne daß sich irgend eine durch das Fehlen der anderen Armregion und damit der zweiten corticospinalen Bahn bedingte Verzögerung oder Verminderung der Restitution in diesem Arm bemerkbar macht.

Aus diesen Versuchen geht also mit Sicherheit hervor, daß der seiner **corticospinalen und darüber hinaus noch seiner rubrospinalen Bahn beraubte Arm zu seiner Restitution durchaus nicht der corticospinalen Bahn der anderen Seite, ja nicht einmal des Rindeneinflusses der anderen Armregion bedarf.** Denn bei Exstirpation der letzteren vollzieht sich die Restitution des pyramidenlosen Arms ebenso gut, ja anscheinend noch schneller als bei motorisch intaktem zweitem Arm. Die aktiven Bewegungen des Arms und ganz besonders die isolierten Bewegungen sind jetzt bereits unmittelbar nach der Durchschneidung des Hinterseitenstrangs zwar kraftlos und ungeschickt, aber doch vollkommen deutlich am ganzen Arm von den Schulter- bis zu den Handbewegungen nachweisbar. Damit wird es überhaupt fraglich, ob man hier von einer Restitution reden kann, d. h. einem Ersatz einer verloren gegangenen Bewegung. Berücksichtigt man die Schädigung, die durch die Äthernarkose, durch die Abkühlung des während der Operation festgebundenen Tieres, durch den Eingriff selbst mit Abfluß des Liquor cerebrospinalis und Verletzung des Rückenmarks gesetzt wird, so wird man kaum noch annehmen können, daß hier an dem Tage der Operation selbst eine bisher nicht gangbare Ersatzfunktion sich ausbilden wird; man wird vielmehr die Summe der am ersten Tage nachweisbaren aktiven Bewegungen als den Eindruck des Mindestmaßes der bereits normalerweise ohne die im Hinterseitenstrang verlaufenden Bahnen, also ohne corticospinale und rubrospinale Bahnen zustande kommenden motorischen Innervationen betrachten dürfen. Die corticospinale Bahn ist daher bereits unter normalen Verhältnissen für die von der Hirnrinde dem Rückenmark übermittelten motorischen Impulse nicht der einzige Weg. Das gilt vor allem für die corticale Innervation der isolierten Bewegungen. Aber auch die rubrospinale Bahn ist für diese extrapyramidale Leitung nicht notwendig, die sich vielmehr allein durch die im Vorderstrang des Rückenmarks verlaufenden Bahnen vollziehen kann.

Es ist nun interessant, daß sich die hier festgestellten Ergebnisse auch bei der Umkehr der Versuchsanordnung voll bestätigen lassen. Durchschnitt man zuerst den Hinterseitenstrang und führte erst 2 bis 3 Wochen später, nach fast völliger Restitution der motorischen Leitung des betreffenden Armes die Totalexstirpation der gleichseitigen, also für den anderen Arm bestimmten Armregion der Hirnrinde aus, so machte der Affe an demselben Tage, wenige Stunden nach der Operation, bereits sichere isolierte, allerdings kraftlose Bewegungen; das ist um so bemerkenswerter, als der

der betreffende Affe bei der zweiten Operation hustete und stark abgemagert
war. Bei einem vollkommen gesunden kräftigen Tier würde das Erhaltensein der isolierten Bewegungen in dem pyramidenlosen Arm ein noch weit
besseres gewesen sein, da ja bei dieser Reihenfolge der Operationen die
Einübung der extrapyramidalen Vorderstrangbahnen zur Zeit der Exstirpation der anderen Armregion bereits eine vollkommene ist.

Ganz besonders ist aber hier in Übereinstimmung mit den oben gemachten Ausführungen festzustellen, daß von einem Funktionsausfall durch
Diaschisis im v. Monako'wschen Sinne bei diesen Experimenten absolut
nichts zu bemerken ist, daß vielmehr im ganzen motorischen Apparat des
Zentralnervensystems das Bestreben hervortritt, die durch Ausfall bestimmter
Zentren oder Leitungsbahnen gesetzte Schädigung vom Operationstage an
so schnell und so vollkommen wie möglich zu beseitigen, und daß die
hierbei zu beobachtende Restitutionskraft durch die Folgen des Eingriffs
anscheinend in keiner Weise gehemmt wird. Daß bei alten und kranken
Tieren mit geschwächter Restitutionskraft und größerer Labilität aller Abschnitte des Zentralnervensystems andere Verhältnisse vorhanden sind, das
ist einleuchtend. Ich konnte selbst bei einem Affen mit tabesartiger Erkrankung des Zentralnervensystems die im Vergleich zu normalen Affen
weit schwereren Ausfallserscheinungen nach Hirn- und Rückenmarkopera-
tionen feststellen. [1]

Bei den oben berichteten Experimenten war nun noch ein Einwand
gegen die bereits normalerweise, noch mehr aber bei der Restitution ein-
setzende weitgehende Leistung der extrapyramidalen Bahnen möglich. Wenn
auch die corticospinale Bahn der einen Seite mit der Armregion zusammen
total ausgeschaltet war, wenn auch die für die Extremitäten bestimmte
corticospinale Bahn der anderen Seite im Hinterseitenstrang mit anderen
Bahnen zusammen durchtrennt war, so blieben doch noch die in der Pyramidenkreuzung nicht zur anderen Seite herüberkreuzenden, sondern zur
gleichen Seite abbiegenden Pyramidenfasern übrig, die der Durchschneidung
entgangen waren. Wir wissen nun aus den Ergebnissen der Halbseiten-
durchschneidung beim Affen, daß durch Vermittelung der anderen Rückenmarkhälfte eine motorische Innervation möglich ist; Mott[2] hat bewiesen,
daß diese Leitung durch die andere Rückenmarkhälfte nicht etwa von
der anderen Extremitätenregion abhängig ist, da Exstirpation der gleichseitigen Beinregion der Großhirnrinde 107 Tage nach der Halbseiten-
durchschneidung in der Höhe des dritten Dorsalsegmentes die nach letzterer

---

[1] Max Rothmann, Über eine tabesartige Erkrankung beim Affen. *Monatsschrift
für Psychiatrie und Neurologie.* Bd. XX. Ergänzungsheft S. 204.

[2] Frederick W. Mott, Hemisection of spinal cord. *Proceed. of the Royal
Society.* January 17, 1891.

eingetretene Restitution nicht aufhebt. Ich selbst konnte bei einem Affen nach Durchschneidung des ganzen Seiten- und Vorderstranges einer Seite im dritten Halssegment spärliche isolierte Bewegungen in dem anfangs total gelähmten Arm wiederkehren sehen. Es wäre demnach denkbar, daß die erhaltenen gleichseitigen Pyramidenfasern durch Vermittelung der grauen Substanz auf die spinalen Extremitätenzentren der gekreuzten Seite einwirken könnten, und so die Restitution bzw. das Erhaltensein der isolierten Bewegungen zustande käme. Allerdings sind diese gleichseitigen Pyramidenseitenstrangfasern beim Affen in der Regel nur sehr spärlich vorhanden; sind sie einmal etwas reichlicher entwickelt, so können sie ein andersmal sogar vollständig fehlen.

Um jedoch diesem Einwande sicher begegnen zu können, ging ich daran, bei einem der Affen, denen zuerst die Armregion entfernt, und dann der Hinterseitenstrang der gleichen Seite im dritten Halssegment durchschnitten war, nun auch noch den Hinterseitenstrang der anderen Seite oberhalb der spinalen Armzentren zu durchschneiden. Es wurde dazu die Membrana obturatoria post.

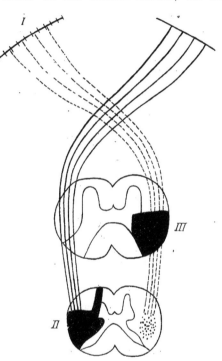

Fig. 3.
Kombinierte Ausschaltung von einer Armregion und beiden Hinterseitensträngen.
I. Exstirpation der linken Armregion (nach Munk)
II. Durchschneidung des linken Hinterseitenstranges mit Teilen des Vorderstanges im dritten Halssegment.
III. Durchschneidung des rechten Hinterseitenstranges im ersten Halssegment.

eröffnet, und nun hart am Atlasrand unmittelbar unterhalb der Pyramidenkreuzung die Durchschneidung des Hinterseitenstranges ausgeführt. Der Affe, an dem die Operation gemacht wurde, war der oben beschriebene, bei dem die erste spinale Durchschneidung über den Hinter-

seitenstrang hinaus auf Vorderseitenstrang. und Vorderstrang zum Teil über-
gegriffen hatte. Ihm fehlte also die linke Armregion und die linke corticospinale und rubrospinale Bahn mit Teilen der linksseitigen motorischen
Vorderstrangbahnen. Der linke Arm war $3^1/_2$ Monate nach der zweiten
Operation, bis auf eine ganz geringe Ungeschicklichkeit beim Greifen
kleinster Nahrungsstückchen vom Boden, vollkommen frei in allen Gemein-
schafts- und isolierten Bewegungen; daneben bestanden unvollkommene
sekundäre Bewegungen im rechten Arm. Die dritte Operation gelang vollkommen; es wurde der rechtsseitige Hinterseitenstrang völlig durchtrennt.
Die von der linken Armregion kommenden, bereits völlig degenerierten
corticospinalen Fasern wurden also zum zweitenmal vernichtet; dazu kam
die Durchschneidung des erhaltenen Restes der von der Beinregion der
Hirnrinde herabziehenden corticospinalen Fasern und der von der rechten
Extremitätenregion kommenden ungekreuzten corticospinalen Fasern (Fig. 3).
Außerdem war dann noch die zweite rubrospinale Bahn und die zweite
Kleinhirnseitenstrangbahn auf der rechten Seite durchschnitten. Der Affe
stellte jetzt für die motorische Leitung ein reines Vorderstrangtier dar, nur
mit der Einschränkung, daß ihm Teile der linken Vorderstrangbahnen und
der Anschluß an die linke Armregion fehlten. Bereits am Tage nach dieser
dritten Operation ist der Affe imstande, mit dem linken Arm isoliert zu
greifen mit feinen Fingerbewegungen; besteht zuerst eine leichte Unsicherheit, so verschwindet diese in den nächsten Tagen vollständig. Der Arm
wird nach oben und vorn völlig ausgiebig bewegt und vollkommen normal
adduziert und abduziert. Nur die rechtsseitigen Extremitäten zeigen eine
mäßige Störung ihrer Gemeinschaftsbewegungen und eine recht beträchtliche
der sekundären Bewegungen.[1]

Es beweist also dieser Versuch, daß die Restitution der isolierten Bewegungen des seiner direkten corticospinalen Leitung beraubten Armes nicht
irgend welcher anderer corticospinaler Fasern bedarf, auch der rubrospinalen Leitung noch darüber hinaus völlig entbehren kann und allein
durch die Vorderstrangbahnen, selbst noch bei Schädigung eines Teiles derselben in weitgehender Vollkommenheit zustande kommt. Ja es muß, wie
die hier berichteten Versuche in ihrer Gesamtheit ergeben, bereits normalerweise bei intakten corticospinalen Bahnen ein, wenn auch kleiner, Teil der
willkürlichen motorischen Leitung für die Extremitäten, diesen Vorderstrang-
weg passieren.

Andererseits lehren die Experimente mit Durchtrennung der Pyramidenkreuzung beim Affen, daß die Zerstörung des ganzen Vorderstranges un-

---

[1] Bei diesem Versuch wie bei sämtlichen anderen hier herangezogenen Experimenten an Affen sind die Schnittstellen in Rückenmark und Medulla oblongata auf
nach Marchi behandelten Serienschnitten genau festgestellt worden.

mittelbar unter der total durchschnittenen Pyramidenkreuzung die Restitution
der Motilität der Extremitäten, speziell auch der isolierten Bewegungen des
Armes nicht verhindert, wenn auch diese Restitution durch die extrapyramidalen
Seitenstrangbahnen, vor allem also das rubrospinale Bündel, zweifellos langsamer von statten geht, als durch die extrapyramidalen Vorderstrangbahnen.

Überblicken wir die ganze Summe der hier vorgeführten Experimente,
so können wir für die motorische Innervation des Armes, mit dem wir uns
hier wegen des genauen Studiums der isolierten Bewegungen besonders
eingehend beschäftigt haben [1], der corticospinalen (Pyramiden-) Leitung beim
Affen keine besondere Funktion zubilligen, die nicht jederzeit durch die
extrapyramidalen Bahnen, an erster Stelle die des Vorderstranges, an
zweiter die des Seitenstranges in weitgehendem Maße übernommen werden
könnte. Nur in der Schnelligkeit der Bewegungskombinationen, die ja
beim normalen Affen eine enorm große ist, stehen die pyramidenlosen
Affen weit hinter den normalen zurück, eine Tatsache, die ja bei der starken
Einschränkung des Gesamtareals der motorischen Leitung von der Großhirnrinde bis zum Rückenmark nichts Überraschendes hat.

Gegenüber diesen Ergebnissen der experimentellen Physiologie lehrt
uns nun aber die vergleichende Anatomie mit voller Sicherheit, daß das
Auftreten und die Weiterentwicklung der corticospinalen Bahnen an die
aufsteigende Entwicklung der Extremitätenzentren der Großhirnrinde ge-
knupft ist, daß die größere oder geringere Mächtigkeit der Pyramidenbahnen
also einen treuen Ausdruck der mehr oder weniger vorgeschrittenen Entwicklung dieser Rindenabschnitte darstellt. Bei dieser Sachlage ist es ganz
begreiflich, wenn ein hervorragender Psychiater die Symptomlosigkeit des
Ausfalles der Pyramiden als geradezu logisches Unbehagen verursachend
bezeichnet hat. Ist trotzdem an dieser Tatsache in der Tierreihe bis zum
Affen herauf nicht zu zweifeln, so müssen wir uns fragen, ob die Pyramidenbahn, wenn sie auch bei den Tieren für alle Funktionen ersetzbar
ist, nicht doch für bestimmte Vorgänge bei der Einübung oder dem Festhalten der eingeübten Funktionen von besonderer Bedeutung sei. Nach
dieser Richtung hat v. Wagner [2] die Vermutung ausgesprochen, daß die
Pyramidenbahn zur Erlernung der Bewegungen diene, während den pyramidenlosen Tieren die individuelle Erlernung von Bewegungen unmöglich
sei, obwohl sie sehr komplizierte Bewegungen ausführen können.

---

[1] Für das Bein treffen die oben für den Arm gemachten Ausführungen im wesentlichen gleichfalls zu. Doch sind auch die folgenden Versuche im großèn ganzen auf
den Arm beschränkt worden, da derselbe gerade für die von der Extremitätenregion der
Hirnrinde abhängigen Bewegungen genauere und eingehendere Beobachtung gestattet.

[2] v. Wagner, Diskussionsbemerkung zu Schüllers Vortrag. *Neurolog. Zentralblatt.* 1905. S. 1022.

Betrachtet man die Entwicklung der motorischen Funktion von den
ersten Stadien derselben an, so ist es sicher, daß die ersten motorischen
Leistungen der Extremitäten im fötalen Leben ohne Mitwirkung des Großhirns und der corticospinalen Bahnen, ja wahrscheinlich ohne Mitwirkung
des gesamten Gehirns als reine Rückenmarksfunktion zustande kommen.
Denn die Bewegungen der Anencephali unterscheiden sich nicht wesentlich
von denen der normalen neugeborenen Kinder. In der Folge werden die
Bewegungen von immer höheren Zentren des Pons, des Mittelhirns, des
Zwischenhirns abhängig, bis endlich die Großhirnrinde nach vollendeter
Markreifung die Herrschaft ergreift. Diese allmähliche Unterordnung der
motorischen Funktion unter immer höher organisierte Zentren vollzieht sich
zunächst derart, daß das neu in die Funktion tretende höhere Zentrum auf
die niederen Zentren einwirkt und erst durch deren Vermittelung die Rückenmarkszentren beeinflußt. Ganz allmählich bilden sich die direkten Verbindungen zwischen den höheren cerebralen Zentren und den spinalen
Ganglienzellen aus. Ehe die Pyramidenbahn fertig entwickelt ist, haben
so zweifellos bereits zahlreiche Impulse von der Extremitätenregion der
Großhirnrinde aus die Zentren von Zwischen- und Mittelhirn erreicht und
durch deren Vermittelung auf das Rückenmark eingewirkt. Die Bedeutung
der corticospinalen Bahn liegt nun gerade darin, unter Vermeidung der
zwischengeschalteten Zentren in den unteren Hirnabschnitten den motorischen Impuls direkt auf das Rückenmark überzuleiten. Das bedeutet in
der Schnelligkeit der Reizübertragung zweifellos einen Vorteil gegenüber
den älteren zwei- bis dreimal unterbrochenen Leitungsbahnen. Andererseits
müssen die Vorderhornganglienzellen des Rückenmarks bereits in bestimmten
Gruppierungen miteinander verknüpft und in ihren Verbindungen gut gebahnt sein, wenn sie auf einen direkten Reiz der Großhirnrinde ohne die
Mitwirkung der subkortikalen Zentren mit einer zweckentsprechenden, gut
abgemessenen und keine Gleichgewichtsstörung zeigenden Bewegung antworten sollen. Daß diese Ausgestaltung der Rückenmarkszentren nicht von
vornherein gegeben ist, sondern durch Übung erworben werden muß, das
zeigt die Einlernung jeder neuen unbekannten Funktion mit der Unsicherheit der beabsichtigten Bewegungen und den anfangs so reichlichen un-
zweckmäßigen Mitbewegungen, die erst durch längere Übung zu unterdrücken sind. Für diese Einübung ist die Verbindung der Großhirnrinde
mit den tieferen Hirnteilen, vor allem auch mit dem Kleinhirn, von großer
Bedeutung. Ohne die Mitwirkung aller Zentren des Mittelhirns, Hinter-
und Nachhirns, ja selbst der übergeordneten spinalen Zentren wäre ein
brauchbares, funktionelles Resultat nicht zu erzielen. Sind aber einmal bestimmte Ganglienzellengruppen der Vorderhörner durch diese gemeinsame
Arbeit von Großhirnrinde und tieferen Zentren für eine Funktion zusammen-

gefügt und völlig sicher eingeübt, dann genügt die direkte Verbindung von Hirnrinde und Rückenmark, also die Pyramidenbahn, um auf schnellste und bequemste Weise den Impuls der Großhirnrinde dem Rückenmark zu übermitteln und hier in sichere, genau abgestufte Bewegungen umzusetzen. Die Betrachtung des seine ersten Schritte machenden Kindes mit seinem starken Hin- und Herschwanken, seinen ausfahrenden unsicheren Bewegungen zeigt diese Verhältnisse am besten. Aber auch beim erwachsenen Menschen braucht man nur an das Beispiel des Seiltänzers zu erinnern, der absolut sicher in schnellen Bewegungen das Seil passiert, im Gegensatz zu dem ungeübten, stets haltlos hin- und herschwankenden Menschen. Auch bei allen anderen Verrichtungen, so z. B. beim Erlernen der Schreibbewegungen, liegen dieselben Verhältnisse vor.

Ist diese hier entwickelte Auffassung richtig, so ist zum Erlernen der Bewegungen die Verbindung der Hirnrinde mit den Mittelhirnzentren und dieser wiederum durch die extrapyramidalen Bahnen mit dem Rückenmark neben der direkten corticospinalen Bahn unbedingt notwendig. Die Impulse für die fest erlernten Bewegungen, die bereits beim Affen, um wieviel mehr beim Menschen in ungeheurer Zahl vorhanden sind, werden dagegen normalerweise von der Hirnrinde aus zum größten Teil durch die Pyramidenbahn den Rückenmarkszentren direkt übermittelt werden. Wenn man sich einen Affen vorstellt, dem von Geburt an alle extrapyramidalen motorischen Leitungsbahnen fehlten, der also nur die corticospinalen Bahnen zur Leitung von der Fühlsphäre aus besäße, so würde derselbe bei der Unmöglichkeit, die tieferen anatomischen Hirnzentren von der Fühlsphäre der Hirnrinde aus zu beeinflussen, nicht imstande sein, neue Bewegungen in vollkommner Weise zu erlernen, obwohl ihm die intakten corticospinalen Bahnen zur Verfügung ständen.

Erscheint es bisher nicht möglich, diese Vorstellung von der notwendigen gemeinsamen Arbeit von Hirnrinde und tieferen Hirnzentren zur Einübung neuer Bewegungen durch die experimentelle Forschung zu beweisen, so ist dagegen die entgegengesetzte Anschauung v. Wagners, daß gerade die Pyramidenbahnen zur Erlernung der Bewegungen notwendig seien, einer experimentellen Prüfung zugänglich.

Die normalen Rhesus-Affen, wie wir sie in der Regel zu unseren Experimenten benutzen, sind zunächst nicht imstande, Gegenstände, die man ihnen auf den Deckel ihres Käfigs legt, die sie also auch nicht sehen können, herunterzuholen. Es bedarf einer, je nach ihrer Intelligenz kürzeren oder längeren, Zeit, um ihnen diese Bewegung beizubringen, die sehr kompliziert ist. Der vorgestreckte, supinierte Arm wird im Ellbogengelenk gebeugt, im Schultergelenk gehoben und endlich die Hand bei supinierten Vorderarm zum rechten Winkel gebeugt; in dieser Stellung muß mit den

Fingern isoliert ohne Mithilfe des Gesichts gegriffen werden. Ist diese Bewegung einmal eingelernt, so führen die normalen Affen sie sehr schnell und mit erstaunlicher Sicherheit aus. Diese Bewegungskombination wurde in der Regel den Affen beigebracht, um mit ihrer Hilfe die Prüfung auf das Erhaltensein oder die Restitution der isolierten Bewegungen des Arms nach Ausschaltung motorischer Leitungsbahnen möglichst fein auszuführen.

Es wurde nun einem Affen, dem die Armregion der einen Seite exstirpiert und der Hinterseitenstrang der gleichen Seite im dritten Halssegment durchschnitten wurde, diese Bewegung im normalen Zustand nicht eingeübt. Erst als er durch die beiden Operationen seiner gesamten direkten corticospinalen Leitung beraubt war, aber mit dem Arm, dessen Hinterseitenstrang durchschnitten war, wieder feine isolierten Bewegungen ausführen konnte, wurde an die Einübung dieses oben geschilderten Greifversuchs gegangen. Der Affe lernte diese Bewegungskombination annähernd ebenso sicher wie jeder normale Affe, obwohl ihm keine Pyramidenleitung mehr zu Gebote stand. Die Anschauung v. Wagners erscheint demnach durch das Experiment direkt widerlegt. Auch ohne corticospinale Leitung können, selbst wenn die corticospinalen Leitungsbahnen der anderen Hemisphäre vorher ausgeschaltet sind, mit dem Arm schwierige neue Bewegungskombinationen erlernt werden.

Die Aufgabe der Pyramidenbahn, die Impulse für die erlernten Bewegungen besonders schnell den Rückenmarkszentren zu übermitteln, erscheint aber vor allem für den Menschen, bei dem der Reichtum an erlernten Bewegungen enorm groß ist und wohl andauernd im Wachsen begriffen ist, die schnelle Folge derselben aber für eine große Reihe feinerer Verrichtungen unbedingt notwendig sein dürfte, von besonderer Wichtigkeit. Dabei wird es dann Aufgabe der klinischen Forschung sein, beim Menschen festzustellen, inwieweit hier die Hirnrinde bei ihrer mächtigen Entwicklung und der gleichzeitigen Rückbildung der tieferen phylogenetisch alten Hirnzentren sich auch bei Erlernung der Bewegung bereits von den letzteren frei gemacht hat und damit einer weitergehenden Leistung der direkten corticospinalen Bahnen beim Menschen die Wege geebnet hat.

Jedenfalls ist der Unterschied zwischen dem durch das Experiment beim Affen festgestellten Verhalten der Pyramidenbahn und den beim Menschen ihr heute noch zugeschriebenen Funktionen ein geradezu ungeheurer. Beim Affen nur geringe Ausfallserscheinungen und außerordentlich rasche Restitution ohne Spasmen, ohne Kontrakturen, bei geringer Steigerung der Sehnenreflexe, ohne Babinskischen Zehenreflex, beim Menschen Lähmung mit hemiplegischem Residualtypus, Spasmen und Kontrakturen, starke Steigerung der Sehnenreflexe mit Fuß- und Patellarklonus, Dorsalflexion der Zehen beim Babinski. Ich habe mich in früheren Arbeiten bemüht zu zeigen, daß auch beim Menschen eine Revision der herrschenden Anschauungen dringend erforderlich ist, und ich bin trotz vielfacher gegenseitiger Äußerungen aus der neuesten Zeit, unter denen ich vor allem die Ausführungen Försters[1]) über die Kontrakturen bei den Erkrankungen der Pyramidenbahnen hervorhebe, auch jetzt noch dieser Meinung. Es ist hier nicht der Ort auf diese Differenzen näher einzugehen. Da aber die Verhältnisse beim Affen, nachdem durch das Experiment die volle Ersetzbarkeit der Pyramidenbahn bei demselben sicher bewiesen worden ist, immer als so ganz verschieden von denen des Menschen hingestellt werden, so möchte ich hier auf die physiologischen Ergebnisse der von Probst[2]) ausgeführten Zerstörung der linken inneren Kapsel und des lateralen Sehhügelkerns eingehen, einer Läsion, die dem häufigsten anatomischen Sitz der hemiplegischen Bewegungsstörung beim Menschen vollkommen entspricht. Während aber die Affen, denen H. Munk die ganze Extremitätenregion entfernt hatte, nach wenigen Tagen wieder ihre Gemeinschaftsbewegungen ausführen konnten, während Goltzs Affe, dem die Rinde des ganzen Stirn- und Parietalhirns fehlte, nach 3 Wochen wieder laufen und klettern konnte, vermochte der Probstsche Affe in den 4 Wochen nach der Operation nicht auf allen Vieren zu gehen, zeigte überhaupt nur geringe Spuren von Gemeinschaftsbewegungen in den gekreuzten Extremitäten und konnte sich nur in sitzender Stellung durch Weiterschieben nach der gesunden Seite vorwärts bewegen. Die Mitzerstörung des lateralen Sehhügelkerns neben der Vernichtung der inneren Kapsel bewirkte also ein der menschlichen Hemiplegie weitgehend ähnliches Krankheitsbild, das aber nicht eine Folge der Läsion der Extremitätenregion allein ist, sondern wahrscheinlich auf der Mitzerstörung der von der übrigen Hirnrinde zu den tieferen Zentren herabziehenden Leitungsbahnen und bestimmter Zentren des Thalamus opticus beruht, durch welche der allgemeine motorische Impuls, der von der gesamten Hirnrinde außerhalb der Extremitätenregionen ausgeübt wird, in Fortfall kommt. Jedenfalls beweist der Fall, daß bei geeigneter Versuchsanordnung die Übereinstimmung der menschlichen Hemiplegie mit der des Affen eine sehr weitgehende ist.

Eine Analyse der motorischen Lähmungserscheinungen beim Menschen muß diese anatomischen Tatsachen genau im Auge behalten, sich aber auch stets der beim Affen obwaltenden physiologischen Verhältnisse bewußt sein. Vor allem aber darf niemals vergessen werden, daß die Ausfallserscheinungen bei alten, kranken, durch Arteriosklerose in der Ernährung ihres Gesamthirns geschädigten Menschen noch keine sicheren Rückschlüsse auf die

---

[1] Ottfried Förster, *Die Kontrakturen bei den Erkrankungen der Pyramidenbahnen.* (S. Karger, Berlin 1906.)

[2] M. Probst, a. a. O.

Physiologie des menschlichen Gehirns zulassen. Nur unter strengster Berücksichtigung dieser Verhältnisse kann es gelingen, an der Hand der für
den Affen gewonnenen Ergebnisse auch für den Menschen in der Erkenntnis der Physiologie der motorischen Zentren und Leitungsbahnen zu sicheren
Ergebnissen zu gelangen und die hier zweifellos zwischen Menschen und
Affen vorhandenen Unterschiede festzustellen und anatomisch zu begründen.

Neben der raschen Restitution der willkürlichen Motilität, vor allem
auch der isolierten Bewegungen, nach Zerstörung der Pyramidenbahnen
beim Affen, war vor allem die eigentümliche partielle Restitution der elektrischen Rindenerregbarkeit auffällig gewesen. Hering[1]), dem wir
die ersten elektrischen Rindenreizungen nach Pyramidendurchschneidung
beim Affen verdanken, konnte unmittelbar nach diesem Eingriff keine isolierten Bewegungen der gekreuzten Extremitäten erzielen, wohl aber Bewegungen der großen Gelenke der gleichseitigen Extremitäten, denen sich oft
bei starken Strömen Bewegungen in der gekreuzten vorderen Extremität
anschlossen. Dem gegenüber gelang es mir, bei den Affen, welche die
Zerstörung der Pyramidenkreuzung 3 bis 4 Wochen überlebten, an zwei
kleinen Stellen jeder Extremitätenregion erhaltene Rindenerregbarkeit festzustellen; dieselben waren im Gyrus centralis ant. dicht am Sulcus centralis
gelegen. Von ihnen aus konnten Finger- und Hand- bzw. Zehenbewegungen
in den gekreuzten Extremitäten ausgelöst werden, während die ganze übrige
Extremitätenregion selbst bei starken Strömen unerregbar war[2]. Eine vollständige Ausschaltung der Pyramidenbahn und des rubrospinalen Bündels
war damals noch nicht gelungen; aber bei totaler Zerstörung des rubrospinalen Bündels und Ausschaltung der entsprechenden Pyramidenbahn bis
auf wenige Fasern war die Rindenerregbarkeit der betreffenden Extremitätenregion stark abgesunken und zeigte keine Auslösung isolierter Fingerbewegungen, so daß der Schluß nahe lag, daß wie beim Hunde, so auch
beim Affen die Totalzerstörung der corticospinalen und rubrospinalen Bahn
einer Seite die Erregbarkeit der entsprechenden Extremitätenregion aufheben würde.

Diese Erwartung hat sich aber in der Folge nicht bestätigt. Die
Hirnrindenreizungen, die mehrere Wochen nach der einseitigen Durchschneidung des Hinterseitenstrangs im dritten Halssegment, also nach ge-
meinschaftlicher Ausschaltung der corticospinalen und rubrospinalen Bahn
angestellt wurden, zeigten, daß auch jetzt noch eine erregbare Zone im

---

[1] Hering, a. a. O.
[2] M. Rothmann, a. a. O.

Gebiet der Armregion und zwar gleichfalls auf dem unteren Teil derselben im Gyrus centralis ant. nachweisbar war; dieselbe war sogar zweifellos etwas größer als bei der doppelseitigen Pyramidendurchtrennung. Es gelang in der Regel Reizungen im Gyrus centralis ant. längs des Sulcus centralis vom untersten Rand der Armregion, angrenzend an die Kopfregion, bis dicht an den Sulcus praecentralis sup. heran zu bekommen. Dabei sind die Fingerbewegungen nicht immer isoliert, sondern oft nur kombiniert mit Armbewegungen bei Stromstärken von 120 bis 100 mm Rollenabstand zu erzielen; etwas höher herauf erhält man Beugung und Rotation des Unterarms und mitunter von der obersten Stelle angedeutete Schulterbewegungen.

Der Gyrus centr. post. ist in allen diesen Fällen von einseitiger kombinierter Ausschaltung von corticospinaler und rubrospinaler Bahn unerregbar gefunden worden; in einem einzigen Falle kam es bei 85 mm Rollenabstand etwa in der Höhe der Ellbogenzentren unmittelbar hinter dem Sulcus post. zu einer geringen Streckung des Arms (Fig. 4).

Worauf diese etwas größere Rindenerregbarkeit bei Ausschaltung eines Hinterseitenstrangs gegenüber der doppelseitigen annähernd reinen Pyramidenausschaltung beruht, ist nicht ganz klar. Um die hier obwaltenden Verhältnisse aufzuklären, wären Rindenreizversuche bei einseitig durchschnittener Pyramide sehr erwünscht. Probst[1] hat die Pyramidenbahn in der Brücke völlig durchschnitten und bei der nach 3 Wochen erfolgten Rindenreizung gleichfalls nur Finger- und Zehenbewegungen

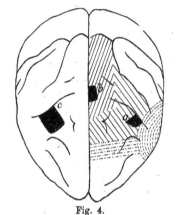

Fig. 4.

Schema der Fühlsphären der Großhirnrinde beim Affen (nach H. Munk).

a und *b* die allein erhaltenen Reizstellen der Arm- und Beinregion nach Ausschaltung beider Pyramidenbahnen.

c Elektrisch reizbare Region des Armzentrums nach Durchscheidung des gekreuzten Hinterseitenstranges im dritten Halssegment.

erhalten, also meine Ergebnisse voll bestätigt. Es fehlt aber leider die Angabe, ob die Durchschneidung ein- oder doppelseitig ausgeführt wurde.

Jedenfalls waren auch bei der einseitigen hohen Seitenstrangsdurchschneidung die Bewegungen in den großen Gelenken, vor allem dem Schultergelenke, weit schwächer, unsicherer und unvollkommer zu erzielen als beim normalen Affen. Die obersten Regionen der Armregion waren auch hier ganz unerregbar, ebenso der ganze Gyrus centr. post. Immerhin war in

---

[1] M. Probst, a. a. O.

der Leitung der elektrischen Erregbarkeit durch den extrapyramidalen Vorderstrang beim Affen ein grundlegender Unterschied gegenüber den beim Hunde
festgestellten Verhältnissen gegeben.

    Was nun die Unerregbarkeit des Gyrus centr. posterior auf
den faradischen Reiz bei Ausschaltung der corticospinalen Bahn allein oder
mit der rubrospinalen Bahn zusammen betrifft, so ist die Frage in ein neues
Stadium getreten, seitdem in neuester Zeit die Behauptung aufgestellt
worden ist, daß beim Menschen und Affen der Gyrus centr. post. bereits
unter normalen Verhältnissen faradisch unerregbar sei, ja überhaupt des
motorischen Charakters entbehre. Während Ferrier[1], der wohl 1873 zuerst
Reizversuche am Affengehirn angestellt hat, die Reizpunkte für Arm und
Bein auf vordere und hintere Zentralwindung verteilt fand, und nach ihm
Horsley und Schäfer[2] sowie Beevor und Horsley[3] zu gleichen Ergebnissen gelangten und in der Armregion wenigstens Reizpunkte für den
Daumen und die übrigen Finger teilweise in der hinteren Zentralwindung
lokalisierten, konnte Hitzig[4] 1878, allerdings an einem einzigen Affen, nur
von der vorderen Zentralwindung positive Ergebnisse der Reizung an Arm
und Bein erzielen. Allerdings reagierte auch die hinter der Rolandoschen
Furche gelegene Partie des Scheitellappens, am leichtesten noch der obere
Teil der hinteren Zentralwindung, aber nur auf verhältnismäßig starke
Ströme; die Zuckungen gewannen aber mehr allgemeinen Charakter, und
die Lokalisation der betreffenden Bewegungen auf ganz kleine Stellen, wie
in der vorderen Zentralwindung, gelang nicht. Hitzig bezeichnete daher
die vordere Zentralwindung als die eigentlich motorische Partie der Hirnrinde des Affen. Diese Beobachtung hat nun eine sehr wertvolle Stütze an
den ausgedehnten Versuchen von Grünbaum und Sherrington[5] am
Gehirn der Anthropoiden gefunden. Bei der Untersuchung von 10 Anthropoiden (Gorilla, Orang und Chimpanse) fanden sie die „motor area“, die sie
durch unipolare faradische Hirnrindenreizung feststellten, auf den Gyrus
centr. ant. incl. der ganzen Länge des Sulcus centralis beschränkt. Von der
hinteren Zentralwindung aus war kein positives Reizresultat zu erzielen;
doch erleichterte die Reizung bestimmter Stellen derselben die Erregbarkeit an den Reizstellen der vorderen Zentralwindung. Auch nach Zerstörung der vorderen Zentralwindung war keine Reizung der hinteren

---

    [1] David Ferrier, *Vorlesungen über Hirnlokalisation* (Franz Denticke 1892).
    [2] Horsley and Schäfer, Functions of the cerebral cortex. *Philos. Transactions.*
1888.
    [3] Beevor and Horsley, *Philos. Transactions.* London 1895.
    [4] E. Hitzig, *Physiologische und klinische Untersuchungen am Gehirn.* Berlin 1904.
S. 170.
    [5] A. S. F. Grünbaum und C. S. Sherrington, *Proceed. of the Royal Soc.*
Vol. LXIX u. LXXI.

möglich. Für die niederen Affen hat sich Brodmann[1] diesen Anschauungen vollkommen angeschlossen. An einer größeren Reihe von Affen wurden die elektrischen Foci für die gekreuzten Extremitäten, die Brodmann mit den motorischen Zentren identifiziert, nur vor dem Sulcus centralis in der vorderen Zentralwindung gefunden. Nur bei zwei Tieren (einem Macacus Rhesus und einem Cercopithecus mora) fand sich eine Reizstelle für den Daumen in der hinteren Zentralwindung. In diesen Fällen war aber die vordere Zentralwindung an dieser Stelle von der hinteren überlagert, so daß wahrscheinlich die vordere Zentralwindung mittelbar durch die hintere Zentralwindung hindurch gereizt worden war; jedenfalls stellte diese Reizung nur einen Ausnahmezustand dar.

Mit diesen Angaben Brodmanns steht nun im schärfsten Widerspruch, daß H. Munk[2] bei zwölf Affen, bei denen er die Rindenerregbarkeit der ihrer sensiblen Impulse beraubten Armregion mit der der normalen Seite vergleichen wollte, gerade die Stelle für die Flexion des Daumens im Gyrus postcentralis reizte und dieselbe regelmäßig, am normalen Arm bei 120 mm Rollenabstand, am anästhetischen Arm bei 105 mm Rollenabstand erregbar nachweisen konnte. Ja darüber hinaus zeigte sich bei leichter Verstärkung des Stromes die Anreihung von Faustschluß und bisweilen auch Vorderarmbewegung an die erste Daumenbewegung. Das, was also bei Brodmann als seltene Ausnahme erschien, war hier die Regel. Probst[3] fand bei einer Reihe niederer Affen, daß von der vorderen Zentralwindung in ihrer ganzen Ausdehnung Bewegungen zu erzielen waren, von der hinteren nur von vereinzelten Punkten; bei einzelnen Affen war die hintere Zentralwindung unerregbar. Er läßt die letztere daher hier eine untergeordnete Rolle spielen.

Bei meinen eigenen Versuchen an Affen habe ich zwar in der Regel die Hirnrindenreizung erst nach Wochen an die Durchschneidung von Leitungsbahnen angeschlossen. Jedoch stehen mir zwölf Fälle zur Verfügung, bei denen ich am normalen Tier oder doch an der Hemisphäre, die ihre normalen Leitungsbahnen besaß, die Armregion faradisch gereizt habe. Dabei habe ich mich stets der bipolaren Reizung bedient, die mir bei dem Aufsetzen der beiden feinen Elektroden auf den zu reizenden Rindenabschnitt und der damit gegebenen festen Begrenzung der Reizstrecke in ihren Er-

---

[1] Brodmann, *Neurologisches Zentralblatt.* 1904. S. 669.

[2] Herm. Munk, Über die Folgen des Sensibilitätsverlustes der Extremität für die Motilität. *Sitzungsberichte der kg. preuß. Akademie der Wissenschaften.* Phys.-math. Klasse. 1903. Bd. XLVIII. S. 1072.

[3] M. Probst, Zur Kenntnis der amyotropischen Lateralsklerose usw. *Sitzungsberichte der kaiserl. Akademie der Wissenschaften in Wien.* Math.-nat. Klasse. 1903. Bd. CXII. Abtlg. III. S. 809.

gebnissen sicherer zu sein scheint, als die unipolare Reizung. Nur ein Fall
war darunter, bei dem in beiden Hemisphären bei 110 mm Rollenabstand
vom Gyrus centralis ant. alle Bewegungen des gekreuzten Armes in normaler Weise auslösbar waren, dagegen vom Gyrus centralis post. auch bei
100 mm Rollenabstand keine Bewegung zu erzielen war. In allen anderen
Fällen war der Gyrus centralis post. nicht unerregbar. Zunächst war der Daumen in allen diesen Fällen von einer Stelle dicht am
Sulcus centralis erregbar, bisweilen auch etwas weiter nach hinten, ja einmal direkt vom hintersten Rande des Gyrus centralis post. Dabei gibt es
Fälle, in denen eine isolierte Daumenbewegung vom Gyrus centralis ant.
überhaupt nicht zu erhalten ist, dagegen vom Gyrus centralis post. bei
derselben Stromstärke wie die übrigen Reizeffekte vom Gyrus centralis
ant. Das ist in vier Fällen beobachtet worden. Dann kommt es vor, daß
die isolierte Reizung der Daumenzentren vorn und hinten gelingt, aber
vorn erst bei einem um 15 mm Rollenabstand stärkeren Strom (einmal beobachtet). Beide Stellen, vorn und hinten, sind mit gleichem Strom erregbar (zweimal). In einer Reihe von Fällen erfordert dann die Reizung des
Daumenzentrums im Gyrus centralis post. einen um 10 bis 15 mm Rollenabstand stärkeren Strom als die im Gyrus centralis ant. (drei Fälle). Einmal endlich war in der einen Hemisphäre das Daumenzentrum nur vom
Gyrus centralis post., in der anderen nur vom Gyrus centralis ant. zu
erhalten.

Weit unregelmäßiger verteilt und seltener sind die Reizpunkte für
andere Armbewegungen im Gyrus centralis post. Allerdings waren in einem
Falle alle Finger isoliert nur vom Gyrus centralis post., auch an Stellen,
die vom Sulcus Rolandi ziemlich weit ablagen, zu reizen; mit derselben
Stromstärke wurde höher herauf dicht am Sulcus auch Innenrotation des
Unterarmes erzielt. Es war dies derselbe Fall, bei dem die Daumenregion
im Gyrus centralis ant. erst bei einem um 15 mm Rollenabstand stärkeren
Strom reizbar war. In zwei anderen Fällen waren bei denselben Stromstärken, wie vom Gyrus centralis ant. auch vom Gyrus centralis post. in
der Nachbarschaft des Sulcus Rolandi Bewegungen des Daumens, der Finger,
des Handgelenks und des Unterarmes in den den entsprechenden vorderen
Reizstellen benachbarten Regionen in genau demselben Charakter der Bewegungskombinationen zu erzielen. In drei weiteren Fällen war zur Auslösung der Bewegungen vom Gyrus centralis post. ein um 10 bis 15 mm
Rollenabstand stärkerer Strom anzuwenden, als bei den Reizungen des
Gyrus centralis ant. Dann aber ließen sich Bewegungen des Daumens,
Zeigefingers, der übrigen Finger, des Unterarmes teils isoliert, teils kombiniert auslösen. Wichtig ist dabei, daß diese Reizungen nicht nur dicht
am Sulcus centralis, sondern bisweilen vom hinteren Rande des Gyrus

centralis post. zu erzielen waren. So waren in einem Falle, in dem der Gyrus centralis ant. bei einem Rollenabstand von 105 mm normal erregbar war, nur daß die Fingerbewegungen nicht isoliert ohne Handbewegungen erzielt wurden, vom Gyrus centralis post. aus bei 95 mm Rollenabstand Bewegungen der Finger und Supination des Unterarmes nur vom dorsalen Teil desselben zu erhalten, während Reizung des ventralen Randes dicht am Gyrus centralis ant. unwirksam war. Erst nach wiederholter Reizung gelang es, bei 90 mm Rollenabstand isolierte Fingerbewegungen auch vom ventralen Abschnitt des Gyrus centralis post. zu bekommen, aber von einer Stelle, die wesentlich höher lag als die Reizstellen für die Finger im Gyrus centralis ant. Nur in zwei Fällen, in denen der Daumen vom Gyrus centralis post. reizbar war, gelang es überhaupt nicht, andere Armbewegungen vom Gyrus centralis post. zu erzielen. Schulterbewegungen wurden vom Gyrus centralis post. aus niemals erzielt. (Siehe die Tabelle auf S. 40 f.) (Fig. 5.)

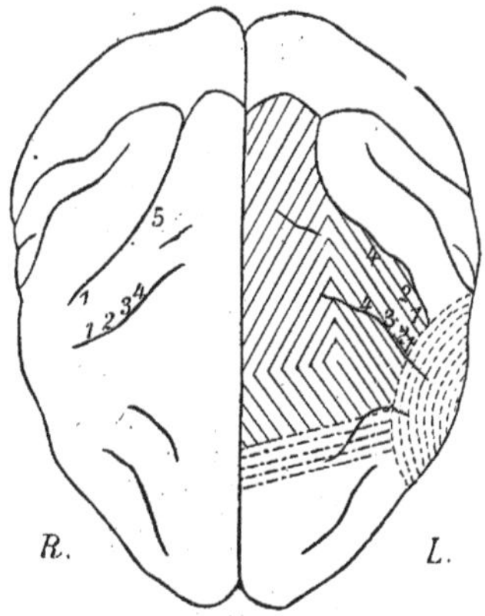

Nach diesen Ergebnissen ist es nicht zu bezweifeln, daß der Gyrus centralis post. normalerweise beim niederen Affen (Macacus und Meerkatze) auf faradische Reizung mit Bewegungen in den gekreuzten Extremitäten antwortet. Bei der Regelmäßigkeit der Daumenreizung ist der Einwand Brodmanns, daß in solchen Fällen eine abnorme Unterschiebung des Gyrus centralis ant. unter den Gyrus centralis post. vorhanden sei, nicht stichhaltig. Denn es handelt sich hier um

Fig. 5.

Die bei bipolarer faradischer Reizung des Gyrus centralis posterior beim niederen Affen im Gebiet der Armregion reizbaren Stellen (aus 12 Versuchen kombiniert). 1 Daumen, 2 Finger, 3 Handgelenk, 4 Supination des Unterarms, 5 Schulter (nur in einem Fall nach Exstirpation des Gyrus centralis anterior).

ein normales Vorkommnis. Außerdem wird dieser Einwand gegenüber den positiven Reizergebnissen ganz anderer Stellen des Gyrus centralis post., die bisweilen sogar am dorsalen Rand desselben liegen, vollkommen hinfällig.

Was nun die Art der Reizung betrifft, so wäre die eigentümliche Differenz der Resultate vielleicht zu erklären aus der Anwendung der bipolaren bzw. unipolaren Reizmethode. Ich habe stets die bipolare Methode angewandt, weil sie mir die genaueste Begrenzung des zu reizenden Gebietes zu verbürgen scheint. Nur wenn man innerhalb eines solchen minimalen Reizgebietes in einer Windung noch die Differenz einzelner Punkte desselben feststellen

Tabelle
über die Reizungsergebnisse des Gyrus centralis posterior beim niederen Affen.

Nr.	Spezies	Linke Armregion	Rechte Armregion	Vorausgegangene Operation
I	Rhesus	Reizung von Daumen, Fingern, Handgelenk, Unterarm in isolierten Bewegungen vom Gyrus centralis post. dicht am Sulcus Rolando bei 105 R.-A. Gyrus centralis ant. bei 120 R.-A. reizbar. Daumen nur vom Gyrus centralis post. erregbar.	—	Durchschneidung des linken Hinterseitenstranges.
II	Macacus cynomolgus	—	Reizung von Daumen und Fingern nur vom Gyrus centralis post., nicht dicht am Sulcus Rolando, bei 105 R.-A. Etwas höher auch Rotation des Unterarmes. Vom Gyrus centralis ant. Daumen erst bei 90 R.-A., die übrigen Foci bei 105 R.-A.	Unvollkommene Durchtrennung der Pyramidenkreuzung.
III	Macacus cynomolgus	Fingerbeugung und Supination des Unterarmes bei 95 R.-A. vom dorsalen Rande des Gyrus centralis posterior. Erst bei 90 R.-A. auch vom ventralen Rande desselben Fingerbeugung. Gyrus centralis ant. bei 110—105 R.-A. erregbar.	—	—
IV	Rhesus	Gyrus centralis post. bei 100 R.-A. nicht erregbar. Gyrus centralis ant. bei 110 R.-A. normal erregbar.	Gyrus centralis post. bei 100 R.-A. unerregbar. Gyrus centralis ant. bei 110 R.-A. erregbar.	—
V	Rhesus	Handbeugung vom Gyrus centralis post. dicht am Sulc. Rolando bei 100 R.-A. Gyrus centralis ant. bei 110 R.-A. reizbar.	Daumenbeugung ausschließlich vom Gyrus centralis post. dicht am Sulcus Rolando bei 100 R.-A. Im übrigen Gyrus centralis ant. bei 110 R.-A. normal reizbar.	—
VI	Rhesus	—	Daumen, Hand und Unterarm bei 120 R.-A. vom Gyrus centralis post. nicht weit vom Sulcus Rolando zu reizen. Vom Gyrus centralis ant. normale Reizung bei 120 R.-A.	—
VII	Rhesus	Daumen, Finger, Handgelenk bei 110 R.-A. vom Gyrus centralis post. Gyrus centralis ant. bei 120—110 R.-A. reizbar.	Daumen bei 115 R.-A. vom Gyrus centralis post. Sonst bei 115 R.-A. nur Gyrus centr. ant. erregbar.	—

Nr.	Spezies	Linke Armregion	Rechte Armregion	Vorausgegangene Operation
VIII	Macacus pileatus	Daumenbeugung bei 100 R.-A., Finger und Handgelenk bei 90 R.-A. vom Gyrus centr. post. sowohl dicht am Sulcus Rolando als auch vom dorsalen Teil desselben zu erzielen. Reizung vom Gyrus centr. ant. bei 100 R.-A.	—	—.
IX	Rhesus	Daumen, Zeigefinger, kleiner Finger von der mittleren Breite des Gyrus centralis post. bei 85 R.-A. Gyrus centralis ant. bei 100 R.-A. reizbar.		
X	Rhesus	Bei 100 R.-A. Daumen und Zeigefinger vom Gyrus centralis post. in der ganzen Breite bis zum dorsalen Rand, etwas höher auch Pronation und Supination des Unterarmes. Vom Gyrus centralis ant. Reizung bei 100 R.-A.; doch sind von hier aus keine isolierten Bewegungen von Daumen und Zeigefinger zu erhalten.		Durchtrennung des linken Hinterseitenstranges.
XI	Macacus cynomolgus	Bei 100 R.-A. dicht hinter dem Sulcus Rolando vom Gyrus centr. post. Daumenbewegung. Dieselbe ist vom Gyrus centralis ant. nicht zu erhalten. Derselbe ist sonst bei 100 R. A. normal erregbar.	I. Reizung (linker Hinterseitenstrang total durchtrennt): Bei 90 R.-A. Gyrus centralis post. unerregbar. II. Reizung (3 Monate nach Exstirpation des lateralen Gebietes der rechten Armregion im Gyrus centr. ant.): Vom Gyrus centr. post. bei 60 R.-A. dicht hinter dem Sulcus Rolando Daumen, Finger, Unterarm. Bei 50 R.-A. im oberen Teil der Armregion vom dorsalen Rand des Gyrus centr. post. Schulterbewegung.	Linker Hinterseitenstrang total durchschnitten. Rechter Hinterseitenstrang nur zum kleinen Teil durchtrennt. 3 Wochen später Exstirpation des lateralen Gebietes der rechten Armregion im Gyrus centralis anterior.
XII	Rhesus	Bei 85 R.-A. Daumen, Zeigefinger, Innenrotation des Armes vom Gyrus centralis post. Bei 100 R.-A. Gyrus centralis ant. normal reizbar.	Reizung (4 Wochen nach Durchtrennung des linken Hinterseitenstrangs): Bei 80 R.-A. Daumen vom Gyrus centr. post., etwas höher bei 70 R.-A. Beugung des Handgelenkes. Gyrus centralis ant. bei 80—70 R.-A. reizbar.	Linke Armregion total exstirpiert, nach 3 Wochen linker Hinterseitenstrang durchtrennt.

wollte, würde vielleicht die unipolare Methode Vorteile bieten. Auf solche Feinheiten der Untersuchung aber kam es mir bei den Reizungen, über die hier berichtet worden ist, nicht an. Die bipolare Methode gestattet außerdem den Vergleich mit den früheren einschlägigen Untersuchungen. Ob hier nun wesentliche Differenzen gegenüber der unipolaren Methode bestehen, kann ich nach meinen eigenen Erfahrungen nicht sagen; die große Differenz der Versuchsergebnisse drängt zu dieser Annahme. Dann würde man aber von einem Versagen der unipolaren Reizmethode sprechen müssen.

Was nun die Frage betrifft, ob die Reizungen des Gyrus centralis post. nicht nur indirekt durch Vermittelung der Zentren des Gyrus centralis ant. Bewegungseffekte vermitteln, so spricht dagegen bereits, daß in einer Reihe von Fällen die Reizungen des Gyrus centralis post. keine stärkeren Stromstärken als die des anterior erforderten, ja bisweilen sogar leichtere Erregbarkeit zeigten. Auch entsprach die Lage der Zentren im Gyrus centralis post. durchaus nicht immer der Höhenlage der im Gyrus centralis ant. nachgewiesenen Reizpunkte. Besonders beweisend waren aber die, allerdings seltenen, Fälle, in denen die Reizeffekte vom ventralen Teil des Gyrus centralis post. gar nicht oder nur bei stärkeren Stromstärken auslösbar waren, dagegen leicht vom hinteren Rande des Gyrus centralis post. aus in die Erscheinung traten.

Trotzdem ist es unbedingt zuzugeben, daß der Gyrus centralis post. im Gebiet der Armregion im allgemeinen schwerer und unvollkommener erregbar ist als der Gyrus centralis ant. Man kann nun vielfach in den Lehrbüchern lesen, daß nur die bei schwächsten Strömen zu erhaltende isolierte Auslösung einer Bewegung für die Bestimmung des betreffenden motorischen Reizzentrums in der Großhirnrinde maßgebend ist. Es ist aber nicht einzusehen, warum, wenn zwei Zentren vorhanden sind, die von räumlich getrennten, anatomisch ganz verschieden gebauten Windungen der Großhirnrinde aus zustande kommen, nicht auch die Erregbarkeit derselben verschieden groß sein soll. Bei räumlich weit voneinander entfernten Zentren mit annähernd gleichen Reizeffekten, wie z. B. die Zentren für die Augenbewegung im Stirnhirn und im Gyrus angularis sind, wird auch niemand die selbständige Existenz eines jedes dieser Zentren leugnen wollen, weil etwa eines derselben schwerer erregbar als das andere ist. Es liegt hier aber bei den beiden Zentralwindungen ganz dasselbe Verhältnis vor, nur daß die beiden Zentren unmittelbar benachbart liegen. Am beweisendsten dafür, daß es sich bei den Reizeffekten vom Gyrus centralis post. nicht etwa um die Fortleitung des Reizes auf den Gyrus centralis ant. handelt, sind die Fälle, bei denen die Reizung vom hinteren Rande des Gyrus centralis post. im gekreuzten Arm Bewegungen sicherer und bei geringerer Stromstärke auslöst, als von dem vorderen, dem Gyrus centralis ant. unmittelbar benachbarten Rande. Wir werden daher im allgemeinen aus Reizeffekten einer bestimmten Stelle, die vollkommen isoliert auftreten, auf eine selbständige motorische Funktion dieses Gebietes schließen können, selbst wenn eine andere Stelle der Großhirnrinde die gleichen oder ähnlichen Bewegungen bereits bei etwas geringeren Stromstärken auslöst.

Wenn nun Grünbaum und Sherrington bei den anthropomorphen Affen niemals Reizung vom Gyrus centralis post. beobachtet haben, so ist dem entgegenzuhalten, daß jedenfalls Beevor und Horsley[1] auch beim Orang Utan, allerdings nur in einem Fall, Reizung für den Daumen und die Finger vom Gyrus centralis post. erhalten haben. Auch hier besteht die Differenz, daß Beevor und Horsley bipolar, Grünbaum und Sherrington stets unipolar gereizt haben. Immerhin ist eine Abweichung der Anthropomorphen von den niederen Affen hinsichtlich der Erregbarkeit der hinteren Zentralwindung wohl denkbar, da ja auch die Zentren der vorderen Zentralwindung hinsichtlich ihrer Erregbarkeit und ihrer Verteilung hier Unterschiede erkennen lassen.

Was endlich den Menschen betrifft, so haben die neuesten Hirnrindenreizungen z. B. von Krause[2] und Mills und Frazier[3] mit der unipolaren Reizmethode nur den Gyrus centralis ant. erregbar gefunden. Allerdings geben Mills und Frazier an, daß dies nur zutrifft, wenn man zuerst die hintere und dann die vordere Zentralwindung mit ganz schwachen Strömen reizt. Reizt man dagegen zuerst die vordere und dann die hintere Zentralwindung, dann bekommt man auch mit dem gleichstarken Strom Resultate von der hinteren Zentralwindung. Die Verff. geben dafür die Erklärung, daß das einmal gereizte Zentrum der vorderen Zentralwindung so viel empfindlicher wird, daß es nun auch von der Nachbarschaft aus in Erregung versetzt werden kann. Es wäre aber auch die Annahme möglich, daß die schwerer erregbaren Zentren der hinteren Zentralwindung durch Reizung der vorderen eine gewisse Bahnung erfahren. Wird in der Regel aus leicht begreiflichen Gründen beim Menschen nur der schwächste Strom, der gerade noch Reizeffekte gibt, angewandt, und fallen daher die meistenteils nur mittels stärkerer Ströme erregbaren Reizpunkte des Gyrus centr. post. aus, so gelang es Mills und Frazier in einem Fall, in dem durch ein Versehen ein etwas stärkerer Strom angewandt wurde, als erstes Reiz-

---

[1] Beevor und Horsley, Results obtained by elect. excit. of motor cortex and int. caps. in an Orang Outang. *Proc. Royal Soc.* London 1890/91.

[2] Ferd. Krause, Hirnchirurgie. *Die Deutsche Klinik.* 1904. Bd. VIII. S. 953.

[3] Charles K. Mills und Charles H. Frazier, The Motor Area of the human Cerebrum etc. *University of Penna. Medical Bullet.* 1905. Vol. XVIII. p. 134.

resultat von einer Stelle der hinteren Zentralwindung dicht hinter der Fissur starke Beugung im Ellbogen mit Beugung des Handgelenkes und der Finger zu erzielen, der ein leichter epileptiformer. Anfall folgte. Im Anschluß daran ist aber zu betonen, daß in einer Reihe von Untersuchungen beim Menschen die Hauptreizstelle des Daumens in der hinteren Zentralwindung gefunden wurde, wie es Lamacq[1] auch in seinem Schema eingezeichnet hat. Déjérine[2] verlegt nach den Reizergebnissen beim Menschen auch eine Stelle für die Finger in die hintere Zentralwindung.

Ist demnach für den Menschen die Frage nach der Erregbarkeit der hinteren Zentralwindung mindestens unsicher, so müssen wir für den niederen Affen an dem Vorhandensein motorischer Reizstellen in der hinteren Zentralwindung unbedingt festhalten. Da nun sowohl bei der totalen Durchtrennung der Pyramidenkreuzung als auch bei der Durchschneidung des Hinterseitenstranges im obersten Halsmark der Gyrus centr. post. einige Wochen nach der Operation in keinem Falle faradisch reizbar war, so ist dieses Resultat als ein pathologisches Ergebnis zu betrachten.

Das Erhaltensein der für die Finger- und Zehenbewegungen bestimmten Reizstellen der vorderen Zentralwindung hatte ich früher[3] durch eine reichere Anlage der Nervenleitung an diesen Stellen der Hirnrinde erklärt, der hier für den elektrischen Reiz noch die extrapyramidalen Bahnen zur Verfügung standen, während die Stellen für die gröberen Armbewegungen ausschließlich auf die Pyramidenbahn angewiesen wären. War aber diese Anschauung richtig, so mußte nun nach Fortfall der Pyramidenleitung die Ausschaltung dieser elektrisch erregbaren Hirnrindenstellen, die jetzt ganz oder beinahe allein die Impulse der Extremitätenregion der Großhirnrinde dem Rückenmark übermitteln, die normalerweise von der ganzen Armregion abhängigen Bewegungen, also vor allem die Munkschen isolierten Bewegungen des gekreuzten Armes, vollständig oder doch beinahe ganz vernichten.

Derartige Versuche sind nun von mir an Affen in größerer Zahl ausgeführt worden. Sie wurden größtenteils in der Weise angestellt, daß zuerst die Pyramidenkreuzung oder der Hinterseitenstrang im dritten Halssegment zerstört wurde und nun einige Wochen gewartet wurde, bis die betreffenden Extremitäten wieder bis auf die feinsten Fingerbewegungen restituiert waren. Dann wurde eine Armregion freigelegt, faradisch gereizt, und nun das ganze erregbar gefundene Gebiet so ausgiebig wie möglich entfernt. In anderen Fällen wurde zuerst beim normalen Affen ein- oder doppelseitig das nach Pyramidenausschaltungen noch erregbar gefundene Gebiet der Armregion der

---

[1] Lucien Lamacq, Les centres moteurs corticaux etc. *Arch. cliniques de Bordeaux.* Nov. 1897.

[2] J. Déjérine, *Sémiologie du système nerveux.* p. 519.

[3] M. Rothmann, a. a. O.

Hirnrinde exstirpiert und einige Wochen darauf nach weitgehender Restitution die Ausschaltung der corticospinalen Bahnen angeschlossen.

Was zunächst die Exstirpation kleinerer Abschnitte der Armregion beim Affen ohne Zerstörung von Leitungsbahnen betrifft, so hat H. Munk[1] festgestellt, daß nach Exstirpation der verbreiterten lateralen Partie, ja schon nach Entfernung der zwei lateralen Drittel dieser Partie der betreffende Arm im ganzen wieder funktionsfähig wird, auch zu isolierten Bewegungen; nur die willkürlichen Bewegungen, welche die unteren Glieder des Armes, vor allem Hand und Finger, für sich allein ausführen, sind für immer verloren. Bei kleineren Exstirpationen im lateralen Gebiet der Armregion fehlen auch die isolierten willkürlichen Bewegungen von Hand und Fingern nicht gänzlich. Aber schon bei Exstirpationen von etwa 5 mm Länge und Breite in diesem Gebiet bleibt eine andauernde Unbeholfenheit der Finger zurück. Es ist dabei nicht angegeben, ob hier hinsichtlich der Exstirpation von Partien des Gyrus centralis ant. oder des Gyrus centralis post. Differenzen festzustellen waren.

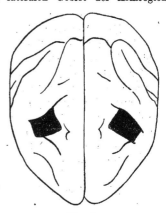

Fig. 6.

Doppelseitige Ausschaltung des Gebiets der Armregion im Gyrus centralis anterior, das bei hoher Durchschneidung des Hinterseitenstranges noch faradisch erregbar ist, beim normalen Affen.

Von mir selbst wurden bei normalen Affen Exstirpationen der Hirnrinde im lateralen Teil der Armregion derart vorgenommen, daß im Gyrus centralis ant. das Gebiet vom Sulcus ant. an, ja bisweilen noch darüber hinaus vom ventralen Teil des Gyrus centralis post. an bis zum Sulcus frontalis inf. nach vorn und nach oben bis dicht heran an den Sulcus frontalis sup. entfernt wurde. Dieses Gebiet umfaßt also die nach doppelseitiger Pyramidendurchtrennung noch erregbare Stelle der Armregion und ebenso die etwas umfassendere nach einseitiger Hinterseitenstrangdurchschneidung noch reizbare Region (Fig. 6). Nach einem derartig doppelseitig ausgeführten Eingriff sind die vorderen Extremitäten zunächst nur zu Gemeinschaftsbewegungen in ziemlich ausgedehnter Weise zu verwenden. Doch machen sich in den ersten 3 bis 4 Tagen bereits unvollkommene

---

[1] H. Munk, Über die Fühlsphäre der Großhirnrinde. Fünfte Mitteilung. *Sitzungsberichte der kgl. preuß. Akademie der Wissenschaften.* Phys.-math. Klasse. 1896. Bd. XLIV.

Versuche, isolierte Bewegungen mit den Armen auszuführen, bemerkbar; nach 8 Tagen greift bereits die ganze Hand zu und führt das Festgehaltene zum Munde. Nach 2 bis 3 Wochen haben sich auch isolierte Bewegungen der Finger wieder eingestellt, so daß nur noch eine gewisse Heftigkeit der Bewegungen und eine Ungeschicklichkeit beim Fassen der kleinsten Nahrungsstückchen hinter den Gitterstäben übrig bleibt. Dabei läßt sich in einem Fall, in dem links nur das oben bezeichnete Stück des Gyrus centralis ant. bis in den Sulcus Rolando hinein, rechts dasselbe Stück zusammen mit dem ventralen Drittel des Gyrus centralis post. entfernt worden ist, mit großer Deutlichkeit die langsamere und unvollkommenere Restitution des linken Armes, für dessen Innervation auch ein Stück der rechten hinteren Zentralwindung fehlt, konstatieren.

Eine derartige Exstirpation des lateralen Teiles der Armregion im Gebiete des Gyrus centralis ant., also ungefähr entsprechend dem Areal der Finger und des Handgelenkes im Bereich der vorderen Zentralwindung, läßt also nicht nur eine Restitution der Bewegungen in den großen Gelenken des betreffenden Armes zu unter Mitbewegung von Hand und Fingern, wie das ja im Anschluß an die Munkschen Versuche nach der Ausdehnung der Exstirpation zu erwarten war, sondern auch die willkürlichen isolierten Bewegungen für Hand und Finger zeigen eine weitgehende Restitution, für die hier kaum eine andere Stelle als der Gyrus centralis post. verantwortlich gemacht werden kann. Bei der Doppelseitigkeit der Operation fällt vor allem jede Möglichkeit des Eintretens der anderen Hemisphäre fort.

Wird nun bei einem Affen, dem mehrere Wochen vorher die Pyramidenkreuzung oder der Hinterseitenstrang im dritten Halssegment durchtrennt war, und der in seinen isolierten Arm- und Fingerbewegungen wieder annähernd zur Norm zurückgekehrt ist, eine Exstirpation des jetzt noch durch den faradischen Strom erregbar gefundenen Gebietes der Armregion im Gyrus centralis ant. vorgenommen, oder sogar darüber hinaus das Armgebiet der vorderen Zentralwindung nach vorn bis zum Sulcus frontalis inf., nach oben bis zum Sulcus frontalis sup. entfernt, so ist die Lähmung des betreffenden Armes bei weitem schwerer und dauernder, als wenn die gleiche Rindenexstirpation bei dem seine normalen motorischen Leitungsbahnen besitzenden Affen ausgeführt wird. Der betreffende Arm ist nicht nur für die isolierten Bewegungen zunächst nicht zu gebrauchen, sondern auch in seinen Gemeinschaftsbewegungen auf das schwerste geschädigt. Erst nach mehreren Tagen kommt es zu einer allerdings die Norm niemals erreichenden Wiederkehr der Gemeinschaftsbewegungen. Isolierte Bewegungen des rechten Armes sind im Schultergelenk, bisweilen auch im Ellbogengelenk schon kurze Zeit nach der partiellen Exstirpation der Armregion zu konstatieren. Dagegen dauert es trotz fortgesetzter Einübung des betreffenden Armes lange Zeit, etwa 6 bis 8 Wochen, bis sich die aktiven Bewegungen in Hand und Fingern bei den isolierten Bewegungen soweit restituiert haben, daß der· Affe Nahrungsstücke mit diesem Arm allein greifen und zum Munde führen kann. Diese Hand- und Fingerbewegungen werden jedoch niemals ganz isoliert, ohne Mitbewegungen in der übrigen Armmuskulatur ausgeführt. Aber auch jetzt läßt es sich konstatieren, daß die Exstirpation desselben Hirnrindengebietes in der anderen Armregion wohl den anderen Arm vorübergehend schwer schädigt, die Restitution des zuerst betroffenen Armes aber nicht aufhebt, ja nicht einmal in irgend einer Weise beeinträchtigt. Selbst die Entfernung der ganzen anderen Armregion hat keinen schädigenden Einfluß auf die Restitution des zuerst betroffenen Armes.

Es zeigen diese Versuche, daß die starke Einschränkung der motorischen Leitungsbahnen, wie sie die Zerstörung der corticospinalen Bahn allein oder kombiniert mit Ausschaltung des Vorderstranges oder des rubrospinalen Bündels bedingt, die Restitutionskraft der erhaltenen Teile der Armregion nach Exstirpation eines beträchtlichen Teiles derselben stark herabsetzt. Die Gemeinschaftsbewegungen werden geschädigt, die isolierten Armbewegungen stellen sich nur langsam und unvollkommen wieder her, ja die ganz isolierten Fingerbewegungen sind in der Beobachtungszeit, die sich über 3 Monate erstreckte, nicht wiedergekehrt. Diese mangelhafte Restitution wird aber nicht in Erstaunen versetzen, wenn man sich die weitgehende ·Schädigung von Rindenzentren und cerebrospinalen Leitungsbahnen für die Motilität des· Armes vor Augen stellt. Diese Restitution wird aber, wie unsere Versuche lehren, in ihrer ganzen Ausdehnung von der Armregion der gekreuzten Hemisphäre geleistet, ohne Unterstützung von seiten der gesunden Armregion.

Der Gedankengang, der zu diesen Operationen führte, hat sich nicht bestätigt. Wären die erhaltenen Rindenstellen für die elektrische Auslösung von Hand- und Fingerbewegungen tatsächlich .die einzigen in den Armregionen der Großhirnrinde noch für die Auslösung der von der Großhirnrinde abhängigen Armbewegungen in Betracht kommenden Partien, so müßte ihre Exstirpation bei den ihrer. corticospinalen Bahn beraubten Affen zu völliger Vernichtung der isolierten Bewegungen, die ja schon beim normalen Affen allein von der Armregion abhängig sind, führen. Das ist aber nicht der Fall. Die Schulter- und Ellbogenbewegungen kehren langsamer wieder, als bei den Affen mit normalen Leitungsbahnen, aber zeigen doch weitgehende Restitution. Nur die isolierten Fingerbewegungen, die ja bereits bei der reinen Hinterseitenstrangdurchschneidung nicht mehr vollkommene Restitution zeigen, bleiben jetzt, insoweit sie sich nicht sekundär an die Bewegungen der großen Gelenke anschließen, fast ganz erloschen.

Damit ist bewiesen, daß auch die nicht mehr elektrisch reizbaren Partien der Armregion der Großhirnrinde noch funktionell
leistungsfähig sein können. Dann muß aber eine andere Erklärung für
das Erhaltensein der elektrischen Erregbarkeit bestimmter Stellen der Extremitätenregion bei Ausschaltung der corticospinalen Bahn gegeben werden.
Schon die Tatsache, daß bei einseitiger Hinterseitenstrangsdurchschneidung
das elektrisch reizbare Feld größer ist, als bei doppelseitiger Ausschaltung
der corticospinalen Bahn, spricht ja gegen das Vorhandensein fester, etwa
auch anatomisch besonders organisierter Zentren, welche den elektrischen
Reiz allein extrapyramidal leiten. Auch hat die anatomische Hirnforschung
keine Anhaltspunkte für die Existenz derartiger Zentren gegeben.

Nun ist es schon unter normalen Verhältnissen nachweisbar, daß die
verschiedenen Reizstellen der Armregion nicht mit gleich starken faradischen
Strömen erregbar sind, sondern daß die am reichsten und ausgedehntesten
angelegten Foci für die Fingerbewegungen leichter ansprechen als diejenigen für die Ellbogenbewegungen, hinter denen wieder die Foci für die
Schulterbewegungen zurückstehen. Andererseits ist der Gyrus centralis
posterior im allgemeinen schwerer erregbar als der Gyrus centralis anterior.
Wenn also allein die für die Fingerbewegung vorhandenen Reizstellen
im Gyrus centralis anterior bei Ausschaltung der corticospinalen Bahnen nach
3 bis 4 Wochen ihre Erregbarkeit für den faradischen Strom bewahrt haben,
so sind das gerade die Stellen, welche bereits unter normalen Verhältnissen
die am leichtesten erregbaren Partien der Armregion darstellen. Konnte
Hering unmittelbar nach der Pyramidendurchtrennung eine Aufhebung
der gesamten faradischen Erregbarkeit der Extremitätenregion für die gekreuzten Extremitäten feststellen, so sind jetzt nach 3 Wochen die erreg-
barsten Stellen der Arm- und Beinregion, d. h. die Stellen für Finger- und
Zehenbewegungen wieder der Reizung zugänglich geworden, zu einer Zeit,
in der die willkürlichen Impulse bereits wieder von allen Partien der Armregion zum Rückenmark geleitet werden können. Ist dem aber so, dann
ist es wahrscheinlich, daß bei weiterer Lebensdauer auch die übrigen
Partien der Armregion ihre faradische Reizbarkeit in größerer Ausdehnung,
wenn auch vielleicht nicht bis zur normalen Breite, wieder erlangen werden.

Zwei von mir angestellte Versuche scheinen für diese Auffassung zu
sprechen. Zunächst wurde bei einem Affen, der nach Durchschneidung
des einen Hinterseitenstrangs — der andere war nur partiell lädiert, —
und Exstirpation der oben beschriebenen Partie der Armregion in dem Gyrus
centralis ant. der gekreuzten Hirnhemisphäre über 3 Monate gelebt hatte,
dieselbe Armregion nochmals freigelegt, und die Narbe der Dura mater
vorsichtig von der Hirnrinde bis an die Exstirpationsstelle heran frei präpariert. Da der Affe bereits matt war und eine, wenn auch geringe, Schädi-

gung der von der Dura - Narbe überdeckten Hirnrindenpartien bei der Loslösung derselben beinahe unvermeidlich ist,. so würde ein negatives Resultat der Hirnrindenreizung kein Gegenbeweis gegen die Wiederkehr der Erregbarkeit in den erhaltenen Rindenpartien der Armregion sein. Um so wertvoller und beweisender aber ist das positive Ergebnis. Denn in diesem Fälle, in dem die alte Exstirpationsstelle bis in den Sulcus Rolandi hineinreichte, gelang es von dem ventralen Teil des Gyrus centralis post. bei einem verhältnismäßig starken Strom von 60 mm Rollenabstand isolierte Bewegungen, unten des Daumens, etwas höher der übrigen Finger, noch etwas höher des Unterarms zu erhalten, alle nur schwach und mit starken Kopfbewegungen verbunden. Daß die Erregbarkeit des Gehirns überhaupt herabgesetzt war, das bewies die Feststellung, daß auch von der normalen Kopfregion erst bei 80 mm Rollenabstand Reizeffekte zu erzielen waren. Wurde der Strom auf 50 mm Rollenabstand verstärkt, so kam es sogar vom obersten Abschnitt des Gyrus centralis post. im Gebiet der Armregion am hinteren Rand desselben zu Schulterbewegungen des gekreuzten, nur noch seine Vorderstrangleitung besitzenden Arms. Bewegungen des gleichseitigen Arms kamen dabei nicht zustande. Im Gegensatz zu dieser Erregbarkeit des Gyrus centralis post. stand die absolute Unerregbarkeit der erhaltenen Abschnitte der Armregion im Gyrus centralis ant. bis zur Stromstärke von 40 mm Rollenabstand hinab. Damit fällt auch der Einwand, daß man bei derartigen Stromstärken von allen Teilen der Großhirnrinde solche Muskelzuckungen erhalten könnte. Auch ein etwaiger Einfluß des Gyrus centralis ant. der anderen Seite ist unmöglich, da 14 Tage vor dieser letzten Reizung die ganze andere Armregion in toto enfernt worden war.

In einem zweiten Falle gelang diese Reizung des Gyrus centralis post. 51 Tage nach denselben Eingriffen allerdings nicht. Aber die oben betonten hier in Betracht kommenden schädigenden Einflüsse lassen ein derartiges negatives Resultat dem positiven gegenüber nicht als beweisend erscheinen. Dazu kam, daß es sich in diesem zweiten Falle um den an anderer Stelle beschriebenen Affen mit einer Tabes-artigen Erkrankung handelt, bei dem eine pathologische Herabsetzung der Erregbarkeit gerade im Gyrus centralis post. durchaus nicht unwahrscheinlich war.

Ist also durch den oben berichteten Versuch der Nachweis einer elektrischen Erregbarkeit des Gyrus centralis post. mehrere Monate nach der Exstirpation der entsprechenden Zentren des Gyrus centralis ant., noch dazu bei Ausschaltung der corticospinalen und rubrospinalen Leitungsbahn erbracht, so steht mir ein anderer Versuch zur Verfügung, der die Wiederkehr der elektrischen Erregbarkeit nach Ausschaltung der corticospinalen Bahn über die früher von mir festgestellten Grenzen hinaus unter besonderen Verhältnissen beweist. Bei einem Affen, dem die ganze linke Armregion und 3 Wochen später der linke Hinterseitenstrang im dritten Halssegment durchschnitten war, der also nur eine ihrer corticospinalen und rubrospinalen Leitung beraubte Armregion zur Verfügung hatte, durch die Entfernung der anderen Armregion aber zu besonders intensiver und rascher Ausbildung der Restitution in dieser Armregion gezwungen war, zeigte die 7 Wochen nach der ersten, 4 Wochen nach der zweiten Operation vorgenommene Hirnrindenreizung der normalen Armregion bei Reizung des Gyrus centralis ant. mit einem faradischen Strom von 80 ^{mm} Rollenabstand — der Affe war bereits sehr matt — Daumen- und Fingerbewegungen, bei 70 ^{mm} Rollenabstand höher herauf Bewegungen in dem Ellenbogengelenk und noch etwas höher eben angedeutete Schulterbewegungen. Vom Gyrus centralis post. war bei . 80 ^{mm} Rollenabstand dicht am Sulcus centralis Daumenbewegung zu erzielen, höher herauf bei 70 ^{mm} Rollenabstand geringe Beugung des Handgelenks. Im Gegensatz zu dieser weitgehenden Restitution der elektrischen Erregbarkeit der ihrer corticospinalen und rubrospinalen Leitung beraubten Armregion zeigte die derselben Leitung beraubte Beinregion nur die Zehen- und Fußbewegungen direkt oberhalb des Sulcus centralis, verbunden mit Schwanzbewegung, erhalten, genau in der Weise, wie es früher von mir bei Ausfall der Pyramidenleitung beschrieben worden ist.

Man muß daher annehmen, daß die eine Armregion tatsächlich, durch den Fortfall der anderen zu stärkerer Tätigkeit gezwungen, schneller ihre durch Ausfall der Pyramidenleitung erloschene elektrische Erregbarkeit wieder gewinnt, als wenn die andere normale Armregion neben ihr in bevorzugter Weise ihre Arbeit leistet.

Das ganze Verhältnis der elektrischen Erregbarkeit der Armregion der Großhirnrinde bei Ausschaltung der corticospinalen Leitung läßt sich demnach, dieser erweiterten Kenntnis entsprechend, derart auffassen, daß die Ausschaltung der corticospinalen Leitung zunächst die Erregbarkeit der Extremitätenregion derart absinken läßt, daß der faradische Reiz die Elemente der Hirnrinde nicht in Erregung zu versetzen vermag. Allmählich hebt sich die Erregbarkeit der Hirnrinde wieder, und es werden zunächst diejenigen Partien der Armregion erregbar, die bereits normalerweise am reichsten angelegt sind und am leichtesten auf den faradischen Strom reagieren. Das sind die Gebiete der Finger- und Handbewegung im Gyrus centralis ant. Dabei scheint die Erregbarkeit der Armregion bei doppelseitiger Zerstörung der corticospinalen Bahn stärker abzusinken, als bei einseitiger Ausschaltung derselben zusammen mit der rubrospinalen Bahn, nur daß die Reizeffekte für die isolierten Fingerbewegungen bei letzterer Operation schwerer geschädigt sind. Unter besonderen Verhältnissen — Einengung der ganzen von der Hinrinde abhängigen Bewegung auf die eine Armregion — läßt sich eine raschere

Wiederkehr der gesamten elektrischen Erregbarkeit der Armregion kon-
statieren. Ebenso gewinnt der Gyrus centralis post. nach monatelanger
Entfernung der entsprechenden Gebiete des Gyrus centralis ant. seine
Erregbarkeit für den faradischen Reiz wieder.

Ist diese Auffassung von der langsamen Wiederkehr der elektrischen
Erregbarkeit in der Extremitätenregion der Großhirnrinde nach Ausschaltung
der corticospinalen Bahn die richtige, so muß bei Affen, die viele Monate
die Zerstörung der Pyramidenleitung überleben, die Erregbarkeit der
Extremitätenregion sich allmählich wieder der Norm annähern. Derartige
Versuche stehen mir bisher nicht zur Verfügung.

Jedenfalls beweisen die oben geschilderten faradischen Reizungen des
Gyrus centralis post. nach Ausschaltung des Gyrus centralis ant. mit posi-
tivem Ergebnis noch besser als die Reizresultate am normalen Affen, daß
dem Gyrus centralis post. eine von dem Gyrus centralis ant.
unabhängige Rindenerregbarkeit auf elektrische Reize zukommt.

Alle diese Versuche sind aber weiterhin geeignet, die Differenz
zwischen der elektrischen Erregbarkeit der Extremitätenregion
der Großhirnrinde und ihrer Funktion, auf die ich bereits in meiner
früheren Arbeit über diesen Gegenstand hingewiesen habe, aufs neue zu
beweisen. Bereits unter normalen Verhältnissen ist ja nicht jede die
motorische Funktion in der Extremitätenregion der Großhirnrinde auslösende
Stelle elektrisch erregbar. Sind schon bei den niederen Affen nur bestimmte
Stellen in der Extremitätenregion faradisch erregbar, so rücken diese Foci
an der Hirnrinde des Menschen und der Anthropoiden noch wesentlich
auseinander. Aber das Feld, das nach den Forschungen Munks entfernt
werden muß, um den speziellen Einfluß der Großhirnrinde auf den gekreuzten Arm zu vernichten, „die Armregion", greift nach allen Seiten, nur
lateralwärts nicht, über das elektrisch erregbare Gebiet hinaus. Zweifellos
liegen die elektrisch reizbaren Foci stets im Gebiet der die Motilität des
betreffenden Gebietes beeinflußenden Hirnrindenregion. Hierin liegt ja
gerade die große Bedeutung der elektrischen Reizung für die menschliche
Hirnchirurgie, indem die Ergebnisse der Reizung uns die genaue Orientierung an der Hirnoberfläche gestatten. Aber ein Gebiet kann völlig unerregbar sein, und doch zu dem die Motilität auslösenden Rindengebiet
gehören.

In dem einzigen Fall beim Affen, bei dem uns keine Reizung des
Gyrus centralis post. gelang, wurde das ganze unterste Armgebiet im Gyrus
centralis ant. bis zum Sulcus frontalis sup. herauf in beiden Hemisphären
gleichzeitig entfernt. Trotzdem waren die isolierten Fingerbewegungen nach
3 Wochen weitgehend wiedergekehrt. Ganz in Übereinstimmung damit
zeigten unsere pyramidenlosen Affen nach 3 Wochen alle isolierten Be-

wegungen der Arme vollkommen wiederhergestellt, obwohl ·nur ein kleines Gebiet der Hand- und ·Fingerregion elektrisch erregbar war.

Die .faradische Erregbarkeit der Großhirnrinde ist daher ein äußerst wertvolles Hilfsmittel zur Aufsuchung von Rindenzentren für die Motilität, aber das faradisch erregbare Gebiet darf nicht mit den letzteren identifiziert werden. Ja, es ist denkbar, daß derartige Repräsentationen für die Motilität in der Hirnrinde existieren, die überhaupt nicht durch den elektrischen Reiz aufgefunden werden können und sich daher der Entdeckung entziehen.

Ist aber derart eine wesentliche Differenz zwischen der elektrischen Reizung und der Funktion der Großhirnrinde nachweisbar, so erscheint weiterhin die Frage berechtigt, wie sich die Ergebnisse der neuen anatomischen Erforschung der Extremitätenregionen der Groß- hirnrinde zu den Resultaten der Hirnrindenreizung und der Ausschaltung von Hirnrindenzentren und -Leitungsbahnen ver- halten. Auf zwei Wegen ist man vor allem der anatomischen Erforschung der Großhirnrinde näher getreten, mittels der von Flechsig inaugurierten myelogenetischen Untersuchungsmethode und mittels der cytoarchitek- tonischen Untersuchungsmethode, deren Hauptvertreter Ramon y Cajál, Brodmann, Campbell u. a. sind.

Die myelogenetische Untersuchungsmethode hat Flechsig[1] dazu ge- führt, 36 Felder an der Hirnrinde entsprechend der früheren oder späteren Markreifung zu unterscheiden. Der Lobus paracentralis und die· beiden Zentralwindungen, mit Ausnahme des untersten Drittels, sind das zweite Ummarkung zeigende Feld, gehören also zu den Primordialgebieten.

Innerhalb dieses Gebietes, das also den größten Teil der physiologisch festgestellten Extremitätenregion umfaßt, zeigt nun die cytoarchitektonische Forschung beim Menschen, Anthropoiden und niederen Affen, daß die vordere und hintere Zentralwindung vollkommen verschiedenen Bau er- kennen lassen. Vor allem fehlt die Schicht der Riesenpyramidenzellen voll- kommen in der hinteren Zentralwindung; dieselbe ist nach den annähernd übereinstimmenden Untersuchungen von Ramon y Cajál, Flechsig, Campbell und Brodmann in einem von der medialen nach der lateralen Partie sich verschmälernden Streifen im Lobus paracentralis und .der vorderen Zentralwindung verteilt. In letzterer ist sie beim niederen Affen wesentlich breiter als beim Menschen, bei dem sie nur die kaudale Hälfte des Gyrus centralis ant. und die vordere Lippe der Zentralfurche einnimmt; sie greift beim Affen nach Brodmann[2] oralwärts über den Sulcus prae-

---

[1] Paul Flechsig, Eigene Bemerkungen über die Untersuchungsmethoden der Großhirnrinde, insbesondere des Menschen. *Dies Archiv.* 1905. Anat. Abtlg. S. 337.

[2] H. Brodmann, Beiträge zur histologischen Lokalisation der Großhirnrinde. V. Mitteilung. *Journ. f. Psych. u. Neurol.* 1905/06. Bd. VI. Ergänzungsheft. S. 275.

centralis hinaus auf den Fuß des Gyrus frontalis sup. und etwas auch des Gyrus frontalis med. über. Dieses Gebiet ist außerdem ausgezeichnet durch die Rückbildung der inneren Körnerschicht (Brodmann) und einen alle anderen Hirnrindenpartien übertreffenden Reichtum an Nervenfasern (Campbell).

Dieses Gebiet der Riesenpyramidenzellen in der vorderen Zentralwindung ist es nun, das als das Zentrum der willkürlichen Innervation der Extremitäten von vielen Forschern bezeichnet wird. Flechsig nennt die Riesenpyramiden direkt die Tasten für die willkürliche Erregung der quergestreiften Muskulatur. Allerdings betont Brodmann bereits, daß diese Area gigantopyramidalis beim Affen zwar innerhalb der elektrisch erregbaren Zone der Großhirnoberfläche liegt, sich aber weder in der Gesamtausdehnung noch in den speziellen Grenzen mit dieser deckt. Vor allem nach vorn ist die elektrisch reizbare Zone viel ausgedehnter als das Gebiet der Riesenpyramidenzellen, während nach hinten für ihn, der ja den Gyrus centralis post. für unerregbar hält, die Grenzen wenigstens ungefähr zusammenfallen. Flechsig nimmt aber auch an, daß die Pyramidenbahn ganz überwiegend von der vorderen Zentralwindung und dem Lobus paracentralis ihren Ursprung nimmt.

Diese Annahme findet eine wertvolle Unterstützung in dem von Probst[1] mittels der Marchischen Methode beim Menschen erhobenen Befund, daß die Degeneration der Pyramidenbahn bei amyotrophischer Lateralsklerose und bei progressiver Paralyse sich stets bis in die vordere Zentralwindung hinein verfolgen läßt, bei Intaktsein der hinteren Zentralwindung. Ebenso konnte Campbell[2] bei der amyotrophischen Lateralsklerose weitgehende Veränderung der vorderen Zentralwindung mit Schwund der Riesenpyramidenzellen bei völligem Intaktsein der hinteren Zentralwindung konstatieren.

Stellt sich nach diesen Untersuchungen die vordere Zentralwindung als ein exquisit motorisches Zentrum dar, so wird die hintere Zentralwindung mit fehlenden Riesenpyramidenzellen, mit stark ausgebildeter innerer Körnerschicht, mit spärlichen, eigentümlich verlaufenden Nervenfasern, als die Aufnahmestätte sensibler Impulse aufgefaßt. Campbell hat diese Anschauung durch den Nachweis von Veränderungen im Gyrus centralis post. bei der Tabes dorsalis zu stützen gesucht.

Was zunächst die Beziehungen der Ergebnisse der elektrischen Reizung zu diesen anatomischen Feststellungen betrifft, so können wir nach den oben geschilderten experimentellen Resultaten beim Affen keine

---

[1] M. Probst, a. a. O.

[2] Alfred W. Campbell, Histological studies on the localisation of cerebral function. *Cambridge University Press* 1905.

Übereinstimmung der anatomisch differenzierten Felder mit den Reizergebnissen konstatieren. Hat Brodmann bereits auf das Übergreifen der elektrischen Reizfelder nach vorn über die Area gigantopyramidalis hinaus hingewiesen, so müssen wir an dem Übergreifen nach hinten auf den Gyrus centralis post. festhalten. Nehmen wir selbst an, daß der Ursprung der Pyramidenbahn mit der Schicht der Riesenpyramidenzellen zusammenfällt, so beweist die wiederkehrende elektrische Erregbarkeit nach Ausschaltung der corticospinalen Bahn, daß die faradische Reizung nicht an diese Elemente gebunden ist. Ja, der Nachweis einer elektrischen Reizung in Hand und Fingern vom Gyrus centralis post. aus nach Exstirpation der mit Riesenpyramidenzellen ausgestatteten entsprechenden Partie des Gyrus centralis ant. zeigt mit absoluter Sicherheit, daß hier von einer unbedingten Ab-

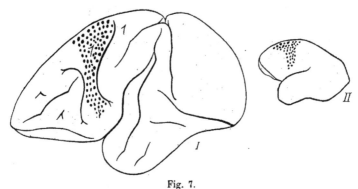

Fig. 7.
Area gigantopyramidalis (nach Brodmann).
I Cercopithecus Campbelli, II Hapale pennicillatus.

hängigkeit der elektrischen Reizung von den Riesenpyramidenzellen oder den mit denselben ausgestatteten Rindengebieten nicht die Rede sein kann.

Auch bei zwei Exemplaren von Hapale pennicillatus mit ihren furchenlosen Gehirnen zeigte die faradische Reizung der Hirnrinde, daß das faradisch reizbare Gebiet für den gekreuzten Arm nach hinten weit über die von Brodmann festgestellte Area gigantopyramidalis hinaus reichte, etwa bis zu einer ziemlich konstant in der Höhe des dorsalen Endes der Fissura Sylvii senkrecht zum medialen Hemisphärenrand emporsteigenden Vene. Dabei war bei diesen Tieren die außergewöhnlich große Ausdehnung der elektrisch reizbaren Armregion medialwärts gegenüber der sehr schmalen entsprechenden Beinregion auffällig. (Fig. 7.)

Was aber nun die Bedeutung dieser anatomisch abzugrenzenden Felder für die motorische Funktion der Extremitäten betrifft, so kann beim niederen

Affen eine derartige Trennung der beiden Zentralwindungen, daß die vordere nur der motorischen Funktion, die hintere nur der sensiblen vorstände, nicht angenommen werden. Wir haben gesehen, daß nach doppelseitiger Exstirpation der unteren lateralen Abschnitte der Armregion im Gyrus centralis ant. die isolierten Fingerbewegungen verhältnismäßig schnelle Restitution zeigen. Aber auch die Ausschaltung der corticospinalen (Pyramiden-) Bahn ist von keinem dauernden Ausfall willkürlicher Bewegungen begleitet. Wenn also in der Tat die corticospinale Bahn allein von den Riesenpyramidenzellen im Gyrus centralis ant. ihren Ursprung nehmen sollte, so müßte man doch für die extrapyramidalen, Hirnrinde und Rückenmark verbindenden Leitungsbahnen den Ursprung in anderen Elementen der Rinde der Extremitätenregionen suchen. Vor allem müßte der hinteren Zentralwindung eine derartige besondere extrapyramidale mehrfach unterbrochene, motorische Verbindung mit dem Rückenmark bereits unter normalen Verhältnissen zugesprochen werden. Nach der oben entwickelten Theorie, die der corticospinalen Bahn die Hauptleitung der erworbenen, fest eingeübten Bewegungen zuschreibt, müßte darum das ganze der Riesenpyramidenzellen entbehrende Gebiet der Armregion, vor allem also die hintere Zentralwindung, bei der Erlernung der Bewegungen mit ihren lediglich extrapyramidalen motorischen Leitungsbahnen von besonderer Bedeutung sein, während für die Übertragung der großen Menge der in festen Besitz übergegangenen Bewegungsformen, vorwiegend die vordere Zentralwindung mit ihrer direkten corticospinalen Leitung in Betracht käme.

Einige Versuche an Affen sprechen allerdings nicht dafür, daß die Verhältnisse hier genau so liegen. Wäre wirklich die hintere Zentralwindung vollkommen frei von direkten corticospinalen Bahnen, so müßte sich die Restitution der isolierten Bewegungen der Hand und Finger, wie sie bei den doppelseitigen Exstirpationen der unteren Partien der Armregion im Gyrus centr. ant. verhältnismäßig rasch zustande kommt, vollkommen auf extrapyramidalen Bahnen vollziehen. Ein mehrere Wochen nach doppelseitiger Exstirpation der Hand-Fingerregion im Gyrus centr. ant. und nach weitgehender Restitution der isolierten Bewegungen von Hand und Fingern ausgeführte Durchtrennung der Pyramidenkreuzung dürfte daher keine neue schwere Störung der isolierten Fingerbewegungen zur Folge haben. Zweimal habe ich diese Operation bei Affen unter solchen Versuchsbedingungen ausgeführt; beide Male war die Ausschaltung der corticospinalen Bahnen von schweren Läsionen der Arme gefolgt. Vor allem waren die isolierten Fingerbewegungen in den ersten 8 Tagen nach der Pyramidenausschaltung — länger lebten die Affen nicht — erloschen. Die schwachen isolierten Armbewegungen betrafen nur Bewegungen in den großen Gelenken. — Diese Resultate sprechen entschieden dafür, daß corticospinale Bahnen auch nach Ausschaltung der entsprechenden Zentren der vorderen Zentralwindung für die Restitution der isolierten Fingerbewegungen durch die hintere Zentralwindung von wesentlicher Bedeutung sind; also muß ein, wenn auch kleiner Teil derselben vom Gyrus centralis post. seinen Ursprung nehmen.

Wie dem aber auch sein mag, jedenfalls ist die motorische Funktion beim Affen nicht von der vorderen Zentralwindung allein abhängig. Es muß daher hier bei dem Versuch, den anatomischen Bau einer Hirnrindenregion und ihre physiologische Dignität zu identifizieren, große Vorsicht angewandt werden. Sind auch die Pyramidenzellen der hinteren Zentralwindung kleiner und spärlicher, als diejenigen der vorderen Zentralwindung, so ist damit noch nicht der geringste Beweis für das Fehlen motorischer Funktionen in den ersteren gegeben. Können wir mit Flechsig die Riesenpyramiden als Tasten für die willkürliche Erregung der quergestreiften Muskulatur betrachten, so müssen wir daneben eine zweite Klaviatur in der Extremitätenregion der Großhirnrinde annehmen, deren Tasten vielleicht weniger leicht auf den Willenreiz ansprechen, aber doch genügen, um die Willensimpulse in willkürliche isolierte Bewegungen umzusetzen.

Inwieweit diese Verhältnisse beim Anthropoiden und Menschen anders als beim niederen Affen liegen, läßt sich nicht bestimmt sagen. Doch sprechen die Versuche Grünbaums und Sherringtons für ziemlich weitgehende Übereinstimmung des Anthropoiden mit dem niederen Affen. Denn beim Chimpansen führte Exstirpation des ganzen reizbaren Gebiets für Daumen, Finger und Handgelenk eine sich rasch zurückbildende Parese des Arms herbei. Nach einigen Wochen werden Hand und Finger gut benützt. Hier ist also das Gebiet der Riesenpyramidenzellen, das nach den von Campbell bei den von Grünbaum und Sherrington operierten Anthropoiden vorgenommenen anatomischen Untersuchungen genau mit der elektrisch reizbaren Region zusammenfallen soll, entfernt, ohne daß die Restitution dadurch gehindert ist. Wird jetzt dasselbe Gebiet der anderen Armregion entfernt, so wird diese Restitution der Hand- und Fingerbewegungen des ersten Arms nicht gestört, und auch der Arm der anderen Seite zeigt weitgehende Restitution der isolierten Bewegungen. Wird nun auf der ersten Seite die ganze Armregion nach Grünbaum und Sherrington exstirpiert, d. h. das elektrisch reizbare Gebiet der vorderen Zentralwindung, so kommt es zu starker Parese von Schulter und Ellbogen, die jedoch bald Besserung zeigt; aber die Hände werden nicht von neuem paretisch. Dieser Versuch läßt nur die eine Erklärung zu, daß in Gebieten außerhalb der von Grünbaum und Sherrington festgestellten faradisch reizbaren Zonen Bewegungsimpulse den zum Rückenmark absteigenden Bahnen übermittelt werden. Diese Gebiete müssen nach den Versuchsergebnissen am niederen Affen sowohl vor als auch hinter dieser Zone gesucht werden. Es ist also auch

bei den Anthropoiden ·das faradisch reizbare Gebiet der Armregion viel
kleiner als die motorische Impulse abgebende Armregion selbst. Entspringen die Pyramidenfasern tatsächlich nur aus der Area gigantopyramidalis, so müssen auch beim Anthropoiden große Gebiete der Armregion
ausschließlich durch extrapyramidale motorische Leitungsbahnen mit dem
Rückenmark in Verbindung stehen. Es ist allerdings wahrscheinlicher, daß
auch das Ursprungsgebiet der corticospinalen Bahnen ein größeres ist.

Beim Menschen zeigen die Exstirpationen im Gebiet der vorderen
Zentralwindung wegen Jacksonscher Epilepsie, Tumoren, Cysten usw., daß
die anfangs bestehenden Lähmungen sich weitgehend zurückbilden. Marinesco[1] verdanken wir eine sorgfältige Studie über zwei Epileptiker, denen
Jonesco ein ziemlich ausgedehntes Hirnrindenstück im Gebiet der faradisch
erregbaren Hand- und Fingerregion exstirpiert hatte. Nach den Feststellungen bei einem dritten derart operierten, zur Sektion gekommenen Kranken
war die motorische Hirnrinde d. h. die mit Riesenpyramidenzellen versehene
Partie in diesem Gebiet fast vollständig entfernt; nur vereinzelte geschädigte
Riesenzellen waren in der Narbe nachweisbar. In diesen Fällen kam es
nun zu weitgehender Restitution; 9 Monate bzw. 1 Jahr nach der Operation
sind nur noch in Hand und Fingern Störungen nachweisbar. Es fehlen die
isolierten Einzelbewegungen der Finger; dagegen können die Finger gebeugt
und gestreckt werden. Es kann sogar mit Daumen und Zeigefinger, wenn
auch unvollkommen, gegriffen werden.

Auch beim Menschen dürften daher die Verhältnisse der Restitution
der von der Armregion der Großhirnrinde abhängigen Bewegungen nach
Exstirpation des faradisch reizbaren Gebiets ungefähr dieselben sein wie
beim Anthropoiden. Damit stimmt überein, daß Brodmann[2] in einem
Falle, in dem F. Krause die Hirnrindenreizung anführte, an den elektrisch in normaler Weise reizbaren Stellen Schwund der Riesenpyramidenzellen nachweisen konnte. In diesem Falle wurde von der nachher exci-
dierten Rindenregion Bewegung des kleinen Fingers, der ganzen Hand und
des Daumens erzielt. Die mikroskopische Untersuchung ergab aber, soweit
überhaupt noch Rindenstruktur zu erkennen war, keinenfalls den für die
vordere Zentralwindung charakteristischen Bau[3].

Das beim niederen Affen durch Reizung und Exstirpation der Großhirnrinde sowie durch Durchschneidung der Leitungsbahnen festgestellte
Verhalten· der Auslösung und Leitung der motorischen Funktion von der

---

[1] G. Marinesco, Contribution à l'étude du mécanisme des mouvements volontaires
et des fonctions du faisceau pyramidal. *La Semaine médicale.* 7. X. 03.

[2] Brodmann, a. a. O.

[3] F. Krause, a. a. O. S. 970—972.

Hirnrinde zum Rückenmark ist offenbar in weitgehendem Maße auf den Anthropoiden und Menschen zu übertragen. Die zweifellos vorhandenen Differenzen dürften beim Menschen weniger in dem Aufbau des corticalen Bewegungsapparats selbst als in der Entwicklung der höheren psychischen Zentren, die diesen Bewegungsapparat zu leiten berufen sind, zu suchen sein.

Am Schlusse dieser Arbeit fassen wir die Ergebnisse derselben folgendermaßen zusammen:

Die Ausschaltung der corticospinalen (Pyramiden-) Bahn allein oder in Verbindung mit dem rubrospinalen Bündel vernichtet beim Affen nicht die isolierten Bewegungen der gekreuzten Extremitäten, die am Tage nach der Operation bereits wieder weitgehend nachweisbar sind. Diese extrapyramidale Restitution der Motilität ist in keiner Weise von der gleichseitigen Armregion oder der andern corticospinalen Bahn abhängig. Der seiner corticospinalen (und rubrospinalen) Leitung beraubte Arm besitzt trotz Fehlen der gleichseitigen Armregion der Großhirnrinde sofort nach der Operation isolierte Arm- und Fingerbewegungen in weitgehendem Maße. Eine Diaschisis im Sinne v. Monakows ist dabei nicht zu beobachten. Auch ist weder beim Hunde noch beim Affen der Ausfall bestimmter Bewegungskombinationen, die direkt von der Pyramidenleitung abhängig wären (Schüller), zu konstatieren. Bereits normalerweise müssen die extrapyramidalen Vorderstrangs- und Seitenstrangsbahnen einen Teil der von der Hirnrinde zum Rückenmark gelangenden motorische Impulse zu leiten imstande sein. Diese extrapyramidale Leitung dürfte für die Erlernung neuer Bewegungen von größter Bedeutung sein, während die in festen Besitz des Individuums übergegangenen gut eingelernten Bewegungen vorwiegend die direkte Verbindung von Großhirnrinde und Rückenmark, also die corticospinale Bahn, benutzen werden.

Die faradische Erregbarkeit der Extremitätenregion der Großhirnrinde ist beim Affen weder nach reiner Ausschaltung der corticospinalen Bahn noch nach hoher Durchschneidung des Hinterseitenstrangs erloschen; jedoch ist sie nach 3 bis 4 Wochen auf ein umschriebenes Gebiet der Hand- und Finger- bzw. Zehenregion beschränkt. Dasselbe ist in der Armregion nach doppelseitiger Ausschaltung der corticospinalen Bahn kleiner als nach einseitiger Ausschaltung von corticospinaler und rubrospinaler Bahn. Die Unerregbarkeit des Gyrus centralis post. im Gebiete der Armregion ist in diesen Fällen ein pathologisches Resultat; denn unter normalen Verhältnissen ist auch der Gyrus centr. post. mit faradisch reizbaren Foci besetzt, die allerdings an Ausdehnung und leichter Erregbarkeit hinter den Foci des Gyrus centr. ant. zurückstehen. Die faradische Erregbarkeit der ihrer corticospinalen Bahn beraubten Armregion stellt sich nach längerer Zeit oder bei besonderer Einengung des Willensimpulses auf diese Armregion durch Totalexstirpation der anderen auch in den übrigen normaler Weise erregbaren Abschnitten derselben wieder her.

Zwischen der Funktion der motorischen Abschnitte der Großhirnrinde und ihrer elektrischen Reizbarkeit besteht weder beim niederen Affen noch beim Anthropoiden und Menschen völlige Übereinstimmung. Das motorische Gebiet ist weit ausgedehnter. Ebenso wenig ist Übereinstimmung zwischen den Ergebnissen der anatomischen Hirnforschung und denen der physiologischen Reizungen und Exstirpationen der Großhirnrinde vorhanden. Vor allem ist die mit Riesenpyramidenzellen besetzte Area gigantopyramidalis weder mit dem elektrisch reizbaren Rindenfeld noch mit der motorischen Region der Großhirnrinde noch endlich mit dem Ursprung der corticospinalen Bahn zu identifizieren. Das geht nicht nur aus den Ergebnissen am niederen Affen, sondern auch aus den, vor allem mit Hilfe der Rindenexstirpation, beim Anthropoiden und Menschen gemachten Beobachtungen mit Sicherheit hervor. Ebenso ist die Auffassung des Gyrus centralis posterior als eines ausschließlich sensiblen Zentralorgans durch die vorliegenden Beobachtungen beim Affen und Menschen keineswegs bewiesen.

Diese Arbeit beruht auf Experimenten, die im physiologischen Institut der Kgl. tierärztlichen Hochschule zu Berlin angestellt worden sind. Die Geldmittel sind mir vom Kuratorium der Gräfin Bose Stiftung bewilligt worden. Dem Kuratorium sowie Herrn Geheimen Rat H. Munk statte ich auch an dieser Stelle meinen verbindlichsten Dank ab.

Über die cytologischen Veränderungen im Pankreas nach Resektion und Reizung des Vagus und Sympathicus.

Von

Dr. V. Scaffidi.

———

(Aus dem Institut für allgemeine Pathologie der kgl. Universität zu Neapel, geleitet von Prof. Dr. G. Galeotti.)

———

(Hierzu Taf. VII.)

————

Die physiologischen Untersuchungen über die Innervation des Pankreas, hauptsächlich von Heidenhain und seiner Schule eingeleitet, haben in letzter Zeit durch Pawlow und dessen Schüler eine bedeutende Förderung erfahren.

Pawlow[1] und Mett[2] haben nachgewiesen, daß im Vagus zweierlei Arten für die Bauchspeicheldrüse bestimmter Nervenfasern verlaufen: nämlich sekretionserregende und sekretionshemmende. Pawlow meint, daß das gleichzeitige Vorhandensein dieser beiden Faserarten, die Widersprüche von Heidenhains und Landaus[3] Untersuchungen erklären könne. Pawlow konnte auch Bündel von Vagusfasern isolieren, deren Reizung eine rasche und reichliche Absonderung von Pankreassaft zur Folge hatte,

———

[1] Pawlow, Beitrag zur Physiologie der Absonderung. *Zentralblatt für Physiologie.* 1888. Bd. II. — Derselbe, Beitrag zur Physiologie der Absonderung: Innervation der Bauchspeicheldrüse. *Dies Archiv.* 1893. Suppl. — Derselbe, Note bibliographique sur les nerfs sécréteurs du pancréas. *Arch. d. Scienc. biolog.* 1895. T. III.

[2] Mett, Weitere Untersuchungen zur Innervation der Bauchspeicheldrüse. Zweite Mitteilung. *Dies Archiv.* 1894. Physiol. Abtlg.

[3] Landau, *Zur Physiologie der Bauchspeichelabsonderung.* Berlin 1873.

neben anderen, deren Stimulierung im Gegenteil hemmend auf die Tätigkeit der Drüse wirkt. Popielski[1] gelang es, im gleichen Nerv ganze Äste aufzufinden, nach deren Reizung die Sekretion sistierte.

Kudrewezki[2] fand im Sympathicus ebenfalls zweierlei Fasern, die einen vasomotorische, die anderen sekretorische, und Pawlow[3] kommt zum Schlusse: 1. daß in diesem Nerv vasomotorische und sekretorische Fasern existieren; 2. daß bei elektrischer Stimulierung desselben die vasomotorischen einen überwiegenden Einfluß entfalten und den der anderen verdecken; 3. daß, wenn man den Sympathicus elektrisch oder mechanisch reizt, nachdem er durchschnitten worden und eine teilweise Degeneration seiner Fasern eingetreten, sich die Einwirkung der vasomotorischen Fasern ausschalten lasse und nur die der sekretorischen zutage trete.

Morat[4] glaubt, daß sowohl Vagus als Sympathicus sekretionserregende und sekretionshemmende Fasern führen, daß aber die letzteren im Vagus zahlreicher vertreten seien als im Sympathicus.

Buchstab[5] beobachtete, daß bei Ausschaltung der Innervation des Vagus und des Sympathicus, unter der Einwirkung gewisser Alimente, eine Zunahme des Pankreassekrets auftritt, während anderen Alimenten gegenüber die Sekretionsmenge unverändert bleibt.

Popielski[6] hat nachgewiesen, daß saure Reize, auf die Duodenalschleimhaut gebracht, durch Fasern des Sympathicus der Bauchspeicheldrüse zugeführt werden. Die Reize würden den im Pankreas gelegenen Ganglien des Sympathicus übermittelt und von diesen den sezernierenden Teilen der Drüse zugeleitet, die mit einer raschen und intensiven Sekretion reagieren, wie man das sowohl bei Durchtritt von Magensaft ins Duodenum, als bei direkter Applikation von sauer reagierenden Stoffen auf dessen Schleimhaut wahrnimmt.

Buchstab hingegen glaubt, daß die starke Reizung, welche Seifenlösungen auf die Tätigkeit der Drüse ausüben, durch einen Reflex, der vom Vagus der Drüse zugeführt werde, bedingt seien.

Modrakowski[7] hat unlängst beobachtet, daß kleine Dosen von Atropin den Einfluß der Vagusreizung auf die Bauchspeicheldrüse lähmen, nicht

---

[1] Popielski, zitiert nach Pawlow (unter Anm. 3 angeführt).
[2] Kudrewezki, zitiert nach Pawlow (siehe Anm. 3).
[3] Pawlow, *Le travail des glandules digestives*. Paris, Masson 1901.
[4] Morat, Nerfs sécreteurs du pancréas. *Compt. rend. Soc. biolog.* 1894.
[5] Buchstab, *Die Arbeit des Pankreas nach Durchschneidung der Nn. vagi und sympathici* (russisch). St. Petersburg 1904.
[6] Popielski, Über das peripherische reflektorische Nervenzentrum des Pankreas. Pflügers *Archiv.* 1901. Bd. LXXXVI.
[7] Modrakowski, Zur Innervation des Pankreas. *Ebenda.* 1906. Bd. CXIV.

aber den der Stimulierung des Sympathicus, da die Drüse auf dessen
Reizung rasch und intensiv Sekret absondert, auch wenn vorher den Versuchstieren Atropin gereicht wurde.

Aus all dem geht hervor, daß der Einfluß der Nerven, die die Bauchspeicheldrüse versorgen, nach einem ziemlich komplizierten Mechanismus
vor sich geht. Er besteht sowohl in einer kontinuierlichen und mannig-
faltigen Regulationstätigkeit, die vom Vagus und Sympathicus ausgeübt wird,
als auch in der Übermittelung der duodeno-pankreatischen Reflexstimula.
Über all diese Punkte sind die verschiedenen Forscher noch nicht einig,
und so ist es auch noch unentschieden, welche Rolle dem Sympathicus im
Sekretionsmechanismus des Pankreas zukomme. Diese Verschiedenheit der
Ansichten und der erzielten Resultate haben wohl ihren Grund in der
Inkonstanz, mit welcher die Bauchspeicheldrüse auf die Reize reagiert, und
dies hängt wieder von der außerordentlichen Empfindlichkeit des Organes ab.
Heidenhain bemerkt, daß, selbst bei der genauesten Anwendung aller
technischen Maßregeln und Kunstgriffe, die Drüse dennoch auf identische
Reize, unter identischen Verhältnissen angewandt, verschieden reagiert.
Immerhin läßt sich aus den oben wiedergegebenen Resultaten ein Punkt
ersehen, der allgemein angenommen ist; nämlich, daß sowohl Vagus als
Sympathicus einen kontinuierlichen und gleichzeitigen, wenn auch verschiedenen Einfluß auf das Pankreas ausüben, welcher in einer Regulierung
dessen Sekretionstätigkeit besteht. Es kann als erwiesen gelten, wenn auch
nicht alle Forscher darüber vollkommen einig sind, daß das Pankreas auf
Reizungen, welche durch den Vagus oder den Sympathicus ihm zugeleitet
werden, immer reagiert, sei das nun mit einer Steigerung oder einer Verminderung oder auch einer vollkommenen Sistierung der Absonderung seines
Saftes.

Neben den Beobachtungen über die Schwankungen der Sekretion unter
dem Einflusse verschiedener Reize fehlt jedoch ein wichtiger Punkt: die
Feststellung der Veränderungen, welchen die Zellen des Pankreas unter
der Einwirkung verschiedener Reize oder der Ausschaltung anderer unterworfen sind und der Erscheinungen, welche sich während der Elaboration
der Sekretionsgranula unter bestimmten Versuchsverhältnissen im Zellleibe
abspielen.

Meine Untersuchungen sind darauf gerichtet, festzustellen, welche Veränderungen das Pankreas nach Ausschaltung der Innervation des Vagus
und des Sympathicus, und nach Reizung dieser Nerven darbietet, so wie
die physiologischen Forschungen sich mit den Variationen in der Saft-
absonderung unter Anlegung der Pankreasfistel befassen.

In einer Reihe anderer, von mir schon eingeleiteter Versuche, werde
ich mit den cytologischen Veränderungen im Pankreas nach Einwirkung

der sauren und alkalischen Stoffe auf die Duodenalschleimhaut befassen, welche Reize nach Pópielski den endopankreatischen Ganglien ohne Vermittelung des zentralen Nervensystems zugeführt und von diesem Ganglien weiter den sezernierenden Elementen zugeleitet würden.

Ehe ich zur Beschreibung meiner Versuche und deren Resultate übergehe, möchte ich bemerken, daß ich betreffs der Veränderungen, die im Pankreas nach Ausschaltung der Vagus- und Sympathicusinnervation auftreten, meine Beobachtungen auf diejenigen, die schon wenige Tage nach dem Eingriffe sich geltend machen, gerichtet habe, und einstweilen mein Studium nicht auf die später eintretenden ausdehnen möchte; dies um so mehr, als nach dieser Richtung schon Untersuchungen von Zamboni[1] im Laboratorium von Prof. Martinotti durchgeführt worden sind und in einer kurzen vorläufigen Mitteilung niedergelegt wurden.

An Färbemethoden benutzte ich speziell die von Galeotti[2] für die Darstellung der Sekretionsgranula angegebene, habe jedoch auch Heidenhains Hämatoxylineisen und verschiedene der gewöhnlichen Kern- und Plasmatinktiomethoden verwandt. Die Stücke wurden immer in Flemmingscher Flüssigkeit fixiert und bei der Untersuchung wurden nur die Zonen der Schnitte berücksichtigt, in denen die Fixierung rasch und vollständig vor sich gegangen und die Färbungen tadellos gelungen. Dies hebe ich hervor, da ich wiederholt beobachtete, daß in den Schnitten die Färbung mit Säurefuchsin sowohl als mit Hämatoxylineisen selten eine gleichmäßige ist und neben gut fixierten Zonen, in denen die Granula schön gefärbt erscheinen, andere sich finden, die ein vollkommen verschiedenes Bild liefern. Die Zellen sind in diesen arm an Granula oder entbehren ihrer ganz und sind durch ein fein gestrichelt erscheinendes und mit Vakuolen durchsetztes Protoplasma gekennzeichnet. Ich habe mich überzeugen können, daß das Gelingen der Färbung eine absolut tadellose Fixierung erheischt, wie man sie erzielt, wenn man ganz frische und äußerst kleine Stückchen fixiert oder nur die Randzonen der Stücke verwertet, wo die Flüssigkeit rasch wirken konnte. In diesen treten nach der Anwendung von Galeottis Methode die Granula äußerst scharf, vom Säurefuchsin rot gefärbt, auf leuchtend grünem Grunde hervor, während dort, wo die Fixierungsflüssigkeit langsam und schlecht gewirkt hat, die Zellen, wie oben bemerkt, ein gestreiftes Protoplasma, das sich gleichmäßig färbt, aufweisen und die Granula oft gar nicht gefärbt werden. Diese Unterschiede bemerkte ich schon bei der Beobachtung des Pankreas normaler Hunde auf das Verhalten der Sekretions-

---

[1] Zamboni, Sugli effetti della resezione dei nervi del pancreas. Nota prima. *Riforma medica* anno 21.

[2] Galeotti, Über die Granulationen in den Zellen. *Intern. Monatsschrift für Anatomie und Physiologie.* 1895. Bd. XII.

granula in Relation zu den Verdauungsperioden und lernte so obiges
Hindernis zu umgehen und mich vor Irrtümern schützen, indem ich mein
Augenmerk bei der Beobachtung der den Versuchstieren entstammenden
Präparate nur auf die Zonen richtete, in denen Fixierung und Färbung
gut gelungen.

Meine Beobachtungen erstrecken sich auf den Kern, das Protoplasma
und die Granula sowohl was deren Zahl, als auch Disposition im Zellleibe
betrifft und endlich auf spezielle fadige Gebilde, die ich konstant nachweisen konnte und die sich mit der Galeottischen Färbemethode leuchtend
rot färben, wie die apicalen Granula der Pankreaszellen.

Diese fuchsinophilen Fädchen, die wahrscheinlich den von Garnier[1]
und anderen beschriebenen Fädchenknäuelchen und den von Todde[2] im
Pankreas des Frosches mit Galeottis Methode dargestellten ähnlichen
Gebilden entsprechen, liegen in den Zellen des Pankreas des Hundes nicht
im äußeren Teile zusammengedrängt, wie das Ergastoplasma Garniers,
sondern im ganzen Zellleibe zerstreut, dessen zentralen oder apicalen Teil
ausgenommen, in dem nur fuchsinophile Granula aufzufinden sind. Fig. 1,
Taf. VII, gibt einen Acinus des normalen Pankreas des Hundes wieder, in
dem alle Zellen zahlreiche Fädchen aufweisen, die über die ganze Sektions-
fläche zerstreut sind, jedoch hauptsächlich an den seitlichen Zonen der
Zellen und deren Basen liegen, während sie den zentralen Teilen der
Zellen, wo sich die Granula anhäufen, vollkommen abgehen.

Ich habe Untersuchungen über die cytologischen Veränderungen des
normalen Pankreas des Hundes während der Verdauungsperioden eingeleitet,
und obwohl diese meine Beobachtungen noch nicht vollkommen abgeschlossen
sind, möchte ich doch bemerken, daß ein konstantes Vorkommen der oben
angeführten Fädchen gewissermaßen die Elaborationsvorgänge der Sekretionsgranula kompliziert, so daß diese Vorgänge nicht mehr nach einem so einfachen Schema aufgefaßt werden können, wie das bis jetzt auf Grund der
Heidenhainschen Untersuchungen geschehen.

Die Anwendung genauerer histologischer Untersuchungsmethoden hat
mit sich gebracht, daß der Sekretionsmechanismus der Zellen als ein immer
komplizierterer Vorgang sich darbietet, und je mehr Faktoren bei der Bereitung der verschiedenen Fermente in den Zellen tätig sind, um so größer
ist die Zahl der Erscheinungen, die sich in den Elementen während ihrer
sekretorischen Tätigkeit abspielen. Es wurden eine ganze Reihe von Untersuchungen in dieser Richtung an den verschiedensten Organen angestellt

---

[1] Garnier, *Contribution à l'étude de la structure et du fonctionnement des
cellules glandulaires séreuses.* Nancy 1899.

[2] Todde, Über die Sekretionserscheinungen der Zellen in pathologischen Zuständen. *Zentralblatt für allgemeine Pathologie und pathol. Anatomie.* 1904.

und auch das Pankreas war Objekt eingehender Forschungen von seiten
vieler, die sich mit den feineren Veränderungen der Zellen während der
Sekretionstätigkeit abgegeben. Es genügt, hierüber neben den grundlegenden Studien Heidenhains[1], die von Ogata[2], Eberth u. Müller[3],
Ver Eecke[4], Laguesse[5], Garnier und Galeotti anzuführen. Galeotti
hat in seinen ausgedehnten Forschungen über die Sekretionsvorgänge in
den Zellen nachgewiesen, daß zwei Hauptfaktoren bei denselben tätig sind,
nämlich die Produktion von Granula im Kerne, die dann ins Cytoplasma
ausgestoßen werden und die gleichzeitige Bereitung von Plasmosomen, die
vom Kerne ebenfalls in das Protoplasma übertreten. In einer unlängst
erschienenen Arbeit verneint Launoy[7] die Bildung von Plasmosomen im
normalen Pankreas des Hundes im Hungerzustande, jedoch fand ich diese
Formationen, die schon von Savagnone[8] im Pankreas des genannten
Tieres beschrieben worden, wie ich oben schon bemerkte, wenn auch nicht
sehr zahlreich im Pankreas normaler Hunde 4 und 16 Stunden nach der
Fütterung. Eben diese beiden Elemente, fuchsinophile Granula und Plasmosomen habe ich speziell im Auge gehabt bei der Untersuchung meiner
Präparate, neben den fuchsinophilen Fädchen, die nach Todde und
Galeotti als spezielle Sekretionsprodukte aufgefaßt werden müssen, welche
nicht mit Zymogengranula zu verwechseln sind.

Als Kontrollpräparate zu den für meine Untersuchungen angefertigten
wählte ich die Präparate von normalen Tieren, welche sich jeweils in der
gleichen Verdauungsperiode mit den Versuchstieren befanden, so daß durch
deren Vergleichung man mit der größtmöglichen Genauigkeit feststellen
konnte, wie weit die Erscheinungen, die sich darboten, den von mir vorgenommenen Nervenläsionen zuzuschreiben und wie weit sie hingegen von
den Einflüssen der Verdauungsperiode abhängen.

---

[1] R. Heidenhain, Hermanns *Handbuch der Physiologie.* 1875.

[2] Ogata, Die Veränderungen der Pankreaszellen bei der Sekretien. *Dies Archiv.*
1883. Physiol. Abtlg.

[3] Eberth und Müller, Untersuchungen uber das Pankreas. *Zeitschrift für
wissenschaftliche Zoologie.* Bd. LIII. Suppl.

[4] Ver Eecke, Modifications de la cellule pancréatique pendent la sécrétion. *Arch.
de Biol.* 1895. T. XIII.

[5] Laguesse, Structure et developpement du pancréas d'après les travaux récentes,
Journ. de l'Anat. et Physiol. 1894.

[6] Mouret, Contribution à l'étude des cellules glandulaires (Pancréas). *Ebenda.*
1895.

[7] L. Launoy, Contribution à l'étude histo-physiologique de la sécrétion pancréatique. *Arch. internat. de Phys.* 1905. Vol. IV.

[8] E. Savagnone, Contributo alla conoscenza della fisiopatologia della cellula
pancreatica. *Riforma medica* anno XX.

Das Pankreas verschiedener Hunde wurde nach Darreichung eines
Versuchsmahles, bestehend aus 100 ^{grm} Brot, 100 ^{grm} mageren Fleisches,
50 ^{grm} Fett, 200 ^{grm} Milch untersucht, andere Tiere hingegen wurden
16 Stunden nach einer der gewöhnlichen Fütterungen mit in Wasser ge-
kochtem Brot bis zur Sättigung dargereicht, getötet. Selbstverständlich
wurden die Kontrolltiere jeweils unter ganz genau den gleichen Verhältnissen gehalten und getötet.

Resektion der Nn. vagi.

Hund Nr. 1. Die Resektion beider Nn. vagi wird unterhalb des Zwerchfells vorgenommen; unmittelbar vor der Durchschneidung der Nerven wird unter
Unterbindung ein Stückchen Pankreas von wenigen Millimeter Dicke ausgeschnitten und sogleich in Flemmingscher Flüssigkeit fixiert. Am folgenden
Tage wird das Tier getötet und ihm einige Stückchen Pankreas entnommen,
etwa 5 Stunden nach einer Fütterung mit Brot.

Hund Nr. 2. Resektion der beiden Vagi wie oben. 7 Tage nach dem
Eingriffe und etwa 4 Stunden nach Reichung der Probemahlzeit werden
einige Stückchen Pankreas ausgeschnitten und fixiert.

Hund Nr. 3. Resektion der Vagi wie bei Hund Nr. 1. 7 Tage nach
der Operation und etwa 16 Stunden nach der Mahlzeit werden Stückchen
Pankreas fixiert.

Die Untersuchung der Präparate, die nach Galeottis Methode gefärbt
und aus dem ersten gleich vor dem Durchschnitt der Nn. vagi entnommenen Stückchen Pankreas des Hundes Nr. 1 hergestellt worden sind,
ergibt folgendes: Die Zellen der Acini sind reich an langen feinen
Fädchen, die sich in dem basalen Teil der Zellen wie zu weiten Maschen
verflechten und an den Seiten des Kerns, der Richtung der Längsachse
der Zelle entsprechend, liegen. — In den apicalen Zonen der Zellen finden
sich sehr zahlreiche fuchsinophile Granula. Sie sind rund, fein und liegen
unregelmäßig zwischen dem inneren Pole des Kernes und dem zentralen
Zellsaume angehäuft. — Die Kerne der Zellen erscheinen groß, gewissermaßen blasig und enthalten zahlreiche Chromatinkörnchen.

In den centro-acinösen Zellen und in den der Schaltstückchen finden
sich äußerst feine, rote Körnchen vermischt mit dünnen und kurzen fuchsinophilen Fädchen. Beide liegen in dem schmalen Plasmakörper, der den
großen ovalen, blasigen Kern umgibt. Der Kern zeigt meist einen Nukleolus
und viele Chromatinkörnchen. Sowohl in den Zellen der Acini als in den
centro-acinösen und den der Schaltstückchen finden sich vereinzelte
Plasmosomen.

In den Präparaten, die den Pankreasstückchen entstammen, die, wie
oben gesagt, und unter den angegebenen Verhältnissen 24 Stunden nach

der Durchtrennung der Nn. vagi entnommen würden, stellen die Drüsenzellen ein etwas verändertes Bild dar.

Die fuchsinophilen Fädchen sind kurz, grob und meist an den seitlich vom Kerne gelegenen Protoplasmazonen angehäuft. Viele zeigen sich
nicht mehr als feine, geschlängelte, rotgefärbte Fädchen, wie die des oben
beschriebenen, unter normalen Innervationsverhältnissen fixierten Stückchens,
sondern gleichen kleinen und kurzen Keulchen (siehe Fig. 2, Taf. VII).
In einigen Zellen findet man zahlreiche, runde, grobe Körnchen von verschiedener Größe den Fäden beigemischt; fast alle Elemente weisen in
den apicalen Zonen fuchsinophile Granula auf, jedoch in weit geringerer
Zahl, als dies in den vor der Resektion der Nn. vagi gewonnenen. Präparaten der Fall ist. Diese so unregelmäßig verteilten Körnchen von so
wechselnder Form und Größe lassen die Zellen oft bis zu gewissem Punkte
kleinen Nervenzellen ähnlich sehen, in denen die kleinen chromatischen
Schollen von den gebuckelten, kurzen, unregelmäßigen Fädchen, die speziell
um den Kern im Protoplasmakörper liegen, dargestellt wurden. Die Kerne
sind groß, blasig, meist mit einem Nukleolus versehen und mit wenigen
oder auch gänzlich mangelnden Chromatinkörnchen.

In den centro-acinösen Zellen und den der Schaltstücke ist nichts
Auffälliges zu bemerken.

Die Plasmosomen finden sich in sehr geringer Zahl und in manchen
Zonen fehlen sie ganz.

Im übrigen ist nichts Besonderes über Größe oder Form der Zellen
zu bemerken und man kann keinerlei Anzeichen eines Zerfalls oder einer
Zellvermehrung auffinden. Dieser gleiche Mangel jeglichen Anzeichens, der
auf Zerstörungs- oder Reintegrationsvorgänge der Zellen hinweisen könnte,
ist auch im Pankreas der sub Nr. 2 und 3 angeführten Hunde hervorzuheben. In diesen behalten die Zellen der Acini meist ihre normalen Dimensionen, die Kerne sind groß, blasig, mehr oder weniger reich an Chromatinkörnern und mit 1 bis 3 Nukleolen versehen. Es fällt aber sogleich
die relative Armut der Zellen an fuchsinophilen Granula auf. Beide oben
angeführten Hunde wurden nach Ablauf der gleichen Spanne Zeit nach dem
Durchschneiden der Vagi, aber während verschiedenen Perioden der Verdauung getötet, nämlich einer 4, der andere 16 Stunden nach der Fütterung.
Im Pankreas beider dieser Tiere sind die Granula weniger zahlreich als in
den Kontrollpräparaten, die unter gleichen Alimentationsverhältnissen gewonnen wurden. Hund Nr. 3 z. B. weist in den apicalen Zonen seiner
Pankreaszellen weit weniger Granula auf als sich im entsprechenden Kontrollpräparate befinden, das wie immer dem gleichen Hunde in den gleichen
Ernährungsverhältnissen vor dem Eingriffe auf die Nerven entnommen
worden. So sind auch die Filamente in den Zellen weniger zahlreich und

unregelmäßig um den Kern in den basalen und lateralen Zellpartien verteilt. — Hund Nr. 2, der 4 Stunden nach der Fütterung getötet wurde, zeigte in seinen Pankreaszellen ziemlich viel Granula, sowohl in den basalen und lateralen Zonen des Protoplasmas als auch speziell in den apicalen. In den beiden erstgenannten Zonen sind die Mehrzahl jedoch größer als die der letztgenannten, und manche haben eine längliche Form und weisen an beiden Enden kleine Verdickungen auf, so daß man den Eindruck bekommt, als stellten sie die Reste fragmentierter Fädchen dar, die im Begriffe seien, weiter in Körnchen zu zerfallen. Die Fädchen selbst sind weit weniger zahlreich als in dem Kontrollpräparate, und gerade in den von diesen Fädchen gewöhnlich eingenommenen Zonen finden sich jene größeren länglichen Körner. — Die Kerne sind groß, blasig und von normalem Aussehen, und enthalten, wenn der Schnitt zentral durch sie geht, 1 bis 3 Nukleoli; sie besitzen viele Chromatinkörner. Weiter kann man schon bei mittelstarker Vergrößerung, speziell bei Hund Nr. 3, zahlreiche Plasmosomen in den Zellen der ersten Strecke der Gehaltstückchen und den centro-acinösen Zellen wahrnehmen. Dies Auftreten zahlreicher Plasmosome, oft nur in den letztgenannten Elementen und in den der Schaltstückchen, konnte ich auch bei normalen Hunden konstatieren. Die Zahl der Plasmosome wechselt in normalem Zustande bei verschiedenen Individuen, jedoch glaube ich nach meinen Beobachtungen, daß die Plasmosome in der zweiten Periode der Verdauung zahlreicher auftreten.

In den Präparaten des Pankreas von Hund Nr. 3 (nach Durchschnitt der Vagi und 16 Stunden nach der Fütterung) sind die Plasmosome äußerst zahlreich und man kann sagen, daß in einzelnen Zonen nicht eine der Zellen der Schaltstückchen ihrer entbehre. Meist findet sich in jeder Zelle eines von ansehnlichen Dimensionen; oft jedoch sind es ihrer auch zwei und mehr, die dann etwas kleiner sind und ganz eng nebeneinander liegen (siehe Fig. 3, Taf. VII).

Man beobachtet also dies Auftreten zahlreicher Plasmosome bei normalen Hunden und auch bei solchen, deren Vagi durchschnitten worden. Man kann allerdings keine größeren Unterschiede zwischen den Verhältnissen im normalen Pankreas und dem der so operierten Tiere feststellen, jedoch sind im letzteren die Plasmosome zahlreicher. In den Zellen der Schaltstücke, in den die Plasmosome auftreten, finden sich auch äußerst feine fuchsinophile Körnchen und einzelne außerordentlich feine, stäbchenförmige Gebilde, die sich ebenfalls mit Fuchsin färben.

Der längliche Kern ist mehr oder weniger reich an feinen Chromatinkörnchen und zeigt ein Plasmosoma, das im Begriffe steht, aus ihnen heraus ins Protoplasma zu treten.

Abtragung der Ganglia des Plexus coeliacus.

Hund Nr. 4. Unter Äthernarkose werden zwei Ganglien des Plexus coeliacus abgetragen. Der Hund wird 10 Tage nach der Operation und 16 Stunden nach der Fütterung getötet.

Hund Nr. 5. Unter Äthernarkose werden drei Ganglien des Plexus abgetragen und das Tier dann 10 Tage und 4 Stunden nach der angegebenen Versuchsmahlzeit getötet.

Von allen ausgeschnittenen Ganglien wurde die histologische Untersuchung vorgenommen. Sie zeigten sich als normale Sympathicusganglien. — Die Stückchen Pankreas wurden nach den schon öfters angegebenen Methoden fixiert, geschnitten und gefärbt.

Bei der histologischen Untersuchung der so hergestellten Präparate erweist es sich, daß die Pankreaszellen beider Hunde eine leichte, jedoch konstante Größenabnahme erlitten. Ebenso findet sich wie bei Hund Nr. 2 und 3 eine Abnahme der Zahl der Körner in den apicalen Zellzonen. Diese Abnahme erscheint nicht durch das Auftreten von im ganzen Zellleibe zerstreuten Granula kompensiert, da die Summe dieser an den basalen und lateralen Zonen liegenden Körner niemals die Zahl der unter normalen Verhältnissen in den apicalen Zellzonen auftretenden Granula erreicht. In allen Zellen sind die Körner von recht verschiedenen Dimensionen, wie das ja auch manchmal in normalen Bauchspeicheldrüsenzellen zu bemerken ist; jedoch sind in diesem letzteren Falle die Unterschiede niemals so groß wie nach den oben angegebenen Eingriffen auf den Sympathicus und auch nicht so allgemein anzutreffen.

Auch die fuchsinophilen Filamente sind in den Pankreaszellen dieser beiden Hunde wenig zahlreich und niemals so fein wie in den normaler, sondern von gröberer Form, kurz, mit verdickten Enden und meist von wechselnder Dicke und manchmal rosenkranzartig gegliedert, wie aus wenigen dicht verbundenen Körnern bestehend. Sie finden sich in der ganzen Zelle — außer der apicalen Zone — verstreut, wo man nur Granula antrifft. Auch im Pankreas dieser Hunde findet man zahlreiche Plasmosome, wie nach Resektion der Vagi, welche Bildungen in den Zellen der Gehaltstücke und den centroacinösen anzutreffen sind. Diese Zellen enthalten stellenweise 4 bis 5 Plasmosome von wechselnder Größe. Oft erreichen sie ansehnliche Dimensionen, so daß sie ein ganzes Zellsegment ausfüllen. Der Zellleib erscheint dann in den Punkten, wo das Plasmosoma die Zellmembran berührt, wie ausgebaucht. Auch in den Drüsenzellen sind die Plasmosome verhältnismäßig zahlreich, und in Fig. 4, Taf. VII ist eine Zelle wiedergegeben, die ein kleines Plasmosoma enthält.

Außerdem ist in dem Pankreas dieser Hunde eine Zunahme des interacinösen Bindegewebes und der Durchmesser der Blutgefäßchen hervorzuheben,
die speziell bei Hund Nr. 5 einen ziemlich hohen Grad erreichen, der, wie
gesagt, 4 Stunden nach der Verzehrung des Probemahles operiert wurde.

Reizung der Vagi und des Sympathicus.

In dieser zweiten Gruppe von Experimenten wurde die Reizung der
Nn. vagi und des Sympathicus vorgenommen, und bei je einem 4 Stunden
nach Verabreichung der Probemahlzeit oder 16 Stunden nach gewöhnlicher
Fütterung mit Brot.

Die Hunde wurden auf dem Operationstisch festgebunden, und unter
leichter Äthernarkose wurde erst die Bauchhöhle eröffnet und unter Unterbindung ein wenige Millimeter dickes Stückchen Pankreas ausgeschnitten.
Zu diesem Zwecke wurden, wenn möglich, die kleinen beim Hunde oft aufzu-
findenden abgetrennten Pankreasläppchen verwendet. Dann wurden in etwa
10 Minuten die beiden Vagi oder Sympathici in deren Cervicaltraktus freigelegt, und ehe ich zur Reizung derselben mittels des faradischen Stromes
schritt, wurde abermals ein Stückchen Pankreas ausgeschnitten und als
zweites Kontrollmaterial fixiert. Dies, um mich durch genauere Vergleiche
der Präparate des ersten, dieses zweiten und der nach Reizung gewonnenen
Stückchen zu überzeugen, welche eventuellen Veränderungen der Äthernarkose
oder den unvermeidlichen, wenn auch leichten Läsionen des Pankreas bei Aus-
schneiden der Stückchen, und welche der Reizung der Nerven zuzuschreiben.

Die Reizung wurde mit einem faradischen Strome unter Anwendung
eines du Bois-Reymondschen Schlittens und eines kleinen Akkumulators
bewerkstelligt. Die Intensität des Stromes wurde ungefähr festgestellt, indem ich die Excitatoren erst auf die Zungenspitze brachte.

Es wurde erst während 2 bis 3 Minuten der Vagus oder Sympathicus
der einen Seite, dann ebensolange der der anderen Seite gereizt; dann ein
Stückchen Pankreas ausgeschnitten und fixiert. Diese letztere Operation
vollzog ich wieder nach 10, 20, 30 minutenlanger Reizung der Nerven,
welche immer abwechselnd auf beiden Seiten vorgenommen wurde.

Nach erfolgter Reizung des Cervicaltractus des Sympathicus wurde
während der fünf letzten Minuten des Experimentes die Excitatoren auf
die Ganglien des Plexus coeliacus gebracht.

So wurde an vier Hunden experimentiert, bei zweien an den Vagi
und bei zweien an den Sympathici; das Experiment wurde einmal 4 Stunden
nach der Reichung der Probemahlzeit, einmal 16 Stunden nach der Fütterung
vorgenommen.

Die histologische Untersuchung der Präparate, die von den beiden
Tieren stammen, bei denen die Reizung der Vagi vorgenommen wurde, er-

geben leichte Veränderungen in der Zahl und Disposition der Granula und Fädchen, Veränderungen, die bei den beiden Tieren nicht die gleichen sind. Im Falle, in welchem das Experiment auf den Vagus 16 Stunden nach der Fütterung vorgenommen worden, zeigen die nach einer $^1/_2$ Stunde lang andauernden Reizung der Vagi entnommenen Präparate des Pankreas bei Vergleich mit den Kontrollpräparaten keine auffälligen Unterschiede. Die fuchsinophilen Faden zeigen die gleiche Form und Disposition (siehe Fig. 5, Taf. VII) wie im Kontrollpräparate; doch sind sie etwas weniger zahlreich und die Zahl der ihnen beigemischten Körner hat hingegen etwas zugenommen. Die fuchsinophilen Granula der apicalen Zone sind ebenfalls zahlreich und im allgemeinen wie beim normalen Pankreas gelegen, höchstens erscheinen sie etwas größer und gegen die Spitze der Zelle zu dichter gedrängt.

Im Hunde, bei dem die Reizung 4 Stunden nach der Einnahme des Probemahles vorgenommen, zeigen die ebenfalls gleich nach Unterbrechung des Experimentes entnommenen Präparate hingegen stärkere Abweichungen von den normalen Kontrollpräparaten. In diesen letzteren, von Beginn der Reizung gewonnenen, zeigen sich zahlreiche Granula in der apicalen Zone der Drüsenzellen, und auch viele im ganzen übrigen Zellleibe zerstreut. Die Fädchen sind nicht besonders zahlreich, und viele von ihnen erscheinen kurz wie in kleine Stäbchen und in Körner fragmentiert.

Nach der Reizung hingegen findet man eine auffällige Verminderung der Zahl der Granula in den apicalen Zellzonen, und in einzelnen Zellen, in denen die fuchsinophilen Fadengebilde scharf und schön gefärbt hervortreten, sind die Granula der apicalen Zellzone nur äußerst spärlich aufzufinden. An den gewöhnlich von ihnen eingenommenen Stellen erscheint der Zellleib schmutzig rotgefärbt und von zahlreichen Lakunen durchsetzt, als zeigten diese die Stellen an, in denen die Granula gelegen. In diesen Zellen, in denen die Körner ausgestoßen worden, findet man, wie schon angedeutet, immer gut gefärbte Fädchen. Diese sind meist kurz, fragmentiert und mit Körnern untermischt, die augenscheinlich ein Produkt der Fragmentation jener Fadengebilde darstellen, die man normalerweise als feine, geschlängelte und lange Fädchen sehen kann. In anderen Zellen, oft des gleichen Acinus, in dem die eben beschriebenen sich finden, zeigen sich hingegen die Körner der apicalen Zonen zahlreich, während die Fädchen der basalen und lateralen Zellregion stärker fragmentiert erscheinen.

Die Kerne scheinen in beiden Tieren nach erfolgter Reizung nicht verändert: sie sind groß, blasig und enthalten ein bis mehrere Nukleolen und zahlreiche Chromatinkörner.

Nach Reizung des Sympathicus finden sich in den Pankreaszellen bemerkenswerte Veränderungen, die leicht aus dem Vergleich von Figg. 1 u. 7, Taf. VII zu ersehen sind, die zwei Acini, vor und nach erfolgter Reizung,

darstellen. Fig. 1, Taf. VII, gibt die normalen Dispositionen wieder, wie
sie bei Anwendung der Methode von Galeotti sich im normalen Pankreas
darstellen lassen und schon oben beschrieben wurden. Es ist die regelmäßige Anordnung der apicalen Granula und der feinen geschlängelten
und langen Fädchen hervorzuheben. Die Kerne sind groß, blasig, mehr
oder minder reich an Chromatinkörnern und mit Nukleolen versehen. Die
in Fig. 7, Taf. VII, wiedergegebenen Zellen entstammen dem gleichen
Pankreas, aber wie gesagt, nach während $^1/_2$ Stunde lang durchgeführten
Reizung des Sympathicus, die 16 Stunden nach der Fütterung des Tieres
erfolgte. Die apicalen Granula sind zusammengepreßt, so daß es beinahe
den Eindruck macht, als seien sie auf dem Punkte zu verschmelzen, die
Kerne erscheinen gegen den basalen Teil der Zellen verdrängt; die Fädchen
sind in der Mehrzahl der Zellen vollständig verschwunden, während die
Granula außer in der apicalen Zone auch im ganzen Zellleibe verstreut
auftreten. Der Kern bleibt blasig, groß, mit einem oder mehreren Nukleoli.
Die gleichen Erscheinungen, d. h. die Anzeichen eines energischen An-
drängens der Granula gegen die Spitze der Zellen zu und deren Vermehrung
auf Kosten der Fädchen zeigt sich auch im Pankreas des Hundes, dessen
Sympathicus 4 Stunden nach der Verspeisung der Probemahlzeit während
30 Minuten gereist wurde. Es sind hier sehr zahlreiche Zellen aufzufinden,
in denen die Fädchen verschwunden, die Granula der apicalen Zone nicht
vermehrt erscheinen. In anderen Acini finden sich neben Zellen, in denen
die Granula in den apicalen Partien angehäuft und gedrängt erscheinen,
solche, die fast gänzlich der Granula entbehren, trotzdem, ich hebe das
nochmals ausdrücklich hervor, Kernfärbungen und Tinktion der Fädchen
und der Granula anderer Zellen des gleichen Acinus vollkommen Gewähr
leisten, daß die Färbungen und Fixierung gut gelungen.

Betreff der Plasmosomen ist nach Reizung der Vagi sowie des Sympathicus
nichts Besonderes hervorzuheben, da sie sich unter den gleichen übrigen
Bedingungen in gleicher Zahl und Verteilung auffinden, wie bei normalen Tieren.

Einzelne Plasmosomen finden sich auch in den Drüsenzellen. Fig. 7,
Taf. VII, gibt drei Plasmosomen in zwei Zellen wieder, jedoch ist dies ein
nicht gewöhnlicher Befund und ich konnte in den untersuchten Präparaten
des gleichen Pankreas kein Acinus mehr auffinden, dessen Drüsenzellen so
verhältnismäßig reich an Plasmosomen wären.

Aus den beschriebenen Befunden ist ersichtlich, daß die Reizung der
Vagi Veränderungen in der feineren Zellstruktur hervorruft, die von denen
auf Reizung des Sympathicus folgenden gänzlich verschieden sind. Der be-
merkenswerteste Einfluß wäre nicht in einer Veränderung der Elaboration
der Granula und Fädchen seitens der Zellen zu suchen, sondern scheint
in einer Veränderung deren Verteilung in den Zellkörpern sich zu äußern

und in der mehr oder minder raschen Verwandlung der Fädchen in Granula. Diese Verwandlung scheint mir durch die Bilder, die sich nach Reizung des Sympathicus in den Pankreaszellen darbieten, bewiesen. Diese Erscheinungen müssen dahin gedeutet werden, daß die Reizung des Sympaticus eine energische Elimination der Granula zur Folge habe und eine ebenso rasche und energische Bildung derselben aus dem von der Zelle vorbereiteten Material. Damit möchte ich jedoch . nicht etwa behauptet haben, daß die Fragmentation der Fädchen die einzige Quelle, aus der alle Granula entspringen, darstelle.

Wie schon gesagt, scheint die Reizung des Vagus nicht die gleiche Wirkung zu haben: man kann keine gesteigerte Elimination der Granula feststellen und ebensowenig eine so energische Fragmentation der Faden, wenn die Reizung der Vagi längere Zeit nach der Fütterung erfolgte (16 Stunden), wie dies nach Reizung des Sympathicus eintritt. Es scheint aber eine leichte Zunahme der Zahl der Granula stattzuhaben, durch eine Produktion derselben aus Faden, welche neuen Granula sich zu denen vor dem Experiment existierenden gesellen, und die während der 30 Minuten lang fortgesetzten Reizung der Vagi nicht eliminiert worden. Ganz anders aber wirkt die Reizung dieser Nerven während der ersten Stunden nach Verabreichung der Probemahlzeit. Man findet (4 Stunden nach der Verspeisung derselben und nach 30 Minuten langer Reizung) dann eine ziemlich beträchtliche Verminderung der Granula und der Fädchen. Ich glaube, daß man diesen Vorgang erklären kann, wenn man bedenkt, daß zwei sinchrone Reizwirkungen das Pankreas unter diesen Umständen beeinflussen: neben der elektrischen Reizung der Vagi nämlich auch der reflektorische Reiz des ins Duodenum übertretenden Mageninhaltes. Es würde der letztere die Inhibitionswirkung der Vagusreizung, die unter anderen Umständen sich auf die Sekretionstätigkeit der Drüsenzellen geltend macht, durch seine energische Reflexwirkung beeinflussen. Daß dieser reflektorische Reiz, der von der Duodenalschleimhaut ausgeht, die Elimination der Granula beschleunigt, zeigt sich auch an den Präparaten, wie wir sie nach Reizung des Sympathicus 4 Stunden nach der Probemahlzeit beschrieben. Es liegt auf der Hand, daß, wenn die starke Wirkung der Sympathicusreizung sich mit der von der Duodenalschleimhaut ausgehenden summiert, der Effekt ein größerer sein muß. So findet man denn auch, daß es den Anschein hat, als würden die Zellen alles unter Form von Fädchen aufgespeicherte Material sehr rasch verarbeiten und bis beinahe zu ihrer Erschöpfung reagieren.

Auch die Ausschaltung der Innervation des Sympathicus und der Vagi wirkt während der ersten 10 Tage nach Durchschneidung der Vagi oder Exstirpation der Ganglien des Plexus coeliacus verschieden. Wir haben gesehen, daß nach Ausschaltung des Sympathicus viel intensivere Veränderungen in den Zellen des Pankreas auftreten als nach der der Vagi. Im ersteren Falle ist eine augenscheinliche Größenabnahme der Zellen und eine leichte Zunahme des interacinösen Bindegewebes konstatiert worden, welche beide Erscheinungen bei den Hunden mit durchschnittenen Vagi nicht festzustellen waren. Was nun die cytologischen Veränderungen als Äußerung der Einwirkung auf die Sekretionstätigkeit unter den von mir angegebenen Bedingungen anlangt, kann man wohl sagen, daß, wenn man auch nicht absolut eine Identität der Reaktion auf Durchschnitt der Vagi und Ausschaltung des Sympathicus feststellen kann, doch diese letztere ihre Wirkung durch eine etwas intensivere Veränderung kund gibt. Es zeigt sich die Einwirkung beider Eingriffe durch gleichartige Modifikationen der cytologischen Äußerungen der Sekretionstätigkeit: bei beiden haben wir es mit einer Verminderung der Zahl und einer mehr oder weniger leichten Veränderung in der Anordnung von Granula und Fädchen zu tun und die Differenzen zwischen den beiden Effekten bestehen nur in einer etwas größeren Intensität der Erscheinungen nach dem Eingriffe auf den Sympathicus. Ob diese Erscheinungen auf eine wirkliche Verminderung der cytologischen Aktivität der Drüse zurückzuführen oder auf eine langsame aber konstante Elimination der Granula, die ausgestoßen wurden, sobald sie sich gebildet, scheint mir nicht mit Sicherheit festzustellen, da meine Präparate mir keine sicheren Anhaltspunkte nach der einen oder anderen Auslegung hin bieten.

Aber die Tatsache, daß im Körper der Pankreaszellen sich unter den angegebenen Verhältnissen konstante Veränderungen in betreff der Granula und Fädchen während den verschiedenen Perioden der Verdauung auftreten, scheint mir darauf hinzuweisen, daß die Ausschaltung der Vagus- und Sympathicusinnervation des Pankreas in dessen Zellen Veränderungen hervorrufe, die eine Verlangsamung der Sekretionsprozesse bedingen.

Aus diesen meinen Untersuchungen, mit welchen ich nur bezweckt habe, die Veränderungen der histologischen Elemente des Pankreas mit feineren cytologischen Untersuchungsmethoden zu studieren, welche Veränderungen wohl den Resultaten, die mit rein physiologischen Untersuchungsmethoden erzielt werden, gewissermaßen entsprechen müssen, scheint mir hervorzugehen, daß sowohl Sympathicus wie Vagus einen Einfluß ausüben. Dieser macht sich auf die Elaboration der Granula und der Fädchen geltend sowohl als auf den Eliminationsmechanismus derselben. Der Vergleich der Ergebnisse nach Durchschneidung und Reizung der Vagi mit den nach den entsprechenden Eingriffen auf den Sympathicus kann, glaube ich, zum Schlusse führen, daß dem Vagus nicht nur eine regulierende Einwirkung auf die Elaboration der Pankreasfermente zuzuschreiben sei, sondern auch eine inhibitorische Funktion auf die Elimination derselben aus dem Zellkörper. Dem Sympathicus hingegen würde eine überwiegende Rolle bei der Elimination der Zellprodukte neben einer Wirkung auf die Elaboration dieser zukommen, welche Wirkungen sich wahrscheinlich auf die Elemente des Pankreas vermittelst einer Regulierung des Kreislaufes und hiermit auf den Metabolismus der Elemente geltend machen würde.

Zusammenfassung.

Ich habe mit vorliegenden Beobachtungen gesucht, die Einwirkung der Vagus- und Sympathicusinnervation auf die feineren Vorgänge in den Zellen des Pankreas während verschiedener Verdauungsperioden festzustellen.

1. Diese endozellulären Vorgänge der Sekretionstätigkeit kann man nach den drei Elementen einigermaßen abschätzen, die mit geeigneten Methoden darstellbar sind, d. h.:

   a) Fuchsinophile Fädchen, die sich später in Granula zerlegen und als solche aus dem Zellkörper ausgeschieden werden.

   b) Fuchsinophile Granula, die mit den gewöhnlich als Zymogengranula bezeichneten zu identifizieren sind.

   c) Acidophile Plasmosome, denen eine endozelluläre Abstammung zukommt.

2. Unter den von mir angegebenen Verhältnissen kann man folgende Veränderungen feststellen:

   a) Nach Resektion der Vagi: Abnahme in der Zahl der fuchsinophilen Granula und Fädchen, welch letztere gewöhnlich gröber und fragmentiert auftreten. Zunahme in der Zahl der Plasmosome.

   b) Nach Abtragung der Ganglien des Plexus coeliacus: Verringerung der Zahl der Filamente und Granula, Vermehrung der Plasmosome. Weiter eine Reduktion der Dimensionen der Drüsenzellen, Zunahme des interazinösen Bindegewebes, Dilatation der Blutgefäße in der Drüse.

   c) Nach Reizung der Nn. vagi: 4 Stunden nach der Versuchsmahlzeit Zahlabnahme der Fädchen und Granula. 16 Stunden nach der gewöhnlichen Fütterung: Veränderungen in den Proportionen zwischen Fädchen und Granula im Vergleiche zu den vor dem Experiment bestehenden Verhältnissen. Die Fädchen haben an Zahl abgenommen, die Granula hingegen erscheinen in vermehrter Zahl.

   d) Nach Reizung des Sympathicus: 16 Stunden nach der gewöhnlichen Fütterung: Starke Abnahme in der Zahl der fuchsinophilen Fädchen; die Granula erscheinen vergrößert und zahlreicher. — 4 Stunden nach Verabreichung der Probemahlzeit: starke Verringerung der Zahl der Fädchen und ebenso der Granula, die von dem Experiment in den apicalen Zonen der Zellen liegen.

Erklärung der Abbildungen.
(Taf. VII.)

Fig. 1. Schnitt aus einem Acinus pancreaticus des Hundes; zeigt die normale Disposition der Granula und der charakteristischen Fädchen.

Der Schnitt war einem Stückchen der Bauchspeicheldrüse entnommen, gleich v o r der Reizung des Sympathicus, die 16 Stunden nach Reichung der Probemahlzeit vorgenommen wurde.

Obj. ¹/₁₅ hom. imm. Koristka.   Oc. comp. 8.   Vergr. 1200 Diam.

Fig. 2. Schnitt aus einem Acinus pancreaticus des Hundes Nr. 1.

24 Stunden nach unterhalb des Zwerchfells vorgenommener Resektion der Nn. vagi.

Die apicalen Granula sind spärlich; die fuchsinophilen Fädchen deformiert, verdickt und gegen das Zentrum des Acinus verschoben.

Obj. 2 ᵐᵐ hom. imm. Z e i ß.   Oc. comp. 8.   Vergr. 1200 Diam.

Fig. 3. Longitudinale und transversale Sektion zweier Schaltstücke.

In den Zellen der Wandungen finden sich zahlreiche Plasmosomen und sehr feine fuchsinophile Granula. Pankreas des Hundes Nr. 3.

Obj. ¹/₁₅ hom. imm. Koristlia.   Oc. comp. 6.   Vergr. 900 Diam.

Fig. 4. Schnitt aus einem Acinus pancreaticus (Hund Nr. 4).

In den Zellen des Acinus finden sich wenige Fädchen, zum Teil deformiert und fragmentiert.

Die Granula liegen im ganzen Zellkörper zerstreut. In einer Zelle ein kleines Plasmosom (grün gefärbt).

Obj. 2 ᵐᵐ hom. imm. Z e i ß.   Oc. comp. 6.   Vergr. 900 Diam.

Fig. 5. Schnitt aus einem Acinus pancreaticus. Dem Hunde wurden die Nn. vagi 30 Minuten lang, 16 Stunden nach der Fütterung, gereizt.

Die Granula und Fädchen finden sich wie beim normalen Pankreas disponiert, nur sind erstere etwas zahlreicher als in den Zellen eines vom gleichen Pankreas unmittelbar vor der Reizung der Nn. vagi entnommenen Stückchens.

Obj. 2 ᵐᵐ hom. imm. Z e i ß. .Oc. comp. 8.   Vergr. 1200 Diam.

Fig. 6. Sektion eines Acinus pancreaticus. Das Präparat entstammt einem Hunde, dessen Nn. vagi während 30 Minuten, 4 Stunden nach Reichung der Probemahlzeit, gereizt wurden.

Die apicalen Granula sind an Zahl vermindert; ebenso sind die Fädchen mehr oder weniger an Zahl geschwunden und einzelne deformiert. (Vgl. Beschreibung im Text.)

Obj. 2 ᵐᵐ hom. imm. Z e i ß.   Oc. comp. 6.   Vergr. 900 Diam.

Fig. 7. Schnitt aus einem Acinus pancreaticus.

Der Sympathicus wurde während 30 Minuten, 16 Stunden nach Reichung der Probemahlzeit, gereizt.

Das Präparat entstammt dem gleichen Pankreas wie das in Fig. 1 wiedergegebene. Aus dem Vergleiche der beiden Figuren sind die strukturellen Veränderungen nach Reizung des Sympathicus ersichtlich.

Obj. 2 ᵐᵐ hom. imm. Z e i ß.   Oc. comp. 8.   Vergr. 1200 Diam.

Über die Ursache der Blutverschiebung im Körper bei verschiedenen psychischen Zuständen.

I. Untersuchungen mit einem inneren (Darm-) Plethysmographen über Änderungen des Blutgehaltes der Bauchorgane.[1]
II. Untersuchungen mit Mosso's Menschenwage über die Verschiebung des Schwerpunktes des Körpers.[2]

Von

Dr. E. Weber,
Assistent am physiologischen Institut zu Berlin.

I. Untersuchungen mit einem inneren (Darm-) Plethysmographen über die Veränderung des Blutgehaltes der Bauchorgane bei verschiedenen psychischen Zuständen.

Einleitung und Plan der Untersuchung.

Der Plan zu den im folgenden beschriebenen Untersuchungen konnte erst gefaßt werden, nachdem der Verfasser durch frühere Versuche an Tieren und Menschen zu bestimmten Ergebnissen gekommen war, die die Grundlagen zu dieser Arbeit bilden. Diese Ergebnisse müssen deshalb hier kurz rekapituliert werden.

Man hatte schon früher gewußt, daß bei elektrischer Reizung der motorischen Zone für Beine auf der Hirnrinde des kurarisierten, also bewegungslosen Hundes eine in der Karotis zu messende Blutdrucksteigerung eintritt. Über die Begleiterscheinungen auf beiden Körperseiten widersprachen die Autoren einander.

---

[1] Aus dem psychologischen Laboratorium der Nervenklinik der Charité.
[2] Aus dem physiologischen Institut.

Verfasser stellte nun fest[1], daß, im Gegensatz zu den Verhältnissen
beim Hund, diese den Blutdruck beeinflussende Rindenzone bei der Katze
ganz vorn auf dem Stirnhirn liegt, und beim Kaninchen ihre Wirkung
immer nur eine unregelmäßige und sehr schwache ist. Die Blutdrucksteigerung war bei allen Tieren immer von einer Vermehrung des Volumens
der vier Extremitäten und einer gleichzeitigen Verminderung des Volumens
der Bauchorgane begleitet. Die Folge der elektrischen Rindenreizung schien
eine durch die Nn. Splanchnici vermittelte Kontraktion der Blutgefäße der
Bauchorgane zu sein, durch die eine größere Menge von Blut nach den
äußeren Körperteilen gedrängt wurde, wo sie die Gefäße durch den erhöhten
Blutdruck ausdehnte. Eine gleichzeitige aktive Erweiterung der Blutgefäße
der äußeren Körperteile wird, wenn sie sich während dieser Vorgänge
auch geltend macht, doch in ihrer Wirkung offenbar überboten durch die
Wirkung der Kontraktion der Gefäße der Bauchorgane, wie die andauernde
starke Blutdrucksteigerung in der Carotis anzudeuten scheint. Zudem trat
auch die Volumenverminderung der Bauchorgane auf fast allen Kurven
etwas eher ein, als die Volumenvermehrung der Extremitäten. Nach Durchschneidung der Nn. Splanchnici blieb die Blutdrucksteigerung fast völlig aus.

Weiterhin[2] suchte Verfasser die Ursachen der Verschiedenheit der Lage
der den Blutdruck beeinflussenden Rindenzonen bei Hund und Katze und
eine Erklärung für die unverhältnismäßig geringere Wirksamkeit der Rindenreizung beim Kaninchen zu finden.

Die letztere Frage schien ihre Erklärung in der verschiedenen Lebensweise der Tiere zu finden, da der Erfolg der Rindenreizung bei Tieren, die
sich viel und frei bewegen, ein größerer zu sein schien, als bei Stalltieren,
die sich fast gar nicht bewegen.

Zu dieser Anschauung führte eine Reihe von Versuchen, in denen
gezeigt wurde, daß bei wilden, kurz vorher gefangenen Kaninchen die
Rindenreizung mit vielfach schwächerem Reizstrom doch eine vielfach
stärkere Wirkung hatte, als bei Hauskaninchen, und daß dasselbe Verhältnis in steigendem Grade bei Hausente, Wildente und Raubvogel nachgewiesen werden konnte. Betreffs der verschiedenen Lage der den Blutdruck beeinflussenden Rindenzone bei Hund und Katze konnte gezeigt
werden, daß bei all den Tieren, bei denen die Rumpfbewegung für die
Fortbewegung wichtiger ist, als die Beinbewegung, wie bei denjenigen
Tieren, die besonders durch Krümmen und Strecken des Rumpfes klettern

---

[1] *Dies Archiv.* 1906. Physiol. Abtlg. 5./6. Heft. S. 495 ff.
[2] *Dies Archiv.* 1906. Physiol. Abtlg. Suppl. S. 309 ff. Der Einfluß der Lebensweise und Fortbewegungsart auf die Beziehungen zwischen Hirnrinde und Blutdruck.

und ihre Beute anschleichen, das Stirnhirn, als motorische Zone für den Rumpf, in engere Verbindung mit den die Blutverschiebung vermittelnden Nerven getreten ist, als die motorische Zone für Beine.

Als Beweis dafür dienten einmal Versuche darüber, daß z. B. bei Katzen auch schon die Verbindung zwischen Rumpfbewegung und Stirnhirn eine viel innigere ist, als beim Hund, für den die Rumpfmuskeln zur Fortbewegung viel weniger wichtig sind. Während beim Hund eine viel stärkere elektrische Reizung des Stirnhirns nötig ist, um überhaupt Rumpfbewegungen herbeizuführen, als sie bei der Zone für Beine zur erfolgreichen Reizung nötig ist, genügt zur erfolgreichen Reizung des Stirnhirns der Katze meist schon ein schwächerer Strom, als zur Reizung der Rindenzone für Beine. Der Hauptbeweis wurde aber dadurch geführt, daß bei anderen Tierarten, die noch mehr als die Katze ausschließlich klettern und nicht laufen, wie beim Eichhörnchen, gezeigt werden konnte, daß hier ebenfalls die Blutdrucksteigerung nur durch Reizung des Frontalhirns zu erreichen ist. Bei anderen Tierarten, bei denen sowohl das Klettern, als auch in ihrer Eigenschaft als wilden Jagdtieren das Laufen auf ebenen Strecken wichtig ist, wie beim Marder und Frettchen, war eine Blutdrucksteigerung sowohl vom Stirnhirn aus, als auch von der getrennt davon dahinter liegenden motorischen Zone für Beine aus zu erreichen.

Der Sinn aller dieser Erscheinungen schien nun der zu sein, daß diese Blutverschiebung nach den äußeren Körperteilen bei der Ausführung sehr kräftiger und anstrengender Bewegungen deshalb von Vorteil ist, weil bei dem Vorhandensein von mehr Blut in den Muskeln die bei der Bewegung verbrauchten Stoffe leichter ersetzt werden können, und dadurch die Ermüdung hintangehalten wird. Deshalb scheint diese Blutverschiebung in stärkerem Maße vorhanden zu sein bei elektrischer Reizung der motorischen Zone wilder, in freier Bewegung lebender, ja von ihrer schnellen Bewegung lebender Tiere, als der im Stall lebenden Exemplare derselben Tierart, bei denen infolge des Nichtgebrauchs die Verbindung zwischen Rindenzone und Splanchnikus unwegsamer geworden ist. Deshalb endlich scheint auch immer die motorische Zone der für die Fortbewegung jeder Tierart wichtigsten Muskelgruppe am innigsten mit den Nerven verknüpft zu sein, die diese Blutverschiebung bewirken, wie bei den Tieren, die besonders mit Hilfe von Rumpfbewegung klettern, das Stirnhirn.

Diese Untersuchungen, die zeigten, daß die Lage und das Vorhandensein von Rindenzonen, die die Blutverteilung im Körper beeinflussen, immer an die Lage und das Vorhandensein von motorischen Rindenzonen geknüpft ist, ermöglichten nun weitere Untersuchungen darüber, ob diese Blutverschiebungen auch beim Menschen bei Erregung der motorischen Rindenzone eintreten; und es wurden beim Menschen den Tierversuchen genau entsprechende Parallelversuche vorgenommen.[1]

An Stelle der elektrischen Reizung der motorischen Zone bei den Tieren trat, gestützt auf die oben ausgeführten Anschauungen, die Herbeiführung sehr lebhafter Bewegungsvorstellungen. Wie man ferner die Tiere durch Vergiftung mit Curare während der Hirnreizungen bewegungslos machen konnte und so die Möglichkeit ausschloß, daß die Blutverschiebung eine Folge der durch die Gehirnreizung ausgelösten Muskelbewegung war, konnte man die Menschen tief hypnotisieren und ihnen dann bei völliger Bewegungslosigkeit sehr lebhafte Bewegungsvorstellungen suggerieren.

Man wußte schon vorher, daß beim Menschen bei Muskelbewegung eine Blutdrucksteigerung eintritt, hatte aber nicht genügend die Möglichkeit ausgeschlossen, daß bei diesen Versuchen ein Druck auf den Bauch ausgeübt wurde, der leicht eine Blutdrucksteigerung herbeiführen könnte, wie andere Versuche bewiesen haben.

Verfasser ließ deshalb zunächst isolierte, aber kräftige Bewegungen im Fußgelenk willkürlich ausführen, die die anderen Körperteile völlig ruhig ließen, und zeigte, daß dabei eine mit dem Tonometer von Riva-Rocci gemessene Blutdrucksteigerung, gleichzeitig eine mit dem Plethysmographen gemessene Volumvermehrung der Extremitäten und Volumverminderung der Bauchorgane eintritt, welch letztere mit einem zu diesem Zweck konstruierten inneren (Darm-)Plethysmographen nachgewiesen wurde. Das waren dieselben Vorgänge, die beim Tiere bei Reizung der motorischen Zone beobachtet waren, und das Ergebnis sprach also für die Richtigkeit der Anschauung über die Bedeutung dieser Blutverschiebung, die oben ausgeführt wurde. Verfasser ging nun dazu über, die Ausführung der Bewegung auszuschalten, und nur die Bewegungsvorstellungen wirken zu lassen. Es wurden dabei an tief hypnotisierten Personen bei der Suggestion von Bewegungsvorstellungen, ohne daß die geringsten Bewegungen ausgeführt wurden, was durch besondere Apparate kontrolliert wurde, dieselben Erscheinungen nachgewiesen, wie bei der wirklichen Ausführung der Bewegung, nämlich Blutdrucksteigerung, Volumenvermehrung der Extremitäten und Volumenverminderung der Bauchorgane, ja die Erscheinungen traten oft noch weit stärker auf, als bei wirklicher Ausführung der Bewegung. Das deutete daraufhin, daß diese Veränderungen nicht die Folge der Bewegung, sondern der Erregung der Hirnrinde waren und wurde noch durch weitere Versuche bestätigt, in denen auch im Wachzustande bei willkürlicher Bewegungsvorstellung, ohne Ausführung der Bewegung, bei einigen

---

[1] Das Verhältnis von Bewegungsvorstellung zu Bewegung bei ihren körperlichen Allgemeinwirkungen. *Monatshefte für Psychiatrie und Neurologie.* XX. 6. 1906. 1. Dezember.

Versuchspersonen, die fähig waren, sich genügend zu konzentrieren, diese Veränderungen eintraten. Einen letzten Beweis dafür stellten Versuche dar, bei denen nach Ausschaltung des Bewußtseins durch Ablenkung der Aufmerksamkeit in tiefer Hypnose, die passive, noch so kräftige Bewegung derselben Muskelgruppen, deren willkürliche Bewegung die oben beschriebene Blutverschiebung herbeigeführt hatte, in dieser Hinsicht völlig erfolglos blieb.

Es genügt also das Entstehen bestimmter Vorstellungen auf der Hirnrinde dazu, die Kontraktion der Gefäße der Bauchorgane, ein Strömen des Blutes nach den äußeren Körperteilen und damit zusammenhängende Volumvermehrung dieser Teile zu bewirken.

Es lag nun nahe zu untersuchen, ob diejenigen Volumenschwankungen der Extremitäten des Menschen, die unter ganz anderen Umständen, und bisweilen auch im entgegengesetzten Sinne, beobachtet worden sind, gleichfalls von einer Veränderung des Volumens der Bauchorgane begleitet sind.

Die bisher bekannten Volumenänderungen des Armes bei verschiedenen psychischen Zuständen.

Betrachten wir nun zuerst die Verhältnisse, unter denen Volumenveränderungen am Arme des Menschen bisher gefunden worden sind, abgesehen von der schon erörterten Volumvermehrung bei der Entstehung von Bewegungsvorstellungen.

Die Untersuchungen vor 1899 können unberücksichtigt bleiben, da in diesem Jahre ein Werk erschienen ist, das, unter Berücksichtigung der früheren Arbeiten, mit bedeutend verbesserten Methoden und Instrumenten diese Fragen eingehend behandelt, die Ergebnisse durch eine ungewöhnlich große Anzahl von Kurvenabbildungen illustriert und als Grundlage für alle weiteren Untersuchungen in diesem Sinne angesehen werden muß. Es ist dies der erste Band von Lehmann, „Körperliche Äußerungen psychischer Zustände"[1], dessen Hauptsätze, soweit sie hier von Wichtigkeit sind, kurz angegeben werden müssen. Vorausgeschickt sei, daß Lehmann neben den Veränderungen des Volumens des Arms während der verschiedenen psychischen Zustände, auch die Veränderungen der Pulsfrequeuz und der Pulsgröße beobachtete und diese Veränderungen rechnerisch genau angab. Diese. Pulsveränderungen bei bestimmten psychischen Zuständen spielen bekanntlich bei Wundt und seiner Schule eine sehr große Rolle, der auf sie gestützt die drei-dimensionale Gefühlstheorie aufstellte. Nach dieser Theorie stehen nicht nur Lustgefühle den Unlustgefühlen gegenüber, sondern auch spannende den lösenden und erregende den beruhigenden, so daß folgendes Schema entsteht:[2]

---

[1] Leipzig, Reisner.

[2] Wundt, *Grundriß der Psychologie*.

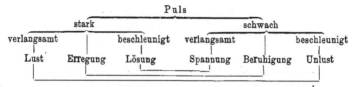

Lehmann lehnt diese Einteilung, wohl mit Recht, ab und unterscheidet bei seinen Untersuchungen nur zwischen Versuchen über die Zustände der erhöhten Aufmerksamkeit und Versuchen über Lust- und Unlustgefühle. Der Zustand der gesteigerten Aufmerksamkeit kann willkürlich eintreten (bei Rechnen, Denken usw.), oder unwillkürlich (bei Schreck), oder kann sich endlich in Spannung und Erwartung eines Ereignisses äußern.

Bei allen drei verschiedenen Aufmerksamkeitszuständen fand Lehmann eine deutliche Senkung der Volumkurven, der bei geistiger Arbeit und Erschrecken eine ganz geringe Steigung unmittelbar vorausging. Auf das unwillkürliche Auftauchen von Gedanken führt Lehmann auch die scheinbar unbegründeten jähen Volumensenkungen in den Normalkurven mancher ruhender Versuchspersonen zurück, wie ja überhaupt die plethysmographischen Normalkurven durchaus nicht immer ganz ruhig verlaufen, sondern je nach der Eigenart, oder dem augenblicklichen psychischen Zustand der Versuchsperson, mehr oder weniger bewegt sind. Trotzdem kann dies nicht die Richtigkeit der Ergebnisse beeinträchtigen, die auf Erscheinungen beruhen, die immer wieder bei bestimmten Einwirkungen auf dieselbe Weise auftreten.

Während Lehmann bei der willkürlichen Aufmerksamkeit im ganzen beschleunigten Puls feststellte, fand er bei der unwillkürlichen Pulsverlangsamung und endlich bei Spannung beschleunigten und kleinen Puls. Bei bestehender starker Spannung wirkte jeder ablenkende Reiz die Spannung aufhebend, so daß dann das Volumen steigt, es kann also vorkommen, daß die Volumkurve bei Erschrecken ausnahmsweise mit Steigung antwortet, und dies ist dann immer der Beweis dafür, daß starke Spannung vorherrschte.

Der Spannungszustand, besonders wenn er dem Experimentator unbekannt, oder gar der Versuchsperson unbewußt ist, wirkt auf diese Weise sehr störend auf viele Versuche, da bei jeder Einwirkung, die eine Volumenänderung zur Folge hat, neben dieser noch eine Volumensteigung infolge der verminderten Spannung einhergeht, die die andere Volumänderung, wenn es eine Steigung ist, vermehrt, eine Senkung aber vermindert, oder ganz verdeckt. Dazu kommt noch, daß Spannungszustände bei vielen Versuchspersonen durch den Beginn der Versuche selbst, durch das Schwirren des Kymographions usw. erregt werden, so daß Lehmann oft sehr dadurch gestört wurde. Wie später ausführlicher berichtet werden wird, konnte Verfasser bei seinen Versuchen eine Methode anwenden, die diesen Fehler unwirksam machte.

Die zweite Reihe der Untersuchungen Lehmanns betrifft die Lust- und Unlustgefühle. Als Unlust erregende Reize wandte Lehmann außer der Einwirkung starker Hitze und Kälte besonders schlecht schmeckende oder riechende Stoffe an. Das Volumen des Armes zeigte dabei starke, oft anhaltende Senkungen, der Puls wurde beschleunigt und klein und wuchs erst bei Steigung des Volumens wieder. Lehmann sah keine Möglichkeit, höhere, zusammengesetzte Unlustzustände, wie Kummer, so herbeizuführen, daß er nach einer Normalkurve eine Kurve in diesem Zustand aufnehmen konnte. Er untersuchte wohl eine Person, die sich in deprimierter Stimmung befand, konnte aber nicht unmittelbar vorher oder nachher eine Normalkurve erhalten. Auch die Hervorbringung von Furcht bei einer Versuchsperson durch Fingierung einer Betäubung mit Stickstoffoxydul ist nicht einwandfrei.

Es sei hier vorausgenommen, daß Verfasser solche Affekte künstlich herbeiführen konnte.

Viel schwerer als Unlustempfindungen, kann man Lustempfindungen herbeiführen, und die Wirkungen sind deswegen auch viel schwächer. Dazu kommt nach Lehmann noch folgendes. Man kann ein Lustgefühl durch äußere Reize nicht herbeiführen, ohne daß eine gewisse Konzentrierung der Aufmerksamkeit der Versuchsperson auf diesen Reiz stattfindet. Wie wir aber wissen, hat Konzentrierung der Aufmerksamkeit Senkung des Volumens mit Pulsbeschleunigung zur Folge, und dies muß eine etwa bei Lust eintretende Volumensteigung und Pulsverlangsamung abschwächen, oder gar nicht zur Wirkung kommen lassen. In jedem Falle werden die körperlichen Äußerungen der Lustempfindungen deshalb viel schwächer sein, als die der Unlustempfindungen, auch wenn wir nicht nach Schopenhauer annehmen, daß die Unlustempfindungen überhaupt die Lustempfindungen an Stärke weit übertreffen. Lehmann fand nun bei angenehmen Geschmacks- und Geruchsreizen Verlangsamung und Vergrößerung des Pulses und Volumensteigung nach anfänglicher geringer Senkung. Indessen traten nie oder selten, alle drei Erscheinungen gleichzeitig ein, sondern gewöhnlich nur zwei nebeneinander. Die Pulsveränderungen sind gewöhnlich am deutlichsten, und bei bestehender Spannung wird natürlich die Volumensteigung und Pulsvergrößerung am meisten hervortreten.

Endlich unternahm Lehmann noch einige Versuche am hypnotisierten Menschen und fand, daß durch Suggestion hervorgerufene Empfindungen dieselben Wirkungen haben, wie durch wirkliche Reize herbeigeführte Lust

oder Unlust, und zwar selbst dann, wenn gleichzeitig die gegenteiligen
wirklichen Reize angewendet werden. Dies beweist, daß die körperlichen
Veränderungen bei psychischen Zuständen nur von der Veränderung des
Bewußtseinszustandes, nicht von der Reizung der Sinne abhängen. Am
Schluß spricht Lehmann nach einem entsprechenden Experiment die Erwartung aus, daß auch suggerierte Affekte sich ähnlich äußern würden,
wie im normalen Zustand. Ein Schema der Hauptergebnisse von Lehmanns Arbeit würde also so aussehen:

Aufmerksamkeitszustände.

Willkürliche Aufmerk- samkeit.	Unwillkürliche Auf- merksamkeit.	Spannung.
Volumen sinkt. Puls im ganzen beschleunigt.	Volumen sinkt. Puls verlangsamt.	Volumen sinkt. Puls verkleinert.

Gefühle.

Lust.	Unlust.
Volumen steigt. Puls verlangsamt. Puls vergrößert.	Volumen sinkt. Puls beschleunigt. Puls verkleinert.

Die späteren Arbeiten verschwinden an Bedeutung neben dieser Arbeit
Lehmanns, soweit sie sich auf Volumenveränderungen bei den verschiedenen
psychischen Zuständen beziehen. Zu der Arbeit von Zoneff und Meumann[1] wurde der Sphygmograph benutzt und vorwiegend Wert auf die
Atemveränderungen gelegt. Ebensowenig interessiert hier die Arbeit von
Brahn[2], die eine Verteidigung der dreidimensionalen Gefühlslehre Wundts
darstellt. Dieselbe Theorie verteidigt auch Gent[3] in seinen „Volumpuls-
kurven bei Gefühlen und Affekten", die direkt die hier behandelten Fragen
berühren. Auch wurde hierbei der verbesserte, von Lehmann konstruierte
Plethysmograph benutzt. Trotzdem bietet diese Arbeit nicht viel neue
Anhaltspunkte für uns, und auch die Methode erscheint nicht ganz einwandfrei. Es ist völlig unverständlich, wie Gent bei seiner Versuchsperson ein „Gefühl der Erregung" hervorrufen kann, indem er ihr die
Wachsuggestion gibt: „Das Volumen soll steigen!" und ein „Gefühl der
Beruhigung", wenn er ihr sagt: „Das Volumen soll sinken!" Auch die
von ihm angewendete, von Mentz angegebene Methode, Affekte dadurch
künstlich hervorzurufen, daß man die Versuchsperson veranlaßt, an ent-

---

[1] Zoneff und Meumann, Über Begleiterscheinungen psychischer Vorgänge in
Atem und Puls. Wundt, *Philosophische Studien*. Bd. XVIII.
[2] Brahn, Experimentelle Beiträge zur Gefühlslehre. I. Teil. *Ebenda.*
[3] *Ebenda.*

sprechende Szenen aus ihrem vergangenen oder zukünftigen Leben lebhaft zu denken, ist höchst unsicher und ihr Erfolg unkontrollierbar. Neue Ergebnisse über Volumveränderungen enthält die Arbeit nicht.

Mit einer eingehenden Kritik des Werkes von Lehmann befaßt sich M. Kelchner[1] in ihrer Arbeit „die Abhängigkeit der Atem- und Pulsveränderung von Reiz und Gefühl“. Sie kommt in manchen Punkten betreffs der Pulsveränderungen zu anderen Ergebnissen, als Lehmann. So findet sie z. B. entsprechend den Feststellungen von Zoneff und Meumann (siehe oben) bei dem Zustand der willkürlichen Aufmerksamkeit verlängerten Puls (S. 8) und ferner Pulsbeschleunigung bei Lustgefühlen, wenn sie durch Geschmacksreize hervorgerufen sind (S. 39). Außerdem stellt sie fest, daß bei Ausschaltung des Bewußtseins die Reize doch einen, wenn auch nur sehr geringen Erfolg hätten, muß aber zugeben, daß der normale Zustand des Bewußtseins Voraussetzung für eine normale Gefühlsreaktion ist.

Auf die plethysmographischen Untersuchungen Bergers[2] und Brodmanns[3] wird erst später eingegangen werden, da sie besonders Volumenmessungen des Gehirns behandeln. Endlich kommt Lehmann in einem dritten Bande seines Werkes (1905) auf die oben besprochenen Versuche zurück, bestätigt sie und erweitert sie in einigen Punkten. Von der willkürlichen Aufmerksamkeit formuliert er seine Ansicht über die Pulsveränderung dahin, daß sie anfangs eine Pulsverlängerung bewirkt, die bei längerer und stärkerer Anspannung der Aufmerksamkeit von Pulsbeschleunigung abgelöst wird (S. 377).

Die Befunde über die Volumenveränderungen, bei den Aufmerksamkeitszuständen und Gefühlen, auf die es uns hier besonders ankommt, waren nur von Müller[4] angegriffen worden, der diese ganze plethysmographische Methode verwirft, aber von Lehmann selbst später in völlig erledigender Weise zurückgewiesen wird (S. 392 ff). Das oben beigegebene Schema der Ergebnisse Lehmanns bleibt also bestehen, bis auf die genauere Präzisierung der Pulsveränderungen bei willkürlicher Aufmerksamkeit.

Apparate und Methode der Untersuchung.

Wir kommen nun zu unseren eigenen Untersuchungen, die, wie oben erwähnt, besonders feststellen sollen, ob die Volumveränderungen an den

---

[1] *Archiv für Psychologie.* 1905.
[2] *Journal für Psychologie und Neurologie.* Bd. I.
[3] *Körperliche Äußerungen psychischer Zustände.* Jena 1904.
[4] Müller, *Zeitschrift für Psychologie und Physiologie der Sinnesorgane.* 1902. S. 340.

Extremitäten des Menschen bei Gefühlen und Affekten, sowie bei den Zuständen der gesteigerten Aufmerksamkeit, auch mit entgegengesetzten
Volumveränderungen der Bauchorgane verknüpft sind, wie wir es von den
Volumveränderungen bei der Entstehung von Bewegungsvorstellungen gefunden hatten. Nebenbei werden die Untersuchungen sich natürlich auch
auf die Art der Volumveränderung des Armes bei den verschiedenen Einwirkungen erstrecken und auf das gleichzeitige Verhalten des Pulses, soweit
es aus der plethysmographischen Kurve zu erkennen ist. Obwohl das
Hauptgewicht hier auf die Verschiebungen der Blutmenge ·von innen nach
außen, oder umgekehrt, gelegt werden soll, wird doch das Verhalten des
Pulses, wie es schon aus den beigegebenen Kurven ersichtlich ist, auch in
allgemeinen Zügen gelegentlich im Text erwähnt werden, dagegen wird
darauf verzichtet, die Pulsveränderungen in ihren einzelnen Phasen in
genauen Zahlen auszudrücken, wie dies Lehmann tut.

Als Instrumente wurden benutzt der Lehmannsche Plethysmograph,
der außerordentliche Vorzüge vor dem früheren Mossoschen Plethysmograph
besitzt und die unbewegliche Lage des zu messenden Armes hinreichend
garantiert, ferner einer der üblichen Pneumographen und der vom Verfasser
angegebene innere (Darm)-Plethysmograph, der aus einem Gummisack besteht,
der an einer steifen Magensonde befestigt in den Mastdarm der Versuchsperson eingeschoben, dann aufgeblasen und mit einer starken Mareyschen
Kapsel verbunden wird, die dann die Veränderung des Druckes in der
Bauchhöhle registriert. Da dieses das Hauptinstrument ist, muß hier etwas
näher auf seine Handhabung und auf die dabei möglichen Fehlerquellen
eingegangen werden.

Der Gummisack hatte bei Anwendung am Menschen einen Durchmesser von 8 cm und eine Länge von 18 cm, war aber bisweilen etwas
größer oder kleiner, ohne daß die Ergebnisse dadurch sichtlich verändert
worden wären. Die steife Sonde wurde bis fast zum Ende des Sackes
durch eine röhrenförmige Öffnung des Sackes eingeschoben, festgebunden,
und konnte dann bequem von der Versuchsperson selbst in den Darm
eingeführt werden, nachdem die Spitze etwas eingefettet war. Ein Schlauch
verband dann das äußere Ende der Hohlsonde mit der Registrierkapsel.

Ein vermehrter Druck, der auf den im Mastdarm der ruhenden
Versuchsperson liegenden aufgeblasenen Gummisack ausgeübt wird und dadurch den Schreibhebel der damit verbundenen Mareyschen Kapsel hebt,
konnte anscheinend vier verschiedene Ursachen haben.

Bei einer verstärkten Inspiration würde sich die Wölbung des über der
Bauchhöhlenach der Brust zu gewölbten Zwerchfells abflachen, dies würde den
Raum der Bauchhöhle verkleinern und so auch den Druck auf den Gummi-
ballon vergrößern. Ferner könnte die Darmperistaltik, besonders wenn durch

sie Darminhalt an den Gummiballen gepreßt wird, einen starken Druck auf
ihn ausüben, dasselbe würde endlich auch durch Kontraktion der Muskeln der
Bauchwand geschehen. Erst nach Ausschließung dieser drei Ursachen darf
man an die Möglichkeit denken, daß eine registrierte Drucksteigerung in
dem Gummiballon von dem plötzlichen Zufluß einer größeren Menge von
Blut zu den Bauchorganen und ihrer damit zusammenhängenden Volumvermehrung bewirkt wird.

Der Einfluß der Atmung kann nun sehr genau dadurch kontrolliert
werden, daß neben der Volumkurve des Arms und der Kurve des Druckes
in der Bauchhöhle regelmäßig eine Atmungskurve aufgenommen wird. Man
muß dann immer, wenn eine Vermehrung des Druckes in der Bauchhöhle
von bedeutend vertieften Atemzügen begleitet ist, die gleichzeitig mit der
Druckerhöhung beginnen und mit ihr enden, diese Druckerhöhung auf
Rechnung der vertieften Atmung setzen, mag es auch sein, daß außerdem
noch andere Veränderungen dazu beitragen.

Außerdem sind bei einer verstärkten Exspiration die Bauchmuskeln
stärker mitbeteiligt und könnten so einen stärkeren Druck auf den Gummiballon ausüben, obwohl das Zwerchfell dabei maximal nach oben gewölbt
ist. Über diese letztere Möglichkeit wurden Probeversuche angestellt und
Maßregeln getroffen, die eine Erkennung jeder derartigen Einwirkung ermöglichten und später an der Stelle besprochen werden, wo sie von besonderer Wichtigkeit sind.

Es zeigte sich nun im Laufe der Untersuchungen, daß die Druckschwankungen in der Bauchhöhle, die durch die normale Atmung entstanden,
sich nicht immer in gleich deutlicher Weise in der Kurve des Druckes in
der Bauchhöhle bemerkbar machten. Wurde der Gummisack, nachdem
er eingeführt war, stark aufgeblasen, so daß er annähernd prall mit Luft
gefüllt war, so zeigten sich auch die normalen Atemschwankungen sehr
deutlich auf der Kurve, so daß sie einer Atmungskurve glich.

Wenn der Gummisack nur mit sehr wenig Luft aufgeblasen worden
war, waren die Atemschwankungen in vielen Fällen fast ebenso deutlich
ausgeprägt, wie aus den beigegebenen Figg. 3, 5, 7, 10 ersichtlich, bisweilen aber wurden sie kleiner oder wurden fast ganz unmerklich, wie es
in den beigegebenen Figg. 1, 2, 3, 8 zu sehen ist.

Die Druckschwankungen, die bei diesen Kurven durch Vermehrung
oder Verminderung des Blutgehaltes der Bauchorgane entstanden, prägten
sich in beiden Arten der Kurven aus, wie wir später sehen werden, aber
nur dann, wenn der Gummiballon vorher nur mit sehr wenig Luft aufgeblasen worden war. War er prall aufgeblasen, so war eine Einwirkung
der Veränderung des Blutzuflusses oder -abflusses wenig oder gar nicht
zu bemerken, was anfänglich zu vielen vergeblichen Versuchen führte. Es

ist auch einzusehen, daß auf einen prall, oder fast prall aufgeblasenen
Ballon, der geringe äußere Druckunterschied, der von der veränderten
Blutfülle der Bauchorgane geschaffen wird, einen viel geringeren Einfluß
haben wird, als auf einen nur zur Hälfte mit Luft gefüllten Gummisack,
da dieser weich und nachgiebig ist und seine Falten sich der Umgebung
anschmiegen.

Aber auch wenn der Ballon nur halb, oder noch weniger aufgeblasen
war, zeigten sich die Atemschwankungen wie erwähnt, oft sehr deutlich auf
der Kurve, und wenn dann auch die anderen Druckschwankungen infolge von
Blutströmungen trotzdem genau wiedergegeben wurden, so war die Kurve
doch nicht so elegant, wie diejenige, auf der nur diese Schwankungen
sichtbar waren, und die Atemschwankungen fast gar nicht. Es wurden
deshalb Versuche darüber angestellt, wie die günstigste Art der Anlegung
des Apparates zu bewirken sei, sie führten jedoch zu keinem völlig be-
friedigenden Ergebnis. Am günstigsten ist es, so wenig Luft als möglich
einzublasen, so daß sie nur gerade noch genügt, den Schreibhebel zu heben,
aber auch dann sind oft starke Atemschwankungen da. Ob der Darm
dabei ganz leer, oder halb gefüllt ist, hat keinen Einfluß. Wichtig dagegen scheint zu sein, daß die Versuchsperson nahezu horizontale Lage
einnimmt. Auch die verschiedene Tiefe der Einführung des Ballons in
in den Mastdarm ist gleichgültig, und man kann nur annehmen, daß es
von der zufälligen Lage der Falten des Gummisackes abhängt, ob sich
die Atembewegungen auf der Kurve mit ausdrücken oder nicht.

Ebenso ist es offenbar von der zufälligen Lage der Falten des Sackes
im Darm abhängig, ob sich die einzelnen Pulse der Blutgefäße der sie
umgebenden Bauchorgane auf der Kurve deutlich ausdrücken, wie in Kurve 3
und besonders 10, oder nicht, wie in anderen Kurven.

Die zweite Fehlerquelle, die Darmperistaltik und der Druck von be-
wegtem Darminhalt, kann leicht dadurch ausgeschaltet werden, daß man
den Mastdarm der Versuchsperson vor Beginn des Versuchs durch einen
Einguß entleeren läßt und die Peristaltik durch Opium ruhig stellt, meist
genügt es aber schon, wenn man es so einrichtet, daß die Versuchsperson
kurze Zeit nach ausgiebiger spontaner Entleerung zum Versuch kommt.
So bleibt noch die Kontraktion der Bauchmuskeln übrig. Man könnte zur
Kontrolle dieses Einflusses etwa einen Sphygmographen verwenden, der
auf den Bauchmuskeln so befestigt würde, daß er bei Bewegung dieser
Muskeln Ausschläge verzeichnet. Diese Rolle spielte der Pneumograph,
der meist auf dem Bauche befestigt war und die Muskelkontraktionen des
Bauches auf seiner Kurve mit angab. Eigentlich war dies aber unnötig,
da ja eine unwillkürliche Kontraktion der Bauchmuskeln nur bei wenigen
äußeren Einwirkungen, wie bei Erschrecken, zu erwarten ist. Wenn sie

sonst sich bemerkbar gemacht hätte, würde sie wohl nicht bei derselben Versuchsperson immer bei demselben Versuch in gleicher Weise, und nicht bei allen anderen Versuchspersonen ebenso aufgetreten sein, und hätte sich dann als besondere Erscheinung gekennzeichnet. Es wurde aber nichts derartiges bemerkt, außer bei den erwähnten bestimmten Einwirkungen, bei denen sie besonders berücksichtigt wurden und später noch erwähnt werden. Endlich ist eine Einwirkung der Bauchmuskeln bei all den Kurven von vornherein auszuschließen, bei denen der „innere Plethysmograph" eine Drucksenkung im Bauch registriert, wie sehr oft, denn Kontraktionen der Bauchmuskeln können nur Drucksteigerung in der Bauchhöhle und damit im Ballon bewirken.

Es muß also nach Ausschließung der anderen Möglichkeiten die Vergrößerung oder Verkleinerung des Volumens der Bauchorgane infolge von Änderungen ihres Blutgehaltes sein, welche die großen Schwankungen in unseren Kurven verursacht, die nicht von der Atmung herrühren. Die Möglichkeit dieser Beeinflussung wird schon dadurch sichtbar, daß an vielen Kurven des Druckes in der Bauchhöhle sich deutlich die einzelnen Pulse der dem Gummisack eng anliegenden Gefäße erkennen lassen, wie z. B. in Fig. 10. Wenn schon die stärkere Füllung der Arterien in ihrem normalen Rhythmus jedesmal einen solchen Einfluß auf den mit Luft gefüllten Ballon hat, daß die Luft aus ihm weggedrückt und der Schreibhebel des Registrierapparates etwas gehoben wird, so muß man es auch für möglich halten, daß eine viel umfangreichere Zunahme des Blutgehaltes aller Gefäße der Umgebung, die unter anderen Umständen eintritt, von dem Schreibhebel entsprechend registriert wird. Gleichfalls registriert muß dann natürlich auch das Gegenteil dieser Erscheinung werden, eine starke Abnahme des Blutgehaltes der Umgebung des Ballons, die von einer Verminderung des Volumens der den Ballon umschließenden Organe begleitet wird und eine Ausdehnung der immer unter etwas Druck stehenden Luft innerhalb des Ballons, damit aber eine Senkung des Schreibhebels zur Folge haben muß. Eine Reihe von Tierversuchen bewiesen die Richtigkeit dieser Anschauung.

Wie oben schon erwähnt, war festgestellt worden, daß bei elektrischer Reizung des Frontalhirns der Katze eine in der Karotis zu messende Blutdrucksteigerung und gleichzeitig eine Abnahme des Volumens der Bauchorgane eintrat. Diese letztere wurde durch Messung einer Darmschlinge im Onkometer festgestellt, das eine luftdicht um die Darmschlinge gelegte Kapsel darstellt und die Volumenschwankungen der durch seine Gefäße noch mit dem Körper verbundenen Darmschlinge dadurch anzeigt, daß der die Darmschlinge in der Kapsel umgebende Luftraum durch einen Schlauch mit einem Registrierapparat in Verbindung gebracht ist. Derselbe Versuch wurde nun auch häufig in der Weise vorgenommen, daß das Onkometer

durch den oben beschriebenen Gummisack im Mastdarm des Tieres ersetzt
wurde, und der Erfolg war völlig den Ergebnissen mit der anderen Methode entsprechend und zeigte dadurch, daß der Gummiballon wirklich
die infolge von veränderter Blutfülle eintretenden Volumenschwankungen
mindestens ebenso richtig auf den Registrierapparat überträgt, als das bisher
gebräuchliche Onkometer, das man ja am Menschen nicht anwenden kann.

Nachdem so die Gebrauchsfähigkeit der benutzten Apparate erwiesen
ist, kommen wir zur Methode der Untersuchungen im allgemeinen. Nach
einer Reihe von Probeversuchen wurde zunächst völlig auf die schon oben
gerügte, von Mentz angegebene und auch später viel benutzte Methode
verzichtet, nach der die Versuchspersonen zur Herbeiführung der verschiedenen
Affekte sich willkürlich an ein entsprechendes Erlebnis ihres vergangenen
Lebens erinnern, oder sich eine Hoffnung ausmalen. Es mag wohl einzelne
Personen geben, die sich solche Vorstellungen in großer Lebhaftigkeit willkürlich auf Kommando bilden können, indessen stellen solche wohl immer
seltene Ausnahmen dar, und auch diese sind sehr von der augenblicklichen
Stimmung abhängig, so daß der Erfolg immer, auch im günstigsten Falle,
ein höchst unsicherer ist.

Andererseits bot sich dem Verfasser dafür ein vortrefflicher Ersatz in
der Herbeiführung der verschiedenen Affekte durch hypnotische Suggestion,
durch die bei all den Personen, die überhaupt auf diese Weise beeinflußbar
sind, ein jedesmal sicher eintretender, von der Stimmung unabhängiger
Erfolg erzielt wird. Zudem ist dieser Erfolg immer viel stärker, als er je
durch willkürliches Erinnern geschaffen werden kann, bei dem niemals un-
merkliche äußere Ablenkungen ausgeschlossen werden können.

Die Anwendung der hypnotischen Suggestion bietet aber auch noch
einen anderen wichtigen Vorteil, der uns veranlaßte, sie auch bei anderen
Teilen unserer Untersuchungen anzuwenden, nicht nur zur künstlichen
Herbeiführung von bestimmten Affekten. Wie wir oben sahen, war es bei
den Versuchen Lehmanns sehr störend, veränderte sogar wahrscheinlich
dauernd das Resultat vieler Versuche, daß bei manchen Versuchspersonen
eine starke Spannung vorherrschte, die bisweilen selbst der Versuchsperson
nicht zum Bewußtsein kam. Da Spannung nach Lehmann mit Volumensenkung verbunden ist, so wurden die auf äußere Einwirkung eintretenden
Volumveränderungen dadurch fehlerhaft beeinflußt, daß der neue Reiz
gleichzeitig ablenkend auf die Spannung wirkte und die davon abhängige
Volumsenkung verminderte. Die dann wirklich eintretende Volumveränderung stellte nach Lehmann nur die Resultante dar aus der Steigung infolge Abnahme der Spannung und der Veränderung infolge des beigebrachten
neuen Reizes. Dieser und andere Fehler, die bei bestehendem Spannungsgefühl nach Lehmann eintreten können, fallen vollkommen fort, wenn die

Versuchsperson hypnotisiert ist, und ihr die entsprechenden Gegen-suggestionen gegeben werden. Wenn einmal der genügend tiefe hypnotische Schlaf herbeigeführt ist, ist ein Vorhandensein von Spannungsgefühl ohne weiteres unwahrscheinlich, und es ist nach dem ganzen Wesen der hyp-notischen Erscheinungen ausgeschlossen, daß trotz direkter suggestiver Be-fehle noch ein Spannungszustand vorherrschen kann. Wir würden dann also in jedem Falle die vasomotorischen Erscheinungen bei gewissen Sug-gestionen als die reinen Begleiterscheinungen der dadurch hervorgerufenen Gefühle betrachten können und brauchten nicht mit Resultanten zu arbeiten. Deshalb wurden bei unseren Untersuchungen auch die einfachen Empfin-dungen von unangenehmem und angenehmem Geschmack oder Geruch usw. durch hypnotische Suggestion hervorgerufen, was ja nebenbei auch dem Experimentator viel Mühe und der Versuchsperson manche unangenehme Nachwirkung ersparte, ohne die Bedeutung des Versuchs selbst zu schädigen, denn natürlich wurden anfangs auch Versuche im Wachzustande mit An-bringung der wirklichen Reize vorgenommen und ihre Resultate mit den an hypnotisierten Versuchspersonen gewonnenen verglichen. Auch die ver-schiedenen Aufmerksamkeitszustände wurden im Wachen und im hyp-notischen Zustande hervorgerufen. Es ist ja bekannt, daß auch im tiefen hypnotischen Schlaf auf Befehl ziemlich komplizierte Gehirnverrichtungen ausgeführt werden können, und es zeigte sich auch, daß z. B. Kopfrechnen mindestens ebenso gut wie im Wachzustande möglich war, anscheinend sogar schneller vor sich ging, als im Wachen.

Aus den letzten Ausführungen geht schon hervor, daß Verfasser sich in der Einteilung und Unterscheidung der zu untersuchenden psychischen Zustände den Anschauungen Lehmanns anschloß und nur die verschiedenen Zustände der gesteigerten Aufmerksamkeit neben den Lust- und Unlust-gefühlen und Affekten unterschied. Es soll hier nicht weiter auf eine Widerlegung von Wundts dreidimensionaler Gefühlstheorie eingegangen werden. Es genügte, daß sich bei der hier allein maßgebenden praktischen Anwendung dieser Unterscheidungen in Anstellung von Versuchen, die die einzelnen Gefühlsqualitäten durch voneinander deutlich verschiedene und charakteristische Einwirkungen herbeiführen sollten, zu große Schwierig-keiten zeigten.

Die Versuche über die verschiedenen Gefühlsarten nach Wundt würden einander oft so ähnlich sein müssen und so wenig nur für die eine Gefühlsart charakteristisch sein, daß gewiß viele objektive Beurteiler den einen Versuch einer anderen Gefühlsqualität zurechnen würden, als andere, und keine ein-heitliche Anschauung herbeigeführt werden würde. Man kommt dann zu so bedenklichen Hilfsmitteln, wie der Schüler Wundts, Gent (siehe oben), der Erregung und Beruhigung dadurch herbeiführen will, daß er die Wach-

20*

suggestion gibt: das Volumen soll steigen — soll sinken. Niemand kann dagegen die wohl charakterisierte Eigenart der Lust- und Unlustgefühle und die der verschiedenen Zustände der gesteigerten Aufmerksamkeit ver-kennen, wie auch aus den im folgenden beschriebenen Versuchen hervor-gehen wird.

Versuche über die verschiedenen Zustände der gesteigerten Aufmerksamkeit.

Als Versuchspersonen dienten eine Anzahl von Männern, die schon oft hypnotisiert worden waren. Bei allen Versuchen wurden erst die entsprechenden Versuche im Wachzustande vorgenommen, dann im hypnotischen Zustande. Die Versuche wurden an jeder einzelnen Versuchsperson sehr oft und an vielen verschiedenen Tagen wiederholt, und die beigegebenen Kurvenabbil-dungen stellen natürlich nur einen sehr kleinen Teil des dabei gewonnenen Materiales dar.

Zunächst wurde die willkürlich gesteigerte Aufmerksamkeit untersucht, die darin besteht, daß die Versuchsperson zu einer bestimmten Zeit lebhaft ihre Gedanken auf eine bestimmte geistige Arbeit konzentriert. Es wurde hier auf das Zählen von unregelmäßig auf einem Blatt verstreuten Punkten und andere Methoden verzichtet und ausschließlich das Kopfrechnen an-gewendet, das von den komplizierteren geistigen Tätigkeiten die bekannteste ist und am leichtesten auch in Hypnose anzuwenden ist, da die Aufgabe durch das Ohr aufgenommen werden kann. Gewöhnlich wurden Multipli-kationsaufgaben aus zweistelligen Zahlen gegeben. Es mußte natürlich immer Rücksicht darauf genommen werden, ob die betreffenden Versuchs-personen an das Rechnen gewöhnt waren oder nicht. So erhielt ein Bank-beamter natürlich schwierigere Aufgaben, als eine andere Versuchsperson, ein Drechslermeister, immerhin wurden mehr als zweistellige Zahlen ver-mieden, da es dann oft unmöglich ist, die einzelnen Multiplikationsresultate bis zur endgültigen Addition zu merken, und deshalb ein lebhaftes Unlust-gefühl entstehen könnte. Die Versuchspersonen hatten die Anweisung, sofort nach Empfangen der Aufgabe mit dem Rechnen zu beginnen und so schnell als möglich, besonders ohne jedes Zögern weiter zu rechnen, beim Schluß-befehl aber sofort abzubrechen und möglichst an gar nichts zu denken. Es wurde nämlich gewöhnlich nicht das Ende des Rechnens abgewartet, sondern es wurde meist schon vorher durch Schlußbefehl das Rechnen unterbrochen und dieser Moment auf den Kurven vermerkt. Wenn ein längeres Anhalten der so gesteigerten Aufmerksamkeit erwünscht war, wurde lieber vor Beendigung der ersten Aufgabe eine neue gegeben, die sofort von der Versuchsperson unter Abbrechen der ersten Rechnung zu lösen war.

. . In der beigegebenen Fig. 1 ist der Einfluß dieses Rechnens im
Wachzustande zu sehen. Da im Wachen beim Rechnen die Atmung
bei einiger Übung immer nahezu gleichmäßig bleibt, so war es hier unnötig, die Atmung registrieren zu lassen. Es ist bei dieser Kurve, die
von rechts nach links zu lesen ist[1], oben die Kurve des Volumens des
im Plethysmographen liegenden Armes zu sehen und darunter die des im
Mastdarm liegenden, leicht aufgeblasenen Gummisackes. Beide Schreibhebel
schrieben, wie in allen anderen Kurven, genau untereinander, und die
Gummischläuche, die die beiden benutzten Apparate mit den Registrier-
kapseln verbanden, hatten natürlich gleiche Länge, wie der bei den anderen
Versuchen benutzte Pneumograph. Es werden also auf den Kurven auch
die zeitlichen Unterschiede des Eintretens der verschiedenen Volumenschwankungen ziemlich genau angegeben. Die Lage des Gummisackes im

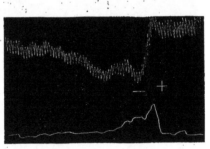

Alle Kurven
sind stark
verkleinert.

Volumen des
Armes

Volumen der
Bauchorgane

Fig. 1.
Von rechts nach links zu lesen.
Von + bis — Kopfrechnen im Wachen.

Mastdarm war bei diesem Versuche insofern eine besonders günstige, als,
wie zu sehen, die Atmungsschwankungen sich gar nicht auf ihr geltend
machen, und deshalb die Schwankungen infolge des veränderten Blutgehaltes
der Bauchorgane umso mehr hervortreten. Bei dem Zeichen + wurde die
Aufgabe gestellt und schon bei dem Zeichen — das Rechnen unterbrochen.
Wir sehen nach geringer Steigung einen jähen Abfall der Volumkurve des
Armes, die sich dann nach zwei folgenden geringeren Senkungen wieder
allmählich hebt, und genau ihr entsprechend, nur etwas eher eintretend,
sahen wir eine ebenso jähe Steigung der Volumkurve der Bauchorgane, die
sich ebenfalls nach zwei geringeren Steigungen allmählich wieder senkt.
Die Kurven entsprachen einander also vollkommen, und sie bedeuten, nach
unseren früheren Ausführungen, daß eine Erweiterung der vom Splanchnicus

---

[1] Wie alle Figg. 1 bis 10!   .

versorgten Gefäße der Bauchorgane eintritt, infolgedessen eine starke Vermehrung der Blutfülle und des Volumens der Bauchorgane, und fast gleich-

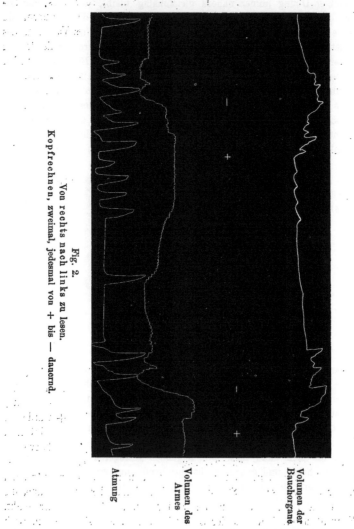

Fig. 2.
Von rechts nach links zu lesen.
Kopfrechnen, zweimal, jedesmal von + bis — dauernd.

Atmung

Volumen des Armes

Volumen der Bauchorgane

zeitig eine Verminderung der Blutfülle des Armes. Es ist dies also gerade die umgekehrte Erscheinung, wie die bei Bewegungsvorstellungen gefundene (siehe oben). Dort trat bei der Entstehung von Bewegungsvorstellungen

eine ja auch am Tiere bei Reizung der motorischen Rindenzone nach-
gewiesene Konstriktion der Bauchgefäße ein, die das Blut von dort nach
den äußeren Körperteilen trieb und so auch das Volumen des im Plethysmographen gemessenen Armes vermehrte. Hier sehen wir gerade das Gegenteil
eintreten, und es ist deshalb sehr wahrscheinlich, daß auch hier die Veränderung der Weite der Gefäße der Bauchorgane beim Eintreten des Zustandes der gesteigerten Aufmerksamkeit das ursächliche Moment ist und
daß infolge der aktiven Erweiterung dieser Gefäße ein Strömen des Blutes
von den äußeren Körperteilen zu diesen Bauchorganen stattfindet, und so
auch das Volumen des im Plethysmographen liegenden Armes vermindert
wird. Diese Wahrscheinlichkeit wird noch durch Betrachtung der Figg. 1, 2
und vieler anderer vermehrt, in denen deutlich zu bemerken ist, daß die
Niveauveränderungen an den Kurven des Volumens der Bauchorgane etwas
eher auftreten, als bei den Kurven des Armvolumens, obwohl die Verbin-
dungsschläuche für beide Kurven, wie schon erwähnt, gleich lang waren
und die Schreibhebel genau untereinander schrieben. Dieselben Versuche
wurden nun auch oft im hypnotischen Zustande vorgenommen. In Fig. 2
sehen wir oben die Kurve des Volumens der Bauchorgane, die auch hier
fast keine Atemschwankungen zeigt, in der Mitte die plethysmographische
Volumkurve des Armes, deren einzelne Pulse zufällig sehr niedrig sind, und
unten die Kurve der Atmung. Die Versuchsperson war in so tiefem hypnotischen Schlaf, daß sie tiefe Nadelstiche nicht mehr fühlte, und es wurde
ihr zweimal hintereinander, auf dieser Kurve jedesmal bei + eine Aufgabe
gegeben, die beidemale bei dem Zeichen — unterbrochen wurde. Auch
hier sehen wir dieselben Erscheinungen wie in Fig. 1, eine Verminderung
des Volumens des Armes mit etwas vorher beginnender Vermehrung des
Volumens der Bauchorgane.

Die Atmung ist zwar während dieses Versuches nicht ganz gleichmäßig geblieben, aber ihre Veränderung kann durchaus nicht etwa als Ursache der Veränderungen an den beiden anderen Kurven angesehen werden.
Wie man sieht, tritt der lange Stillstand der Atmung in Exspirationsstellung erst ein, nachdem die Steigung der oberen und Senkung der unteren
Kurve schon längst ihre Maxima erreicht haben. Die geringfügigen Veränderungen der Atmung vorher sind bedeutungslos, und bei Ausführung
des zweiten Rechnens bleibt die Atmung völlig gleichmäßig. Fig. 3 (S. 312)
zeigt gleichfalls den Einfluß des Kopfrechnens im hypnotischen Zustand, nur zeigt hier die Volumenkurve der Bauchorgane, die sich ganz
oben befindet, deutliche Atemschwankungen. Trotzdem ist daneben auch
die Volumenschwankung ebenso deutlich ausgeprägt, wie auf den ersten
beiden Kurven, man braucht sich nur die mittleren Höhen der einzelnen
Atemschwankungen durch eine Linie verbunden zu denken. Bei der Auf-

nahme der Atmungskurve, die die unterste ist, war der Pneumograph
ausnahmsweise gerade an der Herzgegend aufgesetzt worden, so daß die
einzelnen Herzstöße erkennbar sind, was ja aber nicht stört. Die Atmung
blieb hinreichend gleichmäßig, die drei tieferen Atemzüge etwa in der
Mitte konnten nicht die Ursache der Drucksteigerung im Gummiballon
sein, da sie erst mehrere Atemzüge nach Beginn der Druck- und Kurven-
steigung des Ballons eintreten. Auch sonst konnten sie keine solch stärke
Wirkung haben. Es ist kein Zweifel, daß auch hier die bei Beginn des
Rechnens nach entgegengesetzten Richtungen eintretenden Kurvenschwan-

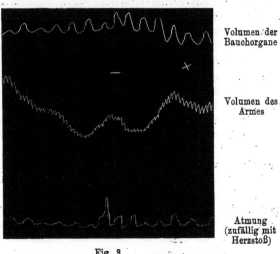

Volumen der
Bauchorgane

Volumen des
Armes

Atmung
(zufällig mit
Herzstoß)

Fig. 3.
Von rechts nach links zu lesen.
Kopfrechnen in Hypnose von + bis —.

kungen von Volumenschwankungen der Bauchorgane bewirkt werden. Es
bestätigt sich also nach allen Versuchen zunächst das Ergebnis Lehmanns,
daß bei willkürlich gesteigerter Aufmerksamkeit das Armvolumen sinkt,
nachdem es vorher meist ein wenig gestiegen ist, und wir fügen hinzu,
daß mit dieser Volumenverminderung eine der Form nach entsprechende,
meist etwas eher beginnende Volumenvermehrung der Bauchorgane einhergeht.
    Es sei noch erwähnt, daß alle diese Veränderungen, auch die Volum-
änderung des Armes bei gesteigerter Aufmerksamkeit, nur beim frischen und
gesunden Menschen regelmäßig eintreten, bei müden oder mißgestimmten
Versuchspersonen zeigen sie sich bisweilen gar nicht, oder nur angedeutet.
    Endlich zeigen sich in Figg. 1 und 3 die einzelnen Pulse der Volumen-
kurve des Armes nach Beginn des Rechnens deutlich beschleunigt und

verkleinert, während Fig. 2 wegen der undeutlich ausgeprägten Pulse der plethysmographischen Kurve nicht sehr zur Prüfung der Pulsveränderungen geeignet ist.

Vom Zustande der willkürlich gesteigerten Aufmerksamkeit unterscheidet sich immer sehr deutlich der der unwillkürlich gesteigerten Aufmerksamkeit.

Im ersten Falle erfolgt die Steigerung der Aufmerksamkeit bei unseren Versuchen zwar auf Befehl, wird aber doch dann durch den eigenen Willen und verhältnismäßig langsam herbeigeführt, im zweiten Falle aber wird die Steigerung der Aufmerksamkeit durch eine sehr starke und unerwartete äußere Einwirkung erzwungen und schon im Augenblick der Einwirkung plötzlich herbeigeführt, wie es beim Erschrecken der Fall ist.

Hierbei muß nun sofort das schon früher erwähnte Bedenken sich einstellen, daß bei Erschrecken meist eine kurze, unwillkürliche Kontraktion

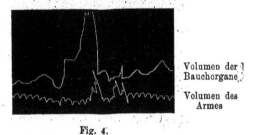

Volumen der
Bauchorgane

Volumen des
Armes

Fig. 4.
Von rechts nach links zu lesen.
Kontrollkurve.
Zweimaliges absichtliches Zusammenziehen der Bauchmuskeln.

verschiedener Muskeln eintritt, auch der Bauchmuskeln, durch deren Zusammenziehung der Druck in der Bauchhöhle und im Ballon gesteigert wird, und dadurch auf der Kurve Schwankungen entstehen müssen, die nicht von Zirkulationsveränderungen herrühren. Es wurden darüber einige Probeversuche angestellt, indem die Versuchsperson, deren Arm im Plethysmographen und in deren Mastdarm der leicht aufgeblasene Gummiballon lag, absichtlich die Bauchmuskeln plötzlich stark kontrahierte, wie es bei Erschrecken geschehen kann. In Fig. 4 sehen wir die Einwirkung dieser Bewegung, oben ist die Kurve des Gummiballons, unten die des Plethysmographen. Erst zeigt die obere Kurve zwei normale Atemschwankungen, dann eine jähe, kurze, zackige Erhebung, die sich nach einer folgenden normalen Atemschwankung in größerem Umfang wiederholt. Dies sind die Einwirkungen erst einer leichten, dann einer sehr starken Kontraktion der Bauchmuskeln, die sich auch an den entsprechenden Stellen der plethysmographischen Kurve darunter zeigen, da der Arm etwas bei der Kontraktion der Bauchmuskeln mit bewegt wurde. Aus dieser Kurve ist zu ersehen, daß die Erhebung, die durch die Drucksteigerung infolge der Muskelkontraktion eintritt, nur ganz kurze Zeit dauert und das Niveau der Kurve nicht auf längere Zeit verändert wird, wie es infolge von Zirkulationsveränderungen der Fall und bei den folgenden Kurven 5 und 6 zu sehen ist. Die ganze Form der Kurve ist eine andere und unmöglich zu verwechseln. Wenn die Atemschwankungen bei der Kurve des Ballon überhaupt erkennbar sind, wie in den Figg. 4, 5 und 6, so bleiben sie auch bei

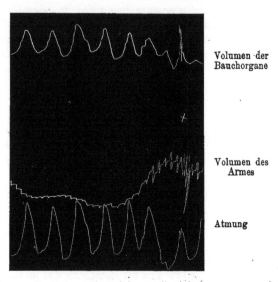

Volumen der
Bauchorgane

Volumen des
Armes

Atmung

Fig. 5.
Von rechts nach links zu lesen.
Bei + heftiges Erschrecken der Versuchsperson.

einer Drucksteigerung infolge von Zirkulationsveränderungen weiter deutlich, wie in Figg. 5 und 6. Nur bei Drucksteigerung infolge von plötzlicher Kontraktion der Bauchmuskeln sind sie nicht mehr deutlich zu erkennen, wie bei Fig. 4. Außerdem ist eine weitere Kontrolle dadurch gegeben, daß einerseits der Pneumograph am Bauche befestigt wurde und dessen Kontraktion auf der Atmungskurve mitregistrierte, andererseits aber, wie in Fig. 4, die heftige Bauchkontraktion auch meist den im Plethysmographen liegenden Arm etwas in Bewegung setzt und dies sich auf der Kurve ausspricht.

. ... Deshalb sind Versuche mit Erschrecken doch nicht ganz wertlos. Die
Versuche über Erschrecken wurden im Wachen und in Hypnose angestellt.
Im Wachen wurde das Erschrecken meist so ausgeführt, daß hinter der
liegenden Versuchsperson ein Gewicht zu Boden geworfen oder sonst ein
heftiges Geräusch verursacht wurde, oder es wurde heftig dicht hinter dem
Kopfe der Versuchsperson auf den Tisch geschlagen. Den Erfolg zeigt
Fig. 5. Der Augenblick des Erschreckens ist außer durch das Zeichen +
durch die Veränderungen an den drei Kurven selbst genau markiert. In der
obersten Volumkurve, der der Bauchorgane, sieht man einen kurzen zacken-
förmigen Ausschlag infolge von Bauchkontraktion, ebenso in der plethysmographischen Kurve in der Mitte und ebenso in der Atmungskurve
darunter. Bei der Kontraktion des Bauches tritt eine etwas vertiefte
Exspiration ein, dann wird aber die Atmung sofort wieder gleichmäßig.
Als Erfolg des Erschreckens sehen wir weiter eine Verminderung des
Volumens des Armes und eine gleichzeitige Vermehrung des Volumens der
Bauchorgane eintreten. Diese letztere ist zwar nach der Kurve nicht sehr
bedeutend, aber völlig deutlich und kennzeichnet sich durch ihr langsames
Ansteigen und ihre längere Dauer als Folge einer Zirkulationsänderung,
im Gegensatz zu der Erhebung in Fig. 4. Bedeutend größer sind die Veränderungen, die wir bei Erschrecken in der folgenden Fig. 6 (S. 316) eintreten sehen, in der das Erschrecken durch hypnotische Suggestion bewirkt
wurde. Es wurde bei + der tief hypnotisierten Versuchsperson in entsprechendem Tone die Suggestion gegeben, daß sie heftig vor einer auf sie
loskommenden Trambahn erschrecke. Wie ersichtlich ist sowohl die Volumen-
veränderung des Armes, als die Volumenzunahme der Bauchorgane viel
stärker, als bei dem vorhergehenden Versuche. Auch hier ist die Steigung der
Ballonkurve durch ihre Form deutlich als Folge einer Zirkulationsänderung
gekennzeichnet, und Bauchkontraktionen scheinen infolge der vorhergehenden
Gegensuggestionen ganz unterblieben zu sein, nur der Arm wurde im
Apparat etwas bewegt, aber dies verursachte keinesfalls seine sehr starke
Volumenabnahme. Dagegen ist die Atmung nicht regelmäßig geblieben,
es erfolgt eine tiefere Exspiration, und die nächsten Atemzüge gehen in
erhöhter Exspirationsstellung vor sich, die aber verhältnismäßig leicht ist,
verglichen mit den zufällig in sehr großem Format registrierten normalen
Atemzügen.

Man könnte nun nach den früheren Ausführungen daran denken, daß
starke Exspirationen gewöhnlich durch Kontraktion der Bauchmuskeln zustande kommen, die also einen Druck auf den Ballon ausüben konnten,
dem widerspricht aber die ganze Form der Kurve. Wie aus der früher
besprochenen Kurve 4 hervorgeht, steigt die Ballonkurve bei Druck durch
Kontraktion der Bauchmuskeln nicht so allmählich, mit deutlicher Aus-

prägung der Atemschwankungen an, wie in Kurve 6, sondern plötzlich, in meist zackiger Form. Auch müßte die stärkste Drucksteigerung und Erhebung der Kurve doch während der tiefsten Exspiration eintreten, wenn also die Bauchmuskeln sich am stärksten kontrahierten. Bei der ersten Exspiration, die doppelt so tief ist, als die nachfolgenden, beginnt aber erst der allmähliche Aufstieg der Ballonkurve und erreicht seine größte Höhe nicht während dieser tiefsten Exspiration, sondern erst 3 bis 4 Atemzüge später. Deshalb haben wohl die Bauchmuskeln bei dieser Exspiration, die gar nicht so sehr tief ist, nicht so mitgewirkt, daß sie den Druck im

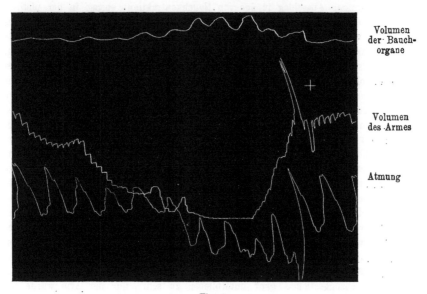

Volumen
der Bauch-
organe

Volumen
des Armes

Atmung

Fig. 6.
Von rechts nach links zu lesen.
In Hypnose suggeriertes Erschrecken bei +.

Gummiballon beeinflußten. Zudem ist ja schon durch die vorhergehende Kurve 5 gezeigt worden, daß die Druckerhöhung im Ballon auch dann eintritt, wenn die Atmung ganz regelmäßig bleibt.

Wir kommen also zu dem Schluß, daß auch bei unwillkürlicher Steigerung der Aufmerksamkeit sich das Volumen des Armes stark vermindert, wie auch Lehmann fand, und daß sich gleichzeitig das Volumen der Bauchorgane vermehrt. Nebenbei zeigten sich die Volumpulse immer nach Eintritt des Erschreckens verkleinert und des öfteren, nicht in jedem Falle, etwas verlangsamt.

· · Als dritten Zustand der gesteigerten Aufmerksamkeit behandelt auch
Lehmann die Spannung oder Erwartung, die insofern etwas Willkürliches
an sich hat, als sie von inneren Ursachen, der Vermutung des Eintretens
eines Ereignisses, beeinflußt wird, aber auch unwillkürlich ist, da sie von
äußeren Vorgängen abhängt. Sie wird von den meisten Experimentatoren
dadurch hervorgerufen, daß der Versuchsperson gesagt wird: „Passen Sie
jetzt auf!" — oder irgend ein leises Geräusch hinter ihr verursacht wird.
Lehmann brannte z. B. ein Streichholz an. und warf es ins Wasser, um
bei der aufmerkenden Versuchsperson Spannung zu erwecken.

Verfasser stellte einige Versuche über Spannungszustände an, der Erfolg war ähnlich, aber immer ein undeutlicher und viel geringerer, als bei
den beiden anderen Aufmerksamkeitszuständen, und das erklärt sich aus
der ganzen Art der Versuche, die viel weniger eindrucksvoll sein müssen,
als Rechnen oder Erschrecken. Da nun die Untersuchungen über die Zustände der willkürlich und unwillkürlich gesteigerten Aufmerksamkeit ein
gleichmäßiges, einheitliches Ergebnis gehabt hatten, so war es höchst
unwahrscheinlich, daß der Spannungszustand, wenn er sich überhaupt
merkbar macht, sich in anderer Weise äußern sollte, als die Zustände der
willkürlich und unwillkürlich gesteigerten Aufmerksamkeit, aus denen er
sich ja, wie oben erörtert, zusammensetzt. Deshalb wurde auf eingehendere
Untersuchung des Spannungszustandes, der sich wenig zu solchen Untersuchungen eignet, verzichtet, zumal ja bei unseren Versuchen auch die
Möglichkeit des Fehlers wegfällt, daß eine ohne Wissen des Experimentators
bestehende Spannung die Resultate anderer Untersuchungen beeinträchtigt
(siehe oben), denn alle anderen Versuche wurden auch im hypnotischen
Zustand der Versuchsperson vorgenommen, in dem durch entsprechende
Gegensuggestionen eine etwa bestehende Spannung sicher beseitigt war.
Das Ergebnis der Untersuchungen bleibt also, daß bei den Zuständen der
gesteigerten Aufmerksamkeit eine Strömung des Blutes von den äußeren
Körperteilen zu den Bauchorganen stattfindet, deren Ursache scheinbar
eine primäre Erweiterung der vom Splanchnicus versorgten Gefäße der
Bauchorgane ist. Die Veränderungen stellen das genaue Gegenteil der
Erscheinungen bei Entstehung von Bewegungsvorstellungen dar.

Versuche über Lust- und Unlustgefühle und Affekte.

Zur künstlichen Herbeiführung bestimmter Lust- und Unlustgefühle
sind vielerlei Methoden benutzt worden.

Meumann und Zoneff[1] wandten unter anderem farbige Tafeln an,
die der Versuchsperson vorgehalten werden und je nach ihrer Farbe ein

---

[1] Wundt, *Philosophische Studien.* 1903. S. 52 ff.

bestimmtes Gefühl hervorrufen sollen, oder sie suchten durch Anschlagen
von Akkorden und Dissonanzen den gleichen Zweck zu erreichen. Auf
diese und ähnliche Mittel wurde hier verzichtet, und es wurden nur Ge-
ruchs- und Geschmacksreize benutzt, die in ihrer Wirkung am kräftigsten
und der Art ihrer Einwirkung bei den verschiedenen Menschen noch am
gleichmäßigsten sind. Es stellte sich dabei heraus, daß Geruchsreize bei
unseren Versuchen weniger angebracht waren, weil dabei weder im Wachen,
noch im hypnotischen Zustand, die Atmung auch nur einigermaßen gleichmäßig erhalten werden konnte, und dadurch die Schwankungen der Kurve
des Gummiballons im Mastdarm der Versuchsperson nicht einwandfrei waren.
Bei der Anbringung von Geschmacksreizen, wirklich oder suggestiv, konnte
die Atmung dagegen verhältnismäßig ruhig bleiben, so daß wenigstens ihr
Einfluß auf die Kurve genau ausgeschieden werden konnte. Deshalb stammen
die aus dem Material beigegebenen Kurven nur von Versuchen mit Ge-
schmackreizen. Als angenehmer Reiz diente meist pulverisierte Schokolade,
je nach dem individuellen Geschmack mehr oder weniger gesüßt, als un-
angenehmer diente Lösung von Bittersalz.

Wie auch Lehmann feststellte, ist ein Lustgefühl immer viel weniger
hervortretend, als ein Unlustgefühl und viel schwieriger herbeizuführen.
Lehmann erklärte das, wie erwähnt, dadurch, daß bei Anbringung des
angenehmen Reizes gleichzeitig die Aufmerksamkeit sich auf diesen Reiz
konzentriert, und da dies mit Volumensenkung verknüpft ist, dadurch die
das entstehende Lustgefühl begleitende Volumensteigung vermindert, oder
aufgehoben würde. Diese Erklärung ist indes gezwungen, und Lehmann
widerspricht ihr an einer anderen Stelle selbst[1], wo er sagt, daß die
körperlichen Äußerungen eines psychischen Zustandes um so mehr hervortreten, je mehr dieser Zustand die Aufmerksamkeit zu fesseln vermag.
Die stärkere und regelmäßigere Wirkung von unangenehmen Reizen erklärt
sich wohl einfach dadurch, daß es leicht ist, etwas dem fein und individuell
abgestimmten nervösen Zentralapparat Disharmonisches, unverhältnismäßig
schwerer aber, etwas ihm vollkommen Harmonisches zu finden, daß also
ein völlig geeigneter angenehmer Reiz vielleicht ebenso stark wirken würde.

In Fig. 7 ist oben die Kurve des Volumens der Bauchorgane,
in der Mitte die des Armes und unten die Atmungskurve zu sehen. Sie ist
im Wachen aufgenommen. Bei dem Zeichen + bekam die Versuchsperson
$^1/_2$ Kinderlöffel voll pulverisierter Schokolade, und man sieht sogleich das
Volumen des Armes steigen, das der Bauchorgane, auf deren Kurve die
Atemschwankungen sehr deutlich ausgeprägt sind, sinken. Bei dem Zeichen
— wurde 1 Löffel Bittersalzlösung gegeben, und die beiden Kurven beginnen

---

[1] A. a. O. Bd. I. S. 158.

sofort in umgekehrtem Sinne zu steigen und zu fallen. Die Atmung bleibt gleichmäßig, bis auf eine kurze Strecke, die unmittelbar vor der Beibringung des Bittersalzes beginnt, während der sie in Exspirationsstellung stehen bleibt. Während dieser Zeit sind natürlich auch auf der Kurve des Gummiballons keine Atemschwankungen zu sehen, und die durch das Verharren in Exspirationsstellung geschaffene dauernde Druckerniedrigung in der Bauchhöhle bewirkt es offenbar, daß sich die Druckvermehrung in-

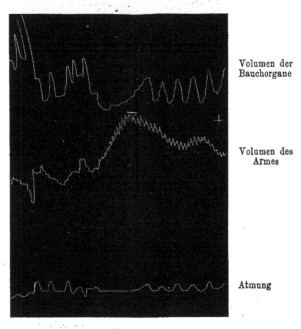

Volumen der Bauchorgane

Volumen des Armes

Atmung

Fig. 7.
Angenehmer Geschmack bei +. Übler Geschmack bei —.
Von rechts nach links zu lesen.

folge des Zuflusses von Blut zu den Bauchorganen bei Eintritt des Unlustgefühls etwas später merkbar macht, als der Abfluß von Blut aus dem Arm. Deutlich ist zu sehen, daß der Abfall der mittleren Kurve etwas eher beginnt, als der Aufstieg der oberen, während bei fast allen anderen Kurven die Veränderung an der Kurve des Volumens der Bauchorgane etwas eher eintrat, als an der des Armes, und nur die gleichzeitige Aufnahme der Atmung zeigt uns hier, daß die Ursache davon offenbar nur die Veränderung der Atmung war. Sonst hat die Atmung hier keinen

Einfluß auf die Niveauveränderungen der Kurven gehabt, und diese sind nur durch Zirkulations- und Volumenänderungen zu erklären.

Im Gegensatz zu dieser Kurve, bei der die Atembewegungen auf der Kurve des Gummiballons sehr deutlich ausgeprägt waren, sind sie auf der obersten Kurve der folgenden Abbildung Fig. 8 fast gar nicht zu bemerken.

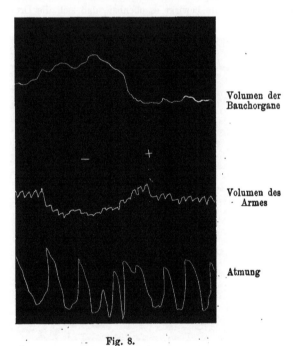

Fig. 8.
Übler Geschmack suggeriert von + bis —.
Von rechts nach links zu lesen.
Mittlere Kurve ist etwa $1/2$ cm nach links gerückt zu denken.

In dieser Kurve wurde der tief hypnotisierten Versuchsperson beim Zeichen + die Suggestion eines üblen Geschmackes (Bittersalz) gegeben, und bei — wurde diese Suggestion wieder aufgehoben. Die mittlere Kurve des Volumens des Armes ist ca. $1/2$ cm nach links gerückt zu denken, da der Schreibhebel fehlerhafterweise soviel zurückstand.

Bei Einwirkung der Suggestion sieht man die Kurve des Gummiballons oben sehr stark steigen und die Volumkurve des Armes gleichzeitig sinken. Nach Aufhebung der Suggestion des üblen Geschmackes gehen beide Erscheinungen zurück. Die Atmung bleibt nahezu gleichmäßig, bis auf einige etwas tiefere Exspirationen in der Mitte, die aber verhältnismäßig so wenig tief sind, daß sie bestimmt nicht die enorme Drucksteigerung im Gummiballon erklären können. Die etwas tiefere Exspiration ist die einfache Folge der vorhergehenden etwas verlängerten Inspiration und ist deshalb wohl ohne stärkere Hilfe der Bauchmuskeln zustande gekommen, was schon ihre geringe Tiefe zeigt. Diese vorhergehende verlängerte Inspiration, die an Höhe die normalen vorhergehenden Inspirationsbewegungen nicht im geringsten überragt, kann die Drucksteigerung im Ballon, die viel länger andauert und ihre Höhe erst eine Zeit lang nach Ende dieser Inspiration erreicht, auch nicht verursacht haben. Wie in der vorigen und vielen anderen Kurven, ist auch hier die Drucksteigerung nur durch Volumenvermehrung der Bauchorgane zu erklären, und wir kommen damit zu dem Schluß, daß der Volumensenkung am Arm bei Unlustgefühlen eine Volumenvermehrung der Bauchorgane entspricht und der Volumenzunahme des Armes bei Lustgefühlen eine Abnahme des Volumens der Bauchorgane. Es muß also bei Unlustgefühlen ein Strömen des Blutes von den äußeren Teilen nach den Bauchorganen eintreten, wie bei den Zuständen der gesteigerten Aufmerksamkeit und bei Lustgefühlen ein Strömen in umgekehrter Richtung, wie wir es bei der Entstehung von Bewegungsvorstellungen gefunden hatten.

Es bleibt noch übrig, die Wirkung der Affekte zu untersuchen, von denen es von vornherein wahrscheinlich war, daß sie, je nach ihrer Lust oder Unlust betonten Art, sich der Wirkung der einfachen Gefühle anschließen würden. Andererseits war es wahrscheinlich, daß viele Arten von Affekten, die aus einer Mischung von Lust- und Unlustgefühlen bestehen, keine, oder keine immer gleichmäßige Wirkung der hier beschriebenen Art haben würden. Wie schon erwähnt, fand das von Mentz angegebene Verfahren, nach dem die Versuchsperson an entsprechende Episoden ihres Lebens denkt und dadurch die Affekte in sich zu erwecken sucht, hier keine Anwendung. Auch die Methode schien aussichtslos, etwa gerade bei der Versuchsperson bestehende Depression oder sonstige Stimmung zu benutzen, da man aus einer schon bestehenden Stimmung gar nichts ersehen kann, sondern nur aus den Veränderungen, die sich bei Eintritt oder bei Aufhören eines bestimmten Affekts einstellen. Die einzige Methode, nach der Affekte in diesem Sinne untersucht werden können, ist die Anwendung der hypnotischen Suggestion. Es zeigte sich nun, daß, wie zu erwarten, manche Affekte, entsprechend ihrer aus Lust- und Unlustgefühlen gemischten Zusammensetzung, keine regelmäßige Wirkung hatten. Andere hatten dies aber, und es würden sich deshalb diese Versuche leicht zu Untersuchungen über das Wesen der verschiedenen Affekte ausdehnen

lassen, indessen sollen sie hier nur in ihrer Beziehung zu dem oben behandelten Stoffe berücksichtigt werden.

Es liegt nahe, daß der Inhalt der Suggestionen sich streng nach der
Individualität der verschiedenen Versuchspersonen richten muß, um die
günstigste Wirkung zu haben. Am besten ist es, die Suggestionen an Vorgänge zu knüpfen, die den Betreffenden gerade beschäftigen, oder vor
kurzem beschäftigt haben. So wird bei einem Handwerker, der zu seinem

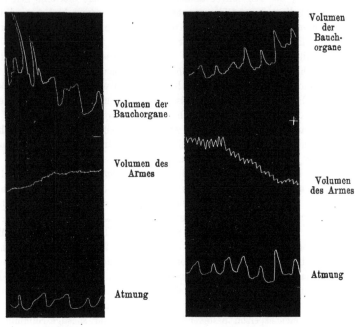

Fig. 9.
Unlustbetonter Affekt,
suggeriert bei —.
Von rechts nach links zu lesen.

Fig. 10.
Lustbetonter Affekt,
suggeriert bei +.
Von rechts nach links zu lesen.

Kummer arbeitslos und mittellos ist, die Suggestion, daß er wieder gute
Arbeit hat, oder daß er in der Lotterie gewonnen hat, gewiß einen stark
lustbetonten Affekt auslösen, während andere die Suggestion pekuniärer
Verbesserung gleichgültiger läßt, und vielleiche solche Suggestionen bei
ihnen Erfolg haben, die ihnen die höchsten Ziele ihres Ehrgeizes erreicht
scheinen lassen. Unlustbetonte Affekte sind im allgemeinen leichter
wirkungsvoll zu gestalten, wie wir das ja auch von den einfachen Ge-

fühlen feststellten. Immerhin ist es empfehlenswert, sich auch dabei an die Gedankenkreise zu halten, die die Versuchsperson gerade viel beschäftigen. Zum Beispiel ist in Fig. 9 bei dem Zeichen — der Versuchsperson, die sich in letzter Zeit mit Krankheitsgefühlen und schlimmen Befürchtungen deshalb getragen hatte und daneben sehr an ihrer Häuslichkeit hing, die Suggestion gegeben, daß sie schwer krank sei, ins Krankenhaus geschafft würde und wohl dort sterben würde. Die Volumkurve des Armes in der Mitte beginnt sofort zu fallen und die der Bauchorgane darüber entsprechend zu steigen. Die ganz unten befindliche Kurve der Atmung bleibt gleichmäßig. Die beiden Zacken auf der Höhe der Erhebung der Kurve des Gummiballons rühren offenbar von Zuckungen der Bauchmuskeln her, aber die Steigung hat da schon ihre Höhe erreicht und kann nicht dadurch beeinflußt sein. Man sieht im Gegenteil aus der Form dieser Kurve, wie genau die Folgen solcher Muskelkontraktionen von den Folgen der Zirkulationsänderungen zu unterscheiden sind, und wie wenig Einfluß sie auf das Grundniveau der Kurve haben; denn wie hoch auch der Druck im Gummiballon bei der Muskelzuckung plötzlich ansteigt, ebenso tief sinkt er wieder im Augenblick des Nachlassens. In Fig. 10 wurde der hypnotisierten Versuchsperson (einem Bankbeamten) bei + die Suggestion gegeben, es sei ihr die Leitung der Bank, wo sie angestellt ist, übertragen, und alle hätten ihr jetzt zu gehorchen. Das Armvolumen dieser sehr ehrgeizigen Versuchsperson beginnt sofort stark zu steigen, und die darüber befindliche Kurve des Gummiballons, auf dem die Pulse deutlich ausgeprägt sind, sinkt entsprechend. Die Atmungskurve ganz unten zeigt keine Änderung, die die Veränderungen an den beiden anderen Kurven beeinflussen konnten.

Endlich sei noch zum Schluß eine Kurve beigegeben, bei der infolge der Stärke des suggerierten Affektes weder die Atmung gleichmäßig blieb, noch häufige zuckungsartige Kontraktionen der Bauchmuskeln ausblieben, und auf der man doch neben diesen fehlerhaften Einflüssen die Wirkung der Zirkulationsänderung erkennen kann, wie ja schon aus Fig. 9 zu erkennen war, daß einzelne Zuckungen der Bauchmuskeln das Grundbild der Kurve, das von anderen länger anhaltenden Veränderungen geschaffen wird, nicht beeinflussen können. Diese Kurve dient auch gleichzeitig dazu, zu zeigen, wie wenig solche Einflüsse bei den anderen Kurven, besonders bei den Versuchen über Erschrecken zu fürchten waren.

Kurve 11 (S. 324) ist im Gegensatz zu allen anderen beigegebenen Kurven der Figg. 1 bis 10 von links nach rechts zu lesen. Beim Zeichen — würde der tief hypnotisierten Versuchsperson die sehr kräftige Suggestion gegeben, daß sie hingerichtet werden sollte und nur noch ganz kurze Zeit zu leben habe. Die ganz oben befindliche Volumkurve der Bauchorgane, auf der die normalen Atemzüge fast gar nicht ausgeprägt sind, beginnt sofort langsam zu steigen, und die darunter befindliche Volumkurve des Armes beginnt etwas später entsprechend zu fallen. An der ganz unten befindlichen Atmungskurve sehen wir nun, daß kurz nach der suggestiven Einwirkung die Atmung in Exspirationsstellung stehen bleibt und in dieser Stellung nur sehr kleine Atemzüge stattfinden. Aus der Form der beiden anderen Kurven, die von hohen schmalen Zacken durchsetzt sind, ist zu erkennen, daß bei diesem Exspirationszustand heftige, zuckende Kontrak-

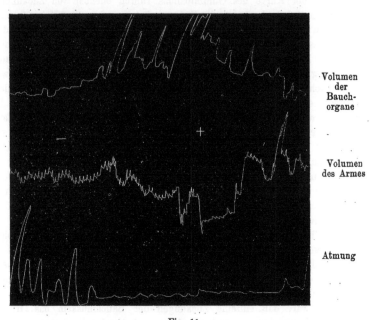

Volumen
der
Bauch-
organe

Volumen
des Armes

Atmung

Fig. 11.
Als einzige der Figg. 1—11 von links nach rechts zu lesen.
Von — bis + Suggestion eines sehr stark unlustbetonten Affekts. (Hinrichtung.)

tionen der Bauchmuskeln beteiligt sind und auch der im Plethysmographen liegende Arm öfter erschüttert wird. Trotz dieser Fehler scheint aber die Kurve nicht ganz wertlos zu sein, denn man erkennt deutlich, daß die Kurve des Volumens der Bauchorgane, bei der die Veränderung fast immer zuerst sichtbar wird, schon vor dem Eintritt der genau registrierten Muskelzuckungen langsam ansteigt, nachdem die Suggestion gegeben worden ist. Wenn man ferner die Zacken auf dieser Kurve, die durch die Muskelkontraktion verursacht sind und völlig denen auf der Probekurve Fig. 4

gleichen, samt den plötzlichen Steigungen, die damit zusammenhängen können, wegdenkt, so bleibt doch noch eine Erhebung der Grundlinie übrig, die nur von allmählicher Druckvermehrung infolge Volumenzunahme der Bauchorgane herrühren kann.

Auch auf der Volumenkurve des Armes in der Mitte ist auf den ruhigeren Teilen der sich senkenden Kurve, zwischen den durch Erschütterungen bewirkten Absätzen, die abwärts steigende Tendenz der einzelnen Pulse gar nicht zu verkennen, so daß trotz aller fehlerhaften Einflüsse die Wirkung der Zirkulationsänderung bei dieser Kurve infolge ihrer Stärke klar hervortritt. Bei dem Zeichen + wurde dann die Suggestion der bevorstehenden Hinrichtung aufgehoben und wir sahen, trotz der weiter andauernden Exspirationsstellung der Atmung und der immer noch wiederkehrenden Kontraktionen der Bauchmuskeln, die obere Kurve sinken und die untere entsprechend steigen, bis sie ihren normalen Stand erreichen. Erst dann beginnen wieder stärker inspiratorische Atembewegungen einzusetzen. Indessen hat diese Kurve mehr versuchstechnisches Interesse, an den anderen Kurven kann man ja die Erfolge der Suggestion von Affekten ebenso deutlich unter Vermeidung dieser Fehlerquellen sehen. — Das Ergebnis dieser Untersuchungen ist also entsprechend den Versuchen über einfache Lust- und Unlustgefühle das, daß bei stark lustbetonten Affekten ein Strömen des Blutes von den Bauchorganen nach den äußeren Körperteilen eintritt und bei stark unlustbetonten Affekten das Gegenteil. Nebenbei sei noch bemerkt, daß der Puls bei einfachen und zusammengesetzten Lustgefühlen größer, häufig auch langsamer, bei Unlustgefühlen kleiner und meist auch frequenter wurde.

Hauptsächliche Ergebnisse des ersten Teiles.

Beim Menschen wird die Volumenverminderung des Armes, die beim Eintritt eines Zustandes der gesteigerten Aufmerksamkeit (geistiger Arbeit, Erschrecken usw.) erscheint, von einer oft genau der Form nach entsprechenden Volumenvermehrung der Bauchorgane begleitet.

Beim Menschen wird die Volumenvermehrung des Armes, die bei Entstehen eines durch äußere Einwirkung oder hypnotische Suggestion erregten Lustgefühls eintritt, von einer Volumenverminderung der Bauchorgane begleitet, und die Volumenverminderung des Armes, die bei Unlustgefühlen eintritt, von einer Vermehrung des Volumens der Bauchorgane.

Dieselben Wirkungen kann man durch Herbeiführung von lust- oder unlustbetonten Affekten vermittelst hypnotischer Suggestion erzielen.

II. Untersuchungen mit Mossos Menschenwage
über Verschiebungen des Schwerpunktes des Körpers
bei verschiedenen psychischen Zuständen.

Plan der Untersuchung.

Über Veränderungen der Lage des Schwerpunktes im menschlichen Körper stellte Mosso[1] Versuche mit seiner „Menschenwage" an.

Wie aus der unten beigegebenen Abbildung zu ersehen ist, wird bei dieser Wage der Wagbalken durch ein langes Brett dargestellt, auf das

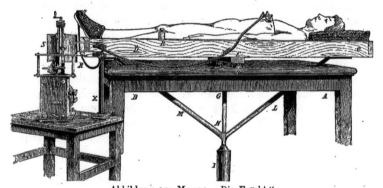

Abbildung aus Mosso, „Die Furcht."
NB. Bei der vom Verfasser benutzten Wage wurden die Schwankungen vom Kopfende
des Brettes registriert.

sich die Versuchsperson dergestalt lang niederlegen muß, daß das Brett, das sich um die in der Mitte quer verlaufende Achse E auf zwei eisernen Keilen dreht, gerade im Gleichgewicht sich befindet.

Damit die Wage nicht bei jeder kleinen Schwankung zu tief ausschlägt, wurde der Schwerpunkt durch das Gewicht I tiefer verlegt, das an dem Schaft GH höher oder tiefer verstellt werden kann. Der Schaft GH ist in der Mitte des Brettes CD senkrecht eingelassen und wird durch die Querstangen M und L unbeweglich festgehalten. Zur weiteren Regulierung der Gleichgewichtslage dient das Gewicht R. Mosso ließ den Ausschlägen der Wage einen solchen Grad von Empfindlichkeit, daß sie sich im Rhythmus der Respiration noch bewegte. Bei Inspiration sank die Fußseite des Brettes und stieg bei Exspiration.

Die Ursache dieser letzteren Erscheinung ist nun zweifellos die, daß bei Inspiration, trotz der gegenteiligen Ansicht Mossos, die Bauchorgane infolge

---

[1] *Archives Italiennes de Biologie,* Vol. V. 1874 o. p. 130—142; und Mosso, *Die Furcht.* Leipzig 1889. S. 88 ff.

der Abflachung der Wölbung des Zwerchfells fußwärts gedrängt werden, und deshalb das Gewicht auf dieser Seite der Wageachse ein größeres wird. Bei Exspiration steigt das Zwerchfell wieder nach oben und die Bauchorgane kehren in ihre frühere Lage zurück.

Auf die Ansicht Mossos[1] über die Ursache dieser Erscheinung soll hier nicht eingegangen werden, zumal diese Frage für die folgenden Versuche gleichgültig ist. Es genügt die Feststellung, daß bei Inspiration die Fußseite sinkt, und zwar umso tiefer, je kräftiger die Inspiration ist.

Das Ergebnis der Untersuchungen Mossos war nun, daß, wenn er eine im Gleichgewicht auf der Wage ruhende Versuchsperson ansprach, sich jedesmal die Kopfseite der Wage senkte, obwohl die Versuchsperson völlig bewegungslos blieb und die Atmung nicht zu verändern suchte.. Dasselbe trat ein, wenn eine auf der Wage schlafende Person durch ein Geräusch im tiefen Schlafe gestört wurde, ohne daß sie ganz aufzuwachen brauchte. Auch dann senkte sich die Kopfseite des Wagbrettes und stieg erst wieder langsam, wenn der Schlaf, wieder tief wurde. Ebenso beobachtete Mosso ein Sinken der Kopfseite des Brettes bei absichtlicher, lebhafter geistiger Tätigkeit, wie Übersetzen von Homer usw.[2]

Da Mosso außerdem noch feststellen konnte, daß gleichzeitig das Volumen der Extremitäten geringer wurde, so schloß er aus alledem, daß bei erhöhter geistiger Tätigkeit das Blut von den äußeren Körperteilen zum Gehirn strömt, der Kopf deshalb schwerer wird und das Sinken der Kopfseite des Wagebrettes bewirkt.[3] Dies sind die Untersuchungen Mossos.

Es war uns nun von vornherein nicht einleuchtend, daß bei erhöhter psychischer Tätigkeit die Blutfülle des Gehirns derartig vermehrt sein und dadurch das Gewicht des Kopfes so erhöhen soll, daß sogar die Wirkung, die die respiratorische Verschiebung der Bauchorgane hat, davon weit übertroffen wird.

Man muß allerdings in Betracht ziehen, daß die Gewichtsvermehrung des Kopfes, am Ende eines bedeutend längeren Hebelarmes angreifend, auf den Wagebalken mehr einwirken würde, als die durch Respiration verschobenen Baucheingeweide. Dagegen ist aber zu berücksichtigen, daß das Gehirn von der knöchernen, unnachgiebigen Schädelkapsel umschlossen ist, und daß eine Vemehrung der Blutfülle des Gehirns deshalb nur dadurch zustande kommen kann, daß eine der hinzukommenden Blutmenge annähernd gleiche Menge von Lymphe und der mit ihr konfluierenden Cerebrospinalflüssigkeit aus dem Gehirn hinausgedrängt wird. Je mehr also die Blutgefäße des Gehirns

---

[1] *Archives Italiennes de Biologie.* 1884. p. 134 ff.
[2] Mosso, *Die Furcht.* S. 92.
[3] *Ebenda.* S. 90—92.

anschwellen, umso saftärmer müssen die anderen Hirnteile werden, die
Menge der Gesamtflüssigkeit bleibt also im Gehirn immer nahezu dieselbe.
Nun ist aber das Gewicht der Lymphe von dem des Blutes keineswegs so
verschieden, daß man aus dem Ersatz eines Teiles der Lymphe durch Blut
einen verhältnismäßig so enormen Gewichtszuwachs der Kopfseite des Wagebrettes, wie ihn Mosso fand, damit erklären könnte. Wir müssen also diese
Deutung der Ergebnisse der Versuche Mossos zurückweisen.

Dagegen lag es nahe, die Ergebnisse der im ersten Teile beschriebenen
Versuche über die Veränderung der Blutfülle der Bauchorgane bei verschiedenen
psychischen Zuständen damit in Verbindung zu bringen. Es war oben mit Hilfe
eines inneren (Darm-) Plethysmographen gezeigt worden, daß die bei geistiger
Arbeit oder Schreck usw. eintretende Volumverminderung des Armes von
einer genau entsprechenden Volumvermehrung der Bauchorgane begleitet
wird. Diese Veränderungen würden also auch bei den Versuchspersonen
Mossos eingetreten sein, wenn sie zu erhöhter geistiger Tätigkeit veranlaßt
wurden oder im Schlafe durch Geräusche erschreckt wurden.

Betrachten wir nun die Lage der Bauchorgane auf der Wage Mossos
etwas genauer. Er ließ die Versuchspersonen sich derart auf das Brett
legen, daß sie möglichst ohne Zuhilfenahme von Gewichten im Gleichgewicht
lagen. Der Schwerpunkt des Körpers lag also gerade über der Achse. Nun
liegt gewöhnlich der Schwerpunkt des ganzen Körpers, der übrigens auch
mit einer solchen Wage am Lebenden bestimmt werden kann, $4^{1}/_{2}$ ^{cm}[1]
unterhalb des Promontoriums, und es ist dadurch ohne weiteres klar, daß
in dieser Lage bei weitem der größere Teil der Bauchorgane kopfwärts der
Achse der Wage liegt.

Deshalb mußte also das bei den Zuständen der willkürlich oder unwillkürlich erhöhten Aufmerksamkeit, wie bei geistiger Arbeit und Schreck,
eintretende Strömen des Blutes von den äußeren Körperteilen zu den Bauchorganen die Kopfseite des Wagebrettes hinabdrücken, und dieser Erfolg
veranlaßte Mosso zu der irrigen Vorstellung, das von den äußeren Körperteilen wegströmende Blut habe durch sein Strömen zum Gehirn die Senkung
der Kopfseite des Wagebrettes bewirkt. Möglicherweise hat dabei auch ein
vermehrter Blutzufluß zum Gehirn stattgefunden, wo es dann eine entsprechende Menge von Lymphe verdrängte, sicherlich ist aber dies nicht
das Maßgebende für die Verschiebung des Schwerpunktes des Körpers gewesen, sondern der vielmal stärkere Zufluß zu den Bauchorganen, die ja
einen unverhältnismäßig großen Teil des ganzen Körperblutes in sich fassen
können.

Die Richtigkeit dieser Anschauung konnte offenbar sehr leicht durch

---

[1] Landois, *Lehrbuch der Physiologie.* XI. Aufl. S. 604.

das Experiment bewiesen werden. Es brauchte nur die auf der Wage liegende Versuchsperson so weit nach der Fußseite des Wagbrettes zu verschoben zu werden, bis der größte Teil der Bauchorgane nicht mehr kopfwärts der Achse des Wagbrettes lag, sondern fußwärts. Wenn dann das Gleichgewicht des Wagbrettes dadurch hergestellt sein würde, daß an der Kopfseite des Wagbrettes genügende Gewichte aufgestellt werden, so müßte dann bei den Zuständen der erhöhten Aufmerksamkeit nicht mehr die Kopfseite des Wagbrettes sinken, wie bei Mosso, sondern die Fußseite, da ja die Bauchorgane jetzt auf dieser Seite liegen.

Diese Überlegungen führten dann weiter zu dem Plan, mit dieser Methode nicht nur die Unrichtigkeit der Folgerungen Mossos nachzuweisen, sondern die Untersuchungen auch auf die anderen psychischen Zustände auszudehnen, die schon früher mit Hilfe des inneren (Darm-)Plethysmographen untersucht worden waren. Man müßte dann jeden psychischen Zustand bei der Versuchsperson erst in derjenigen Lage auf dem Wagbrett herbeiführen, bei der die Bauchorgane kopfwärts der Achse der Wage und dann in der, bei der sie fußwärts von ihr liegen. Wenn dann wirklich bestimmte Veränderungen der Blutfülle der Bauchorgane mit Eintritt der verschiedenen psychischen Zustände verknüpft sind, so muß der Ausschlag des Wagbrettes beim zweiten Versuch der entgegengesetzte von dem beim ersten sein, d. h. einmal die Kopfseite, das andre Mal die Fußseite sich senken. Wenn die Ergebnisse dieser Untersuchungen dann mit denen der Untersuchungen mit dem inneren (Darm-)Plethysmographen übereinstimmen würden, so würden wir dann mit zwei völlig in ihrer Art voneinander verschiedenen physikalischen Untersuchungsmethoden dasselbe nachgewiesen haben, und die Möglichkeit eines Irrtums in der Deutung der Ergebnisse wäre dann sehr vermindert.

Infolge dieser Erweiterung des Untersuchungsplanes soll bei den später beschriebenen Versuchen nicht wieder besonders auf die Beweise für die Unrichtigkeit der Folgerungen Mossos eingegangen werden, diese ergeben sich schon von selbst aus der Gesamtheit der folgenden Versuche. Es soll der Einfluß der Bewegungsvorstellungen, der Zustände der willkürlich und unwillkürlich erhöhten Aufmerksamkeit (geistige Arbeit, Schreck), der Lust- und Unlustgefühle und Affekte untersucht werden und möglichst auch der Einfluß des Schlafens und Erwachens.

Apparate und Methode der Untersuchung.

Die zu den Versuchen benutzte Menschenwage war nur in Kleinigkeiten von der Mosso's verschieden. Natürlich war das Wagbrett bedeutend länger, als das Mosso's, weil die Versuchsperson zeitweilig so

darauf gelagert werden sollte., daß der größte Teil der Bauchorgane fußwärts der Achse des Wagbrettes liegt. An Stelle des an drei Stellen
ausgeschnittenen Tisches wurden seitliche Holzböcke benutzt, und an Stelle
des verschiebbaren Gewichtes I befand sich eine Gewichtschale, die. nach
Bedürfnis belastet wurde.

Zur etwa nötigen Verkleinerung der Ausschläge des Wagbrettes diente
ein unten mit der Gewichtschale verbundenes, parallel zur Achse des Wagbrettes' gestelltes Ruder, das in einem mit Wasser gefüllten Kasten ein-
tauchte und infolge des Widerstandes des Wassers bei den Schwankungen
des Wagbrettes diese hemmte.

Durch Ablassen oder durch Vermehrung des Wassers in diesem Kasten
konnte man diese Hemmung regulieren. Die richtige Anwendung dieser
beiden Hemmungen stellte sich als sehr wichtig für das Zustandekommen
der Versuche heraus, wie denn überhaupt Ergebnisse mit dieser Wage sich
durchaus nicht so leicht erzielen lassen, wie man nach dem Lesen der
Abhandlung Mossos glauben sollte. Die Größe des Gewichtes I und die
Tiefe des Eintauchens des Ruders in das Wasser muß bei jeder Versuchsperson geändert werden, um die günstigsten Verhältnisse herzustellen.

Es genügt durchaus nicht, den Schwerpunkt des gewogenen Körpers
so lange durch stärkeres Belasten der Gewichtschale tiefer zu legen, bis das
Wagebrett mit dem darauf liegenden Körper nur noch ganz kleine Ausschläge während der Respiration ausführt; dann kann man oft gar keine
Veränderungen der Lage des Schwerpunktes infolge von Änderungen der
Blutverteilung nachweisen, weil das Gewicht der verschobenen Blutmenge
im Verhältnis zu der Belastung der Gewichtschale (Gewicht I der Figur)
zu wenig in Betracht kommt. Deshalb muß man dieses Gewicht und die
Menge des das Ruder hemmenden Wassers so klein als möglich nehmen,
und lieber die Schwankungen des Wagbrettes etwas größer sein lassen.

Da es bei diesen Versuchen nur darauf ankam, festzustellen, ob die
Lage der Bauchorgane kopfwärts oder fußwärts der Achse des Wagbrettes
jedesmal die entgegengesetzte Wirkung bezüglich der Verlagerung des
Schwerpunkts des Körpers . bei den verschiedenen psychischen Zuständen
hat, so war es nicht nötig, bei den Versuchen mit Lage der Bauchorgane
kopfwärts der Achse des Wagbrettes die Versuchsperson, wie Mosso es
tat, mit dem Schwerpunkt ihres Körpers möglichst genau über die Achse
zu legen, sondern die Ergebnisse mußten sogar deutlicher werden, wenn
die Bauchorgane nicht nur zum größten Teil, wie bei Mosso, sondern in
ihrer Gesamtheit kopfwärts der Achse lagen.

Deswegen wurde in dieser Lage die Versuchsperson noch etwas mehr
kopfwärts auf dem Wagebrett verschoben,. und das Gleichgewicht durch
Aufstellung eines entsprechenden Gewichtes auf der Fußseite des Wag-

brettes wiederhergestellt. Umgekehrt wurde auch in der anderen Lage dafür gesorgt, daß die Bauchorgane fast völlig fußwärts der Achse lagen.

Liegen die Bauchorgane kopfwärts der Achse im Gleichgewicht, so ist es klar, daß bei Strömen des Blutes aus den Bauchorganen nach den äußeren Körperteilen, die allein fußwärts der Achse liegenden Beine ein Plus von, Blut erhalten, das ihr Gewicht vergrößert, und umgekehrt. Bei Lage der Bauchorgane fußwärts der Achse dagegen würde zwar ein Teil des von den Bauchorganen nach den äußeren Körperteilen fließenden Blutes auch den auf derselben Brettseite, wie die Bauchorgane, liegenden Beinen zugute kommen, aber diese Seite des Brettes würde doch im ganzen leichter werden, weil der andere Teil des von den Bauchorganen abfließenden Blutes das Gewicht des Oberkörpers vermehrt. Man sollte nun denken, daß es dabei nützlich ist, die Versuchsperson die Arme über den Kopf ausgestreckt auf das Brett legen zu lassen, da dann der Gewichtszuwachs infolge einer eintretenden Volumvermehrung der Arme am Ende eines längeren Hebelarmes auf das Wagebrett wirken müßte, dem ist aber nicht so. Die unbequeme Lage und die dadurch bewirkte Störung der Zirkulation läßt diesen Vorteil meist nicht zutage treten.

Wie es Mosso tat, so ließen wir das eine Ende des Wagebrettes durch einen daran befestigten Schreiber direkt die Schwankungen der Wage auf eine sehr langsam rotierende berußte Trommel registrieren, nur brachten wir der Bequemlichkeit halber den Schreiber nicht wie Mosso, am Fußende des Wagbrettes, sondern immer an seinem Kopfende an.

Alle diese Wägungen sind völlig wertlos, wenn nicht gleichzeitig mit den Schwankungen des Wagbrettes die Atmung registriert wird. Gerade der Eintritt eines anderen psychischen Zustandes der Versuchsperson wird häufig von einer mehr oder weniger starken Veränderung der Atmung begleitet, und da die Verschiebung des Schwerpunktes infolge von Störungen der normalen Atmungsform und Stärke oft größer ist, als infolge einer Blutverschiebung, so kann diese dadurch völlig verdeckt, ja scheinbar in ihr Gegenteil verkehrt werden. Es gehört daher zu jeder Betrachtung solcher Kurven über Wägungen ein genaues Studium der gleichzeitig aufgenommenen Atmungskurve, und nur wenn die Atmung völlig gleichmäßig geblieben ist, kann man die Senkung der einen Seite des Wagebrettes den Schwankungen der Blutverteilung im Körper zuschreiben. Viele Personen können überhaupt nicht, oder wenigstens nicht längere Zeit, gleichmäßig atmen und sind deshalb unbrauchbar, andere können sich daran gewöhnen.

Sehr erleichtert würde dies gleichmäßige Atmen werden, wenn man der Versuchsperson die Frequenz und Stärke ihrer Atmung während des Versuches durch eine zweite Atemkurve vor seinem Kopfe sichtbar machen würde, dem steht aber das Bedenken gegenüber, daß dann die Aufmerksamkeit zu sehr abgelenkt wird und die nötige Konzentration auf die zu untersuchenden psychischen Zustände darunter leidet.

Am besten ist es deshalb immer, sich Leute auszusuchen, die normal möglichst gleichmäßig atmen, und dann sich besonders auf solche Versuche zu stützen, bei denen die Atmung, auch bei Eintritt eines neuen psychischen Zustandes, zufällig oder nach Übung, gleichmäßig geblieben ist.

Indessen braucht die Atmung nicht bei allen Versuchen gleichmäßig zu bleiben, nämlich dann nicht, wenn ihre Veränderung die entgegengesetzte Wirkung auf die Wage. haben müßte, als die ist, die bei dem Versuche durch Blutverschiebung herbeigeführt wurde. Liegt zum Beispiel der Bauch fußwärts der Achse, und das Blut ist vom Bauch nach den äußeren Körperteilen geströmt und hat so die Kopfseite des Brettes zum Sinken gebracht, wie es auf den beigegebenen Kurven Figg. 14 und 15 der Fall ist, so macht es gar nichts aus, daß die Atmung, wie in diesen Kurven, dabei vertieft worden ist, denn eine vertiefte Atmung würde die Bauchorgane mehr fußwärts drängen und das Sinken der Fußseite des Brettes bewirken. Da hier trotzdem das Brett an der Kopfseite sank, so ist daraus zu entnehmen, daß in diesem Falle. die Blutverschiebung so stark das Gewicht der Kopfseite des Brettes vermehrte, daß die vertiefte Atmung dies nicht ausgleichen konnte, und daß bei gleichmäßiger Atmung die Senkung der Kopfseite noch tiefer gewesen wäre.

Bei Suggestion mancher Gefühle im hypnotischen Zustand pflegte die Atmung besonders unregelmäßig zu werden, und man konnte dann bisweilen die Atmung dadurch gleichmäßig erhalten, daß man dem Hypnotisierten den energischen Befehl gab, immer in dem vom Experimentator angegebenen Takt zu atmen, sei es nach Handklatschen oder Metronomschlägen. Dann bleibt oft auch die Tiefe der Inspirationen dieselbe. Beim Wachen das Metronom zu demselben Zwecke anzuwenden, ist wegen der Ablenkung der Aufmerksamkeit nicht zu empfehlen, in Hypnose sind ja diese Verhältnisse andere.

Außer der Wage und. dem Pneumographen wurde bisweilen auch gleichzeitig der Arm-Plethysmograph angewendet. Da durch die früheren Versuche schon bekannt war, welche Veränderungen bei Eintritt bestimmter psychischer Zustände am Volumen des Armes vor sich gehen, so war dies eigentlich nicht erforderlich, und es sind deshalb auch nur zwei Kurven beigegeben, die zeigen, daß die Volumveränderung am Arm genau gleichzeitig einsetzt, wie die Veränderungen an der Wage. Der Plethysmograph stand dabei auf einem Brett, das seitlich an das Wagebrett angeschraubt war. Im Laufe der Untersuchungen machte es sich oft bemerkbar, daß es durchaus nicht gleichgültig war, ob vor Beginn des Versuches das im

Gleichgewicht schwankende Wagebrett völlig im Mittel seiner Respirations-
schwankungen horizontal lag, oder ob schon anfangs das eine Ende des
Brettes etwas höher stand, als das andere.

Liegt z. B. der Bauch kopfwärts der Achse, und das Fußende des
Brettes steht etwas höher als die Kopfseite, so wird beim Strömen des
Blutes vom Bauch zu den äußeren Körperteilen das Blut, das zu den
Beinen strömt und dadurch die Fußseite des Wagebrettes zum Sinken
bringt, in seiner Fortbewegung dahin durch die Schwerkraft gehindert, da
die Fußseite etwas höher steht.

Erleichtert und etwas vergrößert würde dagegen der Erfolg der Versuche dadurch werden, daß man das Wagebrett schon vor Beginn der
Versuche mit der Seite des Brettes etwas tiefer stellt, nach der man er-
wartet, daß das Strömen des Blutes stattfindet. Indessen ist dies ein
zweischneidiges Mittel, denn zwar wird so das Eintreten dieser Veränderung
erleichtert und deutlicher sichtbar gemacht, um so schwerer geht aber
auch nachher diese Veränderung zum normalen Zustande zurück, und es
ist doch wünschenswert, auf den Kurven sowohl das Eintreten, als das
Zurückgehen dieser Erscheinungen registriert zu sehen. Es empfiehlt sich
deshalb zu diesem erleichternden Kunstgriff nur dann seine Zuflucht zu
nehmen, wenn man auf andere Art bei der betreffenden Versuchsperson
keine deutlich erkennbaren Erfolge erzielen kann.

Es eignen sich nämlich zu diesen Versuchen durchaus nicht alle Personen und die brauchbaren nicht an allen Tagen. Wie auch schon bei
den Versuchen mit dem inneren (Darm-)Plethysmographen, müssen die
Versuchspersonen bei solchen Versuchen völlig gesund, frisch und in guter
Stimmung sein, wie bei allen psychologischen Versuchen dieser Art. Entschieden ist auch die Wirksamkeit der Vasomotoren nicht immer unter
gleichen äußeren Bedingungen eine gleich starke, und es gibt endlich viele
Leute, deren Vasomotoren außerordentlich fein auf Reize reagieren und
solche, bei denen das Gegenteil der Fall ist. Man muß sich eben geeignete Leute dazu aussuchen und diese unter günstigen körperlichen Bedingungen untersuchen.

Es scheinen nicht immer die höher Gebildeten zu sein, deren Vasomotoren stärker reagieren, natürlich ist aber bei vielen Ungebildeten die
Fähigkeit, ihre Aufmerksamkeit zu konzentrieren, weniger ausgebildet.

Bei diesen Versuchen ganz besonders kommt dann bei der Auswahl
der Versuchspersonen noch in Betracht, ob sie ihre Atmungsform gleichmäßig erhalten können, wie das ja schon oben ausgeführt wurde.

Auch diese Versuche wurden, wie die früher beschriebenen, teils im
hypnotischen Zustand der Versuchsperson ausgeführt. Eine Anzahl von
Versuchspersonen wurden nur im Wachzustande untersucht, aber z. B. zur

Herbeiführung von Affekten und von lebhaften Bewegungsvorstellungen war man, entsprechend den früheren Ausführungen, auf hypnotische Suggestion angewiesen.

Bei den im vorhergehenden Abschnitt behandelten Untersuchungen mit einem inneren (Darm-)Plethysmographen wurde nur kurz erwähnt, daß sich bei einer früheren Arbeit des Verfassers[1] herausgestellt hatte, daß bei der Erregung von Bewegungsvorstellungen bei der tief hypnotisierten, bewegungslosen Versuchsperson eine Volumvermehrung der Extremitäten und eine mit dem inneren Plethysmographen festgestellte Volumverminderung der Bauchorgane neben allgemeiner Blutdrucksteigerung eintrat. Dieselben Erscheinungen konnten auch bisweilen von den Versuchspersonen dadurch herbeigeführt werden, daß sie lebhaft ihren Willen und ihre Vorstellung auf eine bestimmte Bewegung konzentrierten, ohne doch die Bewegung auszuführen. Da an der Menschenwage diese Versuche noch nicht kontrolliert worden waren, wurde zunächst eine Versuchsreihe darüber angestellt.

Hierauf wurden dieselben psychischen Zustände, die im vorhergehenden Abschnitt schon mit dem inneren (Darm-)Plethysmographen untersucht worden waren, auf diese Methode untersucht. Zuerst die Zustände der willkürlich und unwillkürlich gesteigerten Aufmerksamkeit. Die willkürliche Aufmerksamkeit wurde, wie früher, durch Kopfrechnen von den Versuchspersonen herbeigeführt, und die unwillkürlich gesteigerte Aufmerksamkeit, das Erschrecken, bewirkte jedesmal ein vom Experimentator abgefeuerter Schuß.

Für die Lust- und Unlustgefühle erwiesen sich hier, wie bei den früheren Versuchen, Geschmacksreize als vorteilhafter, als Geruchsreize, die die Atmung zu sehr stören, und sie wurden sowohl im Wachen beigebracht, wie durch hypnotische Suggestion vorgetäuscht. Zur Herbeiführung von Affekten wurde, wie erwähnt, nur Hypnose angewendet. Die Affekte waren rein lust- oder unlustbetont, und ihrem Inhalte nach der Individualität der einzelnen Versuchspersonen angepaßt, wie dies ausführlich im vorigen Abschnitt erörtert ist. Da es weiterhin aus äußeren Gründen nicht möglich war, den Einfluß des normalen Schlafes auf die Verlagerung des Schwerpunktes des Körpers bei der auf der Menschenwage liegenden Versuchsperson zu untersuchen, so mußte sich Verfasser damit begnügen, den Einfluß des Eintretens der tiefen Hypnose zu beobachten und registrieren zu lassen, obwohl das Verhältnis der tiefen Hypnose zum Schlafe ja durchaus noch nicht klargestellt ist. Bei Eintritt des normalen Schlafes hatte

---

[1] E. Weber, Das Verhältnis von Bewegungsvorstellung zu Bewegung bei ihren körperlichen Allgemeinwirkungen. *Monatshefte für Psychiatrie und Neurologie.* 1906. 1. Dezember.

Mosso eine Vermehrung des Volumens der Extremitäten festgestellt, beim Erwachen dagegen eine Verminderung und hatte daraus geschlossen, daß im ersten Falle das Gehirn blutleerer wird, und im zweiten blutreicher. Später aber hatte er selbst gefunden[1], daß das Volumen des Gehirns beim Erwachen häufig eine Verminderung erfährt. Howell[2], Brodmann[3], Lehmann[4] und andere bestätigten die Volumvermehrung der Extremitäten beim Einschlafen und schlossen daraus gleichfalls meist auf die entgegengesetzten Veränderungen am Gehirn, Brodmann jedoch konnte dies antagonistische Verhalten des Gehirn- und Armvolumens beim Einschlafen und Erwachen nicht bestätigen, sondern fand während des Einschlafens neben der Volumvermehrung des Armes auch eine solche des Gehirns. Dieses gleichmäßige Verhalten der Extremitäten und des Gehirns bei diesen Veränderungen ließ uns daran denken, ob nicht auch hierbei die Kontraktion oder Dilatation der Gefäße der Bauchorgane eine Rolle spiele und in demselben Sinne die Volumenvermehrung oder Verminderung aller anderer Körperteile, inklusive Gehirn, bewirke. Wie erwähnt, mußte sich Verfasser vorläufig damit begnügen, an Stelle der Veränderungen beim normalen Schlaf die beim Eintreten und Aufhören des Zustandes der tiefen Hypnose zu untersuchen, indem die Bauchorgane einmal fußwärts und dann kopfwärts der Wageachse gelagert wurden. Die Hypnose wurde ohne Berührung durch die verbale Bernheimsche Methode fast unmittelbar herbeigeführt und das Wecken durch einfachen Befehl des Aufwachens. Auf das Verhältnis des hypnotischen Zustandes zum Schlafe soll hier nicht weiter eingegangen werden, vielleicht dienen diese Versuche dazu, die Ähnlichkeit der vasomotorischen Wirkungen beider Zustände zu erweisen.

Auch Lehmann machte Versuche über das Verhalten des Armvolumens bei Eintritt und Aufhebung des hypnotischen Zustandes, und er gibt darüber an[5], daß bei Eintreten des hypnotischen Zustandes keine Volumvermehrung des Armes stattfand, wie er sie beim normalen Einschlafen festgestellt hatte, sondern nur eine Pulsverkürzung.

Abgesehen davon, daß es bei Versuchen dieser Art darauf ankommt, daß die Hypnose eine sehr tiefe wird, was Lehmann nicht genügend betont, kann man aus einigen Kurven Lehmanns selbst einen Einfluß des hypnotischen Zustandes auf das Armvolumen erkennen. So ist in seiner Kurve 56 D E das Volumen des Armes, nachdem die Hypnose eingetreten ist, deutlich im Mittel seiner Schwankungen vermehrt worden, auch wenn

---

[1] Mosso, Über den Kreislauf des Blutes im Gehirn. Leipzig 1881.
[2] Howell, Journal of Exp. Med. 1896. II. p. 313 ff.
[3] Brodman, Journal für Psychologie und Neurologie. I. 1902.
[4] Lehmann (zit. oben).
[5] Derselbe. Bd. I. S. 168.

man berücksichtigt, daß von 3 bis 5 der andere Arm kataleptisch ausgestreckt wurde. Es wurden deshalb vom Verfasser auch einige Versuche
derart vorgenommen, daß gleichzeitig mit den Wägungen bei Eintritt und
Aufhören des hypnotischen Zustandes der Versuchsperson auch das Volumen
des Armes plethysmographisch aufgenommen wurde.

Wir kommen nun zu den Ergebnissen der Versuche im einzelnen,
die durch die beigegebenen Kurven (Figg. 12 bis 27) illustriert sind.

Besprechung der beigegebenen, für die Untersuchungs-ergebnisse typischen Kurven.

Alle über die Versuche mit der Menschenwage beigegebenen Kurven
befinden sich auf Figg. 12 bis 27 und sind, im Gegensatz zu den früher
besprochenen Kurven auf Fig. 1 bis 11, sämtlich von links nach
rechts zu lesen.

Auf allen diesen Kurvenblättern stellt die unterste Kurve die der
Atmung dar, ihre Erhebungen die Inspirations-, ihre Senkungen die
Exspirationsbewegungen, darüber findet sich jedesmal die von dem Kopfende des Wagebrettes selbst gezeichnete Kurve der Schwankungen dieser
Seite des Brettes, und nur auf zwei Kurvenblätter, bei denen dies besonders
vermerkt ist, befindet sich zwischen diesen beiden Kurven die plethysmographische Volumkurve des Armes.

Es darf nicht vergessen werden, daß in jeder Lage der Versuchsperson
die Schwankungen der Wage durch den, im Gegensatz zu der Abbildung
aus Mossos „die Furcht", am Kopfende des Brettes befestigten Schreiber
registriert wurden, daß also immer ein Steigen dieser Kurve eine Verminderung des Gewichts kopfwärts, oder eine Vermehrung des Gewichts
fußwärts der Achse bedeutet, und umgekehrt. Von den auf diesen Kurven
sichtbaren Atemschwankungen wurde schon erwähnt, daß die Inspiration
durch das Verschieben der Bauchorgane fußwärts ein Steigen der Kopfseite
des Brettes zur Folge hat, also auf der Kurve gleichfalls eine Steigung,
die bei Exspiration von einer Senkung abgelöst wird.

Wir kommen zunächst zu den Versuchen über den Einfluß der Entstehung von Bewegungsvorstellungen.

Wie oben erwähnt wurde, hatte Verfasser früher festgestellt[1], daß bei
der Erregung einer lebhaften Bewegungsvorstellung bei der Versuchsperson,
auch ohne die Ausführung der Bewegung selbst, eine Blutdrucksteigerung

---

[1] E. Weber, Das Verhältnis von Bewegungsvorstellung zu Bewegung bei ihren
körperlichen Allgemeinwirkungen. *Monatshefte für Psychiatrie und Neurologie.* 1906.
1. Dezember.

mit gleichzeitiger Volumvermehrung der Extremitäten und Volumverminderung der Bauchorgane eintritt.

Diese lebhafte Bewegungsvorstellung konnten sich einzelne Versuchspersonen willkürlich im Wachen in genügender Stärke bilden, ohne sich
irgendwie wirklich zu bewegen, größer und weit regelmäßiger aber war
der Erfolg dann, wenn der tief hypnotisierten Versuchsperson völlige Bewegungslosigkeit befohlen war, und ihr dann die Suggestion einer starken
Bewegung gegeben wurde.

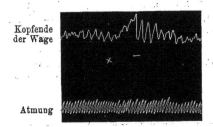

Kopfende
der Wage

Atmung

Fig. 12.
Suggestion einer Bewegungsvorstellung von + bis —.
Bauch kopfwärts der Achse.
Von links nach rechts zu lesen.

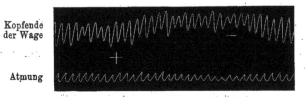

Kopfende
der Wage

Atmung

Fig. 13.
Suggestion einer Bewegungsvorstellung von + bis —.
Bauch kopfwärts der Achse,
Von links nach rechts zu lesen.

Über den Erfolg dieser letzteren, bei diesen Wägungen mehr angemessenen Methode, sind vier Kurven beigegeben. Kurve 12 und 13 zeigen
den Erfolg an zwei verschiedenen Personen bei Lage der Bauchorgane
kopfwärts der Achse des Wagebrettes. Unten befindet sich die Kurve der
Atmung, oben die der Schwankungen des Kopfendes des Brettes. An
Kurve 12 ist auffällig, daß im Gegensatz zu fast allen anderen Kurven
die Frequenz der Atmung zu groß für die Empfindlichkeit der Wage ist,
so daß nicht der Effekt jeder einzelnen Inspiration sich gleich deutlich an

den Schwankungen der Wage erkennen läßt, wie z. B. auf Kurve 13.
Trotzdem ist nicht zu verkennen, daß bei Beginn der Suggestion der Bewegung (des Herausziehens eines Baumes), beim Zeichen + das Kopfende
des Wagebrettes sich hebt und erst nach Beendigung und Aufhebung der
Suggestion beim Zeichen — sich wieder senkt. Die Atmung, die auch
vorher nicht sehr gleichmäßig war, hat während der Suggestion keine derartigen Veränderungen erhalten, daß daraus diese Verschiebung des Schwerpunktes erklärt werden könnte, und sonst lag die Versuchsperson völlig
regungslos. Da immerhin die Atmung nicht ganz gleichmäßig war, ist noch
Kurve 13 beigegeben, bei der gleichfalls von + bis — die Suggestion einer
Bewegungsvorstellung wirksam war. Der Erfolg ist derselbe, bei + steigt die
Kopfseite des Brettes und sinkt erst nach dem Zeichen — wieder. Wie wir
wissen, würde von Atmungsänderungen nur durch sehr verstärkte Inspiration
infolge der damit verbundenen stärkeren Verschiebung der Bauchorgane fußwärts ein solches Steigen der Kopfseite des Brettes herbeigeführt werden können,
auf der Kurve 13 sehen wir aber während der Suggestion die Inspirationen
sogar geringer werden, wodurch eigentlich ein Sinken des Kopfendes des
Brettes bewirkt werden müßte. Die trotzdem vorhandene Steigung wäre
also noch höher geworden, wenn die Atmung ganz gleichmäßig geblieben
wäre, und muß eine andere Ursache haben, die wir nach unseren früheren
Untersuchungen darin finden müssen, daß bei Entstehung lebhafter Bewegungsvorstellungen ein Strömen des Blutes von den Bauchorganen zu
den äußeren Körperteilen stattfindet, wodurch, bei Lage des Bauches kopfwärts der Achse des Wagebrettes, der fußwärts der Achse gelegene Teil
des Körpers einen Zuwachs an Blut erhält, der die Fußseite des Brettes
nach unten drückt und sein Kopfende die Erhebungen auf den beiden
Kurven 12 und 13 zeichnen läßt.

Dann muß aber, bei Lage der Bauchorgane fußwärts der Achse, der
Erfolg ein umgekehrter sein, und in der Tat sahen wir dies aus den
Figg. 14 und 15. Auch hier reicht die Dauer der Suggestion vom Zeichen
+ bis —, und wir sehen in Fig. 14 für diese Zeit das Kopfende des
Wagebrettes stark sinken, obwohl die Atmung dabei etwas tiefer wird.
Da aber ein Tieferwerden der Atmung nur ein Sinken der Fußseite des
Brettes bewirken könnte, so schadet diese Atemveränderung dem Werte
der Kurve nicht, und man kann nur wieder sagen, daß bei gleichmäßiger Atmung das Sinken der Kopfseite des Brettes noch beträchtlicher
gewesen wäre. Wie schon erwähnt, war früher gezeigt worden, daß bei
Einwirkung dieser Suggestionen eine Volumenvermehrung des Armes eintritt,
und es brauchten hier darüber eigentlich keine weiteren Versuche angestellt
zu werden.

Trotzdem ist eine Kurve, Fig. 15, beigegeben worden, auf der gleich-

zeitig mit der Kurve der Wageschwankungen und der Atmung während
der Suggestion einer lebhaften Bewegungsvorstellung die plethysmographische

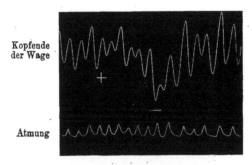

Fig. 14.
Suggestion einer Bewegungsvorstellung von + bis —.
Bauch fußwärts der Achse.
Von links nach rechts zu lesen.

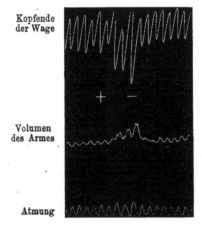

Fig. 15.
Suggestion einer Bewegungsvorstellung von + bis —.
Bauch fußwärts der Achse.
Von links nach rechts zu lesen.

Volumkurve des Armes aufgenommen wurde (auf der Mitte des Kurven-
blattes). Es wurde dies deshalb getan, weil aus dieser Kurve zu sehen
ist, wie genau zur selben Zeit die Volumvermehrung des Armes und das

22*

Sinken der Kopfseite der Wage beginnt und aufhört, und dadurch die Abhängigkeit der einen Erscheinung von der anderen illustriert wird.

Auch in dieser Kurve war die Inspiration während der Suggestion etwas tiefer geworden, was für sich allein das Gegenteil der auf der Kurve verzeichneten Wageschwankung bewirkt hätte, daher keineswegs den Wert der Kurve mindert. Durch diese Versuche wurden also die früheren Untersuchungen über die Schwankungen der Blutverteilung bei der Entstehung von Bewegungsvorstellungen bestätigt.

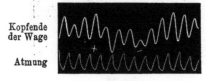

Kopfende der Wage

Atmung

Fig. 16.
Von + bis — Kopfrechnen,
Bauch kopfwärts der Achse.
Von links nach rechts zu lesen.

Wir kommen nun zur Untersuchung der verschiedenen Zustände der erhöhten Aufmerksamkeit. Die willkürlich erhöhte Aufmerksamkeit wurde durch Kopfrechnen in derselben Weise herbeigeführt, wie im vorigen Abschnitt. Die beigegebenen Kurven stammen von Versuchen im wachen Zustande. Bei Lage der Bauchorgane kopfwärts der Achse zeigt Fig. 16 den Erfolg, eine bei Beginn des Rechnens eintretende Senkung der Kopfseite des Wagebrettes, die nach Abbrechen des Rechnens bei — zurückgeht.

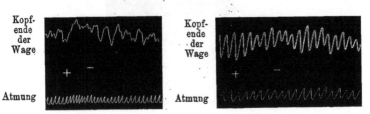

Kopf-ende der Wage

Atmung

Kopf-ende der Wage

Atmung

Fig. 18.   Fig. 19.
Rechnen von + bis —. Bauch fußwärts der Achse.
Von links nach rechts zu lesen.

Die Atmung ist bei der Senkung der Kurve völlig gleichmäßig geblieben, wird erst bei Abbrechen des Rechnens kaum merkbar flacher und kann dadurch höchstens das Zurückgehen des Brettes in die normale Stellung etwas verzögert haben.

. Das Gegenteil von dieser Wirkung des Kopfrechnens sehen wir bei
der Lagerung der Bauchorgane fußwärts der Achse des Wagebrettes, bei
der die Figg. 18 und 19 aufgenommen worden sind.

Hier sehen wir die Kopfseite des Wagebrettes für die Dauer des Kopfrechnens steigen. . Auf Fig. 18 ist während des Rechnens die Atmung
um ein Geringes beschleunigt und vertieft worden, indes lange nicht so
sehr, daß dadurch die starke Schwankung der Wage erklärt würde, und
auf Fig. 19 ist die Atmung völlig gleichmäßig geblieben.

Zur Herbeiführung von Erschrecken diente das Abfeuern eines Schusses.

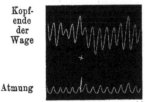

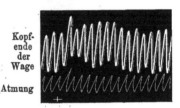

Fig. 17.
Schreck (Schuß bei +)..
. Bauch kopfwärts der Achse.
Von links nach rechts zu lesen.

Fig. 20.
Schreck (Schluß bei +).
Bauch fußwärts der Achse.
Von links nach rechts zu lesen.

Fig. 17 stellt diesen Versuch bei Lage des Bauches kopfwärts der
Achse dar. Beim Abfeuern des Schusses beim Zeichen + konnte die
Versuchsperson eine krampfhafte, plötzliche Vertiefung der Atmung
nicht vermeiden, und auch später blieb die Atmung tiefer. Dies müßte
aber für sich allein ein Steigen des Kopfendes des Wagebrettes herbeiführen, und wir sehen auf dieser Kurve trotzdem eine deutliche, anhaltende Senkung des Kopfteiles des Brettes eintreten, nachdem es durch
den einen übermäßig tiefen Atemzug im Momente des Schusses für die
Dauer dieser Inspiration in die Höhe getrieben worden war.

Bei Lage der Bauchorgane fußwärts der Achse ist der Erfolg der
entgegengesetzte, wie Fig. 20 zeigt. Hier bleibt die Atmung völlig gleichmäßig, abgesehen von einer vertieften Inspiration im Augenblick des
Schusses, der nie vermieden werden kann. Aber man kann auf der
Kurve der Wage genau die Wirkung dieses Atemzuges von der offenbar
von der Blutverschiebung herrührenden länger dauernden Einwirkung
trennen. Der tiefe Atemzug hat, wie in Fig. 17, eine ebenso lange
dauernde Erhebung der Kurve der Wage zur Folge, aber auch dann bleibt
das Kopfende des Brettes noch längere Zeit über ihr anfängliches Niveau
erhoben, und durch Vergleich mit Fig. 17 sehen wir, daß diese längere
. Erhebung nicht die Nachwirkung des vereinzelten tiefen Atemzugs sein

muß, denn in Fig. 17 folgte dem mindestens um ebensoviel tieferen Atemzug sofort ein Sinken des Kopfendes des Brettes bis tief unter das anfängliche Niveau.

Aus diesen Untersuchungen über die Zustände der willkürlich und unwillkürlich erhöhten Aufmerksamkeit (geistige Arbeit, Schreck) scheint also wirklich hervorzugehen, daß bei diesen Zuständen der Schwerpunkt des

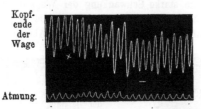

Kopf-
ende
der
Wage

Atmung.

Fig. 21.

Von + bis — Suggestion von üblem Geschmack.
Bauch kopfwärts der Achse.
Von links nach rechts zu lesen.

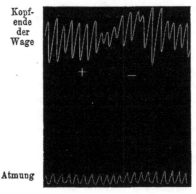

Kopf-
ende
der
Wage

Atmung

Fig. 22.

Von + bis — Suggestion von üblem Geschmack.
Bauch fußwärts der Achse.
Von links nach rechts zu lesen.

Körpers jedesmal in derjenigen Richtung von der Achse der Wage aus verschoben wird, in der die Bauchorgane liegen, und da die Versuchspersonen bewegungslos lagen, und der Einfluß der Atmung ausgeschieden wurde, so ist dies nur durch einen Blutzufluß von den anderen Körperteilen nach den Bauchorganen zu erklären.

Wir kommen nun zur Untersuchung der Lust- und Unlustgefühle.

Der Erfolg war dabei derselbe, wenn die Geschmacksreize wirklich beigebracht, als wenn sie nur suggeriert wurden.

Bei Lage der Bauchorgane kopfwärts der Achse wurde Fig. 21
aufgenommen, in der von + bis — die Suggestion des Geschmackes
von Bittersalz gegeben wurde. Wir sehen das Kopfende der Wage stark
sinken, obwohl die Atmung zunächst gleichmäßig bleibt und erst kurz
vor Beendigung der Suggestion etwas flacher wird. Den umgekehrten
Erfolg zeigt Fig. 22, auf der das Kopfende der Wage bei derselben
Suggestion stark sich hebt, obwohl die Atmung gleichmäßig bleibt und
sich erst dann etwas vertieft, als die Steigung der Kurve schon ihre Höhe
erreicht hat.

Ähnlich wie die einfachen Gefühle verhielten sich die rein Lust- und
Unlust-betonten Affekte; nur daß die Wirkung der Lust-betonten Affekte
schwerer zu erreichen war und geringere Wirkung hatte, wie das ja des
näheren auch im vorhergehenden Abschnitt ausgeführt ist.

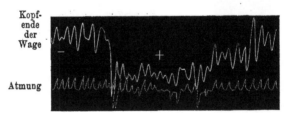

Fig. 23.
Suggestion von Furcht.
Bauch kopfwärts der Achse.
Von links nach rechts zu lesen.

Sehr wirksam war eine Suggestion, deren Inhalt Furcht vor einer
unmittelbar bevorstehenden Operation war. Den Erfolg zeigt Fig. 23,
und die Lage der Bauchorgane dabei war kopfwärts der Achse des
Wagebrettes. Beim Zeichen — wurde die Suggestion gegeben und bald
darauf sank plötzlich das Kopfende des Wagebrettes so tief, daß ihr
Schreiber gewaltsam den Schreibhebel des Pneumographen herabdrückte,
und es blieb in dieser Stellung bis zum Aufheben der Suggestion bei +,
nach der es sich wieder zur vorherigen Höhe erhob.

Aus der teilweise gestörten Atemkurve ist immerhin zu erkennen, daß
die Atmung in dieser Zeit nicht aussetzt, was indessen auch nicht eine
so starke Verschiebung des Schwerpunktes hätte erklären können. Die Versuchsperson war dabei völlig bewegungslos, und selbst wenn die sehr
starke Verschiebung des Schwerpunktes durch eine Bewegung veranlaßt

worden wäre, so erklärte dies nicht das Zurückgehen dieser Erscheinung bis zum Anfangsstande des Brettes nach Aufhebung der Suggestion. Die Ursache kann hier nur die Blutverschiebung im Körper gewesen sein.

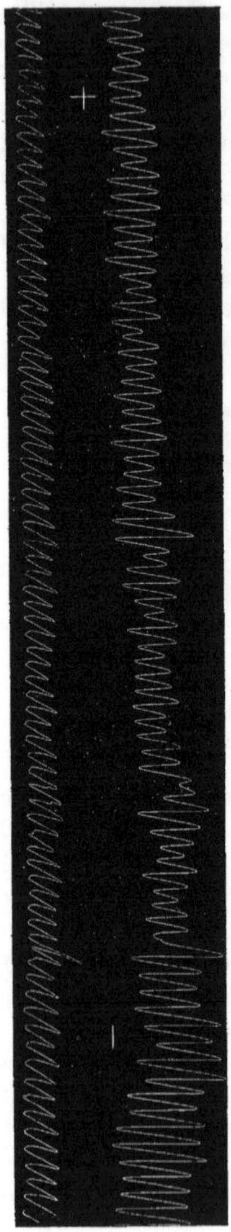

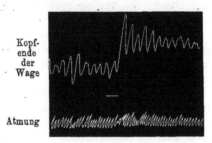

Kopfende der Wage

Atmung

Fig. 24.
Unlustaffekt. Ekel (Suggestion).
Bauch fußwärts der Achse.
Von links nach rechts zu lesen.

Bei Lage der Bauchorgane fußwärts der Achse wurde Fig. 24 aufgenommen und dabei beim Zeichen — eine Ekel erregende Vorstellung suggeriert. Wie in Fig. 23 das Kopfende der Wage jäh fiel, so steigt es hier jäh und verharrt auf dieser Höhe. Die Atmung bleibt dabei zwar nicht völlig gleichmäßig, aber sie war auch vorher schon unregelmäßig, und nach Ende der Kurve zu wird die Atmung sogar flacher, als sie zu Beginn war, trotzdem aber bleibt die Verschiebung des Schwerpunktes bestehen, weil die Suggestion noch fortdauert.

Also auch bei den Gefühlen und Affekten scheinen diese Untersuchungen die mit dem inneren (Darm-) Plethysmographen gemachten Feststellungen zu bestätigen.

Zum Schlusse sind noch einige Kurven beigegeben, die den Einfluß des Eintretens und des Aufhörens des tiefen hypnotischen Zustandes zeigen. In Fig. 25 bei Lage der Bauchorgane, kopfwärts der Achse der Wage aufgenommen, wurde der Befehl zum tiefen hypnotischen

Atmung

Kopfende der Wage

Einschlafen bei +, Wecken bei —. Bauch kopfwärts der Achse. Von links nach rechts zu lesen.

Fig. 25.

Schlafe gegeben und dann noch öfter wiederholt und verstärkt. Der Befehl hatte allmählich immer stärkeren Erfolg. Wir sehen das Kopfende der Wage langsam immer höher steigen und, erst beim Zeichen —, gegen Ende der Kurve, bei dem die Versuchsperson erweckt würde, wieder sinken. Die Atmung bleibt nahezu gleichmäßig, wird zwar bisweilen um eine Kleinigkeit tiefer, dann aber auch wieder flacher, und gerade am Ende der Kurve ist sie am tiefsten, während dort die Kurve trotzdem wieder sinkt.

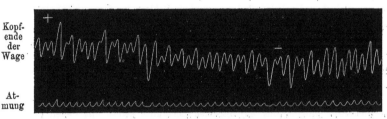

Kopf-
ende
der
Wage

At-
mung

Fig. 27.
Einschlafen bei +, Wecken bei —.
Bauch fußwärts der Achse.
Von links nach rechts zu lesen.

Den entgegengesetzten Erfolg sehen wir bei Fig. 27, bei der die Bauchorgane fußwärts der Achse liegen. Auch hier bleibt die Atmung nahezu gleichmäßig.

Auf der letzten Kurve endlich wurde gleichzeitig mit der Kurve der Wage und der Atmung auch die plethysmographische Volumkurve des Armes aufgenommen. Bei Aufnahme dieser Kurve, Fig. 26, lagen

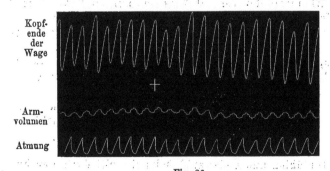

Kopf-
ende
der
Wage

Arm-
volumen

Atmung

Fig. 26.
Bei + Wecken aus dem hypnotischen Schlaf, mit Volumkurve des Armes in der Mitte.
Bauch kopfwärts der Achse.
Von links nach rechts zu lesen.

die Bauchorgane wieder kopfwärts der Achse. Die Versuchsperson lag
schon geraume Zeit in tiefem hypnotischem Schlafe und wurde beim
Zeichen + plötzlich geweckt, mit dem Befehl, trotzdem ganz ruhig zu
liegen und gleichmäßig weiter zu atmen, und obwohl die Atmung daraufhin
völlig gleichmäßig blieb, sehen wir sowohl oben die Kurve der Schwankungen
des Kopfendes der Wage, als die Volumkurve des Armes in der Mitte nach
dem Erwachen sinken. Der Erfolg ist zwar gering, aber auf beiden Kurven
völlig gleichmäßig. Es scheint also der hypnotische Zustand in seinen
vasomotorischen Begleiterscheinungen dem Schlafe insofern zu ähneln, daß
auch bei seinem Eintritt eine Volumvermehrung der äußeren Körperteile
eintritt, und aus den Wägungen wird es wahrscheinlich, daß diese Volumvermehrung durch ein Strömen des Blutes von den Bauchorganen zu den
äußeren Körperteilen bewirkt wird und die Erscheinungen bei Aufhören
dieses Zustandes durch das Gegenteil.

: Es sei noch hinzugefügt, daß die Möglichkeit der Vermischung der
Begleiterscheinungen des hypnotischen Zustandes selbst mit denen der in
diesem Zustande angestellten Versuche dadurch verhütet wurde, daß immer
nach Eintritt der Hypnose eine Pause vor Beginn der Versuche eingelegt
wurde. Durch die Versuche selbst wurde keine Verminderung der Tiefe
des hypnotischen Zustandes bewirkt, auch waren die Erfolge dabei, je nach
der Lage der Bauchorgane, ganz verschiedene, während die Verminderung
der Tiefe des hypnotischen Zustandes immer nur einen Erfolg nach derselben Richtung haben könnte.

Hauptsächliche Ergebnisse des zweiten Teiles.

Die Wägungen der Versuchspersonen auf der Wage Mosso's,
einmal in solcher Lage des Körpers, daß die Bauchorgane kopfwärts, dann in der, daß sie fußwärts der Achse des Wagebrettes
liegen, zeigen, daß bei geistiger Arbeit, Erschrecken, Unlustgefühlen, Unlust-betonten Affekten und meist auch bei plötz-
lichem Erwachen aus tiefem hypnotischem Zustand, der Schwerpunkt des Körpers von der Achse der Wage nach den Bauchorganen zu verschoben wird, wobei Einwirkungen durch
Bewegungen und Veränderungen der Atmung ausgeschlossen
sind.

Bei der Entstehung von lebhaften Bewegungsvorstellungen,
von Lustgefühlen und meist auch beim Eintritt des tiefen hypnotischen Zustandes wird der Schwerpunkt des Körpers umgekehrt in der Richtung von den Bauchorganen nach der Achse
der Wage zu verschoben.

Diese Erscheinungen ·können, nachdem der Einfluß ´der
Atmung und andere Störungen ausgeschieden sind, nur durch
Blutverschiebungen im Körper erklärt werden, die beim Ent-
stehen der verschiedenen psychischen Zustände stattfinden.

Zusammenfassende ˙Schlußbetrachtung.

Wir kamen durch zwei vollkommen voneinander unabhängige Versuchsreihen, mit Hilfe zweier gänzlich verschiedener
physikalischer Untersuchungsmethoden, zu gleichlautenden Ergebnissen.

Wir stellten fest, daß bei geistiger Arbeit, Erschrecken,
Unlustgefühlen und Unlust-betonten Affekten ein Strömen des
Blutes von den äußeren Körperteilen nach den Bauchorganen
stattfindet, dagegen bei der Entstehung von lebhaften Bewegungsvorstellungen, von Lustgefühlen und rein Lust-betonten
Affekten ein Strömen des Blutes von den Bauchorganen nach
den äußeren Körperteilen.

Diese letztere Strömung schien auch das Eintreten des
tiefen hypnotischen Zustandes zu begleiten, die erstere das
Aufhören dieses Zustandes.

Als die ausschlaggebende Ursache dieser Blutverschiebungen
im Körper stellt sich die Kontraktion oder Dilatation der Gefäße der Bauchorgane dar. Selbst wenn eine geringe, aktive
Erweiterung der Blutgefäße der äußeren Körperteile, z. B. bei
der Entstehung von Bewegungsvorstellungen, mitwirkt, wofür
einige Anzeichen vorhanden sind, so wird die Wirkung dieser
Gefäßerweiterung weit überboten durch die Wirkung der Kontraktion der Gefäße der Bauchorgane, wie durch die andauernde
starke Blutdrucksteigerung in den großen Gefäßen während
dieses Vorganges bewiesen wird.

Wie endlich die Vorgänge an den Blutgefäßen der Bauchorgane beim Eintritt bestimmter psychischer Zustände durch
die Stärke ihrer Wirkung maßgebend für die damit verbundene
Blutverschiebung im Körper zu sein scheinen, so deutet die
größere Zahl der bei den Versuchen gewonnenen Kurven darauf
hin, daß die Veränderungen an den Gefäßen der Bauchorgane
auch etwas eher eintreten, als an den Gefäßen der äußeren
Körperteile. Es ist also wohl berechtigt, die Kontraktion oder
Dilatation der einen so großen Teil des Körperblutes fassenden

Gefäße der Bauchorgane als die Ursache der Blutverschiebungen zu bezeichnen, die den Eintritt verschiedener psychischer Zustände begleiten.[1]

---

[1] **Anmerkung:** Es sei noch kurz darauf hingewiesen, daß später an dieser Stelle eine sich eng an das Vorstehende anschließende Arbeit veröffentlicht werden wird, in der durch einen Ohr-Plethysmographen während bestimmter, gleichartiger Einwirkungen auf Mensch und Tier, ein entgegengesetztes Volumverhalten der äußeren Kopfteile gegenüber dem aller anderen äußeren Körperteile nachgewiesen wird, das möglicherweise einen äußeren Regulationsmechanismus für die Blutversorgung des Gehirns darstellt, da sich das Volumen des Gehirns dabei gleichfalls entgegengesetzt verhält, wie das der äußeren Kopfteile.

Über die Beziehung des Nervensystems zu den Resorptionsvorgängen.

I. Die Aufnahme von Seifenlösung durch das Darmepithel des Frosches.

von

A. Noll.

(Aus dem physiologischen Institut in Jena.)

Wenn man die allgemeinen physiologischen Verhältnisse, unter denen im tierischen Organismus die Sekretionsvorgänge ablaufen, mit denjenigen vergleicht, unter denen die Resorptionsvorgänge sich abspielen, so ist es eine für beide gleichwichtige Frage, inwieweit das Nervensystem dabei eine Rolle spielt. Schon längst weiß man, welche hohe Bedeutung den Nerven bei der Drüsensekretion zukommt. Eine große Anzahl Drüsen bilden in ihren Zellen das Sekretmaterial unter der Beihilfe von Nerven und entleeren es auf Nervenreize hin; diese Vorgänge können, wie aus den Untersuchungen Pawlows und seiner Schüler an den Verdauungsdrüsen hervorgeht, auf ganz außerordentlich fein abgestimmten Reflexen beruhen. Auf die Bedeutung des Nervensystems für die Resorption hingegen sind bis jetzt überhaupt noch nicht sehr zahlreiche Untersuchungen gerichtet gewesen, und diese beziehen sich vornehmlich auf die Aufnahme gelöster Substanzen durch die Haut, das subkutane Gewebe und den Darm in den Körperkreislauf.[1]

[1] Goltz, Über den Einfluß der Nervenzentren auf die Aufsaugung. Pflügers *Archiv*. 1872. Bd. V. S. 53.

Spina, *Über Resorption und Sekretion.* Leipzig 1882.

Hermann, Weitere Beiträge zur Lehre von der Resorption. Pflügers *Archiv*. 1884. Bd. XXXIV. S. 506.

Leubuscher, Studien über Resorption seitens des Darmkanales. *Habilitationsschrift.* Jena 1885.

Tecklenburg, Über den Einfluß des Nervensystems auf die Resorption. *Inaug.-Dissertation.* Jena 1894.

St. Ružička, Experimentelle Beiträge zu der Lehre von der Resorption. *Wiener medizinische Blätter.* 1895.

Gegenüber diesen Beobachtungen, welche also im wesentlichen die Resorptionstätigkeit ganzer Körpergewebe im Auge hatten, kam es mir zunächst darauf an, die einzelne resorbierende Zelle zu studieren und zu sehen, ob hier die Resorptionstätigkeit eine ähnliche Abhängigkeit vom Nervensystem wie bei der sezernierenden Drüsenzelle zeige, ja ob überhaupt nervöse Einflüsse zu erkennen wären.

Als ein geeignetes Objekt erschien mir das Darmepithel. Man weiß ja durch mikroskopische Beobachtungen, daß die Zylinderzellen der Darmschleimhaut eine Reihe von Substanzen aus dem Darminhalt aufnehmen können. Auf diesen Vorgang, den Übergang des Körpers in die Zelle kommt es hier ausschließlich an. Wie die aufgenommene Substanz in die Körpersäfte weiterbefördert wird, ist dabei nicht zu erörtern.

Als Versuchstier nahm ich den Frosch (Eskulente). Zunächst hatte ich Versuche über Aufnahme von Methylenblau durch das Darmepithel angestellt, ging aber hiervon wieder ab, weil unter den verschiedenen Versuchsbedingungen nicht immer sicher zu entscheiden war, ob der Farbstoff wirklich in die Zellen eingedrungen war oder nicht.

Ich ging deshalb zur Fettresorption über, und über diese berichte ich im folgenden.

Ich wollte entscheiden, ob das Zentralnervensystem einen Einfluß auf die Resorption habe und untersuchte daher, wie sich Frösche mit und ohne Zentralnervensystem bei der Fettresorption verhielten. Neutralfett konnte ich zur Fütterung nicht verwenden, weil anzunehmen war, daß die hirn- und rückenmarklosen Tiere die Umwandlung des Fettes in die resorbierbare Form schlechter oder gar nicht würden vollführen können. Deshalb verwandte ich Seifenlösung. Daß diese selbst vom Epithel des ausgeschnittenen Froschdarmes resorbiert werden kann und das Epithel dann die Osmiumreaktion gibt, ist schon von Will[1] gefunden worden.

Untersuchungsmethode.

Zu meinen Versuchen verwandte ich eine 2,5 prozentige Lösung von oleinsaurem Natron (Kahlbaum) in destilliertem Wasser. Die Lösung trübt sich beim Stehen, wobei wahrscheinlich der Zutritt der Kohlensäure der Luft eine Rolle spielt. Denn die Möglichkeit, daß die Kohlensäure die Fettsäure aus ihrer Alkaliverbindung frei macht, ist von Pflüger[2] sowie von Frank

---

[1] A. Will, Vorläufige Mitteilung über Fettresorption. Pflügers *Archiv.* 1879. Bd. XX. S. 255.

[2] Pflüger, Über die Bedeutung der Seifen für die Resorption der Fette (nebst einem Beitrag zur Chemie der Seifen). Pflügers *Archiv.* 1902. Bd. LXXXVIII. S. 431.

und Ritter[1] festgestellt worden. Ich habe deshalb immer nur frische oder wenige Tage alte Lösungen verwandt.

Es kam mir bei allen Versuchen darauf an, die Lösung direkt in den Darm des lebenden Frosches zu bringen. Bei der Einführung in den Magen wäre nicht zu bestimmen gewesen, wann sie in den Darm gelangte, und außerdem zeigte sich, daß bei Fröschen, denen Gehirn und Rückenmark ausgebohrt waren, die Fortbewegung des Mageninhaltes in den Darm während der von mir gewählten Versuchsdauer ganz ausbleiben konnte. Es gelang mir ohne jeden operativen Eingriff, eine konische Metallkanüle, welche 2 cm vom schmalen Ende entfernt in rechtem Winkel rund gebogen war, vom Maule durch den Ösophagus und Magen bis in den Darm einzuführen und mittels einer Pravazspritze die Seifenlösung (2 ccm) zu injizieren. Bei der Einführung des Instrumentes muß man die Magenwand von außen durch die Bauchdecken hindurch sanft über die Kanüle hinaufschieben, bis man merkt, daß man den Pylorus mit der Spitze der Kanüle passiert hat, was nach einiger Übung leicht gelingt. Daß dann die Injektionsflüssigkeit in den Darm richtig eindringt, erkennt man an dem während der Injektion außen sichtbar werdenden Relief der sich füllenden Darmschlingen. Ist man hingegen mit dem Instrument durch den Pylorus nicht hindurchgelangt, so läuft noch während des Injizierens Flüssigkeit aus dem Maule aus.

Bei normalen Fröschen habe ich die Injektion immer in Äthernarkose ausgeführt, weil ohne diese das starke Pressen der Tiere die Einführung der Kanüle erschwerte oder gar unmöglich machte.

Die Untersuchung des Darmes geschah, nachdem das Tier getötet war, in folgender Weise. Nach Eröffnung des Darmes der Länge nach wurden mehrere je 1 bis 2 cm lange Stückchen der oberen Hälfte des Darmes entnommen und in 1 prozentige wässerige Osmiumsäurelösung für 18 bis 24 Stunden eingelegt, dann in Wasser ausgewaschen und nun auf dem Gefriermikrotom geschnitten. Es kam mir bei der Herrichtung der Schnitte darauf an, jede Berührung mit Alkohol, Xylol und anderen Flüssigkeiten, welche die Osmiumbilder beeinflußen konnten, zu vermeiden Deshalb habe ich auf die Einbettung der Stücke ganz verzichtet. Die mit dem Gefriermikrotom angefertigten Schnitte wurden in Wasser untersucht, welchem ein Tropfen Glyzerin zugesetzt wurde. Natürlich habe ich nur unmittelbar nach dem Glyzerinzusatz beobachtet, solange von einer extrahierenden Wirkung des Glyzerins auf die Osmiumfärbung nicht die Rede sein konnte. Da es bei dem Vergleich der Präparate untereinander

---

[1] Frank und Ritter, Einwirkung der überlebenden Dünndarmschleimhaut auf Seifen, Fettsäuren und Fette. *Zeitschrift für Biologie.* 1906. Bd. XLVII. S. 251.

auf die Differenzen in der Stärke der Osmiumreaktion ankam; habe ich in Parallelversuchen immer die nämliche Lösung verwandt.

Was die Frösche betrifft, so nahm ich zu Parallelversuchen, in denen es sich beispielsweise um einen Vergleich normaler Tiere und solcher, denen Hirn und Rückenmark fehlte, handelte, stets Frösche desselben Fanges, welche auch vor dem Versuch gleichen äußeren Bedingungen, wie z. B. Temperatur und dergl. ausgesetzt waren. Sämtliche Exemplare befanden sich im Hungerzustande, und es war daher der Magendarmkanal stets frei von Nahrungsbestandteilen.

Die Resorption der Seifenlösung bei Fröschen mit und ohne Gehirn und Rückenmark.

Bei Anwendung der geschilderten Methode zeigte das Darmepithel normaler Frösche während der Resorption des ölsauren Natrons im wesentlichen dieselben Bilder, wie sie auch nach Einführung von Fetten erhalten werden und von Krehl[1] und anderen beschrieben worden sind. Ich verweise dazu auf die bekannten Tatsachen, daß die Zellgranula um so größer und dunkler gefärbt erscheinen; je weiter die Resorption fortschreitet, daß ferner der dem Darmlumen zunächst liegende Saum der Zelle stets ungefärbt ist.

Die Tiere wurden entweder 24 oder 6 Stunden nach der Injektion getötet. Ersterenfalls erschienen die Granula dunkler braun beziehungsweise schwarz gefärbt, in beiden Fällen aber so intensiv, daß man schon bei ganz schwacher Vergrößerung, ja sogar makroskopisch an dem dunkel erscheinenden Innensaum der Schnitte den Darm als einen in Fettresorption begriffenen erkennen konnte.

Dies Resultat erhielt ich zu allen Jahreszeiten vollkommen prägnant, so daß kein Zweifel besteht, daß die Seifenlösung im Winter wie im Sommer schon wenige Stunden nach der direkten Einführung in den Froschdarm von den Epithelzellen resorbiert wird und in diesen dann eine Reduktion der Osmiumsäure eintritt.

Auf weitere histologische Details brauche ich nicht einzugehen.

Als wesentliches Ergebnis stelle ich fest, daß, wenn reine Seifenlösung den Zellen dargeboten wird, wie Will schon fand, eine Osmiumreaktion an den Zellgranula eintritt, und zwar auch dann, wie ich hinzufügen kann, wenn der Seifenlösung kein Glyzerin zugesetzt war.

Dieser Befund ist deshalb bemerkenswert, weil, wie Altmann[2] schon

---

[1] Krehl, Ein Beitrag zur Fettresorption. *Dies Archiv.* 1890. Anat. Abtlg. S. 97.

[2] R. Altmann, *Die Elementarorganismen und ihre Beziehungen zu den Zellen.* 2. Aufl. 1894. S. 116.

angab, die Lösung des ölsauren Natrons nicht imstande ist, mit Osmiumsäure so zu reagieren wie dies Ölsäure und Öl vermag. Diese Tatsache
kann ich bestätigen. Wenn man nämlich eine 2,5prozentige Lösung von
ölsaurem Natron im Reagenzglas mit einer 1prozentigen Osmiumlösung
versetzt, so tritt nur eine braunrote Färbung auf, ohne daß sich ein
nennenswerter Niederschlag bildet. Macht man aber dieselbe Reaktion
unter Zusatz von etwas Essigsäure, so wird Ölsäure gefällt, die Mischung
färbt sich schwarz, und wenn man den Niederschlag absitzen läßt, so findet
man ihn aus mikroskopisch kleinen und kleinsten braunen bis schwarzen
Tröpfchen bestehend. Ebenso tritt Schwarzfärbung ein, wenn Öl (Olivenöl)
mit der Osmiumlösung versetzt wird. Bei · Verwendung reiner Ölsäure
(König-Leipzig) fand ich, daß vor dem Eintritt der Schwarzfärbung zunächst eine grünliche Verfärbung auftrat, bei dem Öl bildete sich erst
eine braune Farbe, aber bei beiden war die schließliche Schwarzfärbung
dieselbe.

Somit ist es höchst unwahrscheinlich, daß in meinen Injektionsver-
suchen die Dunkelfärbung der Granula auf der Anwesenheit von ölsaurem
Natron beruht. Vielmehr muß entweder Fettsäure oder Neutralfett,
eventuell eine kompliziertere Fettsäureverbindung vorliegen. Diese Frage
werde ich noch versuchen, auf mikrochemischen Wege zu entscheiden. Die
Annahme, daß die Zelle für den Fall, daß sie die Seifenlösung als solche
resorbiert, Fettsäure abspaltet, ist durchaus berechtigt, da Frank und
Ritter[1] durch chemische Methoden gezeigt haben, daß die überlebende
Darmschleimhaut dies vermag, und als Agens die Kohlensäure erkannten.

Gegenüber den geschilderten Befunden an normalen Fröschen ändern
sich die Resorptionsbilder, wenn man die Seifenlösung Tieren injiziert hat,
denen vorher Gehirn und Rückenmark zerstört wurden.

Was zunächst die Technik der Versuche betrifft, so habe ich nach
Eröffnung der Schädelhöhle die Ausbohrung von dort her vorgenommen,
danach etwas Watte in die Öffnung gesteckt und so eine nennenswerte
Blutung vermieden. Dann wurde ebenso wie bei den normalen Tieren
die Lösung in den Darm gegeben; die Tiere kamen dann, mit feuchtem
Fließpapier bedeckt, in einen kühlen Raum.

Beim Vergleich der Osmiumpräparate solcher Därme mit denen von
normalen Fröschen, wobei es sich, wie ich nochmals betone, immer um
gleichzeitig angestellte Parallelversuche mit gleich vorbehandelten Fröschen,
dieselbe Seifenlösung und die nämliche Osmiumlösung handelte, fanden sich
ausnahmslos die Resorptionserscheinungen bei den hirn- und rückenmarkslosen

---

[1] A. a. O.

Tieren reduziert. Dies in doppelter Beziehung. Einmal war der Epithel-
saum auf mehr oder weniger große Strecken überhaupt nicht geschwärzt,
und ferner war in den meisten Zellen, in denen eine Reduktion der
Osmiumsäure eingetreten war, die Färbung weniger intensiv. Geschah die
Untersuchung 24 Stunden nach der Injektion, so war der positive Ausfall der Reaktion nicht so selten. Nach 6 Stunden hingegen war meist
keine oder eine nur ganz geringe Färbung der Granula wahrzunehmen.

Von bemerkenswertem Einfluß auf das allgemeine Verhalten des Darmepithels war bei diesen Versuchen die Jahreszeit. Hauptsächlich am Ende
des Winters und in den Sommermonaten fand eine derartige Desquamation
von Epithel, und zwar vornehmlich in dem obersten Darmabschnitte, statt,
daß der Darminhalt stets mikroskopisch nachweisbares Zylinderepithel enthielt, eine Erscheinung, welche auch bei normalen Fröschen nach Injektion
von ölsaurem Natron eintreten kann, aber in viel geringerem Maße. Im
Herbst schien das Epithel nicht so geneigt zur Abstoßung. Dies deutet
darauf hin, daß der allgemeine Zustand der Frösche, der im Herbst am
besten war, mit daran Schuld trägt. Veranlaßt aber wird die Desquamation
wohl durch die Seifenlösung, wie auch Will[1], welcher dasselbe an ausgeschnittenen Froschdärmen beobachtete, annimmt.

Die Angabe von Will, daß auch der vollständig ausgeschnittene, mit
Seifenlösung gefüllte Froschdarm noch resorbieren kann, kann ich bestätigen.
Bei ihm dürfte aber die Resorption noch mehr herabgesetzt sein als in den
geschilderten Versuchen.

Aus alledem geht hervor, daß bei Fröschen, denen das
Zentralnervensystem fehlt, im ganzen eine wesentliche Störung
der resorbierenden Tätigkeit des Darmepithels eintritt.

Worin aber besteht diese Störung?

Wenn wirklich der normale Vorgang so ist, daß die Seifenlösung als
solche resorbiert wird und, wie oben ausgeführt wurde, aus ihr Fettsäure
in der Zelle abgespalten, bezw. Fett synthetisch gebildet wird, so sind es
also zwei Vorgänge, welche hier in Frage kommen, nämlich einmal die
eigentliche Aufnahme der Seifenlösung und zweitens ihre weitere Umwandlung.

Nun könnte bei den Därmen, welche vom Zentralnervensystem physiologisch getrennt sind, die Sache so liegen, daß wohl noch Seifenlösung in
die Epithelzellen eindringt, daß aber die weiteren Prozesse gehemmt sind.
Denn die Osmiumreaktion gestattet ja nur einen Schluß auf das Vorhandensein von Fettsäure und Fett, nicht aber von Seife. In solchem Falle
wäre also durch die Versuche nicht bewiesen, daß keine Seifenlösung

----

[1] A. a. O.

resorbiert würde, sondern nur, daß die weitere Tätigkeit der Zelle gestört ist.

Auf Grund dieser Überlegung versuchte ich, ob sich durch Zusatz von Essigsäure zur fixierenden Osmiumlösung eventuell in der Zelle vorhandene Seife zerlegen und die abgespaltene Ölsäure durch Schwärzung nachweisen ließe. Zu dem Zweck setzte ich der Osmiumlösung soviel Eisessig zu, wie in der sogenannten starken Flemmingschen Lösung enthalten ist. Aber es trat dann weder an den Granula noch sonstwo in der Zelle eine dunklere Färbung ein, als bei Behandlung von Stückchen desselben Darmes mit reiner Osmiumlösung. Daraus darf man wohl schließen, daß größere Mengen von Seife in den Zellen nicht vorhanden waren. Aber zuzugeben ist, daß aus den Versuchen mit Sicherheit nur auf eine weitgehende Störung derjenigen Vorgänge bei der Resorptionstätigkeit der Zellen zu schließen ist, welche bei der Resorption von in den Darm injizierter Seifenlösung zum Auftreten von Fettsäure oder Fetten in den Zellgranula führt.

Abgesehen von dieser genaueren Spezialisierung der Vorgänge ist das Gesamtergebnis der geschilderten Versuche kurz folgendes: Nach Entfernung von Gehirn und Rückenmark ist die Resorption seitens der meisten Zellen herabgesetzt oder ganz aufgehoben. Andererseits aber besitzen auch dann noch eine Anzahl Zellen, deren Zahl in den einzelnen Versuchen bedeutend schwanken kann, die Fähigkeit zu resorbieren, und dies, wie nochmals betont sei, ohne daß Glyzerin zur Seifenlösung gegeben wird.

Unter den Ursachen, welche für die herabgesetzte Resorption bei den hirn- und rückenmarklosen Fröschen verantwortlich gemacht werden könnten, kommt als erste die etwa veränderte Beschaffenheit des Darminhalts in Betracht. Man muß nämlich bedenken, daß infolge des Wegfalles der Rückenmarkreflexe die Verdauungsdrüsen wenig oder gar nicht mehr funktionieren, dementsprechend also in den Darm wenig oder keine Verdauungssekrete gelangen. Um zu entscheiden, ob dies hier von Belang ist, habe ich folgende Versuche gemacht. Ich gab den Darminhalt von normalen Fröschen (A), welche Seifenlösung resorbierten, in den Darm solcher Tiere (B), deren Hirn und Rückenmark ausgebohrt waren. In einem Falle ging ich so vor, daß ich den Darminhalt dreier Frösche A eine bzw. zwei und drei Stunden nach der Injektion der Seifenlösung zusammenmengte und unter Zusatz von neuer Seifenlösung dem Tiere B gab. In einem anderen Falle nahm ich den Inhalt eines Frosches A etwa drei Stunden nach der Injektion und injizierte ihn in einen ausgeschnittenen Froschdarm. Beidemale zeigten die Därme der Tiere B, sechs Stunden nach der Injektion untersucht, gar keine Schwärzung der Epithelzellen. Wäre die Seifenlösung

23*

in den Därmen *A* unter dem Einfluß der normalen Sekretionsverhältnisse in irgend einer Weise besser resorbierbar geworden, so hätten die Frösche *B* in den sechs Stunden in merkbarem Grade resorbieren müssen. Da dies nicht der Fall war, muß ich schließen, daß die nach Fortnahme des Zentral-nervensystems etwa eintretenden Veränderungen in den Sekretionsverhält-nissen der Verdauungsdrüsen nicht die wesentliche Ursache der Resorptions-behinderung sein können.

Die Ursache muß vielmehr in einer das resorbierende Epithel direkt betreffenden Störung zu suchen sein, und es ist nun die Frage, ob es sich hierbei um einen Wegfall direkter nervöser Einflüsse auf das resorbierende Epithel handelt, oder ob die im Anschluß an die Operation auftretenden Veränderungen in der Blutzirkulation die Schuld tragen.

Gegen das erstere, nämlich einen wesentlichen Einfluß von Nerven-erregungen bei der Resorptionstätigkeit des Epithels, spricht von vornherein schon die Tatsache, daß auch ohne das Zentralorgan manchmal eine recht rege Resorption stattfindet. Ich kann aber auch positive Tatsachen an-führen, welche zeigen, daß die Störung hauptsächlich durch den anderen Vorgang, nämlich die veränderten Zirkulationsverhältnisse, verursacht wird.

Die Resorption der Seifenlösung bei hirn- und rückenmarklosen Fröschen während der Durchspülung mit Kochsalzlösung.

Es war meine Absicht, die durch die Zerstörung des Gehirns und Rückenmarks bedingte Störung der Blutzirkulation, welche bei Fröschen, wie Goltz zuerst zeigte, so weit gehen kann, daß schließlich infolge Sinkens des gesamten Gefäßtonus überhaupt kein Blut mehr vom Herzen durch die Gefäße gepumpt wird, durch künstliche Durchspülung der Frösche von den Arterien aus zu beseitigen. Hierzu war der von Winterstein[1] angegebene und von Baglioni[2] modifizierte Durchspülungsapparat, mit welchem man beliebig lange eine künstliche Zirkulation unterhalten kann, sehr geeignet.

Für den vorliegenden Zweck wurden die Frösche folgendermaßen her-gerichtet. Zunächst bohrte ich Hirn und Rückenmark aus. Hierauf in-jizierte ich die Seifenlösung, band dann nach dem Vorgange Wintersteins die mit dem Apparat verbundene Kanüle in den gemeinsamen Anfangsteil beider Trunci arteriosi aortenwärts und begann sogleich mit der Durch-spülung. Als Flüssigkeit verwandte ich 0·8prozentige Kochsalzlösung, da ich sie im Vergleich zu 0·7 und 0·9prozentiger am geeignetsten fand.

Diese Versuche stellte ich ausschließlich in den Monaten November bis Januar an, weil in dieser Zeit der Zustand der Frösche am günstigsten

---

[1] *Zeitschrift für allgemeine Physiologie.* 1902. Bd. I. S. 19.
[2] *Ebenda.* 1904. Bd. III. S. 313,

war. Ich ließ den Versuch jedesmal 6 Stunden lang gehen, einmal deshalb, weil in dieser Zeit, wie angegeben, bei den hirn- und rückenmarklosen Fröschen gar keine oder nur eine minimale Resorption stattfindet,
andererseits aber bei normalen Tieren diese Zeit für eine ausgiebige
Resorption ausreicht; dann aber auch, weil das bei den Durchspülungen
eintretende Ödem eine längere Fortsetzung untunlich erscheinen ließ. Gleichzeitig mit diesem Ödem trat eine reichliche Füllung des Darmes mit koch-
salzhaltiger Flüssigkeit ein. Auch hier ging, wie die Durchmusterung der
Gefrierschnitte ergab, in den obersten Darmabschnitten viel Epithel durch
Desquamation verloren, weiter abwärts aber war es soweit erhalten, daß es
zur Beobachtung sehr gut dienen konnte.

Nach genauer Vergleichung solcher Präparate mit gleichzeitig und
unter sonst gleichen Bedingungen hergestellten Präparaten normaler und
hirn- und rückenmarkloser Frösche, bin ich zu dem Resultat gekommen,
daß die Durchspülungen wesentlich fördernd auf die Resorption
der Seifenlösung wirkten. Es fanden sich nämlich, besonders in einem
Versuch, an den Epithelzellen Resorptionsbilder, welche denen des normalen
Darmes vollständig gleich kamen. Stellenweise war die Schwärzung nicht
so intensiv wie dort, sie konnte auch ganz fehlen. Da der positive Ausfall
niemals den hirn- und rückenmarklosen Fröschen, welche nicht durchspült
waren, zukam, halte ich die Versuchsergebnisse für vollständig einwandfrei.

Nun treten bei diesen Durchspülungen profuse Drüsensekretionen auf.
Man sieht z. B. reichlich zähen Schleim auf der Rachen- und Ösophagus-
schleimhaut. So könnte auch eine gesteigerte Sekretion der Verdauungsdrüsen wie der Leber, eintreten, und es war deshalb auch hier die Frage
aufzuwerfen, ob solche Sekretionen durch Veränderungen am Darminhalt
an den Erfolgen der Durchspülungen Anteil hätten. Dies muß jedoch verneint werden auf Grund der auf S. 355 geschilderten Versuche, nach welchen
die Verhältnisse im Darm nicht das Wesentlichste für die Resorption der
Seifenlösung sind.

Aus diesem Grunde scheint mir die fördernde Wirkung der
Kochsalzdurchspülung in der Hauptsache auf einem direkten
Einfluß der Flüssigkeit auf die resorbierenden Epithelzellen zu
beruhen. Man muß annehmen, daß die Salzlösung dies vollbringt, indem
sie von der Blutbahn aus mit den Zellen in Berührung tritt. Es wäre aber
außerdem auch möglich, daß sie in den geschilderten Versuchen vom Darmlumen aus, in welches sie ja übertritt, auf die Zellen wirkt. Als ich einen ausgeschnittenen Froschdarm mit Seifenlösung und Kochsalzlösung (0·8 Prozent
der Mischung) füllte und nach 6 Stunden in Osmiumsäure legte, fand ich
bei der mikroskopischen Untersuchung an den Zellen in der Tat eine un-
verkennbare Zunahme der Resorption.

Wenn es nach diesen Versuchen keinem Zweifel unterliegt, daß der vom Zentralnervensystem getrennte Froschdarm durch 0·8 prozentige Kochsalzlösung in seiner Resorptionstätigkeit außerordentlich gefördert wird, so ist es eine weitere Frage, was dabei das wirksame Agens darstellt. Man wird nach alledem, was man von der Bedeutung des Sauerstoffs für die Zelltätigkeit weiß, in erster Linie daran denken müssen, daß der in der Kochsalzlösung absorbierte Sauerstoff das Wesentliche ist. Das wäre aber erst experimentell zu beweisen, denn es kommen noch andere Möglichkeiten in Betracht.

Es kam mir darauf an, durch die Versuche zu zeigen, daß der Ausfall in den Resorptionserscheinungen am Darmepithel, welchen das Fehlen des Zentralnervensystems hervorruft, wieder weitgehend kompensiert werden kann, wenn man für eine Verbesserung der Zirkulation sorgt; daß somit die Resorption seitens des Darmepithels des Frosches in gewissen Grenzen unabhängig von direkten Einflüssen des Zentralnervensystems vor sich gehen kann. Natürlich soll damit nicht gesagt sein, daß unter physiologischen Verhältnissen gar kein direkter Nerveneinfluß bestände; denn man muß die Möglichkeit einer nervösen Regulation offen lassen.

Die wesentlichste Bedingung aber für die intakte Resorptionstätigkeit des Epithels muß, nach den vorliegenden Beobachtungen zu schließen, in der ungestörten Versorgung vom Kreislauf her beruhen. Daß an ein und demselben Darm nicht alle Zellen in gleichem Grade durch die Zirkulationsstörung betroffen werden, kann man mit Verschiedenheiten ihres jeweiligen Zustandes erklären, derart, daß für die einen die schlechten Zirkulationsverhältnisse noch genügen, für die anderen hingegen kaum oder gar nicht. Und ebenso wäre damit erklärt, warum die Durchspülung mit 0·8 prozent. Kochsalzlösung, die ja natürlich das Blut nicht vollständig ersetzen kann, nicht die Resorptionstätigkeit aller Zellen in gleichem Maße fördert.

Verhandlungen der physiologischen Gesellschaft zu Berlin.

Jahrgang 1906—1907.

III. Sitzung am 7. Dezember 1906.

1. Herr Dr. VÖLTZ (a. G.): „Über die Verwertung des Betaïns durch den Wiederkäuer (Schaf)."

Vor einiger Zeit habe ich an dieser Stelle[1] über Fütterungsversuche berichtet, welche ich mit dem Betaïn, diesem chemischen Eingriffen gegenüber so resistenten Körper, welcher namentlich in der Zuckerrübe, somit auch in der Melasse (bis zu 7 Prozent), aber auch in vielen anderen Nahrungs- und Futtermitteln vorkommt, an Hunden angestellt hatte. Ich hatte damals nachgewiesen, daß das Betaïn sich im Organismus des Hundes in bezug auf die N-Bilanz als indifferente Substanz verhält, und daß es vollständig im Harn zur Ausscheidung gelangt.

Nun lagen schon damals Versuche von Velich und Stanek[2] an Wiederkäuern vor, welche die Autoren zu dem Schluß geführt hatten, daß dem Betaïn als N-haltigem Nährstoff eine erhebliche Bedeutung zukommt. Nach eingehendem Studium der betreffenden Arbeiten gelangte ich zu der Überzeugung, daß die Autoren die Beweise für die Berechtigung ihrer Schlußfolgerung nicht erbracht haben. Zur Kritik der Versuche von Velich und Stanek möchte ich hier nur kurz folgendes bemerken: Es handelt sich um Versuche an einem wachsenden Hammel. Während der ersten 3 Versuche von je 5tägiger, 6tägiger und 6tägiger Dauer erhielt das Tier 500 ^{grm} Heu, 100 ^{grm} Weizenmehl, 4 ^{grm} Kochsalz und Wasser ad libitum, während des 2. Versuches außerdem 21·56 ^{grm} Betaïn pro die. Der N-Ansatz betrug beim 1. Versuch täglich 1·14 ^{grm}, beim 2. (Betaïn) Versuch 1·22 ^{grm} und beim 3. Versuch 0·71 ^{grm}. Nun haben die Autoren nicht berücksichtigt, daß der Betaïnstickstoff nach Abschluß des Versuches noch nicht vollständig im Harn zur Ausscheidung gelangt ist. (Beim Fleischfresser gelangt übrigens im Gegensatz zum Wiederkäuer der Betaïn-N bereits am Tage der Aufnahme vollständig in den Harn.) Berücksichtigen wir die Nachwirkung

---

[1] *Verhandl. der physiol. Ges. zu Berlin.* Jahrgang 1904—1905. Nr. 12. S. 90.
[2] *Zeitschrift für Zuckerindustrie in Böhmen.* 29. Jahrgang. S. 205.

des Betaïns, so ergibt sich für den 1. Versuch ein Ansatz von $1 \cdot 14^{\text{grm}}$ N, für die Betaïnperiode ein solcher von $1 \cdot 17^{\text{grm}}$ N, Werte, die nahezu übereinstimmen. Der 3. Versuch darf zum Vergleich nicht herangezogen werden, weil das Tier sich während desselben dem N-Gleichgewicht nähert und weil das verfütterte Heu eine wesentlich andere Zusammensetzung hatte, wie bei der ersten Grundfutterperiode. Nun folgt eine N-ärmere Ernährung bei zwei weiteren Versuchen 5 und 6; 50^{grm} Mehl werden nämlich durch 50^{grm} Stärke ersetzt. Während des Betaïnversuches (5) setzte das Tier $0 \cdot 92^{\text{grm}}$ N ohne Berücksichtigung der Nachwirkung des Betaïns an, während des 6. übrigens nur 4 tägigen Versuches ohne Betaïn verlor es $0 \cdot 42^{\text{grm}}$ N pro die von seinem Körperbestande. Der letzte Versuch kann meines Erachtens zum Vergleich mit der Betaïnperiode nicht herangezogen werden, weil die Zahlen für den N-Gehalt der Harne außerordentlich schwanken, und weil der Versuch auch von viel zu kurzer Dauer war. Wollten wir die Zahlen aber auch akzeptieren, so würden dieselben doch im Widerspruch stehen zu den Befunden der beiden ersten Versuche. Die Zahlen hätten also jedenfalls dringend der Nachprüfung bedurft.

Im Hinblick auf die sowohl praktisch, wie theoretisch wichtige Frage nach dem Nährwert des Betaïns für Herbivoren, beschloß ich dieselbe durch entsprechende Versuche der Lösung eventuell näher zu bringen.[1] Ich benutzte gleichfalls einen Hammel, und zwar ein ausgewachsenes Tier. Der Hammel erhielt pro die 800^{grm} Heu, 8^{grm} Kochsalz und etwa 2 Liter Wasser. Nach 8 tägiger Verfütterung begann der eigentliche Versuch (1) von 8 tägiger Dauer. Während des folgenden, ebenfalls 8 tägigen Versuches wurde als Zulage pro die $1 \cdot 5^{\text{grm}}$ N in Form von Betaïn gegeben, das mir wie früher von der Aktiengesellschaft für Anilinfabrikation dankenswerterweise unentgeltlich zur Verfügung gestellt worden war. Zwei weitere Tage verfolgte ich die Nachwirkung des Betaïns. Aus äußeren Gründen mußte der Versuch sodann abgebrochen werden. Es stellte sich heraus, daß die N-Ausscheidung im Kot während der Betaïnperiode geringer war als während der Periode mit dem Grundfutter. Da dieser Befund im Widerspruch steht mit den Resultaten von Velich und Stanek, und von mir später auch nicht bestätigt werden konnte, muß ich annehmen, daß es mir nicht gelungen war, genaue Durchschnittsproben von dem Kot der beiden Perioden zu erhalten. Ich werde daher aus dem gewonnenen Resultat keinen Schluß ziehen. Bei meinen weiteren Versuchen habe ich die Fäces regelmäßig täglich frisch analysiert. Das Tier befand sich während des ersten Versuches im N-Gleichgewicht. Was die N-Ausscheidung im Harn anbelangt, so wurde in der Betaïnperiode genau so viel mehr N gegenüber dem vorhergehenden Versuch wiedergefunden, als in Form von Betaïn aufgenommen worden war. Die kalorimetrischen Bestimmungen ergaben, daß rund 50 Prozent der Kalorien des Betaïns im Harn fehlten. Das Betaïn mußte also im Organismus des Wiederkäuers zerlegt worden sein, und nur die N-haltigen Komponenten erschienen vollständig im Harn. Der Befund stimmt mit den diesbezüglichen Beobachtungen von Velich und Stanek vollkommen überein. Die Genannten konnten, wenn überhaupt, Betaïn nur in ganz geringen

---

[1] Die ausführliche Publikation meiner Arbeit ist inzwischen in Pflügers *Archiv*, Bd. CXVI, S. 307, 1907 erfolgt.

Mengen und nur zu Beginn der Versuche im Harn der Wiederkäuer nachweisen, im Kot und in der Milch dagegen nie.

Ich habe nun die Versuche an demselben Tier in analoger Weise wiederholt. Es gelangte diesmal eine andere Heusorte zur Verfütterung. Das Tier erhielt wieder 800 ^{grm} Heu. Der 1. Versuch wurde jetzt nach 14 tägiger Vorfütterung begonnen. Es stellte sich heraus, daß 800 ^{grm} dieses nährstoffärmeren Heues zur Erhaltung des Eiweißbestandes nicht genügten. Infolgedessen erhielt das Tier eine Zulage von 100 ^{grm} pro die, also insgesamt 900 ^{grm}. Es folgen nun 3 Versuche von je 10 tägiger Dauer; zunächst eine Grundfutterperiode, hierauf der Betaïnversuch, wieder mit einer Zulage von 1·5 ^{grm} N in Form von Betaïn und schließlich noch eine Grundfutterperiode. Ich bestimmte übrigens außer dem N [1] und den Kalorien in Einnahmen und sensibeln Ausscheidungen noch die Ausnutzung der übrigen Nährstoffe nach der Weender Methode.

Während der ersten Grundfutterperiode ergab sich zwar ein mittlerer Ansatz von 0·508 ^{grm} N pro die, jedoch zeigt der Verlauf der Kurve für die N-Bilanz, daß das Tier während der letzten Versuchstage bereits N von seinem Bestande verlor, es vermochte sich nicht im N-Gleichgewicht zu halten. Also 900 ^{grm} dieses Heues waren noch keine ungenügende Nahrung. Während der unmittelbar auf diesen Versuch folgenden Betaïnperiode verlor das Tier bereits 0·588 ^{grm} N im Mittel pro die, und zwar nimmt die N-Ausscheidung kontinuierlich zu. Beim letzten 10 tägigen Versuch (Grundfutter) schließlich betrug der mittlere tägliche N-Verlust 1·406 ^{grm}. Die Differenz der N-Bilanzen bei den drei in Betracht kommenden letzten Versuchen beträgt zwischen der ersten Grundfutterperiode und dem Betaïnversuch 1·096 ^{grm} N, und zwischen der Betaïnperiode und der folgenden Grundfutterperiode 0·818 ^{grm} pro die. Lassen wir den allerletzten Versuchstag unberücksichtigt, so hält die Betaïnperiode bezüglich des N-Ansatzes zwischen den beiden Grundfutterperioden, von denen sie eingeschlossen war, genau die Mitte.

Kam das Betaïn als N-haltiger Nährstoff in Betracht, so hätte sich das bei diesen Versuchen zeigen müssen; denn die Bedingungen für einen N-Ansatz waren deshalb so günstig, weil der Hammel infolge der vorausgehenden unzureichenden Nahrung N von seinem Körperbestande eingebüßt hatte. Wir sehen jedoch, daß die Zufuhr von 14·35 ^{grm} Betaïn pro die nicht imstande war, das Tier auch nur im N-Gleichgewicht zu erhalten. Das Betaïn erwies sich also in bezug auf die N-Bilanz als indifferenter Körper.

Von den Kalorien des Betaïns wurden bei diesem Versuch nur rund 30 Prozent im Harn wiedergefunden, eine Bestätigung des früheren Resultates, daß das Betaïn im Organismus der Wiederkäuer zerlegt wird. Was die Ausnutzung der übrigen Nährstoffe während der 3 Perioden anbelangt, so stimmen die Verdauungskoeffizienten für die erste Grundfutterperiode und für die Betaïnperiode annähernd überein. In der abschließenden Grundfutterperiode dagegen wurden sehr erhebliche Verdauungsdepressionen sämtlicher Nährstoffe konstatiert. Es ist möglich, daß diese Verdauungsdepressionen durch eine schädliche Nachwirkung der Betaïnfütterung bedingt war.

---

[1] Der Kotstickstoff wurde täglich in dem frischen Material bestimmt.

Zusammenfassung der Ergebnisse.

1. Der Betaïnstickstoff gelangt beim Wiederkäuer in diesen Versuchen ebenso wie beim Hunde, nur etwas später, vollständig in den Harn, und zwar selbst dann, wenn die Bedingungen für eine N-Retention außerordentlich günstig sind.

2. Die kalorimetrischen Befunde beweisen, daß das Betaïn im Organismus der Wiederkäuer im Gegensatz zu den Karnivoren aufgespalten wird, da die N-freien Komponenten des Betaïns jedenfalls zum Teil nicht in den Harn übergehen.

3. Nach den vorliegenden Befunden haben wir keinen Anhalt dafür, daß das Betaïn als N-haltiger Nährstoff in Betracht kommen könnte. In der von mir verabreichten Menge und Dosierung (das Betaïn wurde im Trinkwasser, also in leichtest resorbierbarer Form gereicht) scheint das Betaïn sogar etwas schädlich zu wirken.

2. Hr. Prof. Dr. H. Boruttau (a. G.): „Die elektrischen Eigenschaften absterbender Nerven und Muskeln."

Der erste Hinweis auf eine prinzipielle Veränderung einer bioelektrischen Erscheinung mit dem Absterben, welche darum eben auch als Beweis für die vitale Bedeutung der letzteren angeführt wurde, stammt von E. du Bois-Reymond, welcher die Abnahme und weiterhin Richtungsumkehrung des ‚ruhenden Muskelstromes" beschrieb. Nachdem insbesondere durch die Untersuchungen von J. F. Macdonald, sowie von Oker-Blom als nachgewiesen gelten kann, daß die elektrische Potentialdifferenz eines Muskel- oder Nervenquerschnittes durch Art und Konzentration der bespülenden Flüssigkeit sehr wesentlich mitbestimmt wird, kann, welcher allgemeinen Theorie der bioelektrischen Erscheinungen man sich auch anschließt, kaum ein Zweifel daran herrschen, daß es sich bei der Umkehrung des Längsquerschnittstromes um eine Veränderung post mortem, eine kadaveröse Erscheinung handelt. Mehr Interesse in physiologischer und praktischer Beziehung gebührt dagegen wohl der Frage, wie sich beim Absterben und Degenerieren die eigentlichen Aktionsphänomene, die elektrischen Anzeichen der Tätigkeit verändern. Insbesondere die Frage, ob auch hier Umkehrung des Vorzeichens der Potentialdifferenz, der „Richtung des Aktionsstromes" vorkommt, gewinnt, wie wir sehen werden, besonderes Interesse im Hinblick auf die den Praktikern geläufige sogenannte Umkehr des Zuckungsgesetzes bei der Entartungsreaktion des Warmblütermuskels. Ich habe in den letzten Jahren reichliche Gelegenheit gehabt, die Veränderungen der Stärke und des zeitlichen Ablaufes des Aktionsstromes, der negativen Einzelschwankung zu studieren, bei Gelegenheit der Bearbeitung des Einflusses, welchen physikalische und chemische Agentien — Temperaturänderungen, Narkotika, Erstickung — auf ihn haben: bei vielen Objekten, so den marklosen Nerven, Fischnerven überhaupt, vor allem aber allen Warmblüternerven, ist die Untersuchung der Wirkungen obiger Agentien auf den Aktionsstrom überhaupt von vornherein schon durch das schnelle Absterben der Objekte kompliziert und sehr erschwert. Die Darstellung der Verhältnisse des Absterbens des Warmblüternerven, wenn er aus dem Körper herausgeschnitten oder in demselben der Blutversorgung

beraubt wird, ebenso wie der Mittel, um den ausgeschnittenen Warmblüternerven länger überlebend zu erhalten, ist inzwischen an anderer Stelle ausführlich erfolgt, ebenso die genauere Erörterung der Veränderungen des
zeitlichen Verlaufs des Aktionsstroms beim absterbenden, bzw. im
Tierkörper selbst nach Abtrennung vom „trophischen Zentrum" degene-
rierenden Nerven. Ich möchte an dieser Stelle besonders betonen, daß ich
auch ein zwar nicht erschöpfendes, aber doch genügende Belege bietendes
photographisches Kurvenmaterial von ausgeschnitten absterbenden
Frosch-, wie auch von im Körper nach Nervendurchschneidung degene-
rierenden Säugetiermuskeln besitze, um behaupten zu können, daß sich
hier alles ganz analog wie beim Nerven verhält, nämlich daß eine gewisse
Ähnlichkeit in den aufeinander folgenden Veränderungen besteht mit denjenigen, welche sich bei der Narkose bzw. Erstickung bzw. Ermüdung der
Objekte einstellen; indessen bestehen doch gewisse Unterschiede hauptsächlich in der Richtung, daß die Verlängerung des absteigenden Schenkels der Aktionsstromkurve lange nicht in der Weise hervortritt
wie dort, wenigstens bei noch wenig verlängerter Dauer des ansteigenden
Kurventeils und unverminderter oder gar vergrößerter Höhe des Maximums.
Vielmehr ist ein solches Stadium hier höchstens sehr vorübergehend und
wird bald abgelöst durch ein solches, in welchem der Verlauf beider
Kurventeile sehr abgeflacht und das Maximum sehr vermindert
ist, bis zum schließlichen Erlöschen jeder Tätigkeitserscheinung. (Man vergleiche dazu die Verhältnisse bei der von ihm sogenannten anpassenden
und nicht anpassenden Erholung in den Zuckungskurven des ermüdeten
Muskels bei Rollett.) Ganz besonders zurück tritt die Dehnung des absteigenden Kurvenschenkels bei absterbenden warmblütig erhaltenen
Objekten, wie es ja auch für die Ermüdung des Warmblütermuskels bekannt und auch für seine und des Warmblüternerven Narkose usw.
sicher ist.

Was nun aber weder von mir noch von meinen Vorgängern in vereinzelten derartigen Beobachtungen (Gotch und Burch, Garten) je gesehen worden ist, das wäre eine Veränderung des Vorzeichens des
„Aktionspotentials" der Einzelschwankung in irgendwelcher Periode
des Absterbens oder der Degeneration.

Eine „positive Schwankung" beim durch längeres Liegen in Kochsalzlösung „matt" gewordenen Froschnerven ist ja bekanntlich von
A. D. Waller beschrieben worden, und es hat dieser Forscher beschrieben,
wie diese durch Kohlensäure vermindert bzw. in eine negative Schwankung
verwandelt wird. Daraus, daß genau das gleiche auch durch elektrische
Tetanisierung zu erreichen war, folgerte er dann, daß bei der Tätigkeit im
Nerven Kohlensäure entwickelt werde. Nach meinen langjährigen Erfahrungen muß ich nun die sog. positive Schwankung als stets durch den
überwiegenden Anelektrotonus im Sinne E. du Bois-Reymonds
bedingt erklären; sie kommt nur bei hinreichend kleinem Abstand zwischen
Reizstelle und abgeleiteter Strecke vor, und zwar bei Anwendung eines
Induktoriums mit gewöhnlichem Unterbrecher stets zuerst bei solcher Richtung der Reizströme, daß die Anode des Öffnungsschlages der abgeleiteten
Strecke zunächst liegt. Bei Anwendung der Helmholtzschen Einrichtung,
oder noch besser eines Wechselströme von Sinuskurvenverlauf liefernden

Apparates erscheint sie natürlich unabhängig von der Wippenstellung, sobald mit zunehmender Reizstärke der überwiegende Anelektrotonus die Ablenkung durch die integrale negative Schwankung übertrifft, oder aber sobald letztere im Verlauf des Absterbens kleiner wird als der erstere. Wird sie z. B. in dem ersten Stadium oder der Nachwirkung der Kohlensäurenarkose verstärkt, was auf die Verlängerung der Dauer der Einzelschwankungen zurückzuführen ist, so wird sie wieder größer als der überwiegende Anelektrotonus, womit die anscheinende Umwandlung der negativen Schwankung in eine positive gedeutet ist. Die elektrotonischen Ströme persistieren beim Absterben eben länger als die Aktionsströme. Sie bewahren dabei ihre normalen Gesetzmäßigkeiten, ebenso wie auch die elektrotonischen Erregbarkeitsänderungen beim Absterben, natürlich in abnehmendem Maße, zu Recht bestehen bleiben. Ich habe dies in zahlreichen Versuchen an Frosch- wie an Warmblüternerven bestätigt gefunden. Betrachten wir nun, was wir unzweifelhaft im Lichte jeder bioelektrischen Theorie dürfen, das Gesetz des „negativen", richtiger gesagt elektropositiven Aktionspotentials gewissermaßen als das Spiegelbild des polaren Erregungsgesetzes, nach welchem nur die Kathode erregt — womit wir physikalisch-chemisch nur sagen, daß, um zu erregen, den Ionen dieselbe Bewegungsrichtung gegeben werden muß, welche sie erfahrungsgemäß in bezug auf die erregte Stelle des lebenden Gebildes besitzen —, so erscheint eine wirkliche Umkehrung des polaren Erregungsgesetzes an einem absterbenden Muskel oder Nerven eben auch von vornherein im höchsten Grade unwahrscheinlich; in der Tat ist die Umkehrung des Zuckungsgesetzes der Elektrodiagnostiker bei der sog. vollständigen Entartungsreaktion des Muskels schon von Wiener in einer ausgezeichneten Arbeit als nur scheinbar vorhanden erwiesen worden; danach kommt sie zustande dadurch, daß bei der sog. polaren Reizmethode der Elektrodiagnostik „peripolare" Reizung mit „virtuellen" Elektroden an den Muskelenden stattfindet, und daß beim Absterben die Erregbarkeit in der Mitte der Muskelfasern, dort, wo der Nerv eintritt, eher abnimmt und verschwindet als an den Muskelenden. Schenck und Achelis haben versucht, die scheinbare Umkehrung des Zuckungsgesetzes am ermüdeten Nervmuskelpräparat vom Frosch mit tripolarer statt peripolarer Reizung nachzuahmen, mit einigem Erfolg, wollen nun aber auch diejenige der Elektrodiagnostiker auf eine gestörte Leitung im Nervenendorgan beziehen; dem steht doch schon entgegen, daß sie erst zu einer Zeit auftritt, wo die sog. indirekte Erregbarkeit längst erloschen ist. Ich befinde mich hiermit, wie ich mehreren mündlichen Mitteilungen entnehme, in Übereinstimmung nicht nur mit den Ergebnissen meiner eigenen Tierversuche, sondern auch den Erfahrungen kompetenter Kliniker. Freilich bin ich auch auf Widerspruch gefaßt, da die Zahl derjenigen doch nicht gering zu sein scheint, welche an eine wirkliche, nicht bloß scheinbare Umkehrung der Zuckungsformel glauben. Auch fehlt es nicht an Erklärungsversuchen für eine solche, denen mir allerdings meist Unbefriedigendes anzuhaften scheint.

IV. Sitzung am 21. Dezember 1906.

1. Hr. C. BENDA und Hr. K. BIESALSKI (a. G.): „Zur Anatomie und Physiologie des Handgelenks."

Bei Gelegenheit seiner Vorlesungen über Künstleranatomie hatte der eine von uns Gelegenheit, dem Mechanismus einiger gröberer Formveränderungen der Handgelenkgegend nachzugehen. Er konnte sowohl auf dem Wege der anatomischen Präparation, wie auch mit Unterstützung des andern von uns auf dem Wege der Radiographie in dieser Richtung Beobachtungen machen, die auf manche noch weniger berührte Punkte des viel diskutierten Kapitels der Handwurzelbewegungen etwas Licht werfen.

Die Beobachtung, die uns zum Ausgang diente, besteht darin, daß sich im Groben die Handgestalt bei Hyperdorsalflexion gegenüber der Hypervolarflexion offenbar in der Richtung ändert, daß bei ersterer der in der Achse des Unterarms·liegende Abschnitt länger erscheint als bei letzterer, so daß namentlich bei dem Übergang der Hand aus der Volarflexion in die Dorsalflexion bei vorgestrecktem Arm der Arm gewissermaßen sich zu recken scheint, und dadurch der drohende Ausdruck der zurückgekrallten Finger noch erhöht wird. Diese grobe Formveränderung weist unzweifelhaft auf die Tatsache hin, daß bei der Dorsalflexion vorwiegend das distale, bei der Volarflexion das proximale Carpusgelenk in Aktion tritt, eine Auffassung, die mit den Erhebungen Braunes und Fischers in Übereinstimmung steht, nach denen die Beweglichkeitsbreite des ersten Gelenks nach der Volarseite, die des zweiten nach der Dorsalseite überwiegt.

Die genaue Untersuchung des frischen, nicht mazerierten Präparats ergibt für dieses Verhalten die anatomischen Grundlagen. Wie wir vorwegnehmen müssen, konnten wir uns im Gegensatz zu den Angaben H. Virchows weder am Bänderpräparat, noch am Radiogramm davon überzeugen, daß, abgesehen vom Os pisiforme, auf welches wir später zurückkommen, zwischen den einzelnen Knochen jeder Reihe eine so weitgehende Beweglichkeit besteht, daß ihr bei irgend einer Bewegung ein nennenswerter Einfluß auf die Gesamtbewegung zugeschrieben werden kann. Wir können getrost, wie die Mehrzahl der Anatomen und Physiologen, die proximalen Gelenkflächen der drei Knochen zur ersten Reihe und diejenigen der vier Knochen der zweiten Reihe als einheitliche Gelenkmenisken auffassen. Die mechanische Leistung der zwischen den Knochen jeder Reihe bestehenden Amphiarthrosen liegt lediglich in der erhöhten Elastizität des gesamten Systems, die einen besseren Widerstand gegen alle Inanspruchnahme bei Stoß und Zug gewährleistet.

Sowohl die Form der Gelenkflächen, wie die Bänderanordnung sprechen für die ganz verschiedene Beteiligung der beiden Gelenke bei den in Frage stehenden Bewegungen. Wir sehen in der ersten Carpalknochenreihe, besonders auffallend am Lunatum, die vorwiegende Entwicklung der Gelenkfläche nach der volaren Fläche der Knochen, wie sie lediglich bei der Volarflexion ausgenutzt werden kann. Dagegen finden wir am zweiten Gelenk vorwiegende Ausbildungen für die Dorsalflexion. Da ist erstens die überwiegende dorsale Überknorpelung der proximalen Gelenkfläche des Capitulum des Os capitatum, ferner die dorsale Überknorpelung der distalen Gelenkflächen des Naviculare und Triquetrum, alles Formationen, deren Bedeutung am frischen Präparat bei starker Dorsalflexion im zweiten Gelenk leicht erkannt werden kann.

Dementsprechend ist die Ausbildung der Bänder, wie wir sie ebenfalls am frischen Präparat sicher erkennen. Bei der Volarflexion ist die Drehung der proximalen Knochenreihe um die radioulnare Achse infolge der Schlaffheit des entsprechenden dorsalen Abschnitts der Gelenkkapsel nicht behindert und nutzt die gesamte volare Hälfte der Gelenkfläche aus. Dagegen spannen sich die dorsalen Verstärkungsbänder der Gelenkkapsel des zweiten Carpalgelenks bald, und lassen nur eine geringere Beteiligung dieses Gelenks bei der Volarflexion zu.

Ganz anders ist das Verhalten bei der Dorsalflexion. Hier ist der Zustand des Ligamentum volare profundum von großer Bedeutung. Dasselbe wird anatomisch in einen proximalen Teil, das Lig. arcuatum, und in einen distalen Abschnitt, das Lig. radiatum, zerlegt. Bei genauer Präparation zeigt sich, daß die proximale Basis des Lig. arcuatum von den distalen Gelenkenden der Unterarmknochen gebildet wird. Das Zentrum der distalen bogenförmigen Vereinigung der Bandfasern bildet dagegen die volare Spitze des Lunatum. Am Bandpräparat läßt sich leicht demonstrieren, daß dieser Teil des tiefen Bandes bei der Dorsalflexion bald gespannt ist, und alsdann der dorsalen Drehung der proximalen Carpalknochenreihe Widerstand leistet. Das Ligamentum radiatum dagegen hat sein Insertionszentrum an der Volarfläche des Capitulum und seine Faserung verläuft seitlich und distal. Der zwischen Lig. arcuatum und radiatum gelegene schlaffere Abschnitt des Bandapparats entspricht somit gerade der Lücke zwischen Lunatum und Capitatum, d. h. dem distalen Carpalgelenk, und begründet dessen größere Beweglichkeit dorsalwärts, wobei infolge der Schrägheit der Drehungsachse bekanntlich eine leichte Ablenkung ulnarwärts erfolgt.

Die Radiogramme der Dorsal- und Volarflexion sind sehr schwer verständlich, da sich ja in der Profilaufnahme naturgemäß die verschiedenen Knochenbilder übereinander schieben. An der ersten Reihe ist bei der Volarflexion immerhin das Vorgleiten der Knochen auf den volaren Abschnitt der Gelenkfläche erkennbar. Doch ist bereits bei dieser Stellung auffällig, daß in dem ersten Carpalgelenk die Bewegungen sämtlich nicht ausschließlich durch Gleiten der Gelenkflächen stattfinden, sondern daß die größere Schlaffheit der Gesamtverbindung eine partielle Abhebung der Handknochen von der Oberfläche der Unterarmknochen erlaubt, so daß die Bewegung durch eine Kantenstellung der Knochen verstärkt wird. Eine derartige Kantung der Knochen bleibt auch bei der Dorsalflexion nicht aus, so daß hierin auch eine Beteiligung des ersten Carpalgelenks bei der Dorsalflexion zugestanden werden muß.

Für das zweite Gelenk ergibt aber auch das Radiogramm die ganz vorwiegende Beziehung zur Dorsalflexion. Derjenige Knochen der zweiten Reihe, der auch bei der Profilaufnahme immer wohl erkennbar bleibt, ist das Capitulum des Capitatum. An ihm ist die erhebliche Verschiebung in volarer und distaler Richtung, die der Bewegung der Hand in dorsaler und proximaler Richtung entspricht, deutlich ausgesprochen.

Wir erwähnen noch kurz, daß unsere Beobachtungen über die Randbewegungen der Hand (Radial- und Ulnarflexion) sich den Darstellungen R. Ficks in allen wesentlichen Punkten anschließen. Bei ihnen ist das Radio-Carpalgelenk, oder richtiger das Antibrachio-Carpalgelenk fast ausschließlich beteiligt. Die seitliche Gleitung der Handwurzelknochen in der entsprechenden Richtung wird, wie oben bei der Dorsal- und Volarflexion erwähnt, durch eine Abhebung der Knochen in der entgegengesetzteń Richtung, also wieder durch eine Art Kantung der Knochen verstärkt.

Unsere besondere Aufmerksamkeit betraf sowohl bei der anatomischen wie bei der radiographischen Untersuchung das Os pisiforme, dessen Stellung und Bewertung schon manche Diskussion erregt hat. Morphologisch schwankt seine Schätzung von derjenigen eines ganzen Strahlrudiments (v. Bardeleben) bis zu derjenigen eines Sesambeins (Gegenbaur). Während Froriep, R. du Bois-Reymond es in festeste Verbindung zum Triquetrum stellen, billigt ihm R. Fick eine gewisse bis 1 cm betragende Beweglichkeit zu. Die anatomische Präparation lehrt, daß es der Sehne des Flexor carpi ulnaris eingefügt ist, die sich distal als Ligamentum piso-metacarpum und piso-hamatum unmittelbar fortsetzt. Von einer Amphiartrose mit dem Triquetrum kann keine Rede sein; die wohl ausgebildete Gelenkhöhle zwischen Pisiforme und Triquetrum besitzt eine ziemlich schlaffe Kapsel, die sich proximal in einen ausgeprägten Schleimbeutel fortsetzt. Der proximale Teil desselben ist schon Monro bekannt gewesen; er liegt zwischen der Sehne des Flexor ulnaris und dem proximalen Carpusgelenk, er reicht´ sogar in meinen Präparaten noch ein Stück auf die Ulna herüber. Schon die Bewegungsstudien am Bänderpräparat belehren darüber, daß das Pisiforme bei Dorsal- und Volarflexion ganz erhebliche Bewegungen an der Oberfläche des Triquetrum ausführt, und sich sogar fast ganz von diesem sowohl in distaler, wie in proximaler Richtung entfernen kann. Bei der Hypervolarflexion verschiebt es sich bis auf das Köpfchen der Ulna, bei der Hyperdorsalflexion kommt es direkt auf den distalen Rand des Triquetrum zu liegen, so daß seine Längsachse mit der Längsachse des Triquetrum einen Winkel bildet. Es zeigt sich bei dieser Bewegung, daß das Pisiforme, nachdem, wie oben beschrieben, die Dorsalflexion der ersten Carpalreihe durch das volare Band gehemmt ist, der Bewegung der distalen Carpalknochenreihe folgt, mit der es ja durch seinen Bandapparat erheblich inniger zusammenhängt als mit der ersten Reihe, der es schulgemäß zugezählt wird.

Die radiographische Bestätigung dieser Verhältnisse bot große Schwierigkeiten. Hierin mag die Erklärung liegen, daß diese interessante Frage in der Röntgen-Literatur, soweit wir verfolgen konnten, noch keine Beachtung gefunden hat. Es leuchtet ein, daß bei der Profilbetrachtung die Analyse der einzelnen Knochen nur bei ganz gelungenen Aufnahmen möglich ist, und es ist auch uns vorgekommen, daß wir das Pisiforme unter den verschiedenen volaren Knochenvorsprüngen, die sich im Profilbild übereinander schieben, nicht herauszufinden vermochten. Immerhin besitzen wir einige Bilder, die die beschriebenen anatomischen Verhältnisse ganz ausgezeichnet belegen und ergänzen. Am sichersten gelang das bei der Volarflexion, wo das Pisiforme an einer so exponierten Stelle sichtbar wird, daß kein anderer Carpalknochen mit ihm konkurrieren kann; wir sehen es mit seinem proximalen Ende dem distalen Ende des knöchernen Ulnaköpfchens volarwärts vorgelagert, also über die volare Oberfläche des ganzen ersten Carpalgelenks geglitten.

Bei der Hyperdorsalflexion ist das Profil des Pisiforme nur dann sicher von den volaren Vorsprüngen des Hamatum und der Eminentia radialis unterscheidbar, wenn auch seine dorsale, gelenkige Fläche genau im Profil dargestellt ist. In den wenigen, so gelungenen Radiogrammen sehen wir, daß sich das Pisiforme distal von der ersten Carpusreihe im Winkel zu dieser wie ein Sporn nach der Vola manus vorwölbt. In dieser Stellung fällt, wie Hr. R. du Bois-Reymond in der Diskussion zutreffend hervorhob, seine Homologie mit der Tuberositas Calcanei, die von anderen Seiten schon bemerkt wurde, eklatant in die Augen, so daß es beim turnerischen Handstand ganz wie die Ferse am Fuße den hinteren Stützpunkt der Hand bildet.

Bei den Randbeugungen der Hand sind die Verlagerungen des Pisiforme geringfügiger, aber doch wenigstens bei der Ulnarflexion ebenfalls unzweifelhaft feststellbar. Es rückt hier ganz auf den ulnaren Rand des Triquetrum, und ist in dieser Stellung auch an der lebenden Hand deutlich fühlbar. Alle diese Beobachtungen sprechen in erster Linie für die Auffassung Gegenbaurs, daß das Pisiforme den Wert eines Sesambeines besitzt. Immerhin ist aber nicht zu vernachlässigen, daß es für die Form des Handgerüstes unter den Karpalknochen eine seiner Kleinheit nicht entsprechende, sondern überragende Bedeutung besitzt.

2. Hr. F. BERTKAU (a. G.): „Zur Histologie und Physiologie der Milchdrüse."

Zu den Untersuchungen, deren Ergebnisse hier mitgeteilt werden sollen, wurde ich von meinem verehrten Chef, Hrn. Prof. Dr. Benda, auf Grund einer Arbeit über die Milchdrüse angeregt, welche Brouha in Lüttich im vergangenen Jahr in den „Archives de Biologie" veröffentlichte.

Zunächst muß ich kurz an die Wandlungen erinnern, welche unsere Anschauungen über die Milchbildung im Laufe der Jahre erfahren haben.

Virchow, der zuerst eine vollständige Theorie hierüber aufstellte, faßte die Milch als das Resultat einer physiologischen fettigen Degeneration des durch Proliferation sich regenerierenden Brustdrüsenepithels auf.

Diese Theorie ließ sich nicht mehr aufrecht erhalten, nachdem Kehrer die Einschichtigkeit des Mammaepithels nachgewiesen hatte, und seine Beobachtung von allen späteren Untersuchern, außer Coën und Keiffer, bestätigt worden war. Coën hat aber nach der Ansicht der meisten Autoren mit zu dicken Schnitten gearbeitet, und Keiffer vertritt eine der Virchowschen ähnliche Theorie. Gegen letztere spricht außer der Einschichtigkeit des Epithels auch das völlige Fehlen von Kernteilungsfiguren in demselben während der Laktation.

Für die späteren Theorien über die Milchbildung ist nun besonders eine Erscheinung maßgebend gewesen, die von fast allen Untersuchern beobachtet wurde. Das Epithel der leeren und nur wenig gefüllten Alveolen zeigt eine hohe zylindrische, vielfach papilläre Form, d. h. das alveoläre Ende der einzelnen Zellen ist häufig kolbig verdickt und prominiert stark in das Drüsenlumen. An diesen papillären Zellen beobachtete man nun oft Einschnürungen zwischen dem prominenten alveolären Ende und dem basalen Hauptteil der Zelle, häufig auch fand man im Lumen freie Zellenden liegen, die abgerissen waren, wie auch der ausgefranste unregelmäßige Rand einzelner Epithelzellen zeigte. Auf Grund dieser Beobachtung gelangten Partsch und Heidenhain zu der Auffassung, daß die Milchbildung dadurch zustande komme, daß sich zunächst die Epithelzellen mit Fettkörnchen füllten und allmählich Papillenform annähmen, und daß dann bei der Milchbildung die Zellkuppen der Epithelzellen abgestoßen und durch ihre Auflösung das Fett in Freiheit gesetzt würde. Schon viel früher hatte Langer und nach ihm Schmidt die Ansicht ausgesprochen, daß die Epithelzellen das Fett sezernierten, ohne selbst einen Substanzverlust zu erleiden. Auch Bizzozzero und Vassale, die besonders auf das Fehlen von Mitosen in dem Epithel der laktierenden Mamma hinwiesen, vertraten die Ansicht, daß die Milch durch einen reinen Sekretionsvorgang gebildet werde, und diesen Autoren schloß sich auch Benda an, welch letzterer die Erscheinung der Kuppenbildung und -ablösung als Artefakte, durch unzweckmäßige Härtungsflüssigkeiten hervorgerufen, oder als postmortale Veränderungen vor der Härtung ansah.

Erwähnen muß ich noch die Theorie Raubers, nach dessen Ansicht nicht das Brustdrüsenepithel die Milch liefert, sondern diese aus der fettigen Degeneration der Leukozyten resultiert, die während der ganzen Laktation in großer Anzahl nach dem Innern der Drüsenalveolen auswandern sollen.

In der oben erwähnten Arbeit stellt Brouha nun folgende Theorie auf: Er unterscheidet bei der Milchbildung drei Phasen. In der ersten Phase sollen die Epithelzellen sich allmählich mit Fett füllen, papilläre Form gewinnen, aber auch schon spontan Fett absondern. In der zweiten Phase soll dann die von ihm sogenannte décapitation cellulaire erfolgen, d. h. die Abstoßung der alveolären Zellenden, und danach soll in der dritten Phase die Fettsekretion wieder ohne einen Verlust an Zellsubstanz weitergehen bis zur völligen Füllung der Alveole. Irgend ein auslösendes Moment für den Eintritt der Dekapitation führt er nicht an.

Wenn wir also die verschiedenen Theorien nebeneinander betrachten, so nehmen die einen Autoren eine totale Nekrobiose, andere eine partielle Nekrobiose, Brouha eine partielle Nekrobiose während einer bestimmten Phase an, und dem gegenüber halten noch andere Forscher die Milch für das Ergebnis eines reinen Sekretionsvorganges. Meine Untersuchungen verfolgten nun den Zweck, festzustellen, inwieweit die Dekapitationserscheinung an den Epithelzellen als physiologisch oder als Kunstprodukt anzusehen sei.

Als Untersuchungsmaterial diente mir laktierende Mamma von einer Hündin, von zwei kurz vor der Schlachtung gemolkenen Kühen und einer 3 Wochen nach der Entbindung an puerperaler Sepsis gestorbenen Frau. Von der Hündin gewann ich dadurch Drüsenmaterial aus verschiedenen Phasen der Drüsentätigkeit, daß ich aus einer stark abgesogenen und aus drei verschieden lange durch Kollodium und Wickelverband verschlossenen Brustdrüsen Stücke exzidierte. Von jeder Drüse wurde ein Stück in 10 prozent. Formalin, ein Stück in Zenkerscher Flüssigkeit gehärtet, das Formalinmaterial auf dem Gefriermikrotom geschnitten, das Zenkermaterial mit Paraffin durchtränkt.

Die vergleichende mikroskopische Untersuchung ergab nun folgendes. Die Schnitte des Zenkermaterials enthielten vielfach Alveolen, die sehr deutliche Dekapitationserscheinungen, d. h. ausgefranste Zellränder und freie Zellkuppen im Lumen darboten; daneben fanden sich aber auch viele Alveolen, die mit sehr schön scharf begrenzten Papillenzellen ausgekleidet waren. Das Formalinmaterial zeigte durchweg Alveolen mit hohen papillenförmigen Zellen, selten Zellkuppen im Lumen oder ausgefranzte Ränder, aber die meisten Epithelzellen zeigten Einschnürungen oder auch lange Protoplasmavorsprünge. Diese Differenzen zwischen den durch Formalin und den mit Zenker scher Flüssigkeit gehärteten Präparaten, sowie die Verschiedenheit des Bildes innerhalb dieser letzteren selbst brachten mich zu der Uberzeugung, daß es sich bei den beschriebenen Zellveränderungen wirklich um Kunstprodukte handele, worin ich bestärkt wurde durch die Erfahrungen, die Sauer bei seinen bekannten Untersuchungen des Nieren-epithels machte. Sauer beobachtete unter dem Mikroskop an frischen Schnitten die Wirkung von Härtungsflüssigkeiten und erwähnt ausdrücklich das Auftreten von Kuppenbildungen; er weist auch darauf hin, welche Irrtümer durch solche Kunstprodukte bei der Beurteilung von Sekretions-vorgängen hervorgerufen werden können. Als beste Konservierungsmethode, mittels der er selbst einwandfreie Bilder erhalten habe, bezeichnet Sauer die Härtung in dem Gemisch von Alkohol-Chloroform-Eisessig nach Carnoy-van Gehuchten mit nachfolgender äußerst vorsichtiger Paraffindurch-tränkung. Diese Methode habe ich nun auch versucht, und zwar, da mir kein anderes Material zur Verfügung stand, an der Brustdrüse eines seit 8 Tagen säugenden Kaninchens und eines seit 2 Tagen säugenden Meer-schweinchens. Das Resultat entsprach meinen Erwartungen. Die leeren und wenig gefüllten Alveolen waren von einem meist gleichmäßigen hohen Zylinderepithel ausgekleidet, dessen einzelne Zellen einen absolut scharfen Rand und nur hin und wieder papillenartige Gestalt zeigten. Nirgends fand ich Einschnürungen, nirgends Abreißungserscheinungen, nirgends freie Zellkuppen im Drüsenlumen.

Dadurch ist, glaube ich, der Beweis geliefert, daß in der Tat alle Er-scheinungen einer „Décapitation cellulaire" als Kunstprodukte anzusehen sind. Damit wäre denn auch die Theorie Brouhas hinfällig geworden und auch alle anderen Theorien, die mit einer Nekrobiose des Brustdrüsen-epithels rechnen: die Milch resultiert aus einem reinen Sekretionsvorgang.

Meine weiteren Untersuchungen bezogen sich auf jene spindelförmigen Zellen, die man zwischen Membrana propria und dem sezernierenden Epithel der Brustdrüsenalveolen beobachtet. Diese Zellen sind zuerst von Henle gesehen, von Langer bestätigt und dann von Langhans ausgezeichnet genau beschrieben und charakterisiert worden. Schon Langhans fiel die große Ähnlichkeit dieser Gebilde mit glatten Muskelzellen auf, er hielt sie aber nicht für solche wegen der pathologischen Veränderungen, die er an ihnen in Zysten und Adenomen beobachtete, wo sie fibrillären Zerfall und Umwandlung in homogene gefensterte Membranen zeigten. Von anderen Autoren wurden die in Rede stehenden Elemente als Bindegewebszellen auf-gefaßt, und erst Benda bezeichnete sie bestimmt als glatte Muskelzellen, nachdem er die Analogie des Entwicklungsganges und der Morphologie der Milchdrüse und der Hautknäueldrüsen nachgewiesen und erstere für eine hochdifferenzierte Hautknäueldrüse erklärt hatte, eine Ansicht, die neuerdings durch die ausführlichen Untersuchungen Brouhas durchaus bestätigt worden ist. In den Schweißdrüsen waren glatte Muskelfasern ja schon von Kölliker entdeckt und entwicklungsgeschichtlich ihre Herkunft aus der äußeren Schicht des während der Entwicklung zweischichtigen Epithels dieser Drüsen nach-gewiesen worden. In Anbetracht der übrigen Übereinstimmung bezeichnete daher Benda auch die den Muskelzellen der Schweißdrüsen entsprechenden Elemente in der Mamma als glatte Muskelzellen. Diese Auffassung ist auch von vielen Autoren angenommen und besonders von Kollossow 1898 vertreten worden.

Es kam mir nun darauf an, die genannten Zellen histologisch als Muskelfasern zu erweisen, und ich wandte zu diesem Zweck die von Benda angegebene Methode zur isolierten Färbung der von ihm — zum Unterschied von den mittels einer anderen Methode darstellbaren, die kontraktile Substanz bildenden Fibrillen — als Stützfasern oder Myoglia der glatten Muskelzellen benannten Fibrillen an. Ich versuchte diese Methode zunächst an Material, das sicher glatte Muskulatur enthielt, nämlich an Darmschnitten. Nachdem mir hier die Färbung gelungen war, d. h. die glatten Muskelfasern als feines intensiv blau gefärbtes Flechtwerk zur Darstellung gelangt waren, während das umgebende Bindegewebe fast völlig entfärbt war, unternahm ich die Darstellung der Muskelfasern in den Schweißdrüsen der Achselhöhle, die vollkommen glückte. Man sieht in diesen Präparaten an Flachschnitten die Muskelzellen als dunkelblaue bandartige Streifen die Drüsenschläuche in der Längsrichtung überziehen, während Epithel und umgebendes Bindegewebe fast ganz farblos erscheint und nur die Epithelkerne etwas mehr Farbstoff behalten haben. Die nunmehr nach derselben Methode vorgenommene Färbung von Schnitten der Milchdrüse der Frau, der Hündin und des Kaninchens gelang mir ebenfalls, allerdings erst nach manchen Fehlschlägen, die sich aus der recht empfindlichen Methode erklären. In der Brustdrüse ist das Bild insofern ein anderes, als hier ja während der Laktation Alveolen vorhanden sind und diese eine Umspinnung von sternähnlichen mit vielen Fortsätzen versehenen Zellen zeigen, die in den Schweißdrüsen fehlen. Die in diesen vorhandene longitudinale Anordnung spindelförmiger bandartiger Muskelzellen findet sich in der Mamma an den Milchgängen wieder. In den Zellen sieht man häufig sehr gut die Zusammensetzung aus feinen Fibrillen; übrigens möchte ich nochmals darauf hinweisen, daß mittels der beschriebenen Methode nur die sogenannte Myoglia gefärbt und nicht der ganze Zellleib zur Darstellung gelangt ist.

Es ist also gelungen, mittels einer Methode, die, wie der Versuch an Darmmuskulatur bewiesen hat, glatte Muskelfasern isoliert zur Darstellung bringt, die Muskelzellen der Schweißdrüsen zu färben und auf dieselbe Weise die diesen entwicklungsgeschichtlich und morphologisch entsprechenden Elemente der Mamma zu differenzieren. Damit dürfte der Beweis geliefert sein, daß diese letzteren tatsächlich glatte Muskelzellen sind, und hiermit wäre ein neuer Beleg für die nahe Verwandtschaft der Milchdrüse mit den Hautknäueldrüsen gewonnen.

Der Nachweis glatter Muskelfasern in der Alveolenwand der Mamma läßt übrigens die Bendasche Ansicht als sehr wohl annehmbar erscheinen, daß das stellenweise beobachtete Vorkommen von niedrigen und hohen Epithelzellen in derselben Alveole möglicherweise auf zirkumskripte Kontraktionen der Wand zurückzuführen sei. Die außerordentliche Höhe und Schlankheit der Epithelzellen in den leeren Alveolen muß auch ich als Folge von Faltungen der Membrana propria bezeichnen, durch die in der kollabierten Alveole die Zellen stark zusammengedrängt werden, während sie bei der Entfaltung sich wieder ausdehnen können und flacher werden.

Die Untersuchungsergebnisse wurden an Diapositiven mittels Projektionsapparat demonstriert, die Hr. Prof. Benda liebenswürdigerweise von meinen

Präparaten angefertigt hatte, sowie mittels mehrerer von der Firma Zeiß zur Verfügung gestellter Mikroskope.

Auf die von Hrn. Michaëlis in der Diskussion erhobene Frage bezüglich der Beteiligung von Epithelkernen an der Milchbildung muß ich hervorheben, daß ich in dem nach der Sauerschen Angabe behandelten Material vom Kaninchen und Meerschweinchen durchaus keine freien Epithelkerne in zahlreichen Schnitten habe finden können.

3. Hr. E. Grunmach und Hr. Dr. E. Barth (a. G.): „Röntgenographische Beiträge zur Stimmphysiologie."

Hr. E. Grunmach erwähnt zunächst, daß schon früher die X-Strahlen zur Untersuchung der Mund-, Schlund- und Nasenhöhle in bezug auf die Phonation verwertet wurden. Die gewonnenen Resultate sind jedoch nicht als einwandfrei zu betrachten, da die Versuche früher nicht mit Präzisionsapparaten ausgeführt und daher nicht sicher Verzeichnungen im Röntgenbilde vermieden wurden, ferner weil man es hier mit Weichteilen zu tun hat, die sich in ihren Konturen bei bestimmten Vokalen auf dem Fluoreszenzschirm und der photographischen Platte nicht so scharf abheben, daß wir uns bestimmte Schlüsse aus den Durchleuchtungsbildern und Aktinogrammen erlauben dürfen. So läßt sich nicht genau erkennen, wenn man von der Seite her im Querdurchmesser die Mund-, Schlund- und Nasenhöhle mit dem Fluoreszenzschirm betrachtet und dabei verschiedene Vokale, z. B. I oder E oder den Diphthongen Ue phonieren läßt, wie die Konturen der Zunge verlaufen, ebenso wenig wie sich die Form und Lage des Velum verhält. Zur exakten Lagebestimmung dieser Weichteile beim Phonieren bediente Grunmach sich daher des Verfahrens, das sich ihm bei der Untersuchung des Herzens zur diagnostischen Wertschätzung der absoluten und relativen Herzdämpfung gegenüber dem Orthodiagramm im Röntgenbilde vorzüglich bewährte. Um nämlich die absolute Dämpfung bezüglich ihres Wertes zur Bestimmung der wirklichen Herzgrenzen gegenüber der relativen möglichst sicher abzuschätzen, wurden die herausperkutierten Figuren mit feinem Draht von Grunmach umzogen und darauf mit dem Orthodiagramm im Röntgenbilde verglichen. Dabei stellte sich nun trotz des Widerspruchs verschiedener Kliniker die geringe diagnostische Bedeutung der absoluten Dämpfung zur Beurteilung der wirklichen Herzgröße heraus, während die relative in einem großen Prozentsatz der Fälle sich den wirklichen Herzgrenzen im Röntgenbilde sehr näherte. Dieses Verfahren zur Sichtbarmachung der Organgrenzen war auch zu verwerten, um ein Urteil über die Form und Lage der Zunge bei der Phonation der einzelnen Vokale und Diphthongen, insbesondere z. B. bei I, E und Ü zu gewinnen. Daher wurde die Zunge zunächst mit dünnen Bleistreifen von Grunmach überzogen und auf diese Weise ihr Kontur beim Phonieren im Röntgenbilde sichtbar gemacht. Diese Anwendung führte jedoch noch nicht zum gewünschten Ziele. Erst Hrn. Dr. Barth gelang es, diese Methode an sich selbst und Berufssängern so zu modifizieren, daß sie mit Erfolg Anwendung finden konnte. Er führte sich und anderen Versuchspersonen nämlich ein äußerst dünnes, leichtes Kettchen, das ein kleines Kügelchen trug, unter Leitung des Kehlkopfspiegels in die Mundhöhle und weiter bis zur Valecula ein, ohne daß die Versuchspersonen an den berührten Stellen durch Narkotica unempfindlich gemacht worden waren.

Zur Röntgenuntersuchung diente Grunmachs Präzisionsapparat, der in der physiologischen Gesellschaft bereits demonstriert wurde. Dieser Apparat gestattet nämlich die Körperteile in jeder beliebigen Lage der Versuchsperson und bei genauester Fokaleinstellung der Röntgenröhre zum Darstellungsobjekt exakt zu durchstrahlen und zu aktinographieren. Als Vakuumapparat wurde entweder die von G. angegebene, tief dunkelblau fluoreszierende Röntgenröhre mit kanalförmiger Doppelblende vor der Antikathode oder die neue Tantalröhre verwertet, die sich durch hohe Vakuumkonstanz auszeichnet. Während man die Versuchspersonen sitzend am Kopf und Nacken fixierte und ihre Augen in horizontaler Richtung blicken ließ, wurde schon vor der Phonation der Fokalstrahl von links her auf den Körper des Zungenbeins mittels des Fluoreszenzschirmes genau eingestellt. Alsdann beobachtete man während des Phonierens der einzelnen Vokale und Diphthongen auf dem Schirm die Form und Größe der Mund-, Schlund- und Nasenhöhle sowie die Gestalt der darin befindlichen Körperteile, insbesondere die Konturen der Zunge und des weichen Gaumens. Nach dieser Voruntersuchung folgte unter Kontrolle des Schirms die photographische Aufnahme von rechts her in der Weise, daß die fixierte Versuchsperson zunächst 12 Sekunden z. B. den Vokal I phonierte, dann bei Unterbrechung des elektrischen Stromes Atem holte, um nach Einschaltung desselben wieder 12 Sekunden denselben Vokal zu phonieren. Als besonders auffälliges Ergebnis dieser Röntgen-Untersuchung zeigte sich die ungewöhnlich große Resonanzhöhle im untern Pharynxraum um den Larynx bei geschulten Sängern, besonders während des Phonierens vom Vokal I. Diese Höhle nahm bei den folgenden Vokalen und Diphthongen E, Ü, Ö, Ä, U, O und A in dem Verhältnis ab, als sich die Mundhöhle bei diesen Vokalen und Diphthongen erweiterte. Beim Phonieren von I, E und Ü können die Konturen der durch den Oberkiefer und die Zähne verdeckten Zunge nur unter Anwendung des Metallkettchens mittels der X-Strahlen auf dem Schirm oder der photographischen Platte genau erkannt, aber nicht sicher mittels der früher angewandten Methoden gesehen werden. Durch Einführung des Kettchens bis zur Valecula fand keine Funktionsstörung der Zungenbewegung statt, wie dies schon aus der reinen Intonation der einzelnen Vokale hörbar war, aber es zeigte sich auch beim Vergleich der Röntgenbilder auf dem Schirm und der photographischen Platte, gleichviel ob das Kettchen eingeführt oder ohne dasselbe untersucht wurde, eine vollständige Kongruenz der gewonnenen Aktinogramme, z. B. beim Phonieren von U, O, A.

In ähnlicher Weise wie zur Sichtbarmachung der Zungenkonturen fand nach Einführung desselben Kettchens mittels des Bellocschen Röhrchens durch die Nase bis zum Dach des Gaumensegels die Röntgenuntersuchung der Velumfunktion beim Phonieren mit Hilfe des Fluoreszenzschirms und der photographischen Platte statt. Dabei ergab sich aus den gewonnenen Röntgenbildern, daß das Gaumensegel am meisten beim Vokal I, viel weniger dagegen bei A gehoben wird.

Unsere Ergebnisse der Röntgenforschung über das Verhalten der Mund-, Schlund- und Nasenhöhle bei der Phonation befinden sich demnach in bester Harmonie mit den früher gewonnenen Resultaten der großen Physiologen über die Funktion des Ansatzrohres bei der Stimmbildung.

VI. Sitzung am 1. Februar 1907.

1. Hr. Dr. Johann Plesch (a. G.): „Chromophotometer, ein Apparat zur Hämoglobin- und Farbstoffkonzentrationsbestimmung."

Den Gegenstand des Vortrages bildet der Chromophotometer, mit welchem sowohl die Konzentration von Farblösungen, insbesondere die Hämoglobinkonzentration des Blutes, als auch das Mischungsverhältnis bei Mischfarben festgestellt werden kann. Es geschieht dies dadurch, daß von einer Lichtquelle aus durch zwei Prismen zwei Lichtbüschel erzeugt werden, von denen das eine nach nochmaliger Reflexion durch eine Normallösung (bei Hämoglobinbestimmung eine 250 fach verdünnte 14 proz. Hämoglobinlösung) in ein Lummer-Brodhunsches Prisma gelangt und so dem Auge in Form eines beleuchteten farbigen Kreises erscheint, dessen Färbung von der Farblösung der Teströhre abhängt. Das andere Lichtbüschel geht durch die zu untersuchende Farblösung und wird in dem Lummer-Brodhunschen Prisma ebenfalls nach dem Auge reflektiert und zwar gleichfalls in Form eines beleuchteten gefärbten Kreises, der konzentrisch zu dem erstgenannten Kreise des ersten Lichtbüschels liegt, so daß durch Veränderung der Schichthöhe der zu untersuchenden Flüssigkeit nach Maßgabe einer Skala die Farbstofflösungen derart abgestimmt werden können, daß die dem Auge sichtbaren beiden Kreise absolut gleichmäßige Färbung zeigen. Nach der Skala kann dann laut der Formel $c_2 = \frac{c_1 d_1}{d_2}$ die Konzentration der zu untersuchenden Lösung festgestellt werden, wobei c_2 die gesuchte Konzentration, c_1 die Konzentration der Testlösung; d_2 die Schichthöhe der zu untersuchenden Lösung und d_1 die Schichtdicke der Testflüssigkeit bedeutet. Zur leichten Veränderung der Schichtdicke wird die zu untersuchende Lösung in einen Trog gegossen, in welchem ein nach unten mit einer Glasplatte verschlossener Zylinder verstellbar eintaucht. Durch das Anbringen eines zweiten konzentrisch angeordneten Tauchzylinders ist das Mischverhältnis zweier Farben so festzustellen, daß im Tauchtrog die eine und im mittleren Zylinder die andere Farbe gegossen wird, aus welchen die Vergleichslösung besteht. Durch Verschieben des mittleren Zylinders gegen den inneren Zylinder oder gegen die Verschlußplatte des Tauchtroges ist Farbengleichheit zu erzielen. Die Berechnung des Mischverhältnisses ist ganz einfach. Der Apparat eignet sich zur Bestimmung der Blutmenge mittels der Kohlenoxydmethode.

2. Hr. R. du Bois-Reymond und Hr. Nicolai: „Versuche zur Bestimmung des Lungenvolums beim Lebenden."

Die Versuche, um die es sich handelt, schließen sich an eine Demonstration von Hrn. Zuntz vor dieser Gesellschaft an, in der ein Apparat gezeigt wurde, mit dem man die Menge der im Körper von Fischen enthaltene Luft bestimmen kann, und an folgende Beobachtung von Alard du Bois-Reymond: Wenn ein Mensch bewegungslos im Wasser treibt, und bei geschlossenen Luftwegen eine heftige Ausatmungsbewegung macht, so sinkt er infolge der Kompression der Lungenluft unter, und kann sich sogleich wieder aufsteigen lassen, wenn er mit dem Exspirationsdruck nachläßt.

Wir versuchten daraufhin, ob es nicht möglich wäre, die Menge der in den Lungen enthaltenen Luft auf folgende Weise zu bestimmen: Eine Versuchsperson wird an einem um den Kopf befestigten Faden unter Wasser an einer Federwage aufgehängt. Damit der Körper untergeht, ist an ihm ein Gewicht angehängt, dessen Wirkung bei der nachfolgenden Berechnung in Abzug zu bringen ist. Die Nasenöffnungen der Versuchsperson sind mit einem Manometer verbunden, das außerhalb des Wassers steht. Sobald der Stand der Wage abgelesen ist, muß die Versuchsperson eine möglichst starke Exspirationsanstrengung machen, deren Kompressionswirkung am Manometer abgelesen wird. Zugleich wird der durch die Verminderung des Lungenvolums veränderte Stand der Wage abgelesen.

Auf diese Weise kann man die Verminderung des Lungenvolums bei einer gegebenen Druckzunahme bestimmen und daraus die Größe des Volums berechnen.

Bei diesen Versuchen fiel uns auf, das jedesmal, wenn die Versuchsperson untertauchte, das Pneumatometer einen Ausschlag machte und auf der veränderten Stellung stehen blieb. Das kam natürlich daher, daß beim Untertauchen der Wasserdruck auf die Brust zunahm. Daraufhin nahmen wir folgende vereinfachte Versuchsmethode an: Die Versuchsperson wird mit voller Lunge völlig untergetaucht, gewogen und dann an einer 1 oder 2 m langen Schnur untergetaucht wieder gewogen. Die Differenz in den beiden Gewichten muß die Differenz des Lungenvolums bei um 1 oder 2 m Wasserhöhe verschiedenem Druck angeben.

Bei der praktischen Ausführung erwies es sich als zweckmäßig, die Versuchsperson erst an der 1 bis 2 m langen Schnur in der Tiefe zu wägen, und sie dann bis an die Oberfläche heraufzuholen. Zu jeder Wägung waren 20 bis 30 Sekunden, zu dem Wechsel der Stellung mindestens 10 Sekunden erforderlich, so daß die Versuchsperson durchschnittlich etwa 1 Minute unter Wasser zubringen mußte. Als Wage diente ein selbstregistrierendes Dynamometer, das auf verschiedene Empfindlichkeit eingestellt werden konnte. So einfach und sicher dies Verfahren erscheint, ließ sich doch kein genaues Ergebnis gewinnen. Es zeigte sich nämlich, daß die Wage nicht ruhig hing, sondern fortwährend Schwankungen machte, auch wenn die Versuchsperson die Empfindung hatte, absolut regungslos gehangen zu haben. Ferner waren auch die Zahlen, die bei wiederholten Versuchen gewonnen wurden, nicht völlig in Einklang zu bringen. Dies läßt sich mit großer Wahrscheinlichkeit darauf zurückführen, daß die in den Därmen enthaltenen Gasmengen nach der angegebenen Methode mitgemessen werden, und einen wechselnden Fehler bedingen. Wir fanden für eine Versuchsperson N im Mittel von 11 Versuchen für das Gewicht an der Oberfläche (einschließlich 1700 ^{grm} Unterwassergewicht der Belastung mit 2 ^{kg} Eisen) 470 ^{grm}, 1 m tiefer 730 ^{grm}, woraus ein Lungenvolum von 5200 ^{ccm} zu berechnen ist. Nun wog dieselbe Versuchsperson nach äußerster Exspiration unter Wasser 2800 ^{grm} an der Oberfläche, sie muß dann also 2800 + (1700 − 430) weniger Luft in den Lungen gehabt haben, woraus sich ergibt, daß die rückständige Luft 1130 ^{ccm} war. Die Wägung bei 2 m Tiefe ergab bei 740 ^{grm} an der Oberfläche 1330 2 m tiefer, woraus ein Luftvolum von 5900 ^{ccm} zu berechnen ist. Die rückständige Luft würde demnach noch 700 ^{ccm} mehr betragen. (Mittel von 7 Versuchen.) Bei der anderen Versuchsperson R. ergeben sich Luftvolume von 7 bis 8 Liter, aus denen sich bei einem Gewicht von 3 ^{kg}, nach äußerster Exspiration unter Wasser, die rückständige Luft 1·800 bis über 3 Liter Luft berechnen würde, so daß hier offenbare Fehler vorliegen.

VII. Sitzung am 15. Februar 1907.

1. Hr. Völtz: „Über die Verwertung der in den Pflanzen enthaltenen Amidsubstanzen durch den Wiederkäuer".

Unter Amidsubstanzen verstehen wir die durch Kupferoxydhydrat (Stutzersche Methode) nicht fällbaren N-haltigen Verbindungen der Pflanzen abzüglich der Alkaloide und Glykoside. Der Gehalt der Pflanzen an Amidstickstoff ist sehr wechselnd, er schwankt etwa zwischen 5 und über 60 Prozent (in Prozenten des Gesamtstickstoffes). Besonders reich an Amide, die in Pflanzen bekanntlich zu Proteinen aufgebaut werden, sind junge, wachsende Pflanzen. Über den Wert der Amide für die tierische Ernährung ist viel gearbeitet und diskutiert worden. Trotzdem wurde eine Einigung über diese Frage unter den Autoren nicht erzielt. Im Gegenteil, es bestehen ganz heterogene Anschauungen hierüber. Zunächst ging man ganz allgemein von der (wie allerdings erst später nachgewiesen wurde) falschen Voraussetzung aus, daß das Asparagin unter den Amiden der Pflanzen bei weitem vorwiege. Man verwendete dieses Amid fast ausnahmslos bei den betreffenden Fütterungsversuchen und dehnte die gewonnenen Resultate auf die Gesamtheit der pflanzlichen Amide aus. Es zeigte sich zunächst ein prinzipieller Gegensatz bezüglich der Verwertung des Asparagins durch Herbivoren gegenüber Carnivoren.

Bei den Herbivoren wirkt das Asparagin, wie vielfach behauptet wird allerdings nur bei eiweißarmer Ernährung eiweißersparend und die Verdauungsdepression der Stärke aufhebend, beim Fleischfresser dagegen wurde zunächst irgendein Näreffekt des Asparagins nicht beobachtet, im Gegenteil eher eine Steigerung des N-Umsatzes. N. Zuntz und O. Hagemann haben (1891) in einer Hypothese eine Erklärung für das im Stoffwechsel beider Tierklassen ganz verschiedene Verhalten des Asparagins gegeben, einer Hypothese, deren Berechtigung durch Versuche, welche M. Müller am zootechnischen Institut der Kgl. landwirtschaftlichen Hochschule zu Berlin auf Anregung von C. Lehmann ausgeführt hat, vor kurzem im vollen Umfange erwiesen und erweitert wurde. Gestützt auf die Zuntzsche Hypothese und auf Grund anderer Erwägungen hatte C. Lehmann bereits im Jahre 1897, ebenso wie Weiske, die Anschauung vertreten, daß die Amide in Rationen für die landwirtschaftliche Praxis den Proteinen zuzurechnen seien, ein Vorgehen, das namentlich von seiten O. Kellners auf Widerspruch stieß, der die Amidfrage höchst einseitig behandelt hat und der die Amidstoffe bekanntlich einfach von der Liste der Nährstoffe streicht.

C. Lehmann erschien schon die allgemein übliche Art der Verabreichung des Asparagins nicht geeignet, vollen Aufschluß über den Nährwert des Asparagins zu erhalten. Diesbezügliche Untersuchungen, welche auf seine Anregung von F. Rosenfeld, mir und M. Müller angestellt wurden, haben die Berechtigung dieses Bedenkens erwiesen. Nun sind uns ferner folgende Tatsachen bekannt:

1. Die Proteine der Nahrung werden im Magen-Darmkanal mindestens zum großen Teil zu biuretfreien Spaltungsprodukten zerschlagen, welche während der Resorption zum Teil wieder zu hochmolekularen N-haltigen Bestandteilen des Körpers aufgebaut werden.

2. Die biuretfreien Produkte des Kaseins und anderer Proteine können allein, wie wir durch die Untersuchungen von O. Loewi, Abderhalden und Rona, Henriques und Hansen, Kaufmann u. a. wissen, den Bedarf des Organismus an N-haltigen Nährstoffen decken.

3. E. Schulze hat nachgewiesen, daß dieselben Poly- und Mono-amino-Säuren, sowie NH_3, welche bei der Aufspaltung der Proteine im Darm entstehen, auch sämtlich in den Pflanzen vorhanden sind, die übrigens auch wahrscheinlich Polypeptide enthalten.

N. Zuntz sagt über den Nährwert der Amide[1]: „Diese Amide (des Weidefutters) müssen nämlich meiner Meinung nach in ihrer Wirkung auf den Fleischansatz sehr viel höher eingeschätzt werden, als man dies auf Grund der Erfahrungen bei Verfütterung von Asparagin und anderen einzeln verabreichten Aminosäuren zu tun pflegt usw. Und weiter: Darum beweisen die mit Asparagin ausgeführten Ernährungsversuche nichts in bezug auf den Nährwert des Aminosäuregemisches, wie es in den jungen Pflanzenschößlingen auf der Weide sich findet usw.

O. Kellner[2] freilich, dessen Autorität in dieser Frage leider noch oft sehr überschätzt wird, äußert sich, gestützt auf ganz einseitige Versuche mit Asparagin bzw. Ammonacetat noch in jüngster Zeit folgendermaßen: „Es ist höchst unwahrscheinlich, daß die N-haltigen Stoffe nicht eiweißartiger Natur in der Mischung, in welcher sie in den Pflanzen vorkommen, auch nur annähernd dieselbe Rolle spielen können, wie die Gesamtheit der N-Substanzen, welche bei dem vollständigen Abbau des Eiweißes durch Verdauungsfermente gebildet werden. Wir werden sehen, mit welchem Recht O. Kellner diesen Standpunkt, für den er nicht den Schatten eines Beweises erbringt, vertritt.

Schon aus den Versuchen von v. Struvievicz, welcher an Hammel Heu, aufgeschlossenes Stroh, getrocknete Zuckerrüben und Zucker, bzw. Strohhäckselmelasse und Heu verfütterte, ging meines Erachtens hervor, daß der Aufbau von hochmolekularen N-haltigen Körperbestandteilen zum Teil aus Amidsubstanzen erfolgt war. Andere Forscher, z. B. Th. Pfeiffer, stehen diesen Versuchen allerdings skeptisch gegenüber.

Bei meinen Versuchen[3], zu deren Besprechung ich jetzt übergehe, und die ich an einem Hammel anstellte, kam es mir wesentlich darauf an, einmal möglichst wenig verdaulichen Protein-, dagegen relativ viel Amidstickstoff zu verfüttern, zweitens möglichst nur solche Futtermittel zu wählen, wie sie in der landwirtschaftlichen Praxis Verwendung finden, und drittens wollte ich möglichst nur die Amidstoffe einer einzigen Pflanze verabreichen. In sämtlichen Futtermitteln, sowie in den Fäzes wurde Protein-N und Amid-N nach der Methode von Barnstein bestimmt und außerdem der N-Gehalt des Harnes zwecks Aufstellung der N-Bilanzen täglich ermittelt.

Die folgende Zusammenstellung enthält die Daten über den prozentigen Gehalt der verwendeten Futtermittel an Protein-N, Amid-N und Gesamt-N:

---

[1] *Illustrierte landwirtschaftliche Zeitung.* 26. Jahrgang. Nr. 7.
[2] *Die Ernährung der landwirtschaftlichen Nutztiere.* 3. Aufl. 1906.
[3] Ausgeführt habe ich meine Untersuchungen am zootechnischen Institut der Kgl. landwirtschaftlichen Hochschule Berlin. Die ausführliche Publikation meiner Arbeit ist inzwischen in Pflügers *Archiv.* Bd. CXVII. S. 541. 1907 erfolgt.

	Protein-N	Amid-N	Gesamt-N
Häcksel von Winterhalmstroh .	0·42	0·05	0·47
Kartoffeln	0·15	0·06	0·21
Melasseschlempe	0·47	3·50	3·97
Melasse	0.15	1·53	1·68

Die bekanntlich nahezu zuckerfreie Melasseschlempe, welche ich durch Zusatz von konzentrierter H_2SO_4 von Kalisalzen ziemlich befreite (die Sulfate. wurden mit Alkohol gefällt und abfiltriert), wollte ich zunächst statt der Melasse verfüttern, weil letztere infolge ihres großen Zuckergehaltes (etwa 50 Prozent) in größeren Mengen nur ungern aufgenommen wird und weil die Kalisalze bekanntlich in größeren Mengen giftig wirken. (Die Melasse enthielt 5 Prozent K_2O). Die Melasseschlempe erwies sich jedoch als schädlich wirkendes Futtermittel, es waren wahrscheinlich infolge der starken, wenn auch kurzen Erhitzung durch den Zusatz von konzentrierter H_2SO_4 eventuell auch schon bei der Melasseschlempebereitung schädliche Substanzen entstanden. Infolgedessen ging ich beim zweiten Versuch zur Melassefütterung über.

Während der ersten 8 tägigen Periode hatte das Tier 500 ^{grm} Häcksel, 500 ^{grm} Kartoffeln und 200 ^{grm} Melasseschlempe mit insgesamt 3·79 ^{grm} Protein-N und 7·55 ^{grm} Amid-N, also 11·34 ^{grm} Gesamt-N pro die erhalten. Das Tier verlor bei diesem Futter, welches es nur ungern verzehrte, im im Mittel 2.21 ^{grm} N pro die von seinem Körperbestande; auch wurden die N-haltigen Stoffe nur schlecht resorbiert (zu 42·8 Prozent).

				Häcksel	Kartoffeln	Melasse	
In- Periode II	verzehrte das Tier	498·4 ^{grm}	500 ^{grm}	400 ^{grm}	(Dauer 10 T.)
„ der Zwischenper. „	„ „	498·2	500	400	(„ „)
„ Periode III	„ „ „	497·9	500	400	(„ „)
„ „ IV	„ „ „	498·4	—	600	(„ „)
„ „ V	„ „ „	394	—	560	(„ 5 T.)

Die Resulte enthält die Tabelle S. 379.

Ich bemerke dazu: Während der Zwischenperiode verzehrte das Tier genau das gleiche Futter, wie während der beiden Perioden, von denen sie eingeschlossen ist, jedoch wurden Harn und Kot nicht gesammelt. Da die Perioden II und III annähernd dieselbe N-Bilanz ergaben, so habe ich die Mittelwerte für die Zwischenperiode eingesetzt. Ebensogut hätte ich die berechneten Werte für die Zwischenperiode fortlassen können. Das Resultat wäre hierdurch nicht in Betracht kommender Weise verändert worden.

Fassen wir die gesamten Resultate zusammen: Der Hammel hatte während 45 Tagen bei einem Futter, das im Mittel pro die 3·203 ^{grm} N in Form von Proteinen und 7·507 ^{grm} N in Form von Amidsubstanzen enthielt, täglich im Mittel 0·246 ^{grm} N angesetzt, wenn wir zunächst von den Epidermisgebilden absehen. Der Kot enthielt 3·747 ^{grm} N in Form von Proteinen also um 0·543 ^{grm} mehr als das Futter. Dieses Plus dürfte teils in Form von Stoffwechselprodukten, teils als Bakterieneiweiß zur Ausscheidung gelangt sein. Für den Zuwachs von Epidermisgebilden genügen die täglich retinierten 0.246 ^{grm} N nicht. Es waren hierzu, wie die Analyse der Wolle ergab 0·83 ^{grm} N erforderlich. Das Defizit von 0·584 ^{grm} N ist also aus dem Körperbestande in die Wolle übergegangen, die natürlich ebensogut

Periode	Im Futter Protein N grm	Amid N grm	Summa N grm	In den Fäzes Protein N grm	Amid N grm	Summa N grm	Also resorbiert Protein N grm	Amid N grm	Summa N grm	Im Harn N grm	Gesamtausscheidung N grm	Ansatz N grm
II (10 Tage)	34·20	66·60	100·80	44·1	20·1	64·2	− 9·90	46·50	36·60	35·7	99·9	+ 0·9
Zwischenperiode (10 Tage)	34·15	66·60	100·75	39·2	22·9	62·1	− 5·05	43·70	38·65	38·2	100·3	+ 0·45
III (10 Tage)	34·10	66·60	100·70	34·3	25·8	60·1	− 0·20	40·80	40·60	40·7	100·8	− 0·14
IV (10 Tage)	29·60	94·20	128·80	36·1	24·6	60·7	− 6·50	69·60	63·10	51·9	112·6	+11·2
V (5 Tage)	12·10	43·80	55·90	14·9	12·1	27·0	− 2·80	31·70	28·90	30·3	57·3	− 1·4
Summa (45 Tage)	114·15	337·80	481·95	168·6	105·5	274·1	−24·45	282·30	207·85	196·8	470·9	+11·05
Also im Mittel v. 45 Tagen pro die	3·203	7·507	10·71	3·747	2·344	6·091	− 0·543	5·162	4·619	4·373	10·464	+ 0·246
In Prozent der Einnahme	29·91	70·09	100·00	116·98[1]	31·23[2]	56·87	−16·95[1]	68·76[2]	43·13	40·83	97·70	2·30

[1] In Prozenten des in Form von Proteinen zugeführten Stickstoffs.
[2] In Prozenten des in Form von Amidsubstanzen zugeführten Stickstoffs.

ein Körperprodukt ist wie Muskel- oder Drüsensubstanz. Im übrigen haben in letzter Linie die Amidsubstanzen den gesamten Bedarf des Organismus an N-haltigen Nährstoffen gedeckt. Es ist hierbei noch zu berücksichtigen, daß der Gehalt des Futters an N-haltigen Nährstoffen während der meisten Perioden sich auf einer sehr niedrigen Stufe befand, welche erheblich unter der Norm liegt, die nach zahlreichen praktischen und wissenschaftlichen Versuchen über das Erhaltungsfutter angenommen wird, und daß infolge Krankheit des Versuchstieres während der letzten 5 Versuchstage (ich hatte versucht, dem Tiere 800 ^{grm} Melasse pro die beizubringen, die offenbar schädlich wirkten und schon am ersten Tage nicht vollständig verzehrt wurden) eine Steigerung des Eiweißzerfalls eintrat. Die Resultate der 10 tägigen Periode IV, während welcher das Tier ein proteinärmeres, dagegen ein erheblich amidreicheres Futter erhielt (2·96 ^{grm} Protein-N und 9·42 ^{grm} Amid-N), als während der früheren Perioden, beweisen, daß die Amidstoffe der Melasse als ausschließliche Quelle sowohl für die Erhaltung, als auch für die Vermehrung der Bestandes an N-haltigen Körperbestandteilen beim erwachsenen Wiederkäuer dienen können. (Nach Abzug des für den Zuwachs an Epidermisgebilden notwendigen Stickstoffes gelangten noch 0·29 ^{grm} N pro die zum Ansatz.) Wir sehen also, und zwar aus den Ergebnissen sämtlicher Perioden II bis V, in wie außerordentlich großem Umfange die Synthese relativ einfach konstituierter N-haltiger Stoffe (Amidsubstanzen) zu hochmolekularen N-haltigen Substanzen des Körpers im Organismus der Wiederkäuer erfolgt.

Es handelt sich bei meinen Versuchen um Futtermittel, wie sie in gleicher oder ähnlicher Zusammenstellung in der Landwirtschaft Verwendung finden und verabreicht wurden, solange die Melasse überhaupt verfüttert worden ist; und doch konnte Kellner bis in die neueste Zeit den N-Substanzen der Melasse den Nährwert absprechen. O. Kellner sagt (a. a. O., S. 360): „Die Melassen weisen im Mittel 0·5 Prozent Eiweiß auf, das noch dazu in denaturierter Form vorhanden ist. Der bei weitem größte Teil der Stickstoffsubstanz besteht aus Nichteiweiß (Betain, Glutaminsäure, Leucin, Isoleucin, Ammoniak usw.), das für die tierische Ernährung kaum[1] Bedeutung hat usw." Und weiter: „Der Wert der Melasse liegt daher ausschließlich in ihrem Gehalt an Kohlehydraten usw." Diese Angaben O. Kellners, sowie diejenigen über den Nährwert der in den Pflanzen enthaltenen Amidgemische sind irrtümlich und daher aus der Literatur zu streichen.

Als Resümee meiner Arbeit ergibt sich:

1. Die Amidsubstanzen der Melasse (also einer einzigen Pflanze, der Zuckerrübe) können innerhalb weiter Grenzen die Rolle der Proteine im Stoffwechsel der erwachsenen Wiederkäuer im vollen Umfange übernehmen.

2. Es ist höchst wahrscheinlich, daß der Organismus des Wiederkäuers die Fähigkeit besitzt, sich aus einer sehr beschränkten Anzahl von Amidsubstanzen alle diejenigen hochmolekularen N-Verbindungen aufzubauen, zu deren Aufbau er seiner Natur nach überhaupt befähigt ist.

---

[1] In der ersten Auflage seines Werkes (a. a. O.) im Jahre 1905 sagt O. Kellner: „Keine Bedeutung hat usw."

2. Hr. Dr. MAX MÜLLER: „Weitere Untersuchungen über die Wirkung des Asparagins und des im Heu enthaltenen Amid-gemisches auf den Stickstoffum- und -ansatz im Tierkörper." [1]

C. Lehmann hat zuerst, wie aus der Polemik Kellners gegen Lehmann [2] hervorgeht, darauf hingewiesen, daß alle Stoffwechselversuche, bei welchen das zu prüfende Amid direkt in leichtlöslicher Form dem Futter beigegeben worden ist, leicht zu einer Unterschätzung des Wertes der Amide führen. Lehmann ist der Ansicht, daß eine langsamere Lösung der Amide im Verdauungskanal andere günstigere Resultate zeitigt.

Von dieser Ansicht ausgehend, bettete C. Lehmann bzw. Rosenfeld das Asparagin in Celloidin ein, verfütterte es und fand seine Vermutung voll bestätigt.

O. Kellner verwirft die Lehmannschen Versuchsergebnisse ganz und stellt eine Berechnung auf unter der Annahme, wieviel das Tier hätte ansetzen und wieviel es vom Körper hätte abgeben sollen. Kellner kommt infolgedessen zu entgegengesetzten Resultaten. Hieraus erkennt man, daß aus denselben Versuchsdaten von zwei verschiedenen Seiten fast entgegengesetzte Schlußfolgerungen abgeleitet werden können.

Die Lehmannsche Hypothese zu prüfen, habe ich mir zur Aufgabe gestellt und will über die gefundenen Resultate in folgendem kurz berichten.

Mein Versuchsplan weicht von dem Rosenfeldschen erheblich ab. Rosenfeld legte die Asparagin-Celloidinwürstchen einfach der Grundration zu, wogegen ich Gewicht darauf legte, daß

1. die Kalorienmenge der Nahrung bei Eiweiß- und Amidperioden gleich ist. Es ist ja bekannt, daß 1 oder 2 ^{grm} Asparaginstickstoff etwa 23·8 bzw. 47·6 große Kalorien weniger enthalten als dieselbe Menge Albuminstickstoff. Diese fehlende Kalorienmenge wurde in den Asparaginreihen durch Zulage von 6·6 bzw. 13·2 ^{grm} Dextrin ersetzt.

2. wurden beim Zulegen von 1 ^{grm} Stickstoff zur Grundration außerdem noch 5 ^{grm} Reis + 12 ^{grm} Dextrin verabreicht, um einen möglichst hohen Stickstoffansatz zu bewirken, der vielleicht die Wirkung der stickstoffhaltigen Substanzen in weiteren Grenzen erscheinen läßt.

3. habe ich die Stickstoffzulagen viel stärker bemessen als Rosenfeld. Pro Kilogramm Lebendgewicht gab dieser 0·19, ich hingegen 0·36 ^{grm} Stickstoff.

Als Versuchstier benutzte ich eine Hündin und stellte sieben Versuchsreihen an. Jede Reihe wurde eingeleitet durch eine fünftägige Vorfütterung (mit der Grundration), worauf zwei ebenso lange Hauptperioden folgten, innerhalb welcher zur Grundration 5 ^{grm} Reis + 12 ^{grm} Dextrin + 1 ^{grm} Stickstoff bzw. 10 ^{grm} Reis + 24 ^{grm} Dextrin + 2 ^{grm} Stickstoff in Form von Albumin, Asparagin oder Amidgemisch zugelegt wurden. In der vierten Versuchsreihe wurde kein Stickstoff, sondern nur Kohlehydrate zugelegt, um die stickstoffsparende Wirkung derselben zu prüfen. Die Kalorienzahl der Parallelperioden der ersten, zweiten, dritten fünften und sechsten Versuchsreihe sind absolut gleich, während die Stickstoffmengen bis zu $^{1}/_{100}$ ^{grm} schwanken, also auch so gut wie gleich sind.

---

[1] Aus dem zootechnischen Institut der kgl. landwirtschaftl. Hochschule zu Berlin.
[2] Pflügers *Archiv.* Bd. CXII und CXIII.

Meine Versuche ergaben folgende Mittelwerte:

Asparagin-Celloidin-Reihe	4·04 ^{grm} N-Ans.	−0·51 ^{grm} N als Nachwirkg.		= 3·53 ^{grm} N-Ans.	
Albumin-Reihe	5·17 „ „	−1·67 „ „ „	„	= 3·50 „ „	
Asparagin-Reihe	2·21 „ „	−0·45 „ „ „	„	= 1·76 „ „	
Kohlehydrat-Reihe	0·88 „ „	−0·31 „ „ „	„	= 0·57 „ „	
Asparagin-Reihe	2·43 „ „	—		—	
Albumin-Reihe	4·95 „ „	—		—	
Amidgemisch-Reihe [1]	3·86 „ N-Ans.	−0·49 ^{grm} N als Nachwirkg.		= 3·37 ^{grm} N-Ans.	

Diese Zahlen sprechen ganz deutlich für die Lehmannsche Ansicht, daß Asparagin, in langsam resorbierbarer Form verabreicht, einen ganz anderen Nähreffekt zeitigen kann als das leichtlösliche. Hiermit ist die Kellnersche Kritik widerlegt.

Die wesentlichsten Schlußfolgerungen aus den mitgeteilten Versuchsreihen sind folgende:

1. Die Bedingungen, unter welchen Amide dem Futter beigegeben werden, sind von großem Einflusse auf den Stickstoffwechsel. Während Lehmann sagt, daß eine Verlangsamung der Lösung der Amide bzw. des Asparagins im Speisebrei den Stickstoffbestand des Körpers besser erhalten und eventuell vermehren kann, muß ich den Schluß ziehen, daß bei Fleischfressern Asparagin in Celloidin gebettet, einem entsprechenden Produktionsfutter beigegeben, den Stickstoffansatz gegenüber dem freien Asparagin reichlich zu verdoppeln vermag.

2. Auch das aus Heu dargestellte Amidgemisch kann den Stickstoffansatz ganz erheblich günstig beeinflussen. Es hat einen fast doppelt so großen Stickstoffansatz (in leichtestlöslicher Form verabreicht) bewirkt als das freie, leichtlösliche Asparagin. Dieses Resultat stimmt mit Zuntz' Ansicht vollständig überein, daß der komplizierten Mischung der Nichteiweiße der Weidepflanzen ein höherer Nährwert beigelegt werden muß als einem einzelnen Amid.

3. Das Asparagin, in Celloidin gebettet, hat beim Fleischfresser den Stickstoffansatz ungefähr in demselben Maße gesteigert wie das käufliche Blutalbumin. Hiernach könnte man geneigt sein, beide Körper bei der Ernährung als gleichwertig zu erachten. Meiner Ansicht nach ist dieser Schluß zu weitgehend, denn man kann die Resultate aus 10 tägigen Versuchsreihen keineswegs auf monate- bzw. jahrelange Fütterung übertragen. Meine Versuche beweisen vielmehr, daß die Stickstoffretention allein nicht genügt, um über das gesamte physiologische Verhalten eines Stoffes Aufschluß zu geben.

4. Wenn die Amide, wie ich in verschiedenen Arbeiten [2] nachgewiesen habe, Eiweiß schützen und selbst zu Eiweiß werden können, ferner, wenn ein leichtlösliches Amidgemisch oder sogar ein einzelnes Amid in schwerlöslicher Form den Stickstoffansatz ganz erheblich günstig beeinflussen kann, so sind die Amide keineswegs, wie Kellner behauptet, für die Ernährung bedeutungslos.

---

[1] Das Amidgemisch gewann ich aus Heu. Näheres hierüber findet sich im *Journal für Landwirtschaft*. Jahrg. 1907. Heft 1 u. 2 und in Fühl, *Landw. Zeitung*. Jahrg. 1907. Heft 7.

[2] M. Müller, Pflügers *Archiv*. Bd. CXII, ferner Jahrgang 1907, *Journal für Landwirtschaft*. Jahrg. 1907 und Fühlüngs *Landwirtschaftl. Zeitung*. Jahrg. 1907.

Das

ARCHIV

für

ANATOMIE UND PHYSIOLOGIE,

Fortsetzung des von **Reil, Reil** und **Autenrieth, J. F. Meckel, Joh. Mül**
Reichert und **du Bois-Reymond** herausgegebenen Archives,

erscheint jährlich in 12 Heften (bezw. in Doppelheften) mit Abbildungen
Text und zahlreichen Tafeln.

6 Hefte entfallen auf die anatomische Abteilung und 6 auf die phys
gische Abteilung.

Der Preis des Jahrganges beträgt 54 $\mathcal{M}$.

Auf die **anatomische** Abteilung (Archiv für Anatomie und Entw
lungsgeschichte, herausgegeben von W. Waldeyer), sowie auf die **phy**
logische Abteilung (Archiv für Physiologie, herausgegeben von Th. W. E
mann) kann **besonders** abonniert werden, und es beträgt bei Einzelbezug
Preis der anatomischen Abteilung 40 $\mathcal{M}$, der Preis der physiologis
Abteilung 26 $\mathcal{M}$.

Bestellungen auf das vollständige Archiv, wie auf die einzelnen
teilungen nehmen alle Buchhandlungen des In- und Auslandes entgegen.

Die Verlagsbuchhandlung

Veit & Comp. in Leipzig

Druck von Metzger & Wittig in Leipzig.

ARCHIV

FÜR

ANATOMIE UND PHYSIOLOGIE.

FORTSETZUNG DES VON REIL, REIL u. AUTENRIETH, J. F. MECKEL, JOH. MÜLLER, REICHERT u. DU BOIS-REYMOND HERAUSGEGEBENEN ARCHIVES.

HERAUSGEGEBEN

VON

Dr. WILHELM WALDEYER,

PROFESSOR DER ANATOMIE AN DER UNIVERSITÄT BERLIN,

UND

Dr. TH. W. ENGELMANN,

PROFESSOR DER PHYSIOLOGIE AN DER UNIVERSITÄT BERLIN.

JAHRGANG 1907.

PHYSIOLOGISCHE ABTEILUNG.

FÜNFTES UND SECHSTES HEFT.

MIT DREIUNDFÜNFZIG ABBILDUNGEN IM TEXT UND DREI TAFELN.

LEIPZIG,

VERLAG VON VEIT & COMP.

1907

Inhalt.

Die Herren Mitarbeiter erhalten *vierzig* Separat-Abzüge ihrer Beiträge gratis und 30 ℳ Honorar für den Druckbogen zu 16 Seiten.

———

Beiträge für die **anatomische Abteilung** sind an

Professor Dr. **Wilhelm Waldeyer** in Berlin N.W., Luisenstr. 56,

Beiträge für die **physiologische Abteilung** an

Professor Dr. **Th. W. Engelmann** in Berlin N.W., Dorotheenstr. 35

portofrei einzusenden. — Zeichnungen zu Tafeln oder zu Holzschnitten sind
auf vom **Manuskript** getrennten Blättern beizulegen. Bestehen die Zeichnungen zu Tafeln aus einzelnen Abschnitten, so ist, **unter Berücksichtigung**
der Formatverhältnisse des Archives, eine **Zusammenstellung**, die dem
Lithographen als Vorlage dienen kann, beizufügen.

Über die Wirkung des Chloroforms und des Chloralhydrats auf den Herzmuskel.

Von

Dr. A. Bornstein,
Chef de laboratoire.

(Aus dem Laboratorium der medizinischen Klinik in Genf, Vorsteher Prof. Bard.)

Wenn man den Symptomkomplex der Erscheinungen mustert, die ein Gift auf das von den nervösen Zentralorganen unabhängige Herz ausübt, so ist es meist nicht schwer, die Störungen des Rhythmus, der Kontraktionsstärke, der Leitfähigkeit und der Anspruchsfähigkeit festzustellen, die in ihrer Gesamtheit das charakteristische Bild der Vergiftung ausmachen.

Die Aufgabe der weiteren Analyse ist es dann, die Abhängigkeit der verschiedenen Störungen voneinander kennen zu lernen. So kann z. B. mit einer Verlangsamung des Rhythmus eine Verstärkung der Kontraktionen verbunden sein, von der zu entscheiden ist, ob sie nur durch die Änderung des Rhythmus sekundär bedingt ist, oder ob wir eine primäre Beeinflussung der Kontraktilität unabhängig vom Rhythmus vor uns haben; die Verlangsamung des Rhythmus wiederum kann entweder durch eine Verminderung der Anspruchsfähigkeit oder der Reizerzeugung hervorgerufen sein usw.

Es soll hier und im folgenden immer nur von den experimentell darstellbaren Eigenschaften des Herzens gesprochen werden, wobei keine Voraussetzungen darüber gemacht werden sollen, ob diese Eigenschaften dem gleichen anatomischen Substrat zuzuschreiben sind, wie es die ursprüngliche Gaskell-Engelmannsche Theorie will, oder ob die Kontraktilität den Muskel-, die Rhythmizität und Reizleitung den Nervenfasern zukommt.

Wie nun durch ein Gift primär inotrope, dromotrope, bathmotrope und chronotrope Wirkungen ausgeübt werden können, — Wirkungen, die schon vielfältig bekannt sind — so kann ein Gift auch primär die Be-ziehungen stören, die normalerweise zwischen diesen Grund-eigenschaften des Herzens bestehen, z. B. die Beziehungen zwischen Rhythmus und Kontraktilität, zwischen Rhythmus und Anspruchsfähigkeit usw.

Nach jeder Systole steigen Kontraktilität und Anspruchsfähigkeit des Herzens bekanntlich von Null bis zu einer bestimmten Höhe, um dann langsam wieder zu fallen; es gibt also einen Rhythmus, der ceteris paribus die höchsten Zuckungen hervorbringt — der optimale Rhythmus —, bei langsameren wie bei schnelleren Rhythmen werden die Zuckungshöhen kleiner. Die schnelleren Rhythmen seien, einem früheren Vorschlage folgend, superoptimale, die langsameren suboptimale genannt. Der optimale Rhythmus liegt am Froschherzen im Durchschnitt zwischen 3 bis 8″.

Es kann nun durch ein Gift primär die Schnelligkeit des optimalen Rhythmus beeinflußt werden, es können z. B. vor der Vergiftung optimale Zuckungen im Rhythmus von 8″, nach der Vergiftung im Rhythmus von 1″ erhalten werden. Eine solche Giftwirkung, die nur die rhythmischen Schwankungen der Kontraktilität unabhängig von der optimalen Kon-traktionshöhe beeinflußt, wollen wir einen **rhythminotropen** Effekt nennen.

Daß inotrope und rhythminotrope Wirkungen bei einfacher Beobachtung nicht auseinanderzuhalten sind, ist leicht einzusehen. Pulsiert z. B. ein Herz in einem Rhythmus von 1″, so wird man, wenn der optimale Rhyth-mus 8″ ist, durch Verlangsamung des Rhythmus eine Erhöhung der Kon-traktionen hervorrufen können; wirkt nun auf das Herz ein Agens, das den Rhythmus nicht oder fast nicht beeinflußt, das ferner auch die optimale Kontraktionshöhe nicht ändert, welches aber das Herz in die Lage versetzt, optimale Kontraktionen im Rhythmus von 1″ anstatt von 8″ zu erzeugen, so wird das Herz im alten Rhythmus, aber ebenfalls mit einer vergrößerten Pulsamplitude weiter schlagen, und nur die weitere Untersuchung kann entscheiden, ob wir es mit einer primär-inotropen oder einer rhythminotropen Wirkung zu tun haben.

Daß rhythminotrope Effekte unabhängig von inotropen sind, ist nicht schwer zu beweisen. So habe ich letzthin[1] feststellen können, daß bei Er-wärmung des Herzens von 3° auf 18° ein positiv-rhythminotroper Effekt, — d. h. eine Beschleunigung des Rhythmus, in dem ceteris paribus die höchsten Kontraktionen auszulösen sind, — gleichzeitig mit einem positiv-inotropen,

---

[1] *Dies Archiv.* 1906. Physiol. Abtlg. Suppl. S. 364.

bei Erwärmung von 20° auf 30° ein positiv-rhythminotroper gleichzeitig‘ mit einem negativ-inotropen auftritt. Weitere Beweise dieser Unabhängigkeit sollen in dieser Arbeit geliefert werden.

Rhythminotrope Wirkungen sind von Rhodius und Straub[1] beim Muskarin, von mir[2] beim Chloralhydrat, Alkohol, Kochsalz, Atropin und Kalziumchlorid beschrieben worden.

Quantitative Feststellungen über das Verhältnis von inotropen und rhythminotropen Giftwirkungen sind bis jetzt überhaupt nicht gemacht worden. Ich hatte mir daher die Aufgabe gestellt, diese Verhältnisse bei einigen Giften zu untersuchen, und ich will hier vorläufig meine Erfahrungen über das Chloroform und das Chloralhydrat mitteilen, zwei Gifte, deren Wirkung relativ einfach ist und die zudem einander so ähnlich sind, daß ich im folgenden immer beide gemeinsam beschreibe und nur, wo ich es besonders hervorhebe, von einem Gifte speziell sprechen werde.

Was die Methode anbelangt, so mußte ich ein Präparat haben, das ich in jedem beliebigen, langsamen oder schnellen Rhythmus reizen konnte, in dem ferner die Blutzirkulation merklich aufgehoben sein mußte, damit die Zuckungen in den verschiedenen Rhythmen bei gleicher Belastung vor sich gingen, und das schließlich möglichst wenig ermüdete. Ein solches Präparat ist die mit einer fixierten Klemme abgeklemmte Herzspitze; klemmt man dieselbe während der Diastole ab, so erhält man die bekannten

---

[1] Pflügers *Archiv*. Bd. CX. S. 422.

[2] A. a. O. Während der Drucklegung dieser Arbeit veröffentlichte Schultz (*Americ. Journ. of Physiol*. Vol. XVI. p. 483) einen Aufsatz, aus dem ebenfalls hervorging, daß Chloralhydrat das Entstehen der Bowditchschen Treppe begünstigend, also positiv-rhythminotrop wirkt. Wir werden auf diese Arbeit noch zurückzukommen haben.

Zu meiner großen Freude hat mein eben zitierter Aufsatz den Effekt gehabt, einem der eifrigsten Vorkämpfer der alten gangliogenen Herzlehre, v. Cyon, in bezug auf den in gewissen Fällen (z. B. bei der Chloralvergiftung) vorkommenden Tetanus des Herzens die Auffassung nahe zu legen, daß derselbe eine im Wesentlichen durch Beeinflussung von Muskeleigenschaften hervorgerufene Erscheinung ist. Seit Anfang seines „zehnjährigen Feldzuges gegen die myogenen Irrlehren“ hatte Cyon den Herztetanus für ein nervöses Phänomen gehalten; in seinem Aufsatze über den Tetanus des Herzens (*Journ. de Physiol. et de Path. gén*. 1900. p. 395 ff.) schließt er aus allen Beobachtungen, „daß die Unfähigkeit des Herzens, normalerweise Tetanus zu geben, auf die Existenz nervöser Zentren in den Herzwandungen, und nicht auf eine besondere Eigenschaft der Muskelfasern zurückzuführen ist“, und noch in seinem Buche *Les Nerfs du Coeur*. 1905. p. 135 spricht er „von der großen Bedeutung, die für die Theorie des Herzschlages der Beweis des nervösen Ursprunges des Tetanus ... hat“. Von alledem sind jetzt (Pflügers *Archiv*. Bd. CXVI. S. 614) nur noch Beobachtungen geblieben, „die es nicht unwahrscheinlich machen, daß die Miterregung der Vagusfasern bei der Entstehung des Tetanus ebenfalls eine Rolle habe spielen können“. Bei dieser Sachlage will ich dem verehrten Forscher die persönlichen Bemerkungen, die er mir, wie schon so manchen anderen, gewidmet hat, nicht weiter übelnehmen.

breitgipfligen Zuckungen, während das innerhalb der Systole abgeklemmte Herz die schlanken, isotonischen Zuckungen liefert. Die Spitze des Herzens wurde mit einem Häkchen befestigt und die Zuckungen von einem leichten 0,4 gr wiegenden Hebel um das etwa 25fache vergrößert. Nachdem sich das Herz von dieser Operation erholt hat, (nach 20′ bis 1 Stunde) erhält man Kurven, die, wenn man die Probereizungen in angemessenen Intervallen anstellt, oft stundenlang die gleichen Höhen behalten, ohne Ermüdung zu zeigen. Ich habe die Versuche nie begonnen, wenn nicht das Herz wenigstens eine halbe Stunde lang die gleiche Zuckungshöhe zeigte, und die Versuche nie über eine zweite halbe Stunde ausgedehnt.[1]

Es sei noch bemerkt, daß diese Methode zwar gestattet, eine Anzahl von Zuckungen in bezug auf ihre Größe in eine bestimmte Ordnung zu bringen, d. h. auszusagen, welche von mehreren Zuckungen die größte, die zweitgrößte usw. ist, jedoch sagt sie uns — wie alle bis jetzt bekannten Methoden — nicht mit mathematischer Exaktheit, um wieviel jede Zuckung größer ist, als die andere, — da das Herz kein parallelfasriger Muskel ist.

Die rhythminotrope Wirkung.

Betupft man das Herz mit einer Ringerschen Lösung, der man geringe Mengen des Giftes zugesetzt hat, (0,1 % Chloralhydrat, 0,01 % Chloroform), so sieht man sofort eine geringe Beschleunigung des optimalen Rhythmus, währenddem die optimale Zuckungshöhe unverändert bleibt. Es bleibt also die definitiv nach jeder Zuckung erreichbare Kontraktilität konstant, während die Geschwindigkeit der Restitution der Kontraktilität nach jeder Zuckung zunimmt. Vergleicht man die Kontraktionshöhe eines superoptimalen Rhythmus vor und nach der Vergiftung (und das normale Herz pulsiert immer in einem superoptimalen Rhythmus), so sieht man daher eine Zunahme der Kontraktionshöhe während der Vergiftung. Hier sind einige Belege für diese Tatsache.[2]

---

[1] In den Wintermonaten ist die Neigung des Herzens zur Tiegelschen Kontraktur auf elektrischen Reiz sehr lästig; es gelingt meist, diese Erscheinung dadurch zu umgehen, daß man die Herzspitze kurze Zeit mit einer 0·05 Prozent KCl enthaltenden Ringerschen Flüssigkeit betupft, oder dadurch, daß man die Herzspitze 8 bis 24 Stunden vor Beginn des Versuches abklemmt.

[2] Die Höhe der zu vergleichenden Systolen ist von einem gewissen Fußpunkt aus zu rechnen; ich habe jeweils den Fußpunkt der Systolen im Rhythmus von 10″ gewählt; da die gewählten Gifte keinen anderen Einfluß auf den Ablauf der Zuckungen haben, als den a. a. O. S. 353 geschilderten, so kann man dies als einen vor und nach der Vergiftung wesentlich identischen Punkt im Kontraktionsablauf betrachten. Anders verhält es sich bei jenen Giften, bei denen wie beim Nikotin und Veratrin, nach Ablauf der Kontraktion die Kurve wieder ansteigt. Ich werde auf diese Verhältnisse demnächst zurückkommen.

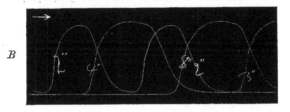

A. Mit Ringerscher Lösung betupft.
Es war dabei (nur teilweise auf der abgebildeten Figur sichtbar):
optimaler Rhythmus 10″ Zuckungshöhe 2·17 ᶜᵐ

,,	8	,,	2·14
,,	6	,,	2·11
,,	4		2·10
,,	3	,,	2·05
,,	2	,,	1·70

B. 5 Minuten später mit 0·01 prozent. Chloroform betupft.
Rhythmus 10″ Zuckungshöhe 2·11 ᶜᵐ

,,	8	,,	2·16
optimaler ,,	6		2·18
,,	4	,,	2·15
,,	8	,,	2·14
,,	2		2·04

Fig. 1.
Temporarie, kurarisiert. Abgeklemmte Herzspitze.
(Rhythmus mittels der Jaquetschen Uhr erzeugt. Die registrierende Trommel drehte
sich bei *B* schneller als bei *A*.)

Versuchsbeispiele.

I. Tempor. kurarisiert abgeklemmte Herzspitze, mit Ringerscher
Flüssigkeit betupft:

	Rhythmus 10″	Zuckungshöhe	26·7 ᵐᵐ	
	,, 8″	,,	26·9	,,
optimaler	,, 6″	,,	27·3	,,
	,, 4″	,,	27·0	,,
	,, 2″	,,	25·8	,,
	,, 1″	,,	21·2	,,

25*

Mit 0·1 prozent. Chloralhydrat in Ringer betupft 3 Min. später:

Rhythmus 10″ Zuckungshöhe 24·8 mm

„ 6″ „ 26·8 „

„ 4″ „ 27·0 „

optimaler „ 3″ „ 27·4 „

„ 2″ „ 27·0 „

„ 1″ „ 26·1 „

Selten sind die Einwirkungen so groß, wie in diesem Versuch, im allgemeinen findet man Verhältnisse wie die folgenden:

II. Wie I. Mit Ringerscher Flüssigkeit betupft:

optimaler Rhythmus 4″ Zuckungshöhe 28·0 mm

„ 2″ „ 25·9 „

7 Min. später mit 0.2 prozent. Chloralhydrat:

optimaler Rhythmus 3″ Zuckungshöhe 28·2 mm

„ 2″ „ 27·3 „

III. Wie I. Mit Ringerscher Flüssigkeit betupft:

optimaler Rhythmus 4″ Zuckungshöhe 25·4 mm

„ 1″ „ 22·1 „

5. Min. später mit 0·02 prozent. Chloroform:

optimaler Rhythmus 3″ Zuckungshöhe 25·4 mm

„ 1″ „ 23·1 „

IV. Wie I. Mit Ringerscher Flüssigkeit betupft:

optimaler Rhythmus 6″ Zuckungshöhe 34·2 mm

„ 2″ „ 32·7 „

2 Min. später mit 0·01 prozent. Chloroform:

optimaler Rhythmus 4″ Zuckungshöhe 34·1 mm

„ 2″ „ 36·6 „

Bei kleinen Dosen kann der Effekt gelegentlich sehr gering sein, z. B.:

V. Wie I. Mit Ringerscher Flüssigkeit betupft:

optimaler Rhythmus 4″ Zuckungshöhe 21·2 mm

„ 1″ „ 20·2 „

5 Min. später mit 0·1 prozent. Chloralhydrat:

optimaler Rhythmus 4″ Zuckungshöhe 21·4 mm

„ 1″ „ 20·8 „

Die inotrope Wirkung.

Erst bedeutend später als die positiv-rhythminotrope Wirkung und unter beständiger Beschleunigung des optimalen Rhythmus tritt die negativ-inotrope Giftwirkung auf; man erhält dieselbe bei Anwendung von 1 Proz. Chloralhydrat bzw. 0·1 Prozent Chloroform; sie ist ausgesprochen erst in einem Stadium der Vergiftung, in dem der Sinus schon aufgehört hat zu pulsieren.

Die Beschleunigung des optimalen Rhythmus wird dabei so beträchtlich, daß das Herz die Fähigkeit zu Superposition und Tetanus erhält. Da in der

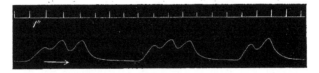

Fig. 2.
Temporarie, kurarisiert. Abgeklemmte Herzspitze. Betupfen mit 0·05 prozent. Chloroform in Ringerscher Flüssigkeit.

Literatur bis jetzt Tetanus unter Chloroformeinwirkung nicht beschrieben ist, so soll die Erscheinung durch beifolgende Figur veranschaulicht werden.

Wenden wir uns nun zu dem Einfluß, den das Gift auf die ·Anspruchsfähigkeit des Herzmuskels und ihre rhythmischen Schwankungen hat, ein Einfluß, der für die Erklärung der Giftwirkung von entscheidender Bedeutung ist. In der Literatur finden wir die Angabe von Böhme[1] am pulsierenden Herzen; derselbe gibt an, daß die Anspruchsfähigkeit nach jeder Systole am mit Chloralhydrat vergifteten Herzen abnimmt; Rohde[2] gibt an, daß die refraktäre Phase abnimmt, die Schwelle aber unverändert bleibt; Schultz[3] meint, daß refraktäre Phase und Schwelle abnehmen; später steige die Schwelle wieder.

Wie die Kontraktilität, so steigt auch die Anspruchsfähigkeit des Herzens nach jeder Systole von Null bis zu einer gewissen Höhe, um von dort langsam zu fallen. Einen Rhythmus, der durch den kleinstmöglichen Reiz aufrecht erhalten werden kann, wollen wir „Rhythmus des kleinsten Reizes" nennen. Im allgemeinen sind im Winter an guten Präparaten alle Rhythmen zwischen 5 bis 30" durch den kleinsten Reiz aufrecht zu erhalten, und nur nach sehr großen Pausen (etwa 5 Minuten) kann man ein Sinken der Anspruchsfähigkeit, d. h. Treppenerscheinungen beobachten. Der Rhythmus des kleinsten Reizes fällt also durchaus nicht völlig mit dem optimalen Rhythmus zusammen[4], ein Verhalten, das vom Standpunkt der Engelmannschen Lehre von der gegenseitigen Unabhängigkeit von Anspruchsfähigkeit und Kontraktilität durchaus erklärlich ist. Unter **rhythmobathmotroper** Giftwirkung soll, entsprechend der oben angewandten Nomenklatur, eine Wirkung bezeichnet werden, die die Geschwindigkeit ändert, mit der die Anspruchsfähigkeit zu ihrer Höhe ansteigt.

[1] *Archiv für exper. Pathologie.* Bd. LII. S. 364.
[2] *Ebenda.* Bd. LIV. S. 104 ff.
[3] A. a. O. S. 486.
[4] Sehr auffällig kann dies am mit Muscarin vergifteten Herzen sein.

Was nun die Bestimmung der Anspruchsfähigkeit anbelangt, so hat man sich bis jetzt immer auf die Methode der Extrasystolen beschränkt, die ja in der Hand Engelmanns zu so schönen Resultaten geführt hat; und man hat lediglich bestimmt, an welchem Punkt der Dekreszente ein bestimmter Reiz fähig ist, eine Extrasystole hervorzurufen. Es ist jedoch klar, daß, so wertvoll diese Methode auch ist, eine vollständige Beschreibung der Reizbarkeit und ihrer rhythmischen Schwankungen nur dann gegeben werden kann, wenn man für jeden Rhythmus den Reiz aufsucht, durch den derselbe gerade noch aufrecht erhalten werden kann. Für die Beurteilung des Rhythmus, in dem das Herz spontan pulsiert, ist gerade die Kenntnis dieser Anspruchsfähigkeit für rhythmische Reize, wie leicht einzusehen ist, bedeutend wichtiger, als die Kenntnis der Exzitabilität für Extrasystolen.

Was die Technik dieser Versuche betrifft, so ist dieselbe von Engelmann[1], was Konstanz des elektrischen Reizes anbelangt, so gut ausgebildet worden, daß ich nicht näher darauf einzugehen brauche; als wichtigste Punkte hatten sich bei seinen Versuchen herausgestellt: 1. ein genügend großer Ballastwiderstand im sekundären Kreis; 2. genügend breite Elektroden (mit Ringerscher Lösung befeuchtete Watte).

Die rhythmobathmotrope Wirkung.

Untersucht man auf diese Art die Anspruchsfähigkeit des Präparates, so kann man beobachten, daß die Stärke des kleinsten Reizes, der überhaupt noch fähig ist, einen Rhythmus aufrecht zu erhalten, lange Zeit unverändert bleibt. Dieser kleinste Reiz ist aber imstande, bedeutend schnellere Rhythmen aufrecht zu erhalten als vor der Vergiftung; und die schnelleren Rhythmen, die durch ihn nicht mehr erzeugt werden können, lassen sich wenigstens durch einen viel schwächeren Reiz erzeugen als vor der Vergiftung. Diese Erscheinung mußte also den Beobachtern, die immer nur untersuchten, an welcher Stelle der Dekreszente in einem konstanten Rhythmus ein konstanter Reiz eine Extrasystole hervorrufen konnte, als eine bathmotrope erscheinen, während sie in Wirklichkeit eine rhythmobathmotrope ist. Die Wirkung ist schon bei 0·1 Prozent Chloralhydrat bzw. 0·01 Prozent Chloroform sehr deutlich. Bei stärkeren Dosen kann die Beschleunigung des Rhythmus des kleinsten Reizes so groß werden, daß bei einigermaßen langsamen Rhythmen (10 bis 20″)[2] die Reizbarkeit schon wieder merklich sinkt.

---

[1] *Dies Archiv.* 1902. Physiol. Abtlg. Suppl. S. 7.

[2] Alle Zahlen beziehen sich auf Winterfrösche. Die Versuche wurden an Temporarien angestellt, die aus Straßburg stammten; einige orientierende Versuche im vergangenen Sommer hatten mich jedoch gelehrt, daß die Verhältnisse bei Sommerfröschen ähnlich sind, nur ist dort der Rhythmus des kleinsten Reizes im allgemeinen schneller.

Die bathmotrope Wirkung.

Erst sehr viel später als die rhythmobathmotrope tritt die negativ-bathmotrope Wirkung, d. h. ein Sinken der Reizschwelle auf; dieselbe ist deutlich bei Lösungen von etwa $0 \cdot 7$ Prozent Chloralhydrat bzw. $0 \cdot 1$ Prozent Chloroform und tritt erst in einem Stadium der Vergiftung auf, in dem der Sinus schon stillsteht. Hier sind einige Zahlenbeispiele.

Versuchsbeispiele.

I. Temporarie. Abgeklemmte Herzspitze. $\pi = 6$ V. $20\,000 \; \Omega$ im sekundären Kreise.

a) Betupfen mit Ringerscher Flüssigkeit:
    6″ Rhythmus Reizschwelle (R.-S.) $= 129 \;^{mm}$ Rollenabstand (R.-A.)
    3″   „   „   101 „   „
b) 2 Min. nach Betupfen mit $0 \cdot 1$ prozent. Chloralhydrat in Ringerscher Flüssigkeit:
    6″ Rhythmus RS $= 130 \;^{mm}$
    3″   „   „ $= 128$ „

II. Desgleichen.

a) Betupfen mit Ringer:
  6 — 3″ Rhythmus R.-S. $= 132 \;^{mm}$
    2″   „   „ $= 127$ „
    1″   „   „ $= 115$ „

b) 2 Minuten später Betupfen mit $0 \cdot 1$ prozent. Chloralhydrat:
  2 — 6″ Rhythmus R.-S. $= 131 \;^{mm}$
    1″   „   „ $= 122$ „

c) 10′ später. $0 \cdot 2$ proz. Chloralhydrat:
  2 — 6″ Rhythmus R.-S. $= 130 \;^{mm}$
    1″   „   „ $= 125$ „

d) 5 Minuten später:
    6″ Rhythmus R.-S. $= 125 \;^{mm}$
  3 — 2″   „   „ $= 130$ „
    1″   „   „ $= 126$ „

III. Desgleichen.

a) Betupfen mit Ringer:
  10 — 6″ Rhythmus R.-S. $= 141 \;^{mm}$
    2″   „   „ $= 138$ „
    1″   „   „ $= 104$ „

b) 1 Min. spät. $0 \cdot 1$ proz. Chloralhydrat:
  10 — 6″ Rhythmus R.-S. $= 141 \;^{mm}$
    2″   „   „ $= 140$ „
    1″   „   „ $= 123$ „

c) 4 Min. später. $0 \cdot 3$ proz. Chloral:
    10″ Rhythmus R.-S. $= 141 \;^{mm}$
  6 — 2″   „   „ $= 142$ „
    1″   „   „ $= 132$ „

d) 2 Min. später. $0 \cdot 5$ proz. Chloral:
  10 — 2″ Rhythmus R.-S. $= 142 \;^{mm}$
    1″   „   „ $= 133$ „

e) 3 Min. später. 1 proz. Chloral:
  10 — 2″ Rhythmus R.-S. $= 140 \;^{mm}$
    1″   „   „ $= 134$ „

f) 1 Min. später:
    10″ Rhythmus R.-S. $= 138 \;^{mm}$
    2″   „   „ $= 137$ „

g) 3 Min. später. $1 \cdot 5$ proz. Chloral:
  10 — 2″ Rhythmus R.-S. $= 137 \;^{mm}$
    1″   „   „ $= 132$ „

h) 9 Min. später. 2 proz. Chloral:
  10 — 6″ Rhythmus R.-S. $= 127 \;^{mm}$
    2″   „   „ $= 133$ „
    1″   „   „ $= 131$ „

IV. Desgleichen.

a) mit Ringer betupft:
6 — 20″ Rhythmus R.-S. = 140 mm
    3″   „   „ = 131 „
    2″   „   „ = 106 „
    1″   „   „ = 75 „

b) 2 Min. später. 0·015 proz. Chloroform:
2 — 20″ Rhythmus R.-S. = 140 mm
    2″   „   „ = 136 „

c) 2 Min. spät. 0·03 proz. Chloroform:
3 — 20″ Rhythmus R.-S. = 140 mm
    2″   „   „ = 139 „
    1″   „   „ = 126 „

d) 3 Min. spät. 0·05 proz. Chloroform:
2 — 20″ Rhythmus R.-S. = 141 mm
    1″   „   „ = 138 „

e) 5 Min. spät. 0·1 proz. Chloroform:
20″ Rhythmus R.-S. = 138 mm
  10″   „   „ = 140 „
   6″   „   „ = 141 „
   3″   „   „ = 142 „
   2″   „   „ = 141 „

f) 5 Min. später:
10 — 20″ Rhythmus R.-S. = 136 mm
   6″   „   „ = 139 „
   3″   „   „ = 140 „
   2″   „   „ = 142 „
   1″   „   „ = 138 „

g) 2 Min. spät. 0·2 proz. Chloroform:
20″ Rhythmus R.-S. = 130 mm
   4″   „   „ = 133 „
   2″   „   „ = 133 „

h) 5 Min. später:
20″ Rhythmus R.-S. = 115 mm
   3″   „   „ = 121 „
   1″   „   „ = 119 „
also negativ-inotrope Wirkung.

i) 1¹/₂ Std. später nach beständigem
Abwaschen mit Ringer:
2 — 20″ Rhythmus R.-S. = 142 mm
   1″   „   „ = 138 „
also Rückgang der inotropen unter
Erhaltung der rhythminotr. Wirkung.

k) 14 Std. später:
20″ Rhythmus R.-S. = 121 mm
  10″   „   „ = 115 „
   6″   „   „ = 113 „
   3″   „   „ = 98 „
   2″   „   „ = 60 „
also Rückgang der rhythminotropen
Wirkung unter Sinken der Erregbarkeit des Präparates.

V. Desgleichen.

a) mit Ringer betupft:
6 — 20″ Rhythmus R.-S. = 142 mm
   4″   „   „ = 107 „
   3″   „   „ = 91 „

b) 2 Min. später. 0·01 proz. Chloroform betupft:
20″ Rhythmus R.-S. = 140 mm
4 — 10″   „   „ = 141 „
   3″   „   „ = 139 „

c) 2. Min. später:
3 — 10″ Rhythmus R.-S. = 142 mm
  20″   „   „ = 138 „

d) 5 Minuten später nach tüchtigem
Waschen mit Ringer:
3 — 10″ Rhythmus R.-S. = 142 mm
  20″   „   „ = 139 „

e) 5 Min. später, weiter mit Ringer
bespült:
3 — 10′ Rhythmus R.-S. = 142 mm
  20″   „   „ = 141 „

f) 2 Std. später. Ringer fortgesetzt:
3″ Rhythmus R.-S. = 140 mm
4 — 20″   „   „ = 141 „

Wäscht man, wenn das Herz noch nicht allzustark geschädigt ist, das Gift mit Ringerscher Flüssigkeit aus, so geht die bathmotrope Wirkung sofort wieder zurück. Merkwürdigerweise bleibt jedoch die rhythmobathmotrope Wirkung noch lange Zeit bestehen, so daß man noch nach stundenlangem Auswaschen des Präparates sie deutlich erkennen kann (s. Versuch IV und V, S. 392).

Auch hierin zeigt sich ein prinzipieller Unterschied. Geht man von der Anschauung aus, daß beiden Arten der Beeinflussung der Anspruchsfähigkeit eine Veränderung normaler chemischer Verhältnisse zugrunde liegt — eine Annahme, die in ihrer Allgemeinheit wohl keines weiteren Beweises bedarf — so verschwindet die bathmotrope Wirkung sofort, wenn durch Auswaschen des Giftes die Ursache der Veränderung entfernt wird, während die rhythmobathmotrope Wirkung nicht selbständig zurückgeht; zur Wiederherstellung des normalen Zustandes ist das aktive Eingreifen der reparierenden Kräfte des Organismus nötig: Die bathmotrope Wirkung der Gifte ist auf einen reversiblen, die rhythmobathmotrope auf einen irreversiblen chemischen Prozeß zurückzuführen.

Es wäre verführerisch, den Vorgang vom Standpunkt einer Theorie aus zu betrachten, die Synder[1] kürzlich aufgestellt hat. Synder nimmt an, daß die refraktäre Phase, die Periode verminderter Reizbarkeit, von der Schnelligkeit eines chemischen Prozesses abhängig ist, der dem Arrheniusschen Gesetze folgt, also irreversibel ist. Je schneller dieser Prozeß ablaufe, desto schneller erreicht die Anspruchsfähigkeit nach jeder Systole wieder ihr Maximum. Doch will ich mich diesmal auf diese Gedankengänge nicht weiter einlassen.

Die Erscheinung hat übrigens ein Analogon auf dem Gebiete der Kontraktilität. Ich habe letzthin beschrieben[2], daß die durch die Wärme ausgeübte positiv-rhythminotrope Wirkung erst lange nach erfolgter Abkühlung zurückgeht.

Was den normalen, vom Sinus ausgehenden Rhythmus der Herzpulsationen anbelangt, so resultiert derselbe aus dem Verhältnis der Reizbarkeit zur Reizerzeugung. Es ist demnach klar, daß eine Vergrößerung der Reizbarkeit, in der Art, wie wir sie oben beschrieben haben, mit einer Beschleunigung des Pulsschlages verbunden sein muß, und das hat man denn auch als erste Wirkung des Chloralhydrats und des Chloroforms beobachtet.[3] Die später eintretende Verlangsamung kann man nicht auf die bathmotrope Wirkung der Gifte zurückführen, da sie, wie schon Böhme[4]

---

[1] *American. Journ. of Physiol.* Vol. XVII. p. 359.
[2] A. a. O. S. 363.
[3] Harnack und Witkowski, *Archiv für experim. Pathologie.* Bd. XI. S. 1 ff.
[4] A. a. O.

hervorgehoben hat, schon bedeutend früher eintritt; sie zwingt uns, eine
Beeinflussung der Reizerzeugung anzunehmen, die schließlich den definitiven
Herzstillstand hervorruft.

Noch ein anderes theoretisches Interesse haben unsere Resultate. Wir
finden scheinbar durch das Gift bedingt zuerst eine Vermehrung der
„Reaktionsfähigkeit" und später eine Verringerung derselben, zuerst Vergrößerung und Beschleunigung, später Verkleinerung und Verlangsamung
der Systolen. Bei der späteren Analyse aber zeigt sich, daß die anfängliche Vergrößerung der Systolen auf einem anderen Vorgange beruht als
die folgende Verkleinerung, daß also nicht eine Funktion vom Gifte zuerst
im positiven, später im negativen Sinne, sondern daß zwei verschiedene
Funktionen im entgegengesetzten Sinne und in verschiedenen Stadien der
Vergiftung beeinflußt werden; das Gleiche ist bei der Wirkung auf den
Rhythmus der Fall. Und so zeigen unsere Untersuchungen, wie sehr man
sich überhaupt zu hüten hat, derartige Fälle, in denen das Gift in starken
Dosen die entgegengesetzte Wirkung zu haben scheint wie in schwachen,
sofort im Sinne einer primär-exzitierenden und sekundär-deprimierenden
Wirkung zu deuten, sondern daß man zuerst zu untersuchen hat, ob die
untersuchte Funktion nicht komplexer Natur ist, und ob das Gift nicht
verschiedene Funktionen in verschiedenem Sinne alteriert.

Es hat sich schließlich in unseren Versuchen eine weitgehende Analogie
in der Art der Beeinflussung von Kontraktilität und Anspruchsfähigkeit
gezeigt. Daß eine solche vorkommen kann, ist sehr interessant und wichtig;
keineswegs jedoch kann man daraus den Schluß ziehen, daß dies eine absolute Notwendigkeit ist. So habe ich z. B. in dem Thyreiodin letzthin
ein Gift kennen gelernt, das auf die Anspruchsfähigkeit überhaupt keinen
Einfluß hat, während es die Kontraktilität stark herabsetzt, noch zu einer
Zeit, wo die einzelnen Kontraktionen gerade noch mit der Lupe wahrnehm-
bar sind, kann die Reizschwelle völlig unverändert geblieben sein. Wir werden
uns also hüten müssen, diesen Parallelismus zwischen der Beeinflussung
der Schwelle und der Kontraktilität im Sinne der Theorie H. E. Herings
zu verwenden.

Zusammenfassung.

Durch Chloroform und Chloralhydrat[1] wird zuerst die Ge-

---

[1] Wenn auch diese Übereinstimmung zwischen Chloralhydrat und Chloroform
eher für die Liebreichsche Theorie der Chloralwirkung spricht, so ist doch zu be-
rucksichtigen, daß auch andere, diesen Substanzen nahestehende Herzgifte ähnliche
Wirkungen ausüben. So ging z. B. aus einer Versuchsreihe, die ich letzthin mit Äthyl-
alkohol anstellte, hervor, daß auch dieses Gift eine positiv-rhythminotrope und negativ-
inotrope Wirkung ausübt; nur treten beide Wirkungen beim Alkohol etwa gleichzeitig

schwindigkeit, mit der die Kontraktilität und die Anspruchsfähigkeit des Herzens nach jeder Systole zu ihrer optimalen
Höhe zurückkehren, beschleunigt (positiv-rhythminotrope bzw.
rhythmobathmotrope Wirkung). Die absolut nach jeder Systole
erreichbare Kontraktionshöhe (Höhe des optimalen Rhythmus)
und die absolut- erreichbare Anspruchsfähigkeit (Anspruchsfähigkeit für den Rhythmus des kleinsten Reizes) bleiben lange
Zeit unverändert und nehmen erst in späteren Stadien der
Vergiftung ab (negativ-inotrope bzw. bathmotrope Wirkung).
Ferner wird die Reizerzeugung in den automatisch tätigen Gebilden vermindert, desgleichen die Fortpflanzungsgeschwindig-
keit der Erregung.[1] So erklären sich alle am isolierten Froschherzen zu beobachtenden Effekte beider Gifte.

Der eben genannten rhythmobathmotropen Wirkung der
beiden Gifte liegt ein irreversibler, der bathmotropen ein re-
versibler chemischer Prozeß zugrunde.

Anhang.

Ob die Spannung einen Einfluß auf die Anspruchsfähigkeit des Herzmuskels hat?

Bei weiterer Analyse der oben beschriebenen bathmotropen Wirkungen
könnte man als eine der ersten die Frage aufwerfen: Lassen sich die gleichen
Erscheinungen auch durch eine Änderung der Spannung hervorrufen, so
daß das Gift wie eine Spannungsänderung wirken würde, wie es zuerst
Dreser[2] für andere Giftwirkungen beschrieben hat?

Man nimmt im Allgemeinen an, daß mit Erhöhung der Spannung eine
Erhöhung der Reizbarkeit verbunden ist. Und in der Tat sieht man un-
gemein häufig, wenn man am ausgeschnittenen Froschherzen die Suspension
praktiziert, daß der ruhende Ventrikel im Augenblicke, wo das Gewicht des
Hebels auf ihn einwirkt, in langsamem, allmählich schneller werdendem
Rhythmus zu pulsieren beginnt, oder der schon pulsierende Ventrikel sein

---

bei etwa 0·2 Prozent) auf, so daß derartig starke positiv-inotrope Wirkungen des
Alkohols, wie sie Löb (*Archiv für experim. Pathologie.* Bd. LII. S. 459) für das
— offenbar pathologisch schlagende — Säugetierherz beschreibt, für das Froschherz
jedenfalls nicht vorhanden sind. Es bieten diese Versuche daher eher Analogien zu
den Versuchen Backmanns (*Skandin. Archiv für Physiol.* Bd. XVIII. S. 323), der
durch Alkohol am Säugetierherzen stets sofort eine negativ-inotrope Wirkung beobachtete.

[1] Vgl. die Ausführungen in *diesem Archiv.* 1906. Physiol. Abtlg. Suppl. S. 383.

[2] *Archiv für experim. Pathologie.* Bd. XXIV. S. 221.

Tempo beschleunigt. Derartige Beobachtungen sind schon seit langer Zeit am Wirbeltierherzen gemacht worden.[1] Nun beweisen, genau genommen, diese Versuche nichts über die uns beschäftigende Frage, da das Eintreten der Pulsationen sowohl von einer Steigerung der Anspruchsfähigkeit wie von einer solchen der Reizerzeugung verursacht sein kann. Zur Entscheidung dieser Frage mußten also direkte Bestimmungen der Reizschwelle angestellt werden.

Diese Bestimmungen sind beim Herzen bedeutend einfacher als beim Skelettmuskel; man hat dort, wegen des „Alles- oder Nichts"-Gesetzes nämlich nicht nötig, die von Nicolai[2] angegebenen, komplizierten Methoden zur Entscheidung der Frage anzuwenden, ob ein Reiz wirksam ist oder nicht, und man kann sich damit begnügen, die Spannung durch Auflegen von Gewichten zu ändern. Ich benutzte dazu jeweils ein I-^{grm}-Gewicht, das ich an der Achse des Hebels befestigte; es wurde aber ferner dafür Sorge getragen, daß die Abklemmung des Herzens immer in Systole erfolgte, so daß das Herz nicht der Spannung des eingeschlossenen Blutes ausgesetzt war.

Die auf diese Art angestellten Versuche ergaben alle das gleiche Resultat: Durch Spannungsänderung ist keinerlei Änderung der Anspruchsfähigkeit und ihrer rhythmischen Schwankungen festzustellen, der Herzmuskel verhält sich also hierin wie der Skelettmuskel.[3]

Dies Resultat ist in mehrfacher Hinsicht interessant. Einmal zeigt es, daß der Herzmuskel hierin, wie in anderen Grundeigenschaften keinen prinzipiellen Unterschied dem Skelettmuskel gegenüber aufweist, und liefert so einen weiteren Baustein zur vergleichenden Muskelphysiologie; andererseits ist es geeignet, manche der Tatsachen, die über den Einfluß der Spannung bzw. der Blutdruckänderung auf den Rhythmus des Herzens bekannt sind, in einer neuen Beleuchtung zu zeigen. Man wird nämlich aus den oben zitierten Versuchen über den Einfluß der Spannung auf den Rhythmus, wie auch aus den zahlreichen Versuchen, die am isolierten Herzen bei Blutdrucksteigerung eine Erhöhung der Pulsfrequenz feststellten, nicht mehr schließen können, daß diese Beschleunigung des Rhythmus auf eine Vermehrung der Reizbarbeit zurückzuführen ist, sondern man muß annehmen, daß die Erhöhung der Spannung zu einer Vermehrung der

---

[1] Siehe z. B. Gaskell, *Journ. of Physiol.* Vol. III. p. 51; Aubert, Pflügers *Archiv.* Bd. XXIV. S. 366; Ludwig und Luchsinger, *ebenda.* Bd. XXV. S. 231; Engelmann, *ebenda.* Bd. XXIX. S. 425.

[2] *Dies Archiv.* 1905. Physiol. Abtlg. S. 493 ff.

[3] Nicolai, a. a. O.

Reizerzeugung geführt hat; ob diese Vermehrung der Reizerzeugung nervösen oder muskulären Ursprungs ist, darüber lehren unsere Versuche nichts.

Es wäre aber noch eine andere Möglichkeit vorhanden: Die vermehrte Spannung könnte als Dauerreiz wirken. Dies erscheint mir aber wenig wahrscheinlich; denn im Allgemeinen erhält man auf einen Dauerreiz am Anfang seiner Einwirkung einen schnellen Rhythmus, der sich allmählich verlangsamt, während umgekehrt der bei Wirkung einer Spannung entstehende Rhythmus anfangs langsam ist und sich erst allmählich beschleunigt; außerdem ruft ein Dauerreiz sofort bei Beginn seiner Einwirkung den Rhythmus hervor, während der durch Spannung eintretende Rhythmus sehr häufig eine Latenz von mehreren Sekunden hat.

Für die Tatsache, daß vermehrte Spannung keinen Einfluß auf die Anspruchsfähigkeit hat, seien hier noch einige Beispiele gegeben.

Versuchsbeispiele.

I. Tempor. abgeklemmte Herzspitze. $20 \cdot 000\ \Omega$ im sekundären Kreise.

6″ Rhythmus Reizschwelle (R.-S.) = 116 ^{cm} Rollenabstand (R.-A) unbelastet
6″   „   „   = 115 „   „   mit 1 ^{grm} belastet.

II. Desgleichen.

6″ Rhythm. R.-S. = 128 ^{mm} unbelastet   6″ Rhythm. R.-S. = 128 ^{mm} 1 ^{grm} Last
3″   „   „ = 101 „   „   3″   „   „ = 102 „   „

III. Desgleichen.

6″ Rhythm. R.-S. = 124 ^{mm} unbelastet   6″ Rhythm. R.-S. = 124 ^{mm} Last 1 ^{grm}
3″   „   „ = 81 „   „   3″   „   „ = 81·5 „   „

IV. Desgleichen.

6″ Rhythm. R.-S. = 131 ^{mm} unbelastet   6″ Rhythm. R.-S. = 131·5 ^{mm} Last 1 ^{grm}
3″   „   „ = 115 „   „   3″   „   „ = 114 „   „
2″   „   „ = 102 „   „   2″   „   „ = 102 „   „

V. Desgleichen.

6″ Rhythm. R.-S. = 140 ^{mm} unbelastet   6″ Rhythmus R.-S. = 141 ^{mm}
3″   „   „ = 131 „   „   3″   „   „ = 131 „
2″   „   „ = 106 „   „   2″   „   „ = 105 „
1″   „   „ = 75 „   „   1″   „   „ = 75 „

Zur Physiologie der Trachea.

Von

Dr. **R. H. Kahn**,
Privatdozenten.

(Aus dem physiologischen Institute der deutschen Universität in Prag.)

(Hierzu Taf. VIII.)

1. Einleitung und Literatur.

Die Trachea ist ein Luftleitungsrohr. Sie hat zunächst die Aufgabe, der Luft, welche der Atmung dient, den Weg vom Kehlkopfe zu den Lungen und von diesem zum Kehlkopfe freizuhalten. Dabei findet, namentlich gelegentlich besonderer Atemreflexe, veranlaßt durch besondere zeitliche Verhältnisse zwischen den Bewegungen der Atemmuskeln und der Stellung der Stimmbänder, bzw. anderer dem Verschlusse der Atemwege dienender Mechanismen eine sehr bedeutende Vergrößerung der auch bei ruhiger Respiration sich vollziehenden Druckschwankungen im Innern des Rohres statt. Noch größer sind indessen solche Druckschwankungen der Luft in der Trachea bei Mensch und Tier während des Singens, Schreiens usw. kurz bei allen jenen Vorgängen, welche der Hervorbringung heftiger Geräusche und starker Töne durch den Atemapparat dienen. Hier kommt der Trachea der knorpelige Bau ihrer Wand sehr zu gute. Er verleiht ihr eine bedeutende Widerstandsfähigkeit gegenüber plötzlich wirksam werdenden Kräften, welche auf Erweiterung des Rohres oder auf Zusammenklappen desselben hinwirken. Betrachtungen hierüber finden sich schon bei Magendie.[1] Der Umstand, daß die Trachealwand nicht aus einer zusammenhängenden Knorpelschicht besteht, sondern aus Ringen, welche durch Bindegewebe voneinander getrennt sind, verleiht ihr die Möglichkeit,

---

[1] *Handbuch der Physiologie.* Übersetzung. 1836. S. 286.

den wechselnden Krümmungen der Halswirbelsäule zu folgen. Auch ist sie dadurch in der Lage, äußeren mechanischen Einwirkungen zu folgen, und infolgedessen gegen Verletzungen durch äußere Gewalt besser geschützt. Welche Zwecke die Einrichtung zu erfüllen hat, daß die einzelnen Knorpel nicht ringförmig die Trachea umfassen, sondern als Knorpelspangen angeordnet einen hinteren Abschnitt des Rohres knorpelfrei lassen, ist schon weit schwerer einzusehen. Auch ist mir nicht bekannt geworden, daß darüber besondere Betrachtungen angestellt worden wären, mit Ausnahme einer einzigen von Berthold.[1] In dessen kurzer Erörterung dieses Gegenstandes findet sich die Annahme, daß die Speiseröhre die Entwicklung der Ringe nach hinten behindert hat, und daß die hintere fleischige Wand der Luftröhre der Speiseröhre die Möglichkeit einer bedeutenderen Ausdehnung gewährt. Auch wird hier die merkwürdige Angabe Magendies[2] erwähnt, daß das Verhältnis des Luftdruckes zu den Knorpeln der Luftwege so bestimmt sei, daß „da wo dieser Druck nicht mehr wirken kann, auch die Knorpel nicht mehr vorhanden sind, wie wir das an der hinteren Fläche der Luftröhre und in den kleineren Ästen der Bronchien bemerken." Solche Erklärungsweisen sind sehr wenig befriedigend. Man wird über den fraglichen Punkt am besten zur Einsicht gelangen, wenn man sich klar macht, welche mechanischen Verhältnisse hier in betracht kommen. Zunächst wird sicherlich ein aus ungeschlossenen Knorpelringen aufgebautes Rohr eine noch größere und mannigfaltigere Beweglichkeit besitzen als ein aus starren, geschlossenen Reifen bestehendes. Es wird Änderungen seiner Form, welche beim Ausweichen gegenüber äußeren, mechanischen Einwirkungen notwendig, oder welche bei ausgiebigen Bewegungen des Halses (Bewegung und Drehung) in Anspruch genommen wird, in erhöhtem Maße folgen können. Weiter läßt sich ein Unterschied in folgendem feststellen: Bei allen Vorgängen, welche mit einer Sprengung der fast oder ganz geschlossenen Stimmritze einhergehen, würde bei vollkommen abgeschlossenen Knorpelringen durch die plötzliche Erhöhung des Druckes in den Luftwegen ein heftiger Stoß gegen die Stimmbänder entstehen. Ist nun durch Einschaltung eines gut elastischen und dabei auch einigermaßen dehnbaren Materiales zwischen die Enden der Knorpelringe der Trachea die Möglichkeit für eine anfängliche Erweiterung des ganzen Rohres gegeben, so wird der die Stimmbänder treffende Stoß nicht plötzlich in voller Stärke einsetzen, sondern es wird allmählich in dem Maße, als die Spannung des Rohres zunimmt, der auf den Verschlußorganen des Kehlkopfes lastende

---

[1] A. A. Berthold, Über die Bedeutung und den Nutzen der Luftröhrenringe. *Isis*. Jena 1827. S. 761.

[2] A. a. O. S. 287.

Druck steigen. Dadurch könnten zweckmäßigerweise zu plötzliche Druckschwankungen im Kehlkopfinneren vermieden werden. Ein solcher etwa
aus Bindegewebe oder elastischen Fasern bestehender membranöser Teil der
Trachealwand wäre aber heftigen Zerrungen ausgesetzt, welche gelegentlich
sehr heftiger Druckschwankungen im Inneren des Rohres zu immer größerer
Erweiterung (Überschreitung der Elastizitätsgrenze) und schließlich zu Zer-
reißungen führen könnten. Diese Gefahr nun besteht nicht, infolge der
bekannten, eigentümlichen und, wie in folgendem gezeigt werden wird, sehr
zweckmäßigen Einlagerung glatter Muskulatur in die Pars membranacea,
welche hier eine besondere Funktion zu erfüllen hat.

   An dieser Stelle ist es nun notwendig, die Anordnung der glatten
Muskulatur in der Trachealwand zu besprechen. Die einschlägigen Verhältnisse sind in dem ausgezeichneten Sammelwerke Oppels[1] erschöpfend
dargestellt. Die glatte Muskulatur der Trachea der Wirbeltiere und des
Menschen ist der Hauptsache nach transversal angeordnet. Sie liegt in
der Pars membranacea und verbindet die einander zugewendeten Enden
der einzelnen Knorpel, indem sie an der inneren oder äußeren Seite (bei
verschiedenen Tieren verschieden) der Knorpelstreifen vom Perichondrium
oder vom fibrösen Gewebe, welches die Trachealringe in longitudinaler
Richtung verbindet, entspringt. Longitudinale Bündel glatter Muskulatur
sind von verschiedenen Autoren[2] für verschiedene Tiere angegeben worden.
Sie liegen ebenfalls im membranösen Teile des Rohres und treten an
Mächtigkeit weit hinter der transversalen Muskulatur zurück. Das geht
schon daraus hervor, daß von einer Reihe von Autoren, darunter Kölliker,
das konstante Vorkommen der Längsmuskeln bestritten worden ist. Nirgends
aber ist von glatter Muskulatur auf oder zwischen den Knorpeln
außerhalb der Pars membranacea die Rede. Auch gibt es keine
Muscularis mucosae in dem den Knorpeln anliegenden Teile der Schleimhaut.
Diese histologischen Details sind von besonderer Bedeutung, weil sich auf
Grund der Kenntnis derselben, wie wir sehen werden, mehrere Angaben
über angebliche Funktionen der Trachea als irrig erweisen.

   Die Zahl der Untersuchungen, welche sich mit der Physiologie der
Trachea befassen, ist sehr gering. Vor mehr als 30 Jahren hat Horvath[3]
konstatiert, daß die Trachea sich nach elektrischer Reizung der pars membranacea kontrahiere. Er schnitt Tracheen von Hunden und Katzen aus
dem Körper, hängte sie am unteren Ende verschlossen auf, füllte sie mit

---

[1] A. Oppel, *Lehrbuch der mikroskopischen Anatomie der Wirbeltiere.* VI.
S. 544 u. folg. 1905.

[2] Vgl. die ausführliche Literaturzusammenstellung bei Oppel.

[3] A. Horvath, Beiträge zur Physiologie der Respiration. Pflügers *Archiv.*
1876. Bd. XIII. S. 508.

Blut und erkannte die Kontraktion an dem Steigen des Blutes in einer in das obere Ende der Trachea eingebundenen Glasröhre. Besonders hervorgehoben sind in dieser Untersuchung rhythmische Kontraktionen des Rohres bei Erhöhung der Temperatur. Auch ist hier auf die Elastizität der Trachealknorpel hingewiesen, welche es ermöglicht, daß die Trachea sich unter gewissen Umständen erweitern könne. Auf diesen Punkt der Arbeit von Horvath kommen wir später noch zurück. In dasselbe Jahr fällt eine Untersuchung von Gerlach[1], welcher feststellte, daß durch die Erregung des Vagus weder die Trachealmuskulatur und höchstwahrscheinlich auch nicht die der größeren Bronchien zu Kontraktionen angeregt wird. Über unseren Gegenstand ist mir nur noch eine Untersuchung bekannt geworden. Nicaise[2] hat in einer vor 18 Jahren erschienenen Mitteilung an der im Tiere belassenen Trachea des Hundes experimentiert: „La trachée était saisie par une sorte de compas appliqué sur ses parties latérales et terminé par un stylet en contact avec un tambour enregistreur à marche lente; les mouvements de la trachée s'inscrivaient ainsi sur le tambour." Die mitgeteilten Kurven zeigen eine Zunahme des transversalen Durchmessers des Rohres bei der Exspiration (Heulen) und eine Abnahme bei der Inspiration. Bei Reizung der peripheren Halsvagusstümpfe nimmt der transversale Durchmesser bedeutend ab. Die mit verstärkten Atembewegungen (Singen, Schreien usw.) verbundenen Schwankungen des Durchmessers und der Länge haben ihre Ursache in der Änderung des im Inneren des Rohres herrschenden Druckes.

Von Interesse ist endlich noch die Mitteilung der betreffenden Stellen in physiologischen Lehr- und Handbüchern aus älterer und neuerer Zeit. Bei Johannes Müller[3] findet sich die Bemerkung, daß die beim Menschen beobachtete Verkürzung der Luftröhre beim Einatmen, die Verlängerung beim Ausatmen eine bloß mechanische Folge der Ausdehnung und Verengerung der Brust sei. Das ist der Grundgedanke der Untersuchung von Nicaise. Donders[4] betont bereits die verengernde und erweiternde Wirkung der queren Muskelbündel der Trachea: „Die Luftröhre wird länger und kürzer, enger und weiter. Die Verengerung wird durch die Kontraktion der queren Muskelbündel zustande gebracht, in deren Folge die Enden der Knorpel sich einander nähern. Die Erweiterung muß eine

[1] S. Gerlach, Über die Beziehungen der N. vagi zu den glatten Muskelfasern der Lunge. *Ebenda.* S. 491.
[2] M. Nicaise, Physiol. de la trachée et des bronches. *Revue de médecine.* 1889. T. II. p. 960; Derselbe, *Comptes rendus de l'académie des sciences.* Octobre 1889. T. CIX.
[3] J. Müller, *Handbuch der Physiologie des Menschen.* 1844. Bd. I. S. 273.
[4] F. C. Donders, *Physiologie des Menschen.* 1856. S. 347.

Folge der Erschlaffung dieser Muskelbündel sein." Und weiter: „Nach
Volkmann stehen die Kontraktionen der Muskelbündel der Luftröhre und
ihrer Äste unter dem Einfluß des Vagus. Bei Reizung dieses Nerven
jedoch beobachteten wir kein Steigen an dem in die Luftröhre eingebrachten
Manometer." Eine sehr wenig zutreffende Anschauung finden wir bei
Ludwig[1]: „Die langen Muskeln des Kehlkopfes, namentlich sternohyoidei
und. sternothyreoidei, und die Muskeln zwischen den Ringen der Trachea,
regulieren die Dimensionen und die Lage der letzteren, welche ohne dieses
durch häufige Zerrungen nach Länge und Quere bei jedem tiefen Atemzug alteriert würden." Dazu ist zu bemerken, was auch Horvath schon
in Beziehung auf diese Angabe hervorgehoben hat, daß es Muskeln zwischen
den. Ringen der Trachea nicht gibt, und daß also von einer derartigen
Regulation nicht die Rede sein kann. Rosenthal[2] spricht von einer durch
die glatte Muskulatur bewirkten Verkürzung und Verengerung der
Trachea: „Auch die Trachea kann Bewegungen vollführen, namentlich ist
sie durch eine Schicht glatter Muskelfasern einer Verkürzung fähig, während
die zwischen den Enden der unvollkommenen Knorpelringe befindlichen
transversalan Muskelfasern kaum eine andere Wirkung haben können, als
die federnden Knorpel etwas anzuspannen und dadurch das Lumen der
Trachea um ein geringes zu vermindern." Welche besondere Bewandtnis
es mit der Verminderung des Lumens hat, wird im folgenden gezeigt
werden, die Verkürzung der Trachea durch Muskelaktion findet aber sicher
nicht statt. Denn Muskeln, welche nach ihrem Verlaufe eine solche bewirken könnten, sind an der Trachea nicht vorhanden, und die beschriebene
übrigens recht .schwache Längsmuskulatur der Pars membranacea könnte
das Rohr bloß etwas nach hinten krümmen, nicht aber verkürzen. Am
nächsten kommt Landois[3] den tatsächlich herrschenden Verhältnissen,
wie später gezeigt werden wird, indem er vermutet: „Die Wirkung .der
glatten Muskelfasern der Trachea und des gesamten Bronchialbaumes
scheint darin zu bestehen, dem erhöhten Drucke innerhalb der Luftkanäle
Widerstand zu leisten". Wenig einleuchtend für einen jeden, der die
histologischen Verhältnisse vor Augen hat, ist aber die neueste kurze Feststellung Boruttaus[4]: „Die Trachea wird insbesondere bei angestrengter
Atmung bei jeder Inspiration durch· Kontraktion zwischen ihren Knorpeln
gelegener Muskulatur (als deren oberster Repräsentant auch der Cricothyreoideus betrachtet werden kann) verkürzt, somit der Widerstand der
Atemwege etwas verkleinert." Da sich diese Worte als einzige Erwähnung

[1] C. Ludwig, *Lehrbuch der Physiologie des Menschen.* 1861. Bd. II. S. 485.
[2] J. Rosenthal, *Hermanns Handbuch der Physiologie.* 1882. IV. 2. S. 174.
[3] L. Landois, *Lehrbuch der Physiologie des Menschen.* XI. Aufl. 1905. S. 202.
[4] H. Boruttau, *Nagels Handbuch der Physiologie.* 1905. Bd. I. S. 27.

der Funktion der Trachea in einem Werke finden, welches über den der-
zeitigen Stand der Wissenschaft in den einzelnen Abschnitten der Physiologie
Auskunft geben soll, so muß einer solchen Ansicht entschieden entgegen-
getreten werden. An der Trachea gibt es bei keinem Säugetiere quergestreifte oder glatte Muskeln, welche nach Anordnung, Richtung oder
Wirkungsweise dem Cricothyreoideus vergleichbar wären. Die zwischen den
einzelnen Knorpelringen liegenden Teile der Trachealwand sind durchaus
muskelfrei, daher ist an eine Verkürzungsmöglichkeit des Rohres durch so
gelegene Muskeln überhaupt nicht zu denken. Von einer derartigen
Widerstandsverminderung in der Trachea, während der Inspiration, kann
gar keine Rede sein.

2. Die glatte Muskulatur der Trachea und ihre motorische Innervation.

Die Untersuchung der Physiologie der glatten Muskulatur der Trachea
ist verhältnismäßig leicht durchzuführen. Es ist bloß nötig, ein nicht zu
kleines Stück des Trachealrohres an beiden Enden zu verschließen und den
Inhalt des abgeschlossenen Raumes mit einem registrierenden Apparate in
Verbindung zu setzen. Nach diesem Vorgange läßt sich aus den Verhältnissen der Volumsänderung der Trachea eine gute Anschauung über das
Verhalten ihrer Muskulatur unter den verschiedensten Bedingungen gewinnen. Die Versuche werden am besten folgendermaßen angestellt: Ein
Hund wird in Rückenlage auf dem Operationsbrette befestigt und vorsichtig
mit Ätherchloroform narkotisiert. Beide Sternomastoidei werden am Sternum
doppelt unterbunden und durchschnitten, und ihre unteren Stümpfe werden
stark brustwärts gezogen. Nun trennt man unter sorgfältiger Unterbindung
der über der Trachea verlaufenden Venen
die beiden Sternothyreoidei in der Mittellinie voneinander, bis der vorderste Teil der
Trachealwand von dem peritrachealen Fett-
und Bindegewebe umhüllt vom Kehlkopf bis
zur Brustapertur freiliegt. Das umhüllende
Gewebe wird an der Brustapertur in geringer
Längsausdehnung stumpf von der Trachea
abpräpariert, wobei vor allem darauf zu achten
ist, daß die N. recurrentes nicht beschädigt
werden, die nun ganz freiliegende Trachea
wird möglichst tief unten eröffnet. Nun

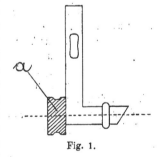

Fig. 1.

wird eine Trachealkanüle von der nebenstehend skizzierten Form (Fig. 1) derart
fest eingebunden, daß der mit einer flachen Rinne versehene Obturator (a)

26*

den Halsteil der Luftröhre brustwärts luftdicht verschließt. Es ist zweckmäßig, zwei solche Kanülen von verschiedenem Durchmesser des Obturators
(etwa 15 und 10 mm) vorrätig zu halten. Sodann wird die Trachea an
ihrem obersten Ende knapp unter dem Kehlkopfe freigelegt und am besten
mit glühendem Messer oder Galvanokauter zwischen erstem und zweitem
Knorpel eröffnet. In die Öffnung wird ein zylindrischer Korkstöpsel von
geeignetem Durchmesser, welcher in seiner Bohrung ein entsprechend ge-
bogenes Glasrohr trägt, derart eingebunden, daß das Innere des sonst luftdicht verschlossenen Halsteiles der Trachea bloß durch das Glasrohr mit
der Außenluft kommuniziert. Dabei bleibt die Trachea vollkommen in situ,
ist nur an einem schmalen Teile der vorderen Circumferenz entblößt und
wird ganz normal von Blut durchströmt und inneviert. Das Glasrohr
wird nun durch einen kurzen Schlauch mit einem registrierenden Apparate
verbunden, welcher die Ausschläge seines Hebels auf der berußten rotieren-
den Trommel verzeichnet.

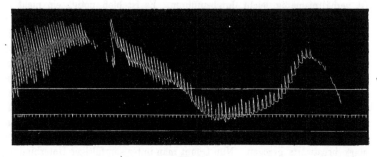

Fig. 2.

Sobald das Tier aus der Narkose erwacht, pflegt es zunächst sehr un-
ruhig zu werden. Die Atembewegungen sind sehr tief und unregelmäßig.
Anfallsweise macht das Tier heftige Versuche sich zu befreien, und Kontraktionen der ganzen Körpermuskulatur begleiten die einzelnen Atemzüge.
Ein solches Tier heult oder kläfft sehr stark, wenn es keine Trachealkanüle
hat. Verbindet man in diesem Stadium das Glasrohr mit einer Mareyschen Trommel, so macht der Hebel derselben ungemein große Exkursionen
synchron mit den einzelnen Atemzügen. Die Ursache derselben, die Volumveränderung des abgeschlossenen Trachealabschnittes kommt durch das
Zusammenwirken einer ganzen Reihe von nicht rein übersehbaren Umständen (Zerrung der Trachea durch das inspiratorische Herabsteigen derselben und durch heftige Kehlkopfbewegungen, Druck der oberflächlichen
Halsmuskulatur usw.) zustande (Fig. 2). Dabei entspricht jedes Ansteigen

der Kurve einer Exspiration, jedes Absinken derselben einer Inspiration. Es wird also bei heftiger Atmung das Volumen der Trachea in so angeordneten Versuchen inspiratorisch vergrößert und exspiratorisch verkleinert. Natürlich ist der normalen Atmung gegenüber der große Unterschied vorhanden, daß die Trachea hier vor jeder Wirkung einer Druckänderung in ihrem Inneren bewahrt ist. In dem Maße, als sich das Tier beruhigt, werden die Exkursionen des Hebels geringer und bei vollkommener Ruhe oder Narkose des Tieres prägen sie sich nur als verhältnismäßig kleine Zacken aus. Indessen vollziehen sich diese Schwankungen nicht an einem gleichbleibenden Volumen der Trachea, sondern dieses ändert sich fortwährend in langsamem Rhythmus (Fig. 2).[1] Diese umfangreichen, sehr langsam verlaufenden Volumschwankungen sind durch „spontane" ausgiebige Kontraktionen der glatten Muskulatur der Trachea verursacht. Es entspricht jedem Ansteigen der Kurvenlinie eine Kontraktion, jedem Abfalle derselben eine Erschlaffung der Muskulatur. Diese rhythmische Tätigkeit tritt stets bei Unruhe des Tieres auf, überdauert meist die Atemunruhe beträchtlich und verschwindet endlich vollkommen für längere Zeit, um gelegentlich wieder zu erscheinen. An späterer Stelle dieser Untersuchung werden aus der zeitlichen Koincidenz dieser Schwankungen mit anderen Erscheinungen am Tiere besondere Schlüsse bezüglich der Funktion der Trachealmuskulatur gezogen werden.

Stellt man viele Versuche der beschriebenen Art an, so verlaufen nur wenige derart, daß das Versuchstier sich für genügend lange Zeit so vollkommen beruhigt, daß feinere Versuche an der Trachea desselben angestellt werden können. Deshalb ist es von Vorteil, die Versuchstiere vorsichtig zu kurarinisieren. Es wird also intravenös eine solche Dosis Curarin injiziert, daß die spontane Atmung verschwindet, und sogleich künstliche Atmung eingeleitet. Bei manchen Versuchstieren finden sich nun in der vom Schreibhebel der Mareyschen Trommel gezogenen Kurvenlinie ganz feine Zacken synchron mit den einzelnen Phasen der künstlichen Atmung, meistens aber sind gar keine mit dieser zusammenhängende Bewegungen des Schreibhebels zu beobachten. Die Kurve verläuft vollkommen geradlinig, die Trachealmuskulatur ist in Ruhe. Aus derartigen Versuchen geht mit Sicherheit hervor, daß die Trachealmuskulatur nicht etwa bei einem jeden Atemzuge in Tätigkeit tritt, sondern daß letztere von dem Rhythmus der einzelnen Respirationen ganz unabhängig verläuft. Es finden sich nämlich auch am

---

[1] Sämtliche Kurven sind von links nach rechts zu lesen. Die Zeitmarken bedeuten ganze Sekunden. Die Ordinatenwerte der verschiedenen Kurven sind nicht ohne weiteres miteinander vergleichbar, da die Empfindlichkeit des Schreibhebels während der Versuche gelegentlich geändert wurde, und da bei verschiedenen Versuchstieren verschieden große Trachealstücke zur Untersuchung dienten.

kurarinisierten Tiere sehr häufig, unter später noch zu erörternden Umständen regelmäßig, die schon oben beschriebenen mächtigen, langsam verlaufenden Kontraktionen gleichsam anfallsweise auftretend, ohne daß an der Kurve kleine, im Rhythmus der Atembewegungen erscheinende Zacken zu konstatieren wären.

An so hergerichteten Versuchstieren ist die Trachealmuskulatur sehr leicht direkt reizbar.

Zu diesem Zwecke werden feine gut isolierte Drähte, an deren Enden ganz feine Nadeln angelötet sind, unter die Trachea geschoben, und die Nadeln am oberen und unteren Ende des Rohres in die Pars membranacea eingestochen. Schickt man nun durch die Leitung tetanisierende Ströme eines Induktoriums, so kontrahiert sich die Trachealmuskulatur sehr prompt. Das Volumen des Rohres wird verkleinert, der Schreibhebel bewegt sich nach oben und verzeichnet eine Kurve, aus welcher sich mehrere den Verlauf der Muskelkontraktion betreffende Punkte erschließen lassen (Fig. 3).

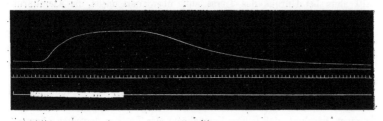

Fig. 3.

Die Latenzzeit solcher Muskelaktionen beträgt 3 bis 4 Sekunden. Die Höhe der Kurve, also die Stärke der Kontraktion ist von der Reizstärke wesentlich abhängig. Die Erschlaffung vollzieht sich stets viel langsamer und die Muskulatur pflegt für einige Zeit schlaffer zu werden als vor der Kontraktion. Die Ermüdung macht sich vor allem durch Abnahme der Kontraktionsgröße, und wie es scheint, auch durch Zunahme des Latenzstadiums[1] geltend. Die direkte Reizbarkeit der glatten Trachealmuskulatur hält nicht lange Zeit nach dem Tode des Versuchstieres an. Läßt man das Tier verbluten und schneidet rasch die Trachea mit den Kanülen aus dem Tiere heraus, so läßt sich die Muskulatur, durch wiederholte Reizung, sehr bald erschöpfen. Auf Taf. VIII ist der Erfolg mehrerer derartiger Reizungen in den Figg. 1 bis 4 dargestellt. Die Kontraktionsgröße nimmt bedeutend ab,

---

[1] Als Latenzstadium wird hier jene Zeit bezeichnet, welche vom Beginne der Reizung bis zum wahrnehmbaren Erfolge verfließt. Wegen der hier eigentümlichen, von der Art der zur Reizung verwendeten Ströme abhängigen Fehler ist die Bestimmung desselben nur eine annähernd genaue.

die Erschlaffung der Muskulatur nach der Kontraktion wird immer stärker und das Latenzstadium immer größer. Schon daraus geht. hervor, daß die aus dem Körper entfernte Trachea ein zur Untersuchung ihrer Muskulatur sehr ungeeignetes Objekt ist, und damit läßt sich auch erklären, daß manchen Forschern in früherer Zeit die Reizung der Trachealmuskulatur namentlich vom Nerven aus nicht gelingen wollte.

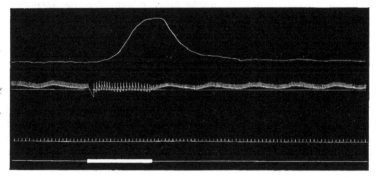

Fig. 4.

Die motorische Innervation der glatten Muskulatur der Trachea besorgt der Vagus. Reizung seines peripheren Stumpfes am Halse bewirkt vollkommene Kontraktion der Muskeln. Dabei schwankt die Latenzzeit gewöhnlich zwischen 2 und 3 Sekunden (Fig. 4). Nach Aufhören der

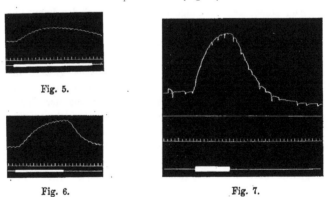

Fig. 5.

Fig. 6.   Fig. 7.

Reizung kehrt die Muskulatur, nachdem ihre Kontraktion den Reiz erheblich überdauert hat, rasch wieder in ihren ursprünglichen Zustand zurück. Die Kontraktionsgröße und, wie es scheint, meistens auch die Latenzzeit

sind mit der Stärke des Reizes veränderlich (Figg. 5 u. 6). Erstere nimmt mit
Zunahme der Reizstärke zu, letztere ab. Die Wirksamkeit der peripherischen
Vagusreizung erlischt nach beiderseitiger Durchschneidung des Recurrens.
Die Reizung des peripheren Recurrensstumpfes verursacht eine sehr starke
Kontraktion der Trachealmuskulatur (Fig. 7). Die hierüber mitgeteilte Kurve
ist deshalb besonders interessant, weil sie eine Reihe von nach unten gerichteten Kurvenzacken zeigt, welche daher rühren, daß das Versuchstier
nicht genügend kurarisiert war. Sie entsprechen leichten Kontraktionen
der Halsmuskulatur und zeigen eine geringe gleichzeitige Volumzunahme
der Trachea an. In besonderen hierauf gerichteten Versuchen zeigt sich
stets durch Änderung in der Stellung der die Trachea umgebenden Organe
eine Vergrößerung des Trachealvolumens, welche beweist, daß die durch
Dehnung bewirkte Verlängerung des Rohres über seine durch Druck von
außen sicher auch bewirkte Verengerung fast immer überwiegt. Die sorg-
same Prüfung anderer Vagusäste, sowie anderer hier etwa in Betracht
kommender Nerven ergibt keine positiven Befunde bezüglich ihrer Wirksamkeit auf die Trachealmuskulatur. Wie zu erwarten war, blieb die periphere Reizung des Laryngeus superior völlig wirkungslos, aber auch der
von Espezel[1] und mir[2] genauer beschriebene N. oesophageus (N. pharyng.
vag. inf., Ellenberger u. Baum) hat gar keine motorische Beziehung zu
der glatten Muskulatur der Luftröhre. Auch die Reizung des Sympathicus
am Halse, des Gangl. cervicale supremum, sowie des Gangl. stellatum und
der ansa Vieussenii ist ohne jede Wirkung. Die motorische Innervation
besorgt ausschließlich der Recurrens.

Nun erhebt sich die Frage nach einem durch den Vagus unterhaltenen
Tonus der Trachealmuskulatur. Hier ist zunächst auf eine wichtige histologische Tatsache hinzuweisen. In den Verlauf der Nerven der Trachea
sind hauptsächlich in dem außerhalb der Muskulatur gelegenen Bindegewebe,
zum Teil auch innerhalb der Muskeln zahlreiche größere und kleinere
Ganglienknoten eingeschaltet.[3] Mit der Kenntnis dieser ausgerüstet kann
man erwarten, daß auf den Nachweis eines Tonus der Trachealmuskeln
gerichtete Versuche Erscheinungen fördern werden, welche auf eine besondere
Tätigkeit solcher Organe hinweisen. Das ist auch tatsächlich der Fall. Der
Kontraktionszustand der Muskulatur und mit ihm die Lage der Abszisse
des Schreibhebels ändert sich häufig recht plötzlich, nachdem er lange Zeit
der gleiche war. Aus Ursachen, welche meistens nicht erkannt werden

---

[1] F. Espezel, Contribution à l'étude de l'innervation de l'oesophage. *Journ. de
Physiol. et de Pathol. générale.* 1901. T. III.

[2] R. H. Kahn, Studien über den Schluckreflex. II. *Dies Archiv.* 1906. Physiol.
Abtlg. S. 355.

[3] Die Literaturzusammenstellung darüber findet sich bei Oppel (ob. zit.) S. 549 u. f.

können, zeigt die Abszisse unserer Kurven gelegentlich einen plötzlichen
Abfall oder Anstieg, um sodann für längere Zeit, oft für die ganze weitere
Versuchsdauer in gleicher Lage zu verharren. Es wechselt also der Kontraktionszustand der Muskulatur während eines Versuches. Ich glaube
bemerkt zu haben, daß zu Anfang eines solchen, wahrscheinlich durch
die ziemlich lange dauernde Präparation verursacht, die Muskulatur
in längere Zeit anhaltender Kontraktion sich befindet, welche nach
einiger Zeit zurückgeht. Niemals ist aber die Muskulatur in völliger Erschlaffung. Durchschneidet man nun rasch einen der beiden Halsvagi, so
zeigt ein jäher Abfall der Kurvenlinie ein plötzliches Nachlassen des Kontraktionszustandes der Mukeln an, welches um so stärker ist, je stärker die
tonische Kontraktion derselben ausgesprochen war. (Fig. 8 bei *). Indessen

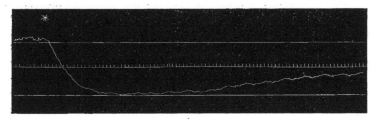

Fig. 8.

dauert diese Erschlaffung nur kurze Zeit, etwa 10 bis 20 Sekunden, um
langsam wieder in verstärkte Kontraktion überzugehen. Dabei wird oft
jene Kontraktionsstärke wieder erreicht, welche vor der Nervendurchschneidung vorhanden war. Durchschneidet man nun auch noch den
zweiten Vagus (Fig. 9 bei *), dann sinkt die Kurvenlinie infolge neuerlicher
Erschlaffung abermals jäh ab. Nach kurzer
Zeit jedoch stellt sich der frühere Tonus der
Muskulatur wieder her, ohne jedoch das
frühere Maß wieder zu erreichen. Nach der
beiderseitigen Vagusdurchschneidung bleibt
stets ein weiteres Auftreten von spontanen
rhythmischen Kontraktionsänderungen aus.
Endlich sei darauf hingewiesen, daß die angeführte Tatsache des Vorhandenseins eines
Tonus der Trachealmuskulatur wohl zu

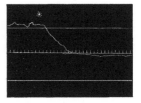

Fig. 9.

unterscheiden ist von einer maximalen Kontraktion derselben. Denn während
eines gut ausgesprochenen tonischen Kontraktionszustandes vermag die
Muskulatur sich infolge der peripheren Vagusreizung oder infolge direkter
Reizung um Vieles mehr zu verkürzen, als sie bereits vom Zustande völliger

Erschlaffung entfernt ist. Die eben erörterten Tasachen lassen es zunächst
wahrscheinlich erscheinen, daß ein wenn auch geringer Tonus der Trachealmuskulatur fortwährend von den an der Hinterwand der Trachea gelegenen
Ganglien selbst unterhalten werden kann. Diese Ganglien sind durch Reize,
welche ihnen fortwährend im Wege der Vagi (Recurrens) zufließen, in erhöhter Erregung und unterhalten auf diese Weise zeitweilig einen erhöhten
tonischen Kontraktionszustand der Muskulatur, zeitweilig ein rhythmisches
Wechseln desselben. Nach Wegfall der vom Vagus kommenden Einflüsse
sinkt ihr Erregungszustand schnell ab, um nach kurzer Zeit ein geringes
Maß wieder zu erreichen. Um eine völlige Erschlaffung der Trachealmuskulatur zu erreichen, ist es nötig, die Trachea aus dem Körper zu
entfernen, worauf die Muskulatur sehr bald völlig erschlafft.

Um festzustellen, welches die Wirkung der maximalen Kontraktion
der Muskulatur auf die Trachea sei, ist die Messung des Durchmessers der
Trachea nach dem Vorgange von Nicaise[1] nicht zu brauchen. Denn
einerseits ist eine Messung deshalb untunlich, weil die Trachea zu diesem
Zwecke ausgiebig entblößt und. aus ihrer normalen Lage gebracht werden
müßte, was im Interesse des Versuches zu vermeiden ist. Andererseits
aber ist der Querschnitt des Rohres nicht kreisförmig, sondern eine unregelmäßig geformte Ellipse. Es wurde also zur Ermittlung der genaueren
hierher gehörigen Verhältnisse folgender Weg eingeschlagen. Das Innere
der wie oben hergerichteten Trachea wurde durch die Glaskanüle mit einem
kleinen Volumschreiber, welcher nach Art der Gadschen Atemvolumschreiber
konstruiert war, in Verbindung gesetzt. Auf diese Weise konnte die Volums-
verminderung des Inhaltes des Trachealrohres bei .übermaximaler Vagusreizung, direkter Reizung und seitlicher Kompression der Knorpel graphisch
dargestellt werden.

   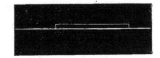

Fig. 10.   Fig. 11.

Die in den Figg. 10 und 11 mitgeteilten Kurven veranschaulichen
einen in der beschriebenen Weise angestellten Versuch. Bei sehr starker
elektrischer Reizung des peripheren Vagusstumpfes verzeichnete der Schreibhebel des Volumschreibers ein aus der Trachea verdrängtes Luftvolumen,
welches bei nachheriger Graduierung des Apparates mit $2 \cdot 1$ ccm bestimmt
wurde. Derselbe Wert wurde erhalten bei direkter Reizung der Muskulatur,

---

[1] A. a. O.

sowie nach dem Tode des Tieres an der herausgeschnittenen Trachea bei seitlicher starker Kompression derselben. Bei letzterer schoben sich die freien Enden der Knorpelringe mit ihren Rändern übereinander, woraus hervorgeht, daß durch starke Reizung auch nur eines Vagus eihe maximale Kontraktion der Trachealmuskeln bewirkt werden kann. Nun wurde die Trachea mit Wasser gefüllt und das Volumen desselben gemessen. Es betrug 8·3 ccm. Bei Zugrundelegung der Länge des zum Versuche benutzten Trachealstückes von 44 mm ergibt sich für den Fall, daß dasselbe zylindrisch mit kreisförmigem Querschnitt angenommen würde (was tatsächlich nicht der Fall ist), ein Durchmesser von 1·56 cm. Das Volumen desselben Trachealstückes betrug während der maximalen Kontraktion seiner Muskulatur 6·2 ccm. Das entspricht wiederum unter den oben angeführten Voraussetzungen einem Durchmesser von 1·35 cm. Aus solchen Werten ist ersichtlich, daß die Verengerung der Trachea auch durch maximale Kontraktion ihrer Muskulatur eine recht unbeträchtliche ist, ein Umstand, der für die Wahrscheinlichkeit der später zu erörternden Annahme sehr in Betracht kommt, daß die Verengung als solche nichts mit der physiologischen Funktion der Trachealmuskulatur zu tun hat.

An dieser Stelle scheint es gelegen, auf den Mechanismus der Verengerung und Erweiterung der Trachea durch Muskelkontraktion mit wenigen Worten einzugehen. Durch den Zug der sich kontrahierenden Muskeln werden die Trachealknorpel auf Biegungselastizität in Anspruch genommen. Die dabei wachgerufenen elastischen Kräfte sind es, welche wieder eine Erweiterung des Rohres in dem Maße, als die Muskulatur erschlafft, bewirken. Die hier in Betracht kommenden Verhältnisse sind von Horvath[1] in seiner ausführlichen, gerade in diesem Punkte ausgezeichneten Untersuchung gekennzeichnet worden. Daselbst erscheint bereits ausgeführt, daß die Trachealringe „eine Neigung haben, sich nach außen zu öffnen, und daß das Auseinandergehen sofort eintritt, wenn die membranösen Bänder zerschnitten werden." Weiter findet sich schon hier die interessante Beobachtung verzeichnet, daß nach Durchschneidung der völlig todesschlaffen Pars membranacea ein weiteres Auseinanderweichen der Knorpelenden statthat. Aus dieser leicht zu bestätigenden Tatsache geht hervor, daß die Knorpelspangen bereits durch Wachstums- und Entwicklungsvorgänge in einen Zustand gebracht werden, in welchem sie zur Ausübung einer wichtigen und interessanten Funktion besonders befähigt erscheinen. Es ist also die Verengung der Trachea eine aktive, die Erweiterung eine passive, die erstere wird durch Muskaktion, die letztere durch elastische Kräfte bewirkt.

---

[1] A. a. O.

Verbindet man das Innere der abgeschlossenen Trachea mit einem
Hg-Manometer, so läßt sich zunächst der Druck bestimmen, mit welchem
die Muskulatur des betreffenden Trachealstückes, indem sie seine Quer-
schnittsform bei ihrer Kontraktion verändert, Luft aus demselben auszutreiben
imstande ist. Dieser Druck, welcher an Höhe bei verschiedenen Versuchstieren verschieden ist, beträgt im Mittel 15 mm Hg (Taf. VIII, Fig. 8). Setzt
man nun, indem man ein T-Rohr in die zum Manometer führende Schlauch-
leitung einschaltet, das Innere der Trachea unter erhöhten Druck, so nimmt
allmählich die durch Muskelkontraktion zu bewirkende Druckerhöhung ab,
um bei 40 bis 50 mm Trachealdruck auf 0 abzusinken. (Taf. VIII, Figg. 9
und 10.) Während solcher Versuche sind die mechanischen Verhältnisse
der Trachealwand folgende. Wirkt die Trachealmuskulatur auf das Hg-
Manometer, ohne daß vorher ein Überdruck in der Trachea hergestellt
worden wäre, so ist sie bei genügender Reizstärke völlig kontrahiert, die
Knorpelenden sind übereinander geschoben und die Trachealdurchmesser
sind verkleinert. Dabei besteht in dem Rohrinnern ein am Manometer
abzulesender Druck von etwa 15 mm Hg. Wird die Trachea unter erhöhten
Binnendruck gesetzt, beispielsweise 50 mm Hg, ohne daß ihre Muskulatur
sich in Aktion befindet, so werden durch den auf der Innenwand lastenden
Druck die Knorpelenden voneinander entfernt, die Rohrdurchmesser vergrößert und die Pars membranacea gespannt. Kontrahiert sich nun die
Muskulatur in derselben, so arbeitet sie unter rein isometrischen Bedingungen und wirkt auf vermehrte Spannung der Pars membranacea und
auf Änderung der Elastizitätsverhältnisse derselben. Die Elastizität wird
größer, die Dehnbarkeit kleiner und die Steifheit der Wand wächst. Von
diesen Verhältnissen wird später bei Besprechung der wahrscheinlichen
Funktion der Trachealmuskulatur noch die Rede sein.

Bei der physiologischen Untersuchung der glatten Muskulatur der einzelnen Organe pflegt gewöhnlich auch auf das Verhalten derselben gegen
die bekannten Muskelgifte Rücksicht genommen zu werden. Ich unterlasse
es, hierauf einzugehen, einerseits, um den Umfang der vorliegenden Untersuchung nicht ungebührlich anschwellen zu lassen, andererseits, weil die Mitteilung hierher gehöriger Tatsachen hauptsächlich pharmakologisches Interesse hat. Nur bezüglich eines besonderen Punktes möchte ich interessante
Beobachtungen mitteilen. Bei allen Forschern, welche sich experimentell
mit den eigentümlichen Wirkungen des Adrenalins, jenes für die Para-
ganglien so charakteristischen Körpers, befassen, befestigt sich die Anschauung immer mehr, daß die intensive kontraktionsanregende Wirkung
dieser Substanz auf die glatte Muskulatur sich nur auf jene Muskeln erstreckt, welche vom Sympathicus innerviert sind. Auf alle anderen glatten
Muskeln wirkt das Adrenalin gar nicht oder erschlaffend. Für die unserer

Muskulatur sicher nahe verwandte glatte Muskulatur der Bronchien sind von Dixon und Brodie[1] den letzten, welche sich genauer mit dem Gegenstande befaßt haben, nur wenig präzise Angaben über die Adrenalinwirkung gemacht worden. „Suparenal extract produces very little effect on the bronchi, small doses generally giving rise to neither constriction nor dilatation. With large injections, however, constriction of a temporary character has in a small percentage of cases been observed. It is possible that in this care the free movements of the air are interfered with by the great vascular engagement which is present." Die intravenöse Injektion einer entsprechenden Dosis Adrenalins (wässerige Lösung der reinen Substanz oder Extrakt von Nebennierentabletten) wirkt anf die glatte Muskulatur der Trachea nicht kontraktionsanregend. Vielmehr erschlafft dieselbe während der Wirksamkeit des Giftes im Körper erheblich. (Fig. 12.)

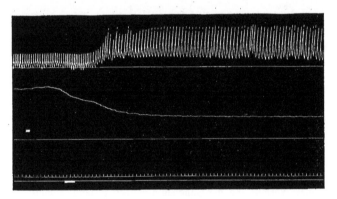

Fig. 12.

Die Erschlaffung setzt etwa zu gleicher Zeit mit der Blutdrucksteigerung ein (aus Fig. 12 nicht ersichtlich, weil die Schreibhebel nicht genau übereinander standen) und überdauert dieselbe beträchtlich, ja sie ist gelegentlich für längere Zeit herabgesetzt. Dabei ist dieselbe um so stärker, je stärker der oben beschriebene tonische Zustand der Muskulatur zur Zeit der Injektion ausgebildet ist. Die Durchschneidung beider Vagi hebt diese Wirkung auf die Trachealmuskulatur nicht auf. Entsprechend des, wie oben ausgeführt wurde, nun geringeren Tonus der Mukeln ist sie geringer, aber stets deutlich zu beobachten. (Fig. 13.)

---

[1] W. E. Dixon and T. G. Brodie, Contributions to the physiology of the lungs. I. *Journ. of Physiol.* 1903. Vol. XXIX. p. 97.

Es ist oben auseinandergesetzt worden, aus welchen Gründen es wahrscheinlich ist, daß der stets vorhandene Tonus der Trachealmuskulatur seine
Ursache mit in der Tätigkeit der an der Trachealwand liegenden Ganglien
hat. Da die Erschlaffung der Muskulatur nach Adrenalingaben auch nach

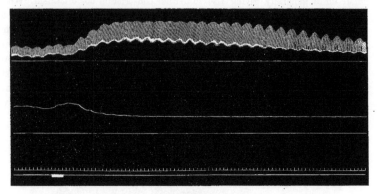

Fig. 13.

der Durchschneidung der Vagi bestehen bleibt, da die Adrenalinwirkung
mit dem durch die Ganglien unterhaltenen Tonus der Muskeln wächst,
und da eine direkte erschlaffende Wirkung des Adrenalins auf die Muskelfasern oder die letzten Nervenenden an denselben sehr unwahrscheinlich ist,
wird man zu der Annahme geführt, daß sich die erschlaffende Wirkung
des Giftes auf die der Muskulatur zugehörigen Ganglien erstreckt. Es ist
ja zu vermuten, daß die hemmende Wirkung des Adrenalins z. B. auf den
Darm durch Vermittlung der Ganglien desselben zustande kommt. Indessen
scheint in der Trachealmuskulatur ein leicht zugängliches Versuchsobjekt
hierfür vorhanden zu sein, welches eine bessere Übersicht der Versuchsbedingungen bietet als andere Organe.

3. Die Erregbarkeit der Trachealmuskulatur durch Erstickung und im Wege des Reflexes.

Setzt man bei einem in der beschriebenen Weise hergerichteten Versuchstiere die künstliche Atmung aus (Fig. 14 bei *), so beginnt nach ca. 15
bis 20 Sekunden ein langsamer aber ausgiebiger Anstieg des Schreibhebels
der Mareyschen Trommel. Die Muskulatur der Trachea kontrahiert sich
stark, und die Kontraktion überdauert erheblich das Stadium der Erstickung.
Mit der erneuten Atmung stellt sich der frühere Zustand nicht nur wieder
her, sondern die Muskulatur ist längere Zeit etwas schlaffer als vorher.

Stellt man den Versuch am nicht kurarisierten Tiere an (wozu man, wie oben erwähnt, nur selten Gelegenheit hat), indem man es verbluten läßt, so ist zu erkennen, daß diese Muskelkontraktionen zeitlich mit den Konvulsionen zusammenfallen, welche bei einem so behandelten Tiere dem Verblutungstode vorangehen. Indessen folgt hier auf die beschriebene Erscheinung eine zweite ungemein starke und länger dauernde Kontraktion, welche bei der Erstickung fehlt und für die Verblutung charakteristisch zu sein scheint. (Taf. VIII, Fig. 6.) Ich weiß nicht zu erklären, aus welchem Grunde sie gerade hier auftritt. Diese zweite Kontraktion fällt in die Zeit der völligen Verblutung und geht dem Tode unmittelbar voran.

Die beiderseitige Durchschneidung des Halsvagus genügt nicht, um die Muskelkontraktion während der Erstickung völlig zu unterdrücken. Es tritt immer noch eine, wenn auch viel geringere Kontraktion auf. Diese

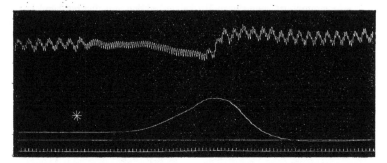

Fig. 14.

hat einen sehr langsamen Verlauf, ist aber recht konstant und endet mit dem Tode des Tieres. (Taf. VIII, Fig. 5.) Auf Grund solcher Versuche muß angenommen werden, daß die Kontraktion der Trachealmuskulatur während der Erstickung der Hauptsache nach eine zentral ausgelöste Erscheinung ist. Sie wird auf dem Wege hervorgerufen, daß Erregungen, welche im Zentralorgan durch das dyspnoische Blut gesetzt werden, im Wege der Vagi eine Muskelerregung in der Trachea auslösen. Indessen kann den Ganglien an der Hinterwand des Rohres oder der Muskulatur selbst eine gewisse Erregbarkeit durch das dyspnoische Blut nicht abgesprochen werden, da eine deutliche Wirkung auch dann zu konstatieren ist, wenn die Verbindung mit den Zentren abgeschnitten wurde.

Die Trachealmuskulatur ist von einer Reihe von sensiblen Nerven aus reflektorisch erregbar. Was zunächst den Trigeminus anlangt, so scheint mechanische Reizung der Nasenschleimhaut und der Cornea wirkungslos zu sein.

Die Instillation eines Tropfens Ammoniak in die Nase aber ruft eine ganz
charakteristische Kontraktion der Trachealmuskulatur hervor. Sie vollzieht sich
langsam, erreicht eine bedeutende Größe und dauert sehr lange Zeit (Fig. 15).

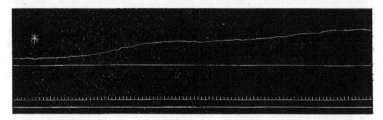

Fig. 15.

Sehr prompt ist eine starke Muskelkontraktion mit überraschend kurzer
Latenzzeit durch mechanische Reizung der Kehlkopfschleimhaut zu erzielen

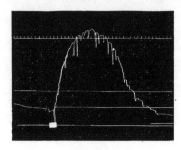 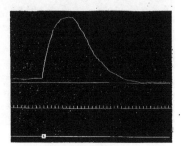

Fig. 16.   Fig. 17.

(Fig. 16). Dementsprechend sind reflektorische Kontraktionen durch Reizung
des zentralen Stumpfes des Laryngeus superior leicht hervorzurufen (Fig. 17).

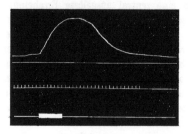 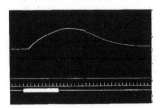

Fig. 18.   Fig. 19.

Die Auslösbarkeit der reflektorischen Muskelkontraktion von der Trachealschleimhaut selbst konnte nicht geprüft werden. Jedoch deutet der sichere

Erfolg der Reizung des zentralen Halsvagusstumpfes (Fig. 18) und des zentralen Stumpfes des Recurrens (Fig. 19) auf die Wahrscheinlichkeit der Annahme einer solchen hin.

Von weit größerem Interesse ist der Ausfall der Reizung des zentralen Vagusstumpfes unterhalb des Abganges des Recurrens. Diese ergibt nämlich konstant eine beträchtliche Kontraktion der Trachealmuskulatur (Fig. 20). Aus später zu beschreibenden Versuchen geht hervor, daß es sich hier um die Erregung von Fasern handeln dürfte, welche von der Lunge herstammen und einer besonderen Funktion der Trachealmuskulatur vorzustehen haben. Endlich sei erwähnt, daß die zentrale Reizung des Ischiadicus, des Femoralis und auch anderer sensibler Hautnerven gelegentlich imstande ist, heftige Kontraktionen der Trachealmuskulatur hervorzurufen.

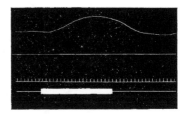

Fig. 20.

4. Die Funktion der Trachealmuskulatur.

Im folgenden werden nun zunächst besondere Versuche beschrieben werden, auf deren Grund eine Funktion der Trachealmuskulatur besonderer Art angenommen werden kann.

a) Rindenzentren.

Entblößt man bei einem Versuchstiere, dessen Trachea in der beschriebenen Weise mit der Mareyschen Trommel verbunden ist, das Großhirn, so lassen sich bestimmte Stellen auf der Hirnrinde auffinden, deren elektrische Reizung eine Kontraktion, andere, deren Erregung eine Erschlaffung der Trachealmuskulatur zur Folge hat. Solche Versuche werden am besten derartig angestellt, daß man zuerst die Trachea präpariert, sodann das Tier auf dem Operationsbrette umdreht, die Oberfläche des Großhirnes freilegt und endlich das Tier kurarisiert. Nun muß abgewartet werden, bis sich die oben beschriebenen Schwankungen des Kontraktionszustandes der Trachealmuskulatur beruhigt haben. Das pflegt gerade hier lange Zeit zu dauern. Denn die Freilegung der Großhirnoberfläche hat, wahrscheinlich im Zusammenhange mit der dabei nicht zu vermeidenden Reizung der Hirnrinde heftige und lange Zeit andauernde rhythmische Aktionen der Muskulatur zur Folge. Das Abwarten des Verschwindens derselben geht nun aber wiederum mit einer Verminderung der Erregbarkeit

der entblößten Rindenteile einher, so daß sich diese Versuche sehr mühsam
gestalten und vielfach mißlingen.   Dazu kommt weiter, daß eine Reizung
jener Stellen der Großhirnrinde, welche eine Aktion der Trachealmuskulatur

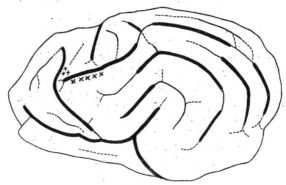

Fig. 21.

hervorrufen, im weiteren Verlaufe wieder meistens längere Serien spontaner
Kontraktionen zur Folge haben, deren Beruhigung auch wieder abgewartet
werden muß. Die Stellen auf der Hirnrinde, deren Reizung eine Aktion
der Trachealmuskulatur hervorruft, sind folgende: In dem gegen das
Frontalhirn und nach unten gerichteten Winkel des Gyrus sigmoidens anterior,
welcher vom Sulc. supraorbitalis und Sulc. coronalis begrenzt wird, liegt
jener Bezirk, dessen Reizung eine Kontraktion des Trachealmuskulatur hervorruft. Dieser Bezirk ist in Fig. 21 durch 3 Kreuze (+) bezeichnet.[1] Die Stärke
dieser Kontraktion hängt unter sonst gleichen Umständen sichtlich von der

Fig. 22.

Größe des Tonus ab, in welchem sich die Muskulatnr zur Zeit der Reizung
befindet. In Fig. 22 ist sie gering, der Tonus der Muskeln ein starker,

---

[1] Dieses Schema der Großhirnoberfläche rührt von Langley (*Journ. of Physiol.*
1882. Vol. IV. p. 248) her und findet sich etwas verkleinert und auf die linke Hirn-
hälfte bezogen im Nagelschen *Handbuch der Physiologie.* IV. 1.

auf Taf. VIII, Fig. 7 ist die Wirkung sehr stark, die Muskeln waren zu dieser
Zeit sehr schlaff. Das Latenzstadium für die Kontraktion der glatten
Trachealmuskulatur nach Rindenreizung ist sehr verschieden lang. Es
schwankt von etwa 7 (Fig. 22) bis zu 50 Sekunden (Fig. 23). Die Erreg-

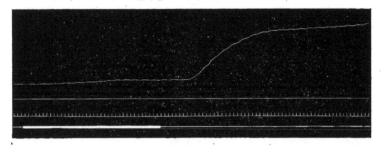

Fig. 23.

barkeit der betreffenden Stelle der Hirnrinde gestattet eine mehrmals wiederholte Reizung, sie nimmt aber bald ab, sichtlich rascher als erfahrungsgemäß die Erregbarkeit der entsprechenden Rindenbezirke für die quergestreifte Körpermuskulatur. Was nun jene Rindenpartie betrifft, deren
Reizung eine Erschlaffung der Trachealmuskulatur zur Folge hat, so besitzt
dieselbe eine etwas größere Ausdehnung als die eben erwähnte kontraktions-
auslösende.

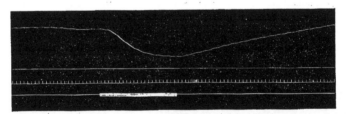

Fig. 24.

Der größte Teil des oberen Randes des Gyrus coronalis, namentlich
dessen vorderer Abschnitt (Fig. 21 × ×) verursacht, elektrisch gereizt, sehr
prompt bedeutende Erschlaffung der Trachealmuskulatur (Fig. 24; Taf. VIII,
Fig. 7). Die Latenzzeit für dieselbe ist stets sehr kurz, sie beträgt 2 bis
4 Sekunden. Während die Kontraktion der Muskulatur nach Rindenreizung
oft erst nach Aufhören des Reizes eintritt und öfters längere Zeit andauert,
beginnt die Erschlaffung stets unmittelbar nach dem Reizbeginne und macht
nach dem Aufhören des Reizes dem Übergange in den früheren Zustand

Platz. Nach beiderseitiger Vagusdurchschneidung ist durch Reizung der Großhirnrinde keinerlei Veränderung des Kontraktionszustandes der Trachealmuskulatur mehr zu erzielen. Endlich sei nochmals erwähnt, daß die Reizung der betreffenden Rindenpartien sehr leicht das Auftreten längere Zeit dauernder spontaner Schwankungen bewirkt, welche wohl als Ausdruck eines die Reizung lange überdauernden Erregungszustandes der Hirnrinde aufzufassen sind. Sie verschwinden sogleich nach doppelseitiger Vagusdurchschneidung.

b) Lungendehnung und Lungenkollaps.

Es ist oben mitgeteilt worden (Fig. 20), daß die Reizung des zentralen Stumpfes des Vagus unterhalb des Abganges des Rekurrens eine reflektorische Kontraktion der Trachealmuskulatur zur Folge hat. Ds liegt nahe, anzunehmen, daß eine sensible Reizung der Schleimhaut der Bronchien eine derartige Wirkung auf die Trachea reflektorisch zur Folge haben könnte. Eine solche ist natürlich in unseren Versuchen nicht direkt erweisbar, ebensowenig wie eine Reizung von der Trachealschleimhaut selbst, auf welche wir oben von der Wirksamkeit zentraler Rekurrensreizung ausgehend geschlossen haben. Indessen war es doch von großem Interesse, zu untersuchen, wie sich die Trachealmuskulatur bei Dehnung und Kollaps der Lunge verhalte, namentlich in Hinsicht auf die Vermutung einer besonderen Funktion dieser Muskulatur, von welcher gleich noch die Rede sein wird. Eine Reihe darauf gerichteter Versuche am kurarinisierten Tiere schlugen fehl. Endlich stellte es sich heraus, daß ein Erfolg nur dann zu erreichen war, wenn das Versuchstier gar nicht oder nur sehr schwach vergiftet war. Es hat den Anschein, daß schon durch die gewöhnlich angewandten Kurarindosen die Reflexzentren für diesen Reflex zu sehr geschädigt werden.

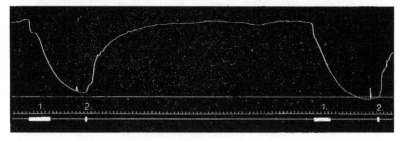

Fig. 25.

Richtet man ein Versuchstier ohne Narkose und ohne Kurarin in der beschriebenen Weise her, und unterbricht seine ruhige Atmung, indem man von der Trachealkanüle aus die Lungen desselben stark aufbläst, so erfolgt sofort mit ungemein kurzer Latenz eine Erschlaffung der Trachealmuskulatur. Dieselbe ist, falls sich die Muskulatur zur Zeit des Versuches in kräftigem Tonus befunden hatte, sehr stark. Sie hält an, so lange die Lungen aufgebläht sind und geht nach Beendigung der Lungendehnung wieder annähernd vollkommen zurück. Fig. 25 zeigt den Erfolg derartiger Versuche. Die Aufblasung der Lungen währte etwa 4 bis 5 Sekunden (1.), dann wurden dieselben durch Verschluß der Trachealkanüle etwa 9 bis 12 Sekunden gebläht erhalten, und dann wurde die Kanüle wieder geöffnet (2.) In weniger als einer Sekunde waren die Lungen wieder kollabiert. Die Erschlaffung der Trachealmuskulatur begann noch während des Aufblasens. erreichte ihren größten Stand lange nachher, und nach Beendigung der Lungendehnung kontrahierte sie sich rasch wieder.

Den entgegengesetzten Erfolg hat eine starke Aussaugung der Lungen, namentlich wenn die Muskulatur des Versuchstieres einen nur geringen Tonus zur Zeit des Versuches aufweist. In Fig. 26 sind zwei derartig an-

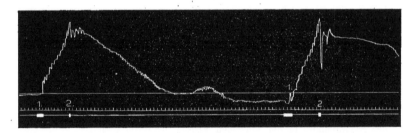

Fig. 26.

gestellte Versuche verzeichnet, bei welchen die Lungen von der Trachealkanüle aus stark ausgesaugt wurden (1.). Nachdem dieser Zustand einige Zeit durch Verschluß der Kanüle erhalten worden war, wurde der Luft der Eintritt in die Lungen wieder gestattet (2.). Der Erfolg besteht in starker Kontraktion der Trachealmuskulatur, welche wiederum das Aussaugen überdauert und nach Aufhören des abnormen Zustandes der Lungen wieder der Erschlaffung weicht.

In derartigen Versuchen zeigt sich stets, daß der Übergang der Trachealmuskulatur aus einem gewissen Zustande in einen anderen durch Kontraktion kürzere Zeit erfordert, als der umgekehrte Vorgang durch Erschlaffung (Figg. 25 u. 26).

c) Verwertung der beschriebenen Erscheinungen für die
physiologische Funktion.

Bei der Überlegung, welches wohl die physiologische Funktion der
glatten Muskulatur der Trachea sein könnte, drängt sich zunächst der
Gedanke an die Verengerung des Rohres, welche durch Kontraktion der
Muskulatur hervorgerufen wird, auf. Eine Verengerung der Trachea könnte
in geeigneten Momenten einen Schutz für die Respirationsorgane abgeben.
Man findet ja mehrfach im Verlaufe der Luftwege Mechanismen, welche,
meist reflektorisch in Tätigkeit versetzt, gewissermaßen Schutzvorrichtungen
darstellen, gegen das Eindringen von Fremdkörpern in die unteren Luftwege und gegen die Einatmung schädlicher Stoffe. Solchen Mechanismen
würde sich eine ausgiebige Verengerung der Trachea anreihen. Indessen
liegen die Verhältnisse für eine solche Annahme ungünstig. Weit entfernt
davon, völlig durch ihre Muskulatur verschlossen werden zu können, weist
die Trachea, wie oben auseinandergesetzt, nur eine sehr geringe Verengerung
bei maximaler Kontraktion ihrer Muskeln auf. Ja, die Verhältnisse liegen
hier noch insoferne ungünstiger, als der Querschnitt der Trachea nicht
kreisförmig ist, sondern annähernd ein Kreissegment mit kurzer Sehne
darstellt. Bei der Kontraktion der Trachea ändert diese nun nicht so sehr
ihre Durchmesser, als vielmehr ihre Form. Ihr Querschnitt nähert sich
nämlich der Kreisform. Dadurch wird die Trachea nicht weniger leicht
für etwaige Fremdkörper durchgängig als früher. Von einem Schutze
gegen die Einatmung schädlicher Gase kann natürlich keine Rede sein.

Eine zweite Möglichkeit einer physiologischen Funktion könnte darin
gesucht werden, daß die Trachealmuskulatur synchron mit den Muskeln
der Stimmbänder in den einzelnen Phasen der Respiration sich kontrahiert
und wieder erschlafft. Es könnten dadurch in bestimmten Atemphasen
wenn auch geringe Widerstandsänderungen im Atemrohre verursacht
werden. Abgesehen von der relativen Trägheit, mit welcher die Trachealmuskulatur ihre Aktionen ausführt, wird eine solche Annahme schon dadurch gegenstandslos, daß es nicht gelingt, im Versuche ein derartiges
rhythmisches Spiel der Trachealmuskulatur nachzuweisen.

Endlich könnte eine Funktion der glatten Muskeln der Trachea darin
gesucht werden, daß dieselben bei starken und heftigen Druckänderungen im
Inneren des Rohres zur Festigung und Versteifung des Rohres beitragen. Als
solche mit Druckerhöhungen verbundenen Vorgänge kämen in Betracht das
Husten[1], Singen und Schreien (Bellen, Heulen usw.), sowie die Bauchpresse.

---

[1] Ich finde bei Johannes Müller gelegentlich der Erwähnung. daß Zusammen-
ziehungen der Luftröhrenfasern auf Reizung von Krimer gesehen wurden, einen Hinweis auf eine Untersuchung dieses Autors: *Untersuchung über die nächste Ursache
des Hustens.* 1819. Diese Arbeit ist mir nicht zugänglich.

Es ist bereits oben, als von Versuchen die Rede war, in welchen das Trachealinnere mit einem Quecksilbermanometer in Verbindung gesetzt wurde, auseinandergesetzt worden, welcher Art die Vorgänge in der Pars membranacea sind, wenn die Trachealmuskulatur durch Druck von innen her überlastet ist. In einem solchen Falle kommt es natürlich zu gar keiner Verengerung des Rohres. Durch den erhöhten Druck im Inneren nähert sich der Querschnitt der Trachea der Kreisform, während durch die Kontraktion ihrer Muskulatur die Spannung, Festigkeit und Elastizität in dem Sinne verändert wird, daß einer Zerreißung oder übermäßigen Dehnung entgegengewirkt wird. Es ist nun nötig, jene im Experimente gewonnenen Resultate aufzuzählen, welche dafür sprechen, daß die Trachealmuskulatur gelegentlich solcher mit Druckerhöhung in der Trachea einhergehenden Vorgänge, welche besondere Formen der Atmung darstellen, in erhöhte Kontraktion verfällt.

Hier ist zunächst darauf zurückzukommen, daß die Reizung jener Schleimhäute (Kehlkopfinneres) und die zentrale Reizung jener Nerven (laryng. sup., recurrens), welche reflektorisch Husten anregen, auch die Trachealmuskulatur prompt reflektorisch zur Kontraktion bringen. Es lassen sich leider die Hustenstöße an der Trachea nicht gleichzeitig mit der Muskelkontraktion registrieren, auch ist es aus oben angeführten Gründen nicht möglich, am unkurarisierten und nicht narkotisierten Tiere den Husten direkt zu beobachten und gleichzeitig den Zustand der Tracheal-muskulatur festzustellen. Trotzdem scheint mir ein Zusammenhang zwischen beiden Erscheinungen sehr wahrscheinlich.

Wir haben weiter gesehen, daß plötzliche Entleerung der Lungen reflektorisch eine starke Kontraktion der Trachealmuskulatur zur Folge hat, während starke Füllung der Lunge das Gegenteil bewirkt. Wenn auch derartig erreichte Volumschwankungen der Lungen nicht ohne weiteres mit den bei Druckerhöhung in der Trachea einhergehenden, oben erwähnten Vorgängen identifiziert werden können, so zeigen solche Versuche doch, daß ein inniger Zusammenhang zwischen diesen Atemerscheinungen und dem Kontraktionszustande der Trachealmuskulatur bestehen dürfte, ja daß dieser letztere ebenfalls reflektorisch durch Zustandsänderungen der Lungen beeinflußt werden kann. Ob hier die Dehnung der Lungen oder die Druckerhöhung in den Atemwegen (bzw. das Gegenteil) oder beides als sensibler Reiz in Betracht kommt, läßt sich nicht entscheiden.

Auch die Befunde von Rindenzentren, besonders aber die Lage der-selben, lassen sich für unsere Anschauung ins Feld führen. Wir haben oben auseinandergesetzt, daß es gelingt, von bestimmten Stellen der Hirn-rinde aus Kontraktion und Erschlaffung der Trachealmuskeln zu erzielen. Diese Stellen nun liegen, namentlich gilt das für das Zentrum für die

Kontraktion, in jener Gegend, von welcher schon vor längerer Zeit Wirkungen auf die Respiration festgestellt worden sind.[1] Namentlich das letzterwähnte Zentrum fällt mit dem für die Stimmbandstellung von Krause[2] angegebenen nahezu zusammen.

Die angeführten Versuchsergebnisse sind gewiß geeignet, die in Rede stehende Anschauung zu stützen. Endlich sei als wichtiges Argument folgende Beobachtung angeführt. An Tieren, deren Blutdruck gleichzeitig mit dem Trachealvolumen registriert wird, läßt sich der Zustand des Tieres aus der Blutdruckkurve für den geübten Beobachter einigermaßen ersehen. Namentlich ist es bekannt, daß bei Hunden, während der periodisch wiederkehrenden Aufregungs- und Befreiungsversuche periodische Steigerungen des Blutdruckes mit solcher Regelmäßigkeit einhergehen, daß man am kurarisierten Tiere aus dem Auftreten solcher typischen Erscheinungen in der Blutdruckkurve konstatieren kann, daß das Tier zu gleicher Zeit

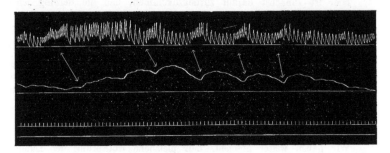

Fig. 27.

periodisch geheult und gestrampelt hätte, wenn es nicht kurarisiert gewesen wäre. Diese periodischen Blutdrucksteigerungen gehen nun regelmäßig mit synchron und in gleichem Rhythmus verlaufenden Kontraktionen der Trachealmuskulatur einher. Solche Kontraktionen sind oben öfters erwähnt und als „spontane" Kontraktionen bezeichnet worden. Sie sind nichts anderes, als der einzige am kurarisierten Tiere sichtbare Ausdruck für die periodischen mit Heulen und Schreien verbundenen Befreiungsversuche (Fig. 27). Aus der mitgeteilten Kurve ist deutlich zu ersehen, daß zu einer jeden der periodisch auftretenden Blutdrucksteigerungen eine Kontraktion der Trachealmuskulatur gehört. (Die zueinander gehörenden Stellen der beiden Kurvenlinien sind durch Pfeile bezeichnet.) In jenen Zeitabschnitten der ganzen

---

[1] Siehe die Literaturangaben in dem Aufsatze von A. Tschermak in Nagels *Handbuch der Physiologie.* IV. 1. S. 45.

[2] H. Krause. *Dies Archiv.* 1884. Physiol. Abtlg. S. 203.

Versuchsdauer, in welchen der Blutdruck auf gleicher Höhe verharrt, sind auch keine Schwankungen im Kontraktionszustande der Trachealmuskulatur erkennbar.

Aus den angeführten Gründen wird man also anzunehmen haben, daß die physiologische Funktion der glatten Muskulatur der Trachea darin besteht, bei starken Druckschwankungen im Inneren des Rohres der Pars membranacea jene physikalischen Eigenschaften zu verleihen, welche sie davor schützen, zerrissen oder übermäßig gedehnt zu werden.

Es erübrigt noch am Schlusse unserer Betrachtungen die in der vorstehenden Untersuchung gewonnenen Resultate zusammenzufassen. Sie bestehen in folgendem:

1. Die Kontraktionen der glatten Muskulatur der Trachea lassen sich graphisch registrieren, indem man beim kurarisierten Tiere die Volumsänderungen eines möglichst langen beiderseits verschlossenen Trachealstückes auf einen registrierenden Apparat überträgt.

2. Die Trachealmuskulatur wird vom Vagus im Wege des Recurrens motorisch innerviert.

3. Beiderseitige Vagusdurchschneidung läßt das Auftreten spontaner Kontraktionen der Trachealmuskulatur verschwinden, vernichtet aber nicht völlig den Tonus derselben.

4. Die an der Trachealwand vorhandenen Ganglien unterhalten ebenfalls einen, wenn auch geringeren Tonus in der Trachealmuskulatur.

5. Die Verengerung der Trachea ist auch bei maximaler Kontraktion ihrer Muskulatur sehr gering. Die Verengerung selbst ist eine aktive, durch Muskelkontraktion bedingte, die Erweiterung erfolgt passiv infolge der Wirkung der durch Biegung der Knorpel wachgerufenen elastischen Kräfte.

6. Die Kontraktion der Trachealmuskulatur ist imstande, einen Innendruck von 40 bis 50 ^{mm} Hg zu überwinden. Bei noch höherem Drucke in der Trachea arbeitet sie unter isometrischen Bedingungen und bewirkt keine Querschnittsänderung Rohres, sondern eine Änderung der elastischen Spannung seiner Wand.

7. Das Adrenalin wirkt auf die Trachealmuskulatur erschlaffend. Einen der Angriffspunkte für dieses Gift bilden wahrscheinlich die der Trachealwand anliegenden Ganglien.

8. Die Muskulatur der Trachea ist von den zentralen Stümpfen des Vagus, Laryngeus superior, Recurrens, Ischiadicus, Femoralis, sowie vom Lungenvagus aus reflektorisch erregbar.

9. Die Trachealmuskulatur hat ein Rindenzentrum für ihre Kontraktion und eines für ihre Erschlaffung, ersteres im vordersten Teile des Gyrus sigmoideus anterior, letzteres im Gyrus coronalis.

10. Lungendehnung und Lungenkollaps regen reflektorisch die Trachealmuskulatur zu Erschlaffung bzw. Kontraktion an.

11. Die physiologische Funktion der Trachealmuskulatur besteht darin, bei der gelegentlich des Schreiens, Singens, Hustens usw. auftretenden Druckerhöhung in der Trachea die Pars membranacea derselben durch gleichzeitige Kontraktion vor Zerreißung und Überdehnung zu schützen.

Erklärung der Abbildungen.

(Taf. VIII.)

Figg. 1—4. Hund, Trachea nach Ersticken herausgeschnitten, Mareysche Trommel. Direkte Reizung der Muskulatur mit demselben Rollenabstande viermal hintereinander.

Fig. 5. Hund, Curarin, beide Vagi durchschnitten. Bei * Erstickung durch Aussetzen der künstlichen Atmung.

Fig. 6. Hund, kein Curarin, beide Vagi erhalten. Bei * Verblutung aus der Art. femoralis.

Fig. 7. Hund, Curarin, Reizung der Rindenzentren für Kontraktion und Erschlaffung.

Figg. 8—10. Hund, Curarin, Trachea mit einem Hg-Manometer verbunden. Reizung des peripheren Vagusstumpfes bei einem Hg-Drucke von 0^{mm}, 20^{mm} und 40^{mm} im Inneren der Trachea.

Zur Frage der Pigmentballung.

Von

Alfred Fischel.

In einer jüngst in dieser Zeitschrift erschienenen Arbeit haben Kahn und Lieben[1] die Bewegungen der Pigmentkörnchen in gereizten Pigment-zellen näher beschrieben und hierbei auch an einer Anschauung Kritik geübt, die ich, im Anschlusse an Rhumbler, über die Ursache dieser Körnchen-bewegung ausgesprochen hatte. Da nämlich gewisse von mir beobachtete Orts-veränderungen kleinster Teilchen in sich entwickelnden Eiern die Deutung zulassen, daß Druckdifferenzen im Zellleibe deren Ursache bilden[2], und da zwischen diesen Bewegungen und denjenigen der Pigmentkörnchen eine ge-wisse Analogie besteht, hatte ich die Ansicht ausgesprochen, daß vielleicht auch die Bewegung der Pigmentkörnchen durch Druckdifferenzen veranlaßt wird, welche innerhalb der gereizten Pigmentzelle sich ausbilden.

Kahn und Lieben meinen nun zunächst, daß es nicht angehe, An-nahmen, welche für besondere Wachstums- und Teilungsvorgänge Geltung haben, auch auf „verhältnismäßig rasch sich abspielende physiologische Vor-gänge zu übertragen, welche als Folge von Reizen aufgefaßt werden müssen". Diesen Einwand wird man wohl schon aus dem Grunde nicht gelten lassen können, weil er in unberechtigter Weise einen prinzipiellen Gegensatz zwischen „Wachstums-" und „physiologischen" Vorgängen statuiert; Wachs-

---

[1] R. H. Kahn und S. Lieben, Über die scheinbaren Gestaltänderungen der Pigmentzellen. *Dies Archiv.* 1907. Physiol. Abtlg. S. 104 f.

[2] Kahn und Lieben geben meine Anschauung nicht richtig wieder: Ich fasse nicht nur Druckdifferenzen, welche zwischen ungleich großen Abschnitten des Zellleibes bei inäqualen Teilungen bestehen, als Ursache der Körnchenströmung auf, sondern Druckdifferenzen überhaupt. Kämen nur Druckdifferenzen zwischen ungleich großen Abschnitten des Zellleibes in Betracht, so ließen sich die Körnchenbewegungen bei äqualen Teilungen, die ich bei den ersten Furchungsteilungen des Seeigeleies beschrieben habe, nicht verstehen. — Ebensowenig habe ich behauptet, daß eine Strömung der Zellflüssigkeit die Ursache für die Körnchenbewegung sei.

tums- und Teilungsvorgänge sind doch zweifellos im Prinzipe auch „physiologische Vorgänge, die durch Reize ausgelöst werden"; eine Annahme, die
für die ersteren zulässig ist, kann — wenn kein spezieller Grund dagegen
spricht — ohne weiteres auch auf die letzteren ausgedehnt werden. —
Sollten aber die Autoren zwischen den von mir beschriebenen Vorgängen
und der Pigmentkörnchenbewegung einen prinzipiellen Unterschied darin
erblicken, daß die letztere einen „verhältnismäßig rasch" sich abspielenden
Vorgang darstellt, so brauche ich nur auf den Umstand zu verweisen, daß
gerade der Vorgang der Befruchtung, der die von mir beschriebenen
Körnchenbewegungen mit auslöst, Druckdifferenzen (im Ei) in noch kürzerer
Zeit bewirkt, als die von den Autoren studierte Reizung der Pigmentzellen.
Die mit der Befruchtung verbundenen Erscheinungen am Ei wird man
aber im übrigen nicht umhin als „physiologische, durch einen Reiz ausgelöste Vorgänge" auffassen müssen.

Kahn und Lieben scheinen zu glauben, daß ich die die Körnchenbewegung veranlassende Druckdifferenz als die letzte Ursache dieser Erscheinung auffasse. Es ist selbstverständlich, daß das nicht der Fall ist.
Sie stellt vielmehr nur eine Ausführungs-(Realisations-), nicht eine Be-
stimmungs-(Determinations)ursache dar.[1] Bestimmungsursachen sind uns
für derartige Vorgänge im Zellleben überhaupt nicht sicher bekannt, wir
müssen uns daher heute mit der Ermittelung von Ausführungsursachen
begnügen. Deren Kenntnis aber scheint mir, im Gegensatze zu Kahn und
Lieben, nicht nur nicht „überflüssig", sondern sogar sehr wertvoll zu sein.

Was nun die Beobachtungen der beiden Autoren selbst betrifft, so
stehen sie mit der von mir aufgestellten Annahme durchaus nicht in Widerspruch. Man darf freilich nicht an Druckdifferenzen denken, wie sie etwa
in einer gekneteten und wieder ausgezogenen Teigmasse entstehen, hat sich
vielmehr vor Augen zu halten, daß wir es mit lebendem Protoplasma und
dessen komplizierter Mechanik zu tun haben. Es ist nicht notwendig, daß
ich hier neuerlich auf die hier in Betracht zu ziehenden Umstände eingehe,
nachdem dies bereits Rhumbler, und zwar gerade im Anschlusse an die
von mir beschriebene Körnchenbewegung, in seinen bereits von mir zitierten
Arbeiten getan hat. Wer sich für diese Fragen interessiert, mag diese
Arbeiten nachsehen und er wird es dann wohl begreiflich finden, daß auch
die tatsächlichen Angaben Kahn und Liebens nicht geeignet sind, mich
zum Aufgeben der von mir gemachten — natürlich hypothetischen — Annahme zu veranlassen.

---

[1] Diese Ausdrücke und ihre Präzisierung rühren von Roux her.

Kann das Herz tetanisiert werden?

Von

N. Bassin
aus Charkow,

(Aus dem Hallerianum in Bern.)

(Hierzu Taf. IX.)

Das Herz kann seine Aufgabe als Blutpumpe nur durch rhythmischen Wechsel von Systolen und Diastolen erfüllen. Seiner Aufgabe genügt es am vollkommensten, wenn die Kammern ihren gesamten Inhalt in die zugehörigen Arteriensysteme austreiben, ohne daß, wie Ceradini gezeigt hat, auch nur kleinste Mengen zurückfließen. Die systolische Verharrungszeit (Martius) sichert gänzliche Entleerung, denn, wie Ewald gezeigt hat, ist die linke Kammer drei- bis vierfachen Widerständen im Aortensystem gewachsen. Es ist daher verständlich, daß das Herz sich nicht dauernd — tetanisch — zusammenzieht.

Die willkürlichen Muskeln können und sollen durch tetanisierende Willensimpulse nach Intensität und Dauer fein abgestufte Bewegungen ausführen. Das Herz hat nur seine einförmige, rohe Aufgabe prompter Entleerung lebenslang zu erfüllen.

Daher erschien es sehr zweckmäßig, daß:

1. jeder hinreichende Reiz eine maximale Zuckung der Herzmuskulatur auslöst (Bowditch, Kronecker);

2. während eines Pulses das Herz auf sonst hinreichende Reize nicht reagiert (Kronecker, Marey);

3. die Pulse nur dann kleiner werden, wenn die Muskulatur mangelhaft ernährt wird (Kronecker);

4. die zusammengehörigen Abteilungen des Herzens in genauer Aufeinanderfolge ihr Blut sich zutreiben;

5. jede Abteilung nervös koordiniert sich zusammenzieht (Kronecker).

Ohne Rücksicht auf diese zweckentsprechenden Anordnungen haben viele Physiologen und Pathologen nachzuweisen versucht, daß das Herz den vorstehenden Gesetzen nicht gehorche.

Es sei mir gestattet, den verschlungenen Wegen zu folgen, auf denen viele Untersucher einen Tetanus des Herzens zu finden dachten.

Wodurch ist ein Krampf charakterisiert? „Nicht[1] die absolute Dauer der Zusammenziehung entscheidet darüber, ob sie für einfach oder tetanisch zu halten sei, sondern die experimentelle Zerlegung in Einzelzuckungen." ... „Wir werden nicht in Zweifel darüber sein, daß eine Zusammenziehung des Gastroknemius von einer halben Sekunde Dauer tetanisch sei, sobald wir nachweisen können, daß sie höher und länger ist als eine der einfachen Zuckungen, deren schnelle Folge sie kontinuierlich gemacht hat, oder daß sie einen sekundären Tetanus am Nerv-Muskelpräparate auslöse, dessen Dauer größer ist als diejenige einfacher Zuckung. Wir werden dagegen Zuckungen, wie sie stark abgekühlte[2] (S. 346) oder mit Veratrin vergiftete[3] (S. 154) Muskeln geben von einer halben Sekunde und längerer Dauer als einfache anzusprechen haben, wenn wir nicht imstande sind, den „oszillatorischen Charakter" derselben nachzuweisen" (S. 19).

C. Bohr hat gefunden[4], daß die Verkürzung von tetanisierten Froschmuskeln bis 18 mal größer sein kann, als die Einzelzuckung (Reizfrequenz 66 in 1 Sekunde). Als geringstes Produkt von Zuckungseinheit und Tetanushöhe ist in seiner Tabelle 11 (S. 262) der Wert 2·48 bei einer Reizfrequenz von 64·5 in 1 Sekunde angegeben.

Helmholtz entdeckte das Gesetz[5] (S. 883), nach welchem die Einzelzuckungen mittels Superposition zum Tetanus sich zusammensetzen. Danach verläuft die „Kurve der doppelten Reizung" so, als wäre der Ort der ersten Kurve, an welchem der zweite Reiz wirksam wird, der Ausgangspunkt der zweiten Zuckungskurve.

---

[1] H. Kronecker, Das charakteristische Merkmal der Herzmuskelbewegung. Ludwigs *Jubelband.* 1874. Sonderabdruck. Leipzig, F. C. W. Vogel. 1903.

[2] Marey, *Mouvement dans les fonctions de la vie.* 1868.

[3] Fick und Böhm, *Arbeiten aus dem physiologischen Laboratorium der Würzburger Hochschule.* 1872.

[4] C. Bohr, Über den Einfluß der tetanisierenden Irritamente auf Form und Größe der Tetanuskurve. *Dies Archiv.* 1882. Physiol. Abtlg.

[5] Über die Geschwindigkeit einiger Vorgänge in Muskeln und Nerven. *Wissenschaftliche Abhandlungen.* Bd. II.

Eduard Weber[1] gab an, „daß das Herz mittels des Rotationsapparates in anhaltenden tonischen Krampf versetzt werde, aus dem es erst allmählich zur rhythmischen Bewegung zurückkehrt" (S. 35). Ludwig und Hoffa[2] hatten gefunden, „daß die kräftigsten intermittierenden Induktionsströme nicht imstande sind, das Herz in Tetanus zu versetzen. Bei reizbaren Herzen bildet sich zwischen den auf das Herz gesetzten Polen eine kleine, blasse Erhebung. Außerhalb dieser Stelle gerät das Herz in außerordentlich rasche, ganz unregelmäßige Bewegungen von sehr geringer Intensität. „Die einzelnen automatischen Elemente lösen sich aus ihren Beziehungen zueinander und geben die Gleichzeitigkeit ihrer Kontraktion auf." „Diese ungeordneten Bewegungen überdauern immer den Reiz" (S. 102). Einbrodt[3] hat unter Leitung von C. Ludwig „Über Herzreizung und ihr Verhältnis zum Blutdruck" weitere Versuche angestellt und schließt: „Der Tod, der infolge von (tetanisierender) Herzreizung eintritt, ist abhängig von der Erniedrigung des Druckes und der Geschwindigkeit des Blutstromes" (S. 352). Ludwig[4] und in Übereinstimmung mit ihm Ekhard geben an, daß das Herz in seiner Gesamtheit nicht in Tetanus versetzt werden könne. „Die Schläge eines Induktionsapparates, welche genügend sind, jeden anderen Nerven und Muskel in Starrkrampf zu versetzen, vermögen das lebende, noch vom normalen Blut durchströmte Herz nur zu beschleunigten Bewegungen zu veranlassen. Also verhindern die Erregbarkeitszustände des Herzens, daß es in Tetanus kommen könne. Diese Erscheinung ist um so auffallender, als man durch heftige Induktionsschläge an einzelnen Abschnitten des Herzens weiße wulstförmige Hervorhebungen erzeugen kann, welche anscheinend große Ähnlichkeit mit dem lokalen Tetanus der Rumpf- und Darmmuskeln darbieten" (S. 91). Nach Angabe von R. Heidenhain[5] werden die Ventrikelkontraktionen des durch Induktionswechselströme gereizten Froschherzens „so zahlreich, daß die einzelnen Pulse nicht mehr durch deutliche Ruhepausen voneinander zu trennen sind. Die ganze Muskulatur der Herzkammer gerät in unaufhörliche Tätigkeit. Dabei ziehen sich jedoch in der Regel nicht alle Teile derselben gleichzeitig zusammen; es entsteht keine eigentliche Systole, sondern die Kontraktion nimmt bald einen peristaltischen Verlauf von einem Ende des Ventrikels zum andern; bald verbreitet sie sich so unregelmäßig über die Ventrikelwand, daß dieselbe

---

[1] Artikel Muskelbewegung im Wagnerschen *Handwörterbuch der Physiologie.* 1846. Bd. III. Abtlg. II.
[2] Henle in Pfeuffers *Zeitschrift für rationelle Medizin.* 1849. Bd. IX.
[3] *Sitzungsberichte der Wiener Akademie der Wissenschaften.* 1859. Bd. XXXVIII.
[4] *Lehrbuch der Physiologie des Menschen.* II. Aufl. 1861. Bd. II.
[5] Erörterungen über die Bewegungen des Froschherzens. *Dies Archiv.* 1858. Physiol. Abtlg.

in eine flimmernde, zitternde, wogende Bewegung gerät, die ich als einen tumultuarischen Tetanus bezeichnen möchte" (S. 493). Goltz[1] nahm rückhaltlos einen „wahren Herztetanus" an. Er sagt: „Verlangt man von dem Herztetanus, daß er die chronisch gewordene, normale Form der Systole darstellt, so durfte allerdings den längst bekannten Formen von Tetanus ihre Legitimation als solche bestritten werden" ... denn infolge elektrischer oder mechanischer Reizung „bemerkt man kaum jemals wirklichen, absoluten Ruhezustand, sondern gewöhnlich sieht man noch hier und da fibrilläre unregelmäßige Zuckungen." „Nichtsdestoweniger stellen alle diese Formen, meiner Ansicht nach, einen wirklichen, echten, durch Reizung von Zentralorganen bedingten Tetanus dar, und ihre Unregelmäßigkeit erklärt sich hinreichend aus der Ungleichmäßigkeit der angewandten Reize" (S. 496). ... „Der Tetanus des Herzens tritt sogleich als tonischer, gleichmäßiger Krampf auf, der einer Steigerung bis zur vollständigen Feststellung in äußerster Kontraktion fähig ist. Beim Nachlaß des äußersten Tetanus hat man nicht enorme Frequenz der rhythmischen Bewegungen, sondern lediglich zunehmende Formdifferenz zwischen Systole und Diastole bei normalem Tempo." „Die längst vermißte Methode, einen allgemeinen, gleichmäßigen, einer chronischen normalen Systole entsprechenden Tetanus des Ventrikels herzustellen," besteht nach der Entdeckung von Goltz darin, daß man den Froschherzventrikel vermittelst eingetriebenen Blutes vorübergehend, gewaltsam, „übermäßig" ausdehnt.

S. Mayer hat schon im Jahre 1874 angegeben: „Die galvanische Reizung des Herzmuskels vernichtet oder schwächt die normale Tätigkeit dieses Organs." Als Beweis für die Existenz eines Herztetanus galt „der von Luciani[2] als ‚tetanischer Anfall des Herzens' beschriebene Bewegungskomplex, welcher sich am isolierten Froschherzen vollzieht, wenn man um dessen Vorhöfe eine neue Ligatur legt, während sein Inhalt (Kaninchenserum) vermittelst der Herzkanüle mit dem Quecksilbermanometer kommuniziert" (S. 24).

Diese plötzliche Druckerhebung haben Kronecker und Stirling[3] als ein Kunstprodukt nachgewiesen, indem das Herz während seiner Umschnürung einen großen Teil seines Inhalts in das Manometer entleert und nachdem sein Hohlraum durch Abschnürung eines Stückes vermindert worden war, die ausgetriebene Serummasse nur teilweise wieder aufzunehmen vermag. Die künstliche Tetanushöhe sinkt allmählich wieder ab, weil das angesetzte Membranventil nicht dicht schließt. Die genannten Autoren

---

[1] Virchows *Archiv*. 1868. Bd. XXIII.

[2] Eine periodische Funktion des isolierten Froschherzens. *Arbeiten aus der physiol. Anstalt zu Leipzig.* 1872.

[3] A. a. O.

charakterisierten[1] die Wirkung häufiger Reize auf das Froschherz folgendermaßen: „Läßt man die intermittierenden Reize, welche ein Induktionsapparat mit möglichst schnell und gleichmäßig vibrierendem Wagnerschem Hammer aussendet, auf den Ventrikel wirken, so erhält man Resultate, welche mit der Reizstärke und der Temperatur wechseln. Ein sehr bewegliches (über 20° warmes) Herz, von mäßig starken Reizen getroffen, beginnt seine Tätigkeit sofort mit einer seinem Leistungsvermögen entsprechenden einfachen Systole, welche nur ein wenig länger auf der Höhe verharrt als eine isolierte des ebenso warmen Herzens. Darauf erschlafft es ein wenig, um hiernach eine Reihe sehr kräftiger, unvollkommener, allmählich mit immer ausgiebigeren Diastolen versehener Pulsationen auszuführen. Läßt man auf die warme Herzkammer viele Minuten lang den Reiz fortwirken, so werden die Pulse gänzlich separat, endlich distant, wohl auch unregelmäßig gruppiert, natürlich gleichzeitig niedriger, und zwar um so schneller, je frequenter sie sind. Schwache Reize haben gleich beim Beginn denselben Effekt wie starke in der Folge. Der mäßig abgekühlte Herzventrikel reagiert auf mittelstarke Reize mit einer Anzahl bald sehr seltener Pulse, die an Form und Größe solchen durch Einzelreize von analogen Herzen erhaltenen völlig gleichen. Wird die beträchtlich abgekühlte Herzspitze ziemlich starken Reizen dés Tetanomotors dauernd ausgesetzt, so bleibt sie nach wenigen trägen Zuckungen in Ruhe. Wird ihr dagegen nach mäßiger Reizdauer eine kurze Erholung gegönnt, so reagiert sie auf jeden Neubeginn einer Reizperiode mit einfachem, oder wohl auch mit dikrotem Pulse. Wird danach das Herz wieder erwärmt, so erlangt es allmählich wieder seine frühere Beweglichkeit und vollführt eine Reihe sehr frequenter unvollkommener Pulse. Induktionswechselströme von so großer Intensität, wie sie überhaupt mit unseren Vorrichtungen zu erreichen sind, bringen das frische, an den Apparat befestigte (nicht abgekühlte) Herz keineswegs zu höherer Kontraktion, als die schwächeren Reize, sondern es fällt im Gegenteil die Kurve von der Höhe der ersten Systole weiter herab, als es bei den bisher betrachteten Kardiogrammen zu bemerken war. Von diesem niedrigen Stande (häufig etwa halber Höhe des einfachen Pulses) sinkt die zitterig verlaufende Kurve noch beträchtlich, wird bei längerer Reizdauer etwas stärker gezähnelt, bis endlich unvollkommene Pulse deutlich hervortreten und allmählich zu vollkommenen sich sondern."[2] Langendorff[3] hat bei seinen „Untersuchungen am überlebenden Säugetierherzen" das „Wogen" auf tetanisierende elektrische Reizung

---

[1] A. a. O.
[2] A. a. O. S. 14—16.
[3] Pflügers *Archiv*. 1895. Bd. LXI.

trotz beständiger künstlicher Blutzirkulation „mehrere Male gegen 2 Stunden lang mit unveränderter Stärke persistieren" sehen, trotzdem die Reizung eine ganz vorübergehende gewesen war (S. 319).

Tigerstedt[1] gesteht: „in bezug auf die Natur und die näheren Ursachen der tonischen Kontraktion, welche der Herzmuskel bei sehr starker tetanisierender Reizung darbietet, wage ich es nicht, mich mit voller Bestimmtheit auszusprechen." (S. 167.)

In seiner Arbeit „excitations électriques du coeur"[2] urteilt Marey folgendermaßen: „Plus les courants induits seront intenses, plus seront nombreuses les systoles du ventricule; celles-ci arriveront même à une sorte de fusion tétanique, lorsque l'intensité des courants sera suffisante." (S. 79.) O. Frank[3] ist geneigt, seine Titelfrage „Giebt es einen echten Herztetanus" mit ja zu beantworten. Die von ihm wiedergegebenen Pulskurven zeigen keine Superposition der Schläge des (mit Luft gefüllten?) Froschherzventrikels, wenn „das aus dem Verbande hervorragende Stück Sinus" zugleich mit dem linken Vagus tetanisiert wurde. Dagegen erhielt er bei gleicher Reizung eines Herzens, dessen Vagus nicht erregbar war, „Verschmelzung der Einzelkurven in höherem Grade" sowie beträchtliche Summation.

Zum Herztetanus müssen die Einrichtungen für Rhythmik außer Funktion gesetzt werden. „Dies scheint möglich zu sein, wenn man zu gleicher Zeit mit der Reizung des Herzens den Vagus erregt." (S. 304.) In der Abhandlung v. Cyons „le tétanos du coeur"[4] macht das Fehlen der Zeitmarken, sowie der Schreibrichtung und der Abszissen es für den Leser schwer, zu entscheiden, ob man es mit dikroten oder trikroten Pulsen, oder mit Summationen zu tun hat, ob die Erhebung allmählich wächst und steil abfällt, oder umgekehrt, ob die Systolen lang und Diastolen kurz oder umgekehrt.

E. v. Cyon bekräftigt in dieser neueren Arbeit folgenden Satz seiner älteren Abhandlung[5]: „wenn ein Herz, das längere Zeit auf oder unter 0° gehalten wurde, plötzlich mit Serum und Luft von 40° berührt wird, so führt es eine Reihe von so rasch aufeinander folgenden Schlägen aus, daß es schließlich in einen Tetanus verfällt; dieser Tetanus kommt dadurch zustande, daß der jedesmal folgende Reiz früher erscheint, bevor die dem

---

[1] *Lehrbuch der Physiologie des Kreislaufs.* 1893.
[2] Physiologie expérimentale. *Travaux du Laboratoire* de Marey. 1876.
[3] O. Frank, *Zeitschrift für Biologie.* 1899. Bd. XX.
[4] *Journal de Physiologie et de Pathologie gén.* Mai 1900.
[5] Über den Einfluß der Temperaturveränderungen auf Zahl, Dauer und Stärke der Herzschläge. *Berichte der Sächs. Gesellschaft der Wissenschaften.* 1866. v. Cyons *gesammelte physiol. Arbeiten.* 1888.

vorhergehenden entsprechende Zuckung wieder abgelaufen ist. Die aufeinander folgenden Zuckungen bringen ganz dasselbe Bild hervor, welches ein Muskel bietet, der in Tetanus versetzt wurde, durch momentane Reize, die in kürzern Zeiträumen aufeinander folgten. Dieser Tetanus hält am Herzen höchstens 15 bis 30 Sekunden an." (S. 31.)

Walther[1] wies am suspendierten Herzen nach, „daß der Ventrikel des mit Muskarin vergifteten Froschherzens imstande ist, durch mechanische oder elektrische Reizung hervorgerufene Kontraktionen zu summieren, so daß bei der Applikation mehrerer aufeinander folgender Reize ein „echter" unvollständiger Tetanus entsteht, der sich weit über die Höhe der Einzelzuckung des vergifteten, nicht aber über diejenige des unvergifteten Herzens erhebt" ...

„Das normale, unter gleichen Bedingungen arbeitende Herz gibt niemals Superposition und Tetanus." (S. 611.) Ferner sagt er: „Bei ganz frischen Präparaten konnte ich niemals, selbst nicht bei maximaler Abschwächung der Kontraktionen einen Tetanus des hypodynamen Herzens beobachten. Beim frischen Präparat bleiben die Gesetze von Bowditch und Kronecker bestehen, selbst wenn die Abschwächung der Kontraktionen bis zu $\frac{1}{4}$ der ursprünglichen Höhe geht (Hofmann 1898); in wieweit sich diese Gesetze bei der sich später entwickelnden Disposition zum Tetanus ändern, bleibt zu untersuchen." (S. 628.)

Rhodius[2] und Straub zeigten, „daß unter Muskarinwirkung die Erfolgsorgane der spontanen Herzreize unter Treppenbedingungen geraten." (S. 507.) Daraus folgt weiter die Richtigkeit der seinerzeit schon von A. Walther diskutierten Vermutung, daß der Tetanus des muskarinvergifteten Herzens einfach eine „Treppe" ist.

In der Arbeit von Klug[3] lesen wir: „Wenn man unter Tetanus eine solche dauernde Verkürzung des Muskels versteht, welche durch Verschmelzung vieler einander rasch folgender Einzelkontraktionen entstanden ist, dann muß man auch die in der Figur 16 (Tafel IX) verzeichneten Herzkontraktionen als Tetanus bezeichnen."

... „Wie das künstlich gereizte Muskarinherz, so summiert seine spontanen Kontraktionen das auf 40^0 erwärmte Froschherz. Walther gelang

---

[1] Zur Lehre vom Tetanus des Herzens. Pflügers *Archiv für die gesamte Physiologie.* 1899. Bd. LXXVIII.

[2] Studien über die Muskarinwirkung am Froschherzen bei erhaltenem Kreislauf, besonders über die Natur des Tetanus des Herzens im Muskarinzustand und die der negativ inotropen Wirkung auf die Herzmuskelbewegung. Pflügers *Archiv für die gesamte Physiologie.* 1905. Bd. CX.

[3] Zwei Froschherzmanometer als Kreislaufschema und Versuche mit denselben. *Ebenda.* 1903. Bd. XCIX.

es, die durch Muskarin erzeugte Fähigkeit des Ventrikels zu Superposition und Tetanus durch Atropin aufzuheben; mir gelang dies durch Abkühlen des Herzens und des Blutes." (S. 616.) Bornstein[1] sagt: „Schreibt man derartige Kurven, wie es in Fig. 9 (vergl. Fig. 17, Tafel IX) geschehen, übereinander, so sieht man, daß vom Anfang der Vergiftung an die Kontraktion steiler und auch höher ansteigt. Schreitet die Vergiftung weiter, so bleibt diese Art des Anstieges ziemlich lange unverändert, hingegen verharrt jetzt der Muskel länger und immer länger in dieser Kontraktion, so daß sich ein breites, kaum merklich sinkendes Plateau bildet." (S. 359.) In dieser Figur ist die letzte Kurve mehr als doppelt so lang wie die erste.

Nach der Anschauung v. Cyons wären alle diese Herzschläge nach dem ersten als Tetani anzusehen.

Rhode[2] schließt aus seinen wichtigen Versuchen: „Es verhält sich der Herzmuskel in der Chloralvergiftung wie ein Darmstück oder wie ein Limulusherz, die man ihrer Zentren beraubt hat. Reizbarkeit, Erregungsleitung und Kontraktilität sind in beiden Fällen erhalten, Rhythmizität auf Dauerreiz und refraktäre Periode sind verschwunden." (S. 121.)

Der vorhergehenden Zusammenstellung von den verschiedenartigen Angaben bewährter Forscher will ich eine Sammlung von Kurvenbildern folgen lassen, um daran eine Kritik zu schließen.

Die Helmholtzsche Lehre der Summation von Zuckungen maximal gereizter Froschgliedermuskeln haben S. Hall und Kronecker[3] (S. 10) ergänzt, indem sie die Zuckungen nicht nur im Stadium der steigenden Energie, sondern auch im Stadium der sinkenden Energie summieren ließen. Eine solche Schar von 14 Zuckungskurven des frischen Triceps femoris vom Frosche stellt Fig. 1 dar. Es ergab sich, daß auch im „Stadium der sinkenden Energie" noch eine Tendenz zur Aufwärtsbewegung besteht, welche den zweiten Reiz, ähnlich wie im Stadium der steigenden Energie summieren läßt. Fig. 2 zeigt, daß der ermüdete Muskel keinen Auftrieb im absteigenden Zuckungsstadium besitzt.

Fig. 3 gibt eine typische Tetanuskurve aus Bohrs in Ludwigs Anstalt ausgeführter Untersuchung[4] wieder.

---

[1] Die Grundeigenschaften des Herzmuskels und ihre Beeinflussung durch verschiedene Agentien. Erste Mitteilung. Optimaler Rhythmus und Herztetanus. *Dies Archiv*. 1906. Physiol. Abtlg. Suppl.

[2] Über die Einwirkung des Chloralhydrats auf die charakteristischen Merkmale der Herzbewegung. *Archiv für experimentelle Pathologie und Pharmakologie*. 1905. Bd. LIV.

[3] Die willkürliche Muskelaktion. *Dies Archiv*. 1879. Physiol. Abtlg. Suppl.

[4] A. a. O. S. 245.

Ganz anders als die Zuckungssummationen von Gliedermuskeln sind nach Kronecker und Stirling die Effekte von das Herz tetanisierend reizenden starken Wechselströmen. Warme, Herzen machen in halber Diastole fibrilläre Zuckungen. In kühler Zimmertemperatur erscheinen unvollkommene Diastolen (ohne Summation), in kaltem Bade ist das tetanisierte Herz nur in längeren Intervallen zu pulsieren fähig. Dies Verhalten zeigt Fig. 4.[1] Marey ließ, mittels seines „Myographe du coeur", d.h. zweier Löffelchen, das Froschherz schwach komprimieren, so daß es nur, während es systolisch erhärtet war, den mit einem Schreibhebel verbundenen Löffel zur Seite zu drängen vermochte. Er fand, daß stärkere Reize (Fig. 5, Kurve 2) die Pulse verschmelzen ließen, schwächere (Kurve 1) nicht. Die Höhe der einfachen Systolen wurde aber durch die Verschmelzung nicht vergrößert.[2] Danilewskys[3] Kurven (Fig. 6) wurden von der Spitze des überlebenden Kaninchenherzens mittels angehängten Schreibhebels gezogen. Hierdurch gewonnene, auf unserer Tafel reproduzierte Kurven lassen keine Summation erkennen. Die Pulse vor Reizbeginn sind höher als die „Tetani". Die zunächst aus gleicher Arbeit stammende Kurve (Fig. 7) zeigt allerdings, während der Reizperiode Pulse, die hoch über der Abszisse gezeichnet sind, aber keine „Superposition", sondern vermehrte Frequenz. Es macht den Eindruck, als ob das ganze Herz während der Reizdauer gehoben sei und die Spitze nur frequenter pulsiert habe. Die „kompensatorische Systole" nach Schluß des Tetanus zeigt, daß einzelne Systolen viel größer sein können, als die scheinbar summierten.

Dogiel und Archangelsky[4] sahen am Froschherzen, das nach Mareys Versuchsart zwischen Reiz- und Schreibpeloten gelagert war und durch Induktionswechselströme (?) gereizt wurde, verlängerte Kontraktionen minimaler Höhen (Fig. 8), die sie für tetanische ansehen.

O. Frank[5] hat die Volumverminderungen der eine Luftkapsel auftreibenden Froschherzkammer aufschreiben lassen (Fig. 9) und dabei eine seltsame Kurve erhalten, welche mancher Cyonschen gliche, wenn sie von rechts nach links zu lesen wäre. Zum Vergleiche diene folgendes Kurvenpaar aus v. Cyons Untersuchungen.[6] Cyon hat zuerst Ludwigs Herzpräparat mit künstlichem Kreislaufe beobachtet (Fig. 10). Ohne Angabe

---

[1] A. a. O. S. 16.

[2] A. a. O. S. 79.

[3] Über tetanische Kontraktion des Herzens des Warmblüters bei elektrischer Reizung. Pflügers *Archiv für die gesamte Physiologie*. 1905. Bd. CIX. Taf. XII.

[4] Der bewegungshemmende und der motorische Nervenapparat des Herzens. *Ebenda*. 1906. Bd. CXIII. Taf. III.

[5] A. a. O. S. 303.

[6] A. a. O. S. 398.

der Kontraktionsdauer (Rotationsgeschwindigkeit des Kymographionszylinders) läßt v. Cyon folgende Pulse reproduzieren: Fig. 11.[1] Aus seiner alten Abhandlung[2] sollen ihm zwei Kurvenstücke als Hauptbeweise für den tetanischen Charakter von Herzkontraktionen dienen. Freilich hat auch Kronecker ähnliche Kurven, wie solche Fig. 12b (unserer Tafel) wiedergibt, nicht selten an rhythmisch schlagenden Herzen beobachtet, aber nur wenn der Schwimmer oberhalb des Quecksilbers an der Manometerwand hängen blieb. — Fig. 12a sieht wie eine auf den Kopf gestellte Kurve aus. Lucianis „Tetanus“ des unterbundenen Froschherzens (Fig. 13) ist als Kunstprodukt dadurch gekennzeichnet, daß er nach Lösung des Ligaturfadens sofort aufhört, dagegen die (durch den Reiz) vermehrte Pulsfrequenz noch beibehält.[3]

Anton Walther reproduziert in seiner gründlichen vorurteilsfreien Arbeit[4] Kurven (Fig. 14), die in der Tat auch beim unvergifteten suspensierten Froschherzen einen Tetanus vortäuschen. Er führt dieses Bild auf die Erscheinung der Treppe zurück. Die nach langer Pause kleinen Pulse des asphyktischen Herzens wachsen (nach Kroneckers Deutung) mit jeder Erneuerung des Blutes in der Herzwand. Die häufigen Reize hemmen die Diastolen. Die maximale Erhebung ist nicht größer als der maximale Puls. Die nach kurzer Pause (ohne Treppe) folgende Tetanisierungsperiode zeigt den gewöhnlichen Pulsverlauf.

Das mit Muskarin vergiftete Froschherz schien dagegen durch seltene Reize in unvollkommenen, durch häufige in vollkommenen Tetanus versetzt zu werden (Fig. 15a, b).[5] Walther selbst bemerkt in unparteilicher Kritik dazu: „Es sei jedoch darauf hingewiesen, daß der herangezogene Versuch nicht ganz einwandfrei ist, indem einerseits die Schwingungszahl des Wagnerschen Hammers bei verschiedenen Rollenabständen nicht konstant bleibt, mithin abgesehen von der Änderung der Reizstärke eine Änderung der Reizfrequenz vorgelegen haben mag, andererseits aber das Präparat durch eine Tetanisierung mit starken Strömen in einem Sinne verändert wird, der für das Zustandekommen eines glatteren Tetanus bei der nächsten Reizung günstig ist.[6]

F. Klug[7] nimmt an, daß seine „Kurven (Fig. 16) einem unvollkommenen Tetanus entsprechen, den man am quergestreiften Muskel er-

---

[1] A. a. O. S. 397.
[2] A. a. O. S. 19.
[3] A. a. O. S. 31.
[4] A. a. O. Taf. XXV.
[5] A. a. O. Taf. XXIII.
[6] A. a. O. S. 610.
[7] A. a. O. S. 617.

hält, wenn der folgende Reiz denselben bereits während seiner Erschlaffung, seiner Streckung trifft." Die 1879 veröffentlichte Originalkurve unserer Fig. 1 zeigt, daß dieser Vergleich nicht für den frischen Gliedermuskel zutrifft.

A. Bornstein[1] sah mit 0,3prozentigem $CaCl_2$ in Ringerscher Lösung betupfte Froschherzen Pulskurven schreiben (Tafel IX, Fig. 17), die immer länger werden. H. Kronecker[2] hat schon beim Gliedermuskel des Frosches im Beginn der Ermüdungsreihen von Zuckungen solche Kontrakturen beobachtet.

E. Rohde[3] gibt an: „daß am chloralisierten Herzen durch frequente elektrische Reizung unschwer ein echter Tetanus hervorgerufen werden kann." Von den in Figg. 18 bis 20[4] reproduzierten Kurven zeigt nur die letzte eine tetaniforme Summation abnorm niedriger Systolen.

E. v. Cyon hat vor mehreren Jahren eine Arbeit veröffentlicht unter dem Titel: Le tétanos du coeur.[5] Auf Grund seiner vor 40 Jahren gemachten Beobachtungen reklamiert er die Priorität für die Annahme eines Herztetanus. Er betont: un tétanos indiscutable du coeur était donc obtenu par nous dans les deux conditions suivantes: en excitant le sinus veineux ou le pneumogastrique à l'aide de courants rapides au moment de l'arrêt du coeur par suite d'une élévation lente de la température à 40° C. J'ajoute que pendant le même arrêt j'ai obtenu plusieurs fois un tétanos du coeur en excitant directement le coeur dans le voisinage des oreillettes et des ventricules. A la température moyenne de 16 à 18° l'excitation du même sinus restait sans grand effet, à moins que les électrodes ne touchassent un certain point du sinus veineux, ce qui amenait toujours un arrêt du coeur en diastole. Sur un coeur arrêté à 0° l'excitation du sinus restait sans effet ou produisait un ralentissement insignifiant" (S. 400) . . . „il résulte que la condition essentielle pour la production de tétanos pendant l'arrêt du coeur à 40° est donnée par la mise hors fonctions des centres inhibitoires intracardiaques" (S. 402). v. Cyon erklärt sich einverstanden mit den Resultaten und Deutungen der Versuche von Rouget, O. Frank und A. Walther, denen zufolge gleichzeitige Reizung von Vagus und Herz (zumal Sinus ven.) das Herz in Tetanus versetze. Dennoch stellt er die Sätze auf: a) „que pour la production du tétanos il est indispensable, ou qu'il y ait une mise hors fonctions des centres nerveux inhibitoires, ou que la coopération harmonieuse des centres inhibitoires soit troublée; b) que c'est à l'existence dans les parois du coeur des centres nerveux

---

[1] A. a. O. S. 359.
[2] *Monatsberichte der kgl. Akademie der Wissenschaften zu Berlin.* 11. Aug. 1870.
[3] A. a. O. S. 112.
[4] A. a. O. S. 113.
[5] A. a. O.

antagonistes, et nullement à une propiété particulière de la fibre musculaire du coeur qu'il faut attribuer l'incapacité du coeur d'entrer à l'état normal en tétanos" (S. 403). Auf Seite 397 bis 399 der angeführten Mitteilung schreibt v. Cyon: „Le coeur d'une grenouille, réchauffé à 37 ou 40°, cesse de battre, mais reste encore sensible aux excitations artificielles: „Quand je soumettais un coeur ainsi arrêté à une excitation unique il exécutait une seule contraction; répétées très rapidement les mêmes excitations produisaient un véritable tétanos du coeur."

Zum Belege gibt er eine Froschherzkurve (Fig. 1), die er für tetani-form erklärt.

Fig. 1.

Er fühlt sich dabei in Übereinstimmung mit R. Schelske. Dieser hat in einer oft zitierten, aber im Original schwer erreichbaren Mitteilung[1] — die uns Herr Professor Magnus in Heidelberg gütigst zugänglich gemacht hat — folgende Versuche beschrieben: „Reizt man an einem solchen Herzen, das durch erhöhte Temperatur der spontanen Bewegungsanstöße beraubt ist, den Nervus Vagus mit einzelnen Schließungs- oder Öffnungsinduktions-schlägen, so löst jeder derselben eine einfache Muskelzuckung aus dem Herzen aus, sendet man Induktionsströme durch denselben, so entsteht eine anhaltende Kontraktion, in der sich eine wogende Bewegung kund gibt, ganz nach Art derjenigen in den Muskeln bei schwindendem Tetanus. Dieselbe hört zugleich mit dem Strome auf. Diesen sehr ähnliche Er-scheinungen sieht man bei Reizung des Herzmuskels selbst. Bringt man dann das Herz in die ihm gewöhnliche Temperatur von 10 bis 15° C., so stellt sich die rhythmische Bewegung wieder her und zugleich mit ihr die gewöhnliche Einwirkung des Vagus auf dieselbe, d. h. bei Reizung dieses Nerven steht das Herz still und beginnt seine Schlagfolge von neuem, so-bald der Reiz aufhört" (S. 26).

Er sucht diese Erscheinung folgendermaßen zu erklären: Die Ganglien-zellen im Herzen seien durch erhöhte Temperatur gelähmt. „Da sich während dieser Lähmung der Vagus zum Herzen, wie der motorische Nerv zum Muskel verhält, so erscheint es wahrscheinlich, daß derselbe, außer den Nervenfäden, die er zu den Ganglien sendet, bei deren Erregung im normalen Herzen Stillstand eintritt, noch andere zum Herzmuskel ab-

---

[1] Über die Wirkung der Wärme auf das Herz. *Verhandlungen des naturh.-med. Vereins zu Heidelberg.* 1860. Bd. II.

gibt, die das Analogon der motorischen Nervenenden in den anderen
Muskeln sind" (S. 26). Diese höchst auffälligen Mitteilungen forderten
dringend eine Experimentalkritik, zu der mich Professor Kronecker
angeregt hat. Meine Versuche habe ich an Fröschen, Kröten und Schildkröten angestellt.

Versuch I (1. Dezember 1905).

Die obere Hälfte einer dekapitierten Kröte mit in eröffneter Brusthöhle
freigelegtem Herzen wird in eine Porzellanschale gelagert. Mittels einer
Serrefine wird die Herzspitze an einem Royschen Federhebel suspendiert.
Hierauf ließen wir aus einer Mariotteschen Flasche 0·6 prozentige Kochsalzlösung unter niederem Drucke über das Herz fließen. Diese Spülflüssigkeit behielt entweder Zimmertemperatur. oder war auf 38° C. erwärmt.
Wenn wir den Sinus venosus mit Induktionsströmen von 400 E. reizten, so
blieb das Herz in Diastole. Während der Hemmung bewirkten mechanische
Kammerreize oder elektrische von 300 E. Pulsationen. Reizung des Sinus
mit Strömen von 300 E. verlangsamten den Puls; wiederholte Reizung des
Sinus mit 400 E. bewirkte dann keinen Stillstand mehr; wohl aber Reizung
mit 500 E. — Das auf 38° C. erwärmte Herz wurde gleichfalls gehemmt,
wenn Ströme von 500 E. den Sinus trafen; 400 E. verlangsamten die Pulse
beträchtlich. 1000 E. ließen das Herz flimmern mit einzelnen Pulsunter-
brechungen. Das wiederum auf Zimmertemperatur abgekühlte Herz stand
auf Sinusreiz mit 400 E. still. 300 E. verlangsamten die Pulse. Hierauf
genügten 350 E. auf den Sinus wirkend, um den Herzstillstand eintreten
zu lassen. Erneutes Erwärmen auf 39° C. ließ den Vagus so erregbar,
daß 300 E., dem Sinus zugeführt, genügten, um das Herz nach einigen
Schlägen still zu stellen.

Versuch II (18. Dezember 1905).

Mittelgroße Landschildkröte, rückwärts aufgebunden. Blutkreislauf erhalten. Rückenmark zerstört. Trepanation des Bauchschildes in der Gegend
des Herzens. Herzbeutel eröffnet. Die Vagi sind freigelegt. Erwärmen
der Perikardialhöhle mit Spülung von 6 promilliger Kochsalzlösung. Suspension
der Herzspitze.

Zimmertemperatur.

Reizung beider Vagi bis 900 E. ohne Wirkung, bei 1000 E. noch ein
Puls, dann Stillstand; nach der Reizung vorübergehende Beschleunigung.

Wiederholte Vagusreizung mit 900 E. geringe Verlangsamung
            „   „   1000 E. ein Puls und Stillstand,
der die Reizung überdauerte. Den Erfolg der nächsten Reize illustriert Fig. 2.

Fig. 2.

Erwärmung des Herzbades auf 37⁰.

Große Pulsbeschleunigung.

Vagusreizung mit 1000 E. bei 37⁰ — während der Reizung Stillstand
   „   „   1000 E. „ 40⁰ — Stillstand überdauert die Reizung
   „   „   1000 E. „ 40⁰ — Stillstand, danach zwei seltene Pulse
   „   „   900 E. „ 40⁰ — Verlangsamung
   „   „   800 E. „ 40⁰ — Stillstand
   „   „   800 E. „ 39$^1/_2$⁰ — Verlangsamung.

Erwärmung des Herzbades bis anf 52⁰ C.

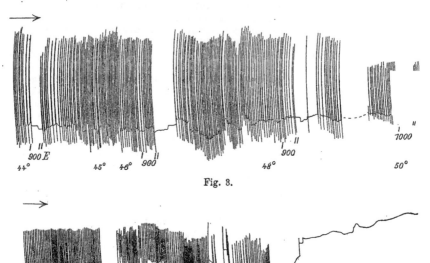

Fig. 3.

Fig. 4.

Die Vorhöfe sind wärmestarr, bleiben auch nach Abkühlung weiß, opak.
Die Kammer ist schlaff und macht auf starke Zerrung je eine schwache
Systole.

Versuch III (8. Januar 1906).

Mittelgroße Landschildkröte.

Rückenmark zerstört. Herz durch Trepanation des Bauchschildes freigelegt. Herzbeutel eröffnet. Salzwasserspülung. Herzbasis suspendiert durch
Schreibhebel mit Gegengewicht. Reizung beider Nn. Vagi.

Zimmertemperatur.

Vagusreizung mit 30 E., 40 E., 50 E. — keine Wirkung
  „   „ 300 E. — zwei Schläge, dann Stillstand
  „   „ 200 E. — ohne Veränderung der Pulse
  „   „ 250 E. — Verlangsamung
          „ 300 E. —· ein Schlag, dann Stillstand, der die Reizung
                       überdauert
  „   „ 250 E. — Pulsverlangsamung
  „   „ 300 E. — sogleich Herzstillstand.

Herzerwärmung.

Um uns zu überzeugen, ob das Herzinnere erwärmt sei, ließen wir das arterielle Herzblut über ein Thermometer strömen. Wir erwärmen das Herz mit 6 promilliger Kochsalzlösung auf 39·5⁰ C. Pulsbeschleunigung. Vagusreiz mit 300 E. verlangsamte den Puls. Um ganz sicher die Kammertemperatur zu kennen, spalten wir sodann die Ventrikelspitze und legen ein kleines Thermometer hinein. Spülflüssigkeit, die auch in die Kammer dringt: 41⁰ C. Dann pulsierte nur der linke Vorhof. Das angeschnittene Herz pulsierte nicht: auch nicht auf mechanische Reize oder Induktionsströme. Das Herz ist abgestorben. Wir sehen hieraus, im Vergleiche mit den Ergebnissen von Versuch II, wie unvollkommen die Temperatur vom äußeren Herzen ins Innere dringt.

Versuch IV (19. Januar 1906).

Große Schildkröte.

Perikardialhöhle durchspült. Das Herz durch Brustschildtrepanation freigelegt. Die Ventrikelspitze eröffnet. Ins Innere des Herzens ist ein kleines Thermometer gebunden. Die Vagi sind freigelegt. Suspension der Herzspitze. Spülflüssigkeit mit 6 promilliger Kochsalzlösung. Temperatur des Herzens am Anfange des Versuches 19⁰ C.

Vagusreiz Einheiten	Badtemperatur Grad C.	Herz-temperat. Grad C.	Herzverhalten
	39·0 Spülung mit 6 promill. Salzlösung	33·0	Zwischen kleinen Schlägen der Vorhöfe einige große Ventrikelpulse.
	41·0	37·0	Kleine Pulse der Vorhöfe, Ventrikelstillstand.
	41·0 Spülung unterbrochen	39·8	Vorhöfe Pulse. Ventrikel pulsiert nicht.
300			Stillstand. Nach einigen Schlägen der Vorhöfe ein Ventrikelschlag.
	Spülung mit kalter Kochsalzlösung	30·0	
		29·0	Viele Ventrikelpulse fallen wieder aus; Vorhöfe pulsieren ohne Ausfall.
		31·0	
300	40·2	33·0	Auch Ventrikelkontraktionen nach Vorhofpulsen.
	44·0	36·8	Vorhöfe schlagen; Kammer ruht.

Vagusreiz Einheiten	Badtemperatur Grad C.	Herz-temperat. Grad C.	Herzverhalten
300			Keine Wirkung. Vorhöfe pulsieren allein.
	44·5	38·0	
	45·0	39·4	
300			Vorhöfe schlagen wie zuvor.
	48·0	40·0	Vorhöfe schlagen, Kammer nicht.
	48·6	42·0	Nur Vorhöfe schlagen.
	Spülung unterbrochen	42·5	Nur Vorhöfe schlagen.
400		40·4	Ventrikelkontraktionen vor und nach der Reizung. Später pulsiert nur derjenige Teil des Ventrikels, an der die Klemme liegt (der, wie die Sektion ergab, nicht wärmestarr geworden war).
	50·0	39·0	
400		44·2	Nach einigen Kammerpulsen nur kleine Kontraktionen der Vorhöfe.
	Spülung unterbrochen		
400			Keine Wirkung.
			Erst Ventrikelkontraktionen, dann Vorhof- und Ventrikelkontraktionen (Ventrikel nur teilweise).
		41·5	
400		40·2	Der nicht reagierende Kammerteil sieht opak aus.
500			Nur Vorhöfe schlagen.
500		39·0	Vorhöfe Stillstand. Ventrikel schlägt. Nach der Reizung sieht man das Wogen der Atrien.
		38·0	
500		36·8	
		36·0	
	46·0	37·0	Vorhöfe schlagen sehr frequent. Ventrikel nur ab und zu.
		39·0	
500	45·0	40·0	Nur Vorhöfe schlagen sehr frequent und schwach.
1000		41·5	Die Vorhöfe schlagen seltener.
1000		43·5	Vorhöfe schlagen seltener.
	Spülung unterbrochen	42·5	
	34·0	41·0	
	34·0	40·0	
	34·0	39·0	
	34·0	38·0	
	34·0	37·0	
1000	34·0	36·0	Kammer Stillstand. Vorhöfe schlagen etwas seltener.
	Spülung unterbrochen	35·0	Vorhöfe Stillstand.
1000		34·5	Nach der Reizung pulsieren die Vorhöfe und die Kammer nicht.

Untersuchung des ausgeschnittenen Herzens:

Das Thermometer war durch den Ventrikel bis zur Vorhofspitze hereingeschoben. Auf mechanische Reize antwortet das Herz nicht. Die rechte Seite, wo das Thermometer eingeführt war, blieb weich und rot, die linke Seite wurde hart. Rechter Vorhof mit schaumiger Blutflüssigkeit gefüllt, linker Vorhof ist leer, schlaff.

Versuch V (29. Januar 1906).

Froschherz.

Tropfrohrspülung mit warmer Kochsalzlösung; jeder Tropfen erschüttert das Herz, daher Wellen gröberer Art neben den kleineren Pulswellen. Suspension der Basis mit Klemme. (Hebel mit Gegengewicht.) Rückenmark zerstört. Bad 24.5⁰.

Vagusreizung mit 100 E. — Verlangsamung
      „   „ 150 E. — Stillstand.
Bad 40·5⁰. Sehr schnelle Pulse.
Vagusreizung mit 250 E. Bad 42⁰. Sofort Stillstand. Spülung abgesperrt.
   „   „ 300 E. — Stillstand
   „   „ 250 E. —   „
   „   „ 200 E. —   „
Bad 43⁰, Vagusreizung mit 150 E. — Stillstand; bei 24·5⁰ und 43⁰ gleiche Vagusreize (150 E.) wirksam.

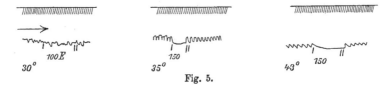

30^0 $100\,E$ 35^0 150 43^0 150

Fig. 5.

Versuch VI (2. Februar 1906).

Froschherz.

Suspension (Hebel mit Gegengewicht): anfangs der Spitze, später der Basis. Rückenmark zerstört. Spülflüssigkeit: 6 promillige Kochsalzlösung. Bad 35⁰ C. Auf Vagusreizung mit 200 E.: Stillstand. Zunächst beginnen die Atrien zu pulsieren; später auch der Ventrikel. Vagusreizung mit 200 E.: Stillstand; nach der Reizung nur Kontraktionen der Vorhöfe, nachher Kontraktionen der Kammer und der Vorhöfe. Bad 40⁰ C. Die Vorhöfe pulsieren zunächst allein, dann auch die Kammer. Vagusreizung mit 200 E: Stillstand. Bad 39⁰ C. 200 E. Hemmung vollständig.

Versuch VII (6. Februar 1906).

Mittelgroße Schildkröte.

Suspension der Basis am Hebel mit Gegengewicht. Rückenmark zerstört. Brustschild weggenommen. Herz und Vagi freigelegt. Ins Innere des Herzens wird ein kleines Thermometer geführt. Erwärmen von außen. Spülflüssigkeit 6 promillige Kochsalzlösung.

Vagusreiz Einheiten	Bad-temperatur Grad C.	Herz-temperatur Grad C.	Verhalten des Herzens.
		16·2	
400			Ein Schlag, sodann Stillstand.
300			Stillstand.
200			Keine Wirkung.
250			Keine Wirkung.
300			Ein Schlag, dann Stillstand.
	42·0	37 dann 39	
300		40·5	Stillstand; nach der Reizung eine kleine Nach-wirkung.
300		41·0	Stillstand; nach der Reizung eine Nachwirkung.
300		40·8	Stillstand; nach der Reizung eine Nachwirkung.
	40·0	36·0	
175			Vorhofpulse allein.
200			Vorhofpulse.
250		42·5	Vorhofpulse.
250			Vorhofpulse.
300		43·0	Stillstand. Bald nach der Reizung seltenere Pulse.
300			Stillstand.
		44·8	Das Herz ist nahe der Wärmestarre, macht kaum bemerkbare Bewegungen.
300		43·7	Stillstand. Das Herz ist wärmestarr.

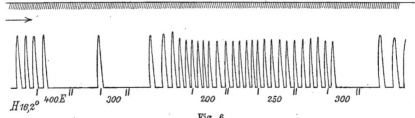

Fig. 6.

H. bezeichnet Herztemperatur.

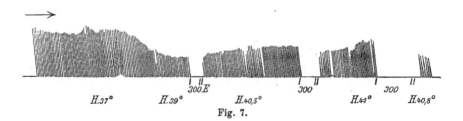

Fig. 7.

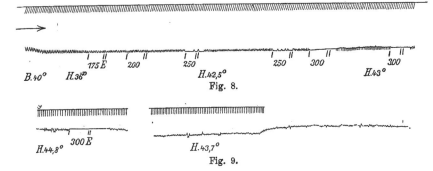

Fig. 8.

Fig. 9.

Methoden.

Auf der beigegebenen Kurventafel sind die Versuchsmethoden angedeutet. Man erkennt daraus, daß die mit den verschiedensten Mitteln
gewonnenen Kurven nicht direkt vergleichbar sind. Marey, Dogiel und
Archangelsky ließen die Erhärtung des systolischen Froschherzens auf-
zeichnen. Dabei konnte das Herz in der Quer- oder in der Längsrichtung
gedrückt sein, oder auch während der Kontraktion seine Spitze erheben und
so zum ersten Impuls einen zweiten fügen. Die Hebellänge ist unbekannt,
damit auch die Vergrößerung. Walther suspendierte das Froschherz.
Bei dieser Methode wirken hauptsächlich nur diejenigen Muskelstränge des
Herzens, welche der Zugrichtung parallel verlaufen.

Ähnliches gilt für die Versuche von Rohde und Bornstein an der
abgeklemmten und suspendierten Froschherzspitze. v. Cyon, Kronecker
mit Stirling und Klug wendeten Ludwigs Manometrie an. Hierbei
wird die Druckvermehrung der sich kontrahierenden Herzkammer gemessen,
also die Volumverminderung gegen Widerstand. Das ist die normale
Leistung, an welcher alle Wandmuskeln sich beteiligen. Bei dieser Art
der Registrierung kann man auch leicht beobachten, ob die ganze Herzkammer gleichzeitig oder einzelne Teile nacheinander (peristaltisch) sich
zusammenziehen und so Summationseffekte vortäuschen.

Ergebnisse.

Die Kurventafel, welche dieser Arbeit angehängt ist, wird dem aufmerksamen Leser genügen, um sich über das Wesen des Tetanus zu unter-
richten. Fig. 1 zeigt, in welcher Art zwei Zuckungen frischer quergestreifter Gliedermuskeln sich summieren, Fig. 2 — wie die Ermüdung
die Summation stört, Fig. 3 — wie häufige Reize aus niedrigen Einzelzuckungen hohen Tetanus bilden.

Ganz anders verhalten sich Herzen. Fig. 4 läßt erkennen, daß selbst sehr starke frequent intermittierende Reize die Schläge des erwärmten Herzens nicht erhöhen, sondern — durch Fibrillation — erniedrigen, das kühlere Herz unvollkommen pulsieren lassen, das noch kältere nur dann zu Schlägen veranlassen, wenn sie außerhalb der refraktären Periode fallen. Auch Mareys Kurven (Fig. 5) zeigen ähnliches. Danilewskys Abbildungen (Figg. 6 und 7) lassen gleichfalls keine Summation erkennen, indem die Anfangspulse höher sind als die folgenden Dauerzusammenziehungen. (Vgl. übrigens die früheren Erklärungen.) Franks Kurven (Fig. 9) zeigen wohl unregelmäßige Überhöhungen, welche aber den Eindruck machen, als ob verschiedene Abteilungen des Froschherzens konvulsiv znsammengewirkt hätten. Fig. 10 gibt aus Cyons bahnbrechender Herzperfusionsuntersuchung zwei Kurven wieder, welche in ihrem sehr unregelmäßigen Verlaufe in ähnlicher Weise gedeutet werden können, wie die eben erwähnte Kurve von O. Frank.

Wir kommen bald noch auf das Zusammenwirken von Wärme und Vagusreizung zurück.

Die Herzpulse in Figg. 11 und 12 (a. a. O.) stammen von spontan pulsierenden Froschherzen, können also nicht als Tetani angesprochen werden. Die von Bornstein stammende Kurvenschar (Fig. 17) zeigt, wie einfache Pulse durch abnorme Einflüsse (Vergiftung, Ermüdung, Kälte) abnorm verlängert werden können.

Lucianis scheinbare Ligaturtetani (Fig. 13) hat Kronecker als Kunstprodukte nachgewiesen. A. Walthers Herzkurven (Figg. 14 und 15) scheinen beste Beweise für die Möglichkeit eines wirklichen Herztetanus zu liefern. Er selbst hat aber in unparteiischer Kritik dieselben durch Störungen der Treppe und Tonisierung mittels Muskarin erklärt. (Vgl. übrigens die frühere Auseinandersetzung.) Fig. 20 aus Rohdes Abhandlung, betreffend das mit Chloralhydrat vergiftete Froschherz, scheint einen wahren Summationstetanus zu beweisen, da vorausgehende und nachfolgende Einzelpulse viel niedriger sind. Wer aber ermüdete oder geschädigte Froschherzen gesehen hat, die mit Perfusionsflüssigkeit gefüllt pulsieren, weiß, daß Spitze und Basis der Kammer ungleichzeitig sich kontrahierend summierte Pulse vortäuschen können. Wenn die Vorhöfe mit der Kammer in Verbindung bleiben, kann es drei- oder vierfache Überhöhungen geben.

Wir haben die am meisten für den Herztetanus ins Feld geführten, uns bekannt gewordenen Kurven wiedergegeben und besprochen.

Eine besondere Experimentalkritik erforderten die Angaben von Schelske und v. Cyon, daß der gereizte Vagus das kühle Froschherz hemme, das stark erwärmte dagegen tetanisiere.

Unsere sorgfältige Nachprüfung führte zu dem unzweifelhaften Resultate, daß die sehr frequenten Schläge des erwärmten Herzens durch die Vagireizung ebenso gehemmt werden können, wie die selteneren des kühlen Herzens. Dies gilt bis zu eintretender Wärmestarre des Herzmuskels. Die bei Zimmertemperatur für Herzhemmung erforderlichen Vagireize brauchten, auch bei Herztemperaturen bis 42°, nicht verstärkt zu werden, obwohl dabei natürlich die Pulse außerordentlich beschleunigt waren.

Sehr zu beachten ist, daß das Herz durch äußerliche Warmwasserspülung innen nur sehr langsam erhitzt wird. Viele Minuten lang kann die Differenz von 5° zwischen außen und innen bestehen.

In jüngster Zeit hat Frl. Algina im Hallerianum die Pulsationen von Froschherzen unter der Wirkung verschiedener Nährflüssigkeiten beobachtet: bei dieser Gelegenheit fand sie häufig absonderliche Pulsformen, ähnlich denjenigen, welche von anderen Forschern als tetanische respektive summierte angesehen wurden. Frl. Algina hat mir gütigst erlaubt, einige ihrer Kurven hier zu veröffentlichen, wofür ich ihr verbindlich danke.

Die folgenden elf facsimilierten Kurvenstücke zeigen verschiedene Formen derartiger abnormer Pulsationen.

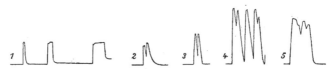

Figg. 1, 2, 3: Pulse von Froschherzen, die mit blutiger Kochsalzlösung gefüllt waren.
Fig. 4: Herz mit diffundiertem Serum, das auf Normalkochsalzgehalt gebracht.
Fig. 5: Herz mit salziger Serumalbuminlösung gefüllt.

Fig. 6: Herz erst mit Lockescher Salzlösung ausgewaschen, sodann mit Serum gefüllt,
Figg. 7, 8, 9: Herz mit diffundiertem Serum normalen Kochsalzgehaltes gefüllt.

Fig. 10: Herz mit diffundiertem Serum normalen Kochsalzgehaltes gefüllt, pulsierend.
Fig. 11: Herz, nachdem es mit diffundiertem Serum pulsiert, mit Kochsalzlösung mehrfach perfundiert, durch einen starken Induktionsstrom (1000 Einheiten) gereizt.

Typen wie sie die Figg. 1 bis 5 wiedergeben, finden sich auf unserer Tafel Fig. 6 aus Danilewskys Abhandlung und Fig. 16 aus Klugs Abhandlung, sowie in Fig. 18a in Rohdes Abbildungen. Figg. 6 und 8 erinnern an Walthers Kurven (Fig. 15a). Fig. 8 an Lucianis Fig. 13.

Kritik und Beobachtung führen uns zu folgenden Sätzen:

1. Es gibt keinen Tetanus des Herzens.

2. Tonische Herzkontraktionen sind niemals größer als maximale einfache Pulse.

3. Wachsende Pulsreihen (Bowditchs Treppe) mit abortiven Diastolen täuschen unvollkommene Tetani vor.

4. Solche erscheinen auch bei spontan pulsierenden Herzen voll ungiftiger Füllflüssigkeiten.

5. Auch Herzperistaltik (Konvulsionen) kann Summationserscheinungen geben.

6. Die Vagi vermögen das erwärmte Herz genau ebenso zu hemmen wie das kühle.

Wechselnde Erregbarkeit von Kaninchen- und Froschmuskelnerven.

Von

Dr. Martin Beltrani
in Palermo.

(Aus dem Hallerianum zu Bern.)

(Hierzu Taf. X.)

Herr Dr. Uhlmann hatte bei seinen dem VI. Physiologen-Kongresse demonstrierten tonographischen Versuchen bemerkt, daß die Reize des Duchenneschen Punktes für den Biceps brachii sich summierten, wie dies Stirling bei Reflexauslösungen nachgewiesen. H. Kronecker riet damals, die Erregbarkeit des unversehrten Ischiadicus von Kaninchen zu vergleichen mit der Erregbarkeit des abgetrennten und fand sie im ersten Falle viel größer als im zweiten.

Hiervon ging ich aus, konnte aber die Beobachtung nicht bestätigen. Doch zeigten sich mancherlei Eigentümlichkeiten, die den früheren Untersuchern entgangen waren, weil dieselben nicht über so exakte Reizapparate verfügten, wie ich im Berner Hallerianum fand.

H. Munk[1] hat 1861 bei Fröschen festgestellt: 1. „Unmittelbar nach der Trennung des Nerven vom lebenden Organismus sind die gleichzeitigen Erregungsmaxima aller Stellen des Nerven von gleicher Größe."

2. „Von einer gewissen Zeit nach der Trennung des Nerven gehen von den beiden ausgezeichneten Punkten, von welchen der eine an der Abgangsstelle des stärksten Oberschenkelastes, der andere an der Teilungsstelle gelegen ist, nach beiden Enden des Nerven hin Wirkungen aus, welche der Wirkung des Querschnittes ganz analog sind."

---

[1] *Dies Archiv.* 1862. Physiol. Abtlg. S. 46.

29*

Budge sen.[1] beobachtete bei Reizung mit Induktionsströmen, 1860: „daß die Schenkelnerven nahe ihrem Austritte aus dem Rückenmarke reizbarer sind als ein Stück, welches weiter unten liegt", und daß es Nervenstellen gibt, „welche viel erregbarer sind als andere, die sowohl über als unter diesen Stellen liegen, und wiederum andere, welche sich durch ihre große Reizlosigkeit auszeichnen" („Knotenstellen"). Besonders empfindliche Orte liegen z. B. am Abgange eines starken Nervenastes, etwa im mittleren Drittel des Oberschenkels und nahe dem Abgange der motorischen Wurzeln.

Pflüger[2] fand „diejenige Reizung durch Schließung und Öffnung konstanter Ströme heftiger wirkend, welche die vom Muskel entferntere Stelle angreift", und kam zu der Vorstellung, daß die Erregung beim Ablauf durch den Nerven „lawinenartig anschwelle".

Heidenhain[3] erkannte mittels. faradischer Reizung der mit dem Rückenmarke verbundenen Ischiadici von Fröschen, „daß, vom Muskel ab gerechnet, die Erregbarkeit anfangs sinkt, später, von der Gegend der Teilungsstelle oder einem etwas höher gelegenen Punkte an, steigt bis zur Gegend des unteren Endes des Plexus, um darauf wiederum zu sinken". Ferner (S. 40): „daß die Erregbarkeit von einem Punkte, 6 mm unter der Teilung gelegen, sinkt bis 2 mm unter der Teilung, daß sie von einem Punkte 8 mm über der Teilung steigt bis 17 mm über der Teilung, daß sie 6 mm unter der Teilung gleich 15 mm darüber, 2 mm unter der Teilung gleich 12 mm darüber ist, und endlich, daß zwischen 2 mm unter und 8 mm über der Teilung ein Minimum, also ein Inflexionspunkt der Kurve gelegen ist" (S. 41). Die Kurve der Erregbarkeit bezogen auf den Nervenverlauf beschreibt Heidenhain folgendermaßen: „Wir verlegen den Anfangspunkt des Koordinatensystems an den untersten, dicht am M. gastrocnemius gelegenen Punkt des Nerven und tragen alle Werte der Erregbarkeit, welche geringer sind als der dem Nullpunkte zukömmliche Wert, als negative Ordinaten unterhalb, alle höheren Werte als positive Ordinaten oberhalb der Abszissenachse auf, als welche wir uns die gerade gestreckte Achse des Nerven denken. Die Kurve wendet sich zunächst unter die Abszisse, erreicht etwas über der Teilungsstelle ein negatives Maximum; von da ab nehmen die negativen Ordinaten ab, werden noch unterhalb der Oberschenkeläste gleich Null, weiter oben positiv, erreichen in der Gegend des unteren Plexusendes ein positives Maximum und nehmen dann nach der Wirbelsäule hin ab" (S. 44). Auch bei Reizung mittels Unterbrechung konstanter Ströme erhielt er gleiche Resultate.

---

[1] Virchows *Archiv.* Bd. XVIII. S. 457.
[2] *Elektrotonus.* 1859. S. 140.
[3] *Studien des physiol. Instituts zu Breslau.* Breitkopf u. Härtel. 1861. S. 39 f.

E. v. Fleischl[1] schloß aus seinen Versuchen an unversehrten Frosch- nerven: „Für elektrische Reize sind die Nerven an hochgelegenen Stellen empfindlicher als an tiefgelegenen, wenn die reizenden Ströme in ihnen eine absteigende Richtung haben; sie sind aber an tiefgelegenen Stellen empfindlicher als an hochgelegenen, wenn die Ströme in ihnen eine auf- steigende Richtung haben" (S. 246). Seine Resultate waren gleich, ob er konstante oder Induktionsströme anwandte.

In späterer Arbeit[2] definiert er den „Äquator" als den Nervenort, dessen „zweimalige Reizung mit entgegengesetzt gerichteten gleich starken Öffnungsinduktionsschlägen zwei gleich hohe untermaximale Zuckungen aus- löst". „Der Unterschied in der Wirksamkeit der beiden Stromrichtungen wird um so beträchtlicher, je weiter man sich vom Äquator entfernt. Er erreicht im oberen Pol sein Maximum dicht unter der Abgangsstelle der Nervenäste für die Oberschenkelmuskulatur (dieser Punkt bezeichnet über- haupt die obere Grenze der in der ersten Abhandlung und bisher in dieser Abhandlung betrachteten Nervenstrecke), im unteren Pol erreicht der be- sprochene Unterschied sein Maximum eine kurze Strecke vor dem Eintritt des Nerven in den Muskel. Unterhalb dieses unteren Poles, dicht vor seinem Eintritt in den Muskel, zeigt der Nerv eine besonders geringe Empfindlichkeit gegen elektrische Reize."

Tigerstedt[3] fand bei mechanischer Reizung gleiche Erregbarkeit aller Punkte des unversehrten Nerven.

Biedermann[4] kommt zu dem Schlusse: „Allen diesen Angaben gegen- über erscheint es von vornherein am wahrscheinlichsten, daß der normale Nerv des lebenden Tieres an allen Stellen seines Verlaufes von gleicher Erregbar- keit ist. Zur Konstatierung dieser Tatsache eignet sich, aus später zu er- örternden Gründen, der elektrische Reiz weniger, als chemische oder mechanische Reizung."

H. Kronecker[5] hatte schon 1870 den Satz aufgestellt: „Ein all- gemein gültiges Zuckungsgesetz, der eigentliche Ausdruck geordneter Ab-

---

[1] Untersuchungen über die Gesetze der Nervenerregung. Abh. I. *Sitzungsberichte der Wiener Akademie der Wissenschaften*. Abtlg. III. 1875. Dec. und *Gesammelte Abhandlungen*. Leipzig 1893. S. 235.

[2] Über die Wirkung sekundärer elektrischer Ströme auf Nerven. *Sitzungsberichte der Wiener Akademie der Wissenschaften*. 1876. Nov. *Gesammelte Abhandlungen*. S. 253.

[3] *Studien über mechanische Nervenreizung*. 1880.

[4] *Elektrophysiologie*. II. 1895. S. 521. Jena.

[5] Gesetze der Muskelermüdung. *Sitzungsberichte der Berliner Akademie der Wissenschaften*. August 1870. S. 640. Vgl. auch *Arbeiten aus der physiol. Anstalt zu Leipzig*. 1871. S. 204.

hängigkeit der Kontraktion vom Reize, existiert für Induktionsschläge beider
Richtungen nicht. Es ist nicht nur zu verschiedenen Jahreszeiten das Verhalten des Muskels gegen Induktionsströme, welche ihn in auf- oder absteigender Richtung durchsetzen, ein verschiedenes, sondern selbst bei verschiedenen Individuen unter sonst gleichen Bedingungen abweichend und
sogar zuweilen entgegengesetzt bei zwei analogen Muskeln ein und desselben
Tieres zu derselben Zeit. Doch bleibt das individuelle Zuckungsgesetz eines
Muskels konstant für alle Ermüdungsstadien."

Ich habe versucht, die lokalen Verschiedenheiten der Erregbarkeit der
zwei Endäste des Ischiadicus: des N. peronaeus und des N. tibialis von
Kaninchen und Fröschen festzustellen.

Ich bediente mich hierzu minimaler Reize, d. h. ich bestimmte die
Intensität der Öffnungsinduktionsströme, welche hinreichten, um eine gerade
merkliche Zuckung der zugehörigen Muskeln auszulösen. So durfte ich die
leichthandlichen Platinelektroden von 2 ^{mm} Abstand verwenden, deren Umkehr mich die Stromrichtung auf schnellste und einfachste Weise wechseln
ließ. Elektrolytisch wurde der positive Pol bestimmt und kontrolliert.

Diese Versuche setzen eine völlig konstante Elektrizitätsquelle und
genau bestimmbare Intensitätsveränderungen voraus.

Mir diente eine Gülchersche Thermosäule von 26 Elementen (entsprechend einem kleinen Bunsenelement) zur Erzeugung des Stromes in
der primären Spirale eines großen, nach Kroneckers Einheiten graduierten
Induktorium von 15000 Einheiten Maximalintensität.

Die Säule erwies sich außerordentlich konstant. Ebenso bewahrte der
Nerv, den ich nach jeder Reizung in die Gewebsflüssigkeit zurückbettete,
viele Stunden lang gleiche Erregbarkeit.

Zunächst untersuchte ich die Ischiadici von Fröschen. Diese Tiere
machte ich zunächst besinnungslos, indem ich ihr Großhirn zerstörte. Mittels
Tampon hinderte ich die Verblutung.

Außerdem prüfte ich die Nervenerregbarkeit nach Abtrennung des
Mittelhirns, sowie nach Abtrennung des Nachhirns.

Die Versuchsbedingungen werde ich in den Protokollen mitteilen.

Auch die Kaninchen dienten mir für derartige Versuche. Sie waren
mittels Morphium anästhesiert.

Die Ischiadici wurden sowohl unversehrt, als auch nach Abbindung oder
Durchschneidung oberhalb der Teilungsstelle auf ihre Erregbarkeit geprüft.

Auch der Einfluß plötzlicher Herzlähmung der Tiere, sowie die Ausschaltung des Gehirns durch Paraffininjektion auf die Nervenerregbarkeit
wurde untersucht.

Die graphischen Darstellungen sollen neben numerischen Tabellen die
Resultate anschaulich machen.

Zum Verständnis diene folgendes:

Die Länge der senkrechten Linien bezeichnet die für minimale Zuckungen notwendigen Intensitäten der einzelnen Öffnungsinduktionsströme. Die Zahlen an der ersten Ordinate bedeuten Stromeinheiten. Eine Einheit entspricht 4×10^{-10} Ampère. Diese Größe haben wir geschätzt, indem wir den Induktionsstrom in ein hochempfindliches (Rubens) Galvanometer leiteten und mittels Rheochord den Bruchteil des Thermosäulenstromes aufsuchten, der gleiche Ablenkung gab.

Bekanntlich ist die Ablenkungsgröße auch eine Funktion der Stromdauer und der Induktionsstrom von hoher Spannung und kurzer Dauer (etwa $0 \cdot 001''$ bei unserem Induktionsapparat mit großem Eisenkern) lenkt das Magnetsystem im Galvanometer wenig ab, hat aber einen viel höheren Reizwert als der Dauerstrom, welcher die gleichen Galvanometerausschläge gibt.

Doch kann, wie A. Fick und Kronecker gezeigt haben, ein Galvanometer zur Aichung von Induktionsapparaten dienen.

Versuchsreihe 1 (Tab. I, Taf X).

Sieben Frösche, deren linke Nn. tibiales und Nn. peronei sowohl mittels in den Nerven aufsteigender, als auch in den Nerven absteigender Öffnungsinduktionsströme an peripheren sowie an zentralen Stellen gereizt wurden.

Tafel X stellt die Resultate graphisch zusammen. Die erste Ordinate jedes Linienpaares gibt die zur minimalen Zuckung· erforderlichen Stromeinheiten bei Reizung einer peripheren Nervenstelle an. Die zweite Ordinate bewertet den Minimalreiz an zentralem Nervenorte. Die unter den Linienpaaren vermerkten Zahlen numerieren die Versuchstiere. Jeden Nerven prüfte ich unter acht verschiedenen Bedingungen, welche unter den Abteilungen vermerkt sind.

Protokolle der schematisierten Versuchsreihen.

Tibialis ↑ (aufsteigender Induktionsstrom) Frosch (linker Schenkel).

1. Isolierter Nerv. Zentrale Reizung viel wirksamer als periphere. (Eine Ausnahme.)

2. Nerv mit Rückenmark ohne Gehirn. 2. Versuch: Zentrale Reizung viel wirksamer als periphere.

3. Nerv mit Nackenmark ohne Mittelhirn. Zentrale Reizung wirksamer als periphere. Eine beträchtliche Ausnahme.

4. Nerv mit Mittelhirn ohne Großhirn. Zentrale Reizung in 3 Versuchen viel wirksamer als periphere; in 1 Versuche gleich, in 2 Versuchen minder.

Peroneus ↑ (aufsteigender Induktionsstrom).

(5) 1. Isolierter Nerv (ligiert). In 5 Fällen zentrale Reizung viel wirksamer als periphere, in 1 Falle entgegengesetzt.

(6) 2. Nerv mit Rückenmark. 1 Versuch: Zentrale Reizung wirksamer als periphere.

(7) 3. Nerv mit Nackenmark. In 4 Fällen zentrale Reizung wirksamer als periphere, in 1 Falle fast gleich.

(8) 4. Nerv mit Mittelhirn. In 4 Fällen zentrale Reizung wirksamer als periphere; in 1 Falle beide Reizstellen fast gleich; in 2 Fällen periphere Reize wirksamer als zentrale.

Tibialis ↓ (absteigende Stromrichtung).

(9) 1. Isolierter N. Zentrale Reize in 3 Fällen wirksamer als periphere, periphere Reize in 4 Fällen wirksamer als zentrale.

(10) 2. N. + Rückenmark. Periphere Reize in allen (2) Fällen wirksamer als zentrale.

(11) 3. N. + Nackenmark. Periphere Reize in 4 Fällen wirksamer als zentrale; zentrale in 1 Falle mehr wirksam, als peripher.

(12) 4. N. + Mittelhirn. Periphere Reize in allen (6) Fällen wirksamer als periphere.

Peroneus ↓ (absteigende Stromrichtung).

(13) 1. In allen (6) Fällen periphere Reizung wirksamer als zentrale.

(14) 2. In 1 Falle periphere Reizung gleich zentraler Reizung.

. (15) 3. In 3 Fällen periphere Reizung wirksamer als zentrale; in 1 Falle periphere Reizung gleich zentraler Reizung; in 1 Falle zentrale Reizung wirksamer als periphere.

(16) 4. In 4 Fällen zentrale Reizung wirksamer als periphere; in 3 Fällen periphere Reizung wirksamer als zentrale.

I. Es überwiegt die Erregbarkeit des N. tibialis und des N. peroneus für absteigende Ströme in dem peripheren Nerventeile die Erregbarkeit in der zentralen Strecke für aufsteigende Ströme.

II. Die Minimalreize sind intensiver nötig, wenn der Nerv mit dem Mittelhirn verbunden ist, als nur mit Med. Obl. oder abgetrennt.

Versuchsreihe 2. (Tab. II, Taf. X.)

Sieben Frösche ohne Großhirn.

Die Nn. tibiales und Nn. peronei wurden bezüglich ihrer Erregbarkeit gegen Ströme entgegengesetzter Richtung (aufsteigend ↑ und absteigend ↓) verglichen, bei Reizung an gleich hohen (zentralwärts gelegenen) Stellen. In der Mehrzahl der Versuche sind die Nerven mehr erregbar für aufsteigende als für absteigende Ströme.

Auch sind die durchschnittenen Nerven meist erregbarer als die unterbundenen.

Individuelle Unterschiede sind sehr deutlich. So bedarf der Frosch IV meist nur sehr schwache Minimalreize.

Versuchsreihe 3. (Tab. III, Taf. X.)

Individuelle Eigentümlichkeiten machen sich am gleichen Nerven in verschiedenster Weise geltend; z. B. bei Frosch 1: rechts peripherer Reizort gegen aufsteigenden Strom empfindlicher als zentraler Reizort — links umgekehrt. Bei absteigendem Strome ist einerseits der periphere Ort empfindlicher als der zentrale, andererseits gleich.

Nur Frosch III zeigt rechts und links gleichsinnige Änderungen mit der Stromrichtung.

Es erinnert dies Verhalten an die in der Einleitung dieser Arbeit angeführten Beobachtungen von Kronecker an gereizten Muskeln.

Fünf Kaninchen.

Vergleiche der Erregbarkeit an verschiedenen Orten des Nerven ergeben, daß an einer Stelle des Nerven die Erregbarkeit brüske sich ändert. Dieser Wendepunkt findet sich 1·5 bis 2 cm (variierend nach Größe der Tiere) unterhalb der Teilungsstelle des Ischiadicus. Zentralwärts von dieser Stelle genügen geringere absteigende Reize für minimale Zuckung als peripherwärts. Auf den oberen und auf den unteren Strecken bleibt der Minimalreiz unverändert. (Tab. IV, Taf. X.)

Analoge Versuche an Froschnerven zu machen war nicht möglich, weil die ganze Strecke der Nn. tibialis und peroneus nur etwa 1 cm lang ist. Ich konnte nur, wie ich oben beschrieben, die Äste an der Gabelung (zentral) oder an ihren Enden (peripher) reizen.

Es ergibt sich also aus meinen Versuchen eine andere Erregbarkeitsveränderung als Heidenhain (nach anderer Methode) gefunden. Für dies Anfangsstück würde eher das Pflügersche Gesetz gelten.

Bei den längeren Kaninchennervenästen fand ich einen Wendepunkt, wie ihn Heidenhain beim Ischiadicusstamme nachgewiesen hat. In graphischer Darstellung würden sich folgende Schemata der Erregbarkeitsänderungen auf dem Hüftnerven ergeben (Tab. IV, Taf. X).

Die Verschiedenheiten zwischen Tibialis und Peroneus mußten sich bei Gesamtreizung beider Äste (wie dies frühere Autoren taten) in algebraischer Summierung kundgeben, während wir eine bessere Analyse erreichten. Vollkommen mag auch diese nicht sein, denn es ist wahrscheinlich, daß Tibialis und Peroneus gleichfalls Zweige enthalten, die wiederum verschiedenen Zuckungsgesetzen folgen.

Ich untersuchte auch, wie das Durchfrieren zentraler Nerventeile (unterhalb der Verzweigung) auf die Erregbarkeit peripherer Nervenstrecken wirkt und fand bei zwei Kaninchen, daß die Peronei einige Minuten nach Durchfrierung (mittels Silberröhrchen, durch welche Kältemischung strömte) dauernd unerregbar wurden, während die gleich behandelten Nn. tibiales nur etwas minder erregbar sich erwiesen.

Schließlich beobachtete ich den Einfluß des Absterbens auf die Erregbarkeit von Nerv und Muskel.

Die Nerven wurden möglichst nahe ihrem Eintritte in die Muskeln mit aufsteigenden Induktionsströmen minimal gereizt. Am lebenden Tiere genügen, wie bekannt, viel schwächere Reize, um die Nerven in Tätigkeit zu versetzen, als um den Muskel direkt zucken zu lassen.

Nach dem Tode nimmt die Nervenerregbarkeit schnell ab, während der Muskel noch unverändert erregbar bleibt. 15 bis 20 Minuten nach dem Tode ist der Nerv unerregbar, während der Muskel nur wenig an seiner Erregbarkeit eingebüßt hat.

Tab. V, Taf. X illustriert diese Sätze.

Um genauer zu zeigen, in welchem Maße die Nerven nach dem Tode des Kaninchens minder erregbar werden, diene folgendes Versuchsdiagramm. Das Kaninchen wurde durch Injektion von Chloroform in das Herz mittels eingestochener P r a v a z scher Spritze instantan getötet. Tab. VI, Taf. X zeigt die graphischen Daten.

Es ergibt sich, daß die Muskelerregbarkeit nur wenig leidet, während der Nerv schon ganz unerregbar geworden ist.

Dieser Befund beweist wiederum, daß der Muskel durch faradische Ströme direkt erregbar ist. Schließlich füge ich zur Kontrolle eine numerische Übersicht meiner Versuchsprotokolle an.

Tabelle VII.

Tibialis sinister. (Mit Mittelhirn.)

Nr.	Tierart	↑	↓	Ligatur ↑	Ligatur ↓	Schnitt ↑	Schnitt ↓
I	Kaninchen	8 E				8-9E	
II	Frosch	3	7·5			7·5	
III	„	2	5·5			2	
IV	„	10·5	10·5	6·5	10·5		
	„	4	7	1	3	3	3
	„	7	8	7·5	13	6·5	10·5
	„	3	7	7	13·5		
	„	10·5	3	3	5·5		

Peroneus sinister.

Nr.	Tierart	↑	↓	Ligatur ↑	Ligatur ↓	Schnitt ↑	Schnitt ↓
I	Kaninchen	10	15			8	15
II	Frosch	1	5			3	5
III	„	2	6·5			4	6
IV	„	5·5	5·5	9·5	11		
V	„	3-4	7	3	10	2	3
VI	„	6	7·5	5·5-6	11	3	7
VII	„	5	5	6	6·5		
VIII	„	5	7·5	1	2		

Tabelle VII. (Fortsetzung.)
Tibialis sinister. (Paraffininjektion ins Gehirn.)

Nr.	Tierart	P ↑ C	P ↓ C	Ligatur P ↑ C	P ↓ C
XX	Kaninchen	45 | 11	9 | 30		
XXI	,,	12 | 8	9 | 16	12 | 24	15 | 33

Peroneus sinister.

Nr.	Tierart	P ↑ C	P ↓ C	Ligatur P ↑ C	P ↓ C
XX	,,	25 | 13	13 | 14		
XXI	,,	46 | 32	15 | 18	30 | 27	155 | 120

Tibialis sinister. (Mittelhirn.) (Nachhirn.)

Nr.	Tierart	P ↑ C	P ↓ C	P ↑ C	P ↓ C	Ligatur P ↑ C	P ↓ C
IX	Frosch			5·5 | 10	12 | 7	5·5 | 6·5	8·5 | 5·5
XI	,,	8 | 7·5	7 | 10	7 | 6-6·5	4 | 7	6 | 1-2	2 | 7
XII	,,	7·5 | 5	8 | 9	5 | 3	5 | 6	7·5 | 3	3 | 5
XIII	,,	9 | 11·5	7·5 | 10·5	8·5 | 7	7·5 | 9·5	8 | 6·5	6 | 7·5
XIV	,,	3 | 5	5 | 8-8·5	7 | 6	5 | 6·5	5 | 3	2 | 3

Peroneus sinister.

Nr.	Tierart	P ↑ C	P ↓ C	P ↑ C	P ↓ C	Ligatur P ↑ C	P ↓ C
X	,,			7·5 | 6·5	3 | 5	5 | 2	4 | 5·5
XI	,,	7 | 10	5 | 6·5	5 | 5·5	5 | 1-2	6·5 | 9·5	4 | 8
XII	,,	6·5 | 5	1 | 2	4 | 3	1 | 3	3 | 1	2 | 3
XIII	,,	5 | 5·5	5·5 | 4	5 | 3	1 | 3	5·5 | 2	4 | 6·5
XIV	,,	6·5-7 | 3	3 | 1	4 | 1	2 | 2	3 | 0·5	4 | 7

Tibialis sinister. (Kaninchen tot.)

Nr.	Tierart	P ↑ C	P ↓ C	P ↑ C	P ↓ C	Ligatur P ↑ C	P ↓ C
XVIII	Kaninchen	10 | 8	9 | 45	16 | 11	10 | 26	725 | 225	320 | 540

Peroneus sinister.

Nr.	Tierart	P ↑ C	P ↓ C	P ↑ C	P ↓ C	Ligatur P ↑ C	P ↓ C
,,	,,	15 | 7	25 | 30	475 | 28	180 | 400	Unerregbar	

Tibialis sinister.

Nr.	Tierart	Mit Mittelhirn P ↑ C	P ↓ C	Mit Rückenmark P ↑ C	P ↓ C	Ligatur P ↑ C	P ↓ C
XV	Frosch	9·5 | 5-5·5	6 | 8	9 | 5	5·5 | 7	6 | 2	2 | 3
XVI	,,	9·5 | 6	5 | 6·5	9·5 | 5·5	6 | 7·5	9·5 | 5·5-6	6 | 7

Peroneus sinister.

Nr.	Tierart	Mit Mittelhirn P ↑ C	P ↓ C	Mit Rückenmark P ↑ C	P ↓ C	Ligatur P ↑ C	P ↓ C
XV	,,	8·5 | 14·5	11 | 7·5				
XVI	,,	5·5 | 4	5 | 4	5·5 | 4·5	5 | 5	5·5 | 4	5·5 | 8·5

Tabelle VII. (Fortsetzung.)   Tibialis dexter.   (Mit Mittelhirn.)

Nr.	Tierart	↑	↓	Ligatur ↑	Ligatur ↓	Schnitt ↑	Schnitt ↓
IV	Frosch	9	10	4	7·5		
V	„	2	5	1	2	1	4
VI	„	8	5·5	5·5	10·5	4	5
VII	„	6·5	5·5	4	3		

Peroneus dexter.

Nr.	Tierart	↑	↓	Ligatur ↑	Ligatur ↓	Schnitt ↑	Schnitt ↓
IV	„	5	6	5·5	10		
V	„	1-2	2	1	1	2	4
VI	„	8·5	5·5	6·5	8	6	9
VII	„	11	5	7·5	6·5		

Tibialis dexter.   (Mit Mittelhirn.)

Nr.	Tierart	P ↑	C	P ↓	C	Ligatur P ↑	C	Ligatur P ↓	C
IX	Frosch	16·5	6·5	7·5	1	6	1	7·5	8
XI	„	5	1	2	3	5·5	2	5	7·5
XII	„	8·5	4	6·5	9	6	4	3-4	5
XIII	„	11	6·5	8·5	10	8·5	5	6	7
XIV	„	7·5	5	3	8	9·5	2	5·5	7
XV	„	5·5	4	5	7	7	2	4	6
XVI	„	10	5·5	6·5	9·5	8	5	3	5·5

Peroneus dexter.

Nr.	Tierart	P ↑	C	P ↓	C	Ligatur P ↑	C	Ligatur P ↓	C
IX	„	7·5	8·5	7·5	7·5	10	9	8	9·5
XI	„	7	5	6	7·5	7	6	7	7·5
XII	„	4	1-2	1	5·5	3	1	5	6·5
XIII	„	6—6·5	5	1	3	5·5	2	3	6
XIV	„	3	2	2	5	5·5	3	4	6·5
XV	„	6	4	5	7·5	5	3	6·5	8·5
XVI	„	7·5	6	6	9	7	5	6·5	9·5

Tibialis dexter.   (Normales Tier.)

Nr.	Tierart	P ↑	C	P ↓	C	Gefroren P ↑	C	Gefroren P ↓	C	Ligatur P ↑	C	Ligatur P ↓	C
X	Kaninchen	12	12·5	25	20	11	30	21	17	12	13	25	17
XVII	„	18	12	13	20								
		53	14	500	625	t o t							
XVIII	„	14	11	10	9					27	10·3	8	11
XIX	„	10	7	6	9					25	7	10	12
						t o t				35	10	10	150
XX	„	10	9	12	16	28	10·5	10	30				
XXI	„	15	10	10	13	15	11	7	13	11	9	9	15
XXII	„	13	10·5	8	10					16	12	5	23
XXIII	„	10	8	12	7	20	10·5	10	13				
XXIV	„	9	6	5·5	10					13	5	6	5
XXV	„	5	11·5	5·5	6·5					6	6·5	5	12

Tabelle VII. (Fortsetzung.)
Peroneus dexter.

Nr.	Tierart	P↑	C	P↓	C	Gefroren P↑	C	P↓	C	Ligatur P↑	C	P↓	C
X	Kaninchen	7·5	8	12	11	10	8	15	11	9	8	15	9
XVII	„	16	9	250	800	t o t							
		150	24										
XVIII	„	11	20	11·5	27·5					20	6	11	30
XIX	„	16	14	11	23	t o t				20	10	15	19
		t o t								50	30	12	125
XX	„	12	9	22	15	200	25	21					
XXI	„	8	5·5	5·5	10	11	8	23	28				
XXII	„	600	300	600	1500	t o t				8250	1230		
XXIII	„	6	10	10	14·5	7	11·5	8	12				
XXIV	„	8	4·5	12·5	9					33	28	27	30
XXV	„	4·5	1	4	5					4	3	4	5

Tibialis dexter. (Paraffininjektion ins Gehirn.)

Nr.	Tierart	P↑	C	P↓	C	Ligatur P↑	C	P↓	C
XXVI	Kaninchen	26	14	15	21	25	13	30	50
XXVII	„	17	13	12	8				
XXVIII	„	25	15	16	18	30	13	21	11

Peroneus dexter.

Nr.	Tierart	P↑	C	P↓	C	Ligatur P↑	C	P↓	C
XXVI	„	16	11	16	12·5	50	25	40	60
XXVII	„								
XXVIII	„	23	13	28	16	70	25	40	30

Aus all meinen Versuchen kann ich folgende Schlüsse ziehen:

Frösche.

1. Die peripheren Strecken der Nn. tibiales und peronei sind erregbarer für absteigende Ströme, die zentralen Strecken erregbarer für aufsteigende Ströme.

2. Nerven in Verbindung mit dem Mittelhirn sind im allgemeinen weniger erregbar, als wenn sie nur noch mit der Med. obt. zusammenhängen oder isoliert sind.

3. Durchschnittene Nerven sind oft erregbarer als unterbundene.

4. Es gibt kein allgemeingültiges Zuckungsgesetz für minimale Reize. Verschiedene Frösche, ja auch die beiden Schenkel desselben Frosches zeigen häufig ungleiche Erregbarkeit.

Kaninchen.

1. Die Nn tibiales und peronei zeigen eine scharfe Grenze zwischen den Strecken erhöhter und verminderter Erregbarkeit. Der Wendepunkt liegt 1,5 bis 2 cm unterhalb der Nervenverzweigung. Innerhalb der Strecken ist die Erregbarkeit merklich verschieden.

2. Zwei Peronei, deren zentrale Teile durchfroren waren, verloren unterhalb dauernd ihre Erregbarkeit, während gleichbehandelte Nn. tibiales nicht litten.

3. Nach dem Tode werden die Nerven bald unerregbar, während die Muskeln ihre Reizbarkeit noch $\frac{1}{2}$ Stunde unverändert bewahren.

———

Die beiden Äste des Ischiadicus: Tibialis und Peroneus sind (wie erwähnt) häufig verschieden erregbar. Es ist daher nicht beweisend, wenn man diese (wie andere) Äste des Ischiadicus vereint prüft.

Allerlei Beobachtungen und Betrachtungen über das Verhalten des Oxyhämoglobins Reduktionsmitteln gegenüber.

G. Hüfner.

Jeder, der sich längere Zeit mit Untersuchungen über das Hämoglobin beschäftigt hat, weiß von den mannigfachen Enttäuschungen zu berichten, die dieser wandelbare Stoff dem Experimentator durch sein oft ganz unerwartetes Verhalten bereitet. Namentlich der scheinbar so einfache Vorgang der Reduktion seiner Sauerstoffverbindung verläuft selten quantitativ genau in der von uns erwarteten Weise. Fast stets vollziehen sich dabei in mehr oder minder erheblichem Umfange Nebenreaktionen, infolge deren ein Teil des lose gebundenen Sauerstoffs, welch letzterer sich eigentlich ganz vom Hämoglobin hätte losreißen sollen, vielleicht auch ursprünglich losgerissen hatte und frei geworden war, doch wieder zurückgehalten und, wie es scheint, nicht bloß zur Oxydation anderer organischer Moleküle, sondern auch zu einer perversen Oxydation des eigenen Farbstoffmoleküls selbst verbraucht wird. Dafür sprechen besonders Erfahrungen, die ich seit Jahren bei der Prüfung der verschiedenen Mittel, das Oxyhämoglobin zu reduzieren, gemacht habe.

Bereits Pflüger und Stroganow[1] hatten beobachtet, daß in den ersten Minuten nach dem Lassen des Blutes aus der Ader ein Teil des in ihm enthaltenen auspumpbaren Sauerstoffs zur Bildung einer bisher noch nicht aufgefundenen festeren Verbindung, wahrscheinlich sauren Charakters,

---

[1] Pflügers *Archiv*. Bd. XII. S. 48.

verwendet wird. Schon diese eine Beobachtung allein gibt Veranlassung zu mancherlei Fragen und Vermutungen. Befindet sich, kann man z. B. fragen, der Stoff oder befinden sich die Stoffe, die hierbei oxydiert werden, außerhalb der Blutkörperchen, im Plasma, oder sind sie neben dem Hämoglobin in den Körperchen enthalten? Oder geht am Ende der Farbstoff selber im Momente des Aderlasses mit dem Sauerstoff eine festere Verbindung ein? In letzterem Falle könnte man in der Tat an die Bildung eines Stoffes, wie Methämoglobin, denken; denn man mag über den Unterschied im Bau des Oxyhämoglobins und des Methämoglobins eine Vorstellung hegen, welche man will, — das eine wird man immer gelten lassen müssen, daß auch das Methämoglobin ein Oxydationsprodukt des Hämoglobins darstellt; nur daß es nicht wie das Oxyhämoglobin ein lockeres Peroxyd desselben ist.

Ähnliche unaufgeklärte und für unsere Zwecke unliebsame chemische Prozesse, wie das ebenerwähnte, kurz nach dem Aderlassen eintretende, Verschwinden von auspumpbarem Sauerstoffe aus dem Blute kann man aber bei Versuchen beobachten, in denen zur Reduktion des Oxyhämoglobins chemische Hilfsmittel verwendet werden.

Bekanntlich war es Hoppe-Seyler vor einer längeren Reihe von Jahren gelungen[1], eine alkalische Hämatinlösung von bekanntem Gehalt mit Hilfe von Kaliumsulfhydrat so vollkommen zu Hämochromogen zu reduzieren, daß hernach die Verbindung dieses letzteren mit Kohlenoxydgas genau in dem Verhältnisse stattfinden konnte, das sich aus dem Eisengehalte des Farbstoffs berechnen läßt, d. h. so, daß auf 1 Atom Eisen genau 1 Molekül des Kohlenoxydgases kommt. In Gemeinschaft mit Professor W. Küster habe ich selber vor wenigen Jahren diesen Versuch in größerem Maßstabe wiederholt und Hoppe-Seylers Angaben in vollem Umfange bestätigt gefunden.[2]

Dieser glücklich gelungene Versuch mit dem Hämatin ließ es nicht unmöglich erscheinen, daß sich das Kaliumsulfhydrat einer Lösung von Oxyhämoglobin gegenüber als ebenso sicheres Reduktionsmittel bewähren und daß es demnach gelingen werde, mit seiner Hilfe das Verbindungsverhältnis zwischen Hämoglobin und Kohlenoxyd ebenso sicher und genau festzustellen, wie das zwischen Kohlenoxyd und Hämochromogen. Ich setzte deshalb zu 500 ccm einer schwach alkalischen Lösung (0·01 Prozent Natriumkarbonat enthaltend) frisch ausgeschleuderter Blutkörperchen vom Schwein oder Rind, die in 100 ccm etwa 4 grm Hämoglobin enthielt, 10 ccm einer gleichstarken Lösung von Kaliumsulfhydrat, wie sie zu den Hämatin-

---

[1] *Zeitschrift für physiol. Chemie.* Bd. XIII. S. 477.
[2] *Dies Archiv.* 1904. Physiol. Abtlg. Suppl. S. 387.

versuchen gedient hatte, pumpte sie, nachdem sie purpurfarben geworden, noch einmal rasch aus und unterwarf ein bestimmtes Volumen davon in dem bekannten Apparate dem Absorptionsversuche mit Kohlenoxydgas. Die Resultate mehrerer solcher Versuche schwankten untereinander, auch wenn sie mit verschiedenen Portionen derselben Blutlösung ausgeführt wurden, sehr erheblich. So erhielt ich bei Versuchen mit Lösungen von Schweineblutkörperchen statt der zu erwartenden 1·34 ccm das eine Mal nur 1·22, ein anderes Mal 1·32, in einem dritten Versuche aber mit einer Probe der gleichen Lösung, wie vorher, wiederum nur 1·19 ccm Kohlenoxyd auf 1 grm Farbstoff. Ein Versuch mit gelösten Rinderblutkörperchen gab gleichfalls nur die Zahl 1·19.

In allen diesen Versuchen lag die Temperatur zwischen 20° und 21° und die Menge des angewandten Kaliumsulfhydrats betrug stets etwa das 15- bis 20fache von derjenigen, die zur Reduktion des vorhandenen Oxyhämoglobins notwendig gewesen wäre.

Hält nämlich das Molekül des Oxyhämoglobins — das Gewicht desselben zu rund 16700 angenommen — 2 Atome Sauerstoff lose gebunden, so sollten zur Reduktion desselben 4 Wasserstoffatome, folglich 4 Moleküle, d. i. $4 \times 72 = 288$ Gewichtsteile KaSH erforderlich sein. Sind nun z. B. 20 grm Oxyhämoglobin in 500 ccm der Blutkörperchenlösung enthalten, so beanspruchen diese $\frac{288.20}{16700} = 0·35$ grm des Reduktionsmittels. Unsere Lösung desselben enthielt aber 51·4 grm in 100 ccm Wasser. Von dieser wurden jedesmal 10 ccm jenen 500 ccm hinzugefügt.

Ebensowenig befriedigende Resultate erhielt ich mit Stokesschem Reagens als Reduktionsmittel. Ich ging bei Anwendung desselben von der Überlegung aus, daß zur Wegnahme von 1 Molekül Sauerstoff 4 Eisenatome einer Ferroverbindung nötig sind, daß daher 14 grm Oxyhämoglobin $\frac{4.56.14}{16700} = 0·2$ Prozent Eisen, entsprechend rund 1 grm Eisenvitriol, bedürfen.

Eine passende Lösung des Reagens bereitet man sich am besten in der Weise, daß man von kristallisiertem Eisenvitriol und ebenso von festem Ammoniumtartrat einige Gramme im Verhältnisse ihrer Molekulargewichte abwägt, z. B. 10 grm Eisenvitriol und 6·6 grm Ammoniumtartrat, die beiden Salze in 90 ccm ausgekochten Wassers löst und dieses Volumen mit Ammoniakflüssigkeit von 0·96 spez. Gewicht bis auf 100 ccm auffüllt. 10 ccm dieser Mischung enthalten dann jedesmal 0·2 Prozent reduzierendes Eisen.

Wurde von diesem Reagens, um der vollständigen Reduktion sicher zu sein, ein Überschuß, z. B. 20 ccm, zu der 500 ccm betragenden und 14 grm Oxyhämoglobin enthaltenden Lösung der Körperchen zugesetzt, diese hierauf ausgepumpt und dann wieder mit Kohlenoxyd geschüttelt, so ergab sich die absorbierte Gasmenge gleichfalls geringer, als man erwarten durfte: im einen Falle, bei einer Lösung von Rinderblutkörperchen, nur 1·08, im anderen, bei einer Lösung von Schweineblutkörperchen, 1·17 ccm auf 1 grm Hämoglobin.

Es kann wohl keinem Zweifel unterliegen, daß die unter dem Einflusse des Reduktionsmittels erfolgende Reaktion in den angeführten Fällen nicht bei allen Molekülen des Oxyhämoglobins die gleiche gewesen, sondern daß jedesmal ein mehr oder weniger großer Prozentsatz derselben eine andersartige Veränderung als eine bloße Reduktion erfahren hat; so daß am Ende nicht soviel Kohlenoxyd aufgenommen werden konnte, wie hätte aufgenommen werden müssen, wenn vorher sämtliches ursprünglich vorhandene Oxyhämoglobin glatt in Hämoglobin übergeführt worden wäre. Die Zahl 1·19 dürfte z. B. bedeuten, daß etwa 90, die Zahl 1·17, daß 87, die Zahl 1·08, daß nur 80 Prozent Oxyhämoglobin normal reduziert, die übrigen aber in einer anderen, für uns unerwünschten, Weise verändert worden waren.

Worin diese andersartige Veränderung im einzelnen Falle bestehen mag, darüber können wir uns freilich irgend eine klare Vorstellung vor der Hand nicht machen. Hierzu wäre eine genaue Kenntnis vom Bau des Hämochromogens und seiner Verbindungsweise mit dem Globineiweiß wohl in erster Linie vonnöten. Denn es ist bemerkenswert und verdient nochmals besonders hervorgehoben zu werden, daß während unser Reduktionsund der unmittelbar darauf folgende Absorptionsversuch, angestellt mit jenem eisenhaltigen Kern allein, sehr glatt und genau der Rechnung gemäß verläuft, derselbe Versuch mit dem komplizierten Molekül des Oxyhämoglobins nicht in gleich glatter und regelmäßiger Weise gelingen will; daß hier vielmehr neben dem normalen und einfachen Reduktionsvorgang offenbar noch ein oder gar mehrere andere Prozesse verlaufen, deren Folgen eingreifendere und, wie es scheint, irreparable Veränderungen einzelner Moleküle sind.

Als ich vor einer Reihe von Jahren[1] durch Absorptionsversuche an sauerstofffrei gemachten Lösungen ausgeschleuderter Blutkörperchen endgültig das Verhältnis festzustellen suchte, in welchem sich 1 grm Hämoglobin mit Kohlenoxyd (gemessen in Kubikzentimetern, reduziert auf 0° und 760 mm Quecksilberdruck) verbindet, bediente ich mich zur Reduktion der Oxyverbindung zum erstenmale des Hydrazinhydrats, mußte mich aber überzeugen, daß man auch mit diesem Reagens, so rasch und schön es wirkt, den erhofften Erfolg nie vollständig erreicht. In acht langen Versuchsreihen gelang dies nur ein Mal. Dagegen wurde damals die interessante Beobachtung gemacht, daß allerdings die von der gasfreien Lösung aufgenommene Gesamtmenge an Kohlenoxyd der berechneten Summe der beiden Kompo-

---

[1] *Dies Archiv.* 1894. Physiol. Abtlg. S. 130.

nenten gleichkam, aus denen jene Menge der Voraussetzung nach zusammengesetzt sein mußte[1], daß nur aber der chemisch gebundene Teil in den
meisten Fällen etwas zu klein, der physikalisch absorbierte entsprechend zu
groß gefunden ward, was notwendig zu dem Verdachte führte, daß ein
Teil der Kohlenoxydverbindung — so unwahrscheinlich dieser Verdacht
gerade für diese Verbindung von vornherein auch sein mochte — in einer
eigentümlichen Art von Dissoziation[2] begriffen sei.

Ein weiteres Beispiel für das Auftreten einer Nebenreaktion bei der
allmählichen Reduktion von Oxyhämoglobinmolekülen bietet die bekannte
Beobachtung, daß, wenn man arterielles Blut in einem zugeschmolzenen
Rohre aufbewahrt, der Sauerstoff desselben infolge von Fäulnisvorgängen
allmählich verbraucht, der größte Teil des Oxyhämoglobins also zu Hämoglobin reduziert und deshalb die Farbe der eingeschlossenen Flüssigkeit
purpurn wird; daß aber daneben immer auch ein wenig Methämoglobin entsteht. Wie soll man sich diesen letzteren Vorgang erklären?

Gibt man dem Oxyhämoglobin die Formel $(Hb){<}{\overset{O}{\underset{O}{|}}}$, so darf man sich

vielleicht vorstellen, daß beim Zerfall der durch Dissoziation frei gewordenen
Sauerstoffmoleküle in einzelne Atome, hervorgerufen durch die Berührung
mit oxydablen Substanzen, hin und wieder auch eines der Sauerstoffatome
an dem zweiwertigen Atomenkomplex $(Hb){=}$ selber hängen bleibt, um mit
ihm das fester gebaute Oxydationsprodukt $(Hb){=}O$ zu bilden, dessen neutrale
oder schwach saure Lösung braun gefärbt ist und das wir eben als Methämoglobin bezeichnen. Beim Zusammentreffen mit etwas Alkali erleidet
seine Lösung einen deutlichen Farbenumschlag ins Rote, wahrscheinlich
weil sich eine salzartige Verbindung bildet nach der Gleichung:

$$(Hb){=}O + {\frac{Na\,OH}{Na\,OH}} = (Hb){\frac{ONa}{ONa}} + H_2O \, .$$

Daß eine solche Bildung von Methämoglobin nicht häufiger oder gar
regelmäßig auftritt, namentlich selten während des Lebens und nicht innerhalb der Blutkörperchen selber, hängt vielleicht mit dem Umstande zusammen, daß hier das Oxyhämoglobin allerdings nicht vor Dissoziation,
wohl aber vor der unmittelbaren Berührung mit allerlei reduzierenden,
leicht oxydablen Stoffen des Plasmas, die ein Freiwerden einzelner Atome

---

[1] Es ist hier an die bekannte Gleichung gedacht: $V = a + bp$, worin V die
Gesamtmenge, a den chemisch gebundenen, bp den physikalisch absorbierten, mit dem
Druck p wachsenden, Anteil bedeutet.

[2] Bei Versuchen über die Absorption von Stickoxyd durch Eisenvitriollösungen
(vgl. *Zeitschrift für physikalische Chemie*. Bd. LIX. S. 416 ff.) bin ich indessen neuerdings auf ähnliche Beobachtungen gestoßen.

aus dem peroxydartig[1] gebundenen Sauerstoffmolekül bedingen könnten, eben gerade durch die Hülle der Körperchen geschützt ist.

Zur Frage nach der chemischen Konstitution des freien Methämoglobins und namentlich danach, ob sein Verhältnis zum Sauerstoff etwa in der Formel $(Hb){<}^{OH}_{OH}$ oder vielmehr in der Formel $(Hb){=}O$ zum richtigen Ausdruck kommt, sei noch folgendes bemerkt.

In einer vorzüglichen Experimentalarbeit über das Cyanhämoglobin hat Prof. v. Zeynek[2] vor einigen Jahren bewiesen, daß das Hämoglobin nur eine, nicht etwa, wie man erwarten könnte, zwei Cyangruppen chemisch zu binden vermag. Er hat ferner gezeigt, daß stets das gleiche Cyanhämoglobin entsteht, gleichgültig ob man nun Blausäure auf Oxyhämoglobin, bzw. Methämoglobin, oder ob man Cyangas, $(CN)_2$, auf reduziertes Hämoglobin einwirken läßt.

Die rasche und glatte Art, wie namentlich Methämoglobin und Blausäure aufeinander wirken, und der Umstand, daß sich dabei nur eine Cyangruppe an das Hämoglobinmolekül anlagert, erinnert in der Tat an das Verhalten der Aldehyde und Ketone gegen Cyanwasserstoff und könnte wohl die Annahme plausibel machen, daß dem freien Methämoglobin die Formel $(Hb){=}O$ zukomme, in welchem das doppelt gebundene Sauerstoffatom, ähnlich wie in der Gruppe CO der Aldehyde und Ketone, bei Berührung mit dem Wasserstoff der Blausäure sich halb losreißt („aufrichtet"), mit diesem sich zu einem Hydroxyl verbindet und damit für die Anlagerung des Cyans, CN, Platz macht, gemäß der Gleichung:

$$(Hb){=}O + HCN = (Hb)\,{}^{OH}_{CN}\,.$$

Man würde sich damit der Anschauung Hoppe-Seylers anschließen, der dem Methämoglobin einen geringeren Sauerstoffgehalt zuschrieb als dem Oxyhämoglobin.

---

[1] Wenn ich annehme, daß das Sauerstoffmolekül im Oxyhämoglobin peroxydartig an den Farbstoffkern gebunden ist, — welche Annahme eben in der Bezeichnung $(Hb){<}^{O}_{O}$ ihren Ausdruck findet —, so soll damit durchaus nicht gesagt sein, daß sich das Oxyhämoglobin nun auch in allen Stücken etwa wie Wasserstoffperoxyd oder Baryumperoxyd verhalte, daß es namentlich, wie jene in H_2O, bzw. BaO und O, so in $(Hb){=}O$ und O zerfallen müsse. Ein wesentlicher Unterschied zwischen ihm und den genannten Peroxyden müßte gerade darin bestehen, daß es bei seiner regelmäßigen Dissoziation nicht $(Hb){=}O$ und O, sondern $(Hb){=}$ und O_2 liefert; denn die fester gebaute und gesättigte Verbindung $(Hb){=}O$ wäre ja unfähig, ferner physiologisch zu funktionieren.

[2] *Zeitschrift für physiol. Chemie.* Bd. XXXIII. S. 426.

Allein das Verhalten gegen Blausäure ließe sich auch mit der Formel $(Hb){<}^{OH}_{OH}$ vereinigen, insofern $(Hb)^{OH}_{OH}$ + HCN gleichfalls $(Hb)^{OH}_{CN}$, daneben aber ein Molekül Wasser geben könnten.

Wie erklärt sich aber das Zustandekommen der gleichen Verbindung beim Zusammentreffen von Blausäure mit Oxyhämoglobin und wie ferner die Tatsache, daß das zweiwertige Radikal $(Hb){=}$ nur eine Cyangruppe aufnimmt, während ihm doch im Molekül des absorbierten Cyangases $\binom{CN}{CN}$ zwei solcher Gruppen geboten werden?

Auch würde die ausgesprochene Vermutung über die Anlagerungsweise der Blausäure nur dann berechtigt sein, wenn wirklich die im Methämoglobin vorhandene Atomgruppe, an welche die Anlagerung erfolgt, eine CO-Gruppe wäre und nicht doch vielleicht das Eisenatom, welch letzterem wir ja bei allen den Vorgängen, bei welchen Gase, wie Sauerstoff, Kohlenoxyd und Stickoxyd, durch das Hämoglobin aufgenommen werden, eine wesentliche Rolle — so unklar uns diese im einzelnen Falle bis jetzt auch sein mag — zuschreiben müssen.

Untersuchungen über den genuinen Blutfarbstoff normaler und mit chlorsauren Salzen vergifteter Katzen.

Von

Arthur Bornstein und **Franz Müller** (Berlin).

(Aus dem tierphysiologischen Institut der kgl. landwirtschaftlichen Hochschule zu Berlin. Vorstand: Geh.-Rat N. Zuntz.)

Die · vorliegende Arbeit war aus der Absicht entstanden, das Verhalten des Blutfarbstoffs bei zur Methämoglobinbildung führenden Vergiftungen zu prüfen. Diese sind besonders leicht bei Katzen zu bewerkstelligen (Falck). Wir waren daher gezwungen, die für Katzenblut fehlenden Normalwerte der Sauerstoffbindung aufzustellen, während die Versuche des einen von uns mit H. Aron die spektrophotometrischen Zahlen[1], die Analysen von Aron[2] die Eisenwerte des unvergifteten Blutes geliefert haben.

Methodik.

1. Die Blutgewinnung. Die Beobachtungen von Aron[1] haben gezeigt, daß bei der üblichen Defibrinierung durch Schlagen eine nicht unbeträchtliche Menge von Blutfarbstoff im Gerinnsel stecken bleibt und daß bei allen quantitativen Untersuchungen durch Schütteln mit Quecksilber zu defibrinieren ist. Wenn es daher im folgenden auf vergleichende Bestimmungen der Farbstoffmenge ankam, gingen wir dementsprechend vor.

2. Weiter hat Loewy im Gegensatz zu Hüfner beobachtet, daß die Sauerstoffbindung des Hämochroms bei Aufbewahrung des Blutes außerhalb des Körpers durchaus nicht immer sinkt. Wir selbst hatten ähnliche

---

[1] *Dies Archiv*. 1906. Physiol. Abtlg. Suppl. S. 109.
[2] *Biochemische Zeitschrift*. Bd. III. S. 1.

Beobachtungen am Spektrophotometer gemacht. Demgegenüber entsprechen dagegen unsere Erfahrungen an Katzenblut mehr den Hüfnerschen: die Sauerstoffbindung nimmt beim Stehen extra Corpus sehr schnell ab (s. Versuch V und VI der Übersichtstabelle I).[1] Katzenblut muß also möglichst schnell nach der Entnahme verarbeitet werden. Wir haben daher die verschiedenen Proben kurz nacheinander geschüttelt und entgast.

3. Die Blutabmessung zur Gasanalyse geschah nach der von Loewy und Zuntz eingehend beschriebenen Methodik.[2] Das Meßrohr enthielt meist 12 ccm. Die Fehler der gasanalytischen Methode multiplizieren sich also für die übliche prozentische Berechnung auf 100 ccm Blut mit 8.

4. Die Entgasung geschah teils nach der im Zuntzschen Laboratorium üblichen Auspumpungsmethode mit der verbesserten Pflügerschen Gaspumpe, teils (Versuch I bis VI) ohne Pumpe mit Hilfe von Ferricyankalium, in dem von dem einen von uns vor einigen Jahren modifizierten Haldaneschen Apparate.[3] Einige Doppelbestimmungen lieferten wieder den Beweis, daß diese Methode der Auspumpung durchaus nicht an Genauigkeit nachsteht.

5. Die Gasanalyse der Blut- und Schüttelgase wurde teils nach der Methode von Bunsen-Geppert, teils nach Loewy[4] oder Haldane[5] ausgeführt.

Da es im vorliegenden Fall, in dem es sich vielleicht um individuelle Schwankungen in der Gasbindung ·handeln konnte, besonders wertvoll war, über die methodischen Fehler klar zu sein, wurden eine größere Anzahl von Prüfungen dieser verschiedenen Methoden vorgenommen.

Geppert hat in seiner klassischen Monographie als maximale Ablesungsfehler für kleine Luftvolumina bei Bestimmungen ohne Wassermeniskus 0·16 Prozent, mit Wassermeniskus 0·03 bis 0·11 Prozent des Gasvolumens angegeben. Wir haben diese Genauigkeit nicht vollkommen erreicht. Aus einer Versuchsreihe, in welcher Volumina von 6 bis 12 ccm eines Gemenges von etwa 30 Prozent Kohlensäure, 4 Prozent Sauerstoff und 66 Prozent Stickstoff bestimmt wurden, und in denen eine größere Anzahl von in diesen Ablesungen geübten Untersuchern jede Ablesungsreihe kontrollierte, haben wir für die absolute Bestimmung des Anfangsvolumens ohne Wassermeniskus, in den bei Blutgasanalysen üblichen engen Eudiometerröhren (12 mm Durchmesser) Abweichungen von 0·08 bis 0·62 Prozent des Gasvolumens, für die Bestimmung nach Kohlensäureabsorption, also mit Laugenmeniskus, 0·22 Prozent, für das Gasgemisch vor der Explosion nach Zugabe von Wasserstoff bis zu 0·06 Prozent, und nach der Explosion bis 0.07 Prozent

---

[1] In der Übersichtstabelle I am Schluß der Arbeit sind alle nicht durch Chlorat vergifteten, in Übersichtstabelle II alle vergifteten Tiere aufgeführt, und zwar bezeichnet die gleiche Nummer in den Tabellen ein und dasselbe Tier vor bzw. nach Vergiftung.

[2] *Dies Archiv.* 1904. Physiol. Abtlg. S. 166.

[3] Pflügers *Archiv.* 1904. Bd. CIII. S. 541.

[4] *Dies Archiv.* 1898. Physiol. Abtlg. S. 484. (Absorption des Sauerstoffs durch ammoniakalische Kupferlösung.)

[5] *The investigation of mine air* von Foster u. Haldane (London 1905. Charles Griffin u. Co. Ltds.) p. 101. Fig. 36. (Absorption des Sauerstoffs durch pyrogallussaures Kali.)

konstatiert. Berechnet man danach mit diesen maximalen Abweichungen ein den tatsächlichen Verhältnissen bei der Blutgasanalyse entsprechendes Beispiel, in dem aus 12 ^{ccm} Blut 5·52 ^{ccm} Gas ausgepumpt sein mögen, so ergibt sich für die Kohlensäure eine allein durch diese Ablesungsfehler bedingte Differenz von 0·56 %, für den Sauerstoff von nur 0·02 %, für den Stickstoff von 0·4 % des Blutvolumens. Dabei ist, wie gesagt, eine Gasmischung gewählt, wie sie bei sauerstoffarmem venösen Blut öfters vorkommt.[1] Derartige Schwankungen können also infolge von Ablesungsfehlern bei Häufung unglücklicher Zufälle vorkommen.

Die von Haldane angegebene Methode der Analyse der Blutgase, bei welcher der Sauerstoff durch Pyrogallol absorbiert wird, hat bei bequemer Handhabung den Vorzug, daß man ohne komplizierte Berechnungen sehr bald das Versuchsresultat vor sich sieht und eventuell danach noch während der Auspumpung das weitere Vorgehen einrichten kann. Außerdem ist es sehr praktisch, daß man zu Beginn der Analyse ein gemessenes Stickstoffvolumen im Rohr hat und diesem das Gasgemisch hinzufügt, so daß sich nach der Kohlensäureabsorption nicht bloß das oft sehr geringe Sauerstoffvolumen, sondern Sauerstoff + Stickstoff im Rohre befindet, die dann in Pyrogallol übergeführt werden. Die Sauerstoffanalyse wird dadurch sehr erleichtert. Die folgende Tabelle zeigt, daß Haldanes und Loewys Methoden der Bunsen-Geppertschen an Genauigkeit kaum nachstehen. Wir haben daher in den späteren Versuchen ausschließlich die einfachere Methodik verwendet.

Tabelle A.

Gas-mischung Nr.		Bunsen-Geppert		Haldane			Loewy	
II	CO_2	22·25		22·01	21·84	22·18		
	O_2	69·85		69·75	69·79	68·62		
III	CO_2	26·79	26·79	26·66				
	O_2	53·15	52·97	52·87				
IV	CO_2	58·93	59·62	58·93	59·49		58·99	59·00
V	CO_2	$\left(55·60\right)^2$	56·54	56·31	56·72		56·40	56·47
	O_2	$\left(29·13\right)$	28·68	28·82	28·86		29·10	28·59
VI	CO_2	$\left(30·16\right)^2$	31·59	31·36	31·68	31·16	31·59	
	O_2	$\left(55·74\right)$	54·34	54·34	54·59	54·86	54·34	

6. Die Konzentration des Hämochroms — so wollen wir im folgenden mit Bohr[3] den genuinen Blutfarbstoff in den Erythrozyten nennen — wurde spektrophotometrisch bestimmt. Es ist die Konzentration $c = A_0 \cdot \varepsilon_0 = A'_0 \cdot \varepsilon'_0$, d. h. gleich dem Produkt aus einer Konstanten und einem Extinktionskoeffizienten.

---

[1] d. h. 40 % CO_2, 4·5 % O_2, 1·5 % N in 100 ^{ccm} Blut.

[2] Eine Erklärung derartiger Abweichungen sonst einwandfreier Blutgasanalysen findet sich bei Geppert, *Gasanalyse*. Berlin, Hirschwald, 1885, auf S. 121.

[3] Nagels *Handbuch der Physiologie*. Bd. I.

Da bei unseren Katzen der Quotient des Extinktionskoeffizienten $q = \frac{\varepsilon'}{\varepsilon}$, das Absorptionsverhältnis, stark schwankte[1] und sich bei Absinken desselben von den beiden Extinktionskoeffizienten ε, d. h. der der Spektralregion zwischen den beiden Absorptionsstreifen entsprechende, viel weniger verändert als ε', der in der Gegend des nach Grün hin gelegenen β-Streifens bestimmt wird[2], haben wir nur den erstgenannten für die Konzentrationsberechnung benutzt und $c = A_0 \cdot \varepsilon_0$ ermittelt.

Die Konstante A_0 mußte für Katzenblut erst festgestellt werden. Da man bei Blut nicht, wie Hüfner dies für Hämoglobin getan, durch Trockensubstanzbestimmungen eichen kann, blieb uns nichts anderes übrig, als die Eisenanalyse zugrunde zu legen, allerdings in dem vollen Bewußtsein, wahrscheinlich einen Fehler zu begehen, der aber hier nicht zu umgehen ist, indem wir einen konstanten Eisengehalt von $0 \cdot 336$ Fe auf 100 Hämochrom annehmen.[3] Aus den von Herrn Kollegen Aron nach der Neumannschen Methode ausgeführten und auch schon in anderem Zusammenhange publizierten Eisenanalysen der Versuche XXII, XXIIIa und XXIb[4] ergibt sich

$$A_0 = \begin{cases} 19781 \\ 21896, \\ 19269 \end{cases}$$

also im Mittel 20315 bei einer Abweichung von im höchsten Fall 10 Prozent des Wertes. Die Eichanalysen hatten sonst nur etwa 5 Prozent Fehler. Wir haben hier den optisch sehr stark abweichenden Versuch XXIIIa hinzunehmen müssen, der auch in anderer Beziehung (s. O_2-Dissoziation) ein abnormes Verhalten des Hämochroms aufweist. Da aber das Tier vollkommen normal war, hielten wir uns nicht für berechtigt, den methodisch einwandfreien Versuch zu eliminieren. Hüfners, wie gesagt, durch Trockensubstanzbestimmung bewirkte Eichungen[5] ergaben $6 \cdot 3$ Prozent Abweichung vom Mittelwert. Wir dürfen uns also in keinem Falle übertriebene Vorstellungen von der Genauigkeit dieser Konzentrationsbestimmungsmethode machen.

Noch viel schlimmer wird aber die Sache, wenn man annimmt, daß dem Absinken des Absorptionsverhältnisses eine bestimmte Zunahme an Methämoglobin und entsprechende Abnahme an Oxyhämoglobin entspricht. Hüfner hat so mit Hilfe der Vierordtschen Formel unter der Annahme,

---

[1] *Dies Archiv.* 1906. Physiol. Abtlg. Suppl. S. 112 und 116 und *Biochem. Zeitschrift.* Bd. III. S. 1 ff.

[2] *Ebenda.* S. 125.

[3] Jaquet, *Diss.* Basel 1889. *Zeitschrift für physiol. Chemie.* XII. S. 285.

[4] *Biochem. Zeitschrift.* III. S. 1 ff. Tab. IV. Dort entspricht

Versuchsnummer   IX unserem Versuch XXIb (s. Übersichtstabelle I
am Ende dieser Arbeit)

„	X	„ „	XXId
„	XI	„ „	XXIIIa
„	XII	„ „	XXII
„	XIII	„ „	XXIIIb

[5] *Dies Archiv.* 1894. Physiol. Abtlg. S. 137.

daß Methämoglobin ein konstantes spektrales Verhalten besitzt und unter Benutzung der von v. Zeynek ermittelten Konstanten, Tabellen für Blutlösungen mit abnormem Absorptionsverhältnis aufgestellt. Sehen wir einmal, wie groß bei dieser Konzentrationsbestimmung die methodisch bedingten Fehler werden:

Aus einer früheren Arbeit[1] zeigt sich, daß man unter Zugrundelegung von 20 spektrophotometrischen Ablesungen, die nicht mehr als die Hüfnerschen untereinander abweichen, im Resultat Abweichungen von 0.4^0 im Drehungswinkel des analysierenden Nikols als möglich hinnehmen muß.

Es ergäbe z. B.

		I	II
die Ablesungsreihe			
als Mittel der 20 Einzelablesungen: die Drehungswinkel $\begin{cases} \varphi_0 \\ \varphi'_0 \end{cases}$		61·0 69·4	60·6 69·8

$$\text{Dann wird } \frac{\varepsilon'}{\varepsilon_0} = q = \quad 1·443 \quad 1·495$$

$$\text{Differenz } 0·05$$

Differenzen im Absorptionsverhältnis von 0.05 sind also methodisch möglich. Da nun der Mittelwert von q bei unseren normalen, nicht narkotisierten Katzen $1·44$ beträgt, haben wir mit unserer Konstanten $A_0 = 20315$ und den Methämoglobinkonstanten A_m und A'_m von v. Zeynek die auf 100 Gesamtfarbstoff vorhandenen Methämoglobinmengen genau nach Hüfner[2], wie folgt, berechnet: $\varepsilon_0 = 1$.

$$\frac{A_m}{A'_m} = \frac{\varepsilon'_m}{\varepsilon_m} = 1·185 \qquad \frac{\varepsilon'}{\varepsilon} = \frac{(100 - x) \cdot \varepsilon''_0 + x \cdot \varepsilon'_m}{(100 - x) \cdot \varepsilon_0 + x \cdot \varepsilon_m}$$

Methämoglobin auf 100 Gesamtfarbstoff $= x$

$$x = \frac{144 - 100 \cdot \dfrac{\varepsilon'}{\varepsilon}}{0·269 - 0·022 \cdot \dfrac{\varepsilon'}{\varepsilon}} \cdot$$

Daraus folgt dann für das Absorptionsverhältnis

$\dfrac{\varepsilon'}{\varepsilon}$	Methämoglobin in 100 Gesamtfarbstoff
1·39	21·0
1·38	25·0
1·36	33·5
1·34	41·7
1·32	50·0
1·30	58·0
1·28	66·0
1·26	74·0
1·24	82·0
1·20	99·0

[1] *Dies Archiv.* 1906. Physiol. Abtlg. Suppl. S. 113.
[2] *Ebenda.* 1900. Physiol. Abtlg. S. 39.

Andererseits entspricht bei den Hüfnerschen Normalwerten: $q = 1 \cdot 578$ für Oxyhämoglobin und $1 \cdot 185$ für Methämoglobin, die Abweichung von $0 \cdot 05$ im Absorptionsverhältnis einem Prozentgehalt von 12.7 Methämoglobin. Mit anderen Worten: **Für unsere Ablesungen liegen 20 Prozent, für Hüfners und seiner Schüler 13 Prozent Methämoglobin innerhalb der Fehlergrenzen.** Wir müssen es daher für eine Überschätzung der Güte der Methode halten, wenn man die Methämoglobinmengen für um $0 \cdot 025$ fallende Quotienten berechnet und daraus durch geradlinige Interpolation eine Tabelle aufstellt, in welcher für das Herabgehen des Absorptionsverhältnisses um jeweils $0 \cdot 005$ die entsprechenden Methämoglobinmengen enthalten sind.

Nach dem Gesagten ist es klar, daß die Hämochrom-Konzentrationsbestimmung unter Zuhilfenahme der Vierordtschen Formel

$$c_{Hbo} = 100 \cdot \frac{A_0 \cdot A'_0 \, (\varepsilon \cdot A_m - \varepsilon' \cdot A'_m)}{A'_0 \cdot A_m - A_0 \cdot A'_m}$$

nicht genau sein kann.

Hierfür sollen einige Beispiele gegeben werden: Es wurde in mehreren Versuchen der Prozentgehalt an Hämochrom in dreifacher Weise berechnet: I. aus $A_0 \cdot \varepsilon_0$ ohne Rücksicht auf das abnorm niedrige Absorptionsverhältnis; II. unter Zuhilfenahme der Vierordtschen Formel und Benutzung der abgelesenen Drehungswinkel; III. gleichfalls aus der Vierordtschen Formel, aber nach Verminderung des einen Ablesungswinkels um $0 \cdot 4$ Grad und Erhöhung des anderen um die gleiche Zahl.

Versuch Nr.[1]	$\dfrac{\varepsilon'}{\varepsilon}$	Hämochrom, Prozent nach		
		I	II	III
XIV	$1 \cdot 328$	$10 \cdot 75$	$5 \cdot 73$	$7 \cdot 72$
XVI	$1 \cdot 250$	$14 \cdot 80$	$2 \cdot 91$	$5 \cdot 33$
XVIII	$1 \cdot 274$	$11 \cdot 52$	$3 \cdot 53$	$5 \cdot 76$

Man wird es uns nach diesem Ergebnis, denke ich, nicht verübeln, daß wir bei den mit Äther narkotisierten Tieren die Korrektur nach Vierordt trotz des abnormen Quotienten nicht verwendet, sondern die Konzentration aus $A_0 \cdot \varepsilon_0$ berechnet haben, zumal die Berechnung entsprechend II auch durchaus unwahrscheinliche Zahlen für die Sauerstoffbindung pro Gramm Hämochrom lieferte.

7. Versuchsanordnung. Das Blut wurde der Karotis der (nur in den ersten Versuchen durch Äther narkotisierten) Katze entnommen, mit Quecksilber defibriniert, in die Schüttelbirne übergefüllt, hierin meist bei 38 Grad teils mit Luft, teils mit sauerstoffärmeren Gasgemischen zunächst 10 Minuten geschüttelt, der Druck ausgeglichen, weiter 10 Minuten geschüttelt, zum zweitenmal ausgeglichen und endlich nochmals 10 bis 15 Minuten stark geschüttelt.[2] Dann kam das Blut in die Meßröhre und sofort

---

[1] Übersichtstabelle II.
[2] Siehe Loewy und Zuntz, *dies Archiv.* 1904. Physiol. Abtlg. S. 172.

in die Blutgaspumpe bzw. in den Ferricyanidapparat. Sobald die Hauptmasse des Sauerstoffs entfernt war, wurde von dem in der Birne befindlichen Rest eine Probe zur spektrophotometrischen Untersuchung entnommen und während des Fortganges des Versuchs bestimmt. Die zweite bzw. dritte Blutprobe wurde in Zwischenräumen von höchstens einer Stunde in andere Pumpen bzw. Apparate übertragen. Bei den Pumpenversuchen wurde die physikalisch absorbierte Sauerstoffmenge von der gefundenen subtrahiert und so die chemisch gebundene ermittelt.[1] (S. Übersichtstabelle I, II im Anhang.)

I. Normales Katzenblut.

1. Die Sauerstoffbindung bei Luftschüttelung.

In der folgenden Tabelle B sind nach absteigendem Blutfarbstoffgehalt geordnet die Mengen Sauerstoff enthalten, welche bei Luftschüttelung und Körpertemperatur (38 Grad) pro Gramm Hämochrom chemisch gebunden wurden.

Tabelle B.
Sauerstoffbindung bei Luftschüttelung.

Nummer des Versuchs	Körpergewicht grm	$\frac{s'}{s}$	Hämochrom Prozent berechnet		Pro Gramm Hämochrom chemisch gebund. O_2 ccm		Bemerkungen.
			aus Spektrophotometer	direkt aus Eisenanalyse	Spektrophotometer	Eisenanalyse	
VII	4000	1·31	18·79		1·107		Wohl Äthernarkose.
VIII	3020	1·29	16·54		1·206		Äthernarkose.
XXII	3200	1·52	16·20	16·34	1·366	1·354	Fleischnahrung. Ohne Äther.
XXIa	4600	1·45	16·07		1·075		Ohne Narkose.
XXIb	4600	1·48	16·52	15·67	1·187	1·251	Ohne Narkose 3 Mon. nach Aderlaß.
XXIIIb	2050	1·40	15·07	13·83	1·237	1·348	Ohne Narkose 1 Mon. nach Aderlaß.
VI	3300	1·32	13·52		1·308		Äthernarkose.
XXIIIa	2700	1·46	12·49	12·88	1·587	1·540	Ohne Narkose.
IX	2680	1·49	12·70		1·013		Ohne Narkose.
V	4420	1·36	11·88		1·071		Äthernarkose.
X	2400	1·45	10·65		1·305		Ohne Narkose.
XXId	—	1·43	6·98	6·21	1·110	1·247	Äther. Kurz nach Aderlässen.

[1] Bei der ersten Probe des Versuchs XXIc ging die Sauerstoffanalyse verloren. Der Sauerstoffwert wurde aus dem vermittelst Eisens bestimmten Blutfarbstoffgehalt geschätzt.

Die Tabelle zeigt, daß die Sauerstoffbindung des normalen Katzenblutes pro Gramm Hämochrom spektrophotometrisch bestimmt von $1 \cdot 01$ bis $1 \cdot 59^{ccm}$ schwankt, d. h. um 44 Prozent des Wertes. Das ist etwa ebensoviel wie die Schwankung im Eisengehalt verschiedener kristallisierter Hämoglobine ($0 \cdot 34$ bis $0 \cdot 48$ Prozent $= 38$ Prozent des Wertes). Im Durchschnitt der zwölf Versuche beträgt die Sauerstoffbindung $1 \cdot 214^{ccm}$.

In Tabelle B nicht aufgenommen sind die Versuche I bis IV, in denen die Schütteltemperatur unter 38^{0} lag. Um sie mit den anderen vergleichen zu können, müßte man voraussetzen, daß unter Annahme voller Sättigung bei 0^{0} jedes Blut bei 38^{0} und Luftschüttelung nur zu 88 Prozent mit Sauerstoff gesättigt ist, wie Loewy und Zuntz im Mittel von 20 Proben festgestellt haben, und daß die Sättigungskurve zwischen 0^{0} und 38^{0} geradlinig verläuft, zwei Annahmen, die zurzeit weder begründet noch auch sehr wahrscheinlich sind. Da außerdem die Gasanalyse des Versuch I nicht einwandfrei ist, bleiben diese vier Sauerstoffzahlen lieber unberücksichtigt.

Der Einfluß der Äthernarkose und der Anämie.

Wie schon früher[1] hervorgehoben, ändert die Äthernarkose das spektrale Verhalten des Blutfarbstoffs bei Katzen sehr beträchtlich, so daß man an die Entstehung von Methämoglobin denken konnte. Sie hat auch einen vielleicht geringeren Einfluß auf die Sauerstoffaufnahme, wie die folgende Zusammenstellung zeigt:

	Äthernarkose			Ohne Narkose		
	Min.	Max.	Mittel	Min.	Max.	Mittel
Absorptionsverhältnis $\dfrac{\varepsilon'}{\varepsilon}$	$1 \cdot 290$	$1 \cdot 357$	$1 \cdot 33$	$1 \cdot 399$	$1 \cdot 522$	$1 \cdot 455$
O_2 ccm pro Gramm Hämochrom	$1 \cdot 07$	$1 \cdot 31$	$1 \cdot 16$	$1 \cdot 01$	$1 \cdot 59$	$1 \cdot 25$

Ein Tier, das sehr blutarm war (XXId), hatte trotz Äthernarkose normales spektrales Verhalten und ebenso wie die anderen Tiere, denen zuvor Aderlässe gemacht waren und bei denen der Blutfarbstoff sich wieder regeneriert hatte (XXIb und XXIIIb), ein durchaus nicht aus der Reihe fallendes Sauerstoffbindungsvermögen.

---

[1] *Dies Archiv.* 1906. Physiol. Abtlg. Suppl. S. 117.

Die spezifische Sauerstoffkapazität (Sauerstoff pro Gramm Eisen).

In fünf Versuchen, in welchen der Eisengehalt des Blutes direkt bestimmt war, konnte das Verhältnis des Sauerstoffbindungsvermögens zur Eisenmenge berechnet werden. Hier, wo wir also die Fehler der spektrophotometrischen Methode und die Variationen im spektralen Verhalten ausgeschaltet haben, finden wir trotzdem gleichfalls erhebliche individuelle Schwankungen von bis 21 Prozent des Mittelwertes (Stab 4 der Tab. C).

Tabelle C.

Nummer des Versuchs	Hämochrom Prozent direkt aus Eisenanalyse berechnet	Pro Gramm Hämochrom bei 38⁰ und Luftschüttelung chem. geb. O_2 ccm	Pro Gramm Fe bei 38⁰ und Luftschüttelung chem. geb. Sauerstoff ccm
XXII	16·34	1·354	403·1
XXIb	15·67	1·251	372·3
XXIIIb	13·83	1·348	401·2
XXIIIa	12·88	1·540	458·3
XXId	6·21	1·247	371·2

Da unsere Eisenanalysen Fehler von 0·6 bis 4·4 Prozent des Wertes enthalten und unsere gasanalytischen Daten zweifellos keine so hohen Fehler in die Rechnung hineinbringen, sind wir daher mit Bohr zu der Auffassung gezwungen, daß die Sauerstoffbindung pro Gramm Eisen bei Körpertemperatur und Luftschüttelung individuell schwankt und sich bei demselben Tier durch Eingriffe, etwa Aderlaß, verändern kann, wenn man nicht annehmen will, daß im Plasma und dem Erythrozytenstroma eisenhaltige Stoffe in wechselnden Mengen vorkommen.

Genau das Gleiche hatte sich in unseren früheren Versuchen für die Beziehung zwischen Eisen und Lichtabsorption bei verschiedenen Tierarten und auch bei verschiedenen Individuen der gleichen Tierart ergeben.

Mit anderen Worten: bei gleichem spektralem Verhalten schwankt der Eisengehalt und die Sauerstoffbindung und bei gleichem Eisengehalt die Sauerstoffbindung und das spektrale Verhalten des Oxyhämochroms sowohl individuell wie zeitlich, wie bei verschiedenen Tierarten.

2. Die Dissoziationskurve des normalen Katzenblutes.

Setzen wir, wie üblich, die von 100 ccm Blut bei 38⁰ und Luftschüttelung (Sauerstoffspannung = 760 — 49 mm Wasserdampfspannung = 711 mm) chemisch gebundenen Sauerstoffmengen = 100 und berechnen darauf die bei niederen Sauerstoffspannungen aufgenommenen (s. Tabelle D), so können wir ja die Werte in ein Ordinatensystem eintragen, in welchem die Sauerstoffspannung als Ordinate, die prozentische Sättigung als Abszisse dient.

Tabelle D.

Nummer des Versuchs	O_2-Spannung im Schüttelgas %	Sauerstoffsättigung (Luft = 100)		Bemerkungen.
		gefunden	nach Korrektur[1]	
XXIIIa	3·92	41·8	35·8	Ohne Äther. Jung.
VIII	4·03	64·1	64·1	Äthernarkose.
XXIa	4·80	58·7	67·9	Ohne Äther. Ausgewachsen.
X	5·60	46·7	52·4	Ohne Äther. Jung.
XXII	6·32	79·7	79·7	Ohne Äther. Ausgewachsen.
VII	6·79	75·1	77·3	Äthernarkose.
IX	7·04	61·3	60·6	Ohne Äther. Jung.
XXII	9·45	86·3	86·3	Ohne Äther. Ausgewachsen.
XXIIIa	10·09	63·5	62·2	Ohne Äther. Jung.
Nach Aderlaß:				
XXId	2·15	20·9	17·7	Stark anämisch.
XXIIIb	3·00	36·9	33·3	1 Monat nach Aderlaß, nicht anämisch.
XXIc	3·43	36·6	32·9	Anämisch (s. Anm. S.476 u. Anhangstab. I).
XXId	6·14	84·0	81·2	Stark anämisch.
XXIc	6·54	63·0	64·5	Anämisch.
XXIIIb	8·64	82·4	81·5	1 Monat nach Aderlaß, nicht anämisch.
XXIb	8·86	86·5	86·1	3 Monate nach Aderlaß, nicht mehr anämisch.

Die gefundenen Werte sind aber vor Einsetzen in das Diagramm A noch für die mittlere Kohlensäurespannung aller unserer Proben mit niederer Sauerstoffspannung (1·47 Prozent = 10·44 mm) korrigiert worden (Stab 4).

Bohr fand bekanntlich, daß die Kohlensäurespannung bei niederen Sauerstoffspannungen einen nicht unbeträchtlichen Einfluß auf die Sauerstoffaufnahme hat und konstruierte danach seine Dissoziationskurven für Pferde- und Hundeblut.[2] Die für 10·44 mm Kohlensäure gültige ist in unseren Diagrammen eingezeichnet. Um unsere Werte mit ihr vergleichen zu können, mußte eine ähnliche Korrektur vorgenommen werden, obwohl der Einfluß der Kohlensäure auf die Sauerstoffbindung bei Katzenblut sich zwar sehr wahrscheinlich prinzipiell gleich gestalten dürfte wie bei anderen Säugetieren, aber doch andererseits nicht absolut genau so groß sein wird, wie beim Pferd.

Folgendes Beispiel mag unsere Berechnung erläutern:

Wir fanden im Versuch XXIa für 4·80 % Sauerstoffspannung und 3.06 % Kohlensäurespannung 58·7 % O_2-Sättigung. Für 4·80 % O_2-Span-

---

[1] Bohr, Nagels *Handbuch*. I. S. 92.
[2] Nagels *Handbuch der Physiologie*. Bd. I. S. 92.

nung fand Bohr bei CO_2-Spannung $3 \cdot 06 \,^0/_0$: $67 \cdot 0 \,^0/_0$ Sättigung; bei CO_2-Spannung $1 \cdot 47 \,^0/_0$: $77 \cdot 5 \,^0/_0$ Sättigung.

Es verhält sich also die gesuchte O_2-Sättigung (x) des Katzenblutes bei $1 \cdot 47 \,^0/_0$ Kohlensäurespannung wie $x : 58 \cdot 7 = 77 \cdot 5 : 67 \cdot 0$. Also $x = 67 \cdot 9$.

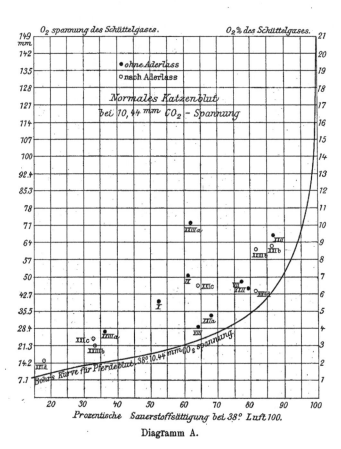

Diagramm A.

Der Vergleich unserer Werte mit Bohrs Resultaten zeigt nun, daß die prozentische Sättigung bei Katzenblut geringer ist als bei Pferden und Hunden, daß also der Blutfarbstoff im roten Blutkörperchen der Katze stärker dissoziiert ist. In diesem Zusammenhang ist es recht interessant, daß viele in den Anden Reisende, z. B. Tschudi, behauptet haben, Katzen könnten es in Höhen nicht aushalten, an die der Mensch sich sehr gut akklimatisiere.

Wir haben ferner die von A. Loewy an Menschenblut gewonnenen
Zahlen[1] auf die gleiche Kohlensäurespannung bezogen (Diagramm B).[2] Ein
Vergleich der Diagramme A und B ist sehr lehrreich: In beiden schwanken
die prozentischen Sättigungen recht erheblich, im Maximum etwa 35 Prozent
und zwar gehören die von Bohrs Kurve besonders stark abweichenden

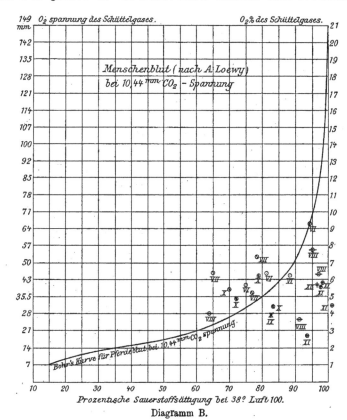

Diagramm B.

Werte stets den gleichen Individuen an, so bei uns XXIIIa, bei Loewy
VII und XI. Während sich aber die Zahlen vom Menschen zu beiden
Seiten der Bohrschen Kurve gruppieren und die aus den Mittelzahlen

[1] Dies Archiv. 1904. Physiol. Abtlg. S. 238.
[2] Wir verdanken die zu dieser Umrechnung erforderlichen Kohlensäurewerte der
Freundlichkeit des Herrn Prof. A. Loewy, dem wir auch hier für sein Entgegenkommen
bestens danken möchten.
Archiv f. A u. Ph. 1907. Physiol. Abtlg   31

konstruierte Kurve Loewys nur unerheblich von der Bohrschen abweichen dürfte, liegen für die Katze alle Zahlen auf der konkaven Seite. Bemerkenswert erscheint ferner, daß unsere besonders stark abweichenden Versuche IX, X und XXIIIa sich auf junge, noch unausgewachsene Tiere beziehen, während die fünf anderen der Kurve näher liegenden Zahlen von großen, alten Tieren stammen. Die anämischen Tiere dagegen, deren Werte in dem Diagramm A als Kreise (O) eingetragen sind, zeigen keine charakteristischen Abweichungen von den Normaltieren. Ihre Sättigungswerte liegen denen der Bohrschen Kurve vielleicht ein wenig näher.

Wir haben also bei Katzen übereinstimmend mit Loewys Befund im Menschenblut individuelle Schwankungen in der Dissoziation des Blutfarbstoffs gefunden.

3. Die Bedeutung des Sauerstoffgehaltes für den Kohlensäuregehalt.

Während verschiedene Forscher auf Grund älterer Versuche angenommen haben[1], daß das Oxyhämochrom eine stärker saure Natur besäße als das reduzierte, und so erklären, daß bei Zunahme der Sauerstoffspannung Kohlensäure ausgetrieben werde, die Kohlensäurespannung im Blut also abnähme, glaubt Bohr, daß dieser Einfluß, wenn überhaupt vorhanden, recht geringfügig ist.[2] Einige unserer Versuche lassen sich in dieser Hinsicht verwerten. Die Tabelle E zeigt, daß bisweilen ein nicht unbeträchtlicher Einfluß der Sauerstoffspannung auf die Kohlensäurebindung besteht.

Tabelle E.

Nummer des Versuchs	Entgast	Schüttelgas Prozent		Blutgas Prozent	
		CO_2	O_2	CO_2	O_2 chem. geb.
IX	zuerst	0·99	20·33	30·92	12·86
	zuletzt	0·99	7·04	36·33	7·88
XXIb	zuerst	1·16	19·14	24·49	19·60
	zuletzt	1·13	8·86	30·94	17·30
XXId	zuletzt	1·03	6·14	28·63	6·51
	zuerst	1·07	2·15	31·70	1·62
XXII	zuletzt	1·71	9·45	19·96	19·11
	zuerst	1·55	6·32	24·42	17·65

Dabei sind hier zunächst zwei Versuchsreihen (IX und XXIb) auf-

---

[1] Zuntz, Hermanns Handbuch. IV. 2. S. 81.
[2] Nagels Handbuch der Physiologie. Bd. I. S. 107.

geführt, in denen die Probe mit der niedereren Sauerstoffspannung etwa
eine Stunde nach der Luftprobe entgast wurde, in denen also das längere
Stehen außerhalb des Körpers höchstens eine Abnahme der Kohlensäurebindung bewirkt haben konnte. Es folgen zwei weitere (XXI d und XXII),
in denen die Probe mit niederer Sauerstoffspannung allerdings eine Stunde
vor der anderen gemacht wurde, in denen also das Resultat nicht so
sicher ist. Trotzdem darf vielleicht auch aus diesen beiden Versuchsreihen
ein Einfluß des Sauerstoffs auf die Kohlensäurebindung gefolgert werden.

Doch ist dieser Einfluß nicht immer vorhanden. In den folgenden
drei Proben des Versuchs XXIIIa fehlte er vollkommen.

Entgast	Schüttelgas Prozent		Blutgas Prozent	
	CO_2	O_2	CO_2	O_2 chem. geb.
Zuerst	0·80	20·43	17·94	19·83
Sodann	0·94	10·09	13·85	12·60
Zuletzt	0·53	3·92	14·44	8·28

4. Zusammenfassung.

Der normale Blutfarbstoff der Katze besitzt weder in seinem
optischen Verhalten, noch im Gasbindungsvermögen konstante
Werte. Worauf diese individuellen Schwankungen beruhen, ist zurzeit noch
nicht sicher zu entscheiden. Die Untersuchungen von H. Aron, die sich
nur auf den Eisengehalt und das optische Verhalten bezogen, machten es
sehr wahrscheinlich, daß im normalen Blut nicht reines Hämochrom, sondern wechselnde Mengen Methämoglobin enthalten sind. Dabei wurde
vorausgesetzt, daß dieses ein konstantes optisches Verhalten hat und keinen
Sauerstoff bindet. Arons Annahme erklärt allerdings die Variationen in der
Sauerstoffbindung. Es bleibt aber unverständlich, warum die Proben mit
der niedrigsten Bindung nicht auch das niedrigste optische Absorptionsverhältnis besitzen und umgekehrt. Weiter genügt die Deutung nicht für
die Aufklärung der Schwankungen im Verhältnis: Eisen zu Sauerstoff, die
Bohr aus Variationen im Verhältnis des eisenfreien Teils des Hämochrom-
moleküls, des Globins, und des eisenhaltigen, des Hämatins, welch letzteres
sehr konstanten Eisengehalt besäße, erklärt.

Endlich soll nicht unerwähnt bleiben, daß Haldane in einer großen
Zahl von Versuchen gefunden hat, daß „the oxygen capacity of normal
blood varies exactly with its colouring power". Danach wäre nur die Gesamt-
färbekraft des Blutes, kolorimetrisch gemessen, ein richtiges Maß des
Gasbindungsvermögens und die einzige Konstante des Oxyhämochroms.

Haldanes Zahlen sind so überzeugend[1], daß seine Beobachtungen vollste Berücksichtigung und eingehendste Bearbeitung verdienen. Bestätigt sich sein Resultat, so würde man schließlich doch auf die Einheit färbender Substanz im Blute eine konstante maximale Sauerstoffbindung zu setzen haben und die Annahme wechselnder Methämoglobinmengen ganz unhaltbar sein. Wie schon Bohr[2] hervorhob, würde daher eine Untersuchung, bei der sowohl die spektrophotometrische, wie Haldanes verbesserte Gowerssche Methode zur Anwendung kämen, großes Interesse darbieten.

Das Gleiche gilt für die Äthernarkose, bei der das optische Absorptionsverhältnis und die Sauerstoffkapazität abnahmen.

II. Katzenblut nach Vergiftung mit methämoglobinbildenden Stoffen.

Durch Hüfner und Külz[3] ist festgestellt, daß das kristallisierte Methämoglobin die gleiche Menge Sauerstoff wie Oxyhämoglobin, aber in anderer Bindung, enthält. Während Hüfner an die Anwesenheit von zwei Hydroxylgruppen im Molekül glaubt, hält Haldane die Formel $Hb\diagup^{O}_{\diagdown O}$ für wahrscheinlicher. Der eine von uns glaubte vor einigen Jahren für die eine der beiden Ansichten Beweise beibringen zu können und stellte die Veröffentlichung der darauf bezüglichen Versuche in Aussicht. Wir sind heute skeptischer geworden und glauben, noch keinen Weg gefunden zu haben, um diese Frage mit Sicherheit entscheiden zu können.

Nachdem sich nun aber im Vorstehenden neue Hinweise auf die Variabilität des normalen Blutfarbstoffs ergeben haben, erscheint es sehr

---

[1] Als Beleg entnehme ich seiner Arbeit folgende Tabelle (*Journ. of Physiol.* 1901. Vol. XXVI. p. 509).

Blut vom	Sauerstoffaufnahme bei Luftsättigung, chem. gebunden (Ferricyanidmethode)	Sauerstoffaufnahme aus dem Colorimeter berechnet	Prozentische Abweichung der Colorimeterwerte
	20·66	20·66	± 0
	16·89	16·99	+ 0·6
Rind	22·02	21·96	— 0·3
	16·34	16·32	— 0·1
	21·80	21·62	— 0·8
	16·76	16·82	+ 0·3
Schaf	16·45	16·39	+ 0·4
Kaninchen	14·68	14·75	+ 0·5

[2] *Handbuch.* S. 99.
[3] *Zeitschrift für physiol. Chemie.* Bd. VII. S. 366.

verführerisch, auch für das Methämoglobin auf Hoppe-Seylers Vermutung zurückzugreifen, der annahm, daß das kristallisierte Methämoglobin und das in den Blutzellen gebildete nicht identische Körper seien, und die Annahme zu prüfen, ob verschiedene Methämoglobine vorkommen. Es fragt sich also, ob bei Vergiftung mit methämoglobinbildenden Stoffen neben unverändertem Hämochrom Farbstoffe vorkommen, die zwar in optischer Beziehung vom Methämoglobin nicht zu unterscheiden sind, dagegen noch die Fähigkeit besitzen, Sauerstoff zu binden. Im Zusammenhang mit dieser theoretischen stehen mehrere andere für die Therapie bedeutungsvolle praktische Fragen:

Dennig hat in einer vorzüglichen Arbeit[1] im Anschluß an die grundlegende, vorwiegend spektroskopische Arbeit Dittrichs[2] und Beobachtungen Limbecks[3] bei der Acetanilidvergiftung von Hunden mit Hilfe des Spektrophotometers und von Blutkörperchenzählungen festgestellt, daß bei akuter Vergiftung der Tod eintritt, wenn etwa 67 Prozent Methämoglobin im Blute enthalten sind. Bei der Erholung von schwerer Vergiftung (bei bis etwa 60 Prozent Methämoglobin) braucht kein Blutkörperchenzerfall einzutreten, vielmehr wird das Methämoglobin innerhalb der Zellen wieder in Oxyhämoglobin verwandelt. Das Gleiche ist ganz kürzlich von Aron auch bei der Anilinvergiftung von Katzen[4] festgestellt worden. Danach wird, wie Dennig sowie Brat[5] und Aron betonen, verständlich, daß beim Menschen die Genesung von schwerer Methämoglobinvergiftung ohne sekundäre Anämie erfolgt. Nachdem nun Bohrs Forschungen für die Regulation der Sauerstoffaufnahme bei der inneren Atmung außer der Zunahme der Zirkulationsgeschwindigkeit oder der Blutkörperchenzahl die weiteren Wege gezeigt haben: Zunahme der Sauerstoffbindung pro Gramm Hämochrom und Zunahme der Kohlensäurespannung, fragt es sich, ob 1. diese Vorgänge bei der Vergiftung mit methämoglobinbildenden Stoffen nachweisbar sind; 2. ob sich für bestimmte therapeutische Maßnahmen, die seitens der Fabrikärzte empfohlen werden (Sauerstoffinhalationen: Brat), theoretische Grundlagen geben lassen. Brat hat ja bei Durchleitung von Sauerstoff durch Blut von Patienten, die sich durch Nitrobenzol vergiftet hatten, eine in allerdings nur wenigen Fällen die Fehlergrenzen der Methodik überschreitende Zunahme des optischen Absorptionsverhältnisses $\frac{s'}{s}$ gefunden, was für Abnahme von Methämoglobin und Zunahme von Oxyhämoglobin spricht.

---

[1] *Deutsches Archiv für klinische Medizin.* 1900. Bd. LXV.

[2] *Archiv für exper. Pathologie.* Bd. XXIX. S. 247.

[3] *Ebenda.* Bd. XXVI. S. 39.

[4] *Biochemische Zeitschrift.* III. S. 13.

[5] *Handbuch der Sauerstofftherapie.* (Hirschwald 1906). S. 357 ff.

Versuchsanordnung.

Da wir die Blutgase bestimmen wollten, mußten methämoglobinbildende Mittel, deren Dampfspannung die Gasanalyse stören konnte, vermieden werden. Wir benutzten daher Chlorate und zwar Magnesiumchlorat, bei dem also das Kation eine geringere Giftwirkung als etwa Kalium oder Ammonium besitzt. Von den verschiedenen nach Kober|ts sehr zweckmäßiger Einteilung[1] zu unterscheidenden Phasen der Vergiftung war für unsere Zwecke die erste die wünschenswerte: Bildung von braunem Methämoglobin in den Blutkörperchen ohne Blutkörperchenzerfall und Erholung ohne Nierenschädigung. Die kurz nach Einnahme des Salzes eintretende Wasserverarmung des Organismus wurde dadurch vermieden, daß das Salz zunächst am Tage vor der Blutentnahme in isotonischer Lösung (2·4 Prozent, meist 0·7 bis 0·8 ^{grm} pro Kilogramm) mit großen Mengen Wasser subkutan gegeben und dem Tier fortdauernd reichlich Wasser oder Milch gereicht wurde. Es folgte am Versuchstage selbst, 4 bis 5 Stunden vor dem Aderlasse, eine zweite Injektion (je nach dem Zustande des Tieres 0·1 bis 1·0 ^{grm} pro Kilogramm in isotonischer Lösung). Zur Zeit der Blutentnahme war dann die durch gesteigerte Diurese kenntliche Salzwirkung vorüber und das Blut nicht nennenswert eingedickt, zumal Erbrechen oder Durchfälle nicht beobachtet wurden. So fehlte mit Ausnahme von Versuch XII, XVII und XIX (s. Übersichtstabelle II im Anhang) der Blutkörperchenzerfall und die Nierenschädigung der zweiten Vergiftungsphase.

In den ersten sechs Versuchen wurde dem Tier einige Tage vor der Vergiftung Blut entnommen, um die Normalwerte zu bestimmen. Da aber bei Katzen diese erste Blutentnahme eine nicht unbeträchtliche Anämie zur Folge hatte und diese eventuell doch zuweilen die Gasbindung verändern konnte, wurde späterhin der erste Aderlaß erst während der Vergiftung gemacht.

War es schon beim unvergifteten Blut notwendig, alle erforderlichen Proben so schnell wie möglich nach der Entnahme und möglichst gleichzeitig anzustellen, so war dies hier noch erheblich wichtiger. Wie bekannt, vermehrt sich in methämoglobinhaltigem Blut das Methämoglobin beim Stehen außerhalb des Körpers außerordentlich schnell. So konstatierten auch wir eine rapide Abnahme des optischen Absorptionsverhältnisses und der Sauerstoffbindung (Versuch V und XIV der Übersichtstabelle II), wie sie beim normalen Blut selbst mit von vornherein niedrigem Absorptionsverhältnis nie vorkommt. Es ergab sich also die Notwendigkeit, sehr schnell zu arbeiten.

1. Die Dissoziationskurve der vergifteten Katzenblutes.

Die nachstehende Tabelle F, die nach den gleichen Prinzipien wie Tabelle D hergestellt ist, und die in dem Diagramm C enthaltenen prozentigen Sättigungen zeigen keine erheblichen Unterschiede von den an normalem, unvergifteten Blut erhaltenen Zahlen. Die Abweichungen von der Bohrschen Kurve sind vielleicht etwas geringer als dort. Der der Sauerstoffaufnahme dienende Farbstoffrest zeigt also die gleichen Dissoziationsverhältnisse wie normales Hämochrom.

---

[1] *Lehrbuch der Intoxikationen.* Bd. II. 2. Aufl. 1906. S. 770.

Tabelle F.

Nummer[1] des Versuchs	$\frac{s'}{s}$	O$_2$-Spannung im Schüttelgas %	Prozent Sättigung (Sauerstoff, Luft = 100)	
			gefunden	nach Bohr korr.
XV	1·203	2·94	57	83
XIII c	1·415	2·97	58	72
XIV	1·328	3·04	31	41
XVIII	1·274	4·03	44	66
XI	1·430	4·15	62	73
XIII a	1·333	4·82	62	66
XIII b	1·328	5·49	74	77
IX	1·412	5·60	70	77
XVII	—	7·99	0	2
XVI	1·250	10·85	85	86

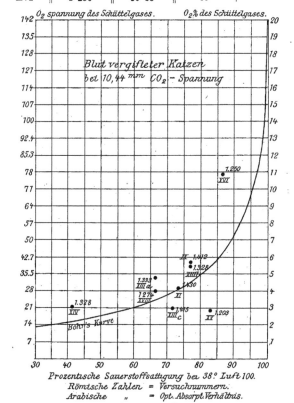

Diagramm C.

Prozentische Sauerstoffsättigung bei 38.° Luft 100.
Römische Zahlen = Versuchnummern.
Arabische „ = Opt. Absorpt. Verhältnis.

---

[1] Siehe Übersichtstabelle II.

2. Die Sauerstoffaufnahme pro Gramm Hämochrom in vergiftetem Blut.

Bei den mit Äther narkotisierten Tieren hatten wir deutliche Beein-flussung des optischen Verhaltens des Blutes neben geringerer der Sauerstoff-bindung pro Gramm Farbstoff gefunden, Tatsachen, die sich durch die Annahme wechselnder Methämoglobinmengen schwer erklären ließen. Bei den mit Chlorat vergifteten Tieren besteht dagegen eine gewisse Parallelität. Wenn wir auch in Anbetracht der im Vorstehenden (S. 474 u. 475) betonten Unsicherheit der Hämochrom-Konzentrationsbestimmung den Einzelwerten kein Gewicht beilegen können und uns über gewisse Abweichungen nicht wundern dürfen, so ist doch die Zusammenstellung der Werte nicht ohne Interesse (s. Tabelle G). Je stärker das Absorptionsverhältnis sinkt, um so mehr nimmt auch die Sauerstoffbindung pro Gramm Blutfarbstoff ab, wenn wir die Farbstoffmengen ohne Rücksicht auf den abnormen Quotienten aus dem Produkt $A_0 \cdot \varepsilon_0$ berechnen.

Tabelle G.
Vergiftete Tiere.

$\dfrac{\varepsilon'}{\varepsilon}$	ccm Sauerstoff pro Gramm Hämochrom aus $A_0 \cdot \varepsilon_0$ berechnet
1·43	1·46
1·41	1·22
1·40	0·88
1·35	0·56
1·33	1·01
1·33	0·57
1·27	0·81
1·25	0·79
1·25	0·23

Diese Gegenüberstellung spricht dafür, daß hier bei der Vergiftung durch chlorsaure Salze nur ein Stoff entsteht, der optisch wie gasometrisch dem Methämoglobin entspricht. Es scheint demnach fast, als ob bei der Äther-narkose nicht die gleiche Substanz im Blute erscheint.

Beachtenswert ist ferner die Sauerstoffbindung in Versuch XIII, in welchem das Tier sich von der einmaligen Vergiftung vollkommen wieder erholte. Probe XIIIa ist am Tage der Vergiftung, XIIIb einen Tag darauf, XIIIc einige Tage später entnommen. Dem Aderlaß folgte immer eine gleich-große Kochsalzinfusion. Die folgende Zusammenstellung zeigt, wie bei dem durch die Blutentnahmen sehr anämisch gewordenen Tier die Sauerstoff-bindung pro Gramm Farbstoff ansteigt; ein Resultat, dessen Sicherheit aller-dings durch die großen methodischen Fehler etwas vermindert wird.

Nummer des Versuchs	$\frac{\varepsilon'}{\varepsilon}$	Hämochrom Prozent			Sauerstoff ccm pro Gramm Hämochrom		
		I[1]	II	III	I	II	III
XIIIa	1·333	13·41	7·40	10·49	1·01	1·84	1·29
XIIIb	1·328	6·25	3·33	2·91	1·55	4·64	2·08
XIIIc	1·415[2]	0·65	—	—	5·26	—	—

3. Der Sauerstoffgehalt des arteriellen Blutes, das spektroskopische Verhalten und der Sektionsbefund.

Wir können unsere vergifteten Tiere je nach der Schwere der beobachteten Vergiftungssymptome in drei Abteilungen einteilen:

1. schwache Vergiftung oder Erholungsstadium;
2. schwere letale Vergiftung;
3. Stadium des Blutkörperchenzerfalls und der schweren Nierenschädigung.

Im ersten Fall machten die Tiere mehrere Stunden nach der Injektion einen kranken Eindruck, doch schien Erholung wahrscheinlich. Ihr Widerstand gegen Fesselung, die Reaktion auf äußere Reize, die spontane Beweglichkeit im Käfig waren wenig oder garnicht vermindert. Die Schleimhäute des Mundes, der Nase, der Augen waren blaß, leicht bräunlich oder schwach cyanotisch gefärbt. Das Blut hatte nur im Schaum leicht bräunlichrote Färbung, in dickerer Schicht erschien es normal. Die folgende Tabelle H gibt für diese Tiere eine Vergleichung des spektroskopischen und gasometrischen Verhaltens des Blutes sowie des Sektionsbefundes und der Gerinnungserscheinungen des Blutes.

Tabelle H.

Nummer des Versuchs	$\frac{\varepsilon'}{\varepsilon}$	Streifen im Rot	Sektionsbefund	Met-hämo-globin Proz.	Blut-gerin-nung	O_2 Proz. chem. geb. bei Luft-sättigung	Vor Vergiftung	
							$\frac{\varepsilon'}{\varepsilon}$	O_2 Proz. chem. geb. bei Luft-sättigung
III	1·40	+		17	+	9·2	1·35	17·3
IV	1·35	—	—	37		9·2	1·34	16·5
VI	(1·28)	—	+			10·2	1·32	17·7
IX	1·41	—	—	0	—	13·3	1·49	13·3
XI	1·43	+	+	0		14·2		
XIIIa	1·33	+		46		14·0		
XIIIb	1·33	—		46		10·1		
XIIIc	1·40	—	—	0	—	3·8		

[1] I, II, III bedeutet die verschiedenen Berechnungsarten, s. S. 475 Mitte.
[2] Normaler Quotient, daher nur eine Berechnungsart.

+ bedeutet: Vorhandensein des für Methämoglobin charakteristischen Streifens im Rot in neutraler oder saurer konzentrierter Lösung bei Fehlen in alkalischer, Braunfärbung der Lunge.oder anderer Organe, schwammig-klebrige Gerinnung. — bedeutet normales Verhalten. Der Methämoglobin-gehalt wurde nach der S. 474 gegebenen Tabelle geschätzt.

Wir sehen, daß die spektroskopische Prüfung bis etwa 30 Prozent Methämoglobin unsicher ist und erst bei etwa 40 Prozent meist positiv wird. Dabei ist das Tier in seinem klinischen Verhalten nur unerheblich verändert, eine Beobachtung, die Haldane bei der Nitritvergiftung von Mäusen bis zu 30 Prozent Methämoglobin auch gemacht hat.[1] Das arterielle Blut enthält zwischen 9 bis 14 Prozent Sauerstoff.

Bei schwerer, das Leben bedrohender Vergiftung (s. die ersten 6 Tiere der Tabelle J) lag das Tier matt, zusammengekauert im Käfig, reagierte aber noch im Anfang auf Anruf und Reize. Die Schleimhäute waren deutlich braun oder stark cyanotisch verfärbt. Im Endstadium, das sich 4 Stunden und länger ausdehnt und bisweilen sogar in Genesung überführt, ist das Tier komatös, die Haut kühl, der Blutdruck tief. Es fehlen oft die Verblutungskrämpfe, das verlängerte Mark ist dann also gelähmt.

Tabelle J.

Nummer des Versuchs	$\frac{\varepsilon'}{\varepsilon}$	Streifen im Rot	Sektions-befund	Methämo-globin Prozent	Blut-gerinnung	O_2 Prozent chem. geb. bei Luft-sättigung	Vor Vergiftung $\frac{\varepsilon'}{\varepsilon}$
V	1·25	?	+	78		3·0	1·36
XIV	1·33	+	+	46	+	6·5	
XV	(1·20)	+	+			8·5	
XVI	1·25	+	+	78	+	3·6	
XVIII	1·27	+	+	70		9·8	
XX	1·35	+	+	37			
XII		+	+			1·9	
XVII		+	+			4·6	
XIX		+	+				

Das Blut zeigt sowohl spektrophotometrisch, wie spektroskopisch sicher abnormes Verhalten, es sieht kastanienbraun aus und fühlt sich klebrig an. Die Gerinnung verläuft meist abweichend von der Norm, indem sich keine faserigen Fibrinmassen, sondern schleimige, klebrige Gerinnsel absetzen. Bei etwa 70 Prozent Methämoglobin kann der Tod eintreten. Es ist aber erstaunlich, daß Tiere, deren arterielles Blut nur noch 3 bis 4 Prozent

---

[1] J. Haldane, R. H. Makgill, A. E. Mavrogordato, *Journ. of Physiol.* 1897. Vol. XXI. p. 187.

Sauerstoff enthält (Vers. V, XVI), noch stundenlang leben und sich auch, wenn auch schwächer als zuvor gegen die Fesselung sträuben. Wenn wir selbst annehmen, daß diese Tiere in der Ruhe sehr wenig Sauerstoff beanspruchen, so dürften doch bei Muskeltätigkeit Sauerstoffquellen im Organismus geöffnet werden, die normalerweise unbenutzt sind.

Die letzten drei Tiere der Tabelle J waren im Stadium starken Blutkörperchenzerfalls. Das Blut war kaffeebraun, enthielt nur wenige unveränderte Blutkörperchen, dagegen massenhaft braune Pigmentschollen, die weder in Alkalien noch Salzlösungen löslich waren. Auch durch Äther konnte das Blut nicht mehr in lackfarbenen Zustand übergeführt werden. Die Sauerstoffbindung sank in dem einen Fall (XII), in welchem der Tod abgewartet wurde, bis fast auf Null. Das Tier hatte aber 2 Stunden lang in fast dem gleichen Zustande noch geatmet! In dem zweiten Fall (XVII) waren noch 4 Prozent Sauerstoff im arteriellen Blut vorhanden. Die Sauerstoffbestimmung des dritten (XIX) ist leider verloren gegangen. Der Harn dieser Tiere enthielt große Mengen Eiweiß und Farbstoff, der einmal als Hämatin identifiziert werden konnte. Im Blut fand sich dagegen weder in diesen extremen Stadien, noch in irgend einem der früher erwähnten Fälle Hämatin.[1]

4. Die Bedeutung des Sauerstoffgehaltes für den Kohlensäuregehalt.

Wie bei den unvergifteten Katzen beeinflußt bei den vergifteten die Zunahme der Sauerstoffspannung bisweilen die Kohlensäurebindung sehr deutlich im Sinne einer Abnahme der Kohlensäurespannung:

Tabelle K.

Nummer des Versuchs	Entgast	Schüttelgas Prozent		Blutgas Prozent	
		CO_2	O_2	CO_2	O_2 chem. geb.
XIV	gleichzeitig	3.35	20·08	17·34	6·08
		1·39	3·04	29·65	1·90
XVIII	,,	1·96	19·57	25·93	9·39
		1·76	4·03	42·18	4·10
XX	,,	1·92	19·61	32·04	
		1·84	5·63	48·40	

Dieser Einfluß ist hier einwandfrei erwiesen, da die beiden Proben zu gleicher Zeit geschüttelt und etwa 20 Minuten nacheinander entgast wurden. Aber wie bei den normalen finden wir auch bei den vergifteten Tieren Abweichungen. Die folgenden Versuche zeigen, wie die Kohlensäurebindung bisweilen bei niederer Sauerstoffspannung sogar absinkt. Auch hier waren beide Proben gleichzeitig in Arbeit genommen.

[1] Genauere Angaben finden sich in der Anhangstabelle II.

Übersichts

Normale

Laufende Nummer	Datum	Gewicht Gramm	Schüttel- temperatur Grad	$\frac{\varepsilon'}{\varepsilon}$	Schüttelgas Prozent		
					CO_2	O_2	N
I	26. 7. 04	2600	0	1·388	0·18	20·47	79·35
II	4. 8. 04	3400	26·1	1·400	Luft		
III	24. 10. 04	2815	15·75	1·349	Luft		
IV	27. 10. 04	2630	16·8	1·340	Luft		
V	2. 11. 04	4420	38·0	—	1·11	9·98	88·91
	3. 11. 04	.	38·0	1·357	0·55	7·89	91·56
VI	1. 12. 04	3300	38·0	1·305	1·70	20·54	77·76
	2. 12. 04		38·0	1·336	2·95	7·34	89·71
VII	7. 12. 04	4000	38·0	1·310	1·48	20·31	78·21
					2·38	6·79	90·83
VIII	22. 12. 04	3020	38·0	1·290	1·13	20·64	78·23
					1·54	4·03	94·43
IX	16. 1. 05	2680	38·0	1·490	0·99	20·33	78·68
					0·99	7·04	91·97
X	6. 2. 05	2400	38·0	1·452	1·26	20·46	78·29
					3·46	5·60	90·94
XXIa	9. 1. 06	4600	38·0	1·448	1·15	19·68	79·17
					3·06	4·80	92·14
XXIb	7. 4. 06	—	38·0	1·479	1·16	19·14	79·70
		—			1·13	8·86	90·01
XXIc	10. 4. 06	—	38·0	1·326	1·17	19·90	79·64
		.			1·66	6·54	91·80
					0·94	3·43	95·63
XXId	12. 4. 06	—	38·0	1·435	0·65	20·40	78·95
					1·03	6·14	92·83
					1·07	2·15	96·78
XXII	19. 4. 06	3200	38·0	1·522	Luft		
					1·71	9·45	88·84
					1·55	6·32	92·13
XXIIIa	21. 4. 06	2700	38·0	1·464	0·80	20·48	78·77
					0·94	10·09	88·97
					0·53	3·92	95·55
XXIIIb	14. 5. 06	2050	38·0	1·399	0·67	20·54	78·79
					0·96	8·64	90·40
					0·99	3·00	96·01

Übersichts **tabelle I.**

Tiere.

Blutgas Prozent			Bemerkung
gefunden		chem. geb.	
CO_2	O_2	O_2	
—	13·82	13·82	Sauerstoffbestimmung mit Ferricyankalium.
—	16·75	16·75	„ „ „
—	17·33	17·33	Äthernarkose, mit Ferricyankalium entgast.
—	16·46	16·46	Ebenso.
—	12·72	12·72	Äthernarkose, mit Ferricyankalium entgast.
—	4·91	4·91	Ebenso, aber nur 5 ᶜᶜᵐ Blut verwendet. Nachts bei 5⁰.
18·88	17·68	17·68	Äthernarkose, mit Ferricyankalium entgast.
	1·42	1·42	5 ᶜᶜᵐ Blut verwendet. Nachts bei 3 bis 6⁰.
31·26	21·20	20·80	Wohl Äthernarkose.
38·58	16·03	15·61	Mit Pumpe 16·03, chem. geb. 15·89, mit Ferricyankalium
13·67	20·35	19·94	Äthernarkose.
20·86	12·85	12·78	
30·92	13·31	12·86	Ohne Narkose.
36·33	8·04	7·88	
22·39	14·33	13·90	Ohne Narkose.
35·58	6·61	6·49	
14·31	17·66	17·27	Ohne Narkose, 70 ᶜᶜᵐ entnommen.
22·98	10·24	10·14	
24·49	20·01	19·60	Wunde per primam geheilt, Tier völlig gesund.
30·74	17·49	17·30	Ohne Narkose 80 ᶜᶜᵐ entnommen.
31·38			Ohne Narkose 55 ᶜᶜᵐ entnommen.
25·94	8·61	8·48	Blut Sauerstoff bei Luftschüttelung verloren. Aus Werte
28·06	5·00	4·93	pro Gramm Hb von XXIb und d (1·247 u. 1·251 ᶜᶜᵐ) ge
			= 13·47 Proz. chem. geb.
36·64	8·15	7·75	T. in ano 38⁰, wohl. Äthernarkose. Fleischnahrung.
28·63	6·63	6·51	
31·70	1·66	1·62	
22·65	22·52	22·13	Ohne Narkose. 78 ᶜᶜᵐ entnommen. Gemischte Nahrung.
19·96	19·29	19·11	
24·42	17·77	17·65	
17·94	20·23	19·83	Nach Aderlaß schwer anämisch. Nachmittags 80 ᶜᶜᵐ Ko
13·85	12·80	12·60	lösung. Gemischte Nahrung.
14·44	8·36	8·28	
18·59	19·05	18·65	Wunde tadellos geheilt. Tier verblutet, nur 65 ᶜᶜᵐ im
11·85	15·53	15·36	zu erhalten.
18·41	6·95	6·89	

Übersichtstabelle II.

des Tieres	Körpergewicht grm	Datum	Subkutane Injektion $MgClO_3$	Allgemeines Verhalten	Spektroskopischer Befund (neutrale Lösung)	Schüttel-temperatur Grad	$\dfrac{\varepsilon'}{\varepsilon}$
I	2600	28. 7. 04	6 ccm 20 Proz.	Normal			
		30. 7. 04	10 „ 20 „	In ersten 3 Std. matt, Seiten-lage, Dyspnoe			1·415
		31. 7. 04		Normal			
		1. 8. 04	2·0 in 70 ccm	3^h p. Inj. gesund, frißt.			1·393
		1. 8. 04		Abends gesund, nachts †			
II	3400	4. 8. 04	2·4 „ 80 „	Dauernd normal			
		5. 8. 04	2·6 „ 80 „	1^hp.Inj.Seitenlage; $1^1/_2$ p.Inj. Puls schlecht, Ohrgef. leer	Normal		1·375
		3^h p. Inj.		Atmung mühsam, verlang-samt, saccadiert. Kraftlos			
		5^h „		Dasselbe. Verbl. Blut braun	Streif in Rot	29·1	1·211 [1]
III	2815	25. 10. 04	2·24 „ 90 „	$1^1/_2{}^h$p.Inj.Brechbewegungen, Speichelfluß kurze Zeit	Streif in Rot bei stärkst.Konzentr.	16·4	1·398
				5^h p. Inj. Verblutung. Herz, Atmung gut. Keine Krämpfe	(Am folgend. Tag deutlicher)		1·245 [1]
IV	2630	28. 10. 04	2·1 „ 90 „	5^h p. Inj. leichte Cyanose, etwas matt. 10^hp.Inj.normal			
		29. 10. 04	2·1 „ 90 „	4^h p. Inj. verblutet. Etwas matt. Mäßige Cyanose	Normal	15·5	1·354
V	4420	6. 11. 04	0·8 p. kg	Normal. Resp. 88 p. Min.			
		7. 11. 04	0·9 „	1^h p. Inj. Seitenlage, matt, Cyanose. 3^h p. Inj. stärker. Resp. 24			
		8^h p. Inj.		Dasselbe. Aderlaß. 100 ccm Kochsalzinfusion		38	{ 1·254
		10^h „		† Zweite Gasprobe am 8. 11. 04			1·233 [1]
VI	3300	3. 12. 04	2·2 in 80 ccm	Nach 10^h munter			
		4. 12. 04	2·2 „ 80 „	12^h n. II. Inj. verblutet. Cyanose. Sonst kräftig.	Normal	38	{ 1·281 [2]
IX	2680	29. 1. 05	0·7 p. kg				
		30. 1. 05	0·5 „	12^h p. Inj. verblutet	Normal	38	{ 1·412
XI	2150	12. 2. 05	0·5 „				
		13. 2. 05	0·7 „	4^h p. Inj. krank, Zittern. T. in ano 34·5°. Verblutung.	Stark konzentr. Streif in Rot	38	{ 1·430
XII	2370	13. 2. 05	0·7 „	16^h p. Inj. matt. Schleim-häute braun			
		14. 2. 05	0·5 „	2^h p.Inj.Krämpfe. 4^hp.Inj.†, sofort Blutentnahme	Streif in Rot deutlich	38	In Soda ungelöst
III a	2470	23. 2. 05	0·7 „	Keine Wirkung			
		24. 2. 05	0·8 „	9^h p. Inj. normal. Blutent-nahme 45 ccm, dann Infusion 50 ccm Kochsalzlösung	Schwacher Streif in Rot	38	{ 1·333

[1] Gasanalyse sofort nach Verblutung. Spektrophotometer am folgenden Tag.
[2] Gasanalyse sofort nach Verblutung. Spektrophotometer 8^h post mortem.

Vergiftete Tiere.

Schüttelgas Prozent			Blutgas Prozent			Sektionsbefund	ε	
CO_2	O_2	N	CO_2	O_2 gefunden	chem. geb.			
							0·80948	1·1
						Herz, Lunge, Niere braun, Blut bräunlich. Milz groß, schwarz		
							0·60734	0·8
	Luft				11·57	Gerinnsel schwammig	0·72822	0·8
	Luft				9·83	Blutfarbe normal rot, Schaum etwas braun	0·65936	0·9
						Gerinnsel etwas schwammig		
	Luft				9·80	Blut normal. Leber und Niere allein etwas braun	0·87842	1·1
1·41	19·77	78·82	18·80	3·05	3·05	Blut rotbraun, beim Stehen stärker braun. Gerinnsel schwammig	0·41418	0·5
1·61	11·40	76·99			0·00	Kochsalzlösung nicht resorbiert. Leber, Lunge braun. Milz groß		
1·23	20·24	78·53	37·67	10·21	9·79	Blutschaum braun. Alle Organe braun. Harn eiweißhaltig. Keine Zylinder	0·52684	0·6
1·81	10·26	87·93	39·50	—	—			
1·15	18·92	72·93	21·46	13·29	12·90	Normale Gerinnung und Sektionsbefund	0·51212	0·7
1·93	5·60	92·47	37·69	9·16	9·04			
1·10	20·62	78·28	19·03	14·24	13·82	Blut etwas braun. Organe normal, Herz bräunlich	0·42776	0·6
1·74	4·15	94·11	19·45	8·60	8·51			
0·33	19·67	80·00	21·70	1·87	0·99	Blut braun, Zellzerfall. Alle Organe braun. Galle bräunlich ohne Methamoglobinstreifen		
0·97	21·30	77·73	22·37	14·02	13·58		0·61452	0·8
1·39	4·82	93·79	24·08	8·50	8·40			

[3] Verdünnung 1 : 50.   [4] Verdünnung 1·0856 : 100·19.
[5] Verdünnung 2·1712 : 100·19.   [6] Verdünnung 0·93248 : 100·19.

Übersichtstabelle II

Nummer des Tieres	Körpergewicht grm	Datum	Subkutane Injektion MgClO₃	Allgemeines Verhalten	Spektroskopischer Befund (neutrale Lösung)	Schütteltemperatur Grad	$\frac{\varepsilon'}{\varepsilon}$
XIIIb	2470	25. 2. 05		Munter, blaß		38·	1·328
				Blutentnahme bis Krämpfe, dann Infusion			
XIIIc		27. 2. 05		Ziemlich munter			
		28. 2. 05		Kränker			
		1. 3. 05		Verblutung	Normal		1·386
XIV	2750	2. 3. 05	0·7 p. kg	14ʰ p. Inj. munter			1·415
		3. 3. 05	1·0 „	2ʰ p.Inj. Speichelfluß, braune Schleimhäute. 5ʰ p.Inj. krank, Dyspnoeanfälle			
				8ʰ p. Inj. liegt zusammengekauert. Sehr starker Spitzenstoß. Zittern zeitweise	Deutlicher Streif in Rot	38	1·328
				Bei Fesselung kräftiger Widerstand. Verblutet			
		4. 3. 05		Analyse 1 Tag nach Entnahme		38	1·253
XV	3600	7. 3. 05	0·7 „	14ʰ p. Inj. munter			
		8. 3. 05	0·8 „	5ʰ p.Inj. sehr krank. Cyanose. Aderlaß 50 ᶜᶜᵐ Infusion	Deutlicher Streif in Rot	38·	
				8ʰ p.Inj. säuft Wasser. 9ʰ p.Inj. sehr matt, liegt still. Nachts †			1·203
XVI	3800	9. 3. 05	0·7 „	14ʰ p. Inj. ziemlich munter. Nase braun			
		10. 3. 05	0·7 „	3ʰ p. Inj. matt, kalte Haut. Atmg. langs., Reakt. schlecht			
				5ʰ p. Inj. Blutentnahme, Infusion. Keine Krämpfe	Deutlicher Streif in Rot	38	1·250
XVII	3000	10. 3. 05	0·7 „	18ʰ p. Inj. matt. Harn blutig			
		11. 3. 05	0·1 „	4ʰ p.Inj. sehr matt, bisweilen munterer. Verblutung	Unmöglich Kaffeebraun	38	unmög
XVIII	2900	12. 3. 05	0·4 „	Nach 14ʰ munter			
		13. 3. 05	0·9 „	Nach 4ʰ Schleimhäute braun. Aderlaß 70 ᶜᶜᵐ Infusion		38	1·274
				Dyspnoe, Koma 5ʰ nach Aderlaß: † unter Krämpfen.	Deutlicher Streif in Rot		
XIX	2700	14. 3. 05	0·7 „	3ʰ p. Inj. sehr matt, braune Schleimhäute			
		15. 3. 05		Besser, noch matt. Braune Schleimhäute. Aderlaß 40 ᶜᶜᵐ † 2ʰ nach Aderlaß trotz Infus.	Trübe, nicht durchsicht. genug Kein Streif in Rot	38	unmög
XX	2800	15. 3. 05	0·7 „	14ʰ p. Inj. mäßig matt			
		16. 3. 05	0·7 „	2ʰ p.Inj. braune Schleimhäute. Matt			
				3ʰ p. Inj. 70 ᶜᶜᵐ Blut entnommen. Infusion. † ½ʰ später	Stark konzentr. Streif in Rot	38	1·350

¹ Verdünnung: 0·93248 : 100·19.

Schüttelgas Prozent			Blutgas Prozent			Sektionsbefund	s	
CO_2	O_2	N	CO_2	O_2 gefunden	O_2 chem. geb.			
1·05	19·82	79·13	33·79	10·08	9·67		0·28626	0·3
1·24	5·49	93·79	25·88	7·30	7·19			
1·48	20·11	78·41	{19·83	3·84	3·42	Im Harn Spuren Eiweiß, Gerinnung und	{0·51806	0·7
1·65	2·97	95·38	{27·49	2·06	2·00	Organe normal	{0·59710	0·8
3·35	20·08	76·57	{17·34	6·49	6·08	Blut rotbraun, Organe braun, Gallenblase	0·98490	1·3
1·39	3·04	95·57	{29·65	1·96	1·90	stark gefüllt. Schwammige Gerinnung		
			—					
1·01	20·04	78·95	13·98	5·05	4·64			
1·30	19·58	79·12	39·79	8·52	8·12	Blut braunrot	0·50062	0·6
4·41	2·94	92·65	35·28	4·70	4·64			
						Typische Braunfärbung		
1·17	20·02	78·81	{20·84	3·64	3·23	Blut braun, klebrig, dick besonders bei	0·65508	0·8
2·13	10·85	87·02	{29·30	2·97	2·75	Zimmertemperatur		
)·81	20·18	79·01	19·67	4·58	4·17	Harn blutrot, alkalischer Streif in Rot auch bei Ansäuern: Hämatin. Nach Verdünnung		
1·41	7·99	90·60	24·45	0·00	0·00	braun. Sediment rote Blutkörper. Blut weder durch Soda noch Äther lackig		
1·96	19·57	78·47	25·93	9·80	9·39		0·52802	0·6
1·76	4·08	94·21	42·18	4·18	4·10			
						Leichenblut aus Herz: kein Hämatin Organe leicht braun		
)·9	1·81	80·21	27·73	—	—			
1·48	8·96	93·61	25·88	—	—			
						Gravida 6. Mon. Lunge weiß. Andre Organe braun		
1·92	19·61	78·47	32·04	—	—	Typische Braunfärbung	0·58496	0·7
1·84	5·63	92·53	48·40	—	—			

² Verdünnung: 1·86495 : 100·19.

Tabelle L.

Nummer des Versuchs	Schüttelgas Prozent		Blutgas Prozent	
	CO_2	O_2	CO_2	O_2 chem. geb.
XI	1·10	20·62	19·03	13·82
	1·74	4·15	19·45	8·51
XIIIb	1·05	19·82	33·79	9·67
	1·24	5·49	25·88	7·19
XV	1·30	19·58	39·79	8·12
	4·41	2·94	35·28	4·64
XIX	0·98	18·81	27·73	·
	1·43	4·96	25·88	

5. Zusammenfassung.

Überblicken wir die Beobachtungen bei den mit Chlorat vergifteten Tieren, so zeigt sich: 1. Sowohl der Ablauf der Vergiftung wie die Wiederherstellung lassen sich ausreichend erklären unter der Voraussetzung, daß nur das eine bekannte Methämoglobin im Blut zirkuliert, und daß der Rest aus Hämochrom besteht. 2. Während bei etwa 70 Prozent Methämoglobin der Tod eintritt, kann bei nur wenig geringerer Menge Wiederherstellung durch Rückverwandlung von Methämoglobin in Hämochrom innerhalb der Erythrocyten stattfinden, ohne daß die Erythrocyten zerfallen. 3. Da der Wiederherstellungsweg (Methämoglobin → Oxyhämoglobin) über das reduzierte Hämochrom führt, erscheint es unwahrscheinlich, daß Erhöhung der Sauerstoffspannung im Blut die Vergiftung anders als symptomatisch bekämpft. Eher dürfte es sich empfehlen, da Zunahme der Kohlensäurespannung das Atemzentrum reizt und die Sauerstoffabgabe an die Gewebe fördert, zugleich sauerstoff- und kohlensäurereiche Gasgemenge atmen zu lassen. 4. Bisweilen tritt aber Zerfall der Erythrocyten ein. Dann ist die bekannte Nierenschädigung eine unausbleibliche Folge. · Das Bild entspricht dem der Urämie bzw. der Genesung von toxischer Nephritis (Marchand). 5. Besonders auffallend war in einigen Fällen, daß die schwer vergifteten Tiere mit 3 bis 4 Prozent Sauerstoff im arteriellen Blut noch stundenlang existieren können, Erscheinungen, die eine besondere Bearbeitung erfordern.

Bei schwerster Vergiftung dürften infolge der, wie es scheint, stark gesteigerten inneren Reibung des Blutes und der verminderten zentralen Erregbarkeit recht erhebliche Zirkulationsstörungen vorkommen. Das Studium der Zirkulationsgeschwindigkeit in den verschiedenen Organsystemen der vergifteten Tiere in Verbindung mit einer exakteren Methämoglobinbestimmungsmethode wird uns vielleicht ein klareres Bild von der inneren Atmung während der Chloratvergiftung liefern.

Zur Kenntnis des Tonus der Skelettmuskulatur.

Von

Dr. Wilhelm Trendelenburg,
Privatdozent und Assistent am Institut.

(Aus dem physiologischen Institut zu Freiburg i. B.)

Bekanntlich kommen bei der Muskulatur, insbesondere auch bei der quergestreiften Skelettmuskulatur, die uns hier allein beschäftigen soll, Dauerinnervationen vor, die als Tonus bezeichnet werden. Brondgeest[1] hat zuerst ihre reflektorische Natur nachgewiesen, und ich konnte unlängst für die Beinmuskulatur der Taube ein recht anschauliches Beispiel eines solchen Reflextonus geben.[2] Dagegen hatte ich aber überraschenderweise an der Flügelmuskulatur gefunden, daß der die normale Flügelhaltung bedingende Tonus nicht im Gliede selbst reflektorisch ausgelöst wird und damit eine bemerkenswerte Ausnahmestellung einnimmt.[3]

Die Veranlassung, diese Fragen hier wieder aufzugreifen, gibt mir eine Bemerkung, die Baglioni in der Übersetzung von Lucianis „Physiologie des Menschen" an einen Bericht über meine Untersuchungen knüpft.[4]

Der für die Mitteilung seines anderweitig nicht veröffentlichten Versuchsergebnisses gewählte Ort sichert der Ansicht Baglionis eine weite Verbreitung, ohne daß es mir möglich wäre, am gleichen Ort ihre Unzulänglichkeit nachzuweisen; dieser Umstand möge es rechtfertigen, wenn ich an dieser Stelle meine Gegengründe vorbringe.

---

[1] *Dies Archiv.* 1860. Physiol. Abtlg. S. 703.
[2] *Ebenda.* 1906. Physiol. Abtlg. Suppl. S. 243.
[3] *Ebenda.* 1906. Physiol. Abtlg. Darin u. a. S. 55.
[4] Jena. Bd. III. (8. Lieferung 1907.) S. 314—315.

Es sei hier zuerst die in Betracht kommende Äußerung Baglionis angeführt.[1]

„Einen weiteren Unterschied im Verhalten der Flügel und der Beine glaubt Trendelenburg darin gefunden zu haben, daß nach beiderseitiger Beinoperation der Tonus der Beinmuskeln verloren geht, die Flügel hingegen nach beiderseitiger Durchschneidung ihrer Hinterwurzeln eine annähernd normale Haltung beibehalten, auch dann, wenn diese Operation mit der Ausschaltung des Großhirns oder des Ohrlabyrinths verbunden wird; darnach würde der Flügeltonus im Gegensatz zu den sonstigen Beobachtungen nicht reflektorisch im Flügel ausgelöst. Nach Baglioni ist diese Ausnahme jedoch nur scheinbar, denn die normale Flügelhaltung ist nach ihm nicht die Folge eines Muskeltonus, sondern entspricht der vornehmlich durch die Gelenkbänder bedingten Kadaverstellung. Baglioni beobachtete nämlich in anderweitig nicht veröffentlichten Versuchen, daß auch Tauben mit einseitig durchschnittenen Armnerven den völlig (auch motorisch) gelähmten Flügel in der gleichen Weise halten, wie dies Trendelenburg beschrieben hat. Auch aus dessen Bemerkung, daß der operierte Flügel dem Ausbreiten keinen aktiven Widerstand entgegensetzt, geht hervor, daß die Flügelhaltung nicht durch einen Muskeltonus bedingt war."

Zunächst erfordert der im letzten Satze enthaltene Einwand eine gesonderte Besprechung. Bei meinen in Betracht kommenden Angaben[2] handelt es sich gar nicht um den hier in Frage stehenden Dauertonus der Muskulatur, sondern um Muskelspannungen, die erst durch die passive Bewegung reflektorisch ausgelöst werden, die also am normalen Flügel erst bei der passiven Bewegung zu dem von mir angenommenen, von Baglioni bestrittenen, Dauertonus hinzukommen. Dieser Einwand scheidet damit als auf einem Mißverständnis beruhend aus.

Im übrigen behauptet also Baglioni, daß die normale Flügelhaltung gar nicht durch eine Dauerinnervation der Muskulatur bedingt ist, sondern der Leichenstellung entspricht und vorwiegend durch die Spannung der Gelenkbänder bestimmt wird. Offenbar wird die Beteiligung noch anderer Faktoren angenommen, die aber nicht genannt werden. Es würde mir somit ein wesentlicher Irrtum unterlaufen sein und meine Bemühungen, die Natur des angeblich gar nicht vorhandenen Tonus aufzuklären, wären gegenstandslos gewesen. Ich werde aber zeigen, daß dem nicht so ist.[3]

---

[1] Obgleich die Übersetzung und Bearbeitung des Werkes von Baglioni und Winterstein stammt, glaube ich nach dem Inhalte des Passus nicht fehlzugehen, wenn ich mich nur an ersteren wende.

[2] *Dies Archiv.* 1906. Physiol. Abtlg. S. 31 und 32; *Ebenda.* Suppl. S. 234.

[3] Ich möchte nicht unterlassen hervorzuheben, daß ich mich schon seit Beginn meiner Untersuchungen am Zentralnervensystem der Vögel beim Töten, Chloro-

Wenn hier von normaler Flügelhaltung die Rede ist, so handelt es sich dabei einerseits um die Haltung im Stehen und Gehen, andererseits um diejenige, welche vorhanden ist, wenn man die Taube in einer Fußschlinge befestigt oder einfach an den Füßen hält und herabhängen läßt; die Befreiungsversuche des Tieres müssen abgewartet oder durch sanften Druck der Hand beseitigt werden, Ermüdung des Tieres ist zu vermeiden. Die Flügelhaltung im Stehen und Gehen dürfte genügend bekannt sein, die Flügel liegen dabei dem Körper an, ihre Spitzen stehen über dem Schwanz. Im Hängeversuch werden die Flügel meist in derselben Lage relativ zum Körper gehalten, oder sie stehen doch nur ein wenig ab.

Um in den strittigen Punkten möglichste Klarheit herrschen zu lassen, ist es notwendig, zwei Teilfragen aufzustellen; erstens: ist die normale Flügelhaltung durch eine Dauerinnervation der Muskeln bedingt? und zweitens: wie kommt diese Dauerinnervation (Tonus) zustande, insbesondere liegt ein am Flügel selbst entstehender Reflextonus vor?

Zur Beantwortung der ersten Frage ist es zunächst gar nicht notwendig, zu operativen Eingriffen, etwa der von Baglioni ausgeführten Nervendurchschneidung, zu greifen; wir besitzen ja in der Narkose ein vorzügliches und sicheres Mittel, die Innervation der Skelettmuskulatur auszuschalten, wenn wir nur für einen genügend tiefen Grad der Narkose sorgen. Narkotisiert man nun eine Taube (ich verwende in der Regel Chloroform) langsam so weit, daß der Kopf der Schwere folgend tief herabsinkt und die vorher an den Leib gezogenen Beine in die Stellung des Tonusverlustes übergehen, die ich bei Hinterwurzeldurchschneidung abbildete, so sieht man ohne weiteres, daß die Flügelhaltung eine gänzlich veränderte ist. Hält man den Rumpf des Tieres in der beim Stehen und Gehen eingenommenen Lage, so hängen die Flügel seitlich herab; da ihr Gewicht nicht groß ist, kann es vorkommen, daß die Reibung der Flügelspitzen an den Schwanzfedern genügt, um ein völliges Herabfallen zu verhindern; es tritt aber dies dann sofort ein, wenn man eine geringe Bewegung ausführt. Hält man das Tier an den Füßen, so daß es herabhängt, so öffnen sich die Flügel und fallen dabei hauptsächlich weit nach der Bauchseite vor, was am nichtnarkotisierten Tier nie vorkommt, weder im normalen Zustand, noch nach Durchschneidung der hinteren Wurzeln. Um dieses Verhalten anschaulich zu machen, gebe ich einige photographische Aufnahmen wieder, die gleichzeitig geeignet sind, Aufschluß über die zweite der oben aufgestellten Frage zu geben. Ich bin noch im Besitze der in meiner ersten

---

formieren usw. der Tiere von dem Vorhandensein eines Tonus der Flügelmuskulatur überzeugen konnte. In meiner Abhandlung ging ich auf die Beweise im Interesse der Kürze nicht ein; ich würde es aber getan haben, wenn ich diesen Einwand vorausgesehen hätte.

hierhergehörigen Arbeit[1] geschilderten und auch abgebildeten Taube 10, welche jetzt, $2^1/_2$ Jahre nach der rechtsseitigen Durchschneidung der Hinter-

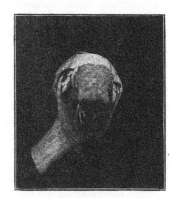

Fig. 1.   Fig. 2.

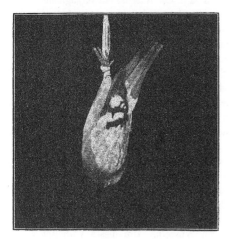
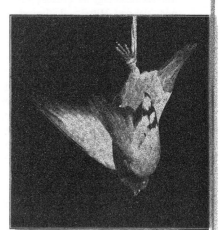

Fig. 3.   Fig. 4.

Figg. 1 bis 4. Der Flügeltonus (Figg. 1 u. 3) durch Narkose aufgehoben (Figg. 2 u. 4); (bei einer Taube, $2^1/_2$ Jahre nach rechtsseitiger Durchschneidung der hinteren Rückenmarkswurzeln für den Flügel).

wurzeln des Flügels noch ganz unverändert die dort beschriebenen Erscheinungen zeigt. Ich habe dieses Tier einem solchen Narkoseversuch

---

[1] *Dies Archiv.* 1906. Physiol. Abtlg. S. 25 u. a.

unterworfen, der leicht demonstriert werden könnte, da die Taube weiter gehalten wird. Fig. 1 zeigt die Taube stehend; die etwas eigentümliche Haltung mit aufwärts gerichtetem Schwanz ist durch die Anwendung der Kopfkappe bedingt, die aber die Flügelhaltung nicht beeinflußt und nur angewendet wurde, um die photographische Aufnahme zu ermöglichen. Während der linke Flügel mit seiner Spitze über dem Schwanz steht, wird der rechte meist ein wenig tiefer gehalten, so daß die Schwungfedern (die augenblicklich an der Spitze etwas abgebrochen sind) in Schwanzhöhe stehen. Fig. 2 zeigt dagegen das in der Hand gehaltene narkotisierte Tier mit den zur Seite herabhängenden Flügeln; der Tonusverlust ist ohne weiteres zu erkennen, und zwar nicht nur auf der normalen linken, sondern auch auf der operierten rechten Seite. Daraus geht deutlich hervor, daß vor der Narkose auch der Flügel, dessen zugehörige Hinterwurzeln durchschnitten sind, noch tonisch inerviert war.

Die normale Flügelhaltung ist mithin durch einen Muskeltonus bedingt, der kein in der Extremität selbst ausgelöster Reflextonus ist.[1]

Für den Hängeversuch werden die Verhältnisse durch die Figg. 3 und 4 veranschaulicht. In Fig. 3 ist die gleiche Taube 10 im Stadium der abklingenden Narkose nach Wiedereintritt des Muskeltonus wiedergegeben, von der rechten Seite gesehen. Beide Flügel, also auch der rechte mit durchschnittenen Hinterwurzeln, erscheinen völlig gegen den Körper projiziert, vom Rücken aus gesehen erschien der rechte Flügel nur sehr wenig weiter abstehend. Das Verhalten in der Narkose zeigt Fig. 4, die übrigens vor der vorhergehenden im Stadium der tiefen Narkose aufgenommen wurde. Man erkennt ohne weiteres die völlig veränderte Haltung der Flügel. Sie erscheinen nicht mehr gegen den Körper projiziert, sondern fallen weit nach dem Bauche hin vor, die Spitzen stehen nicht mehr in der Höhe der Schwanzwurzel, sondern auf der Höhe der Körpermitte.

Es ist hiernach kein Zweifel daran möglich, daß auch im Hängeversuch die Flügelhaltung durch eine tonische Innervation der Muskeln bedingt ist, und daß bei dieser kein am Orte selbst entstehender Reflextonus vorliegt.

Die gleichen Versuche habe ich an normalen und an anderen mir noch zur Verfügung stehenden operierten Tauben angestellt (besonders auch an Taube 35 mit doppelseitiger Durchschneidung der Hinterwurzeln des Flügelgebietes). Das Ergebnis entsprach dem hier geschilderten.

---

[1] Für die früher beschriebenen Fälle, in welchen längere Zeit nach der Operation der Flügel etwas tiefer gehalten wurde (*Dies Archiv*. 1906. Physiol. Abtlg. S. 23, 56), glaube ich eine leichte Kompression des Markes durch die Narbe annehmen zu müssen.

Aus den kurzen Angaben Baglionis geht nicht hervor, wie er zu seinem Irrtum gekommen ist; es bleibt aber wohl keine andere Erklärung übrig, als daß er die Flügelnerven nicht vollständig durchschnitten hat. Um diesem Punkte nachzugehen und um noch auf einem ganz anderen Wege die Unhaltbarkeit seiner Anschauung zu zeigen, habe ich weiter folgende Versuche angestellt. Bei einer Taube wurde eine halbseitige Durchschneidung des Rückenmarks oberhalb des Innervationsgebietes des Flügels (zwischen Wurzel 10 und 11) ausgeführt. Es wird hierdurch weder eine völlige motorische Lähmung, noch ein ganz vollständiger Tonusverlust erzielt, offenbar weil die gekreuzten Bahnen sich an beiden Funktionen beteiligen; aber trotzdem ist nach diesem Eingriff der Unterschied der Flügelhaltung beider Seiten ein schlagender Beweis der hier vertretenen Auffassung. Im Stehen und Gehen hängt der Flügel der Operationsseite seitlich herab, im Hängen fällt er nach vorne vor, während der andere Flügel keine von der normalen abweichende Haltung zeigt. Zweitens habe ich eine, diesmal vollständige, Ausschaltung der Muskelinnervation der einen Seite dadurch erreicht, daß ich durch einen durch die Seitenteile des Rückenmarks (im Flügelgebiet von Wurzel 11 bis 14) geführten Längsschnitt die Wurzeln der einen Seite abtrennte. Das Verhalten der Flügel war dasselbe wie im nächsten Fall, auf dessen Schilderung somit verwiesen werden kann. Ein Nachteil des letzterwähnten Verfahrens liegt in der Blutung, durch welche eine Schädigung der anderen Rückenmarksseite erfolgen kann. Ich habe deshalb, und um auch den von Baglioni angeführten Versuch nachzuprüfen, zweimal eine einseitige Durchschneidung des Brachialplexus vorgenommen. Zur Ermöglichung der leichten Wiederholung dieser Operation, deren Folgen mit den Angaben Baglionis in Widerspruch stehen und welche die oben ausgesprochene Vermutung über Baglionis Experimente aufdrängen, möchte ich das von mir eingeschlagene Operationsverfahren kurz angeben. Der Plexus wird von der Dorsalseite her zwischen Wirbelsäule und Skapula aufgesucht, was sich bei Anwendung des von mir beschriebenen Taubenhalters leicht ausführen läßt. Die wenigen Muskeln, deren Durchschneidung nötig ist, werden auf beiden Seiten durchgeschnitten, damit die Asymmetrie der Flügelhaltung nicht auf Nebenmomente bezogen werden kann. Unter die Nervenstämme wird, bei sorgfältiger Vermeidung der Gefäße, ein Faden geschlungen, dieser etwas angezogen, und nun die Nerven durchschnitten. Die durchschnittenen Muskeln werden durch einige Nähte wieder an der Wirbelsäule fixiert. Die Folgen dieses Eingriffes bestehen in einer völligen motorischen Lähmung des Flügels, während auf der anderen Seite durch den kleinen Eingriff an den Muskeln die normale Haltung in keiner Weise beeinträchtigt ist. Die am linken Flügel nach Durchschneidung seiner Nerven auftretende Veränderung der Haltung ist aus den Figg. 5 und 6 zu entnehmen; da diese für sich selbst sprechen, ist eine weitere Schilderung nicht mehr nötig. Nach Durchschneidung der peripheren Nerven tritt ein vollständiger Verlust des normalen Tonus ein, die Haltung entspricht auf der Operationsseite vollkommen der vorhin für die Narkose geschilderten. (Die Tauben wurden einige Zeit lebend gelassen. Es stellte sich im Verlauf der ersten Woche eine geringe Steifheit des Flügels ein, kenntlich an der Erschwerung passiver Bewegung; der Flügel wurde so in der Stellung des Tonusverlustes etwas fixiert.)

Fig. 5.   Fig. 6.

Figg. 5 und 6. Taube kurze Zeit nach linksseitiger Durchschneidung der Flügelnerven, Tonusverlust des linken Flügels bei normalem Verhalten des rechten. (In Fig. 5 wurde das Tier mit der durch ein schwarzes Tuch verdeckten Hand gehalten; die Flügelhaltung ist im Stehen und Gehen die gleiche wie in der Figur; die äußere Schwung-feder schleift dabei auf dem Boden.)

Ich glaube hiermit nach jeder Richtung den Nachweis erbracht zu haben, daß Baglionis Auffassung den Tatsachen nicht gerecht wird.

Im übrigen liegt es gegenwärtig nicht in meiner Absicht, der Natur des Flügeltonus weiter nachzugehen, da andere schon länger begonnene Untersuchungen fortzusetzen sind. Daß das Großhirn, die Ohrlabyrinthe und die Augen nicht beteiligt sind, habe ich früher schon gezeigt; auch war die Durchschneidung der weiter kaudal gelegenen Hinterwurzeln ohne Einfluß auf die Flügelhaltung. Ich möchte noch darauf hinweisen, daß nach dem Erfolg der Halbseitenläsion der Sitz des Tonus in den höheren Teilen des Zentralnervensystems zu suchen ist. Ob an diesem Tonus reflektorische Einflüsse ganz unbeteiligt sind, ob also ein autochthoner Tonus vorliegt, ist noch eine offene Frage, deren Lösung allerdings nicht ganz einfach sein dürfte, und wohl nur bei gleichzeitiger Ausschaltung sämtlicher reflektorischer Einflüsse möglich wäre.

Die Ergebnisse der vorliegenden Versuche und Erörterungen lassen sich in folgende Sätze zusammenfassen:

1. Während der Tonus der Beinmuskulatur der Taube ein Reflextonus ist und, wie die bisher bekannten Formen des Reflextonus, seinen Ursprung im tonisch innervierten Gliede selbst hat, liegt am Flügel ein Tonus vor, an welchem die aus der Peripherie des Gliedes selbst stammenden Erregungen unbeteiligt sind. Auch andere reflektorische Einflüsse sind, soweit sie untersucht werden konnten, unbeteiligt.

2. Die Ansicht Baglionis, daß der Flügelhaltung gar keine Dauerinnervation der Muskulatur (Tonus) zugrunde liegt, sondern daß sie der vornehmlich durch die Bänder bedingten Kadaverstellung entspricht, wurde widerlegt. Durch Narkose, Halbseitenläsion und Durchschneidung der peripheren Nerven werden die tonischen Muskelinnervationen aufgehoben, daran kenntlich, daß die Flügel eine völlig andere Haltung einnehmen, wie vor diesen Eingriffen.

Die Entwicklung des Ovarialeies und des Embryos, chemisch untersucht mit Berücksichtigung der gleichzeitigen morphologischen Veränderungen.

II.[1] Die chemische Zusammensetzung der Eier des Seeigels, der Seespinne, des Tintenfisches und des Hundshaies.

Von

G. Wetzel.

Die folgende Untersuchung geht zunächst einfach von der Absicht aus, tatsächliche Kenntnisse zu erlangen über die chemische Zusammensetzung der Eier in verschiedenen Tierklassen, und zwar besonders in denen der Evertebraten. Obwohl man hier mit ganz einfachen bekannten chemischen Methoden zunächst ausreichen kann, und es auch möglich ist, bei einiger Mühe das Material in ausreichender Menge zu sammeln, sind wir doch auf diesem Gebiet wenig unterrichtet.

Ich habe mich bei meinen Untersuchungen auf quantitative Bestimmungen beschränkt. Ferner habe ich von der Bestimmung der komplizierteren organischen Verbindungen im Ei, z. B. des Glykogens, deswegen abgesehen, weil für diese keine bei kleinen Mengen hinreichend sicher arbeitende Methoden vorhanden sind. Außer den Fettbestimmungen, denen des Wassers und der Asche, bestimmte ich: Stickstoff, Phosphor, Kalk und Eisen.

Die Beschränkung auf wenige besonders wichtige Stoffe · erschien zunächst als das zweckmäßigste und die Wahl der genannten Stoffe geschah, weil für diese vorzügliche Bestimmungsmethoden vorliegen.

---

[1] Die I. Mitteilung: Die chemischen Veränderungen des Ovarialeies der Ringelnatter bis zur Reife von A. Sommer und G. Wetzel siehe in *diesem Archiv*. 1904. Physiol. Abtlg. S. 389.

Diese Mitteilung schließt sich an die von A. Sommer und mir ausgeführte Untersuchung der chemischen Zusammensetzung des Ovarialeies der Ringelnatter auf verschiedenen Größen- und Entwicklungsstufen an.

Es sei gestattet, auf diese Arbeit hier zurückzukommen und im Anschluß daran diejenigen Fragen darzulegen, welche in der gegenwärtigen zur Besprechung kommen.

Wenn ich unsere früheren Ergebnisse von der Ringelnatter auf alle Organismen ausdehnen und gleichzeitig kurz zusammenfassen darf, so ist über das Wachstum des Ovarialeies folgendes zu sagen.

Es handelt sich hier nicht um eine Volumenzunahme bei gleichbleibender Zusammensetzung und gleichbleibenden gegenseitigen Mengenverhältnissen der Bestandteile, sondern um eingreifende Änderungen in dem chemischen Material.[1] Dieses Ergebnis wurde speziell begründet durch quantitative Analysen auf durchschnittlich fünf verschiedenen Stadien der Entwicklung. Jede Entwicklungsstufe des Ovarialeies ist somit durch die Mengenverhältnisse der in ihr enthaltenen Stoffe chemisch wohl charakterisierbar. So lassen sich schon allein durch Berücksichtigung des Eisen-, Phosphor- und Stickstoffgehaltes die verschiedenen Stadien kennzeichnen.

Die Umwandlungen sind in einer bestimmten Hinsicht sogar viel eingreifender, als diejenigen, welche das reife Ei während seiner Entwicklung bis zum Embryo erleidet.

Reifes oder befruchtetes Ei und der Embryo am Ende der Entwicklung nebst seinen Anhangsgebilden sind besonders durch erhebliche Differenzen in den organischen Stoffen verschieden, vom Wassergehalt abgesehen. Die Differenzen beruhen auf der Spaltung der Eiweiße, Nukleoproteïde, Kohlenhydrate und Fette, der teilweisen Verbrennung dieser Stoffe und der Umordnung der Spaltungsprodukte wieder zu anderen Verbindungen.

Demgegenüber sind die Differenzen zwischen dem kleinsten analysierten Ovarialei und dem fertigen Ei viel elementarer. Die relative quantitative Zunahme des Fettes ist eine gewaltige. Fett, bzw. ein ätherlöslicher Extrakt von derjenigen chemischen Beschaffenheit, wie ihn das fertige Ovarialei liefert, dürfte in den jüngsten Ovarialeiern überhaupt nicht vorhanden sein. Viel wesentlicher noch erscheint die Veränderung in den unorganischen Bestandteilen. Die Aschemengen, wie unter anderem auch für die Eisenmengen, abgesondert von der Gesamtasche, festgestellt worden ist, sind

---

[1] Die Änderung erscheint am auffälligsten, wenn man die frische Eisubstanz analysiert, sie wird geringer, sobald man alles auf Trockensubstanz berechnet. Aber eine gleichbleibende Proportionalität tritt auch hier nicht ein. Nur für die letzte Zeit der Entwicklung scheint eine annähernd konstante Proportion zwischen einzelnen Bestandteilen vorhanden zu sein.

anfangs fast verschwindend gegenüber ihrer Masse im reifen Ei (bei der Ringelnatter etwa 3 Prozent). Bei der Embryonalentwicklung handelt es sich im wesentlichen um eine innere chemische (bzw. chemisch-physikaische) Neuordnung und der Umänderungsprozeß läuft auf gegebener Grundlage ab. Hierbei tritt von außen her im wesentlichen wohl nur der Sauerstoff ein und etwa hinzudiffundierendes Wasser.

Beim Ovarialei werden im Laufe seines Wachstums Grundlagen ganz neuer Art erst geschaffen.

Das Resultat der chemischen Untersuchung steht mit unserer Kenntnis des morphologischen Baues des verschieden alten Ovarialeies in Übereinstimmung, da wir wissen, daß charakteristische Veränderungen des Keimbläschens und des Dotters im mikroskopischen Bilde vorhanden sind. Die eingehende Kenntnis dieser Veränderungen läßt allerdings noch viel zu wünschen übrig, jedoch genügt hier die Tatsache des Bestehens großer und charakteristischer Umwälzungen.

Wir haben somit im Ovarialei einen Organismus vor uns, der wächst, der sich in seiner elementaren chemischen Zusammensetzung von Grund aus ändert, und der sich auch in morphologischer Hinsicht differenziert. Wir können die Eientwicklung der Embryonalentwicklung auch chemisch gegenüberstellen.

Es wird uns somit später interessieren, Beziehungen zwischen Embryonalentwicklung und Eientwicklung aufzufinden.

Aus unseren Ergebnissen geht weiterhin hervor, daß die Eizelle, ehe sie sich mit den Dottermassen belädt, chemisch kein verkleinertes Abbild des Organismus ist, jedoch auf Grund ihrer Organisation die Fähigkeit besitzt, die chemischen Stoffe in derjenigen Auswahl und in denjenigen Mengenverhältnissen in sich aufzunehmen, wie es der Zusammensetzung des daraus zu bildenden Tieres entspricht. Dies letztere geschieht unter Berücksichtigung des besonderen Entwicklungsmodus und seiner Etappen.

Im Anschluß an dieses letztere wird es von besonderem Interesse sein, die Beziehungen zwischen der Zusammensetzung des reifen Eies und des fertigen Organismus bei Tieren mit und ohne Larvenstadium festzustellen.

Auch die Frage, ob sich die einzelnen Tierklassen durch bestimmte chemische Eitypen auszeichnen, schließt sich hier an.

Wie weiterhin überall in der Morphologie, von der Formel: Ontogenie gleich Phylogenie ausgehend, die Frage erörtert wird, ob und in welcher Hinsicht die einzelnen Entwicklungsstufen eines Organismus mit den entwickelten Formen solcher Organismen übereinstimmen, welche ihrer Differenzierung nach oder im System niedriger stehen und als Vorfahren oder deren Verwandte betrachtet werden können, so darf man in demselben Sinne auch die chemische Zusammensetzung des Ovarialeies, z. B. der Ringelnatter, auf verschiedenen Stufen mit der Zusammensetzung der reifen Ovarialeier wirbelloser Tiere vergleichen.

Es scheint mir jedoch, daß auf Grund der von mir hier beigebrachten Tatsachen sich dieser Gesichtspunkt nicht mit einem eigentlich positiven Erfolge einnehmen läßt. Daher habe ich ein hierhergehöriges Kapitel nach anfänglicher Ausführung wieder zurückbehalten. Gesichtspunkte von allgemeinem theoretisch-biologischen Interesse sind allerdings dabei zu gewinnen, jedoch heißt es hier vorläufig zu verzichten, bis die theoretisch möglichen Überlegungen durch mehr Tatsachenmaterial illustriert werden können. Um jedoch zu zeigen, daß ich hierbei naheliegende Dinge nicht übersehen habe, führe ich als Beispiel an, daß wirbellose Tiere in ihren Eiern, auch den fertigen, einen nur sehr geringen Eisengehalt besitzen, und daß in Parallele dazu der hohe Gehalt des Tropidonotuseies an Eisen sich erst auf den späteren Entwicklungsstadien einstellt.

Die Arbeit ist im Frühjahr 1906 an der Zoologischen Station des Berliner Aquariums zu Rovigno ausgeführt worden. Ich möchte auch hier Herrn Dr. Hermes meinen wärmsten Dank für die Liberalität aussprechen, mit der er mir die Mittel der Station zur Verfügung stellte und meine Arbeiten durch Anschaffung einer chemischen Wage sowie zahlreicher Gerätschaften ermöglichte.

Bei der Materialbeschaffung hat mich Herr Dr. Gonder in der liebenswürdigsten Weise unterstützt, ebenso Herr Elmers, der Konservator der Zoologischen Station.

Dem Königlich Preußischen Kultusministerium bin ich für die Überlassung eines Arbeitsplatzes, sowie dem Kuratorium der Gräfin Luise-Bose-Stiftung für die Gewährung eines Reisestipendiums in hohem Grade verpflichtet. Der hohen Behörde sowohl als dem Kuratorium der genannten Stiftung gebührt daher gleichfalls mein Dank.

Einige Analysen, welche ich während des kurzen Ferienaufenthaltes in Rovigno nicht mehr ausführen konnte, sind im anatomischen Institut in Breslau gemacht worden. Die Ermöglichung ihrer Ausführung verdanke ich meinem Chef, Herrn Geheimen Medizinalrat Professor Hasse, welcher zur Fortsetzung des von Herrn Sommer und mir begonnenen Untersuchungszyklus die erforderlichen Einrichtungen im Institut treffen ließ. Es sei demselben auch an dieser Stelle mein aufrichtiger Dank dafür ausgesprochen.

I. Materialbesprechung.

Die Untersuchung wurde an den reifen Eiern oder den reifen Ovaren folgender Tiere ausgeführt:

(Seeigel) Strongylocentrotus lividus,
(Seespinne) Maja squinado,
(Tintenfisch) Sepia officinalis,
(Hundshai) Scyllium canicula.

Bei dieser Auswahl war ich auf dasjenige angewiesen, was ich während meines Aufenthaltes erlangen konnte, und ich betrachte es als einen günstigen Umstand, daß die 3 Evertebraten drei verschiedenen großen Tierkreisen angehören.

Das von diesen Arten gesammelte Material war für die quantitativen Bestimmungen hinreichend.

Als ideales Untersuchungsstadium für alle Objekte gilt das „fertige" Ei im Ovarium (nach Waldeyers Terminologie). In vielen Fällen, so z. B. bei Scyllium, habe ich außer diesem auch die ersten Entwicklungsstadien, nämlich die der Blastula mit herangezogen, das gleiche gilt für die Ringelnatter. Für meine Zwecke sind die chemischen Unterschiede dieser Stadien so gering, daß sie nicht in Betracht kommen. Jedoch darf dann bei Scyllium die Eiweißflüssigkeit, in welcher der Dotter schwimmt, nicht mit analysiert werden. Für das Vogelei bildet somit nur das Gelbei das Vergleichsobjekt, das Weiße des Eies fällt für unsere Betrachtung fort.

Von diesem Ideal, nur mit dem reifen Dotter selbst, ohne jedwede andere morphologische Beimengung, zu arbeiten, mußte ich mich notgedrungen mehrfach entfernen.

Bei der Sepia wurden die ganz reifen Eier, mit dem Chorion bekleidet, verwendet, aber ohne die massigen tertiären Eihüllen. Beim Seeigel mußten zum Teil, da auf andere Weise nicht für alle Bestimmungen ausreichendes Material zu erhalten war, die ganzen reifen Ovare in toto verwendet werden, zu einem andern Teil der Bestimmungen konnte der dicke, aus den Ovaren ausfließende Saft dienen, welcher nur die völlig reifen oder fertigen Eier nebst einer Hülle enthält. Dieser Teil des Seeigelmateriales steht also an Reinheit nicht hinter dem Material von Sepia zurück.

Von Maja wurden die reifen Ovare in toto verarbeitet.

Wenn ich also in den folgenden Tabellen die wirklich nur auf den Dotter bezüglichen Zahlen mit denen zusammenstelle, welche sich auf unreines Material gründen, so geschieht dies in der Meinung, daß die Zahlen dem Zweck einer ersten Grundlage zur Untersuchung unseres Gebietes vollauf genügen.

Im folgenden gebe ich nunmehr genau an, wie bei den einzelnen
Tieren verfahren wurde. Zu einer selbständigen Beurteilung der Tragweite
der Resultate und der Schätzung der Korrektur, welcher die Zahlen eventuell
bedürfen, ist die Kenntnisnahme dieses Abschnittes notwendig.

Dazu gebe ich gleichzeitig einige Tatsachen über Größe, Gewicht und
einige andere Eigenschaften der Eier.

I. Strongylocentrotus lividus.

Dieser Seeigel ist in der Bucht von Rovigno, und zwar sowohl im Val
di Bora, wie im alten Hafen und seiner Umgebung die gewöhnliche Art.
Arbacia kommt dazwischen vor, ist aber leicht davon zu unterscheiden.

Die Erlangung guten Materiales machte hier wider Erwarten Schwierigkeiten. Dies beruhte darauf, daß unter einer großen Zahl getöteter Seeigel
nur wenige genügend reife sich befanden, sowie darauf, daß Männchen und
Weibchen sich äußerlich nie sicher unterscheiden ließen. Beide Umstände
brachten viel Zeitverlust mit sich.

Die Angaben in Brehms Tierleben über die Unterschiede von Männchen
und Weibchen stimmten zuweilen überraschend, dann aber ließen sie wieder
ganz im Stich (Bd. X. S. 317). Die von einem amerikanischen Autor, dessen
Namen ich leider nicht anführen kann, da ich mir keine Notiz darüber
gemacht habe, angegebene Methode, die Tiere mit warmem Wasser zu be-
spülen und sie dadurch zur Abgabe von Geschlechtsprodukten zu veranlassen,
habe ich deswegen nicht versucht, weil ich gerade den Verlust von reifen
Eiern aus dem Ovar möglichst vermeiden mußte.

Ich verfuhr so: Nach Entfernung des Kauapparates wurde die dadurch am oralen Pole entstandene Öffnung durch Fortschneiden der Kalk-
schale erweitert, bis eine genügende Übersicht über die Anwesenheit und
den Reifezustand der Ovare möglich war. Nun wurde durch radiäre Schnitte
bis zum After das ganze Gehäuse in fünf Segmente zerlegt, jedes Segment
von anhaftenden Eingeweiden und Mesenterien befreit und das Ovar vom
oralen nach dem aboralen Pol zu mit einem vorn rundlich geschnittenen
und schüppenartig gebogenen Stückchen Papier abgehoben. Dabei durch-
schneidet der scharfe Rand des Papieres zum Schluß den Ausführungsgang.
Die Ovare wurden in eine Glasschale gesammelt.

Entweder wurden die ganzen Ovare verwendet oder nur die beim Einstechen hervorquellenden Eimassen. Letztere stellen das reinste Material
dar, welches man erlangen kann. Die den Eiern anhaftende Flüssigkeits-
menge ist gering. Untersucht man die Masse, nachdem man etwas davon
mit Seewasser verdünnt hat, unter dem Mikroskop, so findet man fast nur
die gereiften Eier mit kleinem Kern (nach Ausstoßung der Richtungskörper).
Dazwischen liegen ab und zu solche mit großem, bläschenförmigem Kern,
die den Polkörper noch nicht ausgestoßen haben, und wenige Fetzen un-
bestimmbarer Herkunft.

Außer dem Ei haben wir hier nur noch die Gallerthülle, deren Substanzmenge aber wohl nur sehr gering zu veranschlagen ist. Sie steckt als Fehler
in allen Analysen mit drin. Nach einer Abbildung von Boveri (1) sind
die Dimensionen der im Seewasser gequollenen Gallerthülle sehr beträchtlich,

woraus natürlich kein Rückschluß auf die in ihr enthaltene Substanzmenge zu machen ist. Im übrigen führe ich zur Beurteilung der Beschaffenheit des Eies und seiner Hülle folgende Literatur an.

In Bronns Klassen und Ordnungen (1904, Bd. II, Abtlg. III, IV. Buch: Die Seeigel) S. 1136 und 1137 findet sich im Anschluß an O. Hertwigs Angaben folgende Schilderung des Eies von Toxopneustes lividus (= Strongylocentrotus).

„Die aus dem Genitalschlauch isolierten, kugeligen Eier bestehen aus Dottermasse mit Keimbläschen und einer breiten Gallerthülle um dieselbe. Die Dottermasse ist eine homogene Eiweißsubstanz, der kleine runde, die Durchsichtigkeit des Eies wenig beeinträchtigende Dotterkügelchen und Körnchen eingelagert sind. Außer denselben enthält sie eine geringe Menge eines feinkörnigen, rötlich-bräunlichen Pigmentes, das dem Ovarium und Eiern, wenn sie in größerer Anzahl zusammenliegen, eine rosenrote Färbung verleiht. Das Keimbläschen mit seinem Netzwerk von Fäden, das in der Mitte des Dotters liegt, mißt 53 μ. Es besitzt eine doppelt konturierte Kernmembran, einen wasserhellen Inhalt und in ihm den Keimfleck von 13 μ Größe. Er liegt meist der Peripherie des Keimbläschens genähert. Es besteht aus einer eiweißartigen Substanz von mattgrauem Glanz, in der kleinere Vakuolen auftreten können. . . . . Das unreife Ei ist von einer Hülle umgeben, die aus einer zarten Gallerte besteht, die von zahlreichen feinen radiären Kanälchen durchsetzt wird."

„Das in den Ovidukt übertretende reife Ei zeigt folgende Veränderungen. Das Keimbläschen ist spurlos verschwunden. An seiner Stelle liegt ein heller Fleck, der aus der dunklen, Körnchen führenden Dottermasse hervorleuchtet, der Eikern. Zugleich liegen dem Ei oft noch die Richtungskörperchen außen an, die bei der rückschreitenden Metamorphose des Keimbläschens ausgestoßen worden sind. Die Membran des reifen Eies ist doppelt konturiert, derb und wird durch eine dünne, wasserklare Gallerte ausgefüllt. Nach außen von ihr liegt eine dünne, durchsichtige Schleimschicht, die zuerst von Derbés beschrieben wurde. Bei der Befruchtung haften die Spermatozoen in dieser Schleimhülle."

Aus einem anderen Autor führen Ludwig und Hamann, die Bearbeiter des betreffenden Bandes, dann noch folgendes an.

„Théel beschreibt das unreife Ei von Echinocyamus pusillus als eine 0·1 ^{mm} große Zelle (einschließlich seiner schleimigen Hülle) mit fein granuliertem, gelbem Dotter und einer mehr transparenten, homogenen peripheren Schicht. Das 0·01 ^{mm} große Keimbläschen liegt exzentrisch. Die unreifen Eier sind paketweise in den Genitalschläuchen gelagert und voneinander nur getrennt durch die glasig helle Umhüllung. Das reife Ei ist etwas größer und mißt 0·16 ^{mm} im Durchmesser. Seine Hülle ist stärker geworden. Sein Dotter ist durchsichtiger geworden. Die periphere Schicht ist von einer feinen, doppelt konturierten Membran umhüllt."

Die geringe kapillare Schicht Flüssigkeit zwischen den einzelnen Eiern habe ich vernachlässigt.

Der aus den Ovaren beim Anstechen herausquellende Saft wurde durch Abpipettieren gewonnen und in Wägegläschen gesammelt. Ich verwendete eine graduierte enge Pipette. Diese bot den großen Vorteil, sogleich ungefähr über die Menge des Materials orientiert zu sein.

Dies reinste Material ließ sich aber nur in geringen Mengen erhalten, da seine Aufsammlung enorme Zeit beanspruchte und mehr Tiere, als sich überhaupt herbeischaffen und verarbeiten ließen. Ich konnte damit nur Wasser- und Phosphorbestimmungen, sowie eine Fettbestimmung ausführen. Zu den übrigen Bestimmungen wurden ganze Ovare verwendet.

Was die Wasserbestimmungen angeht, so ist für diese wesentlich, daß der reife ausquellende Saft nur eine äußerst geringe kapillare Schicht Flüssigkeit zwischen den Eiern enthält. Da die aus den Säften verschiedener Herkunft erhaltenen Zahlen noch um etwa 1 Prozent differieren, so ist darin wahrscheinlich der Ausdruck des Schwankens der Wassermenge zwischen den Eiern zu sehen und die kleinste gewonnene Zahl ist als richtig zu betrachten. Mit Rücksicht hierauf beträgt der Wassergehalt des reifen Strongylocentrotuseies 77·4 Prozent.

Hier müssen aber noch folgende Ermittelungen korrigierend eingreifen: Für die ganzen reifen Ovare ergaben sich 76·7 Prozent Wasser, für die nach dem Abpipettieren der reifsten Eier noch übrigbleibende Masse des Ovars 72·6 Prozent. Somit müßten die reifen Eier wasserreicher sein als die weniger reifen und das Gewebe des Ovars. Angesichts der Tatsache, daß mit zunehmender Dotterablagerung der Wassergehalt eines Eies (z. B. Ringelnatter) abnehmen muß, erscheint dies auffallend. Wir haben nur zwei Möglichkeiten der Erklärung. Erstens: das fertige Seeigelei entspricht derjenigen Stufe des Ringelnattereies, auf welcher das Maximum des Wassergehaltes aufweist (Dieses Archiv. 1907. Fig. 3, S. 395 und Fig. 5, S. 398). Das Ringelnatterei enthält auf dieser Stufe (Größe 1 ^{cm}) gleichzeitig nur etwas mehr als 2 Prozent Fett, während das reife Seeigelei etwa 4 bis 5 Prozent aufweist. Daß bei einem so hohen Fett- und entsprechend hohem Dottergehalt das Ei noch in der anfänglichen Periode der Zunahme des Wassergehaltes sich befinden solle, ist nicht anzunehmen.

Zweitens: Mit den hervorquellenden Eimassen tritt doch eine größere Menge Wasser hervor, als angenommen wurde, so daß dadurch sich die immer mehr abnehmenden Zahlen des Wassergehaltes erklären, je nachdem man nur diesen Saft oder das ganze Ovar, oder den nach dem Abpipettieren verbleibenden Rest untersucht. Danach müßten wir, und ich entschließe mich zu dieser Auffassung, den Wassergehalt der reifen Eier niedriger als 77·4 Prozent annehmen. Dabei muß es sich dann um Wasser handeln, welches im Innern der Eischläuche des Ovariums sich befindet.

Für die erste Annahme kommt noch in Betracht die gewaltige Größe des anscheinend wenig feste Substanz, also viel Wasser enthaltenden Kernes des fertigen Eies. Dem steht aber wieder die Beobachtung entgegen, daß man in dem ausfließenden Saft ganz überwiegend gereifte Eier antrifft.

Die Zahl 77·4 ist aber nur als die höchste zulässige Zahl anzusehen, da das Wasser der Gallerthülle (siehe S. 512 und 513) mit bestimmt wird und es in Analogie zu ähnlichen Fällen bei anderen Tieren wahrscheinlich ist, daß diese wasserreich ist. Ihr Wasserreichtum ist ferner abhängig von ihrem Quellungszustande. Wir haben Grund anzunehmen, daß die höchste Quellung erst nach der Entleerung in das Seewasser eintritt, so daß wir also die richtige Wasserzahl doch nicht allzu tief unter 77·4 zu suchen haben.

Auf Bestimmungen am ganzen Ovar beziehen sich die Aschezahlen und die Stickstoffzahlen.

II. Maja squinado.

Maja squinado kommt in Rovigno täglich in großen Mengen auf den Markt. Von Ende März bis Ende April konnte ich stets Material bekommen. Die sezierten Tiere waren alle laichreif. Die Laichzeit fängt jedoch schon früher an und dehnt sich auch noch länger aus.

Nur die reifen Ovare wurden analysiert. Als Fehlerquellen kommen in Betracht: Erstens die geringen kapillaren Flüssigkeitsschichten zwischen den Eiern, die wohl vernachlässigt werden dürfen. Von den vier erhaltenen Zahlen ergaben drei 56·3 bis 56·6 Prozent, nur eine Bestimmung ergab 58·0 Prozent. Diese letztere wurde als auf einer ungewöhnlich großen Wasserbeimengung beruhend angesehen und fortgelassen.

Eine zweite Fehlerquelle bildet der aus nicht reifen Eiern und aus Bindegewebe bestehende Anteil des Ovares. Zahlen zur Beurteilung dieser Fehlerquelle kann ich nicht angeben. Sehr groß kann ich den Fehler nicht annehmen. Denn man vergegenwärtige sich, wie hier und auch bei anderen Tieren, z. B. beim Frosch, zur Laichzeit das Ovar das dominierende Organ in der Leibeshöhle bildet, während nach dem Laichgeschäft der Größe nach nur noch ganz kümmerliche Reste gefunden werden.

Als dritte Fehlerquelle ist die dünne Dottermembran zu betrachten, welche wohl am ehesten völlig vernachlässigt werden darf.

Über Größe und Form der Eier bemerke ich folgendes: Die Eier der Crustaceen weisen nach Korschelt-Heider meistens vollständige Kugelform auf. Da die Eier von Maja etwas länglich sind, gehören sie somit zu den selteneren Formen. Was die Größe anbetrifft, so maß ich mit dem Okularmikrometer an den in der Bauchklappe befindlichen, also abgelegten Eiern eines einzigen Tieres durchschnittlich 0·89 mm Länge und 0·82 mm Breite.

Die Ovareier zweier Tiere ergaben 0·81 mm beide Male für die Länge und für die Breite 0·69 mm bei dem einen und 0·70 mm bei dem anderen Tiere. Die größeren Zahlen für das in der Entwicklung begriffene Ei dürften auf die Entwicklungsvorgänge zurückzuführen sein, sowie zum Teil auch darauf, daß hier wie bei allen Tieren, individuelle Schwankungen in der Eigröße sich finden werden. Auf etwaige ungenügende Reife der noch in den Ovaren befindlichen Eier darf man diese Zahlen wohl nicht beziehen, zumal die Tiere mitten in der Laichzeit gefangen wurden und somit bei allen das Ovar annäherd das Maximum seiner Größe erreicht haben dürfte.

III. Sepia officinalis.

Ich verarbeitete laichreife Tiere in der Zeit von Anfang bis Mitte April. Alle untersuchten Tiere waren laichreif oder hatten zum Teil schon abgelaicht. Die Laichzeit dehnt sich aber vorwärts und rückwärts über einen größeren Zeitraum aus.

Bei der geschlechtsreifen Sepia zur Laichzeit findet man den Ovidukt mit klaren, durchscheinenden Eiern angefüllt. In größerer Menge sehen sie hell smaragdgrün aus. Auch die Gonadenhöhle ist vollkommen mit Eiern angefüllt. Obwohl beide Räume miteinander weit kommunizieren, kann man sie doch an dem Aussehen der Eier ohne weiteres unterscheiden. Innerhalb der Gonadenhöhle sieht man zahlreiche kleinere, noch unreife Eier zwischen den älteren liegen und diese selbst weisen an ihrer Oberfläche eine zierliche, netzartige Zeichnung auf. Nach der Darstellung bei Hescheler (L. 7[1] S. 371) beruht die Zeichnung auf einem eigentümlichen Verhalten des Follikel-epithels, welches in Falten, die der netzförmigen Zeichnung der Oberfläche entsprechen, in die Tiefe des Dotters hineinwuchert. Die zum Austritt und zur Befruchtung reifen Eier tragen diese Zeichnung nicht mehr. Nur diese Eier werden verwendet. Bei ihrer beträchtlichen Größe konnten sie ohne großen Zeitverlust mit der Pinzette einzeln herausgefischt und gesammelt werden. Die Sepia-Eier stellen somit ein außerordentlich gleichartiges Material vor.

Außer dem eigentlichen Ei kommt das Chorion zur Untersuchung, dessen Einfluß wir mit in Kauf nehmen müssen. Soweit ich mich durch Abbildungen von Schnitten bei Schweickart (L. 13) und Korschelt-Heider (Fig. 177, Allg. Teil) orientieren konnte, ist das Volumen dieser Hülle nicht sehr beträcht-lich. Die abgelegten Eier sind bekanntlich mit voluminösen tertiären Hüllen umgeben.

Größe und Gewicht.

Nach Korschelt-Heider haben die Eier reichlich die Größe einer Erbse. Meine Messungen ergaben den aus dem Volumen berechneten Durch-messer des als genau kugelig angenommenen Eies zu $5 \cdot 35^{\text{mm}}$.

Das Gewicht der Eier betrug (im Durchschnitt aus den Zahlen für 4 Tiere berechnet) $65 \cdot 7^{\text{mg}}$, das Volumen $56 \cdot 3^{\text{cmm}}$. Die Benutzung dieser Durchschnittszahlen ergibt ein berechnetes spezifisches Gewicht von $1 \cdot 14$.

IV. Scyllium canicula.

Das Ei dieses Tieres wird bekanntlich von einer hornartigen Schale, die an den Enden mit je zwei langen Schnüren zur Befestigung der Eier versehen ist, umgeben. Innerhalb der Schale liegt um das Ei eine Gallerte, die wiederum nach innen von dem Ei noch getrennt ist durch eine geringe Menge eiweißhaltiger, heller, wässeriger Flüssigkeit.

Die Menge der Flüssigkeit ist am geringsten bei den noch im Eileiter befindlichen Eiern, sie nimmt zu in den abgelegten, in diesen erweicht sich auch die Gallerte allmählich. Schale und Gallerte sind durch einige Schichten einer Substanz verbunden, welche in ihrer Konsistenz den Übergang zwischen beiden macht. Daher ist eine absolute Sonderung nicht vorhanden. Den Ei-dotter kann man erhalten, ohne erhebliche Mengen der umgebenden Flüssig-keit mitnehmen zu müssen. Die stets mit herüberfließenden kleinen Mengen Flüssigkeit haben aber doch ein etwas wechselndes Resultat bei der Be-stimmung des Wassergehaltes des Dotters zur Folge. Zur Wasserbestimmung und ebenso um frische Substanz direkt zur Analyse zu erhalten, wurde der in einem Gläschen aufgefangene Dotter gut mit einem Glasstabe verrührt, um die einzelnen Dotterbestandteile miteinander zu mischen. Die Durch-mischung gelang leider manchmal nicht hinreichend, da bei Parallelbestim-mungen sich zuweilen Wasserwerte ergaben, die bis zu einem Prozent differierten. Dies zeigt uns, daß die verschiedenen Teile des Dotters ver-schiedenen Wassergehalt besitzen. Zum Teil ist es auch wohl auf die nicht gleichmäßig verteilte eben erwähnte wässerige Flüssigkeit zurückzuführen. Es wäre von großem Interesse, den Wassergehalt in verschiedenen Regionen

---

[1] L. 7 = Literaturverzeichnis Nr. 7.

des Eies festzustellen. Wir würden damit ein Urteil über die Größe der Differenz im Wassergehalt bekommen, welche innerhalb des Bereiches einer einzigen Zelle zu bestehen vermag.

Zum Zweck der Wasserbestimmung ist hier anzunehmen, daß die Mittelwerte am genauesten dem Wassergehalt des ganzen Eidotters entsprechen. Dies alles gilt für das schon mit Schale umhüllte Ei, gleichgültig, ob es sich noch im Eileiter befand oder schon abgelegt war.

Der Dotter des Ovarialeies wurde wie bei der Ringelnatter durch Ausdrücken der angeschnittenen Follikelhülle erhalten. Hier fällt der durch Flüssigkeitsbeimengung entstehende Fehler fort, die ungleiche Beschaffenheit der verschiedenen Dotterpartien bleibt aber bestehen und mußte ebenfalls durch möglichst gutes Verrühren ausgeglichen werden. Die Differenzen waren hier gewöhnlich sehr gering, in maximo gingen sie bis zu $0 \cdot 5$ Prozent.

Sofern frische Dotter aus dem Eileiter oder aus abgelegten Eiern direkt auf Phosphor oder andere Stoffe analysiert wurden, nahm ich stets eine besondere Wasserbestimmung hinzu und betrachte dann die Berechnung auf die Trockensubstanz als die maßgebende. Zur Berechnung von der Trockensubstanz aus auf die frische, wasserhaltige hielt ich mich an die Wasserzahlen für reife Ovarialeier. Dies geht unter der Voraussetzung, daß die Zusammensetzung des Trockenrückstandes im abgelegten Ei mit der im reifen Ovarialei im wesentlichen übereinstimmt. Da die Entwicklung der Eier anfangs nur äußerst langsam ist, so glaubte ich dies annehmen zu dürfen.

Außer der Differenz im Entwicklungsgrad kommt in Betracht, welche Stoffe und ob überhaupt welche vom Ei während der Entwicklung abgegeben werden.

Tangl und Farkas untersuchten das Wasser, in welchem Forelleneier sich acht Tage lang entwickelt hatten, auf organische Substanz und konnten keine nachweisen. Die organischen Stoffwechselprodukte bleiben also im Ei und es findet kein Verlust an chemischer Energie statt. Sie nehmen an, daß die Eischale in gesundem Zustande für organische Substanzen nicht permeabel ist. Für das Haifischei dürfte das ebenfalls gelten. Jedoch ist es nicht beweisend für die Unveränderlichkeit des Dotters, da ja Stoffwechselprodukte in die innerhalb der Eischale um das eigentliche Ei herum enthaltene Flüssigkeit übergehen können.

Gewicht des Eies und seiner Bestandteile.

Das vollständige Eigebilde mit Schale und Schnüren wiegt $4 \cdot 8^{\text{grm}}$ im Durchschnitt, das größte mir vorgekommene Ei wog $5 \cdot 2^{\text{grm}}$, das kleinste $4 \cdot 7^{\text{grm}}$.

Der Eidotter wog im Durchschnitt aus 17 gewogenen Eiern $1 \cdot 82^{\text{grm}}$.

Ich stellte auch das Gewicht aller einzelnen Bestandteile von zwei Eileitereiern eines Tieres fest und fand folgendes:

Gewicht des ganzen Eies . . .	$5 \cdot 2^{\text{grm}}$
Dotter	$1 \cdot 9$ „
Wässerige Flüssigkeit und Gallerte	$1 \cdot 9$ „
Hülle und Schnüre	$1 \cdot 4$ „

Der Eidotter beträgt also etwas mehr als $1/_3$ des ganzen Eies.

Das Gewicht der Eier ist konstanter als bei der Ringelnatter, wo sich Schwankungen von 1·4 bis 2·5 gefunden. Die Größe des Eies von Scyllium canicula ist ungefähr dieselbe wie die durchschnittliche Größe eines Ringelnattereies.

II. Chemische Untersuchungsmethoden.

Alle Bestimmungen wurden mit denselben Methoden ausgeführt wie in der Arbeit von Sommer und Wetzel. Besonders zu bemerken ist folgendes.

Die Trocknung zum Zwecke der Wasserbestimmung wurde im Vakuum bei Zimmertemperatur über Schwefelsäure ausgeführt. Das Vakuum war nicht vollständig. Die Quecksilbersäule besaß noch etwa 6 ᶜᵐ Höhe. Das Gewicht war unter diesen Bedingungen nach vier Tagen konstant.

Die Stickstoffbestimmung wurde nach Kjeldahl, und zwar so ausgeführt, wie sie in der von Thierfelder bearbeiteten siebenten Auflage des Hoppe-Seylerschen Handbuches beschrieben ist.

Zur Bestimmung der Asche wurde die nach dem ersten Verbrennen oder Verkohlen extrahierte Kohle noch ein zweites Mal geglüht und extrahiert. Die unlösliche Asche wurde zuerst bestimmt, dann nach Hinzugeben der löslichen die Gesamtasche und daraus die lösliche berechnet.

Zur Fettbestimmung kam das Material auf 24 Stunden in Alkohol absolutus, in dem es durch Eintropfen und Umschwenken möglichst zerteilt wurde. Die festeren Teile wurden mit einem Glasstab zerdrückt.

Der Alkohol wurde abfiltriert, der Rückstand zweimal mit Alkohol nachgewaschen und abgewertet, bis er an der Luft trocken geworden war.

Der Alkohol wurde in einer Schale bei einer 70° nicht übersteigenden Temperatur verdunstet, der Rückstand in Petroläther gelöst und durch ein kleines Filter in den Extraktionskolben filtriert. Das Filter und die mit Alkohol extrahierte lufttrockne Hauptmasse wurden in einer Extraktionshülle in den Soxhletschen Apparat übertragen und 8 Stunden mit Petroläther extrahiert.

III. Zusammensetzung der Eier der untersuchten Arten.

Meine Analysen ergeben folgendes Bild von der Zusammensetzung der Eier der vier untersuchten Spezies.

I. Strongylocentrotus lividus (Seeigel).

Das Ei enthält in Prozenten:

Wasser	Trockensubstanz
77·4	22·6

Die Trockensubstanz enthält in Prozenten:

Fett	Stickstoff	Phosphor	Asche
19·11	7·2	2·1	9·7
(4·3)[1]	(1·6)	(0·47)	(2·2)

Unlösliche Asche	Lösliche Asche
2·4	7·2
(0·54)	(1·6)

Von diesen Zahlen gelten die für Wasser, Fett und Phosphor für das reife Ei selbst, die für Asche und Stickstoff für das ganze reife Ovar.

In der Höhe seines Wassergehaltes ähnelt das Seeigelei dem Verhalten einer keine aufgespeicherten Nahrungsstoffe enthaltenden tierischen Zelle oder einem Gewebe, welches aus solchen Zellen ohne Intercellularsubstanz besteht. Diesen Charakter dürfte das Ei auch dadurch nicht verlieren, daß, wie aus der Materialbesprechung zu ersehen ist, der Wassergehalt wahrscheinlich etwas zu hoch gegriffen ist.

Die Zahl stimmt ungefähr mit der Durchschnittszahl für den Wassergehalt der menschlichen Skelettmuskulatur überein, welcher rund 75 Prozent beträgt.

Dem hohen Wassergehalt entspricht ein niedriger Fettgehalt. Morphologisch ist das Ei als dotterarm bekannt. Alle diese Tatsachen zusammen stimmen auch dazu, daß das Seeigelei sich in kurzer Zeit zu einer Larve entwickelt, welche mit allen Fähigkeiten zur selbständigen Existenz und zur Nahrungsaufnahme eingerichtet ist, aber keinen Stoffvorrat mehr in sich trägt, der ihre Weiterbildung ermöglichte. Ebenso steht mit diesen Tatsachen in Übereinstimmung die bis zum Achtzellenstadium nahezu äquale Furchung.

Auffällig ist der hohe Gehalt an Aschebestandteilen. Dieser konnte zum Teil von beigemengtem Seewasser herrühren. Da aber ein erheblicher Bruchteil aus unlöslicher Asche besteht, so lag es nahe, den Zusammenhang nach einer anderen Richtung zu suchen. Die Seeigellarve, der Pluteus, ist bekanntlich durch ein verhältnismäßig großes kalkhaltiges Skelett ausgezeichnet. Da anzunehmen war, daß die unlöslichen Aschebestandteile an Metallen hauptsächlich Kalk enthalten würden, so sah ich sie zunächst als zur Skelettbildung bestimmt an.

Wie ich jedoch bei v. Fürth (S. 613) zitiert fand, haben Pouchet und Chabry auf analytischem Wege festgestellt, daß Seeigeleier keine

---

[1] Die in Klammern beigesetzten Zahlen bedeuten den Prozentgehalt des frischen Eies an den betreffenden Bestandteilen.

bestimmbaren Kalkmengen enthalten. Hieraus würde mit den beiden Autoren
der Schluß zu ziehen sein, daß der Kalk aus dem umgebenden Seewasser
genommen werden muß. Versuche mit kalkfreiem Seewasser von den genannten Autoren und später die bekannten Untersuchungen von Herbst
scheinen diese Vermutung vollauf zu bestätigen. Es vermag sich keine
normale Larve, ja überhaupt keine Blastula darin zu entwickeln, sobald
das Seewasser ganz kalkfrei ist (Herbst). Dabei treten allerdings direkte
Schädigungen noch anderer Art auf, nämlich Lockerung des Zellverbandes,
welcher besonders von Driesch zur Beobachtung der Potenzen isolierter
Blastomeren benutzt worden ist. Das Ausbleiben der Skelettbildung bei
der Pluteuslarve stellten Pouchet und Chabry jedoch schon dann fest,
wenn sie nur den Kalkgehalt des Seewassers durch Ausfallen mit Oxalat
stark reduzierten.

Ihre Kalkanalysen beschreiben Pouchet und Chabry in ihrer ausführlichen Arbeit wie folgt:

„Par la dilacération des ovaires on recueille aisément des oeufs d'oursins
en telle quantité qu'on le désire et par le passage au travers d'un fin
tamis ... on les débarrasse de toute substance étrangère; on obtient ainsi
une bouillie d'oeufs très claire qu'il faut, avant toute analyse, debarrasser
de l'eau de mer qui lui sert d'excipient et qui renferme elle-même de la chaux.
Dans ce but les oeufs sont lavés soigneusement et pluseurs fois, par decantation,
avec une eau de mèr fabriquée par synthèse et exempte de chaux. Après ce
lavage quelques oeufs sont prélevés et placés dans de l'eau ordinaire où ils se
développent parfaitement, ce qui démontre qu'ils n'ont nullement été
altérés. La masse des oeufs lavés est soumise à l'incinération et la recherche
de la chaux est faite dans les cendres par les procédés ordinaires. En
opérant de la sorte sur les oeufs extraits de quinze ovaires, c'est a dire de
trois oursins, nous n'avous pas trouvé de chaux en quantité appréciable.
On n'en trouve pas davantage en faisant l'analyse en bloc de toute la sub ·
stance ovarique, tandis qu'on en trouve au contraire aisément en appliquant
le même traitement à un nombre même très restreint de pluteus."

Die Autoren geben ferner über den Kalkgehalt des Atlantischen Meeres
und des Mittelmeeres nach anderen Autoren (die nicht genannt sind) eine
Menge von $1 \cdot 11^{grm}$ bis $1 \cdot 4^{grm}$ im Liter. Sie selbst fanden $1 \cdot 5^{grm}$ in der
Bucht von Coucarneau. Nach Malaguti (Traité de chimie) sind (zitiert
nach unseren Autoren) nur $0 \cdot 15^{grm}$ Kalksulfat und eine Spur Kalkkarbonat
in einem Liter des Mittelmeerwassers und des im Atlantischen Ozean vorhanden. Auch diese kleinen Mengen können aber nach den Experimenten
noch einen ausschlaggebenden Einfluß auf die Entwicklung der Seeigel üben.

In den obigen Zeilen vermisse ich eine genaue Angabe über die Menge
des gefundenen Kalkes, zum wenigsten bei den Pluteïs. Da die nicht ganz

unbedeutende Menge unlöslicher Asche, welche ich fand, das Vorhandensein bestimmbarer (wenn auch vielleicht geringer) Mengen Kalk sicher erwarten ließ, so sah ich mich zu einer nochmaligen Untersuchung veranlaßt.

Ich analysierte die ganzen Ovare, wie es in der einen Hälfte ihrer Analysen auch die genannten Autoren (mit fast negativem Resultate) getan haben.

Als Methode verwandte ich die Veraschung der Substanz mittels des Neumannschen Säuregemisches, welches dann mit Ammoniak neutralisiert und mit Essigsäure schwach angesäuert wird. Darauf erfolgt der Zusatz einer kochend heißen Lösung von Ammoniumoxalat zu der ebenfalls siedenden essigsauren Lösung. Die Flüssigkeit bleibt dann 24 Stunden stehen, in welcher Zeit sich der oxalsaure Kalk kristallisiert am Boden abgesetzt hat. Es wurde titrimetrisch mit Kaliumpermanganatlösung bestimmt. Ich erhielt quantitativ sicher bestimmbare, wenn auch recht geringe Mengen Kalk, nämlich 0·08 Prozent Ca. Dies ist ein niedriger Gehalt, wenn ich den Vergleich mit dem stark kalkhaltigen Ringelnatterei ziehe, welches nach meinen später ausführlich zu publizierenden Bestimmungen über 1 Prozent Calcium, also mehr als die zehnfache Menge enthält. Dagegen erscheint der Kalkgehalt erheblich gegenüber dem der Sepia- und Majaeier. In beiden Fällen konnte ich den Kalk quantitativ nicht bestimmen. Für Sepia stand mir allerdings nur noch eine kleine Substanzmenge zur Verfügung, während für Maja sich auch bei Verwendung von 8 ^{grm} Trockensubstanz des Ovares keine quantitative Bestimmung ermöglichen ließ. Es übersteigt also der Kalkgehalt des Seeigelovares sehr beträchtlich den Ca-Gehalt von Eiern, bei denen wir durch keine theoretischen Forderungen darauf hingewiesen werden, ein Kalkreservoir anzunehmen.

Ferner ist hier in Erinnerung zu bringen, daß bei Veraschung des ganzen Ovares gerade der Kalkgehalt zu niedrig gefunden wird, indem erst in den reifen Eiern der Gehalt an Kalk sich bemerkbar machen dürfte, wie in Analogie zum Verhalten des Ringelnattereies anzunehmen ist. (Vgl. oben S. 508 und 509.)

Übrigens hat wohl auch noch niemand festgestellt, wieviel das Kalkskelett der Pluteuslarve denn eigentlich wiegt. Wenn eine Stoffmenge in Gestalt eines zierlichen Gitterwerkes verteilt ist, wie wir es hier sehen, so wird man voraussichtlich leicht geneigt sein, die dazu verwendete Masse zu überschätzen.

In einer der von ihnen untersuchten Eiermenge gleicher Quantität von Pluteïs konnten Pouchet und Chabry allerdings Kalk leicht nachweisen, leider machen sie aber keine Zahlenangaben über die gefundene Menge.

Einen Zusammenhang zwischen dem Kalkskelett des Pluteus und dem deutlich gegenüber anderen Eiern vermehrten Kalkgehalt des Seeigelovares, glaube ich also doch annehmen zu sollen. Dies verträgt sich aber möglicherweise mit Chabrys Ansicht wenigstens quantitativ, da die nachgewiesenen Kalkmengen immerhin geringfügig sind und wahrscheinlich einer Ergänzung durch neu hinzuzufügende Kalkmassen bedürfen. Der Annahme des Kalkdepositums widerspricht die abnorme Entwicklung in kalkfreiem Seewasser nicht. Denn von diesem Kalk ist anzunehmen, daß er innerhalb der Zellen gebunden ist und sich nicht in dem umgebenden Seewasser löst, wenn dessen Kalkgehalt abnimmt.

Über die Quelle dieser Kalkmassen läßt sich aber auch noch streiten. Es braucht nicht ausschließlich aus dem Seewasser entnommen zu sein, sondern kann sich zum Teil auch auf die Nahrung des Seeigelplutei zurückführen, sofern diese aus Organismen mit reichem Kalkgehalt besteht. Doch ist dies nur eine sekundäre Frage.

Weshalb aber ein Kalkdepositum, wenn die Hauptmasse des Kalkes doch aus dem umgebenden Seewasser genommen werden muß?

Dies läßt sich in Analogie zu einer bekannten anorganischen Erscheinung verstehen. Aus einer Lösung entsteht eine Kristallbildung dann besser und rascher, wenn man einen Kristall des in Lösung befindlichen Körpers hineinbringt. Dementsprechend wird schon eine rudimentäre Kalkskelettanlage postuliert, an welche sich der Kalk aus dem Seewasser nun rascher angliedert.

Mit dieser Überlegung verwandt, aber nicht identisch ist folgende: Der obige Gehalt von 0·08 Prozent Ca ist, auf das ganze Seeigelei berechnet, ein außerordentlich geringer. Wenn wir aber die Annahme machen, daß er sich nur in derjenigen Gruppe von Mesenchymzellen befindet, von der die Skelettbildung ausgeht, so ist er äußerst konzentriert. Denn es ist nur eine kleine Gruppe von Mesenchymzellen, welche als Kalkbildner funktionieren.

Wenn wir also annehmen müssen, daß zur Entstehung des Kalkskeletts eine starke Konzentration erforderlich ist, so sind diese Vorbedingungen für den Beginn der Skelettbildung vollständig erfüllt.

Es ist nämlich die Frage, ob ohne typische, von vornherein mit Kalk beladene Zellen die Bildung des Kalkskelettes überhaupt vor sich gehen würde. Es muß etwas da sein, was den Kalk zwingt, sich in der der Art eigentümlichen Anordnung niederzuschlagen. Nur durch Vermittlung desjenigen Kalkes, welcher schon die Arteigentümlichkeit des Strongylocentrotusskelettes durch irgend etwas in seiner Anordnung besitzt, welches näher zu bezeichnen mir nicht möglich ist, und welcher außer den besonderen Arteigenschaften die allgemeine Fähigkeit zur Einleitung der Kalkskelettbildung besitzt, die letztere gewiß vermöge der Art seiner Zusammenordnung mit der mit dem Protoplasma der skelettbildenden Zellen und deren Struktur,

nur durch Vermittlung solcher Ausgangsgebilde kann auch der von außen
herandiffundierende Kalk sich ·in derselben Weise gerüstbildend betätigen.

Daß dieses Ausgangsgebilde aber gerade schon Kalk enthält, erscheint
nicht als eine für alle ähnlichen Fälle zu verallgemeinernde Forderung, es
könnte auch ohne eigenen Kalkgehalt die Fähigkeit besitzen, aus dem von
außen hinzutretenden Kalk · ein Gerüst zu bauen. Für den vorliegenden
Fall bildete aber der Nachweis des Kalkdepositums die Grundtatsache.

Die Zusammensetzung des reifen Ovares des Seeigeleies ist auch für
die Nahrungsmittelchemie von Interesse. In Brehms Tierleben (Niedere
Tiere S. 517) findet sich darüber folgendes:

Die Eierstöcke „gewähren als eine sehr schmackhafte Speise den einzigen
Nutzen, den man den Seeigeln nachrühmen kann. Ich bekam den Stein-
seeigel zum ersten Male auf einem französischen Dampfer beim Diner vor-
gesetzt, und ein regelmäßiger Konsum scheint sich auch nur auf die
französischen Mittelmeerküsten zu beschränken, doch werden sie auch auf
Corfu gern gegessen. In Marseilles allein sollen jährlich 100000 Dutzend
auf den Markt gebracht und das Dutzend zu 20 bis 60 Centimes verkauft
werden."

II. Maja squinado (Seespinne).

Da hier das reife Ovar, in welchem allerdings die ganz erwachsenen
Eier die bei weitem überwiegende Masse vorstellen, analysiert wurde, so
kann ich nur sagen, daß die ausgewachsenen Eier annähernd folgende
Zusammensetzung besitzen:

Wasser	Trockensubstanz
56·4 Prozent	43·6 Prozent.

Die Trockensubstanz hat folgende prozentualische Zusammensetzung:

Fett	Stickstoff	Phosphor	Asche
24·1	10·4	3·0	4·12
(10·5)	(5·23)	(1·29)	(1·8)

Unlösliche Asche	Lösliche Asche
0·27	3·84
(0·12)	(1·68)

Der Embryo von Maja verläßt das Ei in Gestalt der Zoea, einer
zum Nahrungsaufsuchen und zur Nahrungsaufnahme von außen befähigten
Larvenform. Die Zoea steht dem fertigen Dekapoden näher als der Pluteus
dem Seeigel.

Hiermit finden wir es im Zusammenhang, daß das Ei durch seinen
Dotterreichtum dazu ausgerüstet ist, den Organismus bis zu einem weiter
vorgeschrittenen Punkte zu entwickeln. In der chemischen Zusammen-

setzung finden wir daher einen Wassergehalt von nur 56·4 (Seeigel 77·9) und einen Fettgehalt von 24·1 (Seeigel 19·1).

Auch die Furchung dürfte damit übereinstimmen. Es handelt sich wahrscheinlich wie bei anderen bekannten Dekapodeneiern um superfizielle Furchung mit Dotteranhäufung im Innern, also eine Form der partiellen Furchung.

Ich muß wahrscheinlich sagen, weil ich in der Literatur nichts fand, was speziell für das Majaei und seine Furchung mich genügend unterrichtet hätte und ich andererseits nicht in der Lage war, die Furchung selbst von Anbeginn an studieren zu können.

Gegenüber dem Seeigelei erscheint der sehr geringe Gehalt an unlöslicher Asche (0·27 Prozent) besonders bemerkenswert.

Einige auf die Feststellung des Kalkes gerichtete Analysen ergaben keine wägbaren oder titrierbaren Kalkmengen, was hiermit in Übereinstimmung steht. Die ausgewachsene Maja enthält natürlich bedeutende Kalkmengen in ihrem Panzer, nicht aber die eben ausschlüpfende Zoea, auf deren Zusammensetzung die Ausrüstung des Eies mit chemischen Substanzen -berechnet ist.

III. Sepia officinalis (Tintenfisch).

Hier wurden die nur mit dem Chorion bekleideten Eier analysiert und ergaben folgende Werte:

Wasser	Trockensubstanz
52·7 Prozent	47·3 Prozent

Die Trockensubstanz enthält in Prozenten:

Asche	Fett	Stickstoff	Phosphor
2·2	12·3	10·73	2·3
(1·02)	(5·81)	(6·34)	(1·1)

Unlösliche Asche	Lösliche Asche
0·59	1·56
(0·28)	(0·74)

Die Sepia verläßt das Ei als junge Sepia, nicht als Larve. Das Ei gehört zu den dotterreichsten. Es gehört ferner an die äußerste Grenze der partiell sich furchenden Eier und liefert einen sehr vollkommenen Typus von diskoidaler Furchung.

Chemisch sehen wir daher unserer Erwartung entsprechend einen Wassergehalt von nur 52·7 Prozent (Seeigel 77·9, Maja 56·4). Ganz wider Erwarten findet sich aber nur ein Fettgehalt von 12·3 Prozent (Maja 24·1, Seeigel 19·11·). Die Quantität des Nahrungsdotters findet somit keine Erläuterung durch die Fettzahl und steht gewissermaßen mit ihr im Widerspruch.

Daß dem Fettgehalt von 12·3 Prozent ebenso geringe Nahrungsdotter-
menge entspräche, ist ausgeschlossen. Er weist vielmehr darauf hin, daß
hier eine stark abweichende Zusammensetzung des Eies vorliegt. Vielleicht
sind hier ·Eiweißkörper in sehr viel höherem Maße als Brennmaterial verwendet. Wir können einen Hinweis darauf in der beträchtlichen Zahl
von 10·7 Prozent Stickstoff sehen. Jedoch braucht dieser Schluß nicht
zwingend zu sein. Denn wir sehen bei dem nächstfolgenden Ei von Scyllium
hohen Fettgehalt mit noch höherem Stickstoffgehalt vereinigt. Wir werden
daher auf die Vorstellung kommen, daß vielleicht Kohlehydrate in großer
Menge im Dotter abgelagert sind. Hierbei tut es nichts zur Sache, ob diese
selbständig oder als Seitenkette eines Proteids auftreten. Auch ist es möglich, daß ein Teil des Fettes so fest gebunden ist, daß es durch die Alkohol-
und Ätherextraktion nicht zu fassen ist.

Nachträglich sehen wir uns auch noch für das Seeigelei zu ähnlichen
Annahmen über eine von den übrigen Eiern abweichende Zusammensetzung
geführt. Der Fettgehalt des Seeigeleies ist zwar höher, der Stickstoffgehalt
aber sehr viel niedriger als der des Sepiaeies. Somit muß auch hier nach
Stoffen gesucht werden, welche die Lücke ausfüllen. Wir vermuten auch
hier Kohlehydrate oder in besonderer Weise festgebundenes Fett.

Diese Beobachtungen fordern besonders für das Sepiaei zu einer qualitativen Analyse seiner Bestandteile auf, welche freilich als im Plane dieser
Arbeit nicht direkt gelegen, nicht in Angriff genommen werden konnte.

Auch beim Sepiaei ist gegenüber dem Seeigel und übereinstimmend
mit Maja ein geringer Gehalt an unlöslicher Asche (0·59 Prozent) sowie
kein Kalk vorhanden.

IV. Scyllium canicula.

Hier beziehen sich die Zahlen nur auf den Dotter, ohne Hüllen. Das
frische Ei enthält:

Wasser	Trockensubstanz
48·6 Prozent	51·4 Prozent

Die Trockensubstanz hat folgende Zusammensetzung:

Asche	Fett	Stickstoff	Phosphor
5·49	29·9	12·0	2·7
(2·82)	(15·37)	(7·95)	(1·42)

Unlösliche Asche	Lösliche Asche
1·15	4·34
(0·59)	(2·23)

Die großen Eier von Scyllium canicula furchen sich diskoidal und sind
höchst dotterreiche Gebilde. Im Zusammenhang damit haben wir den geringen Wassergehalt von 48·6 Prozent und den hohen Fettgehalt von etwa
30 Prozent.

Auch die Entwicklungsstufe, auf welcher das Ei oder die Eihülle von
dem Tiere verlassen wird, stimmt mit den gegebenen chemischen Daten
überein, denn Scyllium canicula verläßt das Ei nicht als abweichend gebildete Larve, sondern als junger Fisch.

Das Ei von Scyllium entspricht dem durchschnittlichen Gewicht des
Eies von Tropidonotus. Dieser Umstand läßt uns ersehen, daß zwar große
Eier dotterreicher zu sein pflegen als kleine, daß aber gleichgroße nicht
einen gleichen Fettgehalt aufzuweisen brauchen. Das Ringelnatterei weist
nämlich 41·8 Prozent Fett bei einem Wassergehalt von nur 43·3 Prozent
gegenüber dem Scylliumei mit 30 Prozent Fett und 48·6 Prozent Wasser auf.

Dabei handelt es sich beide Male um Eier von Wirbeltieren.

Daß eine Proportionalität zwischen Größe und Fettreichtum nicht
besteht, ging auch aus der Zahl von 24 Prozent Fett für das Majaei hervor,
welches nicht den hundertsten Teil vom Scylliumei wiegt.

Diese Disproportionalität wird auch noch dadurch illustriert, daß Reichtum an Nahrungsdotter nicht ohne weiteres Reichtum an Fett bedeutet,
wie uns das Sepiaei gezeigt hat.

Etwas anders liegt die Frage, wenn wir sie so stellen, ob Proportionalität
zwischen Größe und Nahrungsdotter besteht. Auch hier wird kaum eine
eigentliche Proportionalität zu erwarten sein, jedoch immerhin eher. Aber
messend festzustellen ist diese Beziehung nicht auf chemischem Wege, da
Nahrungsdotter ein morphologischer Begriff ist. Eine exakte Trennung
beider Dotterarten behufs direkter Wägung oder eine zeichnerische Trennung behufs Modellwägung dürfte nur schwierig durchführbar sein.

Das beste Mittel zur Beurteilung der Menge des Nahrungsdotters gewährt uns noch der Wassergehalt.

Dieser sinkt mit der Zunahme des Nahrungsdotters, und die Proportionalität würde eine vollständige sein, wenn wir dem reinen Bildungs-
dotter überall den gleichen Prozentgehalt an Wasser zuschreiben dürften
und dasselbe auch für den Nahrungsdotter stimmte. Für den ersteren ist
die Annahme vielleicht annähernd berechtigt. Für den letzteren dagegen
muß sie nach der Art des Nahrungsdotters beträchtlich schwanken, ob Fette,
Kohlehydrate oder Eiweiße prävalieren, ebenso nach den besonderen Ver-
tretern dieser drei Gruppen.

Das Scylliumei ist ferner kalkarm, das von Tropidonotus sehr kalkreich.
Das erstere hat eben nur ein Knorpelskelett, das letztere ein Knochen-
skelett zu erzeugen.

IV. Tabellarische Übersicht der Ergebnisse.

Auf die Einzelbesprechung der untersuchten Eier lasse ich eine Übersicht der gesamten Daten aus meinen Untersuchungen in Form einer Tabelle folgen. Ich nehme in diese Tabelle auch noch die Daten über die Zusammensetzung des fertigen Ovareies der Ringelnatter anf, sowie einige Zahlen aus den Arbeiten anderer Autoren über das Hühnerei, Kiebitzei, Entenei, Sperlingsei, Froschei und das Ei von Bombyx Mori.

	Wasser	Trocken-substanz	Fett	P_2O_5	N	Asche	Unlösliche Asche	Lösliche Asche
Strongylocentrotus	77·4	22·6	19·1	2·1	7·2	9·7	2·4	7·2
Maja	56·4	43·6	24·1	3·0	10·4	4·12	0·27	3·8
2) Bombyx Mori			31·9		9·1	4·5		
Sepia	52·7	47·3	12·3	2·3	10·7	2·2	0·59	1·6
Scyllium ·	48·6	51·4	30·0	2·7	12·0	5·5	1·15	4·3
4) Rana temporaria	57·4							
Tropidontus vatrix	43·3		41·8	3·6	6·9	6·7		
3) Sperlingsei, ganzer Inhalt . .	77·6							
1) Kibitzei, ganzer Inhalt . . .	74·4		45·8		6·7			
1) Hühnerei, ganzer Inhalt . . .	72·5		41·1		6·6			
	74·6		50·6		8·6			
Eigelb . . . · . .	51·0		64·1		5·3			
1) Entenei	71·1		53·6		6·8			

Erläuterung: Die Zahlen für Fett, Phosphor, Stickstoff und Asche beziehen sich auf die Trockensubstánz.

1) König S. 249 (L. 8).
2) nach Farkas (L. 4 und 5).
3) nach Tangl (L. 15).
4) nach Kolb (L. 9).

Die Ordnung der Spezies ist aufsteigend nach dem morphologischen System.

V. Eizusammensetzung und morphologisches System.

Hier wäre es wünschenswert gewesen, auch die von anderen Autoren untersuchten Arten mit heranzuziehen, um eine breitere Basis zu gewinnen. Leider sind aber die vorliegenden Zahlen teils zu unvollständig, teils wegen abweichender Bestimmungsmethoden nicht mit den meinigen vergleichbar. Das letztere gilt leider auch von den sonst sehr eingehenden Analysen des

Seidenspinnereies, welche Tichomiroff ausgeführt hat, sowie von den neueren Arbeiten Tangls und seiner Schüler. Ich ziehe daher nur das Hühnerei mit heran, über welches die Nahrungsmittelchemie reichliche Aufklärung gegeben hat.

Die wenigen Daten, welche sich aus der Arbeit von Farkas für Bombyx Mori entnehmen lassen, finden sich zwar in der obigen Tabelle angeführt, ebenso eine der Zahlen von Kolb, das Froschei betreffend, in diesem Abschnitt können wir sie aber nicht weiter verwerten.

Als die zu vergleichende Stufe der Entwicklung nehmen wir das Ovarialei in ausgewachsenem Zustande, das „fertige" Ei nach der Terminologie Waldeyers (L.20), also nicht das „reife" Ei der Befruchtungslehre nach Ausstoßung der Richtungskörper. Jedoch gibt es praktisch für uns keinen Hinderungsgrund, auch das letzte für das erste gelegentlich zu substituieren, wie es z. B. beim Seeigelovar gar nicht anders möglich ist. Die chemischen Differenzen beider Stadien sind zu geringe, um für unsere Zwecke in Betracht zu kommen. Selbst die Zusammensetzung des befruchteten Eies glaube ich noch, wenigstens, was die Zusammensetzung der Trockensubstanz betrifft, als für unsere Zwecke dem reifen oder fertigen Ei genügend entsprechend ansehen zu dürfen, besonders wenn es sich um sehr große Eier handelt, deren Zusammensetzung durch das Hinzutreten eines oder einiger Spermien keine wesentliche oder für die Analyse überhaupt merkliche Verschiebung erleiden kann. So habe ich z. B. die Befruchtungs- und ersten Furchungsstadien des Ringelnattereies mit verwertet. Auf die Veränderungen des Eies durch die Befruchtung, welche für große Eier qualitativ und quantitativ nur geringfügig sind, komme ich in einer späteren Arbeit zu sprechen.

Bei den Vögeln gibt nur das Gelbei das Vergleichsobjekt ab, da das Weiße des Eies eine sekundäre Umhüllung und zwar eine vom Eileiter gelieferte vorstellt.

Stellen wir zunächst fest, welchen Abteilungen des Tierreiches die untersuchten Eier entnommen sind. Wir haben dann Vertreter folgender Gruppen:

Spezies	Tierkreis	Klasse (Familie, Ordnung)
Strongylocentrotus	Echinodermen	Echinoiden, Cidariden.
Sepia	Mollusken	Cephalopoden, Dibranchiata.
Maja	Arthropoden	Crustaceen, Dekapoden.
Scyllium	Vertebrata	Pisces, Selachier.
Tropidonotus	„	Reptilien, Ophidier.
Gallus	„	Aves.

Die Frage ist nun, wie weit die Zusammensetzung der einzelnen Eier als typisch für die ganze Klasse oder den ganzen Tierkreis anzusehen ist, 'der sie angehören. Die für den Furchungstypus und den Dotter der einzelnen Eier bekannten morphologischen Tatsachen geben uns hierüber Aufschluß. Ich halte mich hierbei an die Angaben in Korschelt-Heiders und O. Hertwigs Handbüchern, ohne die Spezialliteratur heranzuziehen.

Die chemische Zusammensetzung des Eies spiegelt sich wieder in dem Dotterreichtum und dem Furchungstypus. Über den Dotterreichtum gibt die Morphologie uns ungefähre, über den Furchungstypus sehr genaue Angaben. Sie unterscheidet bekanntlich die totale und partielle Furchung, bei der ersteren wieder den äqualen und den inäqualen Typus, als besondere Formen der letzteren die superfizielle und die diskoidale Furchung. Ebenso gibt sie Angaben über die Stellung des Dotters im Ei und unterscheidet danach centrolecithale und telolecithale Eier. Wo sich der Dotter wegen seiner geringen Menge kaum bemerklich macht, spricht man von alecithalen Eiern.

Über die Lage des Dotters im Ei kann die chemische Untersuchung keinen Aufschluß geben, wohl aber über seine Menge. Dies geschieht hier, indem wir über den Dotter uns durch die Menge des extrahierten Fettes orientieren und fettreiche auch als dotterreiche Eier betrachten. Diese Schlußfolgerung ist nicht ganz frei von Mängeln. Wo es sich z. B. um fettarme Eier handelt, kann, wie wir beim Ei der Sepia gesehen haben, doch ein dotterreiches Ei vorliegen (vgl. S. 524/525).

Was den morphologischen Bau, also auch die Verteilung des Dotters, betrifft, so ist es wohl denkbar, daß zwei Eier die gleiche qualitative und quantitative Zusammensetzung besitzen und doch morphologisch unähnlich sind. Ob dieser Fall realisiert ist, stört die prinzipielle Richtigkeit dieses Satzes nicht. Es wird nämlich tatsächlich kaum zwischen zwei Arten, auch wenn sie sich im System nahe stehen, chemische Identität walten. Das beruht aber auf der unendlichen Zahl chemischer Auswahlmöglichkeiten, so daß es viel eher möglich ist, daß es zwei chemisch verschiedenartige, morphologisch aber gleichartige Gebilde gibt. Hierbei denke ich an Artunterschiede oder wenigstens Rassenunterschiede. Auch zwischen zwei Individuen derselben Spezies können chemische Differenzen obwalten, welche aber zu den Artmerkmalen ganz außer Beziehung stehen. Hierbin gehört es z. B., daß ein omnivores Tier, welches mit Fleisch ernährt wird, eine andere chemische Zusammensetzung annehmen muß, wie etwa ein zweites Tier von demselben Wurfe, welches pflanzlich ernährt wird. Die ungeheuren Auswahlmöglichkeiten in der chemischen Zusammensetzung ergeben sich, wenn man zunächst sich die gewaltige Menge verschiedenartiger Körper vergegenwärtigt, welche im Organismus vereinigt sind und eine verschiedene Elementarformel besitzen, dann die Zahl der komplizierteren unter ihnen, noch vermehrt durch Berücksichtigung der Konstitutions- und Strukturformel usw.

und nun noch die Kombinationen dieser Stoffe,, welche rechnerisch möglich sind, sich vor Augen hält.

In bezug auf die Verwertung unserer Ergebnisse für die Systematik ist folgende Voraussetzung erforderlich. Ich nehme an, daß, wenn ich eine wohlbegrenzte Tierklasse vor mir habe, innerhalb welcher ein bestimmter Bau des Eies und eine sich. in großen Zügen gleichbleibende Entwicklungsweise vorherrscht, die chemische Zusammensetzung der Eier eines Vertreters dieser Klasse in den Grundzügen auch die der übrigen sein wird.

Wenn wir unter dieser Voraussetzung das Tierreich durchwandern, so beschränken wir uns entsprechend den unserer Untersuchung gesteckten Grenzen auf die quantitativen Verhältnisse des Fettes, Wassers, Phosphors, Stickstoffs und der Asche.[1]

Man kann dies auch so ausdrücken: Wenn innerhalb einer Ordnung, Gattung oder Klasse sich eine große Gleichartigkeit der einzelnen Vertreter und ihrer Entwicklungsweise findet, dann kann man auch einen für alle Glieder in wesentlichen Zügen stimmenden Eitypus in bezug auf chemische Zusammensetzung aufstellen.

1. Im Kreise der Echinodermen finden sich überwiegend oder fast ausschließlich alecithale Eier, nur Cucumaria besitzt centrolecithale. Dementsprechend ist auch fast ausnahmslos der Furchungstypus der totale. Äqual ist er nur mit gewissen Einschränkungen, am vollkommensten äqual oder dem idealen äqualen Typus sich nähernd bei den Holothurien, mit größeren Abweichungen bei den Seesternen und Seeigeln.[2] Mit der Aussicht auf einen nur geringen Fehler dürften wir im Strongylotentrotusei den Typus des Echinodermeneies vor uns haben.

Die Echinodermeneier sind somit fettarm und stickstoffarm, haben einen niedrigen Phosphorgehalt und sind reich an Asche.

Vereinzelt kommt, worauf mich Herr Krumbach aufmerksam machte, bei Echinodermen Brutpflege vor. (L. 3.) Die Eier entwickeln sich dann in besonderen Räumen der Schale (Marsupien). Nach Thomson beträgt die Größe der Eier von Hemiaster sp., welche solche Brutpflege besitzt, einen Millimeter. Bei dieser Größe ist eine stärkere Dotteransammlung und auch wohl ein abgeänderter Entwicklungsgang wahrscheinlich.

2. Die Eier der Mollusken sind zwar durchweg mit reichlichem Dottergehalt versehen, die Furchung ist aber meist eine totale, so bei den Gastro-

---

[1] Eine Gruppierung oder Charakterisierung der Tierklassen auf qualitative Verschiedenheiten hin hat H. Przibram unternommen, freilich nicht mit Rücksicht auf die Eier, sondern auf den ausgewachsenen Organismus. Seine Untersuchungen gründen sich auf die Gerinnungstemperaturen der aus den Muskeln von Tieren aus verschiedenen Klassen erhältlichen Eiweißkörper.

[2] Korschelt-Heider, Spez. Teil. Bd. I. S. 259.

poden, Lamellibranchiaten, Amphineuren und Solenoconchen. Nur die Cephalopoden weisen eine wohlausgebildete Keimscheibe auf.

Es gibt somit für die Mollusken keinen allgemeingültigen Eitypus und das Sepiaei speziell entspricht nicht der Mehrzahl der Molluskeneier, sondern dem Typus, welcher sich nur bei den Cephalopoden vorfindet. Für diese bemerken Korschelt und Heider: „Soweit bis jetzt bekannt, scheint die Furchung in ziemlich übereinstimmender Weise zu verlaufen." Diese Bemerkung bezieht sich auf den Einzelverlauf der ersten Teilungen, es findet sich also selbst bis in die feineren Vorgänge der Furchung hinein eine Übereinstimmung.

Die Zusammensetzung des Sepiaeies dürfte demnach für die Cephalopoden charakteristisch sein.

Diese sind somit stickstoffreich, anscheinend (vgl. S. 524/525) fettarm, sind arm an Asche und zeigen einen mittleren Phosphorgehalt, wie auch einen mittleren Wassergehalt (52·7 Prozent für Sepia).

3. Für die Crustaceen sind nach Korschelt-Heider folgende vier Furchungstypen bekannt:

I. Reine totale und äquale Furchung. Für diese wird als einziges Beispiel Lucifer angeführt.

II. Anfänglich totale, in späteren Stadien superfizielle Furchung. Hier kommt es in den späteren Furchungsstadien zu einer Absonderung des ungefurchten und fast stets kernlosen Nahrungsdotters in der Mitte des Eies.

III. Rein superfizieller Typus.

IV. Diskoidale Furchung. Sie ist beschränkt auf Mysis.

Die Typen II und III sind sehr weit verbreitet, ihnen gegenüber erscheinen die äquale totale Furchung (I) und die Bildung einer Keimscheibe (IV) als sehr seltene Ausnahmen.

Die Dekapoden, zu denen Maja zählt, gehören überwiegend dem III. Typus an. Unter den von Korschelt-Heider für den II. Typus aufgezählten Gattungen findet sich Maja nicht, jedoch ist sie auch nicht ausdrücklich unter den dem Typus III zuzuzählenden Formen genannt. Ich habe die in der Bauchklappe befindlichen Eier nur auf dem Stadium der feineren Furchung im Oberflächenbilde gesehen. Dieses Stadium kann ohne Anfertigung von Schnitten keine Entscheidung zwischen II und III liefern.

Übrigens werden in dem zitierten Handbuche bei II und III noch je zwei Untertypen aufgestellt. II a zeigt allseitig gleichzeitig erfolgende Blastodermbildung, II b zeigt vorzeitige Entwicklung des Blastoderms an der Ventralseite. III a und III b lassen sich auf Grund desselben Merkmals voneinander trennen. Hiermit sind also Übergänge zu IV gegeben.

Da wir mit ziemlicher Sicherheit in der Maja einen Zugehörigen des Typus III vor uns haben, so ist es nicht unberechtigt, auch für die che-

mische Zusammensetzung kein extremes Verhalten des Eies anzunehmen
und es als Durchschnittstypus des Crustaceeneies hinzustellen.

Wir schreiben diesem somit einen mittleren Fettgehalt und mittleren
Wassergehalt zu, einen hohen Stickstoffgehalt und beträchtlichen Phosphorgehalt, der Aschegehalt weist mittlere Zahlen auf.

In der Reihe der Vertebraten sind sehr verschiedene Eitypen in den
einzelnen Klassen vertreten.

Die Eier der Säugetiere, welche nur für die Anfangsstadien der Entwicklung mit Ernährungsmaterial versehen sind, sind zwar chemisch unbekannt, müssen aber von den Eiern der Vögel, Reptilien usw. stark verschieden sein. Es ist möglich, daß sie chemisch dem dotterarmen Echino-
dermenei nahe stehen. Ganz abweichend verhalten sich innerhalb der Säuge-
tierklasse die Monotremen mit ihrer Keimscheibenbildung.

Das Vogelei ist als abgelegtes Ei außer den Schalen besonders durch
seine Eiweißschicht charakterisiert. Der eigentlichen Eizelle gehört diese nicht
mehr an. Nur das Gelbei, dem reifen Ovarialei entsprechend, ist eigentlich
von uns zu berücksichtigen. Die Eier der Vögel sind alle einander sehr ähnlich und das Hühnerei gilt auch chemisch von jeher als Typus des Vogeleies.

Für die Reptilieneier kann das Ringelnatterei als Typus gelten. Es
sind alles große, dotterreiche Eier mit Keimscheibe, sie sind von den Eiern
der Vögel eigentlich nur durch die Nichtexistenz der Eiweißhülle unterschieden.

Chemisch haben wir dann für Reptilieneier anzugeben: niedrigen
Wassergehalt und hohen Fettgehalt, niedrigen Stickstoffgehalt, hohen Aschegehalt und besonders sehr hohen Kalkgehalt, sowie hohen Phosphorgehalt.

Für die Amphibien gilt uns das Froschei als Typus. Allerdings wechselt
der Dotterreichtum der Amphibieneier und mit steigendem Dottergehalt
verwischt sich der holoblastische Furchungstypus. So bei Salamandra macu-
losa. Der Dotterreichtum erreicht jedoch nicht den der Reptilien und Vögel.

Für die spezielle chemische Charakteristik sind die vorliegenden Daten
unzulänglich. Dem Wassergehalt nach würde das Froschei nahe an das Ei
der Maja rücken, also einen mittleren Wassergehalt besitzen.

Wenn wir dann die Knochenfische mit ihren moroblastischen und die
Dipnoen und Ganoiden mit ihren holoblastischen Eiern übergehen, da wir
keinen Vertreter für sie untersucht haben, so gelangen wir zu den Selachiern,
deren Eier wiederum untereinander große Übereinstimmung aufweisen, so
daß Scyllium canicula als Vertreter gelten darf.

Die großen moroblastischen dotterreichen Eier sind daher chemisch durch
mittleren bis niedrigen Wassergehalt, mittleren bis hohen Fettgehalt, sehr hohen
Stickstoffgehalt, hohen Asche- und mittleren Phosphorgehalt ausgezeichnet.

Über die Cyclostomen sowohl wie über die Acranier läßt sich noch nichts
angeben.

VI. Verhältnis der Zusammensetzung des Eies zur Zusammensetzung des ausgebildeten Tieres.

Eine völlige Übereinstimmung zwischen dem Ei und dem daraus sich entwickelnden Tiere in bezug auf chemische Zusammensetzung kann niemals bestehen. Wir müssen von vornherein von allen denjenigen Stoffen absehen, welche während der Embryonalentwicklung eine Zersetzung bzw. Spaltung erleiden, also von Fetten, Kohlehydraten, Eiweiß. Dagegen darf man innerhalb gewisser Grenzen auf Übereinstimmung rechnen bei den Metallen und ebenso bei den Elementen Phosphor, Schwefel und Stickstoff.

Wir beschränken uns hier auf Phosphor, Kalk, Aschebestandteile, Stickstoff, da für andere vergleichbare Stoffe keine Bestimmungen gemacht worden sind.

Die Daten für die Zusammensetzung der fertigen Tiere habe ich aus der Literatur entnommen. Da ich Gesamtanalysen der von mir untersuchten Spezies nicht vorfand, so nahm ich provisorisch verwandte Tiere.

An Stelle des Seeigels nehme ich Asterias glacialis, für den eine Analyse von von Sempolowski vorliegt (König, S. 1041). Für die Schalen von Echinus liegt eine Analyse von Brunner vor (aus Bezold [1857] nach von Fürth).

	Wasser	N	Fett	Asche	P_2O_5	K	Ca
Asterius glacialis	67·36	6·81	10·60	45·45	0·90	1·46	21·66
Ei von Strongylocenta	77·9	7·2	19·1	9·4	2·1	—	0·08

Schalen von Echinus: 86·81 Proz. $CaCO_3$, 0·84 $MgCO_3$, 1·38 $CaSO_4$, 9·83 organische Substanzen.

An Stelle von Maja führe ich Cancer Pagurus und einige Zahlen für den Flußkrebs an.

	Wasser	N	Fett	Asche	P_2O_5	K	Ca
Cancer Pagurus[1] . .	62·64	5·13	8·0	44·04	3·11	1·37	14·09
Astacus fluviatilis . .	77·112			9·061	organ. Substanzen 16·8		
Ei von Maja	56·4	10·4	24·1	4·12	3·0	—	Spuren

Das Ei von Scyllium canicula stelle ich mit Raja radiata zusammen.

---

[1] Aus von Fürth, S. 182, dort zitiert nach Schmidts *Zoologie*. 1854.

	Wasser	N	Fett	Ache	P_2O_5	K	Ca
Raja radiata[1]	80·67	13·85	9·24	13·48	4·72	1·76	3·17
Ei von Scyllium canicula	43·6	12·0	30·0	5·5	2·7	—	sehr wenig

Trotzdem hier verschiedene Spezies zusammengestellt sind, ist doch manches mit ziemlicher Sicherheit zu ersehen. Der Fettgehalt ist bei den Eiern durchweg höher, der Aschegehalt niedriger. Die Differenz ist bei den Crustaceen und bei den Echiniden gewaltig, bei den Selachiern bedeutend geringer. Auf eine eingehende Erörterung im einzelnen muß ich aber verzichten, da ich einer solchen doch nur Eier und erwachsenes Individuum derselben Art zugrunde legen könnte.

Ich wende mich dafür zu einer allgemeinen Erörterung der einschlägigen Verhältnisse.

Eine volle Übereinstimmung in bezug auf diejenigen Elemente, welche nicht, wie H, C, O, (N?), während der Embryonalentwicklung auf irgend einem Wege ausgeschieden werden, kann nur bei denjenigen Organismen bestehen, welche kein freilebendes und während dieser Zeit selbständig sich ernährendes Larvenstadium besitzen, also wo das fertige Ei keine neue Stoffzufuhr von außen erhält. Dieser Gruppe gehören die Vogeleier, die Reptilieneier, die meisten Fischeier und die Cephalopodeneier an. Jedoch ist die Übereinstimmung genau nur mit dem ganz jungen Tiere, welches das Ei eben erst verlassen hat, da sich die Zusammensetzung der Organismen mit dem Alter beträchtlich ändert.

Bei denjenigen Arten, deren Entwicklung ein freilebendes Larvenstadium einschließt, gilt die Übereinstimmung nur zwischen dem Ei und der jungen, das Ei eben verlassenden Larve. Zu dieser Gruppe gehört das Seeigelei, das Ei der Maja, des Frosches usw., welche in dem Gehalt an nicht durch den Entwicklungsprozeß ausgeschiedenen Elementen mit dem Endstadium der Gastrula des Seeigels, mit der Zoea und der Kaulquappe übereinstimmen müssen.

Eine besondere Gruppe muß den Eiern der Säugetiere angewiesen werden, bei denen trotz mangelnden Larvenstadiums doch keine Übereinstimmung zwischei Ei und Neugeborenem bestehen kann, da die ganze Stoffzufuhr nach und nach von der Mutter her erfolgt.

Stellen wir im Anschluß an die beiden letzten Abschnitte noch einmal die Umstände zusammen, von welchen die chemische Zusammensetzung eines reifen Eies abhängt.

---

[1] König S. 1040 nach v. Sempolawski.

In erster Linie steht die Entwicklungsweise des Embryos und die Beziehung zur Umgebung. Hier kommt also in Betracht, ob ein freilebendes Larvenstadium in die Entwicklung eingeschaltet ist, ob aus dem Ei ohne weitere Stoffzufuhr schließlich ein junges, morphologisch aber schon die Endstufe bildendes Tier sich vorfindet, oder ob das letztere zwar der Fall ist, aber das Ei während der Entwicklung fortlaufend (vom mütterlichen Organismus her) neue Nahrungs- und Bildungsstoffe in sich aufnimmt.

Die Stellung im morphologischen System ist zunächst nur so weit bestimmend, als gleichzeitig in jeder Klasse des Tierreiches bestimmte Entwicklungstypen vorherrschen.

Sodann ist die Systematik in denjenigen Fällen für die chemische Zusammensetzung eines Eies ausschlaggebend, in welchen ein morphologisches bzw. systematisches Merkmal gleichzeitig eine besondere chemische Eigentümlichkeit vorstellt (Kalkgehalt der Knochen, Eisengehalt des Blutes). Eine solche kann aber nur dann in der Zusammensetzung des Eies zutage treten, wenn dieses ohne neue Stoffzufuhr während der Entwicklung oder ein eingeschaltetes Larvenstadium die Entwicklung zu Ende führt.

Bei Eiern, welche sich im Wasser entwickeln, ohne durch impermeable Membranen von der Umgebung getrennt zu sein', hängt die Zusammensetzung auch davon ab, ob Stoffe, welche das Ei braucht, im Wasser vorhanden sind und stets kontinuierlich hinzudiffundieren können oder ob diese fehlen (z. B. Kalk des Seeigeleies und der Pluteuslarve). (Vgl. jedoch die Erörterungen S. 13 bis 17.)

VII. Zur qualitativen und quantitativen Zusammensetzung tierischer Eier.

In der quantitativen Zusammensetzung der Eier konstatieren wir enorm große Differenzen.[1]

Wir haben Eier mit sehr hohem Wassergehalt. Den höchsten weist das Seeigelei mit etwa 78 Prozent auf. Das andere Extrem bildet das Ei der Ringelnatter mit 43·3 Prozent. Von den Zahlen für die Vögeleier kann hier nur die für das Gelbei des Hühnereies als vergleichbar mit herangezogen werden. Dieses enthält etwa 51 Prozent Wasser. Die anderen Zahlen beziehen sich auf den ganzen Inhalt des Vogeleies. Dieses muß infolge der Ausbildung des Weißen im Ei für sich beurteilt werden. Sobald überhaupt besondere Nebeneinrichtungen an einem Ei ausgebildet werden, wird die Vergleichbarkeit dadurch hinfällig. Selbst die Hühnereier unter sich zeigen beträchtliche Differenzen in der Zusammensetzung. Diese sind

---

[1] Betrachte hierzu die Tabelle S. 527.

auf die verschiedene Ernährung dieser Tiere und auf die Existenz verschiedener Kulturrassen zu beziehen.

Die Eier der anderen in der Tabelle enthaltenen Tiere haben mir keine so großen individuellen Differenzen gezeigt. Dies hängt von der Gleichmäßigkeit der Lebensweise der Tiere im Freien ab. Merkliche Differenzen fanden sich bei der Ringelnatter, welche hier wahrscheinlich auf die Existenz von Spielarten zurückgeführt werden müssen. Die Existenz solcher wird auch durch verschiedene Färbungstypen der Haut wahrscheinlich gemacht, welche man an den erwachsenen Tieren antrifft.

Was die übrigen Stoffe betrifft, so sehen wir sehr hohe Verschiedenheiten im Fettgehalt der Eier. Den höchsten Fettgehalt zeigt das Hühnerei mit 64 Prozent in der Trockensubstanz des Eigelbes, den niedrigsten das Sepiaei mit etwa 12 Prozent (vgl. zum Sepiaei S. 524/525).

Fast ebenso beträchtlich sind die Differenzen im Aschegehalt. Den geringsten zeigt die Sepia, den größten das Seeigelei.

Die Differenzen im Aschegehalt werden noch beträchtlicher, wenn wir nur die unlöslichen Aschebestandteile berücksichtigen. Am sichersten geben uns hier einen Anhaltspunkt die in die Tabelle nicht aufgenommenen Zahlen für das Calcium.

Dieses findet sich im Majaei nicht sicher nachweisbar, im Strongylocentrotusei quantitativ sicher bestimmbar, jedoch nur gegen $1/_{10}$ Prozent der Trockensubstanz bildend. Es erreicht die höchsten festgestellten Werte im Ringelnatterei mit etwa $1^1/_2$ Prozent.

Auch der Stickstoffgehalt ist sehr großen Schwankungen unterworfen. Er bewegt sich von 5·3 für das Eigelb des Hühnereies und von 6·9 für das Ei von Tropidonotus bis auf 12·0 für das Ei von Scyllium.

Die geringsten Schwankungen fanden sich für den Phosphor. Sie bewegen sich zwischen 2·1 Prozent P_2O_5 für den Seeigel und 3·6 Prozent P_2O_5 für die Ringelnatter.

Diese geringe Differenz gerade beim Phosphor ist von großer Bedeutung.

Wir können aus den Stoffen im Ei ausscheiden solche, welche für den Aufbau des eigentlichen lebenden Organismus nötig sind. Diese entwickeln in erster Linie Kern und Protoplasma aller Zellen des Organismus, sowie deren funktionell wichtigen Differenzierungen. Wir wollen die Gebilde, die wir hier im Auge haben, im Anschluß an Verworn und Jensen als lebendige Substanz bezeichnen, ohne jedoch damit den Anschauungskreis, der sich an diese Bezeichnung knüpft, ebenfalls zu übernehmen. Die Annahme des Begriffes der lebendigen Substanz bietet uns den Vorteil, für Protoplasma und Kern eine einheitliche Benennung zu haben. Ohne die genauere Begrenzung des Begriffes durch Jensen hier zu wiederholen, bemerke ich für unsere Zwecke nur, daß die Intezellularsubstanzen der Stützgewebe, z. B. Knochen und Knorpel, nicht als zur lebendigen Substanz gehörig zu betrachten sind.

Die lebendige Substanz des späteren Tieres ist im Ei nur potentia enthalten. Die Stoffe, aus denen sie sich entwickelt, liegen jedoch schon im Ei vor. Außerdem aber finden wir Stoffe, welche als chemische Kraftquelle für die während der Entwicklung nötige Energie, oder, um uns in der Benennung Tangl anzuschließen, welcher die Größe dieser Energie gemessen hat, für die „Entwicklungsarbeit" in Betracht kommen. Ferner finden wir Stoffe, welche im Organismus wichtige Verwendung finden, ohne eigentlich zu einer der genannten Gruppen gerechnet werden zu können. Diese bilden dann eine dritte Gruppe. Zu ihr gehört unter anderem der Kalk, welcher in den Wirbeltiereiern zur Bildung des Knochens bestimmt ist.

Ein kleiner Teil der Eisubstanz ist jedoch schon in Form von lebendiger Substanz vorhanden, nämlich das Plasma und der Kern des Eies. Diese Substanzen sind für das Schicksal des Eies von größter Wichtigkeit, ihrer wenigstens in dotterreichen Eiern verschwindend kleinen Substanzmenge wegen berücksichtigen wir sie nicht besonders. In dotterreichen Eiern kann man das Resultat der Gesamtanalyse daher auch mit geringem Fehler als Analyse des Dotters betrachten.

Für den Teil des Dotters bzw. für dasjenige Material, welches sich später in lebendige Substanz umwandeln wird, ist es wahrscheinlich, daß er in allen Organismen in gewissen Grundzügen einen ähnlichen, bei näher verwandten Formen vielleicht einen ganz übereinstimmenden Bau aufweisen wird.

Für das Kraftmaterial dagegen ist es verständlich, wenn es einem erheblicheren Wechsel unterliegt. Chemisch dienen als Kraftmaterial Eiweiß, Fett und Kohlehydrate.

Der Wechsel der Fettmengen in den Eiern ist aus unserer Tabelle leicht ersichtlich. Über die Kohlehydrate liegt kein Beobachtungsmaterial vor. Der Eiweißgehalt zeigt sich ebenfalls als sehr wechselnd, wie wir aus dem Verhalten des Stickstoffs ersehen können, der ein Minimum von 5·3 Prozent und ein Maximum von 12·0 Prozent aufweist.

Gehen wir nun zu den der „lebendigen Substanz" eigentümlichen Stoffen über, so ist der Stickstoff zunächst noch einmal zu nennen. Für ihn ist

---

Anmerkung: Von unserem Standpunkte aus unterscheiden wir vier Gruppen der Materie im Ei.

1. Stoffe, die zum Brennmaterial bestimmt sind.
2. Stoffe, die zu besonderen, aber nicht zur „lebendigen Substanz" zu rechnenden Gebilden des Körpers werden.
3. Die zur Bildung neuer „lebendiger Substanz" bestimmten Stoffe.
4. Die „lebendige Substanz" des Eies selbst.

aber derjenige Bruchteil, der der lebendigen Substanz angehört, nicht zu
erkennen. Dasselbe dürfte für den Schwefel gelten, über den ich keine Daten
gegeben habe. Von anderen Stoffen, von denen wir annehmen dürfen, daß sie
wesentlich nur zum Aufbau der lebendigen Substanz verwendet werden, ist
vor allem Eisen zu nennen, von Metallen auch noch Natron und Kali. Ferner
besonders der Phosphor. Für Kali und Natron habe ich keine Bestimmungen
aufzuweisen, für Eisen nur für einen Teil der untersuchten Tiere, so daß eine
Vergleichung nicht möglich ist. Für Kali und Natron, besonders für das letztere,
dürfte es sich auch bestreiten lassen, ob sie gerade als für lebendige Substanz
allein charakteristisch anzusehen sind. Vom Kali weiß man z. B. aus der
Chemie des Blutes, daß es sich in den zelligen Elementen, vom Natron,
daß es sich vorwiegend in der Flüssigkeit befindet. Es bleibt also daher
der Phosphor. Durch seine Bestimmung erhalten wir denjenigen Anteil der
lebendigen Substanz, welchen wir bei der chemischen Analyse als Nukleine
und deren verwandte Körper darstellen können. Wir haben hier also besonders den Kernanteil der lebendigen Substanz vor uns.

Wenn wir die Annahme machen, daß gleiche Eigewichte die gleiche
Menge Kernsubstanz liefern, so müßte der Phosphorgehalt in allen Eiern
der gleiche sein. Dies ist nicht der Fall. Es zeigen sich erhebliche Differenzen. Diese Differenzen lassen sich vielleicht dadurch erklären, daß größere
Quantitäten Phosphor nachweislich für andere Zwecke bestimmt sind. Sehen
wir zu, ob eine Anzahl der Ungleichheiten sich dadurch ausgleichen läßt.
Gleich bei der größten Abweichung, der Zahl von $3 \cdot 6$ für die Ringelnatter
zeigt sich, daß ein Teil des Phosphors als phosphorsaurer Kalk im Knochen
untergebracht werden muß. Ich berechne diesen Anteil auf Grund eines
Ca-Gehaltes des Eies von $1 \cdot 5$ Prozent und auf Grund der Bestimmungen
von Gabriel für die Knochenerde. Danach kommen auf $51 \cdot 28$ Teile Kalk
$37 \cdot 46$ Teile P_2O_5 und $1 \cdot 05$ Teile MgO. Da die Verhältniszahl aller drei
Bestandteile nach allen Untersuchern konstant ist und auch bei den einzelnen
Tierarten fast gar nicht schwankt, so brauchen wir den Mg-Gehalt der Asche
des Ringelnattereies nicht zu berücksichtigen, sondern können direkt die-
jenige Menge P_2O_5 berechnen, welche auf die Menge von $1 \cdot 5$ Ca im Knochen
zu nehmen ist. Es ergibt sich $1 \cdot 54$ Prozent P_2O_5. Rechnen wir diese
von $3 \cdot 6$ Prozent ab, so erhalten wir eine Phosphormenge von $2 \cdot 06$ Prozent
P_2O_5. Diese Zahl stimmt nahezu mit dem Werte für den Seeigel überein
$2 \cdot 1$ Prozent.

Wir haben also damit denjenigen Teil des P, welcher der späteren
lebendigen Substanz entspricht, und sehen, wie seine Menge in beiden ganz
verschiedenen Tierklassen fast die gleiche ist.

Ich nehme nun an, daß nach Abrechnung desjenigen Phosphors, welcher
in jeder Tierspezies offenkundig eine spezielle Verwendung findet, für die die

andere Spezies kein Analogon besitzt, in allen Eierarten eine Phosphormenge übrig bleibt, welche in sämtlichen die im wesentlichen gleiche Verwendung findet. Da wir den Begriff der lebendigen Substanz einmal aufgenommen haben und er uns für die Ausdrucksweise bequem ist, so können wir auch sagen, es bleibt dann derjenige Anteil des Stoffes, diesmal des Phosphors, über, welcher zum Bau der eigentlichen lebendigen Substanz verwendet wird.

Für den Phosphor selbst besteht dabei die Möglichkeit, ja sogar die Wahrscheinlichkeit, daß wir durch den Abzug der Knochenphosphorsäure noch nicht den gesamten Abzug von Phosphor erreicht haben, welcher notwendig ist, um bis auf den der lebendigen Substanz zuzurechnenden Phosphor zu gelangen.

Besonders ist es fraglich, ob man denjenigen Phosphor, der später als Protagon und Lecithin sich vorfindet, noch zum Phosphor der lebendigen Substanz zu rechnen hat.

Wir können jedenfalls die enorme Abweichung des Phosphorgehaltes der Schlangeneier von dem der übrigen Eier verstehen. Nach dem dadurch berechtigten Abzug werden die Zahlen für das Seeigelei und das Schlangenei einander gleich, beide gleichen dann auch annähernd dem Sepiaei (2·3). Erhebliche Abweichungen weisen noch auf das Scylliumei mit 2·7 Prozent und das Majaei mit 3·0 Prozent. Welche Besonderheiten des Baues dieser Tiere und der daraus hervorgehenden chemischen Zusammensetzung etwa für diese Abweichungen verantwortlich gemacht werden können, vermag ich nicht zu sagen. Die Möglichkeit, hier mit phosphorsaurem Kalk für das Knorpelskelett des Haifisches und den Chitinpanzer der Maja zu rechnen, ist nicht vorhanden, da hierzu der im Ei vorhandene Gehalt an Kalk augenscheinlich zu gering ist. Von den Eigentümlichkeiten des Knorpels der Knorpelfische ist bekannt, daß er Alkalisalze in großer Menge zu binden vermag. Dies eröffnet die Möglichkeit einer Bindung von phosphorsaurem Alkali.[1] Eine Gesamtanalyse für Maja konnte ich in der Literatur nicht finden, jedoch eine solche für Cancer pagurus, wonach darin 3·11 Prozent Phosphorsäure und 14·09 Prozent Kalk enthalten sind (König S. 1041, nach von Sempolowski). Auf ein Kalksalz können wir aber gerade bei Maja am allerwenigsten zurückgreifen, da hier quantitativ der Kalk als nicht bestimmbar sich erwies.

Es ist aber auch gar nicht zu erwarten, daß der nach Abzug aller nicht der Bildung lebendiger Substanz zuzurechnenden Phosphorbestandteile noch zurückbleibende Phosphor in allen Eiern quantitativ genau derselbe sei. Von den Schwierigkeiten, die Grenze zwischen dem, was wir zur leben-

---

[1] Neumeister, *Physiolog. Chemie.* II. Aufl. S. 451.

digen Substanz rechnen wollen und was nicht mehr, will ich nicht sprechen. Wir könnten uns hier schlimmstenfalls mit einer willkürlichen Grenze helfen, wenn sie nur gleichmäßig bei allen Eiern angewendet wird. Außerdem möchte ich hier nochmals hervorheben, daß ich den Begriff der lebendigen Substanz nur deswegen akzeptiere, weil er mir die Möglichkeit bietet, das, was ich sagen will, in einfacher Weise auszudrücken.

Aber selbst wenn es uns gelingt, allen nicht zur lebendigen Substanz gehörigen Phosphor richtig abzuziehen, so braucht doch der Rest noch nicht überall der gleiche zu sein. Dies würde nur dann der Fall sein, wenn alle lebendige Substanz dieselbe Zusammensetzung hätte. Innerhalb gewisser Grenzen dürfen wir aber wohl annähernde Gleichheit erwarten. Wie weit diese Grenzen gezogen werden dürfen, kann natürlich a priori nicht gesagt werden.

Die nach Ausführung aller Reduktionen noch übrig bleibenden Ungleichheiten werden wir dann betrachten als charakteristisch für die Verschiedenheiten der lebendigen Substanz in verschiedenen Organismen.

Die Zerlegung des Gesamtphosphors des Eies in die für gewisse Organgruppen des fertigen Organismus bestimmten Bruchteile wird sich zunächst chemisch weiter durchführen lassen auf Grund einer qualitativen Analyse. Es wird auf die verschiedene Bindungsweise des Phosphors zurückgegangen werden müssen und man wird dann sehen, ob der für den Knochen bestimmte Phosphor schon von vornherein als phosphorsaurer Kalk vorhanden ist, ob z. B. der für Lecithine und Protagone bestimmte Phosphor sich schon als Phosphor des Ätherextraktes nachweisen läßt usw.

Ferner muß dieselbe Zerlegung auch auf die übrigen Stoffe, also den Stickstoff, den Schwefel usw. ausgedehnt und durchgeführt werden.

Für jeden Stoff ergeben sich dann zwei Teile. Einer ist für besondere, nur der betreffenden Tierklasse eigentümliche, hier exzessiv entwickelte Organe (eines oder auch mehrere) bestimmt, der andere Teil, der nach Abzug des oder der übrigen verbleibende Rest bildet den Stammteil des Stoffes. Wir sehen für den Phosphor die Aussicht vor uns, obwohl dies noch nicht als unbedingt erwiesen betrachtet werden kann, daß der Stammteil in allen Tierklassen ungefähr dieselbe Größe besitzt. Um für den Spielraum, welchen wir hier finden, eine präzisere Vorstellung zu haben, nehmen wir ihn auf Grund obiger Zahlen auf etwa $1/_{20}$ bis höchstens $1/_{10}$ des Stammteiles an.

Ich nehme an, daß auch der Stammteil aller anderen Stoffe, welche für den morphologischen Aufbau des Organismus wesentlich sind, bei den Eiern aller Organismen annähernd die gleiche Größe haben wird.

Wenn wir dann alle diese Zahlen zusammenstellen, so haben wir in Prozenten angegeben, welche elementare chemische Zusammensetzung der Stammteil der Substanz aller Organismen besitzt. Wir haben damit die Grundzusammensetzung der einfachen, noch nicht nach speziellen Richtungen differenzierten lebendigen Substanz vor uns. Wir werden dann gleichzeitig auch wissen, ob die Zusammensetzung dieser Substanz überall dieselbe ist, oder ob hier weitgehende Differenzen vorhanden sind.

———————

Für die Beschaffenheit des Eies als Materie geht aus allem mit bemerkenswerter Klarheit hervor, daß es nicht die chemische Beschaffenheit des aus ihm hervorgehenden Organismus besitzt, auch nicht, wenn wir von allen denjenigen Stoffen absehen, welche sich deswegen zersetzen müssen während der Entwicklung, weil sie die chemische Energie zu liefern haben. Es könnte ja so sein, daß es materiell bis auf die letztgenannten Stoffe der jungen Endform gliche, nur daß die Anordnung seiner Materien eine von der der Materien in der jungen Endform abweichende wäre. Das kann in speziellen Fällen, nämlich z. B. bei den Schlangen und Vögeln, zutreffen, in der Allgemeinheit aber gilt es nicht.

Im Prinzip ist das Ei materiell dem aus ihm entstehenden Organismus nicht gleich. Es besitzt aber die Fähigkeit, diejenigen Stoffe und diese in derjenigen Proportion entweder in einem Zuge an sich zu ziehen und aufzuspeichern, oder sie auch nach und nach in sich aufzunehmen, während es schon die vorher aufgenommenen Teile zu Organen verarbeitet hat. Das Ei baut also den Organismus, dem es nur in der Anlage oder in der Zelle gleicht, wie der Plan des Baumeisters das Gebäude aufführt, obwohl der Plan nicht aus Mörtel, aus Ziegeln und aus Hausteinen zusammengesetzt ist.

Literaturverzeichnis.

1. Th. Boveri, Über die Polaritat des Seeigeleies. *Verhandlungen der Physiol.-medizin. Gesellschaft zu Würzburg.* 1901. Bd. XXXIV.

2. Brehm, *Tierleben.* Bd. X. Niedere Tiere.

3. Bronn, *Klassen und Ordnungen des Tierreichs.* Bd. II. Abtlg. III. Echinodermen, begonnen von H. Ludwig, fortgesetzt von O. Hamann. IV. Buch: Die Seeigel. Leipzig 1904.

4. K. Farkas, Beiträge zur Energetik der Ontogenese. Erste Mitteilung. Über den Energieumsatz des Seidenspinners während der Entwicklung im Ei und während der Metamorphose. *Pflügers Archiv.* 1903. Bd. XCVIII. S. 490—546.

5. Derselbe, Zur Kenntnis des Chorionins und des Chorioningehaltes der Seidenspinnereier. *Ebenda.* 1903. Bd. XCVIII. S. 547—550.

6. O. von Fürth, *Vergleichende chemische Physiologie der niederen Tiere.* Jena 1903.

7. Hescheler, Mollusca in Lang's *Lehrbuch der vergleichenden Anatomie der wirbellosen Tiere.* 2. Aufl. S. 311 (Sepia).

8. J. König, *Chemische Zusammensetzung der menschlichen Nahrungs- und Genußmittel.* 1889. 3. Aufl. Berlin.

9. H. Kolb, Chemische Untersuchung der Eier von Rana temporaria. *Diss.* Basel 1901.

10. E. Korschelt und K. Heider, *Lehrbuch der vergleichenden Entwicklungsgeschichte der wirbellosen Tiere.* Spezieller Teil und allgemeiner Teil. Jena 1890 bis 1902.

11. P. Petersen und F. Soxhlet, Über die Zusammensetzung des Knorpels vom Haifisch. *Journal für praktische Chemie.* 1873. N. F. Bd. VII.

12. G. Pouchet et L. Chabry, Sur le développement des larves d'oursins dans l'eau de mer privée de chaux. *Compt. rend. Soc. biolog.* XLI. p. 17—20.

12a. Dieselben, *Cempt. rend.* 1889. T. CVIII. p. 298—307.

12b. Dieselben, L'eau de mer artificielle comme agent tératogénique. *Journal de l'Anat. et de la Physiologie.* 1889. T. XXV. p. 298—307.

13. A. Schweikart, Beiträge zur Morphologie und Genese der Eihüllen der Cephalopoden und Chitonen. *Fauna Chilensis.* Bd. III. *Zoolog. Jahrbücher.* 1905. Supplementband VI. S. 353.

14. J. von Sempolowski, *Landwirtschaftl. Versuchsstation.* 1889. Bd. XXXVI.

15. F. Tangl, Beiträge zur Energetik der Ontogenese. Erste Mitteilung. Die Entwicklungsarbeit im Vogelei. *Pflügers Archiv.* 1903. Bd. XCIII.

16. F. Tangl und K. Farkas, Beiträge zur Energetik der Ontogenese. Vierte Mitteilung. Über den Stoff- und Energieumsatz im bebrüteten Forellenei. *Ebenda.* 1904. Bd. CIV.

17. A. Tichomiroff, Chemische Studien über die Entwicklung der Insekteneier. *Journal für physiologische Chemie.* 1885. Bd. IX.

18. M. Ussow, Zoologisch-embryologische Untersuchungen. *Archiv für Naturgeschichte* (Troschel). Jahrg. 40. 1874. Bd. I. (Zitat S. 340.)

19. Derselbe, Untersuchungen über die Entwicklung der Cephalopoden. *Archives de Biologie.* 1881. T. II. p. 553—635. Mit 2 Tafeln.

20. W. Waldeyer, Die Geschlechtszellen. (O. Hertwig, *Handbuch der Entwicklungslehre.* 1906.)

Verhandlungen der physiologischen Gesellschaft zu Berlin.

Jahrgang 1906—1907.

IX. Sitzung am 15. März 1907.

1. Hr. W. NAGEL: „Über experimentelle Überführung trichromatischen Farbensinnes in dichromatischen."

Vor einem halben Jahre habe ich mitgeteilt, daß bei mir und manchen, vielleicht vielen, bisher als Dichromaten betrachteten Personen ein im strengen Sinn dichromatischer Farbensinn zwar im reinen fovealen Sehen und überhaupt beim Sehen auf kleinen Feldern (bis zu 4°) besteht, bei Sehen auf größeren Flächen dagegen ein Farbensystem nachzuweisen ist, das sich deutlich als ein trichromatisches System kennzeichnet. Es ist bestimmt kein normal trichromatisches, bei mir ein grünanomales oder diesem jedenfalls sehr nahestehendes anomales System, gekennzeichnet durch den fast völligen Mangel der Grünempfindung bei gut erhaltener Rotempfindung. Typische Deuteranopengleichungen wie zwischen Rot und Gelb, Rot und Gelbgrün, Purpur und Blaugrün sind auf Feldern von mehr als 4° bei günstigen Helligkeitsbedingungen nicht möglich.

Neuerdings habe ich nun ein Mittel gefunden, auf der gesamten Netzhaut für einige Zeit das Farbensystem in ein rein dichromatisches umzuwandeln, und zwar durch Ermüdung in rotem und orangefarbenem Licht.

Bringe ich vor das eine Auge eine lebhaft orangerot gefärbte durchsichtige Zelluloidkapsel (die die Strahlen vom äußersten Rot bis zum Gelb durchläßt), so sehe ich dadurch wie jeder Trichromat große helle Flächen zunächst leuchtend rot. Wenn ich nun längere Zeit ins Helle blicke (auf den bewölkten Himmel, oder ein von Tageslicht oder Lampenlicht bestrahltes Papier), läßt die Sättigung der roten Farbe bald nach, es erscheint ein weißliches Rot, das dann im Laufe etwa einer halben Stunde in ein sehr kräftiges Gelb übergeht, in dem ich keine Spur von Rot mehr sehe. Diese Farbentonwandlung geht etwas, doch nicht viel schneller vor sich, als beim Normalen, wo sie ja bekanntlich auch die Regel ist. Sie tritt um so schneller ein, je andauernder ich auf helle Flächen blicke; zeitweise Erholung durch Blick ins Dunkle verzögert die Ermüdung begreiflicherweise bedeutend. Helligkeiten, die auch nur annähernd blendend gewesen wären, kamen nicht zur Anwendung.

Nehme ich nun nach etwa $^1/_2$ bis 1 Stunde die Kapsel vom Auge ab, so ist dieses Auge in seinem ganzen Gesichtsfeld typisch grünblind, deuteranopisch. Alle Gleichungen, die sonst nur foveal gelten, werden jetzt auch im großen Felde (30 bis 50°) ohne weiteres anerkannt, z. B. die Kreiselgleichung Purpur-Blaugrün.

Es ist ein sehr eigentümlicher Eindruck, so zum erstenmal die Umgebung in der Art zu sehen, wie sie der Dichromat nach der Vorstellung anderer sehen muß, wie ich sie aber nie gesehen habe: ganz ohne die Farbe Rot. Rote Objekte erscheinen, auch wenn sie ganz groß sind, gerade so wie sonst nur im fovealen Sehen, je nach dem Ton des Rot braun, gelb, grau ·oder blau. Die Wirkung dauert in voller Stärke nach einhalbstündigem Tragen der Kapsel etwa eine Minute, bei einstündiger Ermüdung 2 Minuten. Danach tritt dann langsam die Rotempfindung wieder auf und ist nach etwa 5 Minuten wieder normal.

Natürlich fehlt auch die beim Normalen vorhandene Umstimmungswirkung nicht, die Erhöhung der Sättigung des Blau. Alle Farben, die Blau enthalten, erscheinen dem ermüdeten Auge deutlich blauer als dem unermüdeten. Doch tritt diese Wirkung gegen den Ausfall der Rotempfindung ganz zurück. Grünempfindung entwickelt sich auch unter dem Einfluß dieser Umstimmung nicht.

Bemerkenswert ist, daß, wenn ich vor das eine Auge orangerotes Zelluloid bringe, vor das andere gelbgrünes, das jenem foveal gleich aussieht, und nach längerem Durchblicken auch auf großem Felde gleich wird, das Auge hinter dem Gelbgrün keineswegs grünblind (deuteranopisch) wird. Nicht einmal eine schwächere gleichsinnige, sondern entgegengesetzte Wirkung auf die Rotempfindung ist zu konstatieren. Rot erscheint dem so ermüdeten Auge eher auffallend leuchtend, namentlich im Vergleich zu dem rotermüdeten. Die Begünstigung des Blau ist bei beiden Augen die gleiche; grüne Objekte erscheinen dem gelbgrünermüdeten Auge matter.

Die Helligkeitsverhältnisse der Farben bleiben in beiden Augen unverändert, wenn man nur Sorge trägt, daß sich nicht bei der Rotermüdung zugleich Dunkeladaptation einstellt.

Einige orientierende Versuche an einem Grünanomalen lassen es als höchstwahrscheinlich erscheinen, daß man den Farbensinn dieser Personen durch entsprechend längere Rotermüdung ebenfalls in einem dichromatischen überführen kann. Hr. Dr. May, der mich als Versuchsperson freundlichst unterstützte, gehört allerdings zu den Anomalen, die noch eine gut entwickelte Grünempfindung und infolgedessen wenig auffallende Farbenschwäche aufweisen. Trotzdem erlischt bei ihm die Fähigkeit Rot zu erkennen, auf Feldern von 4 bis 5° schon nach halbstündiger Rotermüdung vollkommen, auf großen Feldern wird das Rot nur ungesättigter. Ein Gelbbraun, das für mich foveal Gleichung mit Zinnoberrot gibt, erscheint Dr. May grün, wenn er es neben dem Rot sieht, und dieser Kontrast bleibt auch im Zustande der Rotermüdung bestehen, wo das Rot ihm rein braun erscheint. Isoliert gezeigt, ist ihm das Braun weder im rotermüdeten noch im unermüdeten Zustande grünlich, sondern rein braun.

Bei solchen Fällen von grünanomalem System, wie ihn Schumann von sich selbst beschreibt, würde wohl durch die Rotermüdung noch weit leichter ein rein dichromatisches Sehen zu erzielen sein.

Von den älteren Beobachtungen über Farbenermüdung und sog. „Erzeugung von Farbenblindheit" von Beck, Burch u. a. unterscheiden sich meine Beobachtungen dadurch, daß bei mir ein Zustand herbeigeführt wurde, in dem gerade die Gleichungen des Deuteranopen und nur diese gültig wurden, während bei jenen Autoren ganz seltsam regellose Ermüdungserscheinungen auftraten. Beck experimentierte außerdem mit blendenden Lichtern. Burch verwendete allerdings auch geringere Helligkeiten. Ich habe seine Beobachtungen von einem normalen Trichromaten sorgfältig nachprüfen lassen, doch konnte außer den bekannten Umstimmungserscheinungen nichts gefunden werden, was zu Burchs Angaben stimmte. Möglicherweise ist Burch anomaler Trichromat.

Ausführlichere Mitteilungen werden folgen.

2. Hr. F. KLEMPERER: „Zur Einwirkung des Kampfers auf das Herzflimmern."

Nachdem Gottlieb (Heidelberg)[1] in seinem Referate über Herz- und Vasomotorenmittel 1901 auf dem Kongreß für innere Medizin den Kampfer den Herzmitteln zugezählt, stellte Winterberg (Wien)[2] 1903 auf Grund ausgedehnter Versuchsreihen jede Herzwirkung des Kampfers in Abrede. Als Gottlieb daraufhin die Frage von neuem prüfte, machte sein Schüler Seligmann[3] die Beobachtung, daß das überlebende Katzenherz im Langendorffschen Apparat, wenn es spontan oder durch einen starken Induktionsstrom in Flimmern geraten ist, durch Kampferzufuhr wieder zum regelmäßigen Schlagen gebracht wird. Gottlieb[4] selbst zeigte, daß, wenn er dem Hunde Kampferlösung intravenös injizierte und bald danach das freigelegte Herz elektrisch reizte, ein Reiz, welcher sonst beim Hunde ausnahmslos dauerndes tödliches Flimmern erzeugt, einmal oder mehrere Male ertragen und nur mit kurz vorübergehendem Flimmern beantwortet wurde. Winterberg[5] hat diese Versuche eingehend nachgeprüft und ihre Resultate fast in ganzem Umfange bestritten. Gottlieb[6] dagegen hält sie voll aufrecht; er teilte vor kurzem eine neue Versuchsreihe mit, auf Grund deren er den Kampfer geradezu „als Mittel zur bequemen Aufhebung des störenden Flimmerns" bezeichnet.

Dieser Gegensatz der Resultate ließ eine Nachprüfung von dritter Seite geboten erscheinen und ich habe dieselbe im hiesigen physiologischen Institut in Angriff genommen. Über meine Versuche will ich hier nur ganz summarisch berichten; ausführlicher sind dieselben in der Zeitschrift für experimentelle Pathologie und Therapie[7] wiedergegeben.

Von acht Versuchen am überlebenden Katzenherzen im Langendorffschen Apparate ergaben sieben eine ganz deutliche Einwirkung des Kampfers auf das Flimmern in der Weise, daß nach Kampferzufuhr eine sehr viel stärkere elektrische Reizung zur Auslösung des Flimmerns nötig war, als

---

[1] *Kongreßbericht.* S. 39.
[2] Pflügers *Archiv.* Bd. XCIV. S. 455.
[3] *Archiv f. exp. Pathol. u. Pharmakol.* Bd. LII. S. 341.
[4] *Zeitschrift f. exp. Pathol. u. Therapie.* Bd. II. S. 385.
[5] *Ebenda.* Bd. III. S. 182
[6] *Ebenda.* Bd. III. S. 588.
[7] *Ebenda.* Bd. IV.

vorher. Nur in einem Versuche blieb der Kampfer wirkungslos. Daß in den sieben positiven Versuchen es wirklich die Kampferzufuhr war, die den Eintritt des Flimmerns erschwerte, und nicht etwa durch die vorhergehende elektrische Reizung das Herz abgestumpft wurde gegen die Wirkung der späteren, ging evident daraus hervor, daß in einigen Fällen, in denen das Herz nach Kampferzufuhr schwerer als vorher oder gar nicht mehr zum Flimmern gebracht wurde, nach Auswaschung des Kampfers aus dem Herzen mittels Kochsalzlösung wieder der ursprüngliche, geringere Reiz zur Aus-lösung des Flimmerns ausreichte, nach erneuter Kampferzufuhr dann wieder nur schwer Flimmern erzielt wurde, und so wiederholt. Danach war es fraglos der Kampfer, der den Eintritt des Flimmerns erschwerte, und zwar in meh-reren Fällen so stark, daß selbst eine Reizung von $^1/_2$—1 Minuten Dauer bei übereinandergeschobenen Rollen des (mit einem Leclanché-Element ver-sorgten) du Bois-Reymondschen Schlittens ohne Flimmern ertragen wurde, während normalerweise schon eine Reizung von etwa 2″ Dauer bei RA 10 bis RA 8 oder wenig darunter Flimmern hervorrief. Soweit bestätigen meine Versuche die Angaben Seligmanns und Gottliebs. Dagegen gelang es mir in 3 Fällen nicht, das bereits bestehende Flimmern, das in 2 Fällen spontan aufgetreten, in einem Falle durch elektrische Reizung herbeigeführt war, durch Durchleitung von Kampferblut zu beseitigen.

Die zweite Versuchsreihe am lebenden, im eigenen Kreislauf schlagenden Herzen führte ich teils an Katzen, teils am Hunde durch. Die an der Katze ausgeführten 6 Versuche ergaben dasselbe positive Resultat, wie die Versuche am überlebenden Katzenherzen. Während 2 Kontrollkatzen nach kürzer elek-trischer Reizung bei einem RA von 10 und 7 cm tödliches Flimmern zeigten, trat dieses bei den mit Kampfer vorbehandelten Katzen erst bei RA 1 (in 1 Versuch) und RA 0 (in 4 Versuchen), zum Teil erst nach langdauernder Reizung, zum Teil selbst dann nicht ein. Auch hier jedoch keine Regel-mäßigkeit der Wirkung: bei einer Katze trat trotz Kampfer bereits bei RA 5 tödliches Flimmern ein.

Die Versuche am Hunde, auf welche Gottlieb wie Winterberg größeres Gewicht legen, weil das Hundeherz, wenn es einmal zum Flimmern gebracht ist, sich spontan nicht mehr erholen, sondern in allen Fällen flim-mernd absterben soll, ergaben ein weniger ausgesprochenes Resultat, das sich annähernd in folgender Tabelle wiedergeben läßt. Es betrug der

			Schwellenreiz in cm RA	letale Reiz in cm RA
bei	Kontrollhund	1	17	13
„	„	2	14	12
bei	Kampferhund	1	12	8
„	„	2	10	4
„	„	3	10	2
„	„	4	11	11
„	„	5	14	5
„	„	6	12	6
„	„	7	12	5
„	„	8	8	4
„	„	9	14	3

Die Unterschiede der letalen Reizstärke bei den Kampferhunden gegenüber, der der Kontrollhunde sind gering, man könnte — auch von Hund 1
und 4 abgesehen — in manchen Fällen zweifeln, ob überhaupt eine Kampfer-
wirkung vorhanden ist und nicht etwa bloß eine verschiedene Resistenz
gegenüber dem elektrischen Strome vorliegt. Indessen aus mehreren der
Versuchsprotokolle, auf die ich hier verweisen muß, geht deutlich hervor,
wie mit der wiederholten Kampfereinspritzung schrittweise die Reizbarkeit
des Herzens sinkt — unter Einspritzung gleicher Mengen von NaCl-Lösung
in einem Kontrollversuche sinkt sie nicht. Darum darf die Herabsetzung der
Empfänglichkeit für den letalen Reiz bei 7 von den 9 Hunden als Kampfer-
wirkung, wenn auch als geringe, aufgefaßt werden. Das Flimmern freilich,
wenn es beim Hunde einmal deutlich eingetreten war, hielt in allen meinen
Fällen bis zum Tode an; nur den Zustand des Wogens und Wühlens sah
ich wiederholt noch vorübergehen, das ausgebildete Flimmern nicht mehr.
Insoweit wieder muß ich eine Übereinstimmung mit Winterberg konstatieren. Dieser selbst aber sieht Wogen und Flimmern nur für graduell
verschiedene Zustände an und deshalb vermag ich in diesem Umstande nur
eine quantitative Differenz mit Gottliebs Resultaten, nicht einen Gegensatz zu ihnen zu sehen. Das Gesamtergebnis meiner Versuche stellt vielmehr eine Bestätigung des Satzes von Gottlieb dar: daß der Kampfer
das Säugetierherz in der Weise beeinflußt, daß es gegen die
Reizung mit dem Induktionsstrom weniger empfindlich ist und
schwerer zum Flimmern gebracht wird.
In einigen Versuchen mit einem Digitalispräparat (Strophantin) fand
ich genau die gleiche Einwirkung auf das Eintreten des Flimmerns, wie
beim Kampfer, in einem Versuche mit Koffein dagegen nicht.
Schließlich möchte ich noch darauf hinweisen, daß die Einwirkung des
Kampfers auf das Herzflimmern sich besser als am Säugetier am Frosch
demonstrieren läßt. Das Froschherz zeigt bekanntlich nur Wogen und
Wühlen, nicht Flimmern; es gelingt aber leicht, am erwärmten Herzen eines
in Wasser von 30° eintauchenden Frosches durch relativ schwache Ströme
typisches Flimmern zu erzeugen (Baetke, Gewin[1]). Mehrfach sah ich
nun an solchen Froschherzen sofort bei Aufträufeln von Kochsalzkampfer-
lösung das Flimmern sistieren und das Herz wieder rhythmisch schlagen.
Aber dieser Versuch glückt nicht immer. Auch läßt sich am Frosche leicht
zeigen, daß der Kampfer nicht etwa eine besondere, sozusagen spezifische
Wirkung auf das Flimmern hat, sondern daß es sich einfach um eine Herabsetzung der elektrischen Reizbarkeit des Herzens handelt. Reizt man ein
Froschherz und verstärkt den Strom so weit, daß die Schläge klein und
sehr schnell sind, so sieht man nach Aufträufeln von Kampfer eine offenbare Verlangsamung und Kräftigung der Schläge; verstärkt man den Reiz
bei einem anderen Froschherzen so weit, daß gerade Wühlen angedeutet ist,
so bringt Kampfer meist wieder kleine unregelmäßige schnelle Schläge
hervor; und so hebt Kampfer an der Grenze, wo der Strom eben ausreicht,
noch Flimmern zu erzeugen, oft das Flimmern auf, bei Anwendung stärkerer
Ströme aber, oder bei besonders empfindlichen Herzen dauert das Flimmern
trotz Kampfer an. Diese am Froschherzen leicht zu erhebenden Befunde,

---

[1] *Dies Archiv.* 1906. Physiol. Abtlg. Suppl. S. 247.

wenn sie auch an sich nichts für das Säugetierherz beweisen, scheinen doch geeignet, der Gottliebschen These von der Einwirkung des Kampfers auf das Herzflimmern als Stütze zu dienen (Demonstration).

X. Sitzung am 10. Mai 1907.

1. Hr. G. F. Nicolai spricht über „verhornte Papillen unter Be-teiligung des Bindegewebes in den Amphibien und ihre Ver-bindungen mit Sinnesorganen" und demonstriert zu dem Zwecke mikroskopische Serienschnitte des Seitenorganes vom Kapfrosch (Dacty-lethra capensis).

Die Dactylethra behält im Gegensatz zu den anderen Batrachiern, welche bekanntlich die Seitenorgane nur im Larvenzustand besitzen, dieselben auch während des späteren Lebens bei. Die Anordnung derselben bei einem fast völlig metamorphosierten Tiere zeigt die Fig. 1, welche nach einer

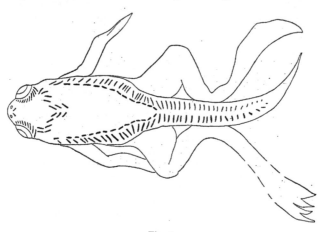

Fig. 1.

photographischen Aufnahme gezeichnet ist. Man sieht hier kleine, in Wirk-lichkeit etwa 2 mm lange, an dem gehärteten Präparat weiß erscheinende Streifen, teils je in einer Längsreihe zu beiden Seiten des Körpers, teils in einer dazu fiederförmigen Anordnung. Die Seitenorgane des Rumpfes, von denen hier allein die Rede ist, gleichen sich untereinander völlig.

Einen Längsschnitt eines solchen Streifens zeigt die Fig. 2. Man sieht auf beiden Seiten sehr große Drüsen (nur die eine Drüse ist in der Zeichnung sichtbar). Dazwischen liegen drei Sinnesorgane und zwischen den Sinnes-organen ebenso wie zwischen den Sinnesorganen und den Drüsenlumina erheben sich kleine Papillen. Dieselben bestehen, wie eine stärkere Vergrößerung

deutlich erkennen läßt[1], aus einer epithelialen Wucherung, welche ganz
eigenartig symmetrisch und glockenförmig angeordnete Zellen enthält, und
einem später hinzukommenden Bindegewebszapfen. Dieselben imponieren

Fig. 2.

dann durchaus als Anlagen von Hautknochen, respektive als Anlagen von
Schuppen. Den Durchschnitt durch eine solche Papille, bei welcher der
Bindegewebszapfen nicht besonders deutlich ist, zeigt Fig. 3. Ähnliche Ge-

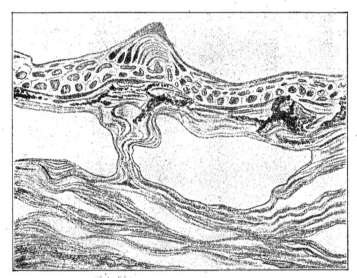

Fig. 3.

bilde sind auch bei Pipa dorsigera beobachtet worden — aber was bei
Dactylethra besonders auffällt, sind die zweifellos vorhandenen Beziehungen
der fraglichen Papillen zu den Sinnesorganen. Es dürfte von vornherein
klar erscheinen, daß offenbar die Haut von Dactylethra aus irgend einem
Grunde zu Verhornungen neigt, wie ja die deutlich ausgesprochenen Krallen-

---

[1] Die ausführliche Publikation mit mikrophotographischer Wiedergabe der Objekte
erscheint im *diesem Archiv*. (Physiol. Abtlg.)

bildungen, denen das Tier seinen Namen verdankt, vornehmlich beweisen. Daß aber diese Schuppenrudimente, oder was es sonst sein mögen, sich um Sinnesorgane herum gruppieren, dürfte bemerkenswert erscheinen.

Maurer hat seinerzeit darauf hingewiesen, daß Beziehungen zwischen den Hautsinnesorganen niederer Wirbeltiere und den Haaren und Federn von Säugern und Vögeln bestehe. Ich möchte nicht darauf eingehen, ob diese Maurerschen Vorstellungen der Wirklichkeit entsprechen, ob in Sonderheit sich diese Hautsinnesorgane in Haare und Federn umwandeln, wie es Maurer will — aber gewisse Beziehungen zwischen Hautsinnesorganen und gewissen Anhangsgebilden der Haut existieren doch auch hier, wenn es auch andererseits durchaus klar ist, daß es sich nicht um eine wirkliche Umwandlung des einen Organes in das andere handeln kann, da wir ja deutlich das eine neben dem anderen erblicken. Es wäre nicht ausgeschlossen, den Befund eventuell in der Weise zu deuten, daß gewisse Hautpartien — und zwar offenbar solche, welche in naher Beziehung zum Nervensysteme stehen — eine ganz besondere Tendenz zu morphologischer Umbildung aufweisen, die sich einmal in der Bildung von Nervenhügeln, das andere Mal in der Bildung von Hartgebilden dokumentiert. Man könnte aber auch annehmen, daß die Hautsinnesorgane sekundär gewisse Schutzapparate in ihrer Umgebung bedingten. Wie dem auch sei, es schien mir nicht uninteressant, auf diese Tatsachen hinzuweisen und ich möchte erwähnen, daß auch G. Fritsch bezüglich des Hautsinnesorganes des Malapterurus angibt, daß in der sonst völlig von Hartgebilden freien Haut dieses Fisches in der Umgegend der schornsteinförmigen Kanäle Andeutungen von Ossifikationen auftreten, so daß auch hiermit ein naher Zusammenhang zwischen Hauthartgebilden und Hautsinnesorganen zu bestehen scheint.

2. Hr. R. du Bois-Reymond: „Bemerkung über die Veränderung der Wirbelsäule beim Stehen".

Allgemein wird gelehrt, daß die Wirbelsäule beim Stehen durch Zusammenschrumpfen der Zwischenwirbelscheiben kürzer wird. Es fehlt aber fast überall die Angabe, wie groß die Verkürzung ist, und der Nachweis, daß sie nicht durch Zunahme der Krümmung zustande kommt. Wenn man des Abends und am Morgen, unmittelbar nach dem Aufstehen die Körperlänge mißt, findet man Unterschiede von 20 bis 25 ^{mm}. Dabei treffen die Abendmaße und Morgenmaße verschiedener Tage bei etwa derselben Lebensweise auf 2 bis 3 ^{mm} genau überein. Nimmt man zugleich, etwa mit dem „Notograph" von Hans Virchow die Kurve der Wirbelsäule auf, so findet man eine ganz geringe aber konstante Zunahme der Brustkrümmung in ihrem obersten und untersten Teil und eine ganz geringe Zunahme der Lendenkrümmung. Diese reichen aber nicht entfernt hin, die beobachtete Verkürzung zu erklären. Die Verkürzung erreicht schon im Laufe des Vormittags fast völlig das Abendmaß. Der sehr bedeutende Längenunterschied könnte zum forensischen Nachweis benutzt werden, daß jemand die Nacht im Bette zugebracht hat.

XIII. Sitzung am 5. Juli 1907.

Hr. Prof. A. KULIABKO (a. G.) demonstriert „Versuche am über-lebenden Fischkopf".

Nach der liebenswürdigen Aufforderung möchte ich hier einige Versuche am überlebenden Fischkopf zeigen, um dadurch eine einfache und bequeme Untersuchungsmethode zu demonstrieren. Es ist ja eigentlich keine neue Methode, nur ein Verfahren für die Anwendung der künstlichen Zirkulation am Fischkörper.

Schon bei meinen früheren Untersuchungen über die Wiederbelebung des Herzens habe ich die Tätigkeit des isolierten Fischherzens, insbesondere des Neunaugenherzens studiert. Es schien mir aber nach einigen Proben, daß dieses Objekt für physiologische Experimente kaum brauchbar sei, denn, am isolierten nicht durchspülten Herzen hört die Tätigkeit sehr bald auf, die Anwendung der künstlichen Durchströmung wird aber durch die Kleinheit des Objektes fast unmöglich gemacht. Erst im vorigen Jahre bin ich zu einer Methode gelangt, welche es erlaubt, die Herztätigkeit bei Neunaugen beliebig lange zu erhalten. Diese Methode ist auch bei anderen Fischarten (bei Ganoiden, Teleostiern) anwendbar.

Die Methode besteht darin, daß ich, ohne das Herz auszuschneiden, eine künstliche Zirkulation in dem ganzen vorderen Teil des Fischkörpers herstellte. Als Zirkulationsflüssigkeit brauche ich die gewöhnliche mit Sauerstoff gesättigte Ringer-Lockesche Lösung (KCl, CaCl$_2$, NaHCH$_3$—aa 0·02, NaCl—0·8 bis 0·9 und Dextrose 0·1 p. 100). Um die Kanüle einzuführen, benutze ich die durch Schnitt hergestellten Öffnungen der Kardinal- oder Lebervenen. Manchmal stecke ich sie auch ganz einfach in den Vorhof selbst hinein. Das ganze notwendige Präparationsverfahren ist mithin sehr einfach, viel einfacher als z. B. die Methodik der künstlichen Durchströmung an Froschherzen. Man verfährt bei der Präparation etwa in drei Tempi:

1. Nimmt man den Fisch aus dem Wasser und schneidet ihn durch einen Querschnitt in zwei Teile;

2. schneidet man die Bauch- und Körperwand des Kopfteiles in der Linea alba nach vorn zu auf, entfernt durch einen semizirkularen Scherenschnitt die linke Körperwandung und man fixiert das Präparat in rechter Seitenlage auf einer Korkplatte;

3. steckt man die Kanülenspitze in den Vorhof (eventuell in die Lebervene) hinein uud läßt dann die Flüssigkeit aus einem Reservoir zufließen.

Aus dem Vorhof geht die Flüssigkeit in den Ventrikel über, von dort in die Kiemengefäße, dann ins Arterialsystem, durch deren Verzweigungen fließt sie auch zum Gehirn.

Frei vor uns liegt jetzt das Herz, wir sehen alle seine Abteilungen nebst den zugehörigen Gefäßen. Am hinteren Teil des Präparates finden wir einen Teil der Leber, von dem die Lebervenen ins Herz übergehen. Am vorderen Teil des Ventrikels sehen wir die weiße Aufschwellung des Bulbus arteriosus und noch weiter nach vorn die Kiemen. An demselben Präparate können wir auch die Schädelhöhle eröffnen, das Gehirn freilegen und nach unserem Belieben seine verschiedenen Partien reizen. Unter diesen Umständen funktionieren alle die genannten Organe des Fisches fast in vollkommen normaler Weise, trotzdem sich der Fisch doch nicht im Wasser, sondern in den ihm ungewohnten Luftmedium befindet, und zwar kann ihre Tätigkeit stundenlang andauern und hört nur ganz allmählich auf.

Wenn wir den abgeschnittenen Kopf ohne künstliche Zirkulation beobachten, so sehen wir starke allgemeine Zuckungsanfälle, die in unregelmäßigen Intervallen erfolgen und augenscheinlich dyspnoischen Ursprungs sind. Dabei ist das Maul weit aufgerissen, die Kiemendeckel werden abwechselnd geöffnet und geschlossen. Das Herz schlägt ganz unregelmäßig und sehr langsam, manchmal steht es sogar still.

Öffnen wir jetzt den Hahn des Zuflußrohres und lassen dadurch die künstliche Zirkulation ein, so ändert sich das Bild fast augenblicklich: statt der kräftigen allgemeinen Zuckungen sehen wir die immer regelmäßiger werdenden Atembewegungen der Kiemendeckel, nur selten von Zuckungsanfällen unterbrochen. Gleichzeitig wird die Herztätigkeit frequenter und regelmäßiger.

Schließen wir jetzt den Hahn wieder, so bekommen wir die früheren dyspnoischen Erscheinungen: die Zuckungsanfälle, die unregelmäßigen und sehr starken Atembewegungen (eventuell Atmungsgruppe und darauf folgender Atemstillstand), sowie auch deutliche Verlangsamung der Herztätigkeit, die sonst nicht lange dauert.

Die Erklärung der beobachteten Erscheinungen bietet keine Schwierigkeiten. Wir sehen eben, daß ohne Durchströmung Atem- und Vaguszentren nach einer kurzen Erregungsperiode ziemlich rasch ermüden und sich erschöpfen. Durch künstliche Zirkulation, und zwar — das ist wichtig — nicht mit Blut, sondern mit Lockescher Lösung können diese Nervenzentren wieder hergestellt werden. Diese Wiederbelebungsfähigkeit des Nervensystems bietet meiner Meinung nach ein großes Interesse dar und dürfte in diesem Grade in der Tierreihe einzig dastehen.

Es sind natürlich nur wenige Versuche, welche ich hier demonstrieren konnte. Aber es war ja auch nicht meine Absicht, die gesamten Resultate meiner noch nicht abgeschlossenen Untersuchungen mitzuteilen, sondern ich wollte nur die Methode zeigen, welche ich ihrer Einfachheit und Bequemlichkeit wegen meinen Fachgenossen auch für Vorlesungsversuche nur empfehlen kann.

XIV. Sitzung am 19. Juli 1907.

Vor der Tagesordnung berichtet Hr. W. NAGEL über Versuche, die Hr. A. Boltunow unter seiner Leitung über die „Sehschärfe in farbigem Lichte" angestellt hat. Die Versuche sind noch nicht abgeschlossen, führten aber schon jetzt zu recht bemerkenswerten Ergebnissen, decken insbesondere auch Komplikationen in der ganzen Frage auf, an die bisher nicht gedacht worden ist.

A. König sah in den Versuchen, die Uhthoff über die Sehschärfe in farbigen Lichtern verschiedener Helligkeit gemacht hatte, eine glänzende Bestätigung der Helmholtzschen Vermutung, daß wir bei gleicher Helligkeit in allen Farben gleich scharf sehen.

Andererseits hat Örum Brückes Gedanken aufgenommen, daß die Sehschärfe für gemischtes weißes Licht größer sein müsse, als für irgend ein homogenes, falls für die drei Grundfarben drei getrennte Zapfenarten vorhanden seien. Er glaubte feststellen zu können, daß die Sehschärfe in der Tat bei Weiß größer als bei reinen Farben sei.

In Örums Versuchen ist eine Unsicherheit dadurch bedingt, daß die Versuchspersonen die verschiedenen Farben einfach mit bloßem Auge gleich hell zu machen suchten und nicht einmal angegeben wird, wie dies geschah.

Bei Königs und Uhthoffs Versuchen ist ebenfalls die Helligkeitsvergleichung der Farben der wunde Punkt; abgesehen von einigen wohl nicht wichtigen Fehlerquellen ist eine wichtige in Königs Berechnung enthalten. König rechnete die Farbenhelligkeit auf die Helligkeit des Weiß um, auf Grund von Helligkeitsmessungen im Spektrum, die der Deuteranop Brodhun ausgeführt hatte. Die Gleichsetzung der Helligkeitsverteilung im Spektrum für den Trichromaten und den Deuteranopen ist aber, wie wir jetzt wissen, unzulässig.

Bei Hrn. Boltunows neuen Versuchen wurde die Helligkeitsgleichheit der verschiedenen Farben mit dem vorzüglichen Flimmerphotometer der Firma Schmidt & Haensch erzielt und die Farben immer paarweise untereinander oder mit Weiß verglichen.

In der jetzt abgeschlossenen Versuchsreihe wurde die Sehschärfe mit einer Landoltschen C-Figur geprüft, die in eine drehbare Metallplatte geschnitten war und von hinten her mit dem farbigen Licht durchleuchtet wurde. Über die Einzelheiten der Versuche, sowie über die zahlreichen Vorbeugungsmaßregeln zum Schutz gegen Fehlerquellen wird an anderer Stelle berichtet werden.

Es wurde derjenige Abstand zwischen Versuchsperson und Sehzeichen aufgesucht, bei dem jene die Stellung des Zeichens noch richtig erkennen konnte.

Bei allen Versuchspersonen stellte sich in allen Fällen heraus, daß die Sehschärfe im Grün wesentlich größer war als bei Rot. Bei Weiß war sie noch etwas höher als bei Rot, während Blauviolett zwischen Grün und Rot lag. In einer besonders guten Versuchsreihe ergaben folgende Sehschärfenwerte (für A. Boltunow):

$$\text{Rot} \ \frac{6 \cdot 7}{5} = 1 \cdot 34,$$

$$\text{(unreines) Blau} \ \frac{7 \cdot 8}{5} = 1 \cdot 56,$$

$$\text{Grün} \ \frac{8 \cdot 0}{5} = 1 \cdot 60.$$

In einer zweiten, bei etwas anderer Helligkeit:

$$\text{Rot } \frac{6 \cdot 3}{5} = 1 \cdot 26,$$

$$\text{(unreines) Blau } \frac{7 \cdot 2}{5} = 1 \cdot 44,$$

$$\text{Grün } \frac{7 \cdot 5}{5} = 1 \cdot 5,$$

$$\text{Weiß } \frac{8 \cdot 0}{5} = 1 \cdot 6.$$

Ganz ähnlich lauten die Zahlen für andere Versuchspersonen.

Die Helligkeit des Sehzeichens erwies sich, obgleich sie längst nicht blendend war, als überoptimal, denn mit zunehmender Verdunklung der Lichter stieg die Sehschärfe noch deutlich an.

Selbstverständlich gelten diese Angaben nur gerade für die gewählten Versuchsbedingungen. Schon jetzt hat Hr. Boltunow festgestellt, daß Ersetzung der *C*-Figur durch das du Bois-Reymondsche Punktmuster die Ergebnisse unter sonst gleichen Umständen wesentlich änderten. Hierüber wird später berichtet werden.

Skandinavisches Archiv für Physiologie.

Herausgegeben von
Dr. Robert Tigerstedt,
o. ö. Professor der Physiologie an der Universität Helsingfors.

Das „*Skandinavische Archiv für Physiologie*" erscheint in Heften von 5 bis 6 Bogen mit Abbildungen im Text und Tafeln. 6 Hefte bilden einen Band. Der Preis des Bandes beträgt 22 *M*.

Centralblatt
für praktische
AUGENHEILKUNDE.

Herausgegeben von
Prof. Dr. J. Hirschberg in Berlin.

Preis des Jahrganges (12 Hefte) 12 *M*; bei Zusendung unter Streifband direkt von der Verlagsbuchhandlung 12 *M* 80 *Pf*.

Das „*Centralblatt für praktische Augenheilkunde*" vertritt auf das Nachdrücklichste alle Interessen des Augenarztes in Wissenschaft, Lehre und Praxis, vermittelt den Zusammenhang mit der allgemeinen Medizin und deren Hilfswissenschaften und gibt jedem praktischen Arzte Gelegenheit, stets auf der Höhe der rüstig fortschreitenden Disziplin sich zu erhalten.

DERMATOLOGISCHES CENTRALBLATT.
INTERNATIONALE RUNDSCHAU
AUF DEM GEBIETE DER HAUT- UND GESCHLECHTSKRANKHEITEN.
Herausgegeben von
Dr. Max Joseph in Berlin.

Monatlich erscheint eine Nummer. Preis des Jahrganges, der vom Oktober des einen bis zum September des folgenden Jahres läuft, 12 *M*. Zu beziehen durch alle Buchhandlungen des In- und Auslandes, sowie direkt von der Verlagsbuchhandlung.

Neurologisches Centralblatt.
Übersicht der Leistungen auf dem Gebiete der Anatomie, Physiologie, Pathologie und Therapie des Nervensystems einschließlich der Geisteskrankheiten.
Begründet von Prof. E. Mendel.
Herausgegeben von
Dr. Kurt Mendel.

Monatlich erscheinen zwei Hefte. Preis des Jahrganges 24 *M*. Gegen Einsendung des Abonnementspreises von 24 *M* direkt an die Verlagsbuchhandlung erfolgt regelmäßige Zusendung unter Streifband nach dem In- und Auslande.

Zeitschrift
für
Hygiene und Infektionskrankheiten.

Herausgegeben von
Prof. Dr. Robert Koch,
Wirkl. Geheimen Rat,

Prof. Dr. C. Flügge, und Dr. G. Gaffky,
Geh. Medizinalrat und Direktor des Hygienischen Instituts der Universität Breslau,
Geh. Obermedizinalrat und Direktor des Instituts für Infektionskrankheiten zu Berlin.

Die „*Zeitschrift für Hygiene und Infektionskrankheiten*" erscheint in zwanglosen Heften. Die Verpflichtung zur Abnahme erstreckt sich auf einen Band im durchschnittlichen Umfang von 30—35 Druckbogen mit Tafeln; einzelne Hefte sind nicht käuflich.

Das

ARCHIV

für

ANATOMIE UND PHYSIOLOGIE,

Fortsetzung des von Reil, Reil und Autenrieth, J. F. Meckel, Joh. Müller, Reichert und du Bois-Reymond herausgegebenen Archives,

erscheint jährlich in 12 Heften (bezw. in Doppelheften) mit Abbildungen im Text und zahlreichen Tafeln.

6 Hefte entfallen auf die anatomische Abteilung und 6 auf die physiologische Abteilung.

Der Preis des Jahrganges beträgt 54 $\mathcal{M}$.

Auf die **anatomische** Abteilung (Archiv für Anatomie und Entwickelungsgeschichte, herausgegeben von W. Waldeyer), sowie auf die **physiologische** Abteilung (Archiv für Physiologie, herausgegeben von Th. W. Engelmann) kann **besonders** abonniert werden, und es beträgt bei Einzelbezug der Preis der anatomischen Abteilung 40 $\mathcal{M}$, der Preis der physiologischen Abteilung 26 $\mathcal{M}$.

Bestellungen auf das vollständige Archiv, wie auf die einzelnen Abteilungen nehmen alle Buchhandlungen des In- und Auslandes entgegen.

Die Verlagsbuchhandlung:

Veit & Comp. in Leipzig.

Druck von Metzger & Wittig in Leipzig.

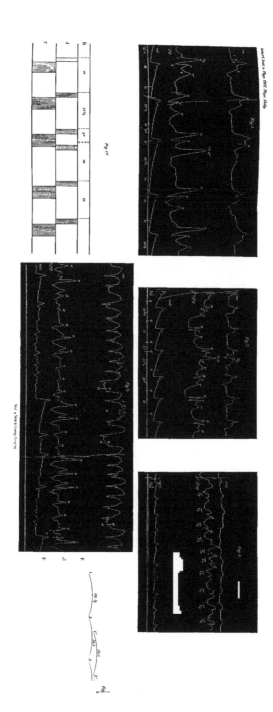

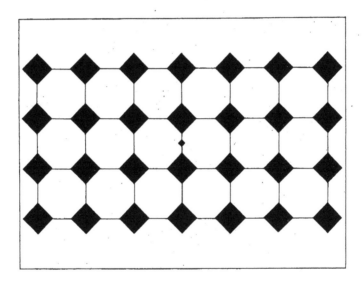

Verlag von VEIT & COMP. in Leipzig.

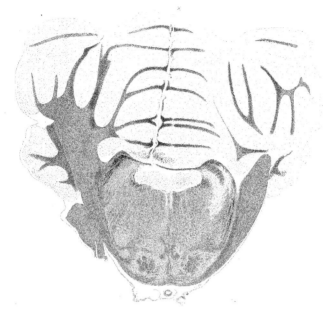

Fig. 1.

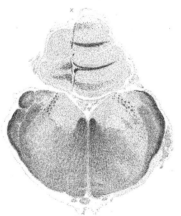

Fig. 2.

Verlag Veit & Comp Leipzig　　　　　Lith Anst v. E. A. Funke, Leipzig

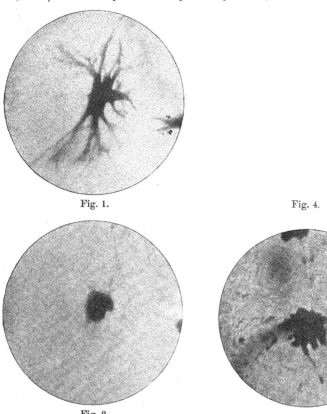

Fig. 1.   Fig. 4.

Fig. 2.

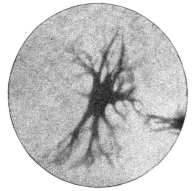

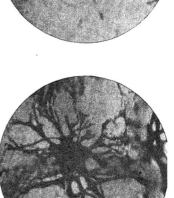

Fig. 3.   Fig. 6.

Verlag von VEIT & COMP. in Leipzig.

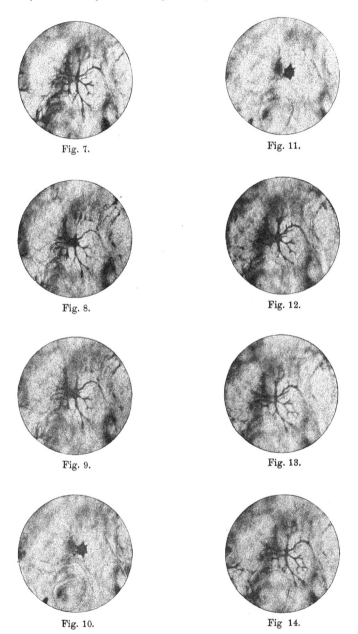

Fig. 7.   Fig. 11.

Fig. 8.   Fig. 12.

Fig. 9.   Fig. 13.

Fig. 10.   Fig 14.

Verlag von VEIT & COMP. in Leipzig.

Lightning Source UK Ltd.
Milton Keynes UK
UKHW011322040219
336708UK00016B/1325/P